电动力学解题指南

编　著　王大伦　曾凡金

湘潭大学出版社

序

电动力学是物理学的四大力学之一。《电动力学》课程是物理学专业重要的理论必修课，其与《量子力学》同属物理学专业的理论基础课程，也是目前高等学校理工科和师范院校本科物理类专业的一门重要基础理论课。由于该课程涉及的数学知识较多，如复变函数、格林函数、特殊函数、数理方程、矩阵、矢量分析和张量分析等，这给学习《电动力学》课程的学生带来了一定的难度。为了给学习《电动力学》课程的学生提供一定的帮助，作者将自己从 20 世纪 80 年代初以来收集到的 269 道题进行了较为详细的解答和整理，历经数年才得以完成此书。

本书主要是对王大伦主编的《电动力学教程》（湘潭大学出版社，2017 年 8 月）的全部习题进行解答，以及对郭硕鸿先生著《电动力学》第三版的部分经典习题进行解答。另外，本书还对一些往年的研究生入学考试试题进行解答。出版本书旨在对学习该门课程的学生有所帮助，且对他们参加研究生入学考试也有所帮助，同时也希望为初讲授《电动力学》这门课程的年轻教师提供一定的教学参考。本书附有数学附录和部分基本物理常数，列出了所需的数学知识和计算所需的一些基本物理常数值。

本书在编写的过程中，得到了安顺学院领导和同事们的支持与帮助，特别是得到了陈琳副教授的鼎力支持，湘潭大学出版社为本书的出版做了大量的工作，在此谨致以衷心感谢。

由于作者学识水平有限，错误之处在所难免，敬请读者批评指正。

编　者

2017 年 **11** 月

目　录

第 1 章　电磁现象的基本规律 …… 1

第 2 章　静电场 …… 35

第 3 章　静磁场 …… 99

第 4 章　电磁波的传播 …… 153

第 5 章　电磁波的辐射 …… 197

第 6 章　狭义相对论 …… 230

第 7 章　带电粒子和电磁场的相互作用 …… 288

附　录 …… 311

附录 1　矢量的运算公式和定理 …… 311

附录 2　正交坐标系中梯度、散度、旋度的定义 …… 313

附录 3　正交曲线坐标系中梯度、散度、旋度和 $\nabla^2\psi$ 及 $\nabla^2\mathbf{A}$ 的表达式 …… 314

附录 4　三种常用坐标系的基矢偏导数 …… 316

附录 5　常用坐标系的变换 …… 317

附录 6　球坐标系中两位矢间的夹角 …… 319

附录 7　δ 函数与电荷分布 …… 319

附录 8　球谐函数的常用公式 …… 321

附录 9　张量的基础知识 …… 323

附录 10　∇ 算符的作用 …… 326

附录 11　椭圆积分 …… 327

附录 12　基本物理常数 …… 328

参考文献 …… 329

第1章 电磁现象的基本规律

1.1 证明下列恒等式

(1) $(\boldsymbol{a}\cdot\boldsymbol{b})^2+(\boldsymbol{a}\times\boldsymbol{b})^2=a^2b^2$

(2) $(\boldsymbol{a}+\boldsymbol{b})\cdot[(\boldsymbol{a}+\boldsymbol{c})\times\boldsymbol{b}]=-\boldsymbol{a}\cdot(\boldsymbol{b}\times\boldsymbol{c})$

(3) $\boldsymbol{a}\times(\boldsymbol{b}\times\boldsymbol{c})+\boldsymbol{b}\times(\boldsymbol{c}\times\boldsymbol{a})+\boldsymbol{c}\times(\boldsymbol{a}\times\boldsymbol{b})=0$

(4) $(\boldsymbol{a}\times\boldsymbol{b})\times(\boldsymbol{c}\times\boldsymbol{d})=\boldsymbol{c}[\boldsymbol{d}\cdot(\boldsymbol{a}\times\boldsymbol{b})]-\boldsymbol{d}[\boldsymbol{c}\cdot(\boldsymbol{a}\times\boldsymbol{b})]$
$=\boldsymbol{b}[\boldsymbol{a}\cdot(\boldsymbol{c}\times\boldsymbol{d})]-\boldsymbol{a}[\boldsymbol{b}\cdot(\boldsymbol{c}\times\boldsymbol{d})]$

【证明】 Ⅰ.方程的左边为

$(\boldsymbol{a}\cdot\boldsymbol{b})^2+(\boldsymbol{a}\times\boldsymbol{b})^2=(ab\cos\theta)^2+(ab\sin\theta)^2=a^2b^2(\cos^2\theta+\sin^2\theta)=a^2b^2$

方程左边等于方程右边,证毕。

Ⅱ.方程的左边为

$$\begin{aligned}(\boldsymbol{a}+\boldsymbol{b})\cdot[(\boldsymbol{a}+\boldsymbol{c})\times\boldsymbol{b}]&=(\boldsymbol{a}+\boldsymbol{b})\cdot(\boldsymbol{a}\times\boldsymbol{b})+(\boldsymbol{a}+\boldsymbol{b})\cdot(\boldsymbol{c}\times\boldsymbol{b})\\&=\boldsymbol{a}\cdot(\boldsymbol{a}\times\boldsymbol{b})+\boldsymbol{b}\cdot(\boldsymbol{a}\times\boldsymbol{b})+\\&\quad\boldsymbol{a}\cdot(\boldsymbol{c}\times\boldsymbol{b})+\boldsymbol{b}\cdot(\boldsymbol{c}\times\boldsymbol{b})\end{aligned}$$

式中

$$\boldsymbol{a}\cdot(\boldsymbol{a}\times\boldsymbol{b})=0,\quad \boldsymbol{b}\cdot(\boldsymbol{a}\times\boldsymbol{b})=0,\quad \boldsymbol{b}\cdot(\boldsymbol{c}\times\boldsymbol{b})=0$$

所以

$$(\boldsymbol{a}+\boldsymbol{b})\cdot[(\boldsymbol{a}+\boldsymbol{c})\times\boldsymbol{b}]=\boldsymbol{a}\cdot(\boldsymbol{c}\times\boldsymbol{b})=-\boldsymbol{a}\cdot(\boldsymbol{b}\times\boldsymbol{c})$$

方程左边等于方程右边,证毕。

Ⅲ.方程的左边为

$$\begin{aligned}&\boldsymbol{a}\times(\boldsymbol{b}\times\boldsymbol{c})+\boldsymbol{b}\times(\boldsymbol{c}\times\boldsymbol{a})+\boldsymbol{c}\times(\boldsymbol{a}\times\boldsymbol{b})\\&\quad=[\boldsymbol{b}(\boldsymbol{a}\cdot\boldsymbol{c})+\boldsymbol{b}(\boldsymbol{c}\cdot\boldsymbol{a})-\boldsymbol{c}(\boldsymbol{a}\cdot\boldsymbol{b})-\boldsymbol{c}(\boldsymbol{b}\cdot\boldsymbol{a})]+\\&\qquad[\boldsymbol{c}(\boldsymbol{b}\cdot\boldsymbol{a})+\boldsymbol{c}(\boldsymbol{a}\cdot\boldsymbol{b})-\boldsymbol{a}(\boldsymbol{b}\cdot\boldsymbol{c})-\boldsymbol{a}(\boldsymbol{c}\cdot\boldsymbol{b})]+\\&\qquad[\boldsymbol{a}\cdot(\boldsymbol{c}\cdot\boldsymbol{b})+\boldsymbol{a}(\boldsymbol{b}\cdot\boldsymbol{c})-\boldsymbol{b}(\boldsymbol{c}\cdot\boldsymbol{a})-\boldsymbol{b}(\boldsymbol{a}\cdot\boldsymbol{c})]=0\end{aligned}$$

方程左边等于方程右边,证毕。

Ⅳ.将第一个括弧看成一矢量,根据矢量代数公式[附录1式(1.17)],方程的左边为

$$(\boldsymbol{a}\times\boldsymbol{b})\times(\boldsymbol{c}\times\boldsymbol{d})=\boldsymbol{c}[\boldsymbol{d}\cdot(\boldsymbol{a}\times\boldsymbol{b})]-\boldsymbol{d}[\boldsymbol{c}\cdot(\boldsymbol{a}\times\boldsymbol{b})]$$

将第二个括弧看成一个矢量,同理有

$$(\boldsymbol{a}\times\boldsymbol{b})\times(\boldsymbol{c}\times\boldsymbol{d})=\boldsymbol{b}[\boldsymbol{a}\cdot(\boldsymbol{c}\times\boldsymbol{d})]-\boldsymbol{a}[\boldsymbol{b}\cdot(\boldsymbol{c}\times\boldsymbol{d})]$$

方程左边等于方程右边,证毕。

1.2 根据算符∇的微分性与矢量性证明下列公式:

(1) $\nabla(\boldsymbol{A}\cdot\boldsymbol{B})=\boldsymbol{B}\times(\nabla\times\boldsymbol{A})+(\boldsymbol{B}\cdot\nabla)\boldsymbol{A}+\boldsymbol{A}\times(\nabla\times\boldsymbol{B})+(\boldsymbol{A}\cdot\nabla)\boldsymbol{B}$

(2) $\boldsymbol{A}\times(\nabla\times\boldsymbol{A})=\dfrac{1}{2}\nabla\boldsymbol{A}^2-(\boldsymbol{A}\cdot\nabla)\boldsymbol{A}$

【证明】 Ⅰ.方程的左边为

$$\nabla(\boldsymbol{A}\cdot\boldsymbol{B})=\nabla_A(\boldsymbol{A}\cdot\boldsymbol{B})+\nabla_B(\boldsymbol{A}\cdot\boldsymbol{B})\tag{1}$$

根据公式 $\boldsymbol{a}\times(\boldsymbol{b}\times\boldsymbol{c})=\boldsymbol{b}(\boldsymbol{c}\cdot\boldsymbol{a})-\boldsymbol{c}(\boldsymbol{a}\cdot\boldsymbol{b})$,即

$$\boldsymbol{b}(\boldsymbol{c}\cdot\boldsymbol{a})=\boldsymbol{a}\times(\boldsymbol{b}\times\boldsymbol{c})+\boldsymbol{c}(\boldsymbol{a}\cdot\boldsymbol{b})$$

注意$\nabla_A\to\boldsymbol{b},\boldsymbol{A}\to\boldsymbol{c},\boldsymbol{B}\to\boldsymbol{a}$,则有

$$\nabla_A(\boldsymbol{A}\cdot\boldsymbol{B})=\boldsymbol{B}\times(\nabla\times\boldsymbol{A})+(\boldsymbol{B}\cdot\nabla)\boldsymbol{A}\tag{2}$$

同理

$$\nabla_B(\boldsymbol{A}\cdot\boldsymbol{B})=\boldsymbol{A}\times(\nabla\times\boldsymbol{B})+(\boldsymbol{A}\cdot\nabla)\boldsymbol{B}\tag{3}$$

将(2)式和(3)式代入(1)式得

$$\nabla(\boldsymbol{A}\cdot\boldsymbol{B})=\boldsymbol{B}\times(\nabla\times\boldsymbol{A})+(\boldsymbol{B}\cdot\nabla)\boldsymbol{A}+\boldsymbol{A}\times(\nabla\times\boldsymbol{B})+(\boldsymbol{A}\cdot\nabla)\boldsymbol{B}\tag{4}$$

方程的左边等于方程右边,证毕。

Ⅱ.在(4)式中令 $\boldsymbol{A}=\boldsymbol{B}$,则有

$$\begin{aligned}\nabla A^2&=\boldsymbol{A}\times(\nabla\times\boldsymbol{A})+(\boldsymbol{A}\cdot\nabla)\boldsymbol{A}+\boldsymbol{A}\times(\nabla\times\boldsymbol{A})+(\boldsymbol{A}\cdot\nabla)\boldsymbol{A}\\&=2\boldsymbol{A}\times(\nabla\times\boldsymbol{A})+2(\boldsymbol{A}\cdot\nabla)\boldsymbol{A}\end{aligned}\tag{5}$$

即

$$\boldsymbol{A}\times(\nabla\times\boldsymbol{A})=\frac{1}{2}\nabla A^2-(\boldsymbol{A}\cdot\nabla)\boldsymbol{A}\tag{6}$$

证毕。

1.3 设 u 是空间坐标 x,y,z 的函数,证明:

(1) $\nabla f(u)=\dfrac{\mathrm{d}f}{\mathrm{d}u}\nabla u$; (2) $\nabla\cdot\boldsymbol{A}(u)=\nabla u\cdot\dfrac{\mathrm{d}\boldsymbol{A}}{\mathrm{d}u}$; (3) $\nabla\times\boldsymbol{A}(u)=\nabla u\times\dfrac{\mathrm{d}\boldsymbol{A}}{\mathrm{d}u}$。

【证明】 Ⅰ.方程的左边为

$$\begin{aligned}\nabla f(u)&=\frac{\partial f(u)}{\partial x}\boldsymbol{e}_x+\frac{\partial f(u)}{\partial y}\boldsymbol{e}_y+\frac{\partial f(u)}{\partial z}\boldsymbol{e}_z=\frac{\mathrm{d}f}{\mathrm{d}u}\frac{\mathrm{d}u}{\mathrm{d}x}\boldsymbol{e}_x+\frac{\mathrm{d}f}{\mathrm{d}u}\frac{\mathrm{d}u}{\mathrm{d}y}\boldsymbol{e}_y+\frac{\mathrm{d}f}{\mathrm{d}u}\frac{\mathrm{d}u}{\mathrm{d}z}\boldsymbol{e}_z\\&=\frac{\mathrm{d}f}{\mathrm{d}u}\left(\frac{\mathrm{d}u}{\mathrm{d}x}\boldsymbol{e}_x+\frac{\mathrm{d}u}{\mathrm{d}y}\boldsymbol{e}_y+\frac{\mathrm{d}u}{\mathrm{d}z}\boldsymbol{e}_z\right)=\frac{\mathrm{d}f}{\mathrm{d}u}\nabla u\end{aligned}$$

方程的左边等于方程的右边,证毕。

Ⅱ.方程的左边为

$$\begin{aligned}\nabla\cdot\boldsymbol{A}(u)&=\left(\frac{\partial}{\partial x}\boldsymbol{e}_x+\frac{\partial}{\partial y}\boldsymbol{e}_y+\frac{\partial}{\partial z}\boldsymbol{e}_z\right)\cdot[A_x(u)\boldsymbol{e}_x+A_y(u)\boldsymbol{e}_y+A_z(u)\boldsymbol{e}_z]\\&=\frac{\partial A_x(u)}{\partial x}+\frac{\partial A_y(u)}{\partial y}+\frac{\partial A_z(u)}{\partial z}\end{aligned}$$

$$= \frac{\mathrm{d}A_x(u)}{\mathrm{d}u}\frac{\mathrm{d}u}{\mathrm{d}x} + \frac{\mathrm{d}A_y(u)}{\mathrm{d}u}\frac{\mathrm{d}u}{\mathrm{d}y} + \frac{\mathrm{d}A_z(u)}{\mathrm{d}u}\frac{\mathrm{d}u}{\mathrm{d}z} = \nabla u \cdot \frac{\mathrm{d}\boldsymbol{A}(u)}{\mathrm{d}u}$$

方程的左边等于方程右边，证毕。

Ⅲ. 方程的左边为

$$\nabla \times \boldsymbol{A}(u) = \begin{vmatrix} \boldsymbol{e}_x & \boldsymbol{e}_y & \boldsymbol{e}_z \\ \dfrac{\partial}{\partial x} & \dfrac{\partial}{\partial y} & \dfrac{\partial}{\partial z} \\ A_x(u) & A_y(u) & A_z(u) \end{vmatrix}$$

$$= \left[\frac{\partial A_z}{\partial y} - \frac{\partial A_y}{\partial z}\right]\boldsymbol{e}_x + \left[\frac{\partial A_x}{\partial z} - \frac{\partial A_z}{\partial x}\right]\boldsymbol{e}_y + \left[\frac{\partial A_y}{\partial x} - \frac{\partial A_x}{\partial y}\right]\boldsymbol{e}_z$$

$$= \left[\frac{\mathrm{d}A_z}{\mathrm{d}u}\frac{\mathrm{d}u}{\mathrm{d}y} - \frac{\mathrm{d}A_y}{\mathrm{d}u}\frac{\mathrm{d}u}{\mathrm{d}z}\right]\boldsymbol{e}_x + \left[\frac{\mathrm{d}A_x}{\mathrm{d}u}\frac{\mathrm{d}u}{\mathrm{d}z} - \frac{\mathrm{d}A_z}{\mathrm{d}u}\frac{\mathrm{d}u}{\mathrm{d}x}\right]\boldsymbol{e}_y +$$

$$\left[\frac{\mathrm{d}A_y}{\mathrm{d}u}\frac{\mathrm{d}u}{\mathrm{d}x} - \frac{\mathrm{d}A_x}{\mathrm{d}u}\frac{\mathrm{d}u}{\mathrm{d}y}\right]\boldsymbol{e}_z$$

方程的右边为

$$\nabla u \times \frac{\mathrm{d}\boldsymbol{A}}{\mathrm{d}u} = \begin{vmatrix} \boldsymbol{e}_x & \boldsymbol{e}_y & \boldsymbol{e}_z \\ \dfrac{\mathrm{d}u}{\mathrm{d}x} & \dfrac{\mathrm{d}u}{\mathrm{d}y} & \dfrac{\mathrm{d}u}{\mathrm{d}z} \\ \dfrac{\mathrm{d}A_x}{\mathrm{d}u} & \dfrac{\mathrm{d}A_y}{\mathrm{d}u} & \dfrac{\mathrm{d}A_z}{\mathrm{d}u} \end{vmatrix}$$

$$= \left[\frac{\mathrm{d}A_z}{\mathrm{d}u}\frac{\mathrm{d}u}{\mathrm{d}y} - \frac{\mathrm{d}A_y}{\mathrm{d}u}\frac{\mathrm{d}u}{\mathrm{d}z}\right]\boldsymbol{e}_x + \left[\frac{\mathrm{d}A_x}{\mathrm{d}u}\frac{\mathrm{d}u}{\mathrm{d}z} - \frac{\mathrm{d}A_z}{\mathrm{d}u}\frac{\mathrm{d}u}{\mathrm{d}x}\right]\boldsymbol{e}_y +$$

$$\left[\frac{\mathrm{d}A_y}{\mathrm{d}u}\frac{\mathrm{d}u}{\mathrm{d}x} - \frac{\mathrm{d}A_x}{\mathrm{d}u}\frac{\mathrm{d}u}{\mathrm{d}y}\right]\boldsymbol{e}_z$$

方程的左边等于方程的右边，证毕。

1.4　设 $r = \sqrt{(x-x')^2 + (y-y')^2 + (z-z')^2}$ 源点 $\boldsymbol{x}'$ 到场点 $\boldsymbol{x}$ 的距离，r 的方向规定为源点指向场点。

(1) 证明下列结果，并体会对源变数求微商 $\left(\nabla' = \boldsymbol{e}_x \dfrac{\partial}{\partial x'} + \boldsymbol{e}_y \dfrac{\partial}{\partial y'} + \boldsymbol{e}_z \dfrac{\partial}{\partial z'}\right)$ 与对场变数求微商 $\left(\nabla = \boldsymbol{e}_x \dfrac{\partial}{\partial x} + \boldsymbol{e}_y \dfrac{\partial}{\partial y} + \boldsymbol{e}_z \dfrac{\partial}{\partial z}\right)$ 的关系：

$$\nabla r = -\nabla' r = \frac{\boldsymbol{r}}{r}, \nabla \frac{1}{r} = -\nabla' \frac{1}{r} = -\frac{\boldsymbol{r}}{r^3}, \nabla \times \frac{\boldsymbol{r}}{r^3} = 0, \nabla \cdot \frac{\boldsymbol{r}}{r^3} = -\nabla' \cdot \frac{\boldsymbol{r}}{r^3} = 0,$$

$(r \neq 0)$　(最后一式在 $r = 0$ 点不成立)。

(2) 求 $\nabla r, \nabla \cdot \boldsymbol{r}, \nabla \times \boldsymbol{r}, (\boldsymbol{a} \cdot \nabla)\boldsymbol{r}, \nabla(\boldsymbol{a} \cdot \boldsymbol{r}), \nabla \cdot [\boldsymbol{E}_0 \sin(\boldsymbol{k} \cdot \boldsymbol{r})]$ 及 $\nabla \times [\boldsymbol{E}_0 \sin(\boldsymbol{k} \cdot \boldsymbol{r})]$，其中 $\boldsymbol{a}$、$\boldsymbol{k}$ 及 $\boldsymbol{E}_0$ 均为常矢量。

【解】　Ⅰ. 证明如下：

(1) 设 $\boldsymbol{r} = (x-x')\boldsymbol{e}_x + (y-y')\boldsymbol{e}_y + (z-z')\boldsymbol{e}_z$，则

$$r=[(x-x')^2+(y-y')^2+(z-z')^2]^{\frac{1}{2}}$$

所以有

$$\nabla r=\frac{\partial r}{\partial x}\boldsymbol{e}_x+\frac{\partial r}{\partial y}\boldsymbol{e}_y+\frac{\partial r}{\partial z}\boldsymbol{e}_z=\frac{(x-x')}{r}\boldsymbol{e}_x+\frac{(y-y')}{r}\boldsymbol{e}_y+\frac{(z-z')}{r}\boldsymbol{e}_z=\frac{\boldsymbol{r}}{r}$$

而

$$\begin{aligned}\nabla' r&=\frac{\partial r}{\partial x'}\boldsymbol{e}_x+\frac{\partial r}{\partial y'}\boldsymbol{e}_y+\frac{\partial r}{\partial z'}\boldsymbol{e}_z\\&=-\frac{(x-x')}{r}\boldsymbol{e}_x-\frac{(y-y')}{r}\boldsymbol{e}_y-\frac{(z-z')}{r}\boldsymbol{e}_z=-\frac{\boldsymbol{r}}{r}\end{aligned}$$

所以有

$$\nabla r=-\nabla' r$$

(2) 同理

$$\nabla\frac{1}{r}=-\frac{1}{2}\frac{1}{r^3}[2(x-x')\boldsymbol{e}_x+2(y-y')\boldsymbol{e}_y+2(z-z')\boldsymbol{e}_z]=-\frac{\boldsymbol{r}}{r^3}$$

而

$$\nabla'\frac{1}{r}=-\frac{1}{2}\frac{1}{r^3}[-2(x-x')\boldsymbol{e}_x-2(y-y')\boldsymbol{e}_y-2(z-z')\boldsymbol{e}_z]=\frac{\boldsymbol{r}}{r^3}$$

所以有

$$\nabla\frac{1}{r}=-\nabla'\frac{1}{r}=-\frac{\boldsymbol{r}}{r^3}$$

(3) 同理

$$\begin{aligned}\nabla\times\frac{\boldsymbol{r}}{r^3}&=\left(\nabla\frac{1}{r^3}\right)\times\boldsymbol{r}+\frac{1}{r^3}\nabla\times\boldsymbol{r}\\&=-\frac{3\boldsymbol{r}}{r^5}\times\boldsymbol{r}+\frac{1}{r^3}\begin{vmatrix}\boldsymbol{e}_x&\boldsymbol{e}_y&\boldsymbol{e}_z\\\frac{\partial}{\partial x}&\frac{\partial}{\partial y}&\frac{\partial}{\partial z}\\(x-x')&(y-y')&(z-z')\end{vmatrix}=0+0=0\end{aligned}$$

而

$$\begin{aligned}\nabla'\times\frac{\boldsymbol{r}}{r^3}&=\left(\nabla'\frac{1}{r^3}\right)\times\boldsymbol{r}+\frac{1}{r^3}\nabla'\times\boldsymbol{r}\\&=\frac{3\boldsymbol{r}}{r^5}\times\boldsymbol{r}+\frac{1}{r^3}\begin{vmatrix}\boldsymbol{e}_x&\boldsymbol{e}_y&\boldsymbol{e}_z\\\frac{\partial}{\partial x'}&\frac{\partial}{\partial y'}&\frac{\partial}{\partial z'}\\(x-x')&(y-y')&(z-z')\end{vmatrix}=0+0=0\end{aligned}$$

所以有

$$\nabla\times\frac{\boldsymbol{r}}{r^3}=-\nabla'\times\frac{\boldsymbol{r}}{r^3}=0$$

(4) 同理

$$\nabla\cdot\frac{\boldsymbol{r}}{r^3}=\left(\nabla\frac{1}{r^3}\right)\cdot\boldsymbol{r}+\frac{1}{r^3}\nabla\cdot\boldsymbol{r}=-\frac{3\boldsymbol{r}}{r^5}\cdot\boldsymbol{r}+\frac{3}{r^3}=0$$

而

$$\nabla'\cdot\frac{\boldsymbol{r}}{r^3}=\left(\nabla'\frac{1}{r^3}\right)\cdot\boldsymbol{r}+\frac{1}{r^3}\nabla'\cdot\boldsymbol{r}=\frac{3\boldsymbol{r}}{r^5}\cdot\boldsymbol{r}-\frac{3}{r^3}=0$$

所以有

$$\nabla\cdot\frac{\boldsymbol{r}}{r^3}=-\nabla'\cdot\frac{\boldsymbol{r}}{r^3}=0$$

证毕。从以上证明看出，矢量微分算符∇是对场变数求微分，即对场点坐标(x,y,z)进行微分作用，而∇'是对源变数求微分，即对源点坐标(x',y',z')进行微分作用，两种作用相差一负号。

Ⅱ.计算如下：

(1) 设 $r=(x-x_0)\boldsymbol{e}_x+(y-y_0)\boldsymbol{e}_y+(z-z_0)\boldsymbol{e}_z$，则

$$r=\left[(x-x_0)^2+(y-y_0)^2+(z-z_0)^2\right]^{\frac{1}{2}}$$

所以有

$$\nabla r=\frac{\partial r}{\partial x}\boldsymbol{e}_x+\frac{\partial r}{\partial y}\boldsymbol{e}_y+\frac{\partial r}{\partial z}\boldsymbol{e}_z=\frac{(x-x_0)}{r}\boldsymbol{e}_x+\frac{(y-y_0)}{r}\boldsymbol{e}_y+\frac{(z-z_0)}{r}\boldsymbol{e}_z=\frac{\boldsymbol{r}}{r}$$

(2) 同理

$$\nabla\cdot r=\frac{\partial}{\partial x}(x-x_0)+\frac{\partial}{\partial y}(y-y_0)+\frac{\partial}{\partial z}(z-z_0)=1+1+1=3$$

(3) 同理

$$\nabla\times\boldsymbol{r}=\begin{vmatrix}\boldsymbol{e}_x & \boldsymbol{e}_y & \boldsymbol{e}_z\\ \dfrac{\partial}{\partial x} & \dfrac{\partial}{\partial y} & \dfrac{\partial}{\partial z}\\ (x-x_0) & (y-y_0) & (z-z_0)\end{vmatrix}$$

$$=\left[\frac{\partial(z-z_0)}{\partial y}-\frac{\partial(y-y_0)}{\partial z}\right]\boldsymbol{e}_x+\left[\frac{\partial(x-x_0)}{\partial z}-\frac{\partial(z-z_0)}{\partial x}\right]\boldsymbol{e}_y+$$

$$\left[\frac{\partial(y-y_0)}{\partial x}-\frac{\partial(z-z_0)}{\partial y}\right]\boldsymbol{e}_z=0$$

(4) $$(\boldsymbol{a}\cdot\nabla)\boldsymbol{r}=(a_x\nabla_x+a_y\nabla_y+a_z\nabla_z)(x\boldsymbol{e}_x+y\boldsymbol{e}_y+z\boldsymbol{e}_z)$$

$$=a_x\boldsymbol{e}_x+a_y\boldsymbol{e}_y+a_z\boldsymbol{e}_z=\boldsymbol{a}$$

或

$$(\boldsymbol{a}\cdot\nabla)\boldsymbol{r}=\boldsymbol{a}\cdot\nabla\boldsymbol{r}=\boldsymbol{a}\cdot\mathscr{I}=\boldsymbol{a}$$

(5) $$\nabla(\boldsymbol{a}\cdot\boldsymbol{r})=(\nabla_x+\nabla_y+\nabla_z)(a_x x+a_y y+z_z z)$$

$$=a_x\boldsymbol{e}_x+a_y\boldsymbol{e}_y+a_z\boldsymbol{e}_z=\boldsymbol{a}$$

(6) $$\nabla\cdot[\boldsymbol{E}_0\sin(\boldsymbol{k}\cdot\boldsymbol{r})]=(\nabla_x+\nabla_y+\nabla_z)\cdot[(E_{0x}\boldsymbol{e}_x+E_{0y}\boldsymbol{e}_y+E_{0z}\boldsymbol{e}_z)$$

$$\sin(k_x x+k_y y+k_z z)]$$

$$= (\nabla_x E_{0x} + \nabla_y E_{0y} + \nabla_z E_{0z})\sin(k_x x + k_y y + k_z z)]$$
$$= (E_{0x}k_x + E_{0y}k_y + E_{0z}k_z)\cos(k_x x + k_y y + k_z z)$$
$$= (\boldsymbol{E}_0 \cdot \boldsymbol{k})\cos(\boldsymbol{k}\cdot\boldsymbol{r})$$

或

$$\begin{aligned}\nabla\cdot[\boldsymbol{E}_0\sin(\boldsymbol{k}\cdot\boldsymbol{r})] &= (\nabla\cdot\boldsymbol{E}_0)\sin(\boldsymbol{k}\cdot\boldsymbol{r}) + [\nabla\sin(\boldsymbol{k}\cdot\boldsymbol{r})]\cdot\boldsymbol{E}_0 \\ &= 0 + \cos(\boldsymbol{k}\cdot\boldsymbol{r})\nabla(\boldsymbol{k}\cdot\boldsymbol{r})\cdot\boldsymbol{E}_0 \\ &= \cos(\boldsymbol{k}\cdot\boldsymbol{r})\nabla(xk_x + yk_y + zk_z)\cdot\boldsymbol{E}_0 \\ &= \cos(\boldsymbol{k}\cdot\boldsymbol{r})(k_x\boldsymbol{e}_x + k_y\boldsymbol{e}_y + k_z\boldsymbol{e}_z)\cdot\boldsymbol{E}_0 \\ &= (\boldsymbol{E}_0\cdot\boldsymbol{k})\cos(\boldsymbol{k}\cdot\boldsymbol{r})\end{aligned}$$

(7) $$\nabla\times[\boldsymbol{E}_0\sin(\boldsymbol{k}\cdot\boldsymbol{r})] = \begin{vmatrix} \boldsymbol{e}_x & \boldsymbol{e}_y & \boldsymbol{e}_z \\ \nabla_x & \nabla_y & \nabla_z \\ E_{0x}\sin(\boldsymbol{k}\cdot\boldsymbol{r}) & E_{0y}\sin(\boldsymbol{k}\cdot\boldsymbol{r}) & E_{0z}\sin(\boldsymbol{k}\cdot\boldsymbol{r}) \end{vmatrix}$$

$$\begin{aligned}&= [(\nabla_y E_{0z} - \nabla_z E_{0y})\sin(\boldsymbol{k}\cdot\boldsymbol{r})]\boldsymbol{e}_x + \\ &\quad [(\nabla_z E_{0x} - \nabla_x E_{0z})\sin(\boldsymbol{k}\cdot\boldsymbol{r})]\boldsymbol{e}_y + \\ &\quad [(\nabla_x E_{0y} - \nabla_y E_{0x})\sin(\boldsymbol{k}\cdot\boldsymbol{r})]\boldsymbol{e}_z \\ &= (E_{0z}k_y - E_{0y}k_z)\cos(\boldsymbol{k}\cdot\boldsymbol{r})\boldsymbol{e}_x + \\ &\quad (E_{0x}k_z - E_{0z}k_x)\cos(\boldsymbol{k}\cdot\boldsymbol{r})\boldsymbol{e}_x + \\ &\quad (E_{0y}k_x - E_{0x}k_y)\cos(\boldsymbol{k}\cdot\boldsymbol{r})\boldsymbol{e}_x \\ &= -(\boldsymbol{E}_0\times\boldsymbol{k})\cos(\boldsymbol{k}\cdot\boldsymbol{r}) = \boldsymbol{k}\times\boldsymbol{E}_0\cos(\boldsymbol{k}\cdot\boldsymbol{r})\end{aligned}$$

1.5　计算下列各式：

$$\nabla\cdot\left(\frac{\boldsymbol{r}}{r}\right) \quad \nabla\times(r^n\boldsymbol{r}) \quad \nabla\cdot(r^n\boldsymbol{r}) \quad (r\neq 0)$$

【解】 (1) 设 $\boldsymbol{r} = (x - x_0)\boldsymbol{e}_x + (y - y_0)\boldsymbol{e}_y + (z - z_0)\boldsymbol{e}_z$，则有

$$\nabla\cdot\left(\frac{\boldsymbol{r}}{r}\right) = \nabla_{\boldsymbol{r}}\cdot\left(\frac{\boldsymbol{r}}{r}\right) + \nabla_r\cdot\left(\frac{\boldsymbol{r}}{r}\right) = \frac{1}{r}\nabla\cdot\boldsymbol{r} + \left(\nabla\frac{1}{r}\right)\cdot\boldsymbol{r}$$
$$= 3\,\frac{1}{r} + \left(-\frac{\boldsymbol{r}}{r^3}\cdot\boldsymbol{r}\right) = 3\,\frac{1}{r} - \frac{1}{r} = 2\,\frac{1}{r}$$

(2) 同理，设 $\boldsymbol{r} = (x - x_0)\boldsymbol{e}_x + (y - y_0)\boldsymbol{e}_y + (z - z_0)\boldsymbol{e}_z$，而

$$r^n = [(x - x_0)^2 + (y - y_0)^2 + (z - z_0)^2]^{\frac{n}{2}}$$

则有

$$\begin{aligned}\nabla\times(r^n\boldsymbol{r}) &= \nabla_{\boldsymbol{r}}\times(r^n\boldsymbol{r}) + \nabla_{r^n}\times(r^n\boldsymbol{r}) \\ &= r^n\,\nabla_{\boldsymbol{r}}\times\boldsymbol{r} + (\nabla_{r^n}r^n)\times\boldsymbol{r} = (\nabla_{r^n}r^n)\times\boldsymbol{r} \\ &= \frac{n}{2}[(x - x_0)^2 + (y - y_0)^2 + (z - z_0)^2]^{\frac{n}{2}-1} \\ &\quad 2[(x - x_0)\boldsymbol{e}_x + (y - y_0)\boldsymbol{e}_y + (z - z_0)\boldsymbol{e}_z]\times\boldsymbol{r} \\ &= nr^n\,\frac{\boldsymbol{r}}{r^2}\times\boldsymbol{r} = 0\end{aligned}$$

(3) 同理,设 $\boldsymbol{r} = (x - x_0)\boldsymbol{e}_x + (y - y_0)\boldsymbol{e}_y + (z - z_0)\boldsymbol{e}_z$,而

$$r^n = [(x - x_0)^2 + (y - y_0)^2 + (z - z_0)^2]^{\frac{n}{2}}$$

则有

$$\nabla\cdot(r^n\boldsymbol{r}) = \nabla_{\boldsymbol{r}}\cdot(r^n\boldsymbol{r}) + \nabla_{r^n}\cdot(r^n\boldsymbol{r}) = r^n(\nabla_{\boldsymbol{r}}\cdot\boldsymbol{r}) + (\nabla_{r^n}r^n)\cdot\boldsymbol{r}$$
$$= 3r^n + nr^n = (3+n)r^n$$

1.6　若 $\boldsymbol{a}$ 为常矢量,证明除 $\boldsymbol{r} = 0$ 的点以外有:

$$\nabla\left(\frac{\boldsymbol{a}\cdot\boldsymbol{r}}{r^3}\right) = -\nabla\times\left(\frac{\boldsymbol{a}\times\boldsymbol{r}}{r^3}\right)$$

【证明】　方程左边为

$$\nabla\left(\frac{\boldsymbol{a}\cdot\boldsymbol{r}}{r^3}\right) = \nabla_{r^3}\left(\frac{\boldsymbol{a}\cdot\boldsymbol{r}}{r^3}\right) + \nabla_{\boldsymbol{a}}\left(\frac{\boldsymbol{a}\cdot\boldsymbol{r}}{r^3}\right) + \nabla_{\boldsymbol{r}}\left(\frac{\boldsymbol{a}\cdot\boldsymbol{r}}{r^3}\right)$$
$$= \nabla_{r^3}\left(\frac{\boldsymbol{a}\cdot\boldsymbol{r}}{r^3}\right) + \nabla_{\boldsymbol{r}}\left(\frac{\boldsymbol{a}\cdot\boldsymbol{r}}{r^3}\right) = \left(\nabla_{\boldsymbol{r}}\frac{1}{r^3}\right)(\boldsymbol{a}\cdot\boldsymbol{r}) + \left(\frac{1}{r^3}\nabla_{\boldsymbol{r}}\right)(\boldsymbol{a}\cdot\boldsymbol{r})$$
$$= \boldsymbol{a}\times\left(\nabla_{r^3}\frac{1}{r^3}\times\boldsymbol{r}\right) + \left(\boldsymbol{a}\cdot\nabla_{r^3}\frac{1}{r^3}\right)\boldsymbol{r} +$$
$$\boldsymbol{a}\times\left(\frac{1}{r^3}\nabla_{\boldsymbol{r}}\times\boldsymbol{r}\right) + \left(\boldsymbol{a}\cdot\frac{1}{r^3}\nabla_{\boldsymbol{r}}\right)\boldsymbol{r}$$
$$= 0 + \left(\boldsymbol{a}\cdot\nabla_{r^3}\frac{1}{r^3}\right)\boldsymbol{r} + 0 + \left(\boldsymbol{a}\cdot\frac{1}{r^3}\nabla_{\boldsymbol{r}}\right)\boldsymbol{r}$$
$$= \left(\boldsymbol{a}\cdot\nabla_{r^3}\frac{1}{r^3}\right)\boldsymbol{r} + \left(\boldsymbol{a}\cdot\frac{1}{r^3}\nabla_{\boldsymbol{r}}\right)\boldsymbol{r}$$

方程右边为

$$-\nabla\times\left(\frac{\boldsymbol{a}\times\boldsymbol{r}}{r^3}\right) = -\nabla_{r^3}\times\left(\frac{\boldsymbol{a}\times\boldsymbol{r}}{r^3}\right) - \nabla_{\boldsymbol{r}}\times\left(\frac{\boldsymbol{a}\times\boldsymbol{r}}{r^3}\right)$$
$$= -\nabla_{r^3}\frac{1}{r^3}\times(\boldsymbol{a}\times\boldsymbol{r}) - \frac{1}{r^3}\nabla_{\boldsymbol{r}}\times(\boldsymbol{a}\times\boldsymbol{r})$$
$$= -\left[\left(\nabla_{r^3}\frac{1}{r^3}\cdot\boldsymbol{r}\right)\boldsymbol{a} - \left(\nabla_{r^3}\frac{1}{r^3}\cdot\boldsymbol{a}\right)\boldsymbol{r}\right] -$$
$$\left[\left(\frac{1}{r^3}\nabla_{\boldsymbol{r}}\cdot\boldsymbol{r}\right)\boldsymbol{a} - \left(\frac{1}{r^3}\nabla_{\boldsymbol{r}}\cdot\boldsymbol{a}\right)\boldsymbol{r}\right]$$
$$= -\left(-3\frac{\boldsymbol{r}}{r^5}\cdot\boldsymbol{r}\right)\boldsymbol{a} + \left(\boldsymbol{a}\cdot\nabla_{r^3}\frac{1}{r^3}\right)\boldsymbol{r} - 3\frac{1}{r^3}\boldsymbol{a} + \left(\boldsymbol{a}\cdot\frac{1}{r^3}\nabla_{\boldsymbol{r}}\right)\boldsymbol{r}$$
$$= \left(\boldsymbol{a}\cdot\nabla_{r^3}\frac{1}{r^3}\right)\boldsymbol{r} + \left(\boldsymbol{a}\cdot\frac{1}{r^3}\nabla_{\boldsymbol{r}}\right)\boldsymbol{r}$$

方程左边等于右边,证毕。

1.7　设 $\boldsymbol{c}$ 为恒矢量,$\boldsymbol{r}$ 为位置矢量,计算下列各式:

(1) $\nabla\times(\boldsymbol{c}\times\boldsymbol{r})$;(2) ∇r^2;(3) $\nabla^2\left(\frac{1}{r}\right)(r\neq 0)$。

【解】　(1) 将 $\boldsymbol{c}$ 和 $\boldsymbol{r}$ 写为分量式

$$\boldsymbol{c} = c_x\boldsymbol{e}_x + c_y\boldsymbol{e}_y + c_z\boldsymbol{e}_z$$

$$\boldsymbol{r} = (x - x_0)\boldsymbol{e}_x + (y - y_0)\boldsymbol{e}_y + (z - z_0)\boldsymbol{e}_z$$

所以

$$\boldsymbol{c}\times\boldsymbol{r} = \begin{vmatrix} \boldsymbol{e}_x & \boldsymbol{e}_y & \boldsymbol{e}_z \\ c_x & c_y & c_z \\ x & y & z \end{vmatrix} = (c_y z - c_z y)\boldsymbol{e}_x + (c_z x - c_x z)\boldsymbol{e}_y + (c_x y - c_y x)\boldsymbol{e}_z$$

$$\nabla\times(\boldsymbol{c}\times\boldsymbol{r}) = \begin{vmatrix} \boldsymbol{e}_x & \boldsymbol{e}_y & \boldsymbol{e}_z \\ \dfrac{\partial}{\partial x} & \dfrac{\partial}{\partial y} & \dfrac{\partial}{\partial z} \\ (c_y z - c_z y) & (c_z x - c_x z) & (c_x y - c_y x) \end{vmatrix}$$

$$= 2(c_x\boldsymbol{e}_x + c_y\boldsymbol{e}_y + c_z\boldsymbol{e}_z) = 2\boldsymbol{c}$$

(2) 同理

$$\nabla r^2 = \frac{\mathrm{d}}{\mathrm{d}r}r^2 = 2r\boldsymbol{e}_r = 2\boldsymbol{r}$$

(3) 同理

$$\nabla^2\left(\frac{1}{r}\right) = \nabla\cdot\nabla\frac{1}{r} = \nabla\left(-\frac{\boldsymbol{r}}{r^3}\right) = -\frac{1}{r^3}\nabla\cdot\boldsymbol{r} - \nabla\left(\frac{1}{r^3}\right)\cdot\boldsymbol{r}$$

$$= -\frac{3}{r} + 3\frac{\boldsymbol{r}}{r^3}\cdot\boldsymbol{r} = 0$$

1.8　直接由式 $\boldsymbol{E}(\boldsymbol{x}) = \dfrac{1}{4\pi\varepsilon_0}\displaystyle\int\frac{\rho(\boldsymbol{x}')\boldsymbol{r}}{r^3}\mathrm{d}V'$ 证明：

(1) $\nabla\cdot\boldsymbol{E}(\boldsymbol{x}) = \dfrac{1}{\varepsilon_0}\rho(\boldsymbol{x})$；

(2) $\nabla\times\boldsymbol{E}(\boldsymbol{x}) = 0$。

其中 $\boldsymbol{x}$ 为场点坐标，$\boldsymbol{x}'$ 为源点坐标。

【证明】 Ⅰ. $\nabla\cdot\boldsymbol{E}(\boldsymbol{x}) = \dfrac{1}{4\pi\varepsilon_0}\displaystyle\int\rho(\boldsymbol{x}')\,\nabla\cdot\left(\frac{\boldsymbol{r}}{r^3}\right)\mathrm{d}V' = \dfrac{1}{4\pi\varepsilon_0}\displaystyle\int\rho(\boldsymbol{x}')\,\nabla\cdot\left(-\nabla\frac{1}{r}\right)\mathrm{d}V'$

$$= \frac{1}{\varepsilon_0}\int\rho(\boldsymbol{x}')\,\frac{1}{4\pi}\,\nabla^2\left(\frac{1}{r}\right)\mathrm{d}V' \tag{1}$$

因为

$$\nabla^2\frac{1}{r^2} = -4\pi\delta(\boldsymbol{x} - \boldsymbol{x}') \tag{2}$$

所以(1) 式为

$$\boldsymbol{E}(\boldsymbol{x}) = \frac{1}{\varepsilon_0}\int\rho(\boldsymbol{x}')\delta(\boldsymbol{x} - \boldsymbol{x}')\mathrm{d}V' = \frac{\rho(\boldsymbol{x}')}{\varepsilon_0} \tag{3}$$

证毕。

Ⅱ. $\nabla\times\boldsymbol{E}(\boldsymbol{x}) = \dfrac{1}{4\pi\varepsilon_0}\displaystyle\int\rho(\boldsymbol{x}')\,\nabla\times\left(\frac{\boldsymbol{r}}{r^3}\right)\mathrm{d}V' = \dfrac{1}{4\pi\varepsilon_0}\displaystyle\int\rho(\boldsymbol{x}')\,\nabla\times\left(-\nabla\frac{1}{r}\right)\mathrm{d}V'$　　(4)

因为

$$\nabla\times\left(-\nabla\frac{1}{r}\right)=0 \tag{5}$$

所以(4) 式为

$$\nabla\times\boldsymbol{E}(\boldsymbol{x})=0 \tag{6}$$

证毕。

1.9　$\nabla^2\varphi$定义为空间的标量函数φ的梯度的散度，即$\nabla^2\varphi=\nabla\cdot(\nabla\varphi)$. 试根据这个定义，推导出在正交曲线坐标系中$\nabla^2\varphi$的表达式。并由此写出$\nabla^2\varphi$在柱坐标系和球坐标系中的表达式。

【解】　根据 1.3 题对$\nabla\varphi$和$\nabla\cdot\boldsymbol{A}$的表达式及$\nabla^2\varphi$的定义，有

$$\nabla^2\varphi=\frac{1}{h_1h_2h_3}\left[\frac{\partial}{\partial u_1}\left(\frac{h_2h_3}{h_1}\frac{\partial\varphi}{\partial u_1}\right)+\frac{\partial}{\partial u_2}\left(\frac{h_3h_1}{h_2}\frac{\partial\varphi}{\partial u_2}\right)+\frac{\partial}{\partial u_3}\left(\frac{h_1h_2}{h_3}\frac{\partial\varphi}{\partial u_3}\right)\right]$$

而柱坐标系的标度因子、三个分坐标分量和三个基矢为

$$u_1=r,u_2=\phi,u_3=z$$
$$h_1=1,h_2=r,h_3=1$$
$$\boldsymbol{e}_1=\boldsymbol{e}_r,\boldsymbol{e}_2=\boldsymbol{e}_\phi,\boldsymbol{e}_3=\boldsymbol{e}_z$$

所以

$$\begin{aligned}\nabla^2\varphi&=\frac{1}{r}\left[\frac{\partial}{\partial r}\left(r\frac{\partial\varphi}{\partial r}\right)+\frac{\partial}{\partial\phi}\left(\frac{1}{r}\frac{\partial\varphi}{\partial\phi}\right)+\frac{\partial}{\partial z}\left(r\frac{\partial\varphi}{\partial z}\right)\right]\\&=\frac{1}{r}\frac{\partial}{\partial r}\left(r\frac{\partial\varphi}{\partial r}\right)+\frac{1}{r^2}\frac{\partial^2\varphi}{\partial\phi^2}+\frac{\partial^2\varphi}{\partial z^2}\end{aligned}$$

在球坐标系中的标度因子、三个分坐标分量和三个基矢为

$$u_1=r,u_2=\theta,u_3=\phi$$
$$h_1=1,h_2=r,h_3=r\sin\theta$$
$$\boldsymbol{e}_1=\boldsymbol{e}_r,\boldsymbol{e}_2=\boldsymbol{e}_\theta,\boldsymbol{e}_3=\boldsymbol{e}_\phi$$

所以有

$$\begin{aligned}\nabla^2\varphi&=\frac{1}{r^2\sin\theta}\left[\frac{\partial}{\partial r}\left(r^2\sin\theta\frac{\partial\varphi}{\partial r}\right)+\frac{\partial}{\partial\theta}\left(\sin\theta\frac{\partial\varphi}{\partial\theta}\right)+\frac{\partial}{\partial\phi}\left(\frac{1}{\sin\theta}\frac{\partial\varphi}{\partial\phi}\right)\right]\\&=\frac{1}{r^2}\frac{\partial}{\partial r}\left(r^2\frac{\partial\varphi}{\partial r}\right)+\frac{1}{r^2\sin\theta}\frac{\partial}{\partial\theta}\left(\sin\theta\frac{\partial\varphi}{\partial\theta}\right)+\frac{1}{r^2\sin^2\theta}\frac{\partial^2\varphi}{\partial\phi^2}\end{aligned}$$

1.10　应用高斯公式证明

$$\int_V\mathrm{d}V\,\nabla\times\boldsymbol{f}=\oint_S\mathrm{d}\boldsymbol{S}\times\boldsymbol{f}$$

【证明】　设 $\boldsymbol{c}$ 为非零的任意常矢量，用 $\boldsymbol{c}$ 左点乘方程的左边有

$$\boldsymbol{c}\cdot\int_V\mathrm{d}V\,\nabla\times\boldsymbol{f}=\int_V\mathrm{d}V[\boldsymbol{c}\cdot(\nabla\times\boldsymbol{f})] \tag{1}$$

由矢量分析公式

$$\nabla\cdot(\boldsymbol{A}\times\boldsymbol{B})=(\nabla\times\boldsymbol{A})\cdot\boldsymbol{B}-\boldsymbol{A}\cdot(\nabla\times\boldsymbol{B})$$

令(1) 式中的 $\boldsymbol{f}=\boldsymbol{A},\boldsymbol{c}=\boldsymbol{B}$,有

$$\nabla\cdot(\boldsymbol{f}\times\boldsymbol{c})=(\nabla\times\boldsymbol{f})\cdot\boldsymbol{c}-\boldsymbol{f}\cdot(\nabla\times\boldsymbol{c})=\boldsymbol{c}\cdot(\nabla\times\boldsymbol{f})$$

因此(1) 式右边为

$$\int_V \mathrm{d}V[\boldsymbol{c}\cdot(\nabla\times\boldsymbol{f})]=\int_V \mathrm{d}V\,\nabla\cdot(\boldsymbol{f}\times\boldsymbol{c})$$

又根据高斯公式有

$$\begin{aligned}\int_V \mathrm{d}V\,\nabla\cdot(\boldsymbol{f}\times\boldsymbol{c})&=\oint_S(\boldsymbol{f}\times\boldsymbol{c})\cdot\mathrm{d}\boldsymbol{S}=\oint_S(\boldsymbol{f}\times c)\cdot\boldsymbol{n}\mathrm{d}S\\&=\oint_S\boldsymbol{c}\cdot(\boldsymbol{n}\times\boldsymbol{f})\mathrm{d}S=\boldsymbol{c}\cdot\oint_S\mathrm{d}\boldsymbol{S}\times\boldsymbol{f}\end{aligned}\tag{2}$$

由(1) 式和(2) 式有

$$\boldsymbol{c}\cdot\oint_V\mathrm{d}V\,\nabla\times\boldsymbol{f}=\boldsymbol{c}\cdot\oint_S\mathrm{d}\boldsymbol{S}\times\boldsymbol{f}$$

因为 $\boldsymbol{c}$ 为非零的任意常矢量,所以得

$$\int_V\mathrm{d}V\,\nabla\times\boldsymbol{f}=\oint_S\mathrm{d}\boldsymbol{S}\times\boldsymbol{f}$$

证毕。

1.11　应用斯托克斯公式证明:

(1) $\int_S\mathrm{d}\boldsymbol{S}\times\nabla\varphi=\oint_L\varphi\mathrm{d}\boldsymbol{l}$;

(2) $\oint_L(\boldsymbol{a}\times\boldsymbol{r})\cdot\mathrm{d}\boldsymbol{l}=2\int_S\boldsymbol{a}\cdot\mathrm{d}\boldsymbol{S}$,式中 $\boldsymbol{a}$ 为常矢量。

【证明】　Ⅰ. 设 $\boldsymbol{c}$ 为非零的任意常矢量,令 $\boldsymbol{B}=\varphi\boldsymbol{c}$ 代入斯托克斯公式

$$\int_S\nabla\times\boldsymbol{B}\cdot\mathrm{d}\boldsymbol{S}=\oint_L\boldsymbol{B}\cdot\mathrm{d}\boldsymbol{l}\tag{1}$$

的左边,利用矢量分析公式,有

$$\begin{aligned}\int_S\nabla\times(\varphi\boldsymbol{a})\cdot\mathrm{d}\boldsymbol{S}&=\int_S[\nabla\varphi\times\boldsymbol{a}+\varphi(\nabla\times\boldsymbol{a})]\cdot\mathrm{d}\boldsymbol{S}\\&=\int_S\nabla\varphi\times\boldsymbol{a}\cdot\mathrm{d}\boldsymbol{S}=-\int_S\boldsymbol{a}\times\nabla\varphi\cdot\mathrm{d}\boldsymbol{S}\\&=-\int_S\boldsymbol{a}\cdot\nabla\varphi\times\mathrm{d}\boldsymbol{S}=\int_S\boldsymbol{a}\cdot\mathrm{d}\boldsymbol{S}\times\nabla\varphi\\&=\boldsymbol{a}\cdot\int_S\mathrm{d}\boldsymbol{S}\times\nabla\varphi\end{aligned}\tag{2}$$

而(1) 式的右边为

$$\oint_L\varphi\boldsymbol{a}\cdot\mathrm{d}\boldsymbol{l}=\boldsymbol{a}\cdot\oint_L\varphi\mathrm{d}\boldsymbol{l}\tag{3}$$

由(2) 式和(3) 式相等,即(1) 式方程的两边相等,故有

$$\boldsymbol{a}\cdot\left[\int_S\mathrm{d}\boldsymbol{S}\times\nabla\varphi-\oint_L\varphi\mathrm{d}\boldsymbol{l}\right]=0\tag{4}$$

因 $\boldsymbol{a}$ 为非零的任意常矢量,故得

$$\int_S \mathrm{d}\boldsymbol{S} \times \nabla \varphi = \oint_L \varphi \mathrm{d}\boldsymbol{l} \tag{5}$$

证毕。

Ⅱ. 根据矢量分析公式有

$$\begin{aligned}\nabla \times (\boldsymbol{a} \times \boldsymbol{r}) &= (\boldsymbol{r} \cdot \nabla)\boldsymbol{a} - (\boldsymbol{a} \cdot \nabla)\boldsymbol{r} + (\nabla \cdot \boldsymbol{r})\boldsymbol{a} - (\nabla \cdot \boldsymbol{a})\boldsymbol{r} \\ &= -\boldsymbol{a} + 3\boldsymbol{a} = 2\boldsymbol{a}\end{aligned} \tag{6}$$

令 $\boldsymbol{B} = \boldsymbol{a} \times \boldsymbol{r}$,根据斯托克斯公式

$$\int_S \nabla \times \boldsymbol{B} \cdot \mathrm{d}\boldsymbol{S} = \oint_L \boldsymbol{B} \cdot \mathrm{d}\boldsymbol{l} \tag{7}$$

有

$$\oint_L \boldsymbol{a} \times \boldsymbol{r} \cdot \mathrm{d}\boldsymbol{l} = \int_S \nabla \times (\boldsymbol{a} \times \boldsymbol{r}) \cdot \mathrm{d}\boldsymbol{S} = 2\int_S \boldsymbol{a} \cdot \mathrm{d}\boldsymbol{S} \tag{8}$$

证毕。

1.12　已知一个电荷系统的电偶极矩定义为

$$\boldsymbol{P}(t) = \int_V \rho(\boldsymbol{x}', t)\boldsymbol{x}' \mathrm{d}V'$$

利用电荷守恒定律 $\nabla \cdot \boldsymbol{J} + \dfrac{\partial \rho}{\partial t} = 0$,证明 $\boldsymbol{P}$ 的变化率为

$$\frac{\mathrm{d}\boldsymbol{P}}{\mathrm{d}t} = \int_V \boldsymbol{J}(\boldsymbol{x}', t)\mathrm{d}V'$$

【证明】　电偶极子对时间的变化率为

$$\begin{aligned}\frac{\mathrm{d}\boldsymbol{P}}{\mathrm{d}t} &= \frac{\mathrm{d}}{\mathrm{d}t}\int_V \rho(\boldsymbol{r}', t)\boldsymbol{r}' \mathrm{d}V' = \int_V \frac{\partial}{\partial t}[\rho(\boldsymbol{r}', t)\boldsymbol{r}']\mathrm{d}V' \\ &= \int_V \frac{\partial \rho(\boldsymbol{r}', t)}{\partial t}\boldsymbol{r}' \mathrm{d}V' = \int_V [-\nabla' \cdot \boldsymbol{J}]\boldsymbol{r}' \mathrm{d}V' \\ &= -\int_V (\nabla' \cdot \boldsymbol{J})x' \mathrm{d}V' \boldsymbol{e}_x - \int_V (\nabla' \cdot \boldsymbol{J})y' \mathrm{d}V' \boldsymbol{e}_y - \int_V (\nabla' \cdot \boldsymbol{J})z' \mathrm{d}V' \boldsymbol{e}_z\end{aligned} \tag{1}$$

其中第一项为

$$\begin{aligned}\int_V (\nabla' \cdot \boldsymbol{J})x' \mathrm{d}V' &= \int_V x'(\nabla' \cdot \boldsymbol{J})\mathrm{d}V' = \int_V [\nabla' \cdot (x'\boldsymbol{J}) - (\nabla' x') \cdot \boldsymbol{J}]\mathrm{d}V' \\ &= \oint_S x'\boldsymbol{J} \cdot \mathrm{d}\boldsymbol{S}' - \int_V J_x \mathrm{d}V'\end{aligned} \tag{2}$$

式中封闭曲面 S 为电荷系统的边界面,电流不能流出此边界面,因此

$$\int_S x'\boldsymbol{J} \cdot \mathrm{d}\boldsymbol{S}' = 0 \tag{3}$$

所以

$$\int_V (\nabla' \cdot \boldsymbol{J})x' \mathrm{d}V' = -\int_V J_x \mathrm{d}V' \tag{4}$$

同理,可得(1) 式中的第二项和第三项为

$$\int_V (\nabla' \cdot \boldsymbol{J})y' \mathrm{d}V' = -\int_V J_y \mathrm{d}V' \tag{5}$$

$$\int_V (\nabla' \cdot \boldsymbol{J}) z' \mathrm{d}V' = -\int_V J_z \mathrm{d}V' \tag{6}$$

于是

$$-\int_V (\nabla' \cdot \boldsymbol{J}) \boldsymbol{r}' \mathrm{d}V' = -\int_V \boldsymbol{J} \mathrm{d}V' \tag{7}$$

将(7) 式代入(1) 式即得

$$\frac{\mathrm{d}\boldsymbol{P}}{\mathrm{d}t} = \int_V \boldsymbol{J}(\boldsymbol{r}', t) \mathrm{d}V' \tag{8}$$

证毕。

1.13 若 $\boldsymbol{m}$ 是常矢量,证明除 $\boldsymbol{R} = 0$ 点以外,矢量 $\boldsymbol{A} = \dfrac{\boldsymbol{m} \times \boldsymbol{R}}{R^3}$ 的旋度等于标量 $\varphi = \dfrac{\boldsymbol{m} \cdot \boldsymbol{R}}{R^3}$ 的梯度的负值,即

$$\nabla \times \boldsymbol{A} = -\nabla\varphi \quad (R \neq 0)$$

其中 R 为坐标原点到场点的距离,$\boldsymbol{R}$ 方向由原点指向场点。

【证明】 因为 $\nabla \dfrac{1}{R} = -\dfrac{\boldsymbol{R}}{R^3}$,所以有

$$\nabla \times \boldsymbol{A} = \nabla \times \left(\frac{\boldsymbol{m} \times \boldsymbol{R}}{R^3}\right) = -\nabla \times \left[\boldsymbol{m} \times \left(\nabla \frac{1}{R}\right)\right] = \nabla \times \left[\left(\nabla \frac{1}{R}\right) \times \boldsymbol{m}\right]$$

利用矢量公式[数学附录(1.28)] 有

$$\nabla \times \boldsymbol{A} = (\nabla \cdot \boldsymbol{m}) \nabla\left(\frac{1}{R}\right) + (\boldsymbol{m} \cdot \nabla) \nabla \frac{1}{R} - \left[\nabla \cdot \left(\nabla \frac{1}{R}\right)\right]\boldsymbol{m} - \left[\left(\nabla \frac{1}{R}\right) \cdot \nabla\right]\boldsymbol{m}$$

$$= (\boldsymbol{m} \cdot \nabla) \nabla \frac{1}{R} - \left[\nabla^2 \frac{1}{R}\right]\boldsymbol{m} \tag{1}$$

(1) 式中

$$\nabla^2 \frac{1}{R} = \sum_{i=1}^{3} \frac{\partial^2}{\partial x_i^2} \frac{1}{R} = \sum_{i=1}^{3} \frac{\partial}{\partial x_i}\left[-\frac{1}{R^2} \frac{\partial R}{\partial x_i}\right] = -\sum_{i=1}^{3} \frac{\partial}{\partial x_i}\left[\frac{x_i}{R^3}\right]$$

$$= -\sum_{i=1}^{3}\left[\frac{1}{R^3} - \frac{3x_i}{R^4} \frac{\partial R}{\partial x_i}\right] = -\frac{3}{R^3} + \frac{3R^2}{R^5} = 0 \tag{2}$$

将(2) 式代入(1) 式有

$$\nabla \times \boldsymbol{A} = (\boldsymbol{m} \cdot \nabla) \nabla \frac{1}{R} \quad (\boldsymbol{R} \neq 0) \tag{3}$$

又因为

$$\nabla\varphi = \nabla\left(\frac{\boldsymbol{m} \cdot \boldsymbol{R}}{R^3}\right) = -\nabla\left[\boldsymbol{m} \cdot \left(\nabla \frac{1}{R}\right)\right]$$

$$= -\boldsymbol{m} \times \left[\nabla \times \left(\nabla \frac{1}{R}\right)\right] - \left(\nabla \frac{1}{R}\right) \times (\nabla \times \boldsymbol{m}) - (\boldsymbol{m} \cdot \nabla) \nabla \frac{1}{R} - \left[\left(\nabla \frac{1}{R}\right) \cdot \nabla\right]\boldsymbol{m}$$

$$= -(\boldsymbol{m} \cdot \nabla) \nabla \frac{1}{R} \tag{4}$$

比较(3) 式和(4) 式得

$$\nabla\times\boldsymbol{A}=-\nabla\varphi\quad(\boldsymbol{R}\neq 0)\tag{5}$$

证毕。

1.14　证明均匀介质内部的体极化电荷密度 ρ_p 总是等于体自由电荷密度的 $-\left(1-\frac{\varepsilon_0}{\varepsilon}\right)$倍。

【证明】　因为

$$\rho_p=-\nabla\cdot\boldsymbol{P}\tag{1}$$

$$\boldsymbol{P}=\chi_e\varepsilon_0\boldsymbol{E}\tag{2}$$

所以

$$\begin{aligned}\rho_p&=-\nabla\cdot\boldsymbol{P}=-\nabla\cdot(\chi_e\varepsilon_0\boldsymbol{E})=-\nabla\cdot[(\varepsilon-\varepsilon_0)\boldsymbol{E}]\\&=\left(\frac{\varepsilon_0}{\varepsilon}-1\right)\nabla\cdot\boldsymbol{D}=\left(\frac{\varepsilon_0}{\varepsilon}-1\right)\rho=-\left(1-\frac{\varepsilon_0}{\varepsilon}\right)\rho\end{aligned}\tag{3}$$

证毕。

1.15　在恒定电流情况下,证明均匀介质内部的磁化电流密度 $\boldsymbol{J}_m$ 总是等于自由电流密度的$\left(\frac{\mu}{\mu_0}-1\right)$倍。

【证明】　因为

$$\boldsymbol{H}=\frac{\boldsymbol{B}}{\mu_0}-\boldsymbol{M}\tag{1}$$

所以两边取旋度有

$$\nabla\times\boldsymbol{H}=\nabla\times\left(\frac{\boldsymbol{B}}{\mu_0}-\boldsymbol{M}\right)=\frac{1}{\mu_0}\nabla\times\boldsymbol{B}-\nabla\times\boldsymbol{M}\tag{2}$$

因为

$$\nabla\times\boldsymbol{H}=\boldsymbol{J}_f+\frac{\partial\boldsymbol{D}}{\partial t}=\boldsymbol{J}_f\tag{3}$$

$$\boldsymbol{J}_m=\nabla\times\boldsymbol{M}\tag{4}$$

所以,将(3) 式和(4) 式代入(2) 式有

$$\boldsymbol{J}_f=\frac{\mu}{\mu_0}\nabla\times\boldsymbol{H}-\boldsymbol{J}_m=\frac{\mu}{\mu_0}\boldsymbol{J}_f-\boldsymbol{J}_m\tag{5}$$

即

$$\boldsymbol{J}_m=\left(\frac{\mu}{\mu_0}-1\right)\boldsymbol{J}_f\tag{6}$$

证毕。

1.16　有一内外半径分别为 r_1 和 r_2 的空心介质球,介质的电容率为 ε。使介质内均匀带静止自由电荷,其体密度为 ρ_f,试求:

(1) 空间各点的电场;

(2) 极化体电荷和极化面电荷分布。

【解】 Ⅰ. 根据对称性分析可知该问题具有球对称性，由高斯定理求电场较方便。根据高斯定理$\oint \boldsymbol{E}\cdot \mathrm{d}\boldsymbol{s}=\frac{1}{\varepsilon_0}\sum q$，空间各点的电场分布为

$$\boldsymbol{E}=0 \quad (r<r_1) \tag{1}$$

$$\boldsymbol{E}_2=\frac{1}{4\pi\varepsilon r^2}\frac{4\pi}{3}(r^3-r_1^3)\rho_f\boldsymbol{e}_r \tag{2}$$

$$=\frac{(r^3-r_1^3)}{3\varepsilon r^3}\rho_f\boldsymbol{r} \quad (r_1<r<r_2) \tag{3}$$

$$\boldsymbol{E}_3=\frac{1}{4\pi\varepsilon_0 r^2}\frac{4\pi}{3}(r_2^3-r_1^3)\rho_f\boldsymbol{e}_r \tag{4}$$

$$=\frac{(r_2^3-r_1^3)}{3\varepsilon_0 r^3}\rho_f\boldsymbol{r} \quad (r>r_2) \tag{5}$$

Ⅱ. 由 1.14 题知极化体电荷为

$$\rho_p=\left(\frac{\varepsilon_0}{\varepsilon}-1\right)\nabla\cdot\boldsymbol{D}=\left(\frac{\varepsilon_0}{\varepsilon}-1\right)\rho_f=-\left(1-\frac{\varepsilon_0}{\varepsilon}\right)\rho_f \tag{6}$$

极化电荷只出现在球的外表面，所以有

$$\sigma_p=0 \quad (r=r_1) \tag{7}$$

$$\sigma_p=\frac{1}{4\pi r_2^2}\frac{4\pi}{3}(r_2^3-r_1^3)\rho_P=\frac{r_2^3-r_1^3}{3r_2^2}\left(\frac{\varepsilon_0}{\varepsilon}-1\right)\rho_f \quad (r=r_2) \tag{8}$$

1.17 由麦克斯韦方程组出发推导出电荷守恒定律。

【解】 因为

$$\rho=\nabla\cdot\boldsymbol{D},\quad \nabla\times\boldsymbol{H}=\frac{\partial\boldsymbol{D}}{\partial t}+\boldsymbol{J} \tag{1}$$

则有

$$\frac{\partial\rho}{\partial t}=\frac{\partial}{\partial t}\nabla\cdot\boldsymbol{D}=\nabla\cdot\frac{\partial\boldsymbol{D}}{\partial t}=\nabla\cdot(\nabla\times\boldsymbol{H}-\boldsymbol{J})=-\nabla\cdot\boldsymbol{J} \tag{2}$$

所以

$$\frac{\partial\rho}{\partial t}+\nabla\cdot\boldsymbol{J}=0 \tag{3}$$

此式就是电荷守恒定律。

1.18 内外半径分别为 r_1 和 r_2 的无穷长中空导体圆柱，沿轴向流有恒定均匀的自由电流密度 $\boldsymbol{J}_f$，导体圆柱的磁导率为 μ。求磁感应强度和磁化电流。

【解】 Ⅰ. 求磁感应强度 $\boldsymbol{B}$

根据对称性分析，由安培环路定理求磁感应强度较方便，根据安培环路定理$\oint_L \boldsymbol{B}\cdot\mathrm{d}\boldsymbol{l}=\mu_0\sum I$，空间各点的磁感应强度分布为

$$\boldsymbol{B}_1=0 \quad (r<r_1) \tag{1}$$

$$\boldsymbol{B}_2=\frac{1}{2\pi r}\mu\pi(r^2-r_1^2)J_f\boldsymbol{e}_\varphi=\frac{r^2-r_1^2}{2r^2}\mu\boldsymbol{J}_f\times\boldsymbol{r} \quad (r_1<r<r_2) \tag{2}$$

$$\boldsymbol{B}_3 = \frac{1}{2\pi r}\mu_0\pi(r_2^2 - r_1^2)J_f\boldsymbol{e}_\varphi = \frac{r_2^2 - r_1^2}{2r^2}\mu_0\boldsymbol{J}_f \times \boldsymbol{r} \quad (r_1 > r_2) \tag{3}$$

Ⅱ.求磁化电流体密度 $\boldsymbol{J}_M$ 和磁化电流面密度 $\boldsymbol{\alpha}_m$

由 1.15 题知磁化电流体密度为

$$\boldsymbol{J}_M = \left(\frac{\mu}{\mu_0} - 1\right)\boldsymbol{J}_f \quad (r_1 < r < r_2) \tag{4}$$

根据 $I_f = \alpha_f \Delta l$[见教材 P23(5.14) 式],所以有

$$\boldsymbol{\alpha}_m = 0 \quad (r = r_1) \tag{5}$$

$$\boldsymbol{\alpha}_f = \frac{I_f}{\Delta l}\boldsymbol{e}_z = \frac{\pi(r_2^2 - r_1^2)\boldsymbol{J}_f}{2\pi r^2} = \frac{r_2^2 - r_1^2}{2r^2}\left(\frac{\mu}{\mu_0} - 1\right)\boldsymbol{J}_m \tag{6}$$

1.19　证明:(1) 当两种介质的分界面上不带面自由电荷时,电场线的曲折满足如下关系 $\frac{\tan\theta_2}{\tan\theta_1} = \frac{\varepsilon_2}{\varepsilon_1}$,其中 ε_1 和 ε_2 分别为两种介质的电容率,θ_1 和 θ_2 分别为界面两侧电场线与法线的夹角。

(2) 当两种导电介质内流有恒定电流时,分界面上电场线曲折满足如下关系 $\frac{\tan\theta_2}{\tan\theta_1} = \frac{\sigma_2}{\sigma_1}$,其中 σ_1 和 σ_2 分别为两种介质的电导率。

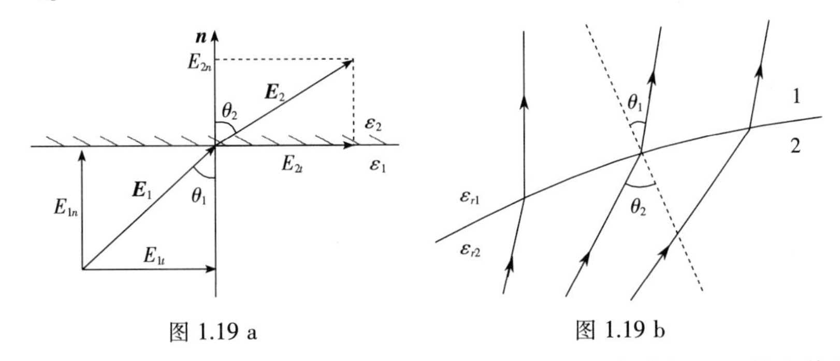

图 1.19 a　　　　图 1.19 b

【证明】　Ⅰ.因为交界面上无自由电荷,电场 $\boldsymbol{E}$ 和电位移矢量 $\boldsymbol{D}$ 的边值关系为

$$E_{1t} = E_{2t} \tag{1}$$

$$D_{1n} = D_{2n} \tag{2}$$

将 $\boldsymbol{D} = \varepsilon\boldsymbol{E}$ 代入(2) 式有

$$\varepsilon_1 E_{1n} = \varepsilon_2 E_{2n} \tag{3}$$

由图 1.19a 有

$$\tan\theta_1 = \frac{E_{1t}}{E_{1n}} \tag{4}$$

$$\tan\theta_2 = \frac{E_{2t}}{E_{2n}} \tag{5}$$

由(4) 式和(5) 式得

$$\frac{\tan\theta_2}{\tan\theta_1} = \frac{\varepsilon_2}{\varepsilon_1} \tag{6}$$

或

$$\frac{\tan\theta_2}{\tan\theta_1} = \frac{\varepsilon_{r2}}{\varepsilon_{r1}} \tag{7}$$

此式反映了 **D** 线和 **E** 线在两种不同电介质间的分界面上改变方向的情况，如图 1.19b 所示。

Ⅱ. 因为在稳恒电流的条件下，导电介质的内部有 $\frac{\partial\rho}{\partial t} = 0$，由电荷守恒定律可知 $\nabla\cdot\boldsymbol{J} = 0$。因此，在交界面上有

$$J_{1n} = J_{2n} \tag{8}$$

由欧姆定律 $\boldsymbol{J} = \sigma\boldsymbol{E}$ 可知

$$\sigma_1 E_{1n} = \sigma_2 E_{2n} \tag{9}$$

由(4) 式除以(5) 式，并将(8) 式代入有

$$\frac{\tan\theta_1}{\tan\theta_2} = \frac{E_{1t}/E_{1n}}{E_{2t}/E_{2n}} = \frac{E_{2n}}{E_{1n}} = \frac{\sigma_1}{\sigma_2} \tag{10}$$

证毕。

1.20 电流稳定地流过两个导电介质的交界面，已知两导电介质的电容率和电导率分别为 ε_1、σ_1 和 ε_2、σ_2，交界面上的电流密度分别为 $\boldsymbol{J}_1$ 和 $\boldsymbol{J}_2$。试求交界面上自由电荷量和面密度 α。

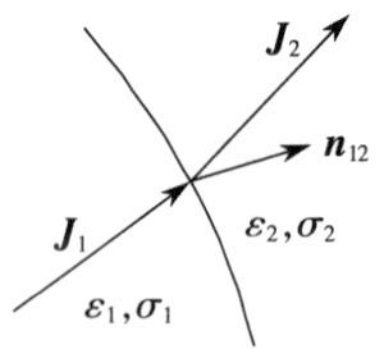

【解】 因为是稳定电流的情况，由电荷守恒定律和图1.20 有

$$\boldsymbol{J}_1 \cdot \boldsymbol{n}_{12} = \boldsymbol{J}_2 \cdot \boldsymbol{n}_{12} = J_n \tag{1}$$

式中 $\boldsymbol{n}_{12}$ 为从介质 1 到介质 2 的法线方向上的单位矢量，如图 1.20 所示。在交界面上取一闭合的扁平圆柱面为高斯面，由高斯定理可得交界面上的自由电荷面密度为

图 1.20

$$\alpha = D_{2n} - D_{1n} = \varepsilon_2 E_{2n} - \varepsilon_1 E_{1n} \tag{2}$$

将 $\boldsymbol{J} = \sigma\boldsymbol{E}$ 代入上式得

$$\alpha = \varepsilon_2 E_{2n} - \varepsilon_1 E_{1n} = \frac{\varepsilon_2}{\sigma_2} J_{2n} - \frac{\varepsilon_1}{\sigma_2} J_{1n} \tag{3}$$

将(1) 式代入上式得

$$\alpha = \left(\frac{\varepsilon_2}{\sigma_2} - \frac{\varepsilon_1}{\sigma_2}\right) J_n \tag{4}$$

1.21 试用边值关系证明：在绝缘介质与导体的分界面上，在静电情况下，导体外的电场线总是垂直于导体表面；在恒定电流情况下，导体内的电场线总是平行于导体表面。

【证明】 Ⅰ. 证明导体外的电场线总是垂直于导体表面

设导体为介质 1，绝缘介质为介质 2，并设导体表面的自由电荷面密度为 σ_f，在静电情况下，在导体内有

$$\boldsymbol{E}_1 = 0 \quad \boldsymbol{D}_1 = 0 \tag{1}$$

由边值关系

$$D_{2n}-D_{1n}=\sigma_f,\quad E_{2t}=E_{1t} \tag{2}$$

有

$$D_{2n}=\sigma_f,\quad E_{2t}=0 \tag{3}$$

设介质是线性均匀的，其电容率为 ε_2，则有

$$\boldsymbol{D}_2=\varepsilon\boldsymbol{E}_2 \tag{4}$$

即

$$\boldsymbol{E}_2=\frac{\boldsymbol{D}_2}{\varepsilon_2}=\frac{D_{2n}}{\varepsilon_2}\boldsymbol{n}=\frac{\sigma_f}{\varepsilon_2}\boldsymbol{n} \tag{5}$$

式中 $\boldsymbol{n}$ 是导体表面的法线方向，表明导体外的电场线总是垂直于导体表面的，证毕。

Ⅱ. 证明导体内的电场线总是平行于导体表面

在恒定电流情况下，边值关系为

$$E_{2t}=E_{1t},\quad J_{2n}=J_{1n} \tag{6}$$

对于绝缘介质，其内有

$$\boldsymbol{J}_2=0 \tag{7}$$

设导体是线性均匀的，其电导率为 σ_1，则有

$$\boldsymbol{J}_1=\sigma_1\boldsymbol{E}_1 \tag{8}$$

由于导体内表面有

$$E_{1n}=0 \tag{9}$$

所以有

$$J_{1n}=\sigma_1E_{1n}=0 \tag{10}$$

表明导体内表面的 $\boldsymbol{E}_1$ 的法向分量 $E_{1n}=0$，只有切向分量 E_{1t}，即导体内的电场线总是平行于导体表面，证毕。

1.22　内外半径分别为 a 和 b 的无限长圆柱形电容器，单位长度的电荷密度为 λ_f，极板间充满电导率为 σ 的非磁性物质。

(1) 证明在介质中任何一点传导电流与位移电流严格抵消，因此内部无磁场。

(2) 求 λ_f 随时间的衰减规律。

(3) 求与轴相距为 r 的地方的能量耗散功率密度。

(4) 求长度为 l 的一段介质总的能量耗散功率，并证明它等于该段静电能减少率。

【解】　Ⅰ. 证明介质中任一点传导电流与位移电流严格抵消，介质内部无磁场

设电容器内介质的电容率为 ε，且为线性均匀介质，即 $\boldsymbol{D}=\varepsilon\boldsymbol{E}$ 成立，由对称性分析知，电容器内的电场分布具有轴对称性，以圆柱的中心轴为 z 轴，取底面半径为 r、高为 h 的圆柱面为高斯面，由高斯定理 $\oiint_S \boldsymbol{D}\cdot\mathbf{d}\boldsymbol{s}=\sum q$ 有

$$D\cdot 2\pi rh=\lambda_f h \tag{1}$$

即

$$\boldsymbol{D}=\frac{\lambda_f}{2\pi r}\boldsymbol{e}_r \tag{2}$$

$$\boldsymbol{E}=\frac{\lambda_f}{2\pi\varepsilon r}\boldsymbol{e}_r \tag{3}$$

介质内的传导电流密度 $\boldsymbol{J}_f$ 为

$$\boldsymbol{J}_f=\sigma\boldsymbol{E}=\frac{\sigma\lambda_f}{2\pi\varepsilon r}\boldsymbol{e}_r \tag{4}$$

介质内的位移电流密度 $\boldsymbol{J}_D$ 为

$$\boldsymbol{J}_D=\frac{\partial\boldsymbol{D}}{\partial t}=\frac{1}{2\pi r}\frac{\partial\lambda_f}{\partial t}\boldsymbol{e}_r \tag{5}$$

取(2) 式的散度有

$$\nabla\cdot\boldsymbol{D}=\frac{\lambda_f}{2\pi}\left[\left(\nabla\frac{1}{r}\right)\cdot\boldsymbol{e}_r+\frac{1}{r}\nabla\cdot\boldsymbol{e}_r\right]=\frac{\lambda_f}{2\pi}\left[-\frac{1}{r^2}+\frac{3}{r}\right]=\frac{\lambda_f}{2\pi}\left(\frac{3r-1}{r^2}\right) \tag{6}$$

根据静电场的场方程$\nabla\cdot\boldsymbol{D}=\rho_f$ 有

$$\frac{\lambda_f}{2\pi}\left(\frac{3r-1}{r^2}\right)=\rho_f \tag{7}$$

所以

$$\frac{\partial\rho_f}{\partial t}=\frac{1}{2\pi}\left(\frac{3r-1}{r^2}\right)\frac{\partial\lambda_f}{\partial t} \tag{8}$$

取(4) 式的散度有

$$\nabla\cdot\boldsymbol{J}_f=\frac{\sigma\lambda_f}{2\pi\varepsilon}\left[\left(\nabla\frac{1}{r}\right)\cdot\boldsymbol{e}_r+\frac{1}{r}\nabla\cdot\boldsymbol{e}_r\right]=\frac{\sigma\lambda_f}{2\pi\varepsilon}\left(\frac{3r-1}{r^2}\right) \tag{9}$$

由电荷守恒定律$\nabla\cdot\boldsymbol{J}_f+\frac{\partial\rho_f}{\partial t}=0$ 有

$$\frac{\sigma\lambda_f}{2\pi\varepsilon}\left(\frac{3r-1}{r^2}\right)+\frac{1}{2\pi}\left(\frac{3r-1}{r^2}\right)\frac{\partial\lambda_f}{\partial t}=0 \tag{10}$$

即

$$\frac{\partial\lambda_f}{\partial t}=-\frac{\sigma\lambda_f}{\varepsilon} \tag{11}$$

将(11) 式代入(5) 式得位移电流密度为

$$\boldsymbol{J}_D=\frac{\partial\boldsymbol{D}}{\partial t}=-\frac{\sigma\lambda_f}{2\pi\varepsilon r}\boldsymbol{e}_r \tag{12}$$

由(4) 式和(12) 式有

$$\boldsymbol{J}_f+\boldsymbol{J}_D=0 \tag{13}$$

表明介质中任一点传导电流与位移电流严格抵消。

又因为介质为非磁性介质，满足$\boldsymbol{B}=\mu\boldsymbol{H}$，所以，电容器内任一点任意时刻都有

$$\nabla\times\boldsymbol{B}=\mu_0\nabla\times\boldsymbol{H}=\mu_0(\boldsymbol{J}_f+\boldsymbol{J}_D)=0 \tag{14}$$

对静磁场本身就有$\nabla\cdot\boldsymbol{B}=0$，即 $\boldsymbol{B}$ 的散度和旋度均为零，亦即

$$\boldsymbol{B}=0 \tag{15}$$

表明介质内部无磁场，证毕。

Ⅱ. 求 λ_f 随时间的衰减规律

设 $t=0$ 时极板上的自由电荷密度为 $\lambda_f=\lambda_{f0}$，则由(11) 式有

$$\mathrm{d}\lambda_f=-\frac{\sigma\lambda_f}{\varepsilon}\mathrm{d}t \tag{16}$$

即

$$\lambda_f(t)=\lambda_{f0}\mathrm{e}^{-\frac{\sigma}{\varepsilon}t} \tag{17}$$

Ⅲ. 求与轴相距为 r 的地方的能量耗散功率密度

介质中传导电流产生的能量耗散功率密度为

$$p=\boldsymbol{J}_f\cdot\boldsymbol{E}=\sigma E^2 \tag{18}$$

将(3) 式代入(18) 式有

$$p=\sigma\left(\frac{\lambda_f}{2\pi\varepsilon r}\right)^2 \tag{19}$$

Ⅳ. 求长度为 l 的一段介质总的能量耗散功率，并证明它等于该段静电能减少率

长为 l 的一段介质，在半径为 r 的地方所耗散的功率为

$$P=\int_S p\,\mathrm{d}s=\int_a^b\sigma\left(\frac{\lambda_f}{2\pi\varepsilon r}\right)^2 2\pi rl\,\mathrm{d}r=\frac{l\sigma\lambda_f^2}{2\pi\varepsilon^2}\ln\frac{b}{a} \tag{20}$$

介质中电场的能量密度为

$$w=\frac{1}{2}\boldsymbol{E}\cdot\boldsymbol{D} \tag{21}$$

介质中电场能量密度的变化率为

$$\frac{\partial w}{\partial t}=\boldsymbol{E}\cdot\frac{\partial\boldsymbol{D}}{\partial t}+\boldsymbol{H}\cdot\frac{\partial\boldsymbol{B}}{\partial t} \tag{22}$$

将(5) 式和(15) 式代入(22) 式有

$$\frac{\partial w}{\partial t}=\frac{\lambda_f}{2\pi\varepsilon r}\boldsymbol{e}_r\cdot\left(-\frac{\sigma\lambda_f}{2\pi\varepsilon r}\boldsymbol{e}_r\right)+0=-\sigma\left(\frac{\lambda_f}{2\pi\varepsilon r}\right)^2 \tag{23}$$

所以，长为 l 的一段介质内的能量减少率为

$$-\int_V\frac{\partial w}{\partial t}\mathrm{d}V=\int_a^b\sigma\left(\frac{\lambda_f}{2\pi\varepsilon r}\right)^2 2\pi rl\,\mathrm{d}l=\frac{l\sigma\lambda_f^2}{2\pi\varepsilon^2}\ln\frac{b}{a} \tag{24}$$

(20) 式和(24) 式相等，表明长为 l 的一段介质内传导电流热效应耗散的功率等于这段介质的静电能减少率，即这段介质内传导电流热效应耗散的能量全部来自电场能量的转化，证毕。

1.23　试求电偶极矩为 $\boldsymbol{p}$ 的电偶极子在非均匀外电场 $\boldsymbol{E}$ 中所受的力矩。

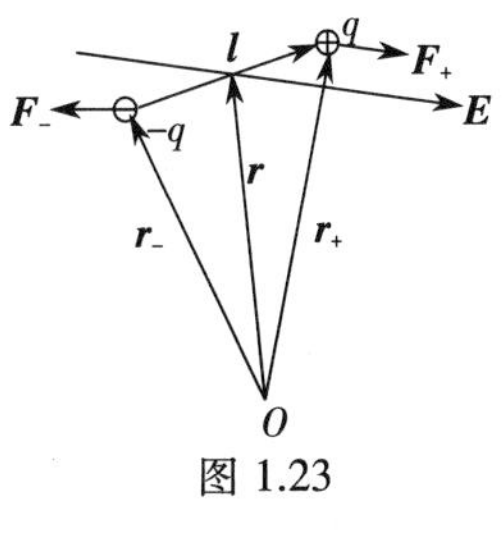

图 1.23

【解】　如图 1.23 所示，设 $\boldsymbol{p}=q\boldsymbol{l}$，则作用在 $\boldsymbol{p}$ 上 $+q$ 和 $-q$ 的力分别为

$$\boldsymbol{F}_+=q\boldsymbol{E}_+ \tag{1}$$

$$\boldsymbol{F}_{-} = q\boldsymbol{E}_{-} \tag{2}$$

式中 $\boldsymbol{E}_{+}$ 和 $\boldsymbol{E}_{-}$ 分别为 $\boldsymbol{p}$ 的正电荷和负电荷所在处的外电场强度。根据力矩的定义，$\boldsymbol{F}_{+}$ 和 $\boldsymbol{F}_{-}$ 对 O 点的力矩为

$$\begin{aligned}\boldsymbol{M} &= \boldsymbol{r}_{+}\times \boldsymbol{F}_{+} - \boldsymbol{r}_{-}\times \boldsymbol{F}_{-} = q(\boldsymbol{r}_{+}\times \boldsymbol{E}_{+} - \boldsymbol{r}_{-}\times \boldsymbol{E}_{-}) \\ &= q\left(\boldsymbol{r}+\frac{1}{2}\boldsymbol{l}\right)\times \boldsymbol{E}_{+} - q\left(\boldsymbol{r}-\frac{1}{2}\boldsymbol{l}\right)\times \boldsymbol{E}_{-} \\ &= q\boldsymbol{r}\times(\boldsymbol{E}_{+}-\boldsymbol{E}_{-}) + \frac{1}{2}q\boldsymbol{l}\times(\boldsymbol{E}_{+}+\boldsymbol{E}_{-})\end{aligned} \tag{3}$$

由于 $\boldsymbol{l}$ 很小，所以有

$$\boldsymbol{l}\times\frac{1}{2}(\boldsymbol{E}_{+}+\boldsymbol{E}_{-}) = \boldsymbol{l}\times \boldsymbol{E} \tag{4}$$

式中 $\boldsymbol{E}$ 为 $\boldsymbol{p}$ 的中心处的外电场强度。

$$\boldsymbol{E}_{+} = \boldsymbol{E} + \frac{1}{2}(\boldsymbol{l}\cdot\nabla)\boldsymbol{E} \tag{5}$$

$$\boldsymbol{E}_{-} = \boldsymbol{E} - \frac{1}{2}(\boldsymbol{l}\cdot\nabla)\boldsymbol{E} \tag{6}$$

由(5)式和(6)式有

$$\boldsymbol{E}_{+} - \boldsymbol{E}_{-} = (\boldsymbol{l}\cdot\nabla)\boldsymbol{E} \tag{7}$$

将(5)式、(6)式和(7)式代入(3)式得电偶极子在非均匀电场中所受力矩为

$$\boldsymbol{M} = \boldsymbol{r}\times[(q\boldsymbol{l}\cdot\nabla)\boldsymbol{E}] + q\boldsymbol{l}\times \boldsymbol{E} = \boldsymbol{r}\times[(\boldsymbol{p}\cdot\nabla)\boldsymbol{E}] + \boldsymbol{p}\times \boldsymbol{E} \tag{8}$$

1.24　一电偶极子的电偶极矩为 $\boldsymbol{p}$，如图 1.24a 所示，求它在 $\boldsymbol{r}$ 处的点所产生的电势 $\varphi(\boldsymbol{r})$ 和电场强度 $\boldsymbol{E}(\boldsymbol{r})$。

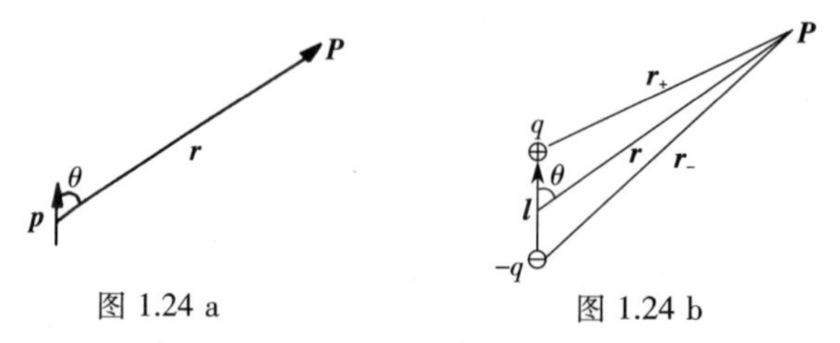

图 1.24 a　　图 1.24 b

【解】　Ⅰ. 求电势 $\varphi(\boldsymbol{r})$

如图 1.24a 所示，设 $\boldsymbol{p} = q\boldsymbol{l}$，则 $\boldsymbol{p}$ 在 P 点处产生的电势为

$$\varphi(\boldsymbol{r}) = \frac{q}{4\pi\varepsilon_0}\left(\frac{1}{r_{+}} - \frac{1}{r}\right) \tag{1}$$

由图 1.24b 可知

$$r_{+} = \sqrt{r^2 + \left(\frac{l}{2}\right)^2 - rl\cos\theta} \tag{2}$$

$$r_{-} = \sqrt{r^2 + \left(\frac{l}{2}\right)^2 + rl\cos\theta} \tag{3}$$

因为 $r \gg l$，所以上面两式中的 l^2 项可以略去，则有

$$r_+ = \sqrt{r^2 - rl\cos\theta} = r\sqrt{1 - \frac{l}{r}\cos\theta} = r\left(1 - \frac{l}{2r}\cos\theta\right) \tag{4}$$

$$r_- = \sqrt{r^2 + rl\cos\theta} = r\sqrt{1 + \frac{l}{r}\cos\theta} = r\left(1 + \frac{l}{2r}\cos\theta\right) \tag{5}$$

将(4)式和(5)式代入(1)式有

$$\varphi(\boldsymbol{r}) = \frac{q}{4\pi\varepsilon_0 r}\left(\frac{1}{1 - \frac{l}{2r}\cos\theta} - \frac{1}{1 + \frac{l}{2r}\cos\theta}\right) = \frac{ql\cos\theta}{4\pi\varepsilon_0 r^2} = \frac{p\cos\theta}{4\pi\varepsilon_0 r^2} = \frac{\boldsymbol{p}\cdot\boldsymbol{r}}{4\pi\varepsilon_0 r^3} \tag{6}$$

Ⅱ. 求电场强度 $\boldsymbol{E}(\boldsymbol{r})$

根据电场强度与电势梯度的关系，$\boldsymbol{p}$ 在 P 点处产生的电场强度 $\boldsymbol{E}(\boldsymbol{r})$ 为

$$\begin{aligned}
\boldsymbol{E}(\boldsymbol{r}) &= -\nabla\varphi(\boldsymbol{r}) = -\frac{1}{4\pi\varepsilon_0}\nabla\left(\frac{\boldsymbol{p}\cdot\boldsymbol{r}}{r^3}\right) = -\frac{p}{4\pi\varepsilon_0}\nabla\left(\frac{\cos\theta}{r^2}\right)\\
&= -\frac{p}{4\pi\varepsilon_0}\left[\frac{\partial}{\partial r}\left(\frac{\cos\theta}{r^2}\right)\boldsymbol{e}_r + \frac{1}{r}\frac{\partial}{\partial\theta}\left(\frac{\cos\theta}{r^2}\right)\boldsymbol{e}_\theta\right]\\
&= \frac{p}{4\pi\varepsilon_0 r^3}\left[2\cos\theta\boldsymbol{e}_r + \sin\theta\boldsymbol{e}_\theta\right]
\end{aligned} \tag{7}$$

又因为

$$\boldsymbol{p} = p\cos\theta\boldsymbol{e}_r + p\sin\theta\boldsymbol{e}_\theta \tag{8}$$

将(8)式代入(7)式即得电偶极子在任意点 P 产生的电场强度 $\boldsymbol{E}(\boldsymbol{r})$ 为

$$\boldsymbol{E}(\boldsymbol{r}) = \frac{3(\boldsymbol{p}\cdot\boldsymbol{r})\boldsymbol{r} - r^2\boldsymbol{p}}{4\pi\varepsilon_0 r^5} \tag{9}$$

1.25 一电荷分布的电荷密度为 $\rho(x,y,z) = -\delta(x)\delta(y)\frac{\mathrm{d}\delta(z)}{\mathrm{d}z}$，试求此电荷所产生的电势。

【解】 该电荷产生的电势为

$$\begin{aligned}
\varphi(\boldsymbol{r}) &= \varphi(x,y,z) = \frac{1}{4\pi\varepsilon_0}\int_V \frac{\rho(\boldsymbol{r}')\mathrm{d}V}{|\boldsymbol{r}-\boldsymbol{r}|}\\
&= -\frac{1}{4\pi\varepsilon_0}\iiint_{-\infty}^{+\infty}\frac{\delta(x')\delta(y')\frac{\mathrm{d}\delta(z')}{\mathrm{d}z'}}{\sqrt{(x-x')^2+(y-y')^2+(z-z')^2}}\mathrm{d}x'\mathrm{d}y'\mathrm{d}z'\\
&= -\frac{1}{4\pi\varepsilon_0}\int_{-\infty}^{+\infty}\frac{1}{\sqrt{x^2+y^2+(z-z')^2}}\frac{\mathrm{d}\delta(z')}{\mathrm{d}z'}\mathrm{d}z'\\
&= -\frac{1}{4\pi\varepsilon_0}\int_{-\infty}^{+\infty}\left\{\begin{array}{l}\frac{\mathrm{d}}{\mathrm{d}z'}\left[\frac{1}{\sqrt{x^2+y^2+(z-z')^2}}\delta(z')\right]\\ -\left[\frac{\mathrm{d}}{\mathrm{d}z'}\frac{1}{\sqrt{x^2+y^2+(z-z')^2}}\right]\delta(z')\end{array}\right\}\mathrm{d}z'\\
&= -\frac{1}{4\pi\varepsilon_0}\left[\frac{1}{\sqrt{x^2+y^2+(z-z')^2}}\right]_{z'=-\infty}^{z'=+\infty}
\end{aligned}$$

$$+\frac{1}{4\pi\varepsilon_0}\int_{-\infty}^{+\infty}\left[\frac{\mathrm{d}}{\mathrm{d}z'}\frac{1}{\sqrt{x^2+y^2+(z-z')^2}}\right]\delta(z')\mathrm{d}z'$$

$$=\frac{1}{4\pi\varepsilon_0}\int_{-\infty}^{+\infty}\left[\frac{(z-z')}{(\sqrt{x^2+y^2+(z-z')^2})^3}\right]\delta(z')\mathrm{d}z'$$

$$=\frac{1}{4\pi\varepsilon_0}\frac{z}{(x^2+y^2+z^2)^{3/2}}=\frac{1}{4\pi\varepsilon_0}\frac{\boldsymbol{r}\cdot\boldsymbol{e}_z}{r^3}$$

1.26　设基态氢原子中电子的电荷密度分布为 $\rho(r)=-\frac{e}{\pi a^3}\mathrm{e}^{-\frac{2r}{a}}$，电荷分布式中 a 是玻尔半径，e 是电子的电荷量，r 是 e 到氢核的距离。试求：(1) 电子电荷在 r 处产生的电势 φ_e 和电场强度 $\boldsymbol{E}_e$；(2) 包括氢核在内的总电势 φ 和总电场强度 $\boldsymbol{E}$。

【解】　Ⅰ. 电子电荷在 r 处产生的电场强度 $\boldsymbol{E}_e$

先求电场强度再求电势较方便，以氢核为原点，r 为半径的球面内电子的电量为

$$q_e(r)=\int_V\rho(r)\mathrm{d}V=\int_0^r\rho(r)\cdot 4\pi r^2\mathrm{d}r=\int_0^r-\frac{e}{\pi a^3}\mathrm{e}^{-\frac{2r}{a}}\cdot 4\pi r^2\mathrm{d}r$$

$$=e\left[\left(\frac{2r^2}{a^2}+\frac{2r}{a}+1\right)\mathrm{e}^{-\frac{2r}{a}}-1\right]\tag{1}$$

根据对称性，电场方向为 $\boldsymbol{r}$ 方向，由高斯定理

$$\oint_S\boldsymbol{E}\cdot\mathrm{d}\boldsymbol{S}=\frac{1}{\varepsilon_0}\sum_{i=1}^{n}q_i$$

有

$$E_e\cdot 4\pi r^2=\frac{1}{\varepsilon_0}e\left[\left(\frac{2r^2}{a^2}+\frac{2r}{a}+1\right)\mathrm{e}^{-\frac{2r}{a}}-1\right]\tag{2}$$

所以，电子电荷在 r 处产生的电场强度 $\boldsymbol{E}_e$ 为

$$\boldsymbol{E}_e=\frac{e}{4\pi\varepsilon_0 r^3}\left[\left(\frac{2r^2}{a^2}+\frac{2r}{a}+1\right)\mathrm{e}^{-\frac{2r}{a}}-1\right]\boldsymbol{r}\tag{3}$$

Ⅱ. 电子电荷在 r 处产生的电势 φ_e

由电场强度与电势的关系有

$$\varphi_e=\int_0^{\infty}\boldsymbol{E}\cdot\mathrm{d}\boldsymbol{r}=\frac{e}{4\pi\varepsilon_0}\int_0^{\infty}\left[\left(\frac{2r^2}{a^2}+\frac{2r}{a}+1\right)\mathrm{e}^{-\frac{2r}{a}}-1\right]\frac{\mathrm{d}r}{r^2}$$

$$=\frac{e}{4\pi\varepsilon_0}\left[\left(\frac{1}{a}+\frac{1}{r}\right)\mathrm{e}^{-\frac{2r}{a}}-\frac{1}{r}\right]\tag{4}$$

Ⅲ. 包括氢核在内的总电势 φ

总电势 φ 为电子的势 φ_e 和氢核的势 φ_H 的叠加

$$\varphi=\varphi_e+\varphi_H=\frac{e}{4\pi\varepsilon_0}\left[\left(\frac{1}{a}+\frac{1}{r}\right)\mathrm{e}^{-\frac{2r}{a}}-\frac{1}{r}\right]+\frac{e}{4\pi\varepsilon_0 r}$$

$$=\frac{e}{4\pi\varepsilon_0}\left(\frac{1}{a}+\frac{1}{r}\right)\mathrm{e}^{-\frac{2r}{a}}\tag{5}$$

Ⅳ. 包括氢核在内的总电场强度 $\boldsymbol{E}$

总电场强度 $\boldsymbol{E}$ 为电子的电场强度 $\boldsymbol{E}_e$ 和氢核的电场强度 $\boldsymbol{E}_H$ 的叠加

$$\boldsymbol{E} = \boldsymbol{E}_e + \boldsymbol{E}_H = \frac{e}{4\pi\varepsilon_0 r^3}\left[\left(\frac{2r^2}{a^2} + \frac{2r}{a} + 1\right)\mathrm{e}^{-\frac{2r}{a}} - 1\right]\boldsymbol{r} + \frac{e}{4\pi\varepsilon_0}\frac{\boldsymbol{r}}{r^3}$$

$$= \frac{e}{4\pi\varepsilon_0}\left(\frac{2r^2}{a^2} + \frac{2r}{a} + 1\right)\mathrm{e}^{-\frac{2r}{a}}\frac{\boldsymbol{r}}{r^3} \tag{6}$$

1.27　设基态氢原子中电子的电荷密度分布为 $\rho(r) = -\frac{e}{\pi a^3}\mathrm{e}^{-\frac{2r}{a}}$，式中 a 是玻尔半径，e 是电子的电荷量，r 是 e 到氢核的距离。试求：

(1) 这种电荷分布本身所具有的静电能 W_e；

(2) 这种电荷分布在氢核电场中的电势能 W_p；

(3) 整个基态氢原子的静电能 W_H。

【解】　Ⅰ. 电荷分布本身所具有的静电能 W_e

由 1.26 题知电势的分布 $\varphi_e(r) = \frac{e}{4\pi\varepsilon_0}\left[\left(\frac{1}{a} + \frac{1}{r}\right)\mathrm{e}^{-\frac{2r}{a}} - \frac{1}{r}\right]$，已知电势分布和电荷分布求静电能的公式为

$$W = \frac{1}{2}\int_V \varphi\rho\,\mathrm{d}V \tag{1}$$

所以，电荷分布本身所具有的静电能 W_e 为

$$W_e = \frac{1}{2}\int_0^\infty \frac{e}{4\pi\varepsilon_0}\left[\left(\frac{1}{a} + \frac{1}{r}\right)\mathrm{e}^{-\frac{2r}{a}} - \frac{1}{r}\right]\left(-\frac{e}{\pi a^3}\mathrm{e}^{-\frac{2r}{a}}\right)\cdot 4\pi r^2\,\mathrm{d}r = \frac{5e^2}{64\pi\varepsilon_0 a} \tag{2}$$

Ⅱ. 电荷分布在氢核的势电场中的电势能 W_p

氢核的电势为

$$\varphi_p = -\frac{e}{4\pi\varepsilon_0 r} \tag{3}$$

电荷分布为

$$\rho(r) = -\frac{e}{\pi a^3}\mathrm{e}^{-\frac{2r}{a}} \tag{4}$$

电荷分布在氢核的势电场中的电势能 W_p

$$W_p = \int_V \varphi_p\rho\,\mathrm{d}V = \int_0^\infty \frac{e}{4\pi\varepsilon_0 r}\left(-\frac{e}{\pi a^3}\mathrm{e}^{-\frac{2r}{a}}\right)\cdot 4\pi r^2\,\mathrm{d}r = -\frac{e^2}{4\pi\varepsilon_0 a} \tag{5}$$

Ⅲ. 整个基态氢原子的静电能 W_H

整个基态氢原子的静电能 W_H 为

$$W_H = W_e + W_p = \frac{5e^2}{64\pi\varepsilon_0 a} - \frac{e^2}{4\pi\varepsilon_0 a} = -\frac{11e^2}{64\pi\varepsilon_0 a} \tag{6}$$

1.28　在体积 V 内有电荷体密度为 $\rho(\boldsymbol{r})$ 的电荷分布，此电荷处于电势为 $\varphi_e(\boldsymbol{r})$ 的外电场中。试证明：当外电场为均匀电场时，此电荷在外电场中的电势能为 $W = -\boldsymbol{p}\cdot\boldsymbol{E}_e$，式中 $\boldsymbol{E}_e$ 为外电场的电场强度，$\boldsymbol{p}$ 为此电荷的电偶极矩。

【证明】　取电荷元为

$$dq = \rho(\boldsymbol{r})dV \tag{1}$$

dq 在外电场中的电势能为

$$dW = \varphi_e(\boldsymbol{r})\rho(\boldsymbol{r})dV \tag{2}$$

当外电场为均匀电场时有

$$\varphi_e(\boldsymbol{r}) = -\int_0^r \boldsymbol{E}_e \cdot d\boldsymbol{r} = -\boldsymbol{E}_e \cdot \int_0^r d\boldsymbol{r} = \boldsymbol{E}_e \cdot \boldsymbol{r} \tag{3}$$

V 内电荷在外电场中的电势能为

$$W = \int_V dW = \int_V \varphi_e(\boldsymbol{r})\rho(\boldsymbol{r})dV \tag{4}$$

将(3)式代入(4)式有

$$W = -\int_V \boldsymbol{E}_e \cdot \rho(\boldsymbol{r})dV = -\boldsymbol{E}_e \cdot \int_V \rho(\boldsymbol{r})dV \tag{5}$$

而

$$\int_V \rho(\boldsymbol{r})dV = \boldsymbol{p} \tag{6}$$

所以

$$W = -\boldsymbol{E}_e \cdot \boldsymbol{p} \tag{7}$$

证毕。

1.29 设有一薄的均匀金属圆盘放在一无限大的导电平面上，两者都不带电，现将其置于方向垂直于导电平面的均匀引力场中，然后缓慢地充电。试问当电荷密度达到何值时，金属圆盘开始脱离平面。

【解】 当对其缓慢地充电时，由高斯定理可得金属导电平面产生的电场为

$$\boldsymbol{E} = \frac{\sigma}{\varepsilon_0}\boldsymbol{e}_z \tag{1}$$

方向垂直平面向上。设圆盘的面积为 s，当圆盘上升一无限小量 dz 时，场能减少量等于排斥开的空间体积与静电场能量密度的乘积，即

$$dU = -\left(\frac{1}{2}\varepsilon_0 E^2\right)s dz \tag{2}$$

所以圆盘与导电平面之间的斥力为

$$F = |\boldsymbol{F}| = -\frac{dU}{dz} = \frac{1}{2}\varepsilon_0 E^2 = \frac{1}{2}\varepsilon_0 \sigma^2 s \tag{3}$$

设圆盘的质量为 m，当 F 超过圆盘所受到的重力时，即 $F > mg$ 时，盘将升起。

1.30 一个面积为 A 的正方形极板的平行板电容器，板间距离为 d，两极板上维持固定的电势差 U，将一块电容率为 ε 的均匀介质放置于图 1.30 中所示位置。介质的一端距极板左端的距离为 x。试求：

(1) 电容器极板表面和介质表面的电荷面密度；

(2) 电容器中的电场能量；

(3) 若使介质不动，需在介质上加多大的力。

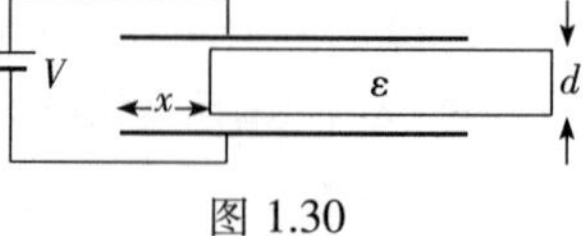

图 1.30

【解】 Ⅰ. 电容器极板表面和介质表面的电荷面密度

电容器内介质中和真空中的电场为

$$E=\frac{U}{d} \tag{1}$$

无介质和有介质时极板上的电荷分别为

$$\sigma_1=\varepsilon_0 E=\varepsilon_0\frac{U}{d} \tag{2}$$

$$\sigma_2=\varepsilon E=\varepsilon\frac{U}{d} \tag{3}$$

设介质表面的电荷面密度为σ'_2，则有

$$\sigma_2+\sigma'_2=\sigma_1 \tag{4}$$

所以

$$\sigma'_2=-(\varepsilon-\varepsilon_0)\frac{U}{d} \tag{5}$$

Ⅱ. 电容器中的电场能量

$$W=\frac{1}{2}\varepsilon EV=W_1+W_2=\frac{1}{2}\varepsilon_0\left(\frac{U}{d}\right)^2\cdot x\sqrt{A}\cdot d+\frac{1}{2}\varepsilon\left(\frac{U}{d}\right)^2\cdot(\sqrt{A}-x)\cdot d$$

$$=\frac{1}{2}\left(\frac{U}{d}\right)^2\sqrt{A}\cdot d\left[\varepsilon_0 x+\varepsilon(\sqrt{A}-x)\right] \tag{6}$$

Ⅲ. 若使介质不动，需在介质上加多大的力

若要保持介质不动，所加的平衡力为F，则有

$$\delta W=U\delta q+F\delta x \tag{7}$$

式中电荷q为

$$q=\sigma_1 A_1+\sigma_2 A_2=\sigma_1\sqrt{A}x+\sigma_2\sqrt{A}(\sqrt{A}-x) \tag{8}$$

对(6)式和(8)式微分后有

$$\delta W=\frac{1}{2}\frac{U^2}{d}\sqrt{A}(\varepsilon-\varepsilon_0)\delta x \tag{9}$$

$$\delta q=(\sigma_1-\sigma_2)\sqrt{A}\delta x \tag{10}$$

将(9)式和(10)式代入(7)式得

$$F=\frac{1}{2}\frac{U^2}{d}(\varepsilon-\varepsilon_0)\sqrt{A}\quad(\text{方向向右}) \tag{11}$$

1.31　真空中有一均匀电场$\boldsymbol{E}_0$，在场中放一无限大的介质板，介质板的电容率为ε，板面法线与$\boldsymbol{E}_0$的夹角为θ，如图1.31所示。求：

(1) 介质板内外的电场；

(2) 介质板表面的极化电荷面密度σ'(A面上的)。

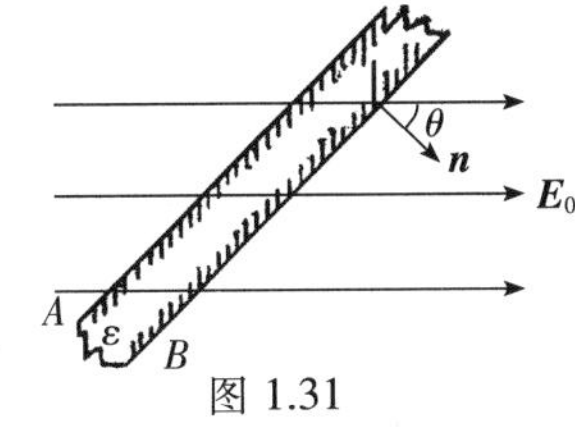

图 1.31

【解】 Ⅰ. 介质板内外的电场

由于介质被均匀极化，其两表面有等量异号的均匀

分布的极化电荷，相当于平行板电容器，所以，板外电场为零，即

$$E_{外} = 0 \tag{1}$$

由边界条件

$$D_{1n} = D_{2n} \tag{2}$$

$$E_{1t} = E_{2t} \tag{3}$$

设介质外为1，介质内为2，表面法线方向 $\boldsymbol{n}$ 从1指向2，则由(2)式和(3)式在 A 面两侧有

$$E_0 \sin\theta = E_{2t} \tag{4}$$

$$\varepsilon_0 E_0 \cos\theta = \varepsilon E_{2n} \tag{5}$$

由(4)式和(5)式有

$$E_2 = \sqrt{E_{2t}^2 + E_{2n}^2} = E_0 \sqrt{\sin^2\theta + \frac{\varepsilon_0^2}{\varepsilon^2}\cos^2\theta} = E_0 \sqrt{1 - \left(1 - \frac{\varepsilon_0^2}{\varepsilon^2}\right)\cos^2\theta} \tag{6}$$

$$\tan\varphi = \frac{E_{2t}}{E_{2n}} = \frac{\varepsilon \sin\theta}{\varepsilon_0 \cos\theta} = \varepsilon_r \tan\theta \tag{7}$$

表明 $\boldsymbol{E}_2$ 为均匀电场，方向从1指向2.

Ⅱ.介质板表面的极化电荷面密度 σ'(A 面上的)

解法一：因为

$$D_{2n} - D_{1n} = \sigma' \tag{8}$$

即

$$E_{2n} - E_{1n} = \frac{1}{\varepsilon_0}\sigma' \tag{9}$$

所以

$$\sigma' = \varepsilon_0 (E_{2n} - E_{1n}) = \varepsilon_0 \left(\frac{\varepsilon_0}{\varepsilon} - 1\right) E_0 \cos\theta \tag{10}$$

解法二：

$$\begin{aligned} \sigma' &= -P_{2n} = -(D_{2n} - D_{1n}) = -(\varepsilon - \varepsilon_0) E_{2n} \\ &= -(\varepsilon - \varepsilon_0)\frac{\varepsilon_0}{\varepsilon} E_0 \cos\theta = \varepsilon_0 \left(\frac{\varepsilon_0}{\varepsilon} - 1\right) E_0 \cos\theta \end{aligned} \tag{11}$$

1.32 设真空中的电势分布为

$$\varphi = \begin{cases} \dfrac{q}{4\pi\varepsilon_0 r} & (r > a) \\ -\dfrac{q}{8\pi\varepsilon_0 a^3} r^2 + \dfrac{3q}{8\pi\varepsilon_0 a} & (r < a) \end{cases}$$

式中 r 是位置矢量的模，a 和 q 均为常数，求相应的电荷分布.

【解】 由电场强度和电势梯度的关系知电场的分布为

$$\boldsymbol{E} = E\boldsymbol{e}_r = -\frac{\partial \varphi}{\partial r}\boldsymbol{e}_r = \begin{cases} \dfrac{q}{4\pi\varepsilon_0 r^2}\boldsymbol{e}_r & (r > a) \\ \dfrac{q}{4\pi\varepsilon_0 a^3} r\boldsymbol{e}_r & (r < a) \end{cases} \tag{1}$$

由高斯定理的微分形式知体外电荷分布为

$$\rho = \varepsilon_0 \nabla \cdot \boldsymbol{E} = \begin{cases} \varepsilon_0 \dfrac{1}{r^2}\dfrac{\partial}{\partial r}\left(r^2 \dfrac{q}{4\pi\varepsilon_0 r^2}\right)\boldsymbol{e}_r \cdot \boldsymbol{e}_r = 0 & (r > a) \\ \varepsilon_0 \dfrac{1}{r^2}\dfrac{\partial}{\partial r}\left(r^2 \dfrac{q}{4\pi\varepsilon_0 a^3} r\right)\boldsymbol{e}_r \cdot \boldsymbol{e}_r = \dfrac{1}{r^2}\dfrac{q}{4\pi a^3}3r^2 = \dfrac{q}{\dfrac{4\pi a^3}{3}} & (r < a) \end{cases} \tag{2}$$

表明电荷均匀分布在半径为 a 的球体内。

1.33　试证明实际导体表面的自由电流线密度 $\boldsymbol{\alpha}_f$ 总是为零的。

【证明】　导体表面的自由电流线密度 $\boldsymbol{\alpha}_f$ 定义为通过导体表面单位横截线上的电流，横截面是相对于面积趋于零的横截面，即

$$\boldsymbol{\alpha}_f = \frac{\Delta S}{\Delta l}\boldsymbol{J} = \frac{\Delta S}{\Delta l}\sigma \boldsymbol{E} \tag{1}$$

实际导体的电导率 σ 为有限值，当 $\Delta l = 1$ 时有

$$\boldsymbol{\alpha}_f = \lim_{\Delta S \to 0}\frac{\Delta S}{\Delta l}\sigma \boldsymbol{E} = 0 \tag{2}$$

由此得实际导体表面的自由电流线密度 $\boldsymbol{\alpha}_f$ 总是为零的。

1.34　设绝缘介质与理想导体分界面的两个相互正交的切线方向为 ξ,η 坐标，其中 ξ 为界面的法线方向，求 $\boldsymbol{E}$ 的边界条件的表达式。

【解】　设理想导体为 1，绝缘介质为 2，对于理想导体，其体内有

$$\boldsymbol{E}_1 = \boldsymbol{H}_1 = 0 \tag{1}$$

因为

$$\boldsymbol{n} \times (\boldsymbol{E}_2 - \boldsymbol{E}_1) = 0 \tag{2}$$

$$\boldsymbol{n} \times (\boldsymbol{H}_2 - \boldsymbol{H}_1) = \boldsymbol{\alpha}_f \tag{3}$$

所以，对绝缘介质一侧处有

$$\boldsymbol{n} \times \boldsymbol{E}_2 = 0 \tag{4}$$

$$\boldsymbol{n} \times \boldsymbol{H}_2 = \boldsymbol{\alpha}_f \tag{5}$$

在所取的坐标下，即分界面上的边界条件为

$$E_\xi = E_\eta = 0 \tag{6}$$

$$\frac{\partial E_\xi}{\partial \xi} = 0 \quad (\because \nabla \cdot \boldsymbol{E} = 0) \tag{7}$$

1.35　试利用电荷守恒定律和欧姆定律证明：无论在稳恒情况还是在非稳恒情况下，均匀且各向同性的良导体内不可能有电荷积累。

【证明】　因为

$$\nabla \cdot \boldsymbol{D} = \rho \tag{1}$$

$$\boldsymbol{D} = \varepsilon \boldsymbol{E} \tag{2}$$

$$\boldsymbol{J} = \sigma \boldsymbol{E} \tag{3}$$

所以有

$$\rho = \frac{\varepsilon}{\sigma} \nabla \cdot \boldsymbol{J} \tag{4}$$

由电荷守恒定律

$$\frac{\partial \rho}{\partial t} + \nabla \cdot \boldsymbol{J} = 0 \tag{5}$$

由(4)式和(5)式有

$$\frac{\partial \rho}{\partial t} = -\frac{\varepsilon}{\sigma}\rho \tag{6}$$

对稳恒情况有

$$\frac{\partial \rho}{\partial t} = 0 \tag{7}$$

所以

$$\rho = 0 \tag{8}$$

表明不可能有电荷积累。

对非稳恒情况,由(6)式有

$$\rho(t) = \rho_0 \mathrm{e}^{-\frac{\sigma}{\varepsilon}t} \tag{9}$$

表明 ρ 随时间 t 衰减,式中 $\tau = \frac{\varepsilon}{\sigma}$ 为特征时间。当 $\omega \gg \frac{1}{\tau}$ 或$\frac{\sigma}{\varepsilon\omega} \gg 1$ 时,有

$$\rho(t) = 0 \tag{10}$$

而$\frac{\sigma}{\varepsilon\omega} \gg 1$ 为两导体条件。

所以,无论在稳恒情况还是在非稳恒情况下,均匀且各向同性的良导体内不可能有电荷积累,电荷只能分布在导体的表面。

1.36 证明两个闭合的恒定电流圈之间的相互作用力大小相等,方向相反(但两个电流元之间的相互作用力一般并不服从牛顿第三定律)。

【证明】 Ⅰ.证明一般 $\mathrm{d}\boldsymbol{F}_{12} \neq \mathrm{d}\boldsymbol{F}_{21}$。

设两个恒定电流圈分别为 A 和 B,A 到 B 的距离为 $\boldsymbol{r}_{AB}$,B 到 A 的距离为 $\boldsymbol{r}_{BA}$,A 产生的磁场为 $\boldsymbol{B}_1$,B 产生的磁场为 $\boldsymbol{B}_2$,在 A 上取电流元 $I_1\mathrm{d}\boldsymbol{l}_1$,其受到 $\boldsymbol{B}_2$ 的作用力为 $\mathrm{d}\boldsymbol{F}_{12}$,在 B 上取电流元 $I_2\mathrm{d}l_2$,其受到 $\boldsymbol{B}_1$ 的作用力为 $\mathrm{d}\boldsymbol{F}_{21}$,则根据安培定律有

$$\mathrm{d}\boldsymbol{F}_{12} = I_1\mathrm{d}\boldsymbol{l}_1 \times \boldsymbol{B}_2 \tag{1}$$

其中 $\boldsymbol{B}_2$ 由毕－萨定律给出,这样(1)式为

$$\mathrm{d}\boldsymbol{F}_{12} = I_1\mathrm{d}\boldsymbol{l}_1 \times \frac{\mu_0}{4\pi}\frac{I_2\mathrm{d}\boldsymbol{l}_2 \times \boldsymbol{r}_{BA}}{\boldsymbol{r}_{BA}^3} = \frac{\mu_0 I_1 I_2}{4\pi}\frac{\mathrm{d}\boldsymbol{l}_1 \times (\mathrm{d}\boldsymbol{l}_2 \times \boldsymbol{r}_{BA})}{\boldsymbol{r}_{BA}^3} \tag{2}$$

同理有

$$\mathrm{d}\boldsymbol{F}_{21} = \frac{\mu_0 I_1 I_2}{4\pi}\frac{\mathrm{d}\boldsymbol{l}_2 \times (\mathrm{d}\boldsymbol{l}_1 \times \boldsymbol{r}_{AB})}{\boldsymbol{r}_{AB}^3} \tag{3}$$

因为

$$\boldsymbol{r}_{BA} = -\boldsymbol{r}_{AB}, \quad |\boldsymbol{r}_{BA}| = |\boldsymbol{r}_{AB}| \tag{4}$$

所以有

$$\mathrm{d}\boldsymbol{F}_{21}=-\frac{\mu_0 I_1 I_2}{4\pi}\frac{\mathrm{d}\boldsymbol{l}_2\times(\mathrm{d}\boldsymbol{l}_1\times\boldsymbol{r}_{BA})}{\boldsymbol{r}_{BA}^3}\tag{5}$$

一般情况下

$$\mathrm{d}\boldsymbol{l}_1\times(\mathrm{d}\boldsymbol{l}_2\times\boldsymbol{r}_{BA})\neq\mathrm{d}\boldsymbol{l}_2\times(\mathrm{d}\boldsymbol{l}_1\times\boldsymbol{r}_{BA})\tag{6}$$

所以得

$$\mathrm{d}\boldsymbol{F}_{12}\neq\mathrm{d}\boldsymbol{F}_{21}\tag{7}$$

Ⅱ. 证明 $\boldsymbol{F}_{12}=-\boldsymbol{F}_{21}$

电流圈 **A** 所受的力为

$$\begin{aligned}\boldsymbol{F}_{12}&=\int\mathrm{d}\boldsymbol{F}_{12}=\frac{\mu_0 I_1 I_2}{4\pi}\oint_{l_1}\oint_{l_2}\frac{\mathrm{d}\boldsymbol{l}_2\times(\mathrm{d}\boldsymbol{l}_1\times\boldsymbol{r}_{BA})}{\boldsymbol{r}_{BA}^3}\\&=\frac{\mu_0 I_1 I_2}{4\pi}\oint_{l_1}\oint_{l_2}\frac{(\mathrm{d}\boldsymbol{l}_2\cdot\boldsymbol{r}_{BA})\mathrm{d}\boldsymbol{l}_1-(\mathrm{d}\boldsymbol{l}_2\cdot\mathrm{d}\boldsymbol{l}_1)\boldsymbol{r}_{BA}}{\boldsymbol{r}_{BA}^3}\\&=\frac{\mu_0 I_1 I_2}{4\pi}\oint_{l_1}\oint_{l_2}\frac{(\mathrm{d}\boldsymbol{l}_2\cdot\boldsymbol{r}_{BA})\mathrm{d}\boldsymbol{l}_1}{\boldsymbol{r}_{BA}^3}-\frac{\mu_0 I_1 I_2}{4\pi}\oint_{l_1}\oint_{l_2}\frac{(\mathrm{d}\boldsymbol{l}_2\cdot\mathrm{d}\boldsymbol{l}_1)\boldsymbol{r}_{BA}}{\boldsymbol{r}_{BA}^3}\end{aligned}\tag{8}$$

其中第一项为

$$\oint_{l_1}\oint_{l_2}\frac{(\mathrm{d}\boldsymbol{l}_2\cdot\boldsymbol{r}_{BA})\mathrm{d}\boldsymbol{l}_1}{\boldsymbol{r}_{BA}^3}=\oint_{l_1}\mathrm{d}\boldsymbol{l}_1\left(\oint_{l_2}\frac{\mathrm{d}\boldsymbol{l}_2\cdot\boldsymbol{r}_{BA}}{\boldsymbol{r}_{BA}^3}\right)=\oint_{l_1}\mathrm{d}\boldsymbol{l}\times 0=0\tag{9}$$

将(9) 式代入(8) 式有

$$\boldsymbol{F}_{12}=-\frac{\mu_0 I_1 I_2}{4\pi}\oint_{l_1}\oint_{l_2}\frac{(\mathrm{d}\boldsymbol{l}_2\cdot\mathrm{d}\boldsymbol{l}_1)\boldsymbol{r}_{BA}}{\boldsymbol{r}_{BA}^3}\tag{10}$$

同理有

$$\boldsymbol{F}_{21}=-\frac{\mu_0 I_1 I_2}{4\pi}\oint_{l_1}\oint_{l_2}\frac{(\mathrm{d}\boldsymbol{l}_2\cdot\mathrm{d}\boldsymbol{l}_1)\boldsymbol{r}_{AB}}{\boldsymbol{r}_{AB}^3}\tag{11}$$

因为

$$\boldsymbol{r}_{BA}=-\boldsymbol{r}_{AB}\tag{12}$$

所以得

$$\boldsymbol{F}_{12}=-\boldsymbol{F}_{21}\tag{13}$$

即 A 电流圈和 B 电流圈之间的相互作用力大小相等，方向相反，证毕。

1.37　圆形极板构成的平行板电容器，其间介质的电导率为 γ，电容率为 ε，磁导率为 μ，两板间距为 d，板面积为 S，设极板间的电场均匀，不计边缘效应，若两板间所加的电压为 $V=V_m\sin\omega t$。试求电容器中任一点的磁感应强度 $\boldsymbol{B}$。

【解】　当两极板间加上交变电压时，电容器内同时存在传导电流 i_f 和位移电流 i_d。传导电流为

$$i_f=\frac{V}{R}=V/\frac{d}{\gamma S}=\frac{\gamma S}{d}V_m\sin\omega t\tag{1}$$

传导电流密度

$$J_f = \frac{i_f}{S} = \frac{\gamma}{d} V_m \sin\omega t \tag{2}$$

所以,板间电场强度为

$$E = \frac{V}{d} = \frac{V_m}{d}\sin\omega t \tag{3}$$

电位移为

$$D = \varepsilon E = \frac{\varepsilon V_m}{d}\sin\omega t \tag{4}$$

所以,位移电流密度为

$$J_d = \frac{\partial D}{\partial t} = \frac{\varepsilon\omega V_m}{d}\cos\omega t \tag{5}$$

在电容器内取圆心在中心轴上,半径为 r 的圆形回路 L,将安培环路定理应用于此回路上有

$$\oint_L \boldsymbol{B}\cdot \mathrm{d}\boldsymbol{l} = \mu(i_f + i_d) = \mu\int_0^r (J_f + J_d)2\pi r \mathrm{d}r \tag{6}$$

即

$$B2\pi r = \mu(J_f + J_d)\pi r^2 \tag{7}$$

所以,电容器中任一点的磁感应强度 B 为

$$B = \frac{\mu r}{2}(J_f + J_d) = \frac{\mu r}{2}\left(\frac{\gamma V_m}{d}\sin\omega t + \frac{\varepsilon\omega V_m}{d}\cos\omega t\right) = \frac{\mu r V_m}{2d}(\gamma\sin\omega t + \varepsilon\omega\cos\omega t) \tag{8}$$

1.38 在一圆形平行板电容器两极板上加 $V = V_0\cos\omega t$ 的电压,设极板的半径为 R,极板间距为 d,不计边缘效应,试求:(1) 两极板间的位移电流;(2) 两极板间距轴心为 r 的磁场强度;(3) 电容器内的能流密度。

【解】 Ⅰ. 两极板间的位移电流,设电容器内介质为真空,则有

$$D = \varepsilon_0 E = \varepsilon_0 \frac{V_0}{d}\cos\omega t \tag{1}$$

所以,位移电流密度为

$$J_d = \frac{\partial D}{\partial t} = -\frac{\varepsilon_0 V_0 \omega}{d}\sin\omega t \tag{2}$$

方向垂直于板面。

Ⅱ. 两极板间距轴心为 r 的磁场强度,由麦克斯韦方程组的微分形式有

$$\nabla\times\boldsymbol{H} = \boldsymbol{J}_f + \boldsymbol{J}_d \tag{3}$$

在板内 $\boldsymbol{J}_f = 0$,则有

$$\nabla\times\boldsymbol{H} = \boldsymbol{J}_d = \frac{\partial \boldsymbol{D}}{\partial t} \tag{4}$$

由磁场的环路定理

$$\oint_l \boldsymbol{H}\cdot \mathrm{d}\boldsymbol{l} = I_d = \iint_S \boldsymbol{J}_d\cdot \mathrm{d}\boldsymbol{s}$$

即

$$2\pi rH = \iint_S \left(-\frac{\varepsilon_0 V_0 \omega}{d}\sin\omega t\right)\mathrm{d}s = \left(-\frac{\varepsilon_0 V_0 \omega}{d}\sin\omega t\right)S \tag{5}$$

即

$$H = \frac{1}{2\pi r}\left(-\frac{\varepsilon_0 V_0 \omega}{d}\sin\omega t\right)S \tag{6}$$

当 $r < R$ 时，$S = \pi r^2$，此时

$$H = -\frac{\varepsilon_0 V_0 \omega r}{2d}\sin\omega t \quad (r < R) \tag{7}$$

当 $r > R$ 时，$S = \pi R^2$，此时

$$H = -\frac{\varepsilon_0 V_0 \omega R^2}{2dr}\sin\omega t \quad (r > R) \tag{8}$$

Ⅲ. 电容器内的能流密度，由能流密度的定义有

$$\boldsymbol{S} = \boldsymbol{E} \times \boldsymbol{H} \tag{9}$$

因为 $\boldsymbol{E}$ 沿轴线方向，$\boldsymbol{H}$ 沿切线方向，$\boldsymbol{E} \perp \boldsymbol{H}$，所以有

$$S = EH = -\frac{\varepsilon_0 V_0^2 \omega r}{2d^2}\cos\omega t\sin\omega t \quad (r < R) \tag{10}$$

方向与板面平行。平均能流密度为

$$\overline{\boldsymbol{S}} = \frac{1}{T}\int_0^T S\mathrm{d}t = -\frac{\varepsilon_0 V_0^2 \omega r}{2d^2 T}\int_0^T \cos\omega t\sin\omega t\,\mathrm{d}t = 0 \tag{11}$$

1.39　电荷 q 均匀地分布在半径为 R 的圆环上，求空间任一点产生的电势。

【解】　如图1.39所示，以环心 O 为原点，环的轴线为极轴，采用球坐标系。在环上任一点 Q 取线元 $\mathrm{d}l$，其上所带的电荷为

$$\mathrm{d}q = \frac{q}{2\pi R}\mathrm{d}l = \frac{q}{2\pi}\mathrm{d}\phi' \tag{1}$$

距 $\mathrm{d}q$ 为 s 处的空间任一点 P 的电势为

$$\mathrm{d}\varphi = \frac{\mathrm{d}q}{4\pi\varepsilon_0 s} = \frac{q}{8\pi^2\varepsilon_0 s}\mathrm{d}\phi' \tag{2}$$

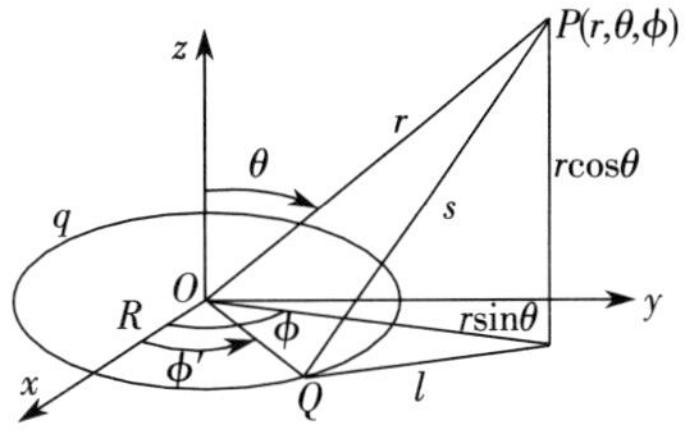

图 1.39

由图1.39可知

$$s^2 = (r\cos\theta)^2 + l^2 = (r\cos\theta)^2 + R^2 + (r\sin\theta)^2 - 2Rr\sin\theta\cos(\phi - \phi')$$
$$= r^2 + R^2 - 2Rr\sin\theta\cos(\phi - \phi') \tag{3}$$

即

$$s = \sqrt{r^2 + R^2 - 2Rr\sin\theta\cos(\phi - \phi')} \tag{4}$$

将(4)式代入(2)式有

$$\mathrm{d}\varphi = \frac{q}{8\pi^2\varepsilon_0}\frac{\mathrm{d}\phi'}{\sqrt{r^2 + R^2 - 2Rr\sin\theta\cos(\phi - \phi')}} \tag{5}$$

所以，电量为 q 的环在 P 点产生的电势为

$$\varphi = \int \mathrm{d}\varphi = \frac{q}{8\pi^2\varepsilon_0}\int_0^{2\pi}\frac{\mathrm{d}\phi'}{\sqrt{r^2 + R^2 - 2Rr\sin\theta\cos(\phi - \phi')}} \tag{6}$$

做如变换如下

$$2\alpha - \pi = \phi - \phi' \tag{7}$$

$$\frac{4Rr\sin\theta}{r^2 + R^2 + 2Rr\sin\theta} = k^2 \tag{8}$$

则(6) 式的积分化为

$$\int_0^{2\pi} \frac{\mathrm{d}\phi'}{\sqrt{r^2 + R^2 - 2Rr\sin\theta\cos(\phi - \phi')}} = \frac{2}{\sqrt{r^2 + R^2 + 2Rr\sin\theta}} \int_{\frac{\phi-\pi}{2}}^{\frac{\phi+\pi}{2}} \frac{\mathrm{d}\alpha}{\sqrt{1 - k^2\sin^2\alpha}} \tag{9}$$

式中 $\sqrt{1 - k^2\sin^2\alpha}$ 是 α 的以 π 为周期的偶函数，所以(9) 式的积分为

$$\int_{\frac{\phi-\pi}{2}}^{\frac{\phi+\pi}{2}} \frac{\mathrm{d}\alpha}{\sqrt{1 - k^2\sin^2\alpha}} = \int_{-\frac{\pi}{2}}^{\frac{\pi}{2}} \frac{\mathrm{d}\alpha}{\sqrt{1 - k^2\sin^2\alpha}} = 2\int_0^{\frac{\pi}{2}} \frac{\mathrm{d}\alpha}{\sqrt{1 - k^2\sin^2\alpha}} = 2K \tag{10}$$

其中 K 称为第一类椭圆积分，其结果为

$$K = \frac{\pi}{2}\left\{1 + \left(\frac{1}{2}\right)^2 k^2 + \left(\frac{1 \cdot 3}{2 \cdot 4}\right)^2 k^4 + \left(\frac{1 \cdot 3 \cdot 5}{2 \cdot 4 \cdot 6}\right)^2 k^6 + \left[\frac{(2n-1)!!}{2^n n!}\right]^2 k^{2n} + \cdots\right\} \tag{11}$$

式中 $n = 1,2,3\cdots$ 所以距环心为 r 处的任一点的电势为

$$\varphi = \frac{q}{2\pi^2\varepsilon_0} \frac{K}{\sqrt{r^2 + R^2 + 2Rr\sin\theta}} \tag{12}$$

1.40 有一平面螺旋导线如图 1.40 所示，其极坐标方程为 $r = R_0\theta/2\pi N$，其中 N 为螺旋导线线圈的匝数，R_0 为极点到螺旋导线最外端的距离，当螺旋导线通有电流 I 时，求垂直于螺旋平面过极点的直线上任一点 P 处的磁感应强度 $\boldsymbol{B}$ 沿该直线的分量为多少？

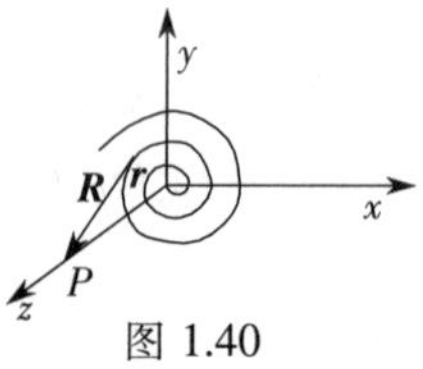

图 1.40

【解】 设该直线沿 z 轴方向，在螺旋导线上取电流元 $I\mathrm{d}\boldsymbol{l}$，其到 P 点的距离为 R，由毕－萨定律，$I\mathrm{d}\boldsymbol{l}$ 在 P 点的 $\mathrm{d}\boldsymbol{B}$ 为

$$\mathrm{d}\boldsymbol{B} = \frac{\mu_0}{4\pi} \frac{I\mathrm{d}\boldsymbol{l} \times \boldsymbol{R}}{R^3} = \frac{\mu_0 I}{4\pi} \frac{\mathrm{d}\boldsymbol{l} \times \boldsymbol{R}}{R^3} \tag{1}$$

设 $\boldsymbol{R}$ 与 x 轴的夹角为 α，由对称性分析，$\mathrm{d}\boldsymbol{B}$ 的 z 分量为

$$\mathrm{d}B_z = \frac{\mu_0 I}{4\pi} \frac{\mathrm{d}l}{R^3}\cos\alpha = \frac{\mu_0 I}{4\pi} \frac{\mathrm{d}l}{R^2} \frac{r}{R} \tag{2}$$

式中

$$R = (r^2 + z^2)^{\frac{1}{2}} \tag{3}$$

$$r = R_0\theta/2\pi N \tag{4}$$

$$\mathrm{d}l = r\mathrm{d}\theta = \frac{2\pi N r}{R_0}\mathrm{d}r \tag{5}$$

将(3) 式、(4) 式和(5) 式代入(2) 式有

$$\mathrm{d}B_z = \frac{\mu_0 N I}{2R_0} \frac{r^2\mathrm{d}r}{(r^2 + z^2)^{\frac{3}{2}}} \tag{6}$$

所以，$\boldsymbol{B}$ 的 z 分量为

$$B_z = \frac{\mu_0 NI}{2R_0}\int_0^{R_0} \frac{r^2 \mathrm{d}r}{(r^2+z^2)^{\frac{3}{2}}} = \frac{\mu_0 NI}{2R_0}\int_0^{R_0} r \cdot \mathrm{d}\left[\frac{-1}{(r^2+z^2)^{\frac{1}{2}}}\right] \tag{7}$$

对(7)式分部积分得

$$B_z = \frac{\mu_0 NI}{2R_0}\left[\ln\frac{R_0+\sqrt{R_0^2+z^2}}{z} - \frac{R_0}{\sqrt{R_0^2+z^2}}\right] \tag{8}$$

1.41　试求含有任意电荷分布的球体内部的平均电场。

【解】　Ⅰ.球内有一点电荷时球体内部的平均电场

如图1.41a所示,在半径为R的球体内z轴上有一点电荷Q,z轴为过球心和Q的连线,Q距球体球心的距离为r'。由于点电荷Q处于z轴上,且在球心的上部,所以,从对称性分析可知,Q产生的电场对整个球体求平均后必定是沿z轴方向的。在球内半径为r'与$r'+\mathrm{d}r'$处取一球壳为体积元$\mathrm{d}\tau$,$\mathrm{d}\tau$内的电场为

$$E_\tau = E\mathrm{d}\tau \tag{1}$$

设球体的体积为V,则球体内部的平均电场为

$$\overline{E} = \overline{E}_z = \frac{1}{V}\int_V E_z \mathrm{d}\tau \tag{2}$$

将球体分为半径为r'的球体V_1与半径为r'及R的球壳,球壳的体积为V_2,则(2)式划为两个部分积分,即

$$\overline{E}_z = \overline{E}_{z1} + \overline{E}_{z2} = \frac{1}{V_1}\int_{V_1} E_z \mathrm{d}\tau + \frac{1}{V_2}\int_{V_2} E_z \mathrm{d}\tau \tag{3}$$

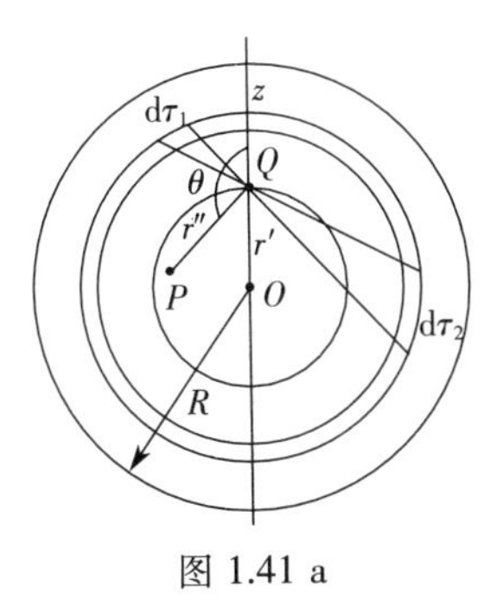

图 1.41 a

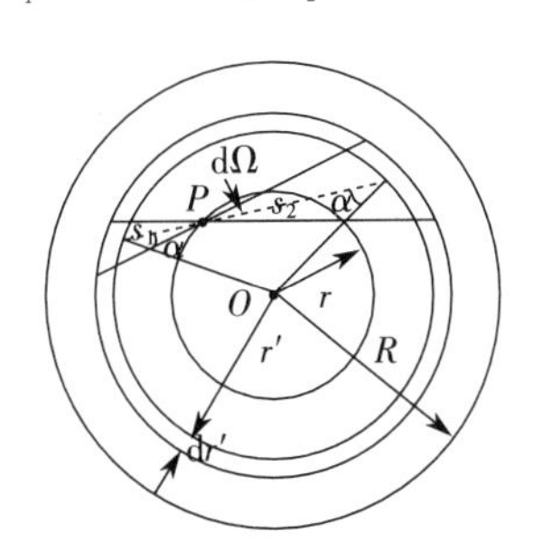

图 1.41 b

先计算(3)式的第二项,在球体内P点取一立体角为$\mathrm{d}\Omega$的小锥体,以P为顶点,两边延伸出去,如图1.41b所示,小锥体在半径为r'、厚为$\mathrm{d}r'$且与球体同心的球壳上切割出两个体积元,即P点左边的$\mathrm{d}\tau_1$和P右边的$\mathrm{d}\tau_2$,设$\mathrm{d}\tau_1$距P点的距离为s_1,$\mathrm{d}\tau_2$距P点的距离为s_2,则由图1.41b可知

$$\mathrm{d}\tau_1 = \frac{s_1^2 \mathrm{d}\Omega}{\cos\alpha}\mathrm{d}r' \tag{4}$$

$$\mathrm{d}\tau_2 = \frac{s_2^2 \mathrm{d}\Omega}{\cos\alpha}\mathrm{d}r' \tag{5}$$

$\mathrm{d}\tau_1$内的电荷在P点产生电场的大小为

$$dE_1 = \frac{\rho d\tau_1}{4\pi\varepsilon_0 s_1^2} = \frac{\rho}{4\pi\varepsilon_0 s_1^2}\frac{s_1^2 d\Omega}{\cos\alpha}dr' = \frac{\rho}{4\pi\varepsilon_0}\frac{d\Omega}{\cos\alpha}dr' \tag{6}$$

设电荷体密度 ρ 为正，则 $d\boldsymbol{E}$ 的方向指向 P 点右边。

同理，$d\tau_2$ 内的电荷在 P 点产生电场的大小为

$$dE_2 = \frac{\rho d\tau_1}{4\pi\varepsilon_0 s_2^2} = \frac{\rho}{4\pi\varepsilon_0 s_2^2}\frac{s_2^2 d\Omega}{\cos\alpha}dr' = \frac{\rho}{4\pi\varepsilon_0}\frac{d\Omega}{\cos\alpha}dr' \tag{7}$$

$d\boldsymbol{E}$ 的方向指向 P 点左边，即 $d\boldsymbol{E}_1$ 与 $d\boldsymbol{E}_2$ 等大反向，叠加后为零，亦即

$$d\boldsymbol{E}_1 + d\boldsymbol{E}_2 = 0 \tag{8}$$

由于(8) 式的结论对任意的 $d\Omega$ 和任意的 dr' 都成立，空心球体在其内表面上的任一点或空腔内的任一点上所产生的电场等于零。因此，有

$$\overline{E}_{z2} = \frac{1}{V_2}\int_{V_2} E_z d\tau = 0 \tag{9}$$

这样，球体内部的平均电场为

$$\overline{E}_z = \overline{E}_{z1} = \frac{1}{V_1}\int_{V_1} E_z d\tau \tag{10}$$

即 $E_z d\tau$ 对内部体积 V_1 的积分就等于它对全部体积 V 的积分。

采用球坐标系计算(10) 式，将点电荷 Q 置于坐标原点，则 Q 在 P 点产生的电场为

$$E_z = \frac{Q}{4\pi\varepsilon_0 r''^2}\cos\alpha \tag{11}$$

所以，球体内部的平均电场为

$$\begin{aligned}
\overline{E}_z = \overline{E}_{z1} &= \frac{1}{V_1}\int_{V_1} E_z d\tau \\
&= \frac{3}{4\pi R^3}\int_0^{2\pi}\int_{\frac{\pi}{2}}^{\pi}\int_0^{r''=-2r'\cos\theta} \frac{Q}{4\pi\varepsilon_0 r''^2}\cos\theta \cdot r''^2 \sin\theta d\theta d\phi dr'' \\
&= -\frac{3}{4\pi R^3}\cdot\frac{Qr'}{\varepsilon_0}\int_{\frac{\pi}{2}}^{\pi}\cos^2\theta\sin\theta d\theta = -\frac{3}{4\pi R^3}\cdot\frac{Qr'}{\varepsilon_0}\cdot\left(\frac{\cos^3\theta}{3}\right)_{\frac{\pi}{2}}^{\pi} \\
&= -\frac{3}{4\pi\varepsilon_0 R^3}\cdot\frac{Qr'}{3} = -\frac{Qr'}{4\pi\varepsilon_0 R^3}
\end{aligned} \tag{12}$$

式中 $-2r'\cos\theta$ 是 Q 距内球表面的距离在 θ 方向的分量距离，负号是 $\cos\theta$ 为负值所致。

Ⅱ. 任意电荷分布的球体内部的平均电场

球内有单一点电荷 Q 在球体内部产生的平均电场强度已由(12) 式给出，对于任意的电荷分布，可将任意带电体视为若干点电荷的集合，根据叠加原理知，任意的电荷分布产生的电场强度等于各个点电荷产生电场强度的叠加，此时，总电场的平均值为

$$\overline{E} = \overline{E}_z = \frac{1}{NV_1}N\int_{V_1} E_z d\tau = \frac{1}{V_1}\int_{V_1} E_z d\tau = -\frac{Qr'}{4\pi\varepsilon_0 R^3} \tag{13}$$

显然结果与(12) 式一致。

第 2 章　静电场

2.1　一半径为 R 的电介质球，其极化强度为 $\boldsymbol{P}=K\frac{\boldsymbol{r}}{r^2}$，电容率为 ε。试求：(1) 介质球束缚电荷的体密度和面密度；(2) 介质球的自由电荷体密度；(3) 球外和球内的电势；(4) 该带电介质球产生的静电场总能量。

【解】　Ⅰ. 根据束缚电荷体密度与极化强度的关系

$$\rho_P=-\nabla\cdot\boldsymbol{P} \tag{1}$$

有

$$\begin{aligned}\rho_P&=-\nabla\cdot\boldsymbol{P}=-\nabla\cdot\left(K\frac{\boldsymbol{r}}{r^2}\right)=-\frac{K}{r^2}\nabla\cdot\boldsymbol{r}-K\left(\nabla\frac{1}{r^2}\right)\cdot\boldsymbol{r}\\&=-\frac{3K}{r^2}+\frac{2K}{r^4}\boldsymbol{r}\cdot\boldsymbol{r}=-\frac{K}{r^2}\end{aligned} \tag{2}$$

根据束缚电荷面密度与极化强度的关系

$$\sigma_P=-\boldsymbol{n}\cdot(\boldsymbol{P}_2-\boldsymbol{P}_1) \tag{3}$$

由于球外 $\boldsymbol{P}_1=0$，所以有

$$\sigma_P=-\boldsymbol{n}\cdot\boldsymbol{P}_2\big|_{r=R}=-\boldsymbol{n}\cdot\boldsymbol{P}\big|_{r=R}=-\boldsymbol{n}\cdot\left(-K\frac{\boldsymbol{r}}{r^2}\right)_{r=R}=\frac{K}{R} \tag{4}$$

Ⅱ. 介质球的自由电荷体密度

由 1.14 题知极化电荷密度为

$$\rho_P=\left(\frac{\varepsilon_0}{\varepsilon}-1\right)\nabla\cdot\boldsymbol{D}=\left(\frac{\varepsilon_0}{\varepsilon}-1\right)\rho_P=-\left(1-\frac{\varepsilon_0}{\varepsilon}\right)\rho_f \tag{5}$$

所以有

$$\rho_f=\frac{\varepsilon}{\varepsilon_0-\varepsilon}\rho_P=\frac{\varepsilon K}{(\varepsilon-\varepsilon_0)r^2} \tag{6}$$

Ⅲ. 球外和球内的电势

球上所带的总自由电荷为

$$q_f=\int_V\rho_f\mathrm{d}V=\int_V\frac{\varepsilon K}{(\varepsilon-\varepsilon_0)r^2}r^2\sin\theta\mathrm{d}\phi\mathrm{d}\theta\mathrm{d}r=\frac{4\pi\varepsilon KR}{(\varepsilon-\varepsilon_0)} \tag{7}$$

球外的电场为 q_f 全部集中在球心时所产生的电场，即

$$\boldsymbol{E}_1=\frac{q_f}{4\pi\varepsilon_0 r^2}\boldsymbol{e}_r=\frac{\varepsilon KR}{\varepsilon_0(\varepsilon-\varepsilon_0)r^2}\boldsymbol{e}_r\quad(r>R) \tag{8}$$

由电势的定义，球外的电势为

$$\varphi_1 = \int_r^\infty \boldsymbol{E}_1 \cdot \mathrm{d}\boldsymbol{r} = \frac{\varepsilon K R}{\varepsilon_0(\varepsilon - \varepsilon_0) r}(r > R) \tag{9}$$

在介质球内有

$$\boldsymbol{D}_2 = \varepsilon_0 \boldsymbol{E}_2 + \boldsymbol{P} = \varepsilon \boldsymbol{E}_2 \tag{10}$$

所以，介质球内的电场为

$$\boldsymbol{E}_2 = \frac{\boldsymbol{P}}{\varepsilon - \varepsilon_0} = \frac{K}{(\varepsilon - \varepsilon_0) r}\boldsymbol{e}_r \quad (r < R) \tag{11}$$

球内的电势为

$$\begin{aligned}\varphi_2 &= \int_r^\infty \boldsymbol{E} \cdot \mathrm{d}\boldsymbol{r} \\ &= \int_r^R \boldsymbol{E}_2 \cdot \mathrm{d}\boldsymbol{r} + \int_R^\infty \boldsymbol{E}_1 \cdot \mathrm{d}\boldsymbol{r} = \frac{K}{\varepsilon - \varepsilon_0}\int_r^R \frac{\mathrm{d}r}{r} + \frac{\varepsilon K R}{\varepsilon_0(\varepsilon - \varepsilon_0)}\int_R^\infty \frac{\mathrm{d}r}{r^2} \\ &= \frac{K}{\varepsilon - \varepsilon_0}\left(\ln\frac{R}{r} + \frac{\varepsilon}{\varepsilon_0}\right) \quad (r < R)\end{aligned} \tag{12}$$

Ⅳ. 介质球产生的静电场总能量

$$\begin{aligned}W &= \int_V \frac{1}{2}\boldsymbol{E} \cdot \boldsymbol{D}\mathrm{d}V = \int_{V_2} \frac{1}{2}\varepsilon E_2^2 \mathrm{d}V + \int_{V_1} \frac{1}{2}\varepsilon_0 E_1^2 \mathrm{d}V \\ &= 2\pi\varepsilon R\left(1 + \frac{\varepsilon}{\varepsilon_0}\right)\left(\frac{K}{\varepsilon - \varepsilon_0}\right)^2\end{aligned} \tag{13}$$

2.2　在无界空间里，取球坐标系，已知电荷分布 ρ 所产生的电势分布为 $\varphi = \frac{q}{4\pi\varepsilon_0}\left[\left(\frac{1}{a} + \frac{1}{r}\right)\mathrm{e}^{-\frac{2r}{a}} - \frac{1}{r}\right]$，式中 q 和 a 都是常量，是场点到源点的距离，试求 ρ。如果换成另一种电荷分布 ρ'，所产生的电势为 $\varphi' = \frac{q}{4\pi\varepsilon_0}\left(\frac{1}{a} + \frac{1}{r}\right)\mathrm{e}^{-\frac{2r}{a}}$，试求 ρ'。

【解】　Ⅰ. 求电荷密度 ρ

知道电势 φ 的分布，求电荷密度 ρ 的分布，可根据泊松方程求解。根据泊松方程

$$\nabla^2 \varphi = -\frac{\rho}{\varepsilon_0} \tag{1}$$

电荷密度 ρ 的分布为

$$\begin{aligned}\rho &= -\varepsilon_0 \nabla^2 \varphi = \frac{q}{4\pi}\nabla^2\left(\frac{1}{a} + \frac{1}{r}\right)\mathrm{e}^{-\frac{2r}{a}} + \frac{q}{4\pi}\nabla^2\frac{1}{r} \\ &= -\frac{q}{4\pi a}\nabla^2 \mathrm{e}^{-\frac{2r}{a}} - \frac{q}{4\pi}\nabla^2\left(\frac{1}{r}\mathrm{e}^{-\frac{2r}{a}}\right) + \frac{q}{4\pi}\nabla^2\frac{1}{r}\end{aligned} \tag{2}$$

将 ∇^2 在球坐标系下展开，其中第一项中

$$\nabla^2 \mathrm{e}^{-\frac{2r}{a}} = \frac{1}{r^2}\frac{\partial}{\partial r}\left(r^2 \frac{\partial \mathrm{e}^{-\frac{2r}{a}}}{\partial r}\right) = -\frac{2}{ar^2}\frac{\partial}{\partial r}(r^2 \mathrm{e}^{-\frac{2r}{a}}) = \frac{4}{a}\left(\frac{1}{a} - \frac{1}{r}\right)\mathrm{e}^{-\frac{2r}{a}} \tag{3}$$

第二项中

$$\nabla^2\left(\frac{1}{r}e^{-\frac{2r}{a}}\right)=e^{-\frac{2r}{a}}\nabla^2\frac{1}{r}+\frac{1}{r}\nabla^2 e^{-\frac{2r}{a}}+2\left(\nabla\frac{1}{r}\right)\cdot(\nabla e^{-\frac{2r}{a}})$$

$$=e^{-\frac{2r}{a}}[-4\pi\delta(\boldsymbol{r})]+\frac{4}{ar}\left(\frac{1}{a}-\frac{1}{r}\right)e^{-\frac{2r}{a}}+2\frac{\boldsymbol{r}}{r^3}\cdot\frac{2\boldsymbol{r}}{ar}e^{-\frac{2r}{a}} \tag{4}$$

第三项中

$$\nabla^2\frac{1}{r}=-4\pi\delta(\boldsymbol{r}) \tag{5}$$

将(3) 式、(4) 式和(5) 式代入(2) 式有

$$\rho=-\frac{4q}{4\pi a^2}\left(\frac{1}{a}-\frac{1}{r}\right)e^{-\frac{2r}{a}}-\frac{q}{4\pi}\left[-4\pi e^{-\frac{2r}{a}}\delta(\boldsymbol{r})+\frac{4}{a^2 r}e^{-\frac{2r}{a}}\right]-q\delta(\boldsymbol{r})$$

$$=-\frac{q}{\pi a^3}e^{-\frac{2r}{a}}+(e^{-\frac{2r}{a}}-1)q\delta(\boldsymbol{r}) \tag{6}$$

其中

$$(e^{-\frac{2r}{a}}-1)\delta(\boldsymbol{r})=0 \tag{7}$$

所以得

$$\rho=-\frac{q}{\pi a^3}e^{-\frac{2r}{a}} \tag{8}$$

Ⅱ.求电荷密度 ρ'

由题所给条件有

$$\varphi'=\varphi+\frac{q}{4\pi\varepsilon_0 r} \tag{9}$$

根据泊松方程有

$$\rho'=\varepsilon_0\nabla^2\varphi'=-\varepsilon_0\nabla^2\left(\varphi+\frac{1}{4\pi\varepsilon_0 r}\right)=-\varepsilon_0\nabla^2\varphi-\frac{q}{4\pi}\nabla^2\frac{1}{r}$$

$$=\rho-\frac{q}{4\pi}[-4\pi\delta(\boldsymbol{r})]=-\frac{q}{\pi a^3}e^{-\frac{2r}{a}}+q\delta(\boldsymbol{r}) \tag{10}$$

2.3　在柱坐标系中就下列三种特殊情况求解拉普拉斯方程$\nabla^2\psi=0$。(1) ψ 只与 ρ 有关;(2) ψ 只与 φ 有关;(3) ψ 只与 z 有关。

【解】　Ⅰ.当 ψ 只与 ρ 有关时,拉普拉斯方程为

$$\nabla^2\psi=\frac{1}{\rho}\frac{d}{d\rho}\left(\rho\frac{d\psi}{d\rho}\right)=0 \tag{1}$$

即

$$\frac{d}{d\rho}\left(\rho\frac{d\psi}{d\rho}\right)=0 \tag{2}$$

经两次积分得

$$\psi=c_1\ln\rho+c_2 \tag{3}$$

Ⅱ.当 ψ 只与 φ 有关时,拉普拉斯方程为

$$\nabla^2\psi=\frac{1}{\rho^2}\frac{d^2\psi}{d\varphi^2}=0 \tag{4}$$

经两次积分得

$$\psi = c_1\varphi + c_2 \tag{5}$$

Ⅲ. 当 ψ 只与 z 有关时，拉普拉斯方程为

$$\nabla^2\psi = \frac{\mathrm{d}^2\psi}{\mathrm{d}z^2} = 0 \tag{6}$$

经两次积分得

$$\psi = c_1 z + c_2 \tag{7}$$

三种情况中的 c_1 和 c_2 均为积分常数。

2.4 试证明：在没有电荷的地方，电势既不能达到极大值，也不能达到极小值。

【证明】 Ⅰ. 在真空中的情况

采用直角坐标系，真空中电势 φ 满足的泊松方程为

$$\frac{\partial^2\varphi}{\partial x^2} + \frac{\partial^2\varphi}{\partial y^2} + \frac{\partial^2\varphi}{\partial z^2} = -\frac{\rho}{\varepsilon_0} \tag{1}$$

在没有电荷的地方，$\rho = 0$，所以有

$$\frac{\partial^2\varphi}{\partial x^2} + \frac{\partial^2\varphi}{\partial y^2} + \frac{\partial^2\varphi}{\partial z^2} = 0 \tag{2}$$

根据函数有极值的条件，若函数 φ 有极大值，则有

$$\frac{\partial^2\varphi}{\partial x^2} < 0,\quad \frac{\partial^2\varphi}{\partial y^2} < 0,\quad \frac{\partial^2\varphi}{\partial z^2} < 0$$

此结论与(2) 式矛盾。

若函数 φ 有极小值，则有

$$\frac{\partial^2\varphi}{\partial x^2} > 0,\quad \frac{\partial^2\varphi}{\partial z^2} > 0,\quad \frac{\partial^2\varphi}{\partial z^2} > 0$$

此结论也与(2) 式矛盾。

所以在真空中，$\rho = 0$ 的地方电势 φ 不可能有极大值，也不可能有极小值。

Ⅱ. 在介质中，且为均匀介质的情况

取直角坐标系，电势 φ 满足的泊松方程为

$$\frac{\partial^2\varphi}{\partial x^2} + \frac{\partial^2\varphi}{\partial y^2} + \frac{\partial^2\varphi}{\partial z^2} = -\frac{\rho}{\varepsilon} \tag{3}$$

若介质中没有电荷，即 $\rho = 0$，则极化电荷密度 $\rho_p = -\left(1 - \frac{1}{\varepsilon_r}\right)\rho = 0$，这样(3) 式就变为(2) 式，根据上面的证明，均匀介质中没有电荷的地方，电势 φ 既没有极大值，也没有极小值。

Ⅲ. 介质为非均匀介质的情况

若介质为非均匀介质，电势 φ 满足的泊松方程为

$$\nabla^2\varphi = -\frac{1}{\varepsilon}(\rho + \nabla\varepsilon \cdot \nabla\varphi) \tag{4}$$

在无自由电荷的地方，$\rho = 0$，(4) 式变为

$$\nabla^2\varphi = -\frac{1}{\varepsilon}(\nabla\varepsilon \cdot \nabla\varphi) \tag{5}$$

即

$$\frac{\partial^2\varphi}{\partial x^2}+\frac{\partial^2\varphi}{\partial y^2}+\frac{\partial^2\varphi}{\partial z^2} = -\frac{1}{\varepsilon}\left(\frac{\partial\varepsilon}{\partial x}\frac{\partial\varphi}{\partial x}+\frac{\partial\varepsilon}{\partial y}\frac{\partial\varphi}{\partial y}+\frac{\partial\varepsilon}{\partial z}\frac{\partial\varphi}{\partial z}\right) \tag{6}$$

在电势 φ 有极大值和极小值处，应当均有

$$\frac{\partial\varphi}{\partial x} = \frac{\partial\varphi}{\partial y} = \frac{\partial\varphi}{\partial z} = 0 \tag{7}$$

将(7) 式代入(6) 式，所以有

$$\frac{\partial^2\varphi}{\partial x^2}+\frac{\partial^2\varphi}{\partial y^2}+\frac{\partial^2\varphi}{\partial z^2} = 0$$

此式和(2) 式完全一样，根据前面的证明，同样有：在没有电荷的地方，电势 φ 既没有极大值，也没有极小值。

综上所证，在没有电荷的地方，电势 φ 既不可能达到极大值，也不可能达到极小值，证毕。

2.5　一平行板电容器两极板相距为 d，其两板间为空气，已知一极板的电势为零，另一极板的电势为 U。略去边缘效应，试由解拉普拉斯方程，求两极板间的电势 φ，并由 φ 求电场强度 $\boldsymbol{E}$ 和两极板上的电荷面密度。

【解】　Ⅰ. 求两极板间的电势 φ

如图 2.5 所示，以电势 $\varphi=0$ 的极板的表面为 x-y 平面，建立直角坐标系，则两极板间的 φ 满足的拉普拉斯方程为

$$\nabla^2\varphi = \frac{\partial^2\varphi}{\partial x^2}+\frac{\partial^2\varphi}{\partial y^2}+\frac{\partial^2\varphi}{\partial z^2} = 0 \tag{1}$$

图 2.5

由对称性可知，电势 φ 与 x、y 无关，所以(1) 式为

$$\frac{\mathrm{d}^2\varphi}{\mathrm{d}z^2} = 0 \tag{2}$$

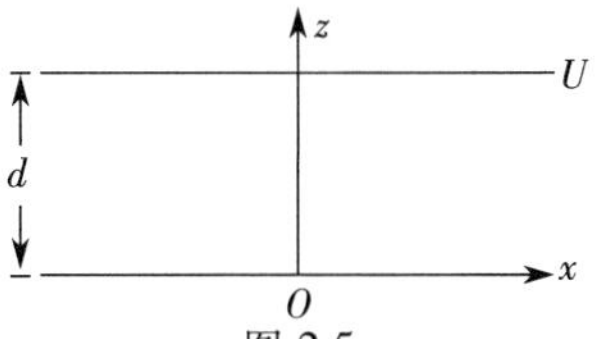

解方程(2) 式有

$$\varphi = C_1 z + C_2 \tag{3}$$

其中 C_1 和 C_2 为待定常数，利用边界条件，即

$$\varphi = 0\big|_{z=0} \tag{4}$$

$$\varphi = 0\big|_{z=d} \tag{5}$$

可求得待定常数为

$$C_1 = \frac{U}{d} \tag{6}$$

$$C_2 = 0 \tag{7}$$

将(3) 式代入(5) 式得两极板间的电势为

$$\varphi = \frac{U}{d}z \tag{8}$$

Ⅱ.求两极板间的电场 $\boldsymbol{E}$

利用(8) 式,根据电势 φ 与电场强度 $\boldsymbol{E}$ 的关系有

$$\boldsymbol{E} = -\nabla\varphi = -\frac{\mathrm{d}\varphi}{\mathrm{d}z}\boldsymbol{e}_z = -\frac{U}{d}\boldsymbol{e}_z \tag{9}$$

表明两极板间的电场是方向向下的均匀电场。

Ⅲ.求两极板上的电荷面密度 σ

设电容器极板面积为 ΔS,取底面积为 ΔS 的扁圆柱面为高斯面,并将一底面放在上极板内,另一底面位于电容器两级板间,根据高斯定理有

$$\oint\!\!\!\oint_{\Delta S} \boldsymbol{E}\cdot\mathrm{d}\boldsymbol{s} = \frac{1}{\varepsilon_0}q_{上} \tag{10}$$

即

$$E\Delta S = \frac{1}{\varepsilon_0}\sigma_{上}\ \Delta S \tag{11}$$

所以,上极板的电荷面密度为

$$\sigma_{上} = \varepsilon_0 E = \varepsilon_0\,\frac{U}{d} \tag{12}$$

同理,下极板的电荷面密度为

$$\sigma_{下} = -\varepsilon_0\,\frac{U}{d} \tag{13}$$

2.6　在均匀外电场中置入一半径为 R_0 的导体球,试用分离变量法求下列两种情况的电势:

(1) 导体球上接有电池,使球与地保持电势差 φ_0;

(2) 导体球上带总电荷 Q。

【解】　Ⅰ.求球外($r \geqslant R_0$)的电势 φ

在球外无自由电荷,电势 φ 满足拉普拉斯方程 $\nabla^2\varphi = 0$,以球心为坐标原点,电场 $\boldsymbol{E}$ 的方向为极轴的方向,采用球坐标系。由对称性可知,电势 φ 只是 r 和 θ 的函数,与方位角 ϕ 无关。所以 $\nabla^2\varphi = 0$ 的通解为

$$\varphi(r,\theta) = \sum_{n=0}^{\infty}\left(A_n r^n + \frac{B_n}{r^{n+1}}\right)P_n(\cos\theta) \tag{1}$$

式中 $P_n(\cos\theta)$ 是勒让德多项式,A_n 和 B_n 是由边界条件决定的待定系数。

边界条件为

$$\left.\frac{\partial\varphi}{\partial z}\right|_{z\to\infty} = -\boldsymbol{E}_0 \tag{2}$$

$$\varphi(r,\theta)\,|_{r=R_0} = \varphi_0 \tag{3}$$

利用边界条件确定待定常数,由边界条件(2) 式有

$$\varphi(r,\theta)\,|_{z\to\infty} = -E_0 z + \varphi' = -E_0 r\cos\theta + \varphi' \tag{4}$$

式中 φ' 为常量,其值等于未放入导体球时,电场 $\boldsymbol{E}_0$ 在 $r=0$ 点的电势。

由(1) 式和(4) 式有

$$\left[\sum_{n=0}^{\infty}\left(A_n r^n+\frac{B_n}{r^{n+1}}\right)P_n(\cos\theta)\right]_{z\to\infty}=-E_0 r\cos\theta+\varphi' \tag{5}$$

比较方程两边 r 的系数有

$$\begin{aligned}A_0&=\varphi'\\A_1&=-E_0\\A_n&=0\quad(n\geqslant 2)\end{aligned} \tag{6}$$

所以得

$$\varphi(r,\theta)=\varphi'-E_0 r\cos\theta+\sum_{n=0}^{\infty}\frac{B_n}{r^{n+1}}P_n(\cos\theta) \tag{7}$$

由边界条件(3)式有

$$\varphi'-E_0R_0\cos\theta+\sum_{n=0}^{\infty}\frac{B_n}{R^{n+1}}P_n(\cos\theta)=\varphi_0 \tag{8}$$

比较(7)式两边 $P_n(\cos\theta)$ 的系数有

$$B_0=R_0(\varphi_0-\varphi') \tag{9}$$

$$B_1=E_0R_0^3 \tag{10}$$

$$B_n=0\quad(n\geqslant 2) \tag{11}$$

将(6)式代入(7)式有

$$\varphi(r,\theta)=\varphi'-E_0 r\cos\theta+\frac{(\varphi_0-\varphi')R_0}{r}+\frac{E_0R_0^3}{r^2}\cos\theta \tag{12}$$

Ⅱ. 求电场强度 $\boldsymbol{E}$

采用球坐标系，根据电势 φ 与电场强度 $\boldsymbol{E}$ 的关系有

$$\boldsymbol{E}=-\nabla\varphi \tag{13}$$

即

$$\begin{aligned}\boldsymbol{E}&=E_r\boldsymbol{e}_r+E_\theta\boldsymbol{e}_\theta+E_\phi\boldsymbol{e}_\phi\\&=-\left[\frac{\partial\varphi}{\partial r}\boldsymbol{e}_r+\frac{1}{r}\frac{\partial\varphi}{\partial\theta}\boldsymbol{e}_\theta+\frac{1}{r\sin\theta}\frac{\partial\varphi}{\partial\phi}\boldsymbol{e}_\phi\right]\quad[\text{见附录(3.18)式}]\end{aligned} \tag{14}$$

其中

$$E_r=-\frac{\partial\varphi}{\partial r}=E_0\cos\theta+\frac{(\varphi_0-\varphi')R_0}{r^2}+\frac{2E_0R_0^3}{r^3}\cos\theta \tag{15}$$

$$E_\theta=-\frac{1}{r}\frac{\partial\varphi}{\partial\theta}=-E_0\sin\theta+\frac{E_0R_0^3}{r^3}\sin\theta \tag{16}$$

$$E_\phi=-\frac{1}{r\sin\theta}\frac{\partial\varphi}{\partial\phi}=0 \tag{17}$$

将(15)式、(16)式、(17)式代入(14)式有

$$\boldsymbol{E}=\left[E_0\cos\theta+\frac{(\varphi_0-\varphi')R_0}{r^2}+\frac{2E_0R_0^3}{r^3}\cos\theta\right]\boldsymbol{e}_r+\left[-E_0\sin\theta+\frac{E_0R_0^3}{r^3}\sin\theta\right]\boldsymbol{e}_\theta \tag{18}$$

因为

$$\boldsymbol{E}_0=E_0\cos\theta\boldsymbol{e}_r-E_0\sin\theta\boldsymbol{e}_\theta \tag{19}$$

所以，将(19)式代入(18)式有

$$\boldsymbol{E}=\boldsymbol{E}_0+\frac{(\varphi_0-\varphi')R_0}{r^2}\boldsymbol{e}_r+\frac{R_0^3}{r^3}(3E_0\cos\theta\boldsymbol{e}_r-\boldsymbol{E}_0) \tag{20}$$

Ⅲ. 求导体球上的电荷 Q

根据电荷面密度与电位移矢量的关系，导体球上的电荷面密度为

$$\sigma(\theta)=\boldsymbol{e}_r\cdot\boldsymbol{D}\big|_{r=R_0}=\boldsymbol{e}_r\cdot(\varepsilon_0\boldsymbol{E})\big|_{r=R_0}=\varepsilon_0\boldsymbol{e}_r\cdot\boldsymbol{E}\big|_{r=R_0} \tag{21}$$

将(20)式代入(21)式有

$$\sigma(\theta)=\frac{\varepsilon_0(\varphi_0-\varphi')}{R}+3\varepsilon_0E_0\cos\theta \tag{22}$$

导体球表面上的总电量为

$$Q=\int_0^\pi\sigma(\theta)\mathrm{d}S=\int_0^\pi\sigma(\theta)\cdot2\pi R_0^2\sin\theta\mathrm{d}\theta=4\pi\varepsilon_0(\varphi_0-\varphi')R_0 \tag{23}$$

2.7 有一电容率为 ε_1 的均匀介质球，置于均匀外电场 $\boldsymbol{E}_0$ 中，以球心为球坐标的原点，$\boldsymbol{E}_0$ 的方向为极轴($\theta=0$)的方向，如图 2.7 所示，试证明此问题的电势表达式为

$$\varphi(r,\theta)=Ar\cos\theta+Br^{-2}\cos\theta$$

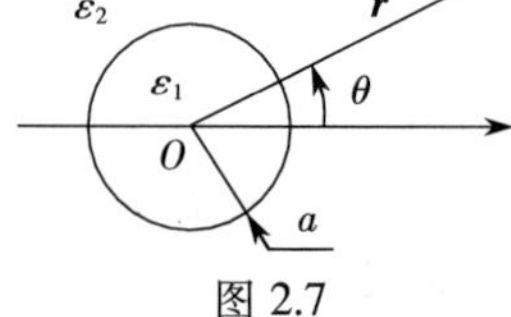

图 2.7

【证明】 因为球内外无电荷分布，所以，电势 φ 满足拉普拉斯方程

$$\nabla^2\varphi=0 \tag{1}$$

由对称性分析可知，电势 φ 具有轴对称性，故 φ 与方位角 ϕ 无关，所以，φ 满足拉普拉斯方程为

$$\nabla^2\varphi(r,\theta)=0 \tag{2}$$

展开式为

$$\frac{\partial}{\partial r}\left(r^2\frac{\partial\varphi}{\partial r}\right)+\frac{1}{\sin\theta}\frac{\partial}{\partial\theta}\left(\sin\theta\frac{\partial\varphi}{\partial\theta}\right)=0 \tag{4}$$

将题所给的电势表达式 $\varphi(r,\theta)=Ar\cos\theta+Br^{-2}\cos\theta$ 代入方程(4)式的左边有

$$\begin{aligned}&\frac{\partial}{\partial r}\left(r^2\frac{\partial\varphi}{\partial r}\right)+\frac{1}{\sin\theta}\frac{\partial}{\partial\theta}\left(\sin\theta\frac{\partial\varphi}{\partial\theta}\right)\\&=\frac{\partial}{\partial r}(Ar^2\cos\theta-2Br^{-1}\cos\theta)+\frac{1}{\sin\theta}\frac{\partial}{\partial\theta}(-Ar\sin^2\theta-Br^{-2}\sin^2\theta)\\&=(2Ar+2Br^{-2})\cos\theta+(-2Ar-2Br^{-2})\cos\theta=0\end{aligned} \tag{5}$$

表明所给的电势函数满足拉普拉斯方程(1)式，所以，题所给函数 φ 确为本题电势函数的表达式，证毕。

2.8 均匀介质球(电容率为 ε_1，半径为 R)的中心有一自由电偶极子 $\boldsymbol{p}_f$，球外充满了另一种介质(电容率为 ε_2)，试求空间各点的电势和极化电荷分布。

【解】 Ⅰ. 求电势 φ 的分布

根据 1.14 题的结论，在均匀介质内有一个自由电偶极子 $\boldsymbol{P}_f$，则该点将产生对

应的一个极化电偶极子 $\boldsymbol{P}'$，即

$$\boldsymbol{P}' = -\left(1-\frac{\varepsilon_0}{\varepsilon}\right)\boldsymbol{P}_f \tag{1}$$

此式表明 $\boldsymbol{P}'$ 与 $\boldsymbol{P}_f$ 反向。此题中的电势由 $\boldsymbol{P}_f$、$\boldsymbol{P}'$ 和球面上的极化电荷 σ' 三种电荷产生。采用球坐标系，以球心为原点，$\boldsymbol{P}_f$ 的方向为极轴的方向。在球心附近的 r 处，自由电偶极子 $\boldsymbol{P}_f$ 和极化电偶极子 $\boldsymbol{P}'$ 产生的电势叠加为

$$\varphi_{\boldsymbol{P}_f\boldsymbol{P}'} = \frac{\boldsymbol{P}_f\cdot\boldsymbol{r}}{4\pi\varepsilon_0 r^3} + \frac{\boldsymbol{P}'\cdot\boldsymbol{r}}{4\pi\varepsilon_0 r^3} = \frac{\boldsymbol{P}_f\cdot\boldsymbol{r}}{4\pi\varepsilon_0 r^3} - \left(1-\frac{\varepsilon_0}{\varepsilon_1}\right)\frac{\boldsymbol{P}_f\cdot\boldsymbol{r}}{4\pi\varepsilon_0 r^3} = \frac{\boldsymbol{P}_f\cdot\boldsymbol{r}}{4\pi\varepsilon_1 r^3} \tag{2}$$

设球面上的极化电荷 σ' 在球内、外产生的电势分别为 φ'_1 和 φ'_2，则球内电势为

$$\varphi_1 = \frac{\boldsymbol{P}_f\cdot\boldsymbol{r}}{4\pi\varepsilon_1 r^3} + \varphi'_1 \tag{3}$$

球外电势为

$$\varphi_2 = \frac{\boldsymbol{P}_f\cdot\boldsymbol{r}}{4\pi\varepsilon_1 r^3} + \varphi'_2 \tag{4}$$

由于电势在球面上连续，即 $\varphi_1\big|_{r=R} = \varphi_2\big|_{r=R}$，所以

$$\varphi_1\big|_{r=R} = \varphi_2\big|_{r=R} = \frac{\boldsymbol{P}_f\cdot\boldsymbol{r}}{4\pi\varepsilon_1 R^3} \tag{5}$$

因此，(3) 式和(4) 式中均应含有 $\dfrac{\boldsymbol{P}_f\cdot\boldsymbol{r}}{4\pi\varepsilon_1 r^3}$ 的项。因为球内外无电荷分布，即 $\rho=0$，所以 φ'_1 和 φ'_2 分别在球内和球外满足拉普拉斯方程，即

$$\nabla^2\varphi'_1 = 0 \quad (r\leqslant R) \tag{6}$$

$$\nabla^2\varphi'_2 = 0 \quad (r\geqslant R) \tag{7}$$

由于对称性，φ'_1 和 φ'_2 均与方位角 ϕ 无关，又当 $r\to 0$ 时 φ'_1 为有限值；当 $r\to\infty$ 时 $\varphi'_2\to 0$，所以，拉普拉斯方程的解分别为

$$\varphi'_1(r,\theta) = \sum_{n=0}^{\infty} A_n r^n P_n(\cos\theta) \quad (r\leqslant R) \tag{8}$$

$$\varphi'_2(r,\theta) = \sum_{n=0}^{\infty} \frac{B_n}{r^{n+1}} P_n(\cos\theta) \quad (r\geqslant R) \tag{9}$$

所以，将(8) 式和(9) 式分别代入(3) 式和(4) 式有

$$\varphi_1(r,\theta) = \frac{\boldsymbol{P}_f\cdot\boldsymbol{r}}{4\pi\varepsilon_1 r^3} + \sum_{n=0}^{\infty} A_n r^n P_n(\cos\theta) \quad (r\leqslant R) \tag{10}$$

$$\varphi_2(r,\theta) = \frac{\boldsymbol{P}_f\cdot\boldsymbol{r}}{4\pi\varepsilon_1 r^3} + \sum_{n=0}^{\infty} \frac{B_n}{r^{n+1}} P_n(\cos\theta) \quad (r\geqslant R) \tag{11}$$

球面上的边界条件为

$$\varphi_1(r,\theta)\big|_{r=R} = \varphi_2(r,\theta)\big|_{r=R} \tag{12}$$

$$\varepsilon_1\frac{\partial\varphi_1}{\partial r}\bigg|_{r=R} = \varepsilon_2\frac{\partial\varphi_2}{\partial r}\bigg|_{r=R} \tag{13}$$

将(10) 式和(11) 式分别代入(12) 式和(13) 式有

$$A_n = 0 \quad (n \neq 1) \quad A_1 = \frac{(\varepsilon_1 - \varepsilon_2)P_f}{2\pi\varepsilon_1(\varepsilon_1 + 2\varepsilon_2)R^3} \tag{14}$$

$$B_n = 0 \quad (n \neq 1) \quad B_1 = A_1 R^3 \tag{15}$$

将(14)式和(15)式分别代入(10)式和(11)式得所求的特解为

$$\varphi_1(r,\theta) = \frac{P_f\cos\theta}{4\pi\varepsilon_1 r^2} + \frac{(\varepsilon_1 - \varepsilon_2)P_f}{2\pi\varepsilon_1(\varepsilon_1 + 2\varepsilon_2)R^3} r\cos\theta \quad (r \leqslant R) \tag{16}$$

$$\varphi_2(r,\theta) = \frac{P_f\cos\theta}{4\pi\varepsilon_1 r^2} + \frac{(\varepsilon_1 - \varepsilon_2)P_f\cos\theta}{2\pi\varepsilon_1(\varepsilon_1 + 2\varepsilon_2)r} = \frac{3P_f\cos\theta}{4\pi(\varepsilon_1 + 2\varepsilon_2)r^2} \quad (r \geqslant R) \tag{17}$$

Ⅱ.求球面上的极化电荷 σ'

根据1.14题的结论，在均匀介质内部，无自由电荷的地方无极化电荷，因此，除球心有极化电荷构成的极化电偶极子 P' 外，两种介质的内部均无极化电荷。极化电荷只在两种介质的交界面上，其面密度为

$$\begin{aligned}\sigma' &= \boldsymbol{e}_r \cdot (\boldsymbol{P}_1 - \boldsymbol{P}_2) = (\varepsilon_1 - \varepsilon_0)\boldsymbol{e}_r \cdot \boldsymbol{E}_1 - (\varepsilon_2 - \varepsilon_0)\boldsymbol{e}_r \cdot \boldsymbol{E}_2 \\ &= -(\varepsilon_1 - \varepsilon_0)\left.\frac{\partial\varphi_1}{\partial r}\right|_{r=R} + (\varepsilon_2 - \varepsilon_0)\left.\frac{\partial\varphi_2}{\partial r}\right|_{r=R}\end{aligned} \tag{18}$$

将(13)式代入(18)式有

$$\sigma' = \varepsilon_0\left(\frac{\partial\varphi_1}{\partial r} - \frac{\partial\varphi_2}{\partial r}\right)_{r=R} \tag{19}$$

将(16)式和(17)式做一次微分后代入(19)式得球面上的极化电荷为

$$\sigma' = \frac{3\varepsilon_0(\varepsilon_1 - \varepsilon_2)P_f\cos\theta}{2\pi\varepsilon_1(\varepsilon_1 + 2\varepsilon_2)R^3} \tag{20}$$

2.9　驻极体介质在外电场中被极化后，当外电场消失时，仍能保持一定的极化强度。设一半径为 R_0、极化强度为 $\boldsymbol{P}$ 的驻极体介质球，其球内 $\boldsymbol{P}$ 为常矢量，现将此球放入真空中，试求空间各点的电势。

【解】　采用球坐标系，以球心为原点，$\boldsymbol{P}$ 的方向为极轴的方向。因为无自由电荷，所以所求电势 φ 满足拉普拉斯方程：

$$\nabla^2\varphi = 0 \tag{1}$$

由对称性分析知，电势 φ 与方位角 ϕ 无关，所求的通解为

$$\varphi(r,\theta) = \sum_{n=0}^{\infty}\left(Ar^n + \frac{B_n}{r^{n+1}}\right)P_n(\cos\theta) \tag{2}$$

边界条件为

$$\varphi_1(r,\theta)\big|_{r\to 0} = \text{有限值} \tag{3}$$

$$\varphi_2(r,\theta)\big|_{r\to\infty} = 0 \tag{4}$$

$$\varphi_1(r,\theta)\big|_{r=R} = \varphi_2(r,\theta)\big|_{r=R} \tag{5}$$

根据边界条件(3)式和(4)式有

$$\varphi_1(r,\theta) = \sum_{n=0}^{\infty}A_n r^n P_n(\cos\theta) \quad (r \leqslant R) \tag{6}$$

$$\varphi_2(r,\theta) = \sum_{n=0}^{\infty} \frac{B_n}{r^{n+1}} P_n(\cos\theta) \quad (r \geqslant R) \tag{7}$$

根据边界条件(5) 式有

$$B_n = A_n R_0^{2n+1} \tag{8}$$

因为介质球是均匀的，球内无极化电荷，所以 $\theta = 0$ 时的电势，即极轴上离球心为 r 处的电势 $\varphi(r,\theta)\big|_{r=0} = \varphi(r,0)$ 是由球面上的极化电荷产生的，球面上的极化电荷面密度为

$$\sigma' = P\cos\theta \tag{9}$$

所以

$$\varphi(r,0) = \frac{1}{4\pi\varepsilon_0} \oiint_S \frac{\sigma' \mathrm{d}S}{\sqrt{r^2 + R_0^2 - 2rR_0\cos\theta}} = \frac{1}{4\pi\varepsilon_0} \oint_S \frac{P\cos\theta \cdot 2\pi R_0^2 \sin\theta \mathrm{d}\theta}{\sqrt{r^2 + R_0^2 - 2rR_0\cos\theta}}$$

$$= \frac{PR_0^2}{2\varepsilon_0} \int_0^{\pi} \frac{\sin\theta\cos\theta \mathrm{d}\theta}{\sqrt{r^2 + R_0^2 - 2rR_0\cos\theta}} = \frac{PR_0^3}{3\varepsilon_0 r^2} \tag{10}$$

令(7) 式中的 $\theta = 0$，并与(10) 式相等有

$$B_n = 0(n \neq 1) \quad B_1 = \frac{PR_0^3}{3\varepsilon_0} \tag{11}$$

比较(8) 式和(11) 式有

$$A_n = 0(n \neq 1) \quad A_1 = \frac{P}{3\varepsilon_0} \tag{12}$$

将(11) 式和(12) 式代入(6) 式和(7) 式得

$$\varphi_1(r,\theta) = \frac{P}{3\varepsilon_0} r\cos\theta \quad r \leqslant R_0 \tag{13}$$

$$\varphi_2(r,\theta) = \frac{PR_0^3\cos\theta}{3\varepsilon_0 r^2} \quad r \geqslant R_0 \tag{14}$$

2.10　在电容率为 ε 的无限大均匀介质内，有一个半径为 R_0 的球形空腔和一外加的均匀电场 $\boldsymbol{E}_0$，试求腔内的电势和腔内的电场强度。

【解】　Ⅰ. 求腔内的电势

由对称性分析可知，以球心 O 为原点，$\boldsymbol{E}_0$ 方向为极轴方向，采用球坐标系求解较为方便，如图 2.10 所示。因无自由电荷，故电势 φ 满足拉普拉斯方程

$$\nabla^2 \varphi = 0 \tag{1}$$

由对称性分析知，φ 与方位角无关。所以(1) 式的通解为

$$\varphi(r,\theta) = \sum_{n=0}^{\infty} \left(A_n r^n + \frac{B_n}{r^{n+1}} \right) P_n(\cos\theta) \tag{2}$$

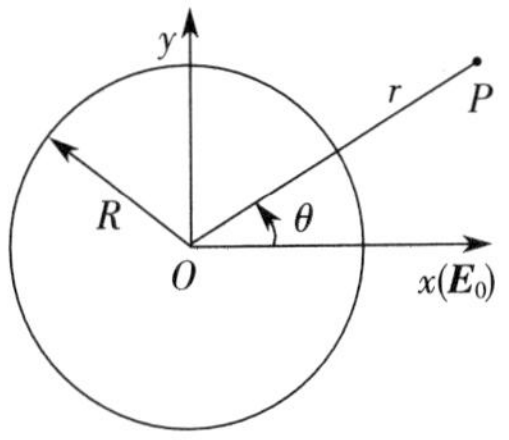

设腔内电势为 φ_1，腔外(介质内) 电势为 φ_2。

边界条件为

$$\varphi\big|_{\substack{\theta=0 \\ \theta=\pi}} = \text{有限值} \tag{3}$$

$$\varphi_1\big|_{r\to 0} = \text{有限值} \tag{4}$$

图 2.10

$$\varphi_2\big|_{r\to\infty}=-E_0r\cos\theta \tag{5}$$

$$\varphi_1\big|_{r=R_0}=\varphi_2\big|_{r=R_0} \tag{6}$$

$$\varepsilon_0\left.\frac{\partial\varphi_1}{\partial r}\right|_{r=R_0}=\varepsilon\left.\frac{\partial\varphi_2}{\partial r}\right|_{r=R_0} \tag{7}$$

由(4)式有

$$\varphi_1=\sum_{n=0}^{\infty}A_nr^nP_n(\cos\theta)\quad(r<R_0) \tag{8}$$

由(5)式有

$$\varphi_2(r,\theta)=-E_0r\cos\theta+\sum_{n=0}^{\infty}\frac{B_n}{r^{n+1}}P_n(\cos)\theta\quad(r>R_0) \tag{9}$$

将(8)式和(9)式代入(6)式，比较方程两边 $P_n(\cos\theta)$ 的系数有

$$A_n=0\quad(n\neq1) \tag{10}$$

$$A_1=-E_0+\frac{B_1}{R_0^3}\quad(n=1) \tag{11}$$

将(8)式和(9)式代入(7)式，并比较方程两边 $P_n(\cos\theta)$ 的系数有

$$B_n=0\quad(n\neq1) \tag{12}$$

$$\varepsilon_0A_1=-\varepsilon\left(E_0+\frac{2B_1}{R_0^3}\right)\quad(n=1) \tag{13}$$

由(12)式和(13)式有

$$A_1=-\frac{3\varepsilon}{\varepsilon_0+2\varepsilon}E_0\quad(n=1) \tag{14}$$

$$B_1=\frac{\varepsilon_0-\varepsilon}{\varepsilon_0+2\varepsilon}E_0R_0^3\quad(n=1) \tag{15}$$

所以，将(14)式和(15)式分别代入(8)式和(9)式得腔内、外的电势分别为

$$\varphi_1(r,\theta)=-\frac{3\varepsilon}{\varepsilon_0+2\varepsilon}E_0r\cos\theta\quad(r\leqslant R_0) \tag{16}$$

$$\varphi_2(r,\theta)=-E_0r\cos\theta+\frac{\varepsilon_0-\varepsilon}{\varepsilon_0+2\varepsilon}\frac{E_0R_0^3}{r^2}\cos\theta\quad(r\geqslant R_0) \tag{17}$$

Ⅱ.求腔内的电场强度

由电势和电场强度的关系得腔内的电场强度为

$$\boldsymbol{E}_1=-\nabla\varphi_1=-\left(\frac{\partial\varphi_1}{\partial r}\boldsymbol{e}_r+\frac{1}{r}\frac{\partial\varphi_1}{\partial\theta}\boldsymbol{e}_\theta\right)=\frac{3\varepsilon}{\varepsilon_0+2\varepsilon}E_0(\cos\theta\boldsymbol{e}_r-\sin\theta\boldsymbol{e}_\theta)$$

$$=\frac{3\varepsilon}{\varepsilon_0+2\varepsilon}\boldsymbol{E}_0\quad(r<R_0) \tag{18}$$

[见附录(5.3)：$\boldsymbol{e}_x=\cos\theta\boldsymbol{e}_r-\sin\theta\boldsymbol{e}_\theta$]。

此结果表明腔内的电场是均匀电场。

2.11 在均匀外电场 $\boldsymbol{E}_0$ 中置入一带均匀自由电荷 ρ_f 的绝缘介质球(电容率为 ε)，试求空间各点的电势及介质球上的极化电荷。

【解】　Ⅰ.求空间各点的电势 φ

在均匀介质内某点放置一自由电荷 q,则在同一点将产生一极化电荷

$$q' = -\left(1-\frac{\varepsilon_0}{\varepsilon}\right)q \tag{1}$$

在均匀介质内某点放置一由自由电荷组成的电偶极子 $\boldsymbol{p}$,则在同一点将产生一个由极化电荷组成的电偶极子

$$\boldsymbol{p}' = -\left(1-\frac{\varepsilon_0}{\varepsilon}\right)\boldsymbol{p} \tag{2}$$

电容率为 ε 的无限大均匀介质中的自由电荷 q 所产生电势为

$$\varphi = \frac{q}{4\pi\varepsilon r} \tag{3}$$

电偶极子 $\boldsymbol{p}$ 在球内外产生的电势为

$$\varphi_p = \frac{\boldsymbol{p}\cdot\boldsymbol{r}}{4\pi\varepsilon_1 r^3} \tag{4}$$

设球面上的极化电荷为 σ',其在球内外产生的电势分别为 φ'_1 和 φ'_2,设球内外的电势分别为 φ_1 和 φ_2,则有

$$\varphi_1 = \varphi_p + \varphi'_1 = \frac{\boldsymbol{p}\cdot\boldsymbol{r}}{4\pi\varepsilon_1 r^3} + \varphi'_1 \tag{5}$$

$$\varphi_2 = \varphi_p + \varphi'_2 = \frac{\boldsymbol{p}\cdot\boldsymbol{r}}{4\pi\varepsilon_1 r^3} + \varphi'_2 \tag{6}$$

以球心为原点 O,$\boldsymbol{p}$ 的方向为极轴方向建立球坐标系。由于除球面上外,球面内、外无极化电荷,φ'_1 和 φ'_2 均满足拉普拉斯方程,即

$$\nabla^2\varphi'_1 = 0 \tag{7}$$

$$\nabla^2\varphi'_2 = 0 \tag{8}$$

由于球对称性,φ'_1 和 φ'_2 均与方位角 ϕ 无关,通解分别为

$$\varphi'_1(r,\theta) = \sum_{n=0}^{\infty}\left(A_n r^n + \frac{B_n}{r^{n+1}}\right)P_n(\cos\theta) \tag{9}$$

$$\varphi'_2(r,\theta) = \sum_{n=0}^{\infty}\left(C_n r^n + \frac{D_n}{r^{n+1}}\right)P_n(\cos\theta) \tag{10}$$

边界条件为

$$\varphi'_1\big|_{\theta=0,\pi} = \text{有限值} \tag{11}$$

$$\varphi'_2\big|_{\theta=0,\pi} = \text{有限值} \tag{12}$$

$$\varphi'_1\big|_{r\to 0} = \text{有限值} \tag{13}$$

$$\varphi'_2\big|_{r\to\infty} = 0 \tag{14}$$

$$\varphi'_1\big|_{r=R} = \varphi'_2\big|_{r=R} \tag{15}$$

$$\varepsilon_1\frac{\partial\varphi'_1}{\partial r}\bigg|_{r=R} = \varepsilon_2\frac{\partial\varphi'_2}{\partial r}\bigg|_{r=R} \tag{16}$$

由边界条件(12)式和(13)式有

$$\varphi'_1(r,\theta) = \sum_{n=0}^{\infty} A_n r^n P_n(\cos\theta) \quad (r \leqslant R) \tag{17}$$

$$\varphi'_2(r,\theta) = \sum_{n=0}^{\infty} \frac{D_n}{r^{n+1}} P_n(\cos\theta) \quad (r \geqslant R) \tag{18}$$

将(17)式和(18)式代入(5)式和(6)式有

$$\varphi_1(r,\theta) = \frac{\boldsymbol{p}\cdot\boldsymbol{r}}{4\pi\varepsilon_1 r^3} + \sum_{n=0}^{\infty} A_n r^n P_n(\cos\theta) \quad (r \leqslant R) \tag{19}$$

$$\varphi_2(r,\theta) = \frac{\boldsymbol{p}\cdot\boldsymbol{r}}{4\pi\varepsilon_1 r^3} + \sum_{n=0}^{\infty} \frac{D_n}{r^{n+1}} P_n(\cos\theta) \quad (r \geqslant R) \tag{20}$$

此时边界条件(15)式和(16)式为

$$\varphi_1\big|_{r=R} = \varphi_2\big|_{r=R} \tag{21}$$

$$\varepsilon_1 \frac{\partial\varphi_1}{\partial r}\bigg|_{r=R} = \varepsilon_2 \frac{\partial\varphi_2}{\partial r}\bigg|_{r=R} \tag{22}$$

将(19)式和(20)式分别代入(21)式和(22)式得

$$A_n = 0, \quad D_n = 0 \quad (n \neq 1) \tag{23}$$

$$A_1 = \frac{(\varepsilon_1 - \varepsilon_2)p}{2\pi\varepsilon_1(\varepsilon_1 + 2\varepsilon_2)R^3}, \quad D_1 = A_1 R^3 \tag{24}$$

将(23)式和(24)式分别代入(19)式和(20)式得所求的特解为

$$\varphi_1(r,\theta) = \frac{p\cos\theta}{4\pi\varepsilon_1 r^2} + \frac{(\varepsilon_1 - \varepsilon_2)p}{2\pi\varepsilon_1(\varepsilon_1 + 2\varepsilon_2)R^3} r\cos\theta \quad (r \leqslant R) \tag{25}$$

$$\varphi_2(r,\theta) = \frac{p\cos\theta}{4\pi\varepsilon_1 r^2} + \frac{(\varepsilon_1 - \varepsilon_2)p}{2\pi\varepsilon_1(\varepsilon_1 + 2\varepsilon_2)} \frac{\cos\theta}{r^2} = \frac{3p\cos\theta}{4\pi(\varepsilon_1 + 2\varepsilon_2)r^2} \quad (r \geqslant R) \tag{26}$$

Ⅱ.求极化电荷 σ'

在两种均匀介质的交界面上存在一层极化面电荷,其面电荷密度为

$$\begin{aligned}\sigma' &= (\boldsymbol{p}_1 - \boldsymbol{p}_2)\cdot\boldsymbol{e}_r = (\varepsilon_1 - \varepsilon_0)\boldsymbol{E}_1\cdot\boldsymbol{e}_r - (\varepsilon_2 - \varepsilon_0)\boldsymbol{E}_2\cdot\boldsymbol{e}_r \\ &= -(\varepsilon_1 - \varepsilon_0)\frac{\partial\varphi_1}{\partial r}\bigg|_{r=R} + (\varepsilon_2 - \varepsilon_0)\frac{\partial\varphi_2}{\partial r}\bigg|_{r=R}\end{aligned} \tag{27}$$

将(22)式代入(27)式有

$$\sigma' = \varepsilon_0\left(\frac{\partial\varphi_1}{\partial r} - \frac{\partial\varphi_2}{\partial r}\right)_{r=R} \tag{28}$$

将(25)式和(26)式代入(28)式有

$$\sigma' = \frac{3\varepsilon_0(\varepsilon_1 - \varepsilon_2)p\cos\theta}{2\pi\varepsilon_1(\varepsilon_1 + 2\varepsilon_2)R^3} \tag{29}$$

2.12 在均匀外电场 $\boldsymbol{E} = E_0\boldsymbol{e}_x$ 中有一半径为 R、电荷线密度为 λ 的无限长导体圆柱,圆柱的轴与外场垂直,设圆柱的电势为零,试求空间中的电场分布。

【解】 Ⅰ.求空间各点的电势

采用柱面坐标系,如图 2.12 所示,根据柱面对称性,电势 φ 与 z 无关,只与 r 和 ϕ 有关,在柱面内外无电荷,φ 在柱面内外满足拉普拉斯方程

$$\nabla^2 \varphi = 0 \tag{1}$$

即

$$\frac{1}{r}\frac{\partial}{\partial r}\left(r\frac{\partial \varphi}{\partial r}\right)+\frac{1}{r^2}\frac{\partial^2 \varphi}{\partial \phi^2}=0 \tag{2}$$

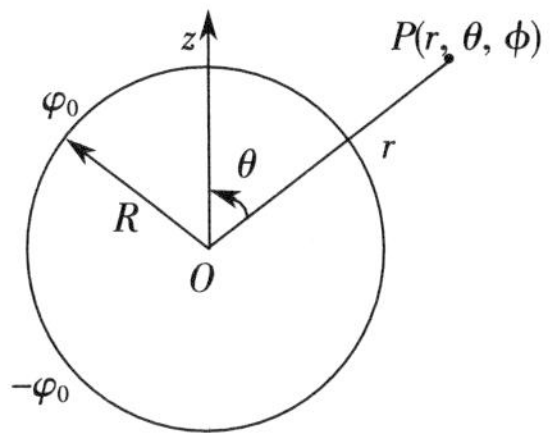

图 2.12

令

$$\varphi(r,\phi)=R(r)\Phi(\phi) \tag{3}$$

将(3)式代入(2)式有

$$\frac{r}{R}\frac{\mathrm{d}}{\mathrm{d}r}\left(r\frac{\mathrm{d}R}{\mathrm{d}r}\right)+\frac{1}{\Phi}\frac{\mathrm{d}^2\Phi}{\mathrm{d}\phi^2}=0 \tag{4}$$

令

$$\frac{1}{\Phi}\frac{\mathrm{d}^2\Phi}{\mathrm{d}\phi^2}=-m^2 \tag{5}$$

其解为

$$\Phi = A_m\cos m\phi + B_m\sin m\phi \tag{6}$$

将(5)式代入(4)式有

$$r^2\frac{\mathrm{d}^2 R}{\mathrm{d}r^2}+r\frac{\mathrm{d}R}{\mathrm{d}r}-m^2R=0 \tag{7}$$

此为二阶欧勒方程，令

$$r=\mathrm{e}^v \tag{8}$$

将(8)式代入(7)式有

$$\frac{\mathrm{d}^2 R}{\mathrm{d}r^2}-m^2R=0 \tag{9}$$

其解为

$$R=C_m\mathrm{e}^{mv}+D_m\mathrm{e}^{-mv} \tag{10}$$

将(8)式代入(10)式有

$$R=C_mr^m+D_mr^{-m} \tag{11}$$

所以，方程(2)式的通解为

$$\varphi(r,\phi)=(C_0\ln r+D_0)(C_0+D_0\phi)+\sum_{m=1}^{\infty}(A_mr^m+B_mr^{-m})(C_m\cos m\phi+D_m\sin m\phi) \tag{12}$$

在 $\phi=0$ 的面上，有

$$\varphi(r,\phi)=(C_0\ln r+D_0\pi)+\sum_{m=1}^{\infty}(A_mr^m+B_mr^{-m})(C_m\cos m\phi+D_m\sin m\phi) \tag{13}$$

其中 $C_0\ln r+D_0$ 是(5)式和(7)式在 $m=0$ 时的解。边界条件为

$$\varphi|_{r\to\infty}=-Er\cos\phi \tag{14}$$

$$\varphi|_{r=R}=0 \tag{15}$$

将(13)式代入(14)式有

$$B_m = 0 \tag{16}$$

$$A_m = 0 \quad (m > 1) \tag{17}$$

所以有

$$\varphi = \left(C_1 r + \frac{D_1}{r}\right) A_1 \cos\phi = \left(-E_0 r + \frac{A_1 D_1}{r}\right)\cos\phi \tag{18}$$

将(18)式代入(15)式有

$$\varphi\big|_{r=R} = \left(-E_0 R + \frac{A_1 D_1}{R}\right)\cos\phi = 0 \tag{19}$$

解(19)式得

$$A_1 D_1 = E_0 R^2 \tag{20}$$

将(20)式代入(18)式得特解为

$$\varphi(r,\phi) = -\left(1 - \frac{R^2}{r^2}\right) E_0 r\cos\phi \tag{21}$$

Ⅱ.求空间各点的电场

根据电场强度和电势梯度的关系有

$$\boldsymbol{E} = -\nabla\varphi = -\frac{\partial\varphi}{\partial r}\boldsymbol{e}_r - \frac{1}{r}\frac{\partial\varphi}{\partial\phi}\boldsymbol{e}_r \tag{22}$$

将(21)式代入(22)式得空间各点的电场为

$$\boldsymbol{E} = \left(1 + \frac{R^2}{r^2}\right) E_0 \cos\phi \boldsymbol{e}_r - \left(1 - \frac{R^2}{r^2}\right) E_0 \sin\phi \boldsymbol{e}_\phi \tag{23}$$

Ⅲ.求圆柱面上的电荷面密度

圆柱面上的电场强度为

$$\boldsymbol{E}_R = \boldsymbol{E}_{r=R} = 2E_0 \cos\phi \boldsymbol{e}_r \tag{24}$$

圆柱面上的电荷面密度为

$$\sigma = \boldsymbol{D}_R \cdot \boldsymbol{e}_r = \varepsilon_0 \boldsymbol{E}_R \cdot \boldsymbol{e}_r = 2\varepsilon_0 E_0 \cos\phi \tag{25}$$

2.13 在一很大的电解槽中充满电导率为 σ_2 的电解液，其中流着均匀的电流，电流密度为 $\boldsymbol{J}_0$，现将一个电导率为 σ_1、半径为 R 的小球放入电解液中，当电流稳定后，试求：(1) 小球内的电流密度 $\boldsymbol{J}_1$；(2) 电解液内的电流密度 $\boldsymbol{J}_2$；(3) 电解液和小球交界面上的电荷密度 σ；(4) 讨论 $\sigma_1 \gg \sigma_2$ 和 $\sigma_1 \ll \sigma_2$ 两种情况下的电流密度和电荷面密度。

【解】 Ⅰ.求电解液内和小球内的电势 φ

对于稳恒电场，其电势满足拉普拉斯方程。未放入小球时，因为 $\boldsymbol{J}_0$ 是均匀的，由 $\boldsymbol{J}_0 = \sigma_2 \boldsymbol{E}_0$ 知 $\boldsymbol{E}_0$ 是均匀的，电解液内的电势 φ_0 就是均匀电场 $\boldsymbol{E}_0$ 的电势。放入小球后，设小球内的电势为 φ_1、电流密度为 $\boldsymbol{J}_1$，电解液内的电势 φ_2、电流密度为 $\boldsymbol{J}_2$，在稳恒电流的条件下，φ_1 和 φ_2 均满足拉普拉斯方程

$$\nabla^2 \varphi_1 = 0 \tag{1}$$

$$\nabla^2 \varphi_2 = 0 \tag{2}$$

在稳恒电流的条件下，$\frac{\partial \rho}{\partial t}=0$。由电荷守恒定律有

$$\nabla \cdot \boldsymbol{J}=0 \tag{3}$$

由(3)式有

$$\boldsymbol{n} \cdot (\boldsymbol{J}_2-\boldsymbol{J}_1)=0 \tag{4}$$

由 $\boldsymbol{J}=\sigma \boldsymbol{E}$、$\boldsymbol{E}=-\nabla \varphi$ 及 $\nabla \cdot \boldsymbol{J}=0$ 有

$$\nabla \cdot \boldsymbol{J}=\nabla \cdot (\sigma \boldsymbol{E})=-\sigma \nabla \cdot \nabla \varphi=-\sigma \nabla^2 \varphi=0 \tag{5}$$

边界条件为

$$\varphi_1 \big|_{r \to 0}=\text{有限值} \tag{6}$$

$$\varphi_2 \big|_{r \to \infty}=-E_0 r\cos\theta=-\frac{J_0}{\sigma_2} r\cos\theta \tag{7}$$

$$\boldsymbol{n} \cdot (\boldsymbol{J}_2-\boldsymbol{J}_1)_{r=R}=0 \tag{8}$$

$$\varphi_1 \big|_{r=R}=\varphi_2 \big|_{r=R} \tag{9}$$

$$\sigma_1\left(\frac{\partial \varphi_1}{\partial r}\right)_{r=R}=\sigma_2\left(\frac{\partial \varphi_2}{\partial r}\right)_{r=R} \tag{10}$$

方程(1)式和(2)式的通解为

$$\varphi_{1、2}=\sum_{n=0}^{\infty}\left(A_n r^n+\frac{B_n}{r^{n+1}}\right) P_n(\cos\theta) \tag{11}$$

采用球坐标系，以球心为原点，$\boldsymbol{E}_0$ 的方向为极轴方向，由对称性知电势 φ 与方位角 ϕ 无关，以坐标原点为零电势的参考点。利用边界条件(5)式，由方程(11)式知 $\varphi_1(r,\theta)$ 为

$$\varphi_1(r,\theta)=\sum_{n=0}^{\infty} A_n r^n P_n(\cos\theta) \quad (r \leqslant R) \tag{12}$$

利用边界条件(7)式，由方程(11)式知 $\varphi_2(r,\theta)$ 为

$$\varphi_2(r,\theta)=-\frac{J_0}{\sigma_2} r\cos\theta+\sum_{n=0}^{\infty} \frac{B_n}{r^{n+1}} P_n(\cos\theta) \quad (r \geqslant R) \tag{13}$$

由零电势的参考点，即 $\varphi_1 \big|_{r=0}=0$，由(12)式有

$$A_0=0 \tag{14}$$

将(12)式和(13)式代入边界条件(9)式有

$$\sum_{n=0}^{\infty} A_n R^n P_n(\cos\theta)=-\frac{J_0}{\sigma_2} R\cos\theta+\sum_{n=0}^{\infty} \frac{B_n}{R^{n+1}} P_n(\cos\theta) \tag{15}$$

将(12)式和(13)式代入边界条件(10)式有

$$\sigma_1 \sum_{n=0}^{\infty} n A_n R^{n-1} P_n(\cos\theta)=\sigma_2\left[-\frac{J_0}{\sigma_2}\cos\theta-\sum_{n=0}^{\infty} \frac{(n+1) B_n}{R^{n+2}} P_n(\cos\theta)\right] \tag{16}$$

比较(15)式和(16)式方程两边 $P_n(\cos\theta)$ 的系数有

$$A_n=0, \quad B_n=0 \quad (n \neq 1) \tag{17}$$

$$A_1=-\frac{3 J_0}{\sigma_1+2 \sigma_2} \quad (n=1) \tag{18}$$

$$B_1 = \frac{(\sigma_1 - \sigma_2) J_0 R^3}{(\sigma_1 + 2\sigma_2)\sigma_2} \quad (n = 1) \tag{19}$$

将(14)式、(17)式和(18)式代入(12)式得

$$\varphi_1(r,\theta) = -\frac{3J_0}{\sigma_1 + 2\sigma_2} r\cos\theta = -\frac{3}{\sigma_1 + 2\sigma_2}\boldsymbol{J}_0 \cdot \boldsymbol{r} \quad (r \leqslant R) \tag{20}$$

将(17)式和(19)式代入(13)式得

$$\begin{aligned}\varphi_2(r,\theta) &= -\frac{J_0}{\sigma_2} r\cos\theta + \frac{(\sigma_1 - \sigma_2) J_0 R^3 \cos\theta}{(\sigma_1 + 2\sigma_2)\sigma_2 r^2} \\ &= -\frac{1}{\sigma_2}\boldsymbol{J}_0 \cdot \boldsymbol{r} + \frac{(\sigma_1 - \sigma_2) R^3}{(\sigma_1 + 2\sigma_2)\sigma_2 r^3}\boldsymbol{J}_0 \cdot \boldsymbol{r} \quad (r \geqslant R)\end{aligned} \tag{21}$$

Ⅱ.求电解液内和小球内的电流密度 $\boldsymbol{J}$

根据 $\boldsymbol{J} = \sigma\boldsymbol{E}$,由(20)式得小球内的电流密度 $\boldsymbol{J}_1$ 为

$$\boldsymbol{J}_1 = \sigma_1\boldsymbol{E}_1 = -\sigma_1 \nabla\varphi_1(r,\theta) = \frac{3\sigma_1}{\sigma_1 + 2\sigma_2}\nabla(\boldsymbol{J}_0 \cdot \boldsymbol{r}) = \frac{3\sigma_1}{\sigma_1 + 2\sigma_2}\boldsymbol{J}_0 \quad (r < R) \tag{22}$$

[见附录 1.42:$\nabla(\boldsymbol{a} \cdot \boldsymbol{r}) = \boldsymbol{a}$,其中 $\boldsymbol{a}$ 为常矢量]。

由(21)式得电解液内的电流密度 $\boldsymbol{J}_2$ 为

$$\begin{aligned}\boldsymbol{J}_2 &= \sigma_2\boldsymbol{E}_2 = -\sigma_2 \nabla\varphi_2(r,\theta) \\ &= \boldsymbol{J}_0 + \frac{(\sigma_1 - \sigma_2) R^3}{\sigma_1 + 2\sigma_2}\left[\frac{3(\boldsymbol{J}_0 \cdot \boldsymbol{r})\boldsymbol{r}}{r^5} - \frac{\boldsymbol{J}_0}{r^3}\right] \quad (r > R)\end{aligned} \tag{23}$$

Ⅲ.求电解液与小球交界面上的电荷密度 σ

由电位移矢量 $\boldsymbol{D}$ 的边值关系,电解液与小球两交界面上的电荷密度 σ 为

$$\sigma = (\boldsymbol{D}_2 - \boldsymbol{D}_1) \cdot \boldsymbol{e}_r \tag{24}$$

因为导体(电解液)内电极化强度 $\boldsymbol{P} = 0$,即

$$\boldsymbol{P} = (\varepsilon - \varepsilon_0)\boldsymbol{E} = 0 \tag{25}$$

在稳恒电流的条件下,导体内 $\boldsymbol{E} \neq 0$,所以有

$$\varepsilon = \varepsilon_0 \tag{26}$$

由(24)式有

$$\sigma = (\varepsilon_2\boldsymbol{E}_2 - \varepsilon_1\boldsymbol{E}_1) \cdot \boldsymbol{e}_r = (\varepsilon_0\boldsymbol{E}_2 - \varepsilon_0\boldsymbol{E}_1) \cdot \boldsymbol{e}_r = \varepsilon_0\left(\frac{\boldsymbol{J}_2}{\sigma_2} - \frac{\boldsymbol{J}_1}{\sigma_1}\right) \cdot \boldsymbol{e}_r \tag{27}$$

将(22)式和(23)式代入(27)式得

$$\begin{aligned}\sigma &= \varepsilon_0\left\{\frac{J_0\cos\theta}{\sigma_2} + \frac{(\sigma_1 - \sigma_2) R^3}{(\sigma_1 + 2\sigma_2)\sigma_2}\left[\frac{3(\boldsymbol{J}_0 \cdot \boldsymbol{r})}{r^4} - \frac{J_0\cos\theta}{r^3}\right]_{r=R} - \frac{3J_0\cos\theta}{(\sigma_1 + 2\sigma_2)}\right\} \\ &= \frac{3(\sigma_1 - \sigma_2)}{(\sigma_1 + 2\sigma_2)\sigma_2}\varepsilon_0 J_0\cos\theta\end{aligned} \tag{28}$$

Ⅳ.讨论

① 当 $\sigma_1 \gg \sigma_2$ 时有

$$\frac{\sigma_1 - \sigma_2}{\sigma_1 + 2\sigma_2} \cong 1 \tag{29}$$

$$\frac{3\sigma_1}{\sigma_1 + 2\sigma_2} \cong 3 \tag{30}$$

将(29)式和(30)式代入(22)式和(23)式得小球内及电解液内的电流密度为

$$\boldsymbol{J}_1 \cong 3\boldsymbol{J}_0 \tag{31}$$

$$\boldsymbol{J}_2 \cong \boldsymbol{J}_0 + \frac{R^3}{r^3}\left[\frac{3(\boldsymbol{J}_0 \cdot \boldsymbol{r})\boldsymbol{r}}{r^2} - \boldsymbol{J}_0\right] \tag{32}$$

将(29)式代入(28)式,得此时球面上的电荷密度 σ 为

$$\sigma \cong \frac{3\varepsilon_0}{\sigma_2} J_0 \cos\theta \tag{33}$$

② 当 $\sigma_1 \ll \sigma_2$ 时有

$$\frac{\sigma_1 - \sigma_2}{\sigma_1 + 2\sigma_2} \cong -\frac{1}{2} \tag{34}$$

$$\frac{3\sigma_1}{\sigma_1 + 2\sigma_2} \cong 0 \tag{35}$$

将(34)式和(35)式代入(22)式和(23)式得小球内及电解液内的电流密度为

$$\boldsymbol{J}_1 \cong 0 \tag{36}$$

$$\boldsymbol{J}_2 \cong \boldsymbol{J}_0 - \frac{1}{2}\frac{R^3}{r^3}\left[\frac{3(\boldsymbol{J}_0 \cdot \boldsymbol{r})\boldsymbol{r}}{r^2} - \boldsymbol{J}_0\right] \tag{37}$$

将(34)式代入(28)式,得此时球面上的电荷密度 σ 为

$$\sigma \cong -\frac{3\varepsilon_0}{2\sigma} J_0 \cos\theta \tag{38}$$

2.14　在接地的导体平面上有一半径为 a 的半球凸部,如图 2.14 所示,半球的球心在导体平面上,点电荷 Q 位于系统的对称轴上,并与平面相距为 $b(b > a)$,试用镜像法求上半空间的电势分布及半球面上的感应电荷。

【解】　Ⅰ. 上半空间的电势分布

以导体平面为界将空间分为上半空间和下半空间,半球凸部所在空间为上半空间,根据镜像法,在下半空间与平面相距为 b 并与 Q 对称处放置 Q 的镜像电荷 $Q' = -Q$,在上半空间距与平面相距为 d' 处放置 Q 的镜像电荷 Q'',在下半空间与平面相距为 d' 并与 Q'' 对称处放置 Q' 镜像电荷 $Q''' = -Q''$,这样放置的镜像电荷满足边界条件的要求,即满足

$$\varphi|_{平面上} = 0 \tag{1}$$

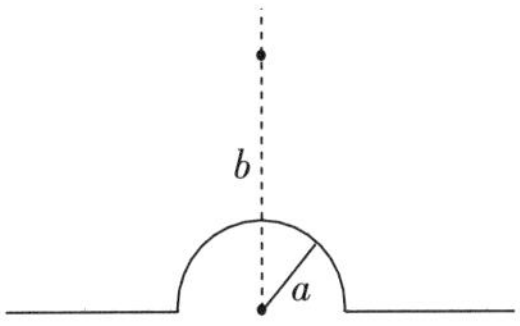

由镜像法知

$$Q' = -Q \tag{2}$$

$$Q'' = -\frac{a}{b}Q$$

$$d' = \frac{a^2}{b} \tag{3}$$

b
a
图 2.14

设 Q、Q'、Q'' 和 Q''' 到上半空间任一点 P 的矢径分别为 $\boldsymbol{r}_1$、$\boldsymbol{r}_2$、$\boldsymbol{r}_3$ 和 $\boldsymbol{r}_4$,半球心到

P 点的矢径为 $\boldsymbol{r}$，过球心垂直于平面向上的方向为 z 轴方向，$\boldsymbol{r}$ 与 z 轴的夹角为 θ，则上半空间任一点 P 的电势为

$$\varphi=\frac{1}{4\pi\varepsilon_0}\left(\frac{Q}{r_1}+\frac{Q'}{r_2}+\frac{Q''}{r_3}+\frac{Q'''}{r_4}\right)=\frac{Q}{4\pi\varepsilon_0}\left(\frac{1}{r_1}-\frac{1}{r_2}-\frac{a}{br_3}+\frac{a}{br_4}\right) \tag{4}$$

式中

$$r_1=(b^2+r^2-2br\cos\theta)^{\frac{1}{2}} \tag{5}$$

$$r_2=(b^2+r^2+2br\cos\theta)^{\frac{1}{2}}$$

$$r_3=\left(\frac{a^4}{b^2}+r^2-\frac{2a^2r}{b}\cos\theta\right)^{\frac{1}{2}} \tag{6}$$

$$r_4=\left(\frac{a^4}{b^2}+r^2+\frac{2a^2r}{b}\cos\theta\right)^{\frac{1}{2}} \tag{7}$$

Ⅱ. 半球面上的感应电荷

由电位移矢量的边界条件有

$$\sigma'=D_{2n}-D_{1n} \tag{8}$$

又根据静电平衡条件有

$$D_{1n}=0 \tag{9}$$

所以有

$$\sigma'=D_{2n}=-\varepsilon_0\frac{\partial\varphi}{\partial r}\bigg|_{r=a} \tag{10}$$

则半球面上的感应电荷为

$$q'=\int_S\sigma'\mathrm{d}s=-\varepsilon_0\int_S\frac{\partial\varphi}{\partial r}\bigg|_{r=a}\mathrm{d}s=-\varepsilon_0\int_0^{\frac{\pi}{2}}\frac{\partial\varphi}{\partial r}\bigg|_{r=a}2\pi a^2\sin\theta\mathrm{d}\theta$$

$$=-Q\left(1-\frac{b^2-a^2}{b\sqrt{a^2+b^2}}\right) \tag{11}$$

2.15　真空中有一电量为 q 的点电荷，其到一无穷大导体平面的距离为 a，已知导体的电势 $\varphi=0$，如图 2.15a 所示，试求：(1) 导体外的电势分布；(2) 导体面上的电荷分布；(3) q 受导体上电荷的作用力。

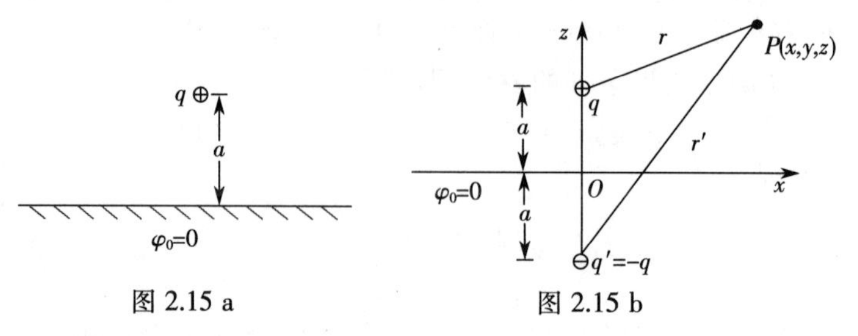

图 2.15 a　　图 2.15 b

【解】　采用镜像法求解较为简单。

Ⅰ. 求导体外的电势分布

如图 2.15b 所示，以导体平面为 x-y 平面，过 q 的法线为 z 轴，在 $z=-a$ 处放

置一镜像电荷 $q'=-q$，满足 $z=0$ 处 $\varphi_0=0$ 的边界条件。根据唯一性定理，导体外任一点 $P(x,y,z)$ 的电势为

$$P(x,y,z)=\frac{1}{4\pi\varepsilon_0}\left(\frac{q}{r}+\frac{q'}{r'}\right)$$

$$=\frac{q}{4\pi\varepsilon_0}\left[\frac{1}{\sqrt{x^2+y^2+(z-a)^2}}-\frac{1}{\sqrt{x^2+y^2+(z+a)^2}}\right]\quad(z\geqslant 0)\qquad(1)$$

Ⅱ. 求导体面上的电荷分布

根据电荷面密度 σ 与电位移矢量 $\boldsymbol{D}$ 的关系有

$$\sigma=\boldsymbol{n}\cdot\boldsymbol{D}=-\boldsymbol{n}\cdot\varepsilon_0\nabla\varphi=-\varepsilon_0\left(\frac{\partial\varphi}{\partial z}\right)_{z=0}$$

$$=-\frac{q}{4\pi}\left\{-\frac{1}{2}\frac{2(z-a)}{[x^2+y^2+(z-a)^2]^{\frac{3}{2}}}+\frac{1}{2}\frac{2(z+a)}{[x^2+y^2+(z+a)^2]^{\frac{3}{2}}}\right\}_{z=0}$$

$$=-\frac{q}{2\pi}\frac{a}{(x^2+y^2+a^2)^{\frac{3}{2}}}\qquad(2)$$

Ⅲ. 求点电荷受导体上电荷的作用力

将带电导体平面视为若干点电荷 $\mathrm{d}q$ 的集合，在导体平面上以原点 O 为圆心，取半径为 $r=\sqrt{x^2+y^2}$，宽为 $\mathrm{d}r$ 的圆环，此圆环所带电量为

$$\mathrm{d}q=\sigma\cdot 2\pi r\mathrm{d}r=2\pi\sigma r\mathrm{d}r$$

$\mathrm{d}q$ 对点电荷 q 的作用力为

$$\mathrm{d}\boldsymbol{F}=\frac{1}{4\pi\varepsilon_0}\frac{q\mathrm{d}q}{r^2+a^2}\cos\theta\boldsymbol{e}_z=-\frac{q^2a^2}{4\pi\varepsilon_0}\frac{r\mathrm{d}r}{(r^2+a^2)^3}\boldsymbol{e}_z\qquad(3)$$

则导体上电荷对点电荷 q 的作用力为

$$\boldsymbol{F}=\int\mathrm{d}\boldsymbol{F}=-\frac{q^2a^2}{4\pi\varepsilon_0}\int_0^\infty\frac{r\mathrm{d}r}{(r^2+a^2)^3}\boldsymbol{e}_z=-\left(-\frac{1}{4}\frac{1}{(r^2+a^2)^2}\right)_0^\infty$$

$$=-\frac{q^2}{16\pi\varepsilon_0a^2}\boldsymbol{e}_z\qquad(4)$$

$\boldsymbol{F}$ 也可以如下求得：

q 受导体上电荷的作用力，即是受镜像电荷 q' 的作用力，由库仑定律 $\boldsymbol{F}$ 为

$$\boldsymbol{F}=\frac{1}{4\pi\varepsilon_0}\frac{qq'}{(2a)^2}\boldsymbol{e}_z=-\frac{q^2}{16\pi\varepsilon_0a^2}\boldsymbol{e}_z\qquad(5)$$

Ⅳ. 求导体表面上的感应电荷 q'

$$q'=\int_0^\infty\sigma'\cdot 2\pi r\mathrm{d}r\qquad(6)$$

将(2) 式代入(6) 式有

$$q'=-qa\int_0^\infty\frac{r\mathrm{d}r}{(r^2+a^2)^{\frac{3}{2}}}=-q\qquad(7)$$

2.16　真空中有一半径为 R 的导体球，球外有一带电量为 q 的点电荷，q 到球心的距离为 $a(a>R)$，如图 2.16 所示。已知球的电势为零，试求：(1) 球外的电势

分布；(2) 球面上的电荷面密度；(3) q 受球上电荷的作用力。

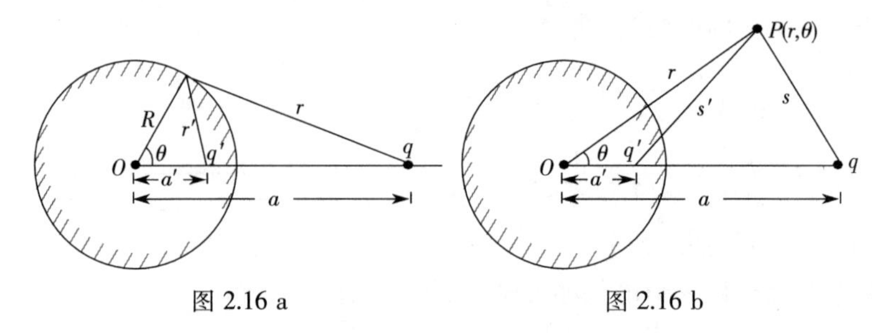

图 2.16 a　　图 2.16 b

【解】　此题用镜像法求解较为简单。

Ⅰ.求导体球外的电势分布

采用镜像法求解，如图 2.16a 所示，由于 q 的作用，导体球表面将出现感应电荷，在导体球内距球心 O 为 a' 处放一镜像电荷 q' 代替感应电荷，用镜像法求解的关键在于用镜像电荷代替感应电荷后要保证原边界条件不变，原边界条件是

$$\varphi|_{r=R} = 0 \tag{1}$$

根据此边界条件，由图 2.16a 有

$$\varphi|_{r=R} = \frac{1}{4\pi\varepsilon_0}\left(\frac{q}{r}+\frac{q'}{r'}\right) = 0 \tag{2}$$

即有

$$\frac{q}{r} = -\frac{q'}{r'} \tag{3}$$

亦即有

$$q/\sqrt{R^2+a^2-2Ra\cos\theta} = -q'/\sqrt{R^2+a'^2-2Ra'\cos\theta} \tag{4}$$

即

$$q^2(R^2+a'^2-2Ra'\cos\theta) = q'^2(R^2+a^2-2Ra\cos\theta) \tag{5}$$

方程(5) 式要对任意 θ 都成立，其两边 $\cos\theta$ 的系数必须相等，因此比较其两边 $\cos\theta$ 的系数有

$$q^2a' = q'^2a \tag{6}$$

将(6) 式代入(5) 式有

$$a' = R^2/a \tag{7}$$

将(6) 式代入(7) 式有

$$q' = \pm Rq/a \tag{8}$$

为满足边界条件，(8) 式只能取负号，即

$$q' = -Rq/a \tag{9}$$

所以，由图 2.16b 可得球外空间任一点的电势为

$$\varphi(r,\theta) = \frac{1}{4\pi\varepsilon_0}\left(\frac{q}{s}+\frac{q'}{s'}\right)$$

$$= \frac{1}{4\pi\varepsilon_0}\left(\frac{q}{\sqrt{r^2 + a^2 - 2ra\cos\theta}} - \frac{q'}{\sqrt{r^2 + a'^2 - 2ra'\cos\theta}}\right) \tag{10}$$

将(7)式和(9)式代入(10)式有

$$\varphi(r,\theta) = \frac{q}{4\pi\varepsilon_0}\left(\frac{1}{\sqrt{r^2 + a^2 - 2ra\cos\theta}} - \frac{R_0/a}{\sqrt{R^2 + (R_0^2/a)^2 - 2r(R_0^2/a)\cos\theta}}\right)(r \geqslant R) \tag{11}$$

Ⅱ.求导体球面上的电荷分布

根据电荷面密度 σ 与电位移矢量 $\boldsymbol{D}$ 的关系有

$$\sigma(\theta) = \boldsymbol{n} \cdot \boldsymbol{D} = \varepsilon_0 E_n = -\varepsilon_0\left(\frac{\partial\varphi}{\partial z}\right)_{r=R} = -\frac{q}{4\pi}\frac{a^2 - R^2}{R(R^2 + a^2 - 2Ra\cos\theta)^{3/2}} \tag{12}$$

此式表明,当 $\theta = \pi$ 时,$\sigma(\pi) < 0$(负电荷)。球面上的总感应电荷为

$$q_{感} = \int_0^{\pi}\sigma(\theta)\mathrm{d}s = \int_0^{\pi}\sigma(\theta)2\pi R^2\sin\theta\mathrm{d}\theta$$

$$= -\frac{qR(a^2 - R^2)}{2}\int_0^{\pi}\frac{\sin\theta}{(R^2 + a^2 - 2Ra\cos\theta)^{3/2}}\mathrm{d}\theta = -\frac{R}{a}q \tag{13}$$

表明球面上的感应电荷等于镜像电荷,即

$$q_{感} = q' = -Rq/a \tag{14}$$

Ⅲ.点电荷 q 受导体上感应电荷的作用力

由库仑定律有

$$\boldsymbol{F} = \frac{1}{4\pi\varepsilon_0}\frac{qq'}{(a - a')^2}\boldsymbol{n} = -\frac{1}{4\pi\varepsilon_0}\frac{aRq^2}{(a^2 - R^2)^2}\boldsymbol{n} \tag{15}$$

式中 $\boldsymbol{n}$ 为球面过 q 点的法线方向的单位矢量。

2.17　导体内有一半径为 R 的球形空腔,腔内充满电容率为 ε 的均匀电介质。现将电量为 q 的点电荷放在腔内距球心为 $a(a < R)$ 处,如图 2.17a 所示,已知导体的电势为零。试求:(1) 腔内任意点 $P(r,\theta)$ 的电势 φ;(2) 腔壁上感应电荷的面密度 σ;(3) 介质的极化体电荷密度 ρ_P 和面密度 σ_P

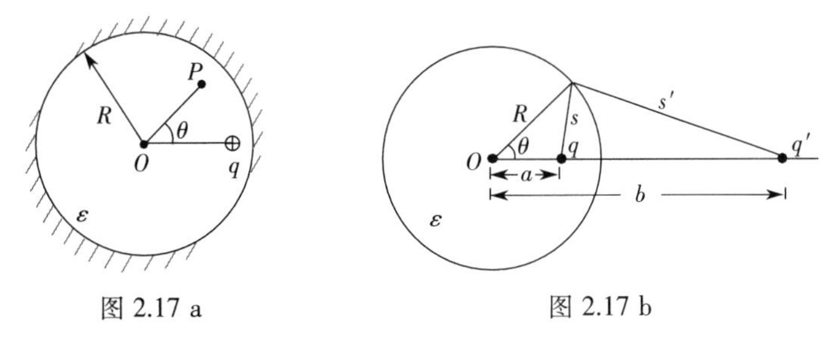

图 2.17 a　　图 2.17 b

【解】　Ⅰ.求腔内任一点 $P(r,\theta)$ 的电势 φ

采用镜像法求解,将导体视为不存在,整个空间充满电容率为 ε 的均匀介质,距球心 O 为 b 处有一镜像点电荷 q',使腔壁的电势为零,即

$$\varphi_0 = \frac{1}{4\pi\varepsilon}\left(\frac{q}{l} + \frac{q'}{l'}\right) = 0 \tag{1}$$

$$l'q = -lq' \tag{2}$$

或

$$l'^2q^2 = l^2q'^2 \tag{3}$$

即

$$(b^2 + R^2 - 2Rb\cos\theta)q^2 = (a^2 + R^2 - 2Ra\cos\theta)q'^2 \tag{4}$$

此式要对任意的 θ 成立，则方程两边 $\cos\theta$ 的系数必须相等，则有

$$bq^2 = aq'^2 \tag{5}$$

由(4)式和(5)式解得

$$q' = -Rq/a \tag{6}$$

$$b = R^2/a \tag{7}$$

所以，腔内任一点 $P(r,\theta)$ 的电势为

$$\varphi = \frac{q}{4\pi\varepsilon s} + \frac{q'}{4\pi\varepsilon s'} = \frac{1}{4\pi\varepsilon}\left[\frac{q}{\sqrt{r^2 + a^2 - 2ar\cos\theta}} + \frac{q'}{\sqrt{r^2 + b^2 - 2br\cos\theta}}\right]$$

$$= \frac{q}{4\pi\varepsilon}\left[\frac{1}{\sqrt{r^2 + a^2 - 2ar\cos\theta}} - \frac{Rq/a}{\sqrt{R^2 + (R^2/a)^2 - 2ar\cos\theta}}\right] \tag{8}$$

Ⅱ.求腔壁上感应电荷的面密度 σ

因为

$$\sigma = \boldsymbol{n}\cdot\boldsymbol{D} = -\varepsilon\boldsymbol{n}\cdot\boldsymbol{E} = \varepsilon\boldsymbol{e}_r\cdot\nabla\varphi = \varepsilon\left(\frac{\partial\varphi}{\partial r}\right)\bigg|_{r=R} \tag{9}$$

将(8)式代入(9)式得腔壁上感应电荷的面密度 σ 为

$$\sigma = -\frac{(R^2 - a^2)q}{4\pi R(R^2 + a^2 - 2Ra\cos\theta)^{\frac{3}{2}}} \tag{10}$$

Ⅲ.求介质的极化电荷体密度 ρ_P 和面密度 σ_P

① 介质的极化电荷体密度 ρ_P 为

设介质内的自由电荷体密度为 ρ，则介质内的电势满足如下泊松方程

$$\nabla^2\varphi = -\rho/\varepsilon \tag{11}$$

所以

$$\rho_P = -\nabla\cdot\boldsymbol{P} = -\nabla(\varepsilon - \varepsilon_0)\boldsymbol{E} = (\varepsilon - \varepsilon_0)\nabla^2\varphi \tag{12}$$

将(11)式代入(12)式得

$$\rho_P = (\varepsilon - \varepsilon_0)\left(-\frac{\rho}{\varepsilon}\right) = -\left(1 - \frac{\varepsilon_0}{\varepsilon}\right)\rho \tag{13}$$

表明有自由电荷处才有极化电荷，即

$$q_P\Big|_{\substack{r=a\\ \theta=0}} = -\left(1 - \frac{\varepsilon_0}{\varepsilon}\right)q \tag{14}$$

② 极化电荷面密度为

$$\sigma_P = \boldsymbol{n}\cdot\boldsymbol{P} = \boldsymbol{e}_r\cdot(\varepsilon - \varepsilon_0)\boldsymbol{E} = -(\varepsilon - \varepsilon_0)\left(\frac{\partial\varphi}{\partial r}\right)_{r=R}$$

$$= \frac{(\varepsilon - \varepsilon_0)(R^2 - a^2)q}{4\pi\varepsilon R(R^2 + a^2 - 2Ra\cos\theta)^{\frac{3}{2}}} \tag{15}$$

2.18 设电容率为 ε_1 的介质中有一点电荷 q，该点电荷距两种介质 ε_1 和 ε_2 的无穷大分界面的距离为 a，试求：(1) 点电荷 q 所产生的电场；(2) 作用于 q 上的“镜像力”。

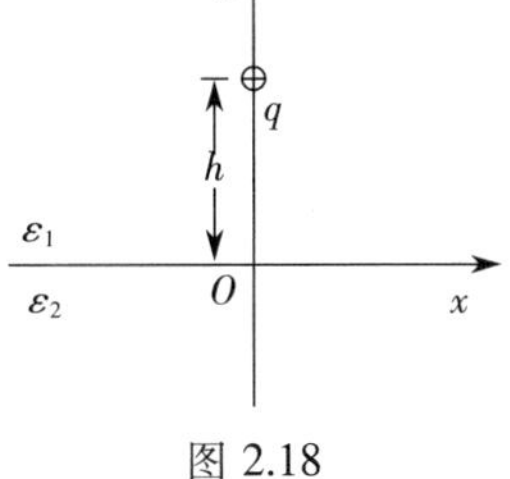

图 2.18

【解】 Ⅰ. 点电荷 q 所产生的电场

采用镜像法求解，如图 2.18 所示建立坐标系，设介质 1 内任一点 P 的电势为 φ_1，介质 2 内任一点 P' 的电势为 φ_2，介质 1 内任一点 P 的电势由 q 及 O' 点处的镜像电荷 q' 共同产生，即

$$\varphi_1 = \frac{q}{4\pi\varepsilon_1 r} + \frac{q'}{4\pi\varepsilon_1 r'}$$
$$= \frac{1}{4\pi\varepsilon_1}\left[\frac{q}{\sqrt{x^2 + y^2 + (z-h)^2}} + \frac{q'}{\sqrt{x^2 + y^2 + (z+h)^2}}\right] \tag{1}$$

介质 2 内任一点 P' 的电势为 O'' 点处的镜像电荷 q'' 所产生，即

$$\varphi_2 = \frac{1}{4\pi\varepsilon_2 r''} = \frac{1}{4\pi\varepsilon_2}\frac{q''}{\sqrt{x^2 + y^2 + (z-h)^2}} \tag{2}$$

边界条件为

$$\varphi_1\big|_{h=0} = \varphi_2\big|_{h=0} \tag{3}$$

$$\varepsilon_1\frac{\partial\varphi_1}{\partial n}\bigg|_{h=0} = \varepsilon_2\frac{\partial\varphi_2}{\partial n}\bigg|_{h=0} \tag{4}$$

由边界条件(3) 式有

$$\varepsilon_2(q + q') = \varepsilon_1 q'' \tag{5}$$

由边界条件(4) 式有

$$-q + q' = -q'' \tag{6}$$

联立(5) 式和(6) 式有

$$q' = -\frac{\varepsilon_2 - \varepsilon_1}{\varepsilon_2 + \varepsilon_1}q \tag{7}$$

$$q'' = \frac{2\varepsilon_2}{\varepsilon_2 + \varepsilon_1}q \tag{8}$$

所以，介质 1 内的任一点 P 电势为

$$\varphi_1 = \frac{q}{4\pi\varepsilon_1}\left[\frac{1}{r} - \frac{1}{r'}\frac{\varepsilon_2 - \varepsilon_1}{\varepsilon_2 + \varepsilon_1}\right] \tag{9}$$

介质 2 内任一点 P' 的电势为

$$\varphi_2 = \frac{q}{4\pi\varepsilon_2 r''}\left(\frac{2\varepsilon_2}{\varepsilon_2 + \varepsilon_1}\right) \tag{10}$$

由电势与电场强度的关系可求出 q 所产生的电场 $\boldsymbol{E}$ 为

$$\boldsymbol{E}=-\nabla\varphi_1=-\frac{q}{4\pi\varepsilon_1}\nabla\left[\frac{1}{r}-\frac{1}{r'}\frac{\varepsilon_2-\varepsilon_1}{\varepsilon_2+\varepsilon_1}\right]=\frac{q}{4\pi\varepsilon_1}\left[\frac{1}{r^2}\boldsymbol{e}_r-\frac{1}{r'^2}\frac{\varepsilon_2-\varepsilon_1}{\varepsilon_2+\varepsilon_1}\boldsymbol{e}_{r'}\right] \tag{11}$$

Ⅱ.作用于 q 上的镜像力

由库仑定律得作用于 q 上的镜像力为

$$F=\frac{qq'}{4\pi\varepsilon_1(2h)^2}=\frac{1}{4\pi}\left(\frac{q}{2h}\right)^2\frac{\varepsilon_1-\varepsilon_2}{\varepsilon_1+\varepsilon_2} \tag{12}$$

从计算结果可以知，当 $\varepsilon_1-\varepsilon_2>0$ 时，$F>0$，此时 F 是斥力；当 $\varepsilon_1-\varepsilon_2<0$ 时，$F<0$，此时 F 是吸引力。

2.19　半径为 R_1 的金属球带电量为 Q，放在半径为 R_2 的同心金属球壳内；球与壳间充满两种均匀介质，电容率分别 ε_1 为和 ε_2，它们的交界面是通过球心的平面，如图 2.19 所示，已知金属球壳的电势为零。试求：(1) 介质内的电场强度；(2) 球和壳上的自由电荷分布；(3) 介质的极化电荷分布。

【解】　Ⅰ.求介质内的电场强度

以球心 O 为坐标原点，垂直于交界面的直线为极轴，建立球坐标系。由于介质内无电荷，其内部的电势满足拉普拉斯方程，即

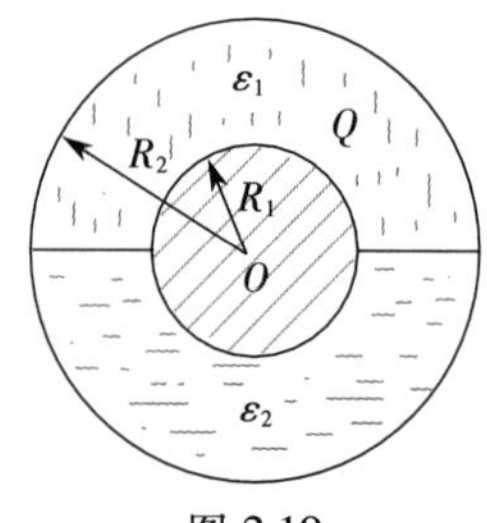

图 2.19

$$\nabla^2\varphi=0 \tag{1}$$

根据对称性分析知，电势 φ 与方位 ϕ 角无关，所以拉普拉斯方程的通解为

$$\varphi(r,\theta)=\sum_{n=0}^{\infty}\left(A_nr^n+\frac{B_n}{r^{n+1}}\right)P_n(\cos\theta) \tag{2}$$

边界条件为

$$\varphi(r,\theta)\big|_{\theta=0,\pi}=\text{有限值} \tag{3}$$

$$\varphi(r,\theta)\big|_{r=R_1}=\varphi_1\quad(\text{设球的电势为 }\varphi_1) \tag{4}$$

$$\varphi(r,\theta)\big|_{r=R_2}=0 \tag{5}$$

利用边界条件(3) 或 $r=0$ 和 $r\to\infty$ 时 φ 有限得

$$A_n=0\quad(n\geqslant1) \tag{6}$$

$$B_n=0\quad(n\geqslant1) \tag{7}$$

所以得

$$\varphi(r,\theta)=A_0+\frac{B_0}{r} \tag{8}$$

利用边界条件(4) 式和(5) 式有

$$\varphi\big|_{r=R_1}=A_0+\frac{B_0}{R_1}=\varphi_1 \tag{9}$$

$$\varphi\big|_{r=R_2}=A_0+\frac{B_0}{R_2}=0 \tag{10}$$

将(9) 式和(10) 式代入(4) 式有

$$B_0 = \frac{R_1 R_2}{R_2 - R_1}\varphi_1 \tag{11}$$

将(11) 式代入(9) 式有

$$A_0 = \left(1 - \frac{R_2}{R_2 - R_1}\right)\varphi_1 \tag{12}$$

将(11) 式和(12) 式代入(8) 式得

$$\varphi(r,\theta) = \frac{R_1\varphi_1}{R_2 - R_1}\left(\frac{R_2}{r} - 1\right) \tag{13}$$

由电场强度与电势梯度的关系有

$$\boldsymbol{E} = -\nabla\varphi(r,\theta) = -\frac{\mathrm{d}\varphi(r,\theta)}{\mathrm{d}r}\boldsymbol{e}_r = \frac{R_1R_2}{(R_2 - R_1)r^2}\varphi_1\boldsymbol{e}_r \tag{14}$$

所以,两种介质中的电位移为

$$\boldsymbol{D}_1 = \varepsilon_1\boldsymbol{E}_1 = \frac{\varepsilon_1 R_1 R_2\varphi_1}{(R_2 - R_1)r^2}\boldsymbol{e}_r \tag{15}$$

$$\boldsymbol{D}_2 = \varepsilon_2\boldsymbol{E}_2 = \frac{\varepsilon_2 R_1 R_2\varphi_1}{(R_2 - R_1)r^2}\boldsymbol{e}_r \tag{16}$$

式中球的电势 φ_1 可按如下方法求得,以球的外表面为边界做一高斯面 S,由高斯定理有

$$\begin{aligned}\oint_S \boldsymbol{D}\cdot\mathrm{d}\boldsymbol{S} &= \oint_S \varepsilon\boldsymbol{E}\cdot\mathrm{d}\boldsymbol{S} = \oint_S(\varepsilon_1\boldsymbol{E}_1 + \varepsilon_2\boldsymbol{E}_2)\cdot\mathrm{d}\boldsymbol{S} = \int_{\text{上半球面}}\varepsilon_1\boldsymbol{E}_1\cdot\mathrm{d}\boldsymbol{S} + \int_{\text{下半球面}}\varepsilon_2\boldsymbol{E}_2\cdot\mathrm{d}\boldsymbol{S}\\ &= 2\pi R_1^2\varepsilon_1 E_1 + 2\pi R_1^2\varepsilon_2 E_2 = 2\pi R_1^2(\varepsilon_1 E_1 + \varepsilon_2 E_2)\\ &= 2\pi R_1^2\frac{(\varepsilon_1 + \varepsilon_2)R_1R_2}{(R_2 - R_1)R_1^2}\varphi_1 = \frac{2\pi(\varepsilon_1 + \varepsilon_2)R_1R_2}{R_2 - R_1}\varphi_1\end{aligned}$$

即

$$\frac{2\pi(\varepsilon_1 + \varepsilon_2)R_1R_2}{R_2 - R_1}\varphi_1 = Q \tag{17}$$

所以球的电势为

$$\varphi_1 = \frac{(R_2 - R_1)}{2\pi(\varepsilon_1 + \varepsilon_2)R_1R_2}Q \tag{18}$$

将(17) 式分别代入(14) 式、(15) 式和(16) 式得

$$\boldsymbol{E} = \frac{Q}{2\pi(\varepsilon_1 + \varepsilon_2)r^2}\boldsymbol{e}_r \tag{19}$$

$$\boldsymbol{D}_1 = \frac{\varepsilon_1 Q}{2\pi(\varepsilon_1 + \varepsilon_2)r^2}\boldsymbol{e}_r \tag{20}$$

$$\boldsymbol{D}_2 = \frac{\varepsilon_2 Q}{2\pi(\varepsilon_1 + \varepsilon_2)r^2}\boldsymbol{e}_r \tag{21}$$

Ⅱ. 求球和壳上的自由电荷

根据电荷密度 σ 与电位移矢量 $\boldsymbol{D}$ 的关系 $\sigma = \boldsymbol{e}_r\cdot\boldsymbol{D}$ 可得

(1) 球面上的电荷密度

$$\sigma_{R_1 1} = \boldsymbol{e}_r \cdot \boldsymbol{D}_{1R_1} = \frac{\varepsilon_1 Q}{2\pi(\varepsilon_1+\varepsilon_2)R_1^2}$$

$$\sigma_{R_1 2} = \boldsymbol{e}_r \cdot \boldsymbol{D}_{2R_1} = \frac{\varepsilon_2 Q}{2\pi(\varepsilon_1+\varepsilon_2)R_1^2} \tag{22}$$

(2) 球壳上的电荷密度

$$\sigma_{R_2 1} = \boldsymbol{e}_r \cdot \boldsymbol{D}_{1R_2} = -\frac{\varepsilon_1 Q}{2\pi(\varepsilon_1+\varepsilon_2)R_2^2} \tag{23}$$

$$\sigma_{R_2 2} = \boldsymbol{e}_r \cdot \boldsymbol{D}_{2R_2} = -\frac{\varepsilon_2 Q}{2\pi(\varepsilon_1+\varepsilon_2)R_2^2} \tag{24}$$

由于球壳接地,由静电屏蔽知,球壳外的电场强度为零,球壳外表面上的电荷为零。

Ⅲ. 求介质的极化电荷分布

(1) 介质 ε_1 中的极化电荷密度

$$\rho'_1 = -\nabla\cdot\boldsymbol{P}_1 = -\nabla\cdot[(\varepsilon_1-\varepsilon_0)\boldsymbol{E}] = -\frac{(\varepsilon_1-\varepsilon_0)Q}{2\pi(\varepsilon_1+\varepsilon_2)}\nabla\cdot\left(\frac{1}{r^2}\boldsymbol{e}_r\right) = 0 \tag{25}$$

由于介质是均匀的,均匀介质内部的 $\rho' = 0$。

(2) 介质 ε_2 中的极化电荷密度,同理有

$$\rho'_2 = 0 \tag{26}$$

(3) 两种介质表面上的极化电荷密度

① 内球表面上的极化电荷面密度

$$\sigma'_{R_1 1} = -\boldsymbol{e}_r \cdot \boldsymbol{P}_{R_1 1} = -(\varepsilon_1-\varepsilon_0)\boldsymbol{e}_r\cdot\boldsymbol{E}_1 = -\frac{(\varepsilon_1-\varepsilon_0)Q}{2\pi(\varepsilon_1+\varepsilon_2)R_1^2} \tag{27}$$

$$\sigma'_{R_1 2} = -\boldsymbol{e}_r \cdot \boldsymbol{P}_{R_1 2} = -\frac{(\varepsilon_2-\varepsilon_0)Q}{2\pi(\varepsilon_1+\varepsilon_2)R_1^2} \tag{28}$$

② 球壳内表面上的极化电荷面密度

$$\sigma'_{R_2 1} = \boldsymbol{e}_r \cdot \boldsymbol{P}_{R_2 1} = -\frac{(\varepsilon_1-\varepsilon_0)Q}{2\pi(\varepsilon_1+\varepsilon_2)R_2^2} \tag{29}$$

$$\sigma'_{R_2 2} = \boldsymbol{e}_r \cdot \boldsymbol{P}_{R_2 2} = \frac{(\varepsilon_2-\varepsilon_0)Q}{2\pi(\varepsilon_1+\varepsilon_2)R_2^2} \tag{30}$$

2.20　一半径为 R_0 的球面,在球坐标系 $0<\theta<\frac{\pi}{2}$ 的半球面上的电势为 φ_0,在 $\frac{\pi}{2}>\theta>\pi$ 的另一半球面上的电势为 $-\varphi_0$,试求空间各点的电势。

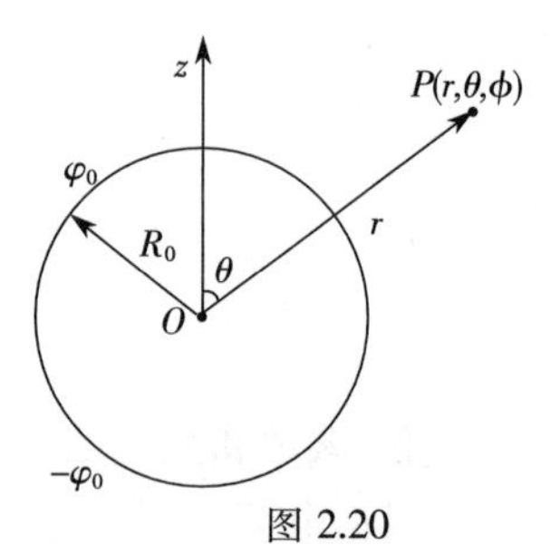

图 2.20

【解法一】　如图 2.20 所示,以球心 O 为坐标原点,建立球坐标系。根据此问题的对称性,电势 φ 与方位角 ϕ 无关,由于球内区域和球外区域无电荷,所以电势 φ 满足拉普拉斯方程

$$\nabla^2\varphi(r,\theta) = 0 \tag{1}$$

设球内的电势为 $\varphi_1(r,\theta)$，球外的电势为 $\varphi_2(r,\theta)$，所以，方程(1)式在球内、外区域的通解为

$$\varphi_1(r,\theta)=\sum_{n=0}^{\infty}\left(A_nr^n+\frac{B_n}{r^{n+1}}\right)P_n(\cos\theta)\quad(r\leqslant R_0)\tag{2}$$

$$\varphi_2(r,\theta)=\sum_{n=0}^{\infty}\left(C_nr^n+\frac{D_n}{r^{n+1}}\right)P_n(\cos\theta)\quad(r\geqslant R_0)\tag{3}$$

边界条件为

$$\varphi_1(r,\theta)\big|_{r\to 0}=0\tag{4}$$

$$\varphi_2(r,\theta)\big|_{r\to\infty}=0\tag{5}$$

$$\varphi(r,\theta)\big|_{\theta=0,\pi}=\text{有限值}\tag{6}$$

$$\varphi(r,\theta)\big|_{r=R_0}=\begin{cases}\varphi_0, & (0\leqslant\theta<\pi/2)\\ -\varphi_0, & (\pi/2<\theta\leqslant\pi)\end{cases}\tag{7}$$

利用边界条件(4)式有

$$B_n=0\tag{8}$$

将(8)式代入(2)式有

$$\varphi_1(r,\theta)=\sum_{n=0}^{\infty}A_nr^nP_n(\cos\theta)\quad(r\leqslant R_0)\tag{9}$$

利用边界条件(5)式有

$$C_n=0\tag{10}$$

将(10)式代入(3)式有

$$\varphi_2(r,\theta)=\sum_{n=0}^{\infty}\frac{D_n}{r^{n+1}}P_n(\cos\theta)\quad(r\geqslant R_0)\tag{11}$$

将球面上的电势 $\varphi(r,\theta)$ 用勒让德多项式 $P_n(\cos\theta)=P_n(x)$ 展开，再与(9)式和(11)式在 $r\to R_0$ 时比较，就可定出待定系数 A_n 和 D_n，$\varphi(r,\theta)$ 的展开式为

$$\varphi(r,\theta)=\sum_{n=0}^{\infty}C_nP_n(\cos\theta)=\sum_{n=0}^{\infty}C_nP_n(x)\quad(\text{令 }x=\cos\theta)\tag{12}$$

求展开系数 C_n，由附录(8.7)有

$$C_n=\frac{2n+1}{2}\int_{-1}^{1}\varphi(r,\theta)P_n(x)\mathrm{d}x=\frac{2n+1}{2}\varphi_0\left[\int_0^1P_n(x)\mathrm{d}x+\int_0^{-1}P_n(x)\mathrm{d}x\right]\tag{13}$$

由附录(8.5)式

$$P_n(-x)=(-1)^nP_n(x)\tag{14}$$

有

$$\int_0^{-1}P_n(x)\mathrm{d}x=-\int_0^1P_n(-x)\mathrm{d}x=(-1)^{n+1}\int_0^1P_n(x)\mathrm{d}x\tag{15}$$

将(14)式代入(13)式有

$$C_n=\frac{2n+1}{2}\varphi_0[1+(-1)^{n+1}]\int_0^1P_n(x)\mathrm{d}x\tag{16}$$

由(16)式知：当 n 为偶数时

$$C_n = 0 \tag{17}$$

当 n 为奇数时

$$C_n = (2n+1)\varphi_0\int_0^1 P_n(x)\mathrm{d}x \tag{18}$$

利用附录(8.11)式

$$\frac{\mathrm{d}P_{n+1}(x)}{\mathrm{d}x} - \frac{\mathrm{d}P_{n-1}(x)}{\mathrm{d}x} = (2n+1)P_n(x) \tag{19}$$

有

$$\int_0^1 P_n(x)\mathrm{d}x = \frac{1}{2n+1}[P_{n+1}(x) - P_{n-1}(x)]_{x=0}^{x=1}$$

$$= \frac{1}{2n+1}[P_{n+1}(1) - P_{n-1}(1) - P_{n+1}(0) + P_{n-1}(0)] \tag{20}$$

由附录(8.12)式和附录(8.13)式

$$P_n(1) = 1 \tag{21}$$

$$P_n(0) = \begin{cases} 0, & \text{当 } n \text{ 为奇数时} \\ (-1)^{\frac{n}{2}}\dfrac{1\cdot 3\cdot 5\cdot 7\cdots(n-1)}{2\cdot 4\cdot 6\cdot 8\cdots n}, & \text{当 } n \text{ 为偶数时} \end{cases} \tag{22}$$

将(21)式和(22)式代入(20)式有

$$\int_0^1 P_n(x)\mathrm{d}x = \frac{1}{2n+1}[P_{n-1}(0) + P_{n+1}(0)] \tag{23}$$

将(23)式代入(18)式有

$$C_n = (2n+1)\varphi_0 \times \frac{1}{2n+1}[P_{n-1}(0) - P_{n+1}(0)] = \varphi_0[P_{n-1}(0) - P_{n+1}(0)] \tag{24}$$

所以，当 n 为奇数时有

$$C_n = \varphi_0\left[(-1)^{\frac{n-1}{2}}\frac{1\cdot 3\cdot 5\cdot 7\cdots(n-2)}{2\cdot 4\cdot 6\cdot 8\cdots(n-1)} - (-1)^{\frac{n+1}{2}}\frac{1\cdot 3\cdot 5\cdot 7\cdots n}{2\cdot 4\cdot 6\cdot 8\cdots(n+1)}\right]$$

$$= (-1)^{\frac{n-1}{2}}\frac{1\cdot 3\cdot 5\cdot 7\cdots(n-2)}{2\cdot 4\cdot 6\cdot 8\cdots(n+1)}(2n+1)\varphi_0 \tag{25}$$

C_1 到 C_7 的前几个值如下

$$C_1 = \frac{3}{2}\varphi_0 \tag{26}$$

$$C_3 = -\frac{7}{8}\varphi_0 \tag{27}$$

$$C_5 = \frac{11}{16}\varphi_0 \tag{28}$$

$$C_7 = -\frac{75}{128}\varphi_0 \tag{29}$$

展开式(12)式中的系数 C_n 求出后，利用边界条件求系数 A_n 和 D_n。

在球面上由(19)式和(12)式有

$$\varphi_1(r,\theta)=\sum_{n=0}^{\infty}A_nR^nP_n(\cos\theta)=\varphi(R,\theta)=\sum_{n=0}^{\infty}C_nP_n(\cos\theta) \tag{30}$$

比较方程两边 $P_n(\cos\theta)$ 的系数有

$$A_n=\frac{C_n}{R^n} \tag{31}$$

在球面上由(11)式和(12)式有

$$\varphi_2(r,\theta)=\sum_{n=0}^{\infty}\frac{D_n}{R_0^{\ n+1}}P_n(\cos\theta)=\varphi(R_0,\theta)=\sum_{n=0}^{\infty}C_nP_n(\cos\theta) \tag{32}$$

比较方程两边 $P_n(\cos\theta)$ 的系数有

$$D_n=C_nR_0^{\ n+1} \tag{33}$$

将(31)式和(33)式分别代入(9)式和(11)式有

$$\varphi_1(r,\theta)=\sum_{n=0}^{\infty}C_n\left(\frac{r}{R_0}\right)^nP_n(\cos\theta)\quad (r\leqslant R_0) \tag{34}$$

$$\varphi_2(r,\theta)=\sum_{n=0}^{\infty}C_n\left(\frac{R_0}{r}\right)^{n+1}P_n(\cos\theta)\quad (r\geqslant R_0) \tag{35}$$

(34)式和(35)式中的系数 C_n 为

$$C_n=\begin{cases}0, & n\text{ 为偶数}\\ (-1)^{\frac{n-1}{2}}\dfrac{1\cdot 3\cdot 5\cdot 7\cdots(n-2)}{2\cdot 4\cdot 6\cdot 8\cdots(n-1)}(2n+1)\varphi_0, & n\text{ 为奇数}\end{cases} \tag{36}$$

利用双阶乘公式

$$(2n+1)!!=1\cdot 3\cdot 5\cdot 7\cdots(2n+1) \tag{37}$$

$$(2n+2)!!=2\cdot 4\cdot 6\cdot 8\cdots(2n+2) \tag{38}$$

将(37)式和(38)式分别代入(34)式和(35)式得

$$\varphi_1(r,\theta)=\sum_{n=0}^{\infty}C_n\left(\frac{r}{R_0}\right)^{2n+1}P_{2n+1}(\cos\theta)\quad (r\leqslant R_0) \tag{39}$$

$$\varphi_2(r,\theta)=\sum_{n=0}^{\infty}C_n\left(\frac{R_0}{r}\right)^{2n+2}P_{2n+1}(\cos\theta)\quad (r\geqslant R_0) \tag{40}$$

式中 $C_n=(-1)^n\dfrac{(2n+1)!!}{(2n+2)!!}\left(\dfrac{4n+3}{2n+1}\right)\varphi_0$。

【解法二】 用格林函数法求解

由于已知条件告诉的是球面上的电势，即给定的是球面 S 上的电势，亦即给定的边界条件为

$$G(\boldsymbol{x},\boldsymbol{x}')=0\quad (\boldsymbol{x}'\text{ 在球面上}) \tag{1}$$

所以，属于第一类边值问题的格林函数，以球心 O 为坐标原点，设电荷所在的点 P' 的坐标为 (x',y',z')，场点 P 的坐标为 (x,y,z)，设

$$r=\sqrt{x^2+y^2+z^2} \tag{2}$$

$$R' = \sqrt{x'^2 + y'^2 + z'^2} \tag{3}$$

则由教材 P59 的(5.16) 式知球空间的格林函数为

$$G(\boldsymbol{x},\boldsymbol{x}') = \frac{1}{4\pi\varepsilon_0}\left[\frac{1}{\sqrt{r^2 + R'^2 - 2rR'\cos\alpha}} - \frac{1}{\sqrt{(rR'/R_0)^2 + R_0^2 - 2rR'\cos\alpha}}\right] \tag{4}$$

且是满足 $R' = R$ 处 $G(\boldsymbol{x},\boldsymbol{x}')$，式中 R_0 为球面的半径，α 为场点位矢 $\boldsymbol{x}$ 与源点位矢 $\boldsymbol{x}'$ 间的夹角，在球坐标系中 P' 点的坐标为(R',θ',ϕ')，P 点的坐标为(R,θ,ϕ)，则有

$$\cos\alpha = \cos\theta\cos\theta' + \sin\theta\sin\theta'\cos(\phi - \phi') \tag{5}$$

由于球内电荷分布为零，即 $\rho = 0$，所以由教材 P60 的(5.20) 式可得球内任一点的电势为

$$\varphi(\boldsymbol{x}) = -\varepsilon_0\oint_S \varphi(\boldsymbol{x}')\frac{\partial G(\boldsymbol{x}',\boldsymbol{x})}{\partial n'}\mathrm{d}S' \tag{6}$$

积分区域为 $R' = R_0$ 的球面，面元为

$$\mathrm{d}S' = R_0^2\sin\theta'\mathrm{d}\theta'\mathrm{d}\phi' = -R_0^2\mathrm{d}x'\mathrm{d}\phi' \tag{7}$$

Ⅰ. 球内的电势

设球内的电势为 $\varphi_1(r,\theta)$，对于球内任一点

$$r' \leqslant R_0 \tag{8}$$

所以，球内任一点有

$$rR' \leqslant R_0^2 \tag{9}$$

由于所给问题关于 z 轴对称，电势 φ 与方位角 ϕ 无关。根据轴对称情况下球函数的加法公式

$$P_n(\cos\alpha) = P_n(\cos\theta)P_n(\cos\theta') = P_n(x)P_n(x') \tag{10}$$

可把(4) 式展开为

$$G(\boldsymbol{x},\boldsymbol{x}') = \frac{1}{4\pi\varepsilon_0}\sum_{n=0}^{\infty}\left(\frac{r^n}{R'^{n+1}} - \frac{r^2R'^2}{R_0^{2n+1}}\right)P_n(x)P_n(x') \tag{11}$$

利用(11) 式对 n' 或 R' 求一阶导数有

$$\left.\frac{\partial G}{\partial n'}\right|_{R'=R_0} = \left.\frac{\partial G}{\partial R'}\right|_{R'=R_0} = -\frac{1}{4\pi\varepsilon_0}\sum_{n=0}^{\infty}(2n+1)\frac{r^n}{R_0^{n+2}}P(x)P(x') \tag{12}$$

由已知条件，在球面上有

$$\varphi(\boldsymbol{x}') = \varphi_0 \quad (0 < \theta < \pi/2, \text{即 } 0 \leqslant x' \leqslant 1) \tag{13}$$

$$\varphi(\boldsymbol{x}') = -\varphi_0 \quad (\pi/2 < \theta < \pi, \text{即 } -1 \leqslant x' \leqslant 0) \tag{14}$$

把(7) 式、(13) 式和(14) 式代入(6) 式有

$$\varphi_1(r,\theta) = 2\pi\varepsilon_0R_0^2\left(\int_1^0\varphi_0\frac{\partial G}{\partial n'}\mathrm{d}x' - \int_0^{-1}\varphi_0\frac{\partial G}{\partial n'}\mathrm{d}x'\right) = -4\pi\varepsilon_0R_0^2\varphi_0\int_0^1\frac{\partial G}{\partial n'}\mathrm{d}x' \tag{15}$$

把(11) 式代入(15) 式有

$$\varphi_1(r,\theta) = \varphi_0\sum_{n=0}^{\infty}(2n+1)\left(\frac{r}{R_0}\right)^nP_n(x)\int_0^1P_n(x')\mathrm{d}x' \tag{16}$$

利用关系

$$\int_0^1 P(x)\mathrm{d}x = 0 \quad (n\text{ 为偶数}) \tag{17}$$

$$\int_0^1 P(x)\mathrm{d}x = (-1)^{\frac{n-1}{2}} \frac{1\cdot 3\cdot 5\cdot \cdots \cdot (n-2)}{2\cdot 4\cdot 6\cdot \cdots \cdot (n+1)} \quad (n\text{ 为奇数}) \tag{18}$$

并将(16)式中的 n 改写为 $2n+1$ 有

$$\varphi_1(r,\theta) = \sum_{n=0}^{\infty} C_n \left(\frac{r}{R_0}\right)^{2n+1} P_{2n+1}(x) \tag{19}$$

即

$$\varphi_1(r,\theta) = \sum_{n=0}^{\infty} C_n \left(\frac{r}{R_0}\right)^{2n+1} P_{2n+1}(\cos\theta) \quad (r \leqslant R) \tag{20}$$

式中

$$C_n = 0 \quad (n\text{ 为偶数}) \tag{21}$$

$$C_n = (-1)^{\frac{n-1}{2}} \frac{1\cdot 3\cdot 5\cdot 7\cdot \cdots \cdot (n-2)}{2\cdot 4\cdot 6\cdot 8\cdot \cdots \cdot (n-1)}(2n+1)\varphi_0 \quad (n\text{ 为奇数}) \tag{22}$$

利用双阶乘公式

$$(2n+1)!! = 1\cdot 3\cdot 5\cdot 7\cdot \cdots \cdot (2n+1) \tag{23}$$

将(23)式代入(20)式有

$$\varphi_1(r,\theta) = \sum_{n=0}^{\infty} C_n \left(\frac{r}{R_0}\right)^{2n+1} P_{2n+1}(\cos\theta) \quad (r \leqslant R) \tag{24}$$

Ⅱ.球外的电势

设球外电势为 $\varphi_2(r,\theta)$,根据上述计算球内的电势过程,则球外区域的电势为

$$\varphi_2(r,\theta) = \sum_{n=0}^{\infty} C_n \left(\frac{R_0}{r}\right)^{n+1} P_n(\cos\theta) \quad (r \geqslant R) \tag{25}$$

利用双阶乘公式

$$(2n+2)!! = 2\cdot 4\cdot 6\cdot 8\cdot \cdots \cdot (2n+2) \tag{26}$$

将(26)式代入(25)式有

$$\varphi_2(r,\theta) = \sum_{n=0}^{\infty} C_n \left(\frac{R_0}{r}\right)^{2n+2} P_{2n+1}(\cos\theta) \quad (R \geqslant R_0) \tag{27}$$

式中

$$C_n = (-1)^n \frac{(2n+1)!!}{(2n+2)!!}\left(\frac{4n+3}{2n+1}\right)\varphi_0 \tag{28}$$

(24)式和(27)式中系数 C_n 为

$$C_n = 0 \quad (n\text{ 为偶数}) \tag{29}$$

$$C_n = (-1)^{\frac{n-1}{2}} \frac{1\cdot 3\cdot 5\cdot 7\cdot \cdots \cdot (n-2)}{2\cdot 4\cdot 6\cdot 8\cdot \cdots \cdot (n-1)}(2n+1)\varphi_0 \quad (n\text{ 为奇数}) \tag{30}$$

显然,两种方法的结果是一致的。

2.21　半径为 R 的空心无限长圆柱导体面,被切成两个半圆柱面,彼此绝缘并分别保持不同的电位 V_1 和 V_2,试证明导体面内部的电势为

$$\varphi(r,\alpha) = \frac{V_1 + V_2}{2} + \frac{V_1 - V_2}{\pi}\tan^{-1}\left(\frac{2Rr}{R^2 - r^2}\cos\alpha\right)$$

【证明】 因为导体圆柱为无限长，所以此问题与 z 轴无关。该问题转化为二维问题，建立如图 2.21 所示的柱坐标系。圆柱内电势满足拉普拉斯方程 $\nabla^2\varphi = 0$，即

$$\frac{1}{r}\frac{\partial}{\partial r}\left(r\frac{\partial\varphi}{\partial r}\right) + \frac{1}{r^2}\frac{\partial\varphi}{\partial\alpha} = 0 \tag{1}$$

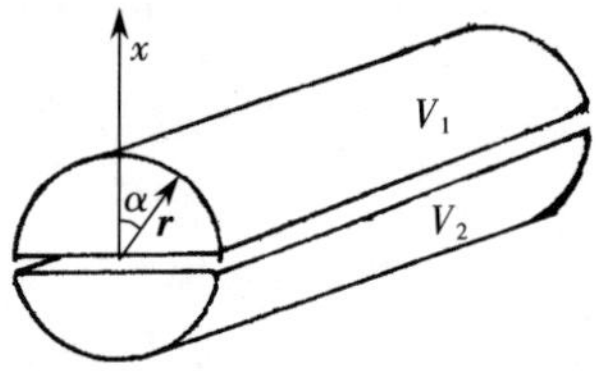

图 2.21

设

$$\varphi(r,\alpha) = R(r)\psi(\alpha) \tag{2}$$

将(2)式代入(1)式有

$$\frac{r}{R}\frac{\mathrm{d}}{\mathrm{d}r}\left(r\frac{\mathrm{d}R}{\mathrm{d}r}\right) = -\frac{1}{\psi}\frac{\mathrm{d}^2\psi}{\mathrm{d}\alpha^2} \tag{3}$$

令方程两边等于同一常数 n^2，则有

$$\frac{\mathrm{d}^2\psi}{\mathrm{d}\alpha^2} + n^2\psi = 0 \tag{4}$$

$$r\frac{\mathrm{d}}{\mathrm{d}r}\left(r\frac{\mathrm{d}R}{\mathrm{d}r}\right) - n^2 R = 0 \tag{5}$$

方程(4)式的解为

$$\psi(\alpha) = A_n\cos n\alpha + B_n\sin n\alpha \tag{6}$$

$\psi(\alpha)$ 是周期函数，即

$$\psi(\alpha) = \psi(\alpha + n\pi) \quad n = 1,2,3,\cdots \tag{7}$$

方程(5)式的解为

$$R(r) = C_n r^n + D_n r^{-n} \quad (n > 0) \tag{8}$$

$$R(r) = C_0 + D_0\ln r \quad (n = 0) \tag{9}$$

所以原方程(1)式的通解为

$$\varphi(r,\alpha) = C_0 + D_0\ln r + \sum_{n=0}^{\infty}(C_n r^n + D_n r^{-n})(A_n\cos n\alpha + B_n\sin n\alpha) \tag{10}$$

边界条件为

$$\varphi(r,\alpha)\big|_{r=0} = \text{有限值} \tag{11}$$

$$\varphi(r,\alpha)\big|_{r=R} = V = \begin{cases} V_1 & (-\pi/2 < \alpha < \pi/2) \\ V_2 & (\pi/2 < \alpha < 3\pi/2) \end{cases} \tag{12}$$

根据边界条件求方程(10)式的系数 A_n、B_n、C_0、D_0、C_n 和 D_n。

根据对称性，$\varphi(r,\alpha)$ 关于 x 轴对称，所以令

$$B_n = 0 \tag{13}$$

由边界条件(11)式有

$$D_0 = D_n = 0 \tag{14}$$

所以有

$$\varphi(r,\alpha) = a_0 + \sum_{n=1}^{\infty} a_n r^n\cos n\alpha \quad (\text{其中 } a_0 = C_0, a_n = A_n C_n) \tag{15}$$

由边界条件(12) 式有

$$a_nR^n = \frac{1}{\pi}\int_0^{2\pi} V\cos n\alpha \mathrm{d}\alpha = \frac{1}{\pi}\int_{-\frac{\pi}{2}}^{\frac{\pi}{2}} V_1\cos n\alpha \mathrm{d}\alpha + \frac{1}{\pi}\int_{\frac{\pi}{2}}^{\frac{3\pi}{2}} V_2\cos n\alpha \mathrm{d}\alpha$$

$$= \frac{2(V_1 - V_2)}{n\pi}\sin n\frac{\pi}{2} \quad (n\text{ 为奇数}) \tag{16}$$

所以有

$$a_n = \frac{2(V_1 - V_2)}{n\pi}R^{-n}\sin n\frac{\pi}{2} \quad (n\text{ 为奇数}) \tag{17}$$

$$a_0 = \frac{1}{2\pi}\int_0^{2\pi} V\cos 0\alpha \mathrm{d}\alpha = \frac{1}{2\pi}\left[\int_{-\frac{\pi}{2}}^{\frac{\pi}{2}} V_1\mathrm{d}\alpha + \int_{-\frac{\pi}{2}}^{\frac{\pi}{2}} V_2\mathrm{d}\alpha\right] = \frac{V_1 + V_2}{2} \tag{18}$$

将(17) 式和(18) 式代入方程(15) 式有

$$\varphi(r,\alpha) = \frac{V_1 + V_2}{2} + \frac{V_1 - V_2}{\pi}\sum_{n=1}^{\infty}\frac{1}{n}2\left(\frac{r}{R}\right)^n\cos n\alpha\sin n\frac{\pi}{2}$$

$$= \frac{V_1 + V_2}{2} + \frac{V_1 - V_2}{\pi}\sum_{m=0}^{\infty}(-1)^n 2\left(\frac{r}{R}\right)^n\frac{\cos(2n+1)\alpha}{2n+1} \tag{19}$$

令 $\theta = \frac{\pi}{2} + \alpha$,则

$$\cos(2n+1)\left(\theta + \frac{\pi}{2}\right) = \cos(2n+1)\left(\frac{\pi}{2} - \theta\right) = (-1)^n\sin(2n+1)\theta \tag{20}$$

将此式代入(19) 式得

$$\varphi(r,\alpha) = \frac{V_1 + V_2}{2} + \frac{V_1 - V_2}{\pi}\sum_{n=1}^{\infty}2\left(\frac{r}{R}\right)^n\frac{\sin(2n+1)\theta}{2n+1} \tag{21}$$

令 $Z = \frac{r}{R}\mathrm{e}^{\mathrm{i}\theta}$,设 $2n+1 = k$,则(21) 式中的

$$\sum_{n=1}^{\infty}2\left(\frac{r}{R}\right)^n\frac{\sin(2n+1)\theta}{2n+1} = \sum_{\text{奇数}k}2\mathrm{Im}\frac{Z^k}{k} = \mathrm{Im}\left[\ln\frac{1+Z}{1-Z}\right] \tag{22}$$

其中

$$\sum_{\text{奇数}k}\frac{Z^k}{k} = \frac{1}{2}\ln\frac{1+Z}{1-Z} \tag{23}$$

将(22) 式代入(21) 式有

$$\varphi(r,\alpha) = \frac{V_1 + V_2}{2} + \frac{V_1 - V_2}{\pi}\mathrm{Im}\left[\ln\frac{1+Z}{1-Z}\right] \tag{24}$$

因为

$$\frac{1+Z}{1-Z} = \frac{(1+Z)(1-Z)^*}{1-|Z|^2} = \frac{1-|Z|^2+2\mathrm{i}\mathrm{Im}Z}{1-|Z|^2} \tag{25}$$

又因为对数的虚部等于对数自变量的相,所以此对数自变量的相是

$$\mathrm{Im}\left[\ln\frac{1+Z}{1-Z}\right] = \tan^{-1}\left(\frac{2\mathrm{Im}Z}{1-|Z|^2}\right) = \tan^{-1}\left(\frac{2\frac{r}{R}\sin\theta}{1-\left(\frac{r}{R}\right)^2}\right) = \tan^{-1}\left(\frac{2Rr\sin\theta}{R^2-r^2}\right) \tag{26}$$

将(25) 式代入(24) 式有

$$\varphi(r,\alpha)=\frac{V_1+V_2}{2}+\frac{V_1-V_2}{\pi}\tan^{-1}\left(\frac{2Rr\sin\theta}{R^2-r^2}\right) \tag{27}$$

又因为

$$\sin\theta=\sin\left(\frac{\pi}{2}+\alpha\right)=\cos\alpha \tag{28}$$

所以,导体面内部的电势为

$$\varphi(r,\alpha)=\frac{V_1+V_2}{2}+\frac{V_1-V_2}{\pi}\tan^{-1}\left(\frac{2Rr}{R^2-r^2}\cos\alpha\right) \tag{29}$$

证毕。

2.22 电荷均匀分布在无穷大导体平面上,电荷面密度为 σ_0,导体外是真空。现将一不带电的导体半球平放在导体平面上,如图 2.22a 所示。已知导体的电势为 φ_s,导体半球的半径为 R。试求:(1) 导体外的电势;(2) 半球面上的电荷;(3) 半球上电荷所受的力。

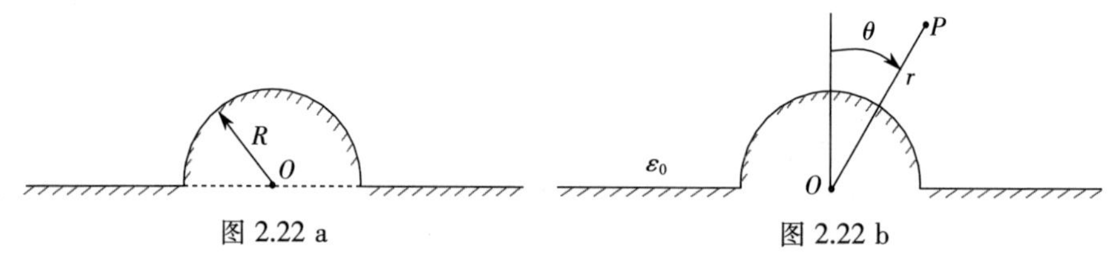

图 2.22 a　　图 2.22 b

【解】 Ⅰ. 求导体外的电势 φ

如图 2.22b 所示,以球心为圆点,垂直于导体平面的方向为极轴方向,建立球坐标系。因导体外无电荷,故导体外区域电势 φ 满足拉普拉斯方程

$$\nabla\varphi=0 \tag{1}$$

由于对称性,φ 与方位角 ϕ 无关,只与 r 和 θ 有关,所以方程(1) 式的通解为

$$\varphi(r,\theta)=\sum_{n=0}^{\infty}\left(A_nr^n+\frac{B_n}{r^{n+1}}\right)P_n(\cos\theta) \tag{2}$$

边界条件为

$$\varphi(r,\theta)\big|_{\theta=0}=\text{有限值} \tag{3}$$

$$\varphi(r,\theta)\big|_{r\to\infty}=-E_0r\cos\theta+C=-\frac{\sigma_0}{\varepsilon_0}r\cos\theta+C \tag{4}$$

$$\varphi(r,\theta)\big|_{r=R}=\varphi_s \tag{5}$$

$$\varphi(r,\theta)\big|_{\theta=\frac{\pi}{2}}=\varphi_s\quad(r>R) \tag{6}$$

利用边界条件求系数 A_n 和 B_n。将方程(2) 式代入边界条件(4) 式得

$$C=A_0\quad A_n=0\quad(n\geqslant 2) \tag{7}$$

所以有

$$\varphi(r,\theta)=A_0-\frac{\sigma_0}{\varepsilon_0}r\cos\theta+\sum_{n=0}^{\infty}\frac{B_n}{r^{n+1}}P_n(\cos\theta) \tag{8}$$

将方程(8)式代入边界条件(5)式得

$$\varphi(r,\theta)=A_0-\frac{\sigma_0}{\varepsilon_0}R\cos\theta+\sum_{n=0}^{\infty}\frac{B_n}{R^{n+1}}P_n(\cos\theta)=\varphi_s \tag{9}$$

比较方程两边 $P_n(\cos\theta)$ 的系数得

$$B_n=0\quad(n\geqslant 2) \tag{10}$$

所以有

$$\varphi(r,\theta)=A_0+\frac{R}{r}(\varphi_s-A_0)-\left(1-\frac{R^3}{r^3}\right)\frac{\sigma_0}{\varepsilon_0}r\cos\theta \tag{11}$$

将方程(11)式代入边界条件(6)式得

$$A_0=\varphi_s \tag{12}$$

所以有

$$\varphi(r,\theta)=\varphi_s-\left(1-\frac{R^3}{r^3}\right)\frac{\sigma_0}{\varepsilon_0}r\cos\theta \tag{13}$$

Ⅱ.求半球面上的电荷 Q

根据电荷面密度 σ 与电位移矢量 $\boldsymbol{D}$ 的关系,半球面上的电荷面密度 σ 为

$$\sigma=D_n=\varepsilon_0E_n=\varepsilon_0\left[-\frac{\partial\varphi(r,\theta)}{\partial r}\right]_{r=R}=3\sigma_0\cos\theta \tag{14}$$

所以,半球面上的电荷为

$$Q=\int\sigma\mathrm{d}s=\int_0^{\frac{\pi}{2}}\sigma 2\pi R^2\sin\theta\mathrm{d}\theta=6\pi\varepsilon_0R^2\int_0^{\frac{\pi}{2}}\sin\theta\cos\theta\mathrm{d}\theta=3\pi\sigma_0R^2 \tag{15}$$

Ⅲ.求半球面上电荷所受的力 $\boldsymbol{F}$

由对称性分析,可知半球面上电荷所受的力 $\boldsymbol{F}$ 的方向沿极轴的方向,其大小为

$$\begin{aligned}F&=\int\mathrm{d}F\cos\theta=\int_S E_R\,\frac{1}{2}\sigma\mathrm{d}s\cos\theta=\frac{1}{2}\cdot 2\pi R^2\int_0^{\frac{\pi}{2}}E_R\sigma\sin\theta\cos\theta\mathrm{d}\theta\\&=\pi R^2\int_0^{\frac{\pi}{2}}\frac{3\sigma_0\cos\theta}{\varepsilon_0}\cdot 3\sigma_0\cos\theta\cdot\sin\theta\cos\theta\mathrm{d}\theta\\&=\frac{9\pi\sigma_0^2R^2}{\varepsilon_0}\int_0^{\frac{\pi}{2}}\sin\theta\cos^3\theta\mathrm{d}\theta=\frac{9\pi\sigma_0^2R^2}{4\varepsilon_0}\end{aligned} \tag{16}$$

2.23　设地球表面有垂直于地面的电场强度 $\boldsymbol{E}_0$,现将一个密度为 ρ、半径为 R 的导体半球平放在地面上,已知地面的重力加速度为 g,设地面为无穷大的导体平面,试求 $\boldsymbol{E}_0$ 的大小至少应为多大时,才能把这半球从地面上拉起来。

【解】　由 2.22 题知,此半球面上电荷所受的力的大小为

$$F=\frac{9\pi\sigma_0^2R^2}{4\varepsilon_0} \tag{1}$$

$\boldsymbol{F}$ 的方向竖直向上。因为

$$E_0=\frac{\sigma_0}{\varepsilon_0} \tag{2}$$

所以有

$$F = \frac{9\pi\varepsilon_0 E_0^2 R^2}{4} \tag{3}$$

半球所受的重力为

$$F' = mg = \frac{1}{2} \cdot \frac{4}{3}\pi R^3 \rho g = \frac{2}{3}\pi R^3 \rho g \tag{4}$$

当 $F > F'$ 时,即当

$$\frac{9\pi\varepsilon_0 E_0^2 R^2}{4} > \frac{2}{3}\pi R^3 \rho g \tag{5}$$

时,可将半球从地面上拉起来。由(5) 式知,此时地面上的电场强度的大小为

$$E_0 > \sqrt{\frac{8\rho g R}{27\varepsilon_0}} \tag{6}$$

2.24 试证明:球对称分布的电荷系,对于球心的电偶极矩和电四极矩均为零。

【证明】 Ⅰ. 证明电矩 $\boldsymbol{P} = 0$

设球对称分布电荷系的电荷密度的分布为 $\rho(\boldsymbol{r})$,按照定义,对球心($\boldsymbol{r} = 0$) 的电偶极矩 $\boldsymbol{P}$ 为

$$\boldsymbol{P} = \int_V \boldsymbol{r}\rho(\boldsymbol{r})\mathrm{d}V \tag{1}$$

根据球对称性有

$$\rho(\boldsymbol{r}) = \rho(-\boldsymbol{r}) \tag{2}$$

所以有

$$\boldsymbol{r}\rho(\boldsymbol{r})\mathrm{d}V + (-\boldsymbol{r})\rho(\boldsymbol{r})\mathrm{d}V = 0 \tag{3}$$

根据(3) 式和(1) 式,电偶极子的电矩为

$$\boldsymbol{P} = 0 \tag{4}$$

Ⅱ. 证明电四极矩 $\mathscr{Q} = 0$

按照定义,对球心($\boldsymbol{r} = 0$)的电四极矩 $\mathscr{Q}$ 为

$$\mathscr{Q} = \int_V (3\boldsymbol{rr} - r^2 \mathscr{I})\rho(\boldsymbol{r})\mathrm{d}V \tag{5}$$

式中 $\mathscr{I}$ 为单位张量,采用直角坐标系表示为

$$\mathscr{I} = \boldsymbol{e}_1\boldsymbol{e}_1 + \boldsymbol{e}_2\boldsymbol{e}_2 + \boldsymbol{e}_3\boldsymbol{e}_3 \tag{6}$$

在直角坐标系中,$\mathscr{Q}$ 的分量式为

$$O_{ij} = \int_V (3x_i x_j - r^2 \delta_{ij})\rho(\boldsymbol{r})\mathrm{d}V \tag{7}$$

由 δ_{ij} 的性质有

$$Q_{ij} = 3\int_V x_i x_j \rho(\boldsymbol{r})\mathrm{d}V \quad (i \neq j) \tag{8}$$

根据球对称性分布的特点有

$$x_i x_j \rho(\boldsymbol{r})\mathrm{d}V + (-x_i)x_j \rho(\boldsymbol{r})\mathrm{d}V = 0 \tag{9}$$

$$x_i x_j \rho(\boldsymbol{r})\mathrm{d}V + x_i(-x_j)\rho(\boldsymbol{r})\mathrm{d}V = 0 \tag{10}$$

所以得

$$Q_{ij} = 0 \quad (i \neq j) \tag{11}$$

同理，当 $i = j$ 时有

$$Q_{ii} = \int_V (3x_i x_i - r^2)\rho(\boldsymbol{r})\mathrm{d}V \quad (i = j) \tag{12}$$

根据球对称性分布的特点有

$$Q_{11} = Q_{22} = Q_{33} \quad (i = j) \tag{13}$$

根据(12)式有

$$Q_{11} + Q_{22} + Q_{33} = 0 \tag{14}$$

由(13)式和(14)式有

$$Q_{11} = Q_{22} = Q_{33} = 0 \tag{15}$$

即

$$Q_{ii} = 0 \quad (i = j) \tag{16}$$

由(11)式和(16)式得 $\mathcal{Q} = 0$，证毕。

2.25　两等量点电荷 $+q$ 间相距为 $2d$，在它们中间放置一接地导体球，证明点电荷 $+q$ 不受力的条件是与 q 的大小无关，与球的半径有关，并给出点电荷不受力时半径 r 满足的方程。

【证明】　采用镜像法求解，将原点设在导体球的圆心处，设球半径为 r，点电荷距球心为 d，由镜像法知球面上的感应电荷为

$$q_1 = q_2 = -\frac{r}{d}q \tag{1}$$

q_1 和 q_2 分别处于 $x \pm \dfrac{r^2}{d} = x \pm a$ 处，则点电荷所受的力为

$$F = \frac{q^2}{(2d)^2} - \frac{q^2 r/d}{(d-a)^2} - \frac{q^2 r/d}{(d+a)^2} \tag{2}$$

由题意有

$$\frac{q^2}{(2d)^2} - \frac{q^2 r/d}{(d-a)^2} - \frac{q^2 r/d}{(d+a)^2} = 0 \tag{3}$$

即

$$\frac{1}{(2d)^2} = \left[\frac{(d+a)^2 + (d-a)^2}{(d^2-a^2)^2}\right]\cdot\frac{r}{d} = \frac{2(d^2+a^2)}{d^4+a^4-2a^2d^2}\cdot\frac{r}{d} \tag{4}$$

将 $a = \dfrac{r^2}{d}$ 代入(3)式有

$$d^8 + r^8 - 2d^4r^4 - 8rd^3(d^4 + r^4) = 0 \tag{5}$$

亦即点电荷不受力时半径 r 所满足的方程为

$$r^8 - 8d^3r^5 - 2d^4r^4 - 8d^7r + d^8 = 0 \tag{6}$$

此方程表明点电荷不受力时的条件与 q 无关，只与球的半径 r 有关，证毕。

2.26　两等量点电荷 $+q$ 间相距为 $2d$，在它们中间放置一不接地的半径为 r 的

导体球,导体球的电势为 φ,试求导体球所带的电量 Q 和每一个点电荷所受的力。

【解】 Ⅰ.求导体球所带的电量 Q

以导体球的球心为坐标的原点,设球半径为 r,点电荷距球心为 d,由镜像法知球面上的感应电荷为

$$q_1 = q_2 = -\frac{r}{d}q \tag{1}$$

q_1 和 q_2 分别处于 $x \pm \frac{r^2}{d} = x \pm a$ 处,则点电荷所受的力为

$$F = \frac{q^2}{(2d)^2} - \frac{q^2 r/d}{(d-a)^2} - \frac{q^2 r/d}{(d+a)^2} = 0 \tag{2}$$

表明球半径为 r 时点电荷 q 不受力,此时导体球的电势为零。若导体球的电势为 φ,则导体球所带的总电量为

$$Q = [Q-(q_1+q_2)]+(q_1+q_2) \tag{3}$$

考虑球面上的感应电荷,导体球的电势为

$$\varphi = \frac{Q+2rq/d}{r} \tag{4}$$

即

$$Q = \varphi r - \frac{2rq}{d} \tag{5}$$

Ⅱ.每一个点电荷所受的力

由库仑定律知每一个点电荷所受的力为

$$F = q_1 E = \frac{rq}{d} \cdot \frac{\varphi}{d} = \frac{qr\varphi}{d^2} \tag{6}$$

式中 φ 由(4)式给出。

2.27 在 $x>0$ 的空间内充满电容率为 ε 的介质,在介质内距离介质面为 a 处挖一半径为 b 的空心小球空腔,使 $b \ll a$,在球腔中心处放置一点电荷 q,求点电荷所受的力。

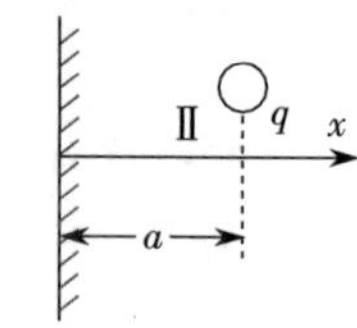

图 2.27

【解】 如图 2.27 所示,设介质外空间为 Ⅰ,介质内空间为 Ⅱ,采用镜像法求解,由于 q 的作用使介质界面上出现的极化电荷,可用距介质界面为 a 处放置的镜像电荷 q'' 代替,由于空腔很小 $(a \gg b)$,q'' 在空腔处产生的电场 $\boldsymbol{E}''$ 可视为均匀,由 2.10 题有

$$\boldsymbol{E} = \frac{3\varepsilon}{\varepsilon_0 + 2\varepsilon}\boldsymbol{E}'' = \frac{3\varepsilon}{\varepsilon_0 + 2\varepsilon} \cdot \frac{q''}{4\pi\varepsilon(2a)^2}\boldsymbol{e}_x \tag{1}$$

则 q 所受的力为

$$\boldsymbol{F} = q\boldsymbol{E} = q\frac{3\varepsilon}{\varepsilon_0 + 2\varepsilon} \cdot \frac{q''}{4\pi\varepsilon(2a)^2}\boldsymbol{e}_x \tag{2}$$

式中[见《静电学和电动力学》上册 P97]

$$q'' = \frac{\varepsilon_r - 1}{\varepsilon_r + 1} q \tag{3}$$

所以

$$\boldsymbol{F} = q\boldsymbol{E} = q \frac{3\varepsilon}{\varepsilon_0 + 2\varepsilon} \cdot \frac{1}{4\pi\varepsilon(2a)^2} \frac{\varepsilon_r - 1}{\varepsilon_r + 1} q\boldsymbol{e}_x \tag{4}$$

2.28　试证明中值定理，即在没有电荷存在的空间中，任意一点的电势值等于以该点为球心的任意球面上的电势的平均值。

【解】　根据题意，属于第一类边值问题，即狄利克莱边界条件，由第一类边值问题的格林公式有

$$\varphi(\boldsymbol{r}) = \int_V \rho(\boldsymbol{r}') G(\boldsymbol{r}', \boldsymbol{r}) \mathrm{d}V' - \varepsilon_0 \oint_S \varphi(\boldsymbol{r}') \frac{\partial}{\partial n'} G(\boldsymbol{r}', \boldsymbol{r}) \mathrm{d}s' \tag{1}$$

根据题意，空间中无电荷分布，即

$$\rho(\boldsymbol{r}') = 0 \tag{2}$$

所以

$$\varphi(\boldsymbol{r}) = -\varepsilon_0 \oint_S \varphi(\boldsymbol{r}') \frac{\partial}{\partial n'} G(\boldsymbol{r}', \boldsymbol{r}) \mathrm{d}s' = \frac{1}{4\pi r^2} \oint_S \varphi(\boldsymbol{r}') \mathrm{d}s' = \varphi(\boldsymbol{r}') \Big|_{S\text{面上的平均值}} \tag{3}$$

即

$$\varphi(\boldsymbol{r}) = \varphi(\boldsymbol{r}') \Big|_{S\text{面上的平均值}} \tag{4}$$

证毕。

2.29　电容率为 ε，半径为 R_0 的介质球均匀带电，总电量为 Q，放在电容率为 ε_0 的均匀外电场 $\boldsymbol{E}_0$ 中，试求整个空间的电势分布。

【解】　如图 2.29 所示，以球心为坐标原点，$\boldsymbol{E}_0$ 方向为极轴方向建立球坐标系。设球内区域为 2，球外区域为 1。因为球外无电荷，所以，电势 φ_1 满足拉普拉斯方程

$$\nabla^2 \varphi_1 = 0 \quad (r > R_0) \tag{1}$$

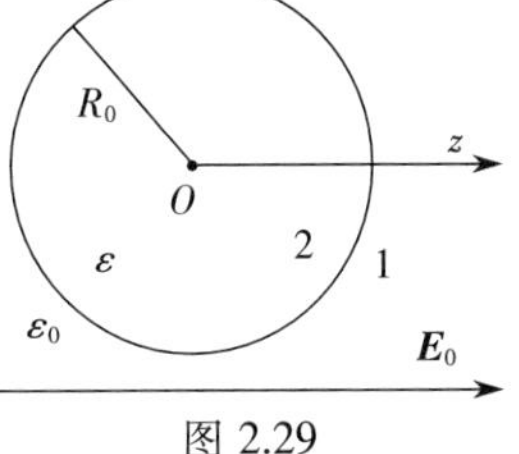

图 2.29

由于球内区域有电荷分布，所以，球内区域的电势满足泊松方程

$$\nabla^2 \varphi_2 = -\frac{\rho_f}{\varepsilon} \qquad (r < R_0) \tag{2}$$

边界条件为

$$\varphi_1 \Big|_{r\to\infty} = -E_0 r\cos\theta \tag{3}$$

$$\varphi_2 \Big|_{r=0} = \text{有限值} \tag{4}$$

$$\varphi_1 \Big|_{r=R_0} = \varphi_2 \Big|_{r=R_0} \tag{5}$$

$$\varepsilon_0 \frac{\partial \varphi_1}{\partial r} \Bigg|_{r=R_0} = \varepsilon \frac{\partial \varphi_2}{\partial r} \Bigg|_{r=R_0} \tag{6}$$

根据对称性分析知 φ 与方位角无关，由(3)式球外区域的解为

$$\varphi_1 = -E_0 r\cos\theta + \sum_{n=0}^{\infty} \frac{A_n}{r^{n+1}} P_n(\cos\theta) \tag{7}$$

球内区域满足的方程，即(2)式的特解为

$$\varphi_2 = -\frac{\rho_f}{6\varepsilon} r^2 \tag{8}$$

由边界条件(4)式，区域2的解为

$$\varphi_2 = -\frac{\rho_f}{6\varepsilon} r^2 + \sum_{n=0}^{\infty} B_n r^n P_n(\cos\theta) \tag{9}$$

由边界条件(5)式有

$$\frac{A_0}{R_0} = -\frac{\rho_f R_0^2}{6\varepsilon} + B_0 \quad (n=0) \tag{10}$$

$$-E_0 R_0 + \frac{A_1}{R_0^2} = B_1 R_0 \quad (n=1) \tag{11}$$

$$\frac{A_n}{R_0^{n+1}} = B_n R_0^n \quad (n \geqslant 2) \tag{12}$$

又由边界条件(6)式有

$$\left.\frac{\partial \varphi_1}{\partial r}\right|_{r=R_0} = -E_0\cos\theta - \sum_{n=0}^{\infty} \frac{(n+1)A_n}{R_0^{n+2}} P_n(\cos\theta) \tag{13}$$

$$\left.\frac{\partial \varphi_2}{\partial r}\right|_{r=R_0} = -\frac{\rho_f R_0}{3\varepsilon} + \sum_{n=0}^{\infty} n B_n R_0^{n-1} P(\cos\theta) \tag{14}$$

由(13)式和(14)式有

$$A_0 = \frac{\rho_f}{3\varepsilon_0} R_0^3 \quad (n=0) \tag{15}$$

$$-\varepsilon_0 E_0 - \frac{2A_1\varepsilon_0}{R_0^3} = B_1\varepsilon \quad (n=1) \tag{16}$$

$$A_n = \frac{n\varepsilon R_0^{2n+1}}{\varepsilon_0(n+1)} B_n \quad (n \geqslant 2) \tag{17}$$

联立(10)式、(11)式、(12)式和(15)式、(16)式及(17)式解得

$$B_0 = \frac{\rho_f R_0^2}{3\varepsilon_0} + \frac{\rho_f R_0^2}{6\varepsilon} \tag{18}$$

$$B_1 = -\frac{3\varepsilon_0}{\varepsilon + 2\varepsilon_0} \tag{19}$$

$$A_1 = \frac{\varepsilon - \varepsilon_0}{\varepsilon + 2\varepsilon_0} E_0 R_0^3 \tag{20}$$

$$A_n = B_n = 0 \quad (n \geqslant 2) \tag{21}$$

其中

$$\rho_f = \frac{Q}{4\pi R_0^3/3} \tag{22}$$

所以整个空间的电势分布为

$$\varphi_1(r,\theta)=-E_0r\cos\theta+\frac{Q}{4\pi\varepsilon_0 r}+\frac{\varepsilon-\varepsilon_0}{\varepsilon+2\varepsilon_0}E_0R_0^3\frac{1}{r^2}\cos\theta\quad(r>R_0)\tag{23}$$

$$\varphi_2(r,\theta)=-\frac{Q}{8\pi\varepsilon R_0^3}r^2+\frac{Q}{4\pi R_0}\left(\frac{1}{\varepsilon_0}+\frac{1}{2\varepsilon}\right)-\frac{3\varepsilon_0E_0}{\varepsilon+2\varepsilon_0}r\cos\theta\quad(r<R_0)\tag{24}$$

2.30　设有一半径为a的小球，极化率为χ，将其置于一个距它很远($r\gg a$)的导体球前，设此导体球的半径为b，且$b\ll r$，电势为V，试求介质小球所受力的近似表达式。

【解】　设导体球产生的电场为

$$\boldsymbol{E}=bV\frac{\boldsymbol{r}}{r^3}\tag{1}$$

介质小球的极化强度为

$$\boldsymbol{P}=\chi\boldsymbol{E}=\chi bV\frac{\boldsymbol{r}}{r^3}\tag{2}$$

介质小球可等效为一电偶极子，其电偶极矩为

$$\boldsymbol{p}\approx\frac{4}{3}\pi a^3\boldsymbol{P}=\frac{4}{3}\pi a^3\chi bV\frac{\boldsymbol{r}}{r^3}\tag{3}$$

电势能为

$$U=-\boldsymbol{p}\cdot\boldsymbol{E}=\frac{4}{3}\frac{\pi a^3b^2\chi V^2}{r^4}\tag{4}$$

所以，小球所受的力为

$$\boldsymbol{F}=-\nabla U=-\frac{\partial U}{\partial r}\boldsymbol{e}_r=-\frac{16}{3}\frac{\pi a^3\chi V^2}{r^5}\tag{5}$$

2.31　设有一电容率为ε、半径为R的均匀介质球，置于真空中，距离球为$s(s>R)$处有一固定点电荷q，试求介质球内和球外的电势。

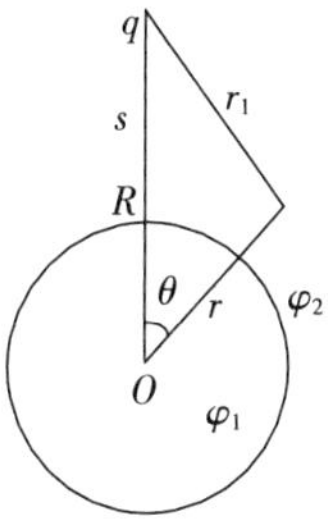

【解】　如图2.31所示，取过球心O与点电荷q的直线为极轴，由对称性分析知该问题具有轴对称性，电势φ与方位角ϕ无关，设球内电势为φ_1，球外电势为φ_2，因均匀介质内无电荷，所以，球内电势φ_1满足拉普拉斯方程

$$\nabla^2\varphi_1=0\tag{1}$$

图2.31

球外电势φ_2为

$$\varphi_2=\frac{q}{4\pi\varepsilon_0 r_1}+\varphi_3\tag{2}$$

φ_3为除q产生的电势外的电势，φ_3仍具有轴对称性，满足拉普拉斯方程

$$\nabla^2\varphi_3=0\tag{3}$$

(1)式和(3)式的通解分别为

$$\varphi_1=\sum_{n=0}^{\infty}\left(A_nr^n+\frac{B_n}{r^{n+1}}\right)P_n(\cos\theta)\tag{4}$$

$$\varphi_3=\sum_{n=0}^{\infty}\left(C_nr^n+\frac{D_n}{r^{n+1}}\right)P_n(\cos\theta)\tag{5}$$

(2) 式中的

$$\frac{1}{r_1} = (s^2 + r^2 - 2rs\cos\theta)^{-\frac{1}{2}} \tag{6}$$

当 $r < s$ 时有

$$\frac{1}{r_1} = \sum_{n=0}^{\infty} \frac{r^n}{s^{n+1}} P_n(\cos\theta) \tag{7}$$

将(5) 式代入(2) 式得球外电势 φ_2 为

$$\varphi_2 = \frac{q}{4\pi\varepsilon_0} \sum_{n=0}^{\infty} \frac{r^n}{s^{n+1}} P_n(\cos\theta) + \sum_{n=0}^{\infty} \left(C_n r^n + \frac{D_n}{r^{n+1}}\right) P_n(\cos\theta) \tag{8}$$

边界条件为

$$\varphi_1 \big|_{r\to 0} = \text{有限值} \tag{9}$$

$$\varphi_3 \big|_{r\to\infty} = 0 \tag{10}$$

$$\varphi_1 \big|_{r=R} = \varphi_2 \big|_{r=R} \tag{11}$$

$$\varepsilon \frac{\partial \varphi_1}{\partial r}\bigg|_{r=R} = \varepsilon_0 \frac{\partial \varphi_2}{\partial r}\bigg|_{r=R} \tag{12}$$

由边界条件(9) 式有

$$B_n = 0 \tag{13}$$

由边界条件(10) 式有

$$C_n = 0 \tag{14}$$

将(13) 式和(14) 式代入(4) 式和(8) 式得

$$\varphi_1 = \sum_{n=0}^{\infty} A_n r^n P_n(\cos\theta) \tag{15}$$

$$\varphi_2 = \frac{q}{4\pi\varepsilon_0} \sum_{n=0}^{\infty} \frac{r^n}{s^{n+1}} P_n(\cos\theta) + \sum_{n=0}^{\infty} \frac{D_n}{r^{n+1}} P_n(\cos\theta) \tag{16}$$

由边界条件(11) 式有

$$\sum_{n=0}^{\infty} A_n R^n P_n(\cos\theta) = \frac{q}{4\pi\varepsilon_0} \sum_{n=0}^{\infty} \frac{R^n}{s^{n+1}} P_n(\cos\theta) + \sum_{n=0}^{\infty} \frac{D_n}{R^{n+1}} P_n(\cos\theta)$$

即

$$A_n R^n = \frac{q}{4\pi\varepsilon_0} \frac{R^n}{s^{n+1}} + \frac{D_n}{R^{n+1}} \tag{17}$$

由边界条件(12) 式有

$$\varepsilon \sum_{n=0}^{\infty} n A_n R^{n-1} P_n(\cos\theta)$$

$$= \varepsilon_0 \left[\frac{q}{4\pi\varepsilon_0} \sum_{n=0}^{\infty} \frac{nR^{n-1}}{s^{n+1}} P_n(\cos\theta) + \sum_{n=0}^{\infty} \frac{-(n+1)D_n}{R^{n+2}} P_n(\cos\theta)\right] \tag{18}$$

即

$$\varepsilon n A_n R^{n-1} = \frac{q}{4\pi} \frac{nR^{n-1}}{s^{n+1}} - \varepsilon_0 \frac{(n+1)D_n}{R^{n+2}} \tag{19}$$

由(17)式和(19)式有

$$A_n = \frac{q}{4\pi\varepsilon_0}\frac{1}{s^{n+1}} + \frac{D_n}{R^{2n+1}} = \frac{q}{4\pi\varepsilon}\frac{1}{s^{n+1}} - \frac{\varepsilon_0(n+1)D_n}{\varepsilon n R^{2n+1}} \tag{20}$$

所以得

$$D_n = \frac{q}{4\pi}\frac{R^{2n+1}}{s^{n+1}}\frac{1/\varepsilon - 1/\varepsilon_0}{1+\varepsilon_0(n+1)/\varepsilon n} \tag{21}$$

将(17)式代入(21)式得

$$A_n = \frac{q}{4\pi\varepsilon_0}\frac{1}{s^{n+1}} + \frac{q}{4\pi}\frac{1}{s^{n+1}}\frac{1/\varepsilon - 1/\varepsilon_0}{1+\varepsilon_0(n+1)/\varepsilon n} \tag{22}$$

将(22)式代入(15)式,将(21)式代入(16)式即得介质球内和球外的电势为

$$\varphi_1(r,\theta) = \sum_{n=0}^{\infty}\frac{q}{4\pi\varepsilon_0}\frac{1}{s^{n+1}} + \frac{q}{4\pi}\frac{1}{s^{n+1}}\frac{1/\varepsilon - 1/\varepsilon_0}{1+\varepsilon_0(n+1)/\varepsilon n}r^n P_n(\cos\theta) \tag{23}$$

$$\varphi_2(r,\theta) = \frac{q}{4\pi\varepsilon_0}\sum_{n=0}^{\infty}\frac{r^n}{s^{n+1}}P_n(\cos\theta) + \sum_{n=0}^{\infty}\frac{q}{4\pi}\frac{R^{2n+1}}{s^{n+1}}\frac{1/\varepsilon - 1/\varepsilon_0}{1+\varepsilon_0(n+1)/n}\frac{1}{r^{n+1}}P_n(\cos\theta) \tag{24}$$

2.32 一导体球的半径为 R,球内有一不同心的球洞,球洞的半径为 b。整个导体球的球心位于两种介质的交界面上,两介质的电容率分别为 ε_1 和 ε_2。在球洞内与洞心距离为 c 处有一点电荷 Q,导体球带电量为 q。试求:(1) 球洞中点电荷所受到的作用力;(2) 导体球外和球洞内的电势分布。

【解】 Ⅰ.球洞中点电荷所受到的作用力

采用镜像法求解,点电荷 Q 在洞内表面的感应电荷用镜像电荷代替,距球洞心 b' 处的镜像电荷为

$$Q' = -\frac{bQ}{c} \tag{1}$$

而

$$b' = \frac{b^2}{c} \tag{2}$$

球洞中点电荷所受到的作用力为

$$F = \frac{QQ'}{4\pi\varepsilon_0(b'-c)^2} = -\frac{1}{4\pi\varepsilon_0}\frac{bQ^2}{(b^2/c-c)^2} \tag{3}$$

Ⅱ.导体球外的电势分布

$$\varphi = \frac{Q+q}{2\pi(\varepsilon_1+\varepsilon_2)r} \quad (r > R) \tag{4}$$

(见教材 P46,并注意 $\boldsymbol{E} = -\nabla\varphi$,即 $\varphi = \int \boldsymbol{E}\cdot \mathrm{d}\boldsymbol{r}$)。

Ⅲ.球洞内的电势分布

$$\begin{aligned}\varphi &= \frac{1}{4\pi\varepsilon_0}\left[\frac{Q}{\sqrt{r^2+c^2-2rc\cos\theta}} - \frac{Qb/c}{\sqrt{r^2+b^4/c^2-2rb^2/c\cdot\cos\theta}}\right] + \varphi \\ &= \frac{Q+q}{2\pi(\varepsilon_1+\varepsilon_2)R} \quad (r < b)\end{aligned} \tag{5}$$

2.33 在一点电荷 q 的电场中，距离 q 为 d 处有一电偶极子，其电偶极矩为 $\boldsymbol{p}=e\boldsymbol{l}$，试求：在下列两种情况下，此电偶极子所受的力 $\boldsymbol{F}$ 和力矩 $\boldsymbol{M}$。

(1) 电偶极子的电偶极矩 $\boldsymbol{p}$ 沿点电荷电场的方向；

(2) 电偶极子的电偶极矩 $\boldsymbol{p}$ 垂直于点电荷电场的方向。

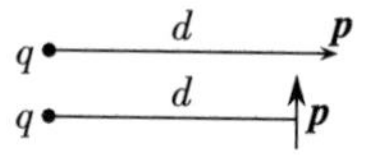

q • —— d ——→ p

q • —— d ——↑ p

图 2.33

【解】 解法一：

Ⅰ. 电偶极子所受的力 $\boldsymbol{F}$

如图 2.33 所示，当 $\boldsymbol{p}//\boldsymbol{E}$ 时，电偶极子所受的力为

$$|\boldsymbol{F}|=\frac{qe}{4\pi\varepsilon_0}\left[\frac{1}{(d+l/2)^2}-\frac{1}{(d-l/2)^2}\right]$$
$$=\frac{qe}{4\pi\varepsilon_0 d^2}\left[\left(1+\frac{l}{d}\right)^{-2}-\left(1-\frac{l}{d}\right)^{-2}\right] \tag{1}$$

因为 $\frac{l}{d}\ll 1$，所以将 $\left(1\pm\frac{l}{d}\right)^{-2}$ 按幂级数展开，取第一项，注意当 $l\to 0$ 时，保持 el 有限，则由

$$|\boldsymbol{F}|=\frac{qe}{4\pi\varepsilon_0 d^2}\left[\left(1-\frac{l}{d}\right)-\left(1+\frac{l}{d}\right)\right]$$
$$=\frac{qe}{4\pi\varepsilon_0 d^2}\left(-\frac{2l}{d}\right)=\frac{qp}{2\pi\varepsilon_0 d^3}\quad(\text{方向指向 } q, q>0) \tag{2}$$

即

$$\boldsymbol{F}=-\frac{q\boldsymbol{p}}{2\pi\varepsilon_0 d^3} \tag{3}$$

Ⅱ. 电偶极子所受的力矩 $\boldsymbol{M}$

电偶极子所受的力矩为

$$|\boldsymbol{M}|=\frac{1}{4\pi\varepsilon_0}\frac{qe\cdot l/2}{(d^2+l^2/4)^{\frac{3}{2}}}+\frac{1}{4\pi\varepsilon_0}\frac{qe\cdot l/2}{(d^2+l^2/4)^{\frac{3}{2}}}$$
$$=\frac{1}{4\pi\varepsilon_0}\frac{qel}{d^3(1+l^2/4d^2)^{\frac{3}{2}}} \tag{4}$$

将 $(1+l^2/4d^2)^{3/2}$ 按幂级数展开，取第一项有

$$\boldsymbol{M}=\frac{1}{4\pi\varepsilon_0}\frac{qle}{d^3}=\frac{1}{4\pi\varepsilon_0}\frac{qp}{d^3}\boldsymbol{e}_p\quad(\text{方向沿 }\boldsymbol{p}\text{ 方向，当 } p>0) \tag{5}$$

式中 $\boldsymbol{e}_p$ 为 $\boldsymbol{p}$ 方向的单位矢量。

解法二：电偶极子在外电场中的势能为

$$U=-\boldsymbol{p}\cdot\boldsymbol{E} \tag{6}$$

而

$$\boldsymbol{E}=\frac{1}{4\pi\varepsilon_0}\frac{q}{r^2}\boldsymbol{e}_r \tag{7}$$

式中 $\boldsymbol{e}_r=\boldsymbol{r}/r$ 是 $\boldsymbol{r}$ 方向的单位矢量，所以有

$$U=-\frac{q}{4\pi\varepsilon_0}\frac{\boldsymbol{p}\cdot\boldsymbol{r}}{r^3} \tag{8}$$

电偶极子所受的力为

$$\boldsymbol{F}=-\nabla U=\frac{q}{4\pi\varepsilon_0}\nabla\left(\frac{\boldsymbol{p}\cdot\boldsymbol{r}}{r^3}\right)=\frac{q}{4\pi\varepsilon_0}\left[\frac{\boldsymbol{p}}{r^3}-\frac{3(\boldsymbol{p}\cdot\boldsymbol{r})\boldsymbol{r}}{r^5}\right] \tag{9}$$

电偶极子所受的力矩为

$$\boldsymbol{M}=\boldsymbol{p}\times\boldsymbol{E} \tag{10}$$

当 $\boldsymbol{p}//\boldsymbol{r}$ 时

$$\boldsymbol{F}=-\frac{1}{2\pi\varepsilon_0}\frac{q\boldsymbol{p}}{r^3} \tag{11}$$

$$\boldsymbol{M}=0 \tag{12}$$

当 $\boldsymbol{p}\perp\boldsymbol{r}$ 时

$$\boldsymbol{F}=\frac{1}{4\pi\varepsilon_0}\frac{q\boldsymbol{p}}{r^3} \tag{13}$$

$$\boldsymbol{M}=\frac{1}{4\pi\varepsilon_0}\frac{qp}{r^2}(\boldsymbol{e}_p\times\boldsymbol{e}_r) \tag{14}$$

式中 $\boldsymbol{e}_p=\boldsymbol{p}/p$ 为 $\boldsymbol{p}$ 方向的单位矢量。

2.34 在真空中的均匀静电场 $\boldsymbol{E}_0$ 中，有一半径为 a 的无限长圆柱形导体，此导体被一层电容率为 ε 的均匀介质所包围，介质层的外半径为 b。设此导体接地，其轴线与 $\boldsymbol{E}_0$ 方向垂直，求空间的电势分布。

【解】 采用柱坐标系，设柱体轴线与 z 轴重合，因圆柱导体为无限长，且 $\boldsymbol{E}_0$ 为无限分布，故电势分布与 z 轴无关。设介质和真空中的电势分别为 φ_1 和 φ_2，由于介质和真空中均无电荷，故 φ_1 和 φ_2 均满足拉普拉斯方程

$$\nabla^2\varphi_1=\frac{1}{r}\frac{\partial}{\partial r}\left(r\frac{\partial\varphi_1}{\partial r}\right)+\frac{\partial\varphi_1}{\partial\phi}=0\quad(a\leqslant r\leqslant b) \tag{1}$$

$$\nabla^2\varphi_2=\frac{1}{r}\frac{\partial}{\partial r}\left(r\frac{\partial\varphi_2}{\partial r}\right)+\frac{\partial\varphi_2}{\partial\phi}=0\quad(b\leqslant r\leqslant\infty) \tag{2}$$

边界条件为

$$\varphi_1\big|_{r=a}=0 \tag{3}$$

$$\varphi_2\big|_{r\to\infty}=-E_0r\cos\phi \tag{4}$$

$$\varphi_1\big|_{r=b}=\varphi_2\big|_{r=b} \tag{5}$$

$$\varepsilon\frac{\partial\varphi_1}{\partial r}\bigg|_{r=b}=\varepsilon_0\frac{\partial\varphi_2}{\partial r}\bigg|_{r=b} \tag{6}$$

$$\varphi_1(\phi)=\varphi_1(-\phi) \tag{7}$$

$$\varphi_2(\phi)=\varphi_2(-\phi) \tag{8}$$

$$\varphi_1(\phi)=\varphi_1(\phi+2\pi) \tag{9}$$

$$\varphi_2(\phi)=\varphi_2(\phi+2\pi) \tag{10}$$

设

$$\varphi(r,\phi)_{1,2} = R(r)\Phi(\phi) \tag{11}$$

将(11)式代入(1)式和(2)式，均可分解为如下两个方程

$$r^2 \frac{\mathrm{d}^2 R}{\mathrm{d}r^2} + r\frac{\mathrm{d}R}{\mathrm{d}r} = n^2 R \tag{12}$$

$$\frac{\mathrm{d}\Phi}{\mathrm{d}\phi} + n^2\Phi = 0 \tag{13}$$

其中 n 为 0 或某些正实数，其通解为

$$R_0(r) = A_0 r^n + B_0 \ln r \quad (n = 0) \tag{14}$$

$$R_n(r) = A_n r^n + B_n r^{-n} \quad (n \neq 0) \tag{15}$$

$$\Phi_n(\phi) = C_n \cos n\pi\phi + D_n \sin n\pi\phi \quad [\Phi(\phi) = \Phi(\phi + 2\pi)] \tag{16}$$

由边界条件(7)式和(8)式有 $D_n = 0$，所以有

$$\varphi_1 = A_0 + B_0 \ln r + \sum_{n=1}^{\infty}(A_n r^n + B_n r^{-n})\cos n\phi \quad (a \leqslant r \leqslant b) \tag{17}$$

$$\varphi_2 = C_0 + D_0 \ln r + \sum_{n=1}^{\infty}(C_n r^n + D_n r^{-n})\cos n\phi \quad (b \leqslant r < \infty) \tag{18}$$

将(18)式代入边界条件(4)式有

$$\begin{aligned} &C_n = 0 \quad (n \neq 1) \\ &C_1 = -E_0 \\ &D_n = 0 \end{aligned} \tag{19}$$

所以有

$$\varphi_2 = -E_0 r\cos\phi + \sum_{n=1}^{\infty} D_n r^{-n}\cos n\phi \quad (b \leqslant r < \infty) \tag{20}$$

将(17)式和(20)式代入边界条件(5)式有

$$A_0 + B_0 \ln b + \sum_{n=1}^{\infty}(A_n b^n + B_n b^{-n})\cos n\phi = C_0 + D_0 \ln b + \sum_{n=1}^{\infty} D_n b^{-n}\cos n\phi \tag{21}$$

比较方程(21)式两边 $\cos n\phi$ 的系数有

$$A_0 = -B_0 \ln b \quad (n = 0) \tag{22}$$

$$A_1 b + B_1 b^{-1} = -E_0 b + D_1 b \quad (n = 1) \tag{23}$$

$$A_n b^n + B_n b^{-n} = D_n b^{-n} \quad (n \geqslant 2) \tag{24}$$

将(17)式和(20)式代入边界条件(6)式有

$$\varepsilon\Big[B_0 b^{-1} + \sum_{n=1}^{\infty} n(A_n b^{n-1} - B_n b^{-n-1})\cos n\phi\Big] = \varepsilon_0\Big[\Big(-E_0\cos\phi - \sum_{n=1}^{\infty} nD_n b^{-n-1}\Big)\cos n\phi\Big] \tag{25}$$

比较方程(25)式两边 $\cos n\phi$ 的系数有

$$B_0 = 0 \quad A_0 = 0 \quad (n = 0) \tag{26}$$

$$\varepsilon(A_1 - B_1 b^{-2}) = -\varepsilon_0(E_0 + D_1 b^{-2}) \quad (n = 1) \tag{27}$$

$$\varepsilon(A_n - B_n b^{-n-1}) = -\varepsilon_0 n D_n b^{-n-1} \quad (n \geqslant 2) \tag{28}$$

将(17)式代入边界条件(3)式有

$$A_n a^n + B_n a^{-n} = 0 \quad (A_n = -B_n a^{-2n}) \tag{29}$$

由(22)式、(23)式、(24)式、(26)式、(27)式和(29)式解得

$$A_1 = -\frac{2\varepsilon_0 E_0 b^2}{[(\varepsilon-\varepsilon_0)a^2 + (\varepsilon+\varepsilon_0)b^2]} \quad (n=1) \tag{30}$$

$$B_1 = \frac{2\varepsilon_0 E_0 b^2}{[(\varepsilon-\varepsilon_0)a^2 + (\varepsilon+\varepsilon_0)b^2]} \quad (n=1) \tag{31}$$

$$D_1 = \frac{[(\varepsilon-\varepsilon_0)a^2 + (\varepsilon-\varepsilon_0)b^2]E_0 b^2}{[(\varepsilon-\varepsilon_0)a^2 + (\varepsilon+\varepsilon_0)b^2]} \quad (n=1) \tag{32}$$

$$A_n = B_n = D_n = 0 \quad (n \geqslant 2) \tag{33}$$

将(19)式、(30)式、(31)式、(32)式、(33)式代入(17)式和(18)式得

$$\varphi_1(r,\phi) = (A_1 r + B_1 r^{-1})\cos\phi \quad (a \leqslant r \leqslant b) \tag{34}$$

$$= \left\{\frac{2\varepsilon_0 E_0 b^2}{[(\varepsilon-\varepsilon_0)a^2 + (\varepsilon+\varepsilon_0)b^2]} r + \frac{2\varepsilon_0 E_0 b^2}{[(\varepsilon-\varepsilon_0)a^2 + (\varepsilon+\varepsilon_0)b^2]} r^{-1}\right\}\cos\phi$$

$$\varphi_2(r,\phi) = (-E_0 r + D_1 r^{-1})\cos\phi \quad (b \leqslant r < \infty) \tag{35}$$

$$= \left\{-E_0 r + \frac{[(\varepsilon-\varepsilon_0)a^2 + (\varepsilon-\varepsilon_0)b^2]E_0 b^2}{[(\varepsilon-\varepsilon_0)a^2 + (\varepsilon+\varepsilon_0)b^2]} r^{-1}\right\}\cos\phi$$

2.35　一电矩为 $\boldsymbol{p}$ 的电偶极子，位于距无穷大导体平面为 h 处，如图 2.35 所示，求导体平面与电偶极子 $\boldsymbol{p}$ 的相互作用能。

【解】　求导体平面与电偶极子 $\boldsymbol{p}$ 的相互作用能，即是求导体表面上的感应电荷与 $\boldsymbol{p}$ 的相互作用能，导体表面上的感应电荷在上半空间产生的场可用 $\boldsymbol{p}$ 的镜像电偶极子 $\boldsymbol{p}'$ 在上半空间产生的场代替，如图 2.35 所示，$\boldsymbol{p}'$ 在 $\boldsymbol{p}$ 处产生的电势为

$$\varphi = \frac{\boldsymbol{p}' \cdot \boldsymbol{r}}{4\pi\varepsilon_0 r^3} \tag{1}$$

式中

$$\boldsymbol{r} = \boldsymbol{r}_{o'o} \tag{2}$$

$$|\boldsymbol{r}| = 2h \tag{3}$$

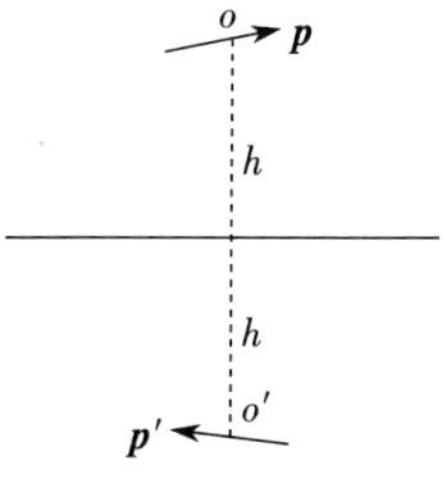

图 2.35

$\boldsymbol{p}'$ 在 $\boldsymbol{p}$ 处产生的电场为

$$\boldsymbol{E} = -\nabla\varphi = -\frac{1}{4\pi\varepsilon_0}\left[\frac{\boldsymbol{p}'}{r^3} - \frac{3(\boldsymbol{p}'\cdot\boldsymbol{r})\boldsymbol{r}}{r^5}\right] \tag{4}$$

所以 $\boldsymbol{p}'$ 与 $\boldsymbol{p}$ 的相互作用能为

$$W = -\boldsymbol{p}\cdot\boldsymbol{E} = \frac{1}{4\pi\varepsilon_0}\left[\frac{\boldsymbol{p}\cdot\boldsymbol{p}'}{r^3} - \frac{3(\boldsymbol{p}'\cdot\boldsymbol{r})(\boldsymbol{p}\cdot\boldsymbol{r})}{r^5}\right] = \frac{p^2}{4\pi\varepsilon_0 r^3}(\cos 2\theta - 3\cos^2\theta)$$

$$= -\frac{p^2}{32\pi\varepsilon_0 h^3}(1+\cos^2\theta) \tag{5}$$

式中 θ 为 $\boldsymbol{p}$ 与 $\boldsymbol{r}$ 的夹角。

2.36　一半径为 R 的导体球，它的球心位于两种均匀无限大介质的分界面上，介质的电容率分别为 ε_1 和 ε_2，设导体球的总电量为 q，试求导体球表面上的自由电荷分布。

【解】　设导体球上下两个半球的带电量分别为 q_1 和 q_2，则有

$$q = q_1 + q_2 \tag{1}$$

根据题意，导体球上下两半球均为等势体，整个导体球是等势体，导体带电量一定，无限远处电势为零，故满足唯一性定理。设下半球的电势为 φ_1，上半球的电势为 φ_2，将下半球的电量 q_2 换为 q_1，电容率 ε_2 换为 ε_1，不影响上半球的电势分布，也不影响整个导体球的电势。根据唯一性定理，下半球的表面电荷密度 σ_1 和电势 φ_1 为

$$\sigma_1 = \frac{q_1}{2\pi R^2} \tag{2}$$

$$\varphi_1 = \frac{q_2 + q_1}{4\pi\varepsilon_1 R} = \frac{2q_1}{4\pi\varepsilon_1 R} \tag{3}$$

同理，将上半球的电量 q_1 换为 q_2，电容率 ε_1 换为 ε_2，不影响下半球的电势分布，也不影响整个导体球的电势。根据唯一性定理，上半球的表面电荷密度 σ_2 和电势 φ_2 为

$$\sigma_2 = \frac{q_2}{2\pi R^2} \tag{4}$$

$$\varphi_2 = \frac{q_1 + q_2}{4\pi\varepsilon_2 R} = \frac{2q_2}{4\pi\varepsilon_2 R} \tag{5}$$

由(1) 式和边界条件 $\varphi_1|_R = \varphi_2|_R$ 有

$$q_1 = \frac{\varepsilon_1}{\varepsilon_1 + \varepsilon_2} q \tag{6}$$

$$q_1 = \frac{\varepsilon_1}{\varepsilon_1 + \varepsilon_2} q \tag{7}$$

将(6) 式和(7) 式分别代入(2) 式和(4) 式得

$$\sigma_1 = \frac{\varepsilon_1 q}{2\pi(\varepsilon_1 + \varepsilon_2)R^2} \tag{8}$$

$$\sigma_2 = \frac{\varepsilon_2 q}{2\pi(\varepsilon_1 + \varepsilon_2)R^2} \tag{9}$$

2.37　有一半经为 R 的接地导体球，距球心为 $\boldsymbol{a}$($|\boldsymbol{a}| > R$)处有一电量为 q 的点电荷。将此系统放入均匀电场 $\boldsymbol{E}_0$ 中，$\boldsymbol{E}_0$ 的方向与 $\boldsymbol{a}$ 同向，求此点电荷受力为零时所带的电量。

【解】　点电荷 q 所在处的电场强度由三部分叠加而成，即

① 均匀电场 $\boldsymbol{E}_1 = \boldsymbol{E}_0$。

② 点电荷 q 在导体球上感应的电荷所激发的电场 $\boldsymbol{E}_2$，即

$$\boldsymbol{E}_2 = \frac{(-R/a)q}{4\pi\varepsilon_0(a-b)}\boldsymbol{a} \tag{1}$$

其中

$$b = R^2/a \tag{2}$$

③$\boldsymbol{E}_0$ 在导体球上感应出的电荷所激发的电场 $\boldsymbol{E}_3$，此电场相当于一个电偶极子 $\boldsymbol{P} = 4\pi\varepsilon_0 R^3 \boldsymbol{E}_0$ 产生的电场，即

$$\boldsymbol{E}_3=\frac{3(\boldsymbol{P}\cdot\boldsymbol{r})\boldsymbol{r}}{4\pi\varepsilon_0 r^5}-\frac{\boldsymbol{P}}{4\pi\varepsilon_0 r^3} \tag{3}$$

当 $\boldsymbol{r}=\boldsymbol{a}$ 时有

$$\boldsymbol{E}_3\big|_{r=a}=\frac{2Pq}{4\pi\varepsilon_0 a^3}\boldsymbol{a} \tag{4}$$

点电荷 q 所受的力为

$$\boldsymbol{F}=\boldsymbol{F}_1+\boldsymbol{F}_2+\boldsymbol{F}_3=q\boldsymbol{E}_0+\frac{(-R/a)q^2}{4\pi\varepsilon_0(a-b)^2}\boldsymbol{a}+\frac{2Pq}{4\pi\varepsilon_0 a^3}\boldsymbol{a} \tag{5}$$

由题意,令

$$\boldsymbol{F}=0 \tag{6}$$

即

$$q\boldsymbol{E}_0+\frac{(-R/a)q^2}{4\pi\varepsilon_0(a-b)^2}\boldsymbol{a}+\frac{2Pq}{4\pi\varepsilon_0 a^3}\boldsymbol{a}=0 \tag{7}$$

解之得点电荷 q 为

$$q=4\pi\varepsilon_0 E_0\frac{a(a-b)^2}{R}\left(1+\frac{2R^3}{a^3}\right) \tag{8}$$

2.38　试述静电场中格林函数的对称性 $G(\boldsymbol{x},\boldsymbol{x}')=G(\boldsymbol{x}',\boldsymbol{x})$ 的物理意义,并以球外空间的格林函数为例说明。

【解】　Ⅰ. 简述物理意义

$G(\boldsymbol{x},\boldsymbol{x}')=G(\boldsymbol{x}',\boldsymbol{x})$ 表明在一定的边界条件下,位于 $\boldsymbol{x}'$ 点的单位正点电荷在 $\boldsymbol{x}$ 点激发的电势 φ 等于在同等边界条件下,位于 $\boldsymbol{x}$ 点的单位正点电荷在 $\boldsymbol{x}'$ 点激发的电势 φ'。

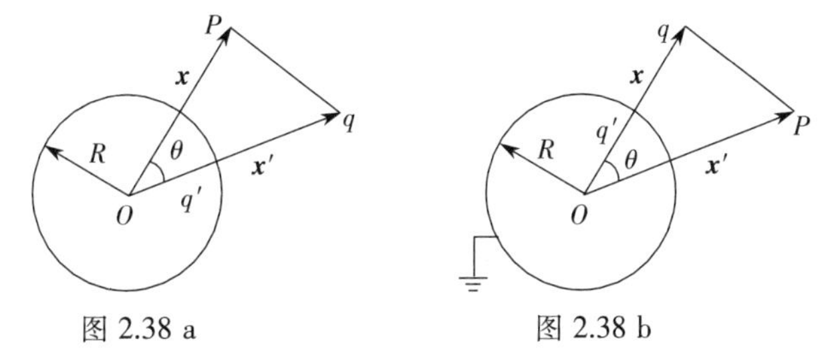

图 2.38 a　　图 2.38 b

Ⅱ. 举例说明

如图 2.38 所示,图 2.38a 为位于 x' 点的单位正点电荷在 x 点所激发的电势,图 2.38b 为位于 x 点的单位正点电荷在 x' 点所激发的电势,对图 2.38a 有

$$G(\boldsymbol{x},\boldsymbol{x}')=\frac{1}{4\pi\varepsilon_0}\left\{\frac{1}{[r^2+r'^2-2rr'\cos\theta]^{1/2}}-\frac{a}{r'[r^2+a^4/r'^2-(2a^2r/r')\cos\theta]^{1/2}}\right\} \tag{1}$$

对图 2.38b 有

$$G(\boldsymbol{x}',\boldsymbol{x})=\frac{1}{4\pi\varepsilon_0}\left\{\frac{1}{[r^2+r'^2-2rr'\cos\theta]^{1/2}}-\frac{a}{r[r'^2+a^4/r^2-(2a^2r'/r)\cos\theta]^{1/2}}\right\} \tag{2}$$

由(1) 式和(2) 式可见

$$G(\boldsymbol{x},\boldsymbol{x}')=G(\boldsymbol{x}',\boldsymbol{x}) \tag{3}$$

2.39 有一均匀带电量为q，半径为R的细圆环，试求距环心为$r(r>R)$处的电势。

【解】 如图2.39所示，以环心O为原点，环的轴线为极轴建立坐标系。距环心O为r处P点的电势为

$$\varphi=\varphi^{(0)}+\varphi^{(1)}+\varphi^{(2)}+\cdots \tag{1}$$

$$=\frac{1}{4\pi\varepsilon_0}\left[\frac{q}{r}-\boldsymbol{p}\cdot\nabla\frac{1}{r}+\frac{1}{6}\sum_{i,j}D_{ij}\frac{\partial^2}{\partial x_i\partial x_j}\frac{1}{r}+\cdots\right] \tag{2}$$

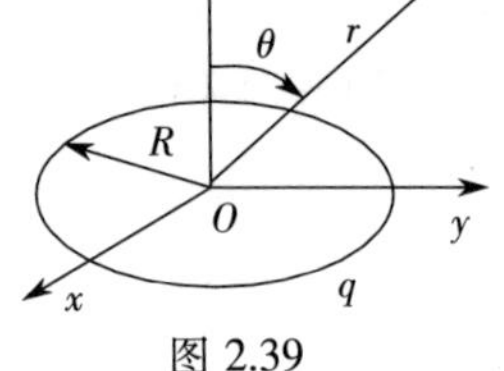

图 2.39

其中，零级近似为

$$\varphi^{(0)}(r,\theta)=\frac{q}{4\pi\varepsilon_0 r} \tag{3}$$

一级近似为

$$\varphi^{(1)}(r,\theta)=-\frac{1}{4\pi\varepsilon_0}\boldsymbol{p}\cdot\nabla\frac{1}{r}=\frac{\boldsymbol{p}\cdot\boldsymbol{r}}{4\pi\varepsilon_0 r^3} \tag{4}$$

其中$\boldsymbol{p}$为带电环上电荷对环心的电偶极矩，由其定义有

$$\boldsymbol{p}=\int_V\rho(\boldsymbol{x}')\mathrm{d}V'=\int_q\boldsymbol{r}\mathrm{d}q=\int_q\boldsymbol{r}\lambda\,\mathrm{d}l=\lambda R\int_0^{2\pi}\boldsymbol{r}\mathrm{d}\phi=0 \tag{5}$$

二级近似为

$$\varphi^{(2)}(\theta)=\frac{1}{4\pi\varepsilon_0}\frac{1}{6}\sum_{i,j}D_{ij}\frac{\partial^2}{\partial x_i\partial x_j}\frac{1}{r}=\frac{1}{8\pi\varepsilon_0 r^5}\sum_{ij}x'_ix'_jD_{ij} \tag{6}$$

式中D_{ij}为环上电荷对环心的电四极矩量张，其定义为

$$D_{ij}=\int_V 3x'_ix'_j\rho(\boldsymbol{x}')\mathrm{d}V'=\int_q(3x'_ix'_j-r'^2\delta_{ij})\mathrm{d}q\quad（对称张量） \tag{7}$$

根据对称张量的性质有

$$D_{12}=D_{21}=D_{13}=D_{31}=D_{23}=D_{32}=0 \tag{8}$$

其他分量为

$$D_{11}=\int_q(3x'^2-R^2)\mathrm{d}q=3\lambda R^3\int_0^{2\pi}\cos^2\phi\mathrm{d}\phi-R^2=\frac{1}{2}qR^2 \tag{9}$$

$$D_{22}=\int_q(3y'^2-R^2)\mathrm{d}q=3\lambda R^3\int_0^{2\pi}\sin^2\phi\mathrm{d}\phi-R^2=\frac{1}{2}qR^2 \tag{10}$$

$$D_{33}=-\int_q 3r'^2\mathrm{d}q=-qR^2 \tag{11}$$

将(8)式至(11)式代入(6)式有

$$\varphi^{(2)}(r,\theta)=\frac{1}{8\pi\varepsilon_0 r^5}(x^2D_{11}+y^2D_{22}+z^2D_{33})=\frac{qR^2}{16\pi\varepsilon_0 r^5}(x^2+y^2-2z^2)$$

$$=\frac{qR^2}{16\pi\varepsilon_0 r^3}(1-3\cos^2\theta) \tag{12}$$

将(3)式、(4)式和(12)式代入(2)式得距环心O为r处P点的电势为

$$\varphi(r,\theta)=\frac{q}{4\pi\varepsilon_0 r}+\frac{qR^2}{16\pi\varepsilon_0 r^3}(1-3\cos^2\theta) \tag{13}$$

2.40 接地空心导体球的内外半径分别为R_1和R_2，在导体球内距离球心为

$a(a<R_1)$ 处放置一点电荷 Q,试用镜像法求空间的电势分布和导体上的感应电荷?分布在内表面还是外表面?

【解】 Ⅰ.先求球内电势

在 $r\leqslant R_1$ 的区域且距球心为 b 处放置一点电荷 Q' 作为像电荷,Q' 在 OQ 连线上,设球心到所求电势点 P 的距离为 r,又设 Q 和 Q' 到球外空间任一点 P 的距离分别为 r_1 和 r_2,则 P 点的电势为

$$\varphi_1=\frac{1}{4\pi\varepsilon_0}\left(\frac{Q}{r_1}+\frac{Q'}{r_2}\right)\quad(r<R_1)\tag{1}$$

式中

$$r_1=(r^2+a^2-2ar\cos\theta)^{\frac{1}{2}}\tag{2}$$

$$r_2=(r^2+b^2-2br\cos\theta)^{\frac{1}{2}}\tag{3}$$

式中 θ 为 $\boldsymbol{b}$ 或 $\boldsymbol{b}$ 与 $\varphi|_{r=R_1}=0$ 的夹角。

由边界条件 $\varphi|_{r=R_1}=0$ 有

$$\frac{Q}{(R_1^2+a^2-2aR_1\cos\theta)^{\frac{1}{2}}}=-\frac{Q'}{(R_1^2+b^2-2bR_1\cos\theta)^{\frac{1}{2}}}\tag{4}$$

当 $\theta=0$ 时有

$$\frac{Q}{R_1-a}=-\frac{Q'}{R_1-b}\tag{5}$$

当 $\theta=\pi$ 时有

$$\frac{Q}{R_1+a}=-\frac{Q'}{R_1+b}\tag{6}$$

由(5)式和(6)式有

$$b=\frac{R_1^2}{a}\tag{7}$$

将(7)式代入(6)式有

$$Q'=-\frac{R_1^2}{a}Q\tag{8}$$

所以,球内空间 $(r<R_1)$ 任一点 P 的电势为

$$\begin{aligned}\varphi_1&=\frac{1}{4\pi\varepsilon_0}\left[\frac{Q}{r_1}-\frac{R_1Q/a}{r_2}\right]\\&=\frac{Q}{4\pi\varepsilon_0}\left[\frac{1}{(r^2+a^2-2ra\cos\theta)^{1/2}}-\frac{R_1/a}{(r^2+R_1^4/a^2-2rR_1^2\cos\theta/a)^{1/2}}\right]\end{aligned}\tag{9}$$

Ⅱ.求球外电势

在球外区域无电荷分布,电势满足拉普拉斯方程

$$\nabla^2\varphi_2=0\quad(r>R_2)\tag{10}$$

由边界条件

$$\varphi_2\big|_{r=R_2}=0\tag{11}$$

$$\varphi_2 \big|_{r\to\infty} = 0 \tag{12}$$

所以得

$$\varphi_2 = 0 \tag{13}$$

Ⅲ. 求导体上的电荷分布

在球壳间导体内作一球面 S 为高斯面，由高斯定理有

$$\oint_S \boldsymbol{D} \cdot d\boldsymbol{s} = \sum_i Q_i \tag{14}$$

因为导体内电场为零，所以有

$$\sum_i Q_i = Q + Q' = 0 \tag{15}$$

所以，只有内表面上有感应电荷分布，感应电荷为

$$Q'' = -Q \tag{16}$$

2.41　在距离河面高度为 d 处有一输电线经过，所带电荷线密度为 λ，河水的电容率为 ε，试求空气和水中的电场。

【解】　Ⅰ. 先求电势

如图 2.41 所示，设河面上方为 $x\boldsymbol{e}_x$ 坐标，沿河流方向为 $y\boldsymbol{e}_y$ 坐标，河面宽度为 $z = l$。空中任一点的电势由 λ 和其镜像电荷 $\lambda' = -\lambda$ 共同产生，设 λ 到空中任一点 P 的距离为 r，λ' 到 P 点的距离为 r'，λ' 到河面的距离为 d'，根据长为 l 的输电线在空间任一点 $P(x,y)$ 产生的电势公式

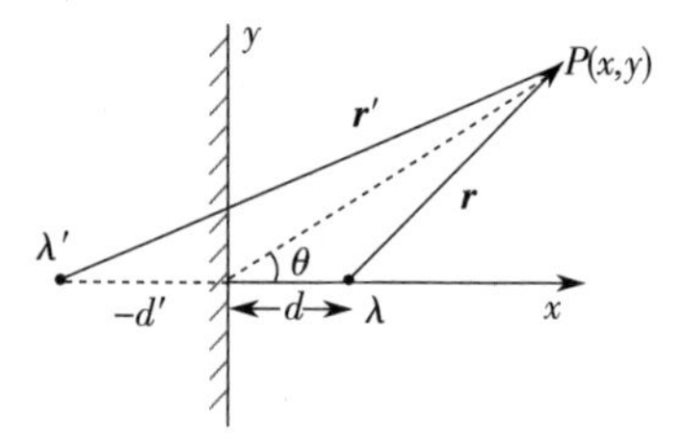

图 2.41

$$\varphi = \frac{\lambda}{2\pi\varepsilon_0}\ln\frac{l}{r} \tag{1}$$

所以，该输电线在河面上半空间 $P(x,y)$ 点产生的电势为

$$\begin{aligned}\varphi_1 &= \varphi + \varphi' = \frac{\lambda}{2\pi\varepsilon_0}\ln\frac{l}{r} + \frac{\lambda'}{2\pi\varepsilon_0}\ln\frac{l}{r'} \\ &= \frac{1}{2\pi\varepsilon_0}\left\{\lambda\ln\frac{l}{[(x-d)^2+y^2]^{\frac{1}{2}}} + \lambda'\ln\frac{l}{[(x+d')^2+y^2]^{\frac{1}{2}}}\right\} \quad (x>0)\end{aligned} \tag{2}$$

由于对称性，在河水中的下半空间，任一点 P 的电势为

$$\varphi_2 = \frac{1}{2\pi\varepsilon_0}\left\{\lambda\ln\frac{l}{[(x-d)^2+y^2]^{\frac{1}{2}}} + \lambda'\ln\frac{l}{[(x-d')^2+y^2]^{\frac{1}{2}}}\right\} \quad (x<0) \tag{3}$$

边界条件为

$$\varphi_1 \big|_{x=0} = \varphi_2 \big|_{x=0} \tag{4}$$

$$\varepsilon_0 \frac{\partial\varphi_1}{\partial x}\bigg|_{x=0} = \varepsilon\frac{\partial\varphi_2}{\partial x}\bigg|_{x=0} \tag{5}$$

由(4) 式知，φ_1 和 φ_2 满足边界条件，将(2) 式和(3) 式代入(5) 式有

$$\frac{1}{2\pi}\left[\lambda\frac{d}{d^2+y^2} - \lambda'\frac{d'}{d'^2+y^2}\right] = \frac{\varepsilon}{2\pi\varepsilon_0}\left[\lambda\frac{d}{d^2+y^2} - \lambda'\frac{-d'}{d'^2+y^2}\right] \tag{6}$$

由(6) 式取 $y=0$ 有

$$\frac{\lambda}{d}-\frac{\lambda'}{d'}=\frac{\varepsilon}{\varepsilon_0}\left(\frac{\lambda}{d}+\frac{\lambda'}{d'}\right) \tag{7}$$

由(6) 式和(7) 式有

$$\frac{d^2}{d^2+y^2}=\frac{d'^2}{d'^2+y^2} \tag{8}$$

所以得

$$d'=\pm d \tag{9}$$

为满足泊松方程,取

$$d'=d \tag{10}$$

将(10) 式代入(7) 式得

$$\lambda'=\frac{\varepsilon-\varepsilon_0}{\varepsilon+\varepsilon_0}\lambda \tag{11}$$

将(10) 式和(11) 式代入(2) 式和(3) 式得所求的解为

$$\varphi_1=\frac{\lambda}{2\pi\varepsilon_0}\left\{\ln\frac{l}{[(x-d)^2+y^2]^{\frac{1}{2}}}-\frac{\varepsilon-\varepsilon_0}{\varepsilon+\varepsilon_0}\ln\frac{l}{[(x+d)^2+y^2]^{\frac{1}{2}}}\right\}\quad(x>0) \tag{12}$$

$$\varphi_2=\frac{\lambda}{2\pi\varepsilon_0}\left\{\ln\frac{l}{[(x-d)^2+y^2]^{\frac{1}{2}}}-\frac{\varepsilon-\varepsilon_0}{\varepsilon+\varepsilon_0}\ln\frac{l}{[(x-d')^2+y^2]^{\frac{1}{2}}}\right\}\quad(x<0) \tag{13}$$

Ⅱ. 求电场强度

由电场强度与电势梯度的关系,电场的分布具体如下:

空气中的电场分布为

$$E_{1x}=-\frac{\partial\varphi_1}{\partial x}=\frac{\lambda}{2\pi\varepsilon_0}\left[\frac{x-d}{(x-d)^2+y^2}-\frac{\varepsilon-\varepsilon_0}{\varepsilon+\varepsilon_0}\frac{x+d}{(x+d)^2+y^2}\right]\quad(x>0) \tag{14}$$

$$E_{1y}=-\frac{\partial\varphi_1}{\partial y}=\frac{\lambda}{2\pi\varepsilon_0}\left[\frac{y}{(x-d)^2+y^2}-\frac{\varepsilon-\varepsilon_0}{\varepsilon+\varepsilon_0}\frac{y}{(x+d)^2+y^2}\right]\quad(x>0) \tag{15}$$

河水中的电场分布为

$$E_{2x}=-\frac{\partial\varphi_2}{\partial x}=\frac{\lambda}{\pi(\varepsilon+\varepsilon_0)}\frac{x-d}{(x-d)^2+y^2}\quad(x<0) \tag{16}$$

$$E_{2y}=-\frac{\partial\varphi_2}{\partial y}=\frac{\lambda}{\pi(\varepsilon+\varepsilon_0)}\frac{y}{(x-d)^2+y^2}\quad(x<0) \tag{17}$$

2.42　设一球面上各点的电势不相同,球面内外均为真空。试证明球心处的电势等于球面上电势的平均值。

【证明】　由于球面内无电荷分布,所以,球面内电势满足拉普拉斯方程

$$\nabla^2\varphi=0 \tag{1}$$

以球心为坐标原点,建立球坐标系。在球坐标系下,(1) 式为

$$\nabla^2\varphi(r,\theta,\phi)=\frac{1}{r^2}\frac{\partial}{\partial r}\left(r^2\frac{\partial\varphi}{\partial r}\right)+\frac{1}{r^2\sin\theta}\frac{\partial}{\partial\theta}\left(\sin\theta\frac{\partial\varphi}{\partial\theta}\right)+\frac{1}{r^2\sin^2\theta}\frac{\partial^2\varphi}{\partial\phi^2} \tag{2}$$

用分离变量法求解,设

$$\varphi(r,\theta,\phi) = R(r)Y(\theta,\phi) \tag{3}$$

将(3)式代入(2)式得如下两个方程

$$r^2\frac{\mathrm{d}^2R}{\mathrm{d}r^2} + 2r\frac{\mathrm{d}R}{\mathrm{d}r} - l(l+1)R = 0 \tag{4}$$

$$\frac{\partial^2 Y}{\partial\theta^2} + \frac{\cos\theta}{\sin\theta}\frac{\partial Y}{\partial\theta} + \frac{1}{\sin^2\theta}\frac{\partial^2 Y}{\partial\phi^2} + l(l+1)Y = 0 \tag{5}$$

$R(r)$ 称为径向函数,方程(4)式的解为

$$R(r) = \sum_{l=0}^{\infty}\left(A_l r^l + \frac{B_l}{r^{l+1}}\right) \tag{6}$$

$Y(\theta,\phi)$ 称为球谐函数,方程(5)式的解为

$$Y(\theta,\phi) = \sum_{l=0}^{l}(a_l^m \cos m\phi + b_l^m \sin m\phi)P_l^m(\cos\theta) \tag{7}$$

将(6)式和(7)式代入(3)式得方程(2)式的通解为

$$\varphi(r,\theta,\phi) = \sum_{l=0}^{\infty}\sum_{m=-l}^{l}\left(A_{lm}r^l + \frac{B_{lm}}{r^{l+1}}\right)Y_{lm}(\theta,\phi) \tag{8}$$

注意到边界条件

$$\varphi(r,\theta,\phi)\mid_{r=0} = \text{有限值} \tag{9}$$

所以,(2)式中应有

$$B_{lm} = 0 \tag{10}$$

将(10)式代入(8)式有

$$\varphi(r,\theta,\phi) = \sum_{l=0}^{\infty}\sum_{m=-l}^{l}A_{lm}r^l Y_{lm}(\theta,\phi) \tag{11}$$

式中 $Y(\theta,\phi)$ 是归一化的函数,其可表示为

$$Y(\theta,\phi) = (-1)^m\sqrt{\frac{(2l+1)(l-m)!}{4\pi(l+m)!}}P_{lm}(\cos\theta)\mathrm{e}^{\mathrm{i}m\phi} \tag{12}$$

又

$$Y_{l,-m}(\theta,\phi) = (-1)^m Y_{lm}^*(\theta,\phi) \tag{13}$$

式中 $P_{lm}(\cos\theta)$ 为缔合勒让德多项式。

球谐函数 $Y_{lm}(\theta,\phi)$ 满足的正交条件为

$$\int_0^{4\pi}Y_{l'm'}^*Y_{lm}\mathrm{d}\Omega = \int_0^{\pi}\int_0^{2\pi}Y_{l'm'}^*Y_{lm}\sin\theta\mathrm{d}\theta\mathrm{d}\phi = \delta_{ll'}\delta_{mm'} \tag{14}$$

以 $Y_{l'm'}^*$ 乘以方程(11)式两边,对立体角 Ω 积分有

$$\begin{aligned}\int_0^{4\pi}Y_{l'm'}^*\varphi(r,\theta,\phi)\mathrm{d}\Omega &= \int_0^{4\pi}\sum_{l=0}^{\infty}\sum_{m=-l}^{l}A_{lm}r^l Y_{l'm'}^*Y_{lm}\mathrm{d}\Omega \\ &= \sum_{l=0}^{\infty}\sum_{m=-l}^{l}A_{lm}r^l\int_0^{\pi}\int_0^{2\pi}Y_{l'm'}^*Y_{lm}\sin\theta\mathrm{d}\theta\mathrm{d}\phi\end{aligned} \tag{15}$$

利用球谐函数 Y_{lm} 的正交条件(14)式有

$$\int_0^{4\pi} Y_{l'm'}^* \varphi(r,\theta,\phi)\mathrm{d}\Omega = \sum_{l=0}^{\infty}\sum_{m=-l}^{l} A_{lm} r^l \delta_{ll'}\delta_{mm'} \tag{16}$$

这里取 $l = 0$，并注意 $|m'| \leqslant l'$ 和利用 δ_{ij} 函数的性质有

$$\int_0^{4\pi} Y_{00}^* \varphi(r,\theta,\phi)\mathrm{d}\Omega = \sum_{l=0}^{\infty}\sum_{m=-l}^{l} A_{lm} r^l \delta_{l0}\delta_{m0} = A_{00} \tag{17}$$

由(16) 式，并注意 $Y_{00} = \dfrac{1}{\sqrt{4\pi}}$ 有

$$A_{00} = \int_0^{4\pi} Y_{00}^* \varphi(r,\theta,\phi)\mathrm{d}\Omega = \frac{1}{\sqrt{4\pi}}\int_0^{4\pi} \varphi(r,\theta,\phi)\mathrm{d}\Omega \tag{18}$$

将(11) 式代入(18) 式方程的右边，并注意在球心处 $r = 0$ 有

$$A_{00} = \int_0^{4\pi} Y_{00}^* \varphi(0,\theta,\phi)\mathrm{d}\Omega = \frac{1}{\sqrt{4\pi}}\int_0^{4\pi} \sum_{l=0}^{\infty}\sum_{l=-m}^{l} A_{lm} Y_{lm}\mathrm{d}\Omega \tag{19}$$

由(19) 式方程两边的被积函数相等有

$$Y_{00}^* \varphi(0,\theta,\phi) = \frac{A_{00}}{\sqrt{4\pi}} Y_{00} \tag{20}$$

注意 $Y_{00}^* = Y_{00}$，所以，球心处的电势为

$$\varphi(0,\theta,\phi) = \frac{A_{00}}{\sqrt{4\pi}} \tag{21}$$

在球面上 $r = R_0$(球面半径) 时的电势为 $\varphi(R_0,\theta,\phi)$，由(19) 式有

$$A_{00} = \frac{1}{4\pi}\int_0^{4\pi} \varphi(R_0,\theta,\phi)\mathrm{d}\Omega \tag{22}$$

由(21) 式和(22) 式得球心处电势与球面处电势的关系为

$$\varphi_{球心} = \varphi(0,\theta,\phi) = \frac{1}{4\pi}\int_0^{4\pi} \varphi(R_0,\theta,\phi)\mathrm{d}\Omega \tag{23}$$

此式表明球心处的电势等于球面上电势的平均值，证毕。

2.43　均匀介质球的中心置一电点荷 Q_f，球的电容率为 ε，球外为真空，试用分离变量法求空间电势，把结果与用高斯定理所得的结果比较。

此问题可用高斯定理求解，也可用求解拉普拉斯方程的方法求解，下面用两种方法求解。

【解】　解法一：根据高斯定理 $\oiint_S \boldsymbol{D}\cdot\mathrm{d}\boldsymbol{s} = \sum q_f$，取半径为 $r < R$ 的球面为高斯面，则有

$$4\pi r^2 D_1 = Q_f \tag{1}$$

则球内的电场强度为

$$\boldsymbol{E}_1 = \frac{\boldsymbol{D}_1}{\varepsilon} = \frac{Q_f}{4\pi\varepsilon r^2}\boldsymbol{e}_r \tag{2}$$

取半径为 $r > R$ 的球面为高斯面，则有

$$4\pi r^2 D_2 = Q_f \tag{3}$$

则球外的电场强度为

$$\boldsymbol{E}_2 = \frac{\boldsymbol{D}_2}{\varepsilon_0} = \frac{Q_f}{4\pi\varepsilon_0 r^2}\boldsymbol{e}_r \tag{4}$$

根据电势的定义 $\varphi_P = \int_P^\infty \boldsymbol{E}\cdot \mathrm{d}\boldsymbol{r}$，球内外的电势为

$$\begin{aligned}\varphi_1 &= \int_r^\infty \boldsymbol{E}\cdot \mathrm{d}\boldsymbol{r} = \int_r^R \boldsymbol{E}_1\cdot \mathrm{d}\boldsymbol{r} + \int_R^\infty \boldsymbol{E}_2\cdot \mathrm{d}\boldsymbol{r}\\ &= \frac{Q_f}{4\pi\varepsilon r} + \frac{(\varepsilon-\varepsilon_0)Q_f}{4\pi\varepsilon_0\varepsilon R}\quad (r<R)\end{aligned} \tag{5}$$

$$\varphi_2 = \int_r^\infty \boldsymbol{E}_2\cdot \mathrm{d}\boldsymbol{r} = \frac{Q_f}{4\pi\varepsilon_0 r}\quad (r>R) \tag{6}$$

解法二：点电荷 Q_f 产生的电势为

$$\varphi_q = \frac{Q_f}{4\pi\varepsilon r} \tag{1}$$

由于电点荷 Q_f 电场的作用，介质球将被极化，设极化面电荷 Q' 在球内外产生的电势分别为 φ'_1 和 φ'_2，设球内电势为 φ_1，球外电势为 φ_2，由叠加原理有

$$\varphi_1 = \varphi_q + \varphi'_1 = \frac{Q_f}{4\pi\varepsilon r} + \varphi'_1\quad (r<R) \tag{2}$$

$$\varphi_2 = \varphi_q + \varphi'_2 = \frac{Q_f}{4\pi\varepsilon r} + \varphi'_2\quad (r>R) \tag{3}$$

设介质球的半径为 R，以介质球的球心为坐标原点建立球坐标系，由于是均匀介质，除球面上外，球面内外无极化电荷，φ'_1 和 φ'_2 均满足拉普拉斯方程

$$\nabla^2\varphi'_1 = 0\quad (r<R) \tag{4}$$

$$\nabla^2\varphi'_2 = 0\quad (r>R) \tag{5}$$

根据对称性分析，此问题具有球对称性，φ'_1 和 φ'_2 均与方位角无关，通解分别为

$$\varphi'_1(r,\theta) = \sum_{n=0}^\infty\left(A_n r^n + \frac{B_n}{r^{n+1}}\right)P_n(\cos\theta)\quad (r<R) \tag{6}$$

$$\varphi'_2(r,\theta) = \sum_{n=0}^\infty\left(C_n r^n + \frac{D_n}{r^{n+1}}\right)P_n(\cos\theta)\quad (r>R) \tag{7}$$

边界条件为

$$\varphi'_1\big|_{r\to 0} = \text{有限值} \tag{8}$$

$$\varphi'_2\big|_{r\to\infty} = 0 \tag{9}$$

$$\varphi'_1\big|_{r=R} = \varphi'_2\big|_{r=R} \tag{10}$$

$$\varepsilon\left.\frac{\partial\varphi'_1}{\partial r}\right|_{r=R} = \varepsilon_0\left.\frac{\partial\varphi'_2}{\partial r}\right|_{r=R} \tag{11}$$

由边界条件(8)式和(9)式有

$$\varphi'_1(r,\theta) = \sum_{n=0}^\infty A_n r^n P_n(\cos\theta)\quad (r<R) \tag{12}$$

$$\varphi'_2(r,\theta) = \sum_{n=0}^{\infty} \frac{D_n}{r^{n+1}} P_n(\cos\theta) \quad (r > R) \tag{13}$$

将(12) 式和(13) 式代入(2) 式和(3) 式有

$$\varphi_1(r,\theta) = \frac{Q_f}{4\pi\varepsilon r} + \sum_{n=0}^{\infty} A_n r^n P_n(\cos\theta) \quad (r < R) \tag{14}$$

$$\varphi_2(r,\theta) = \frac{Q_f}{4\pi\varepsilon r} + \sum_{n=0}^{\infty} \frac{D_n}{r^{n+1}} P_n(\cos\theta) \quad (r > R) \tag{15}$$

由于极化电荷只出现在球面上，其在球内产生的电势为一常数，设此常数为 A，其在球外产生的电势相当于其电荷全部集中在球心对外产生的电势，根据点电荷的电势公式，设(15) 式的第二项为 D/r，则(14) 式和(15) 式变为

$$\varphi_1(r,\theta) = \frac{Q_f}{4\pi\varepsilon r} + A \quad (r < R) \tag{16}$$

$$\varphi_2(r,\theta) = \frac{Q_f}{4\pi\varepsilon r} + \frac{D}{r} \quad (r > R) \tag{17}$$

此时边界条件(10) 式和(11) 式为

$$\varphi_1 \big|_{r=R} = \varphi_2 \big|_{r=R} \tag{18}$$

$$\varepsilon \frac{\partial \varphi_1}{\partial r}\bigg|_{r=R} = \varepsilon_0 \frac{\partial \varphi_2}{\partial r}\bigg|_{r=R} \tag{19}$$

将(16) 式和(17) 式代入(18) 式有

$$\frac{Q_f}{4\pi\varepsilon R} + A = \frac{Q_f}{4\pi\varepsilon R} + \frac{D}{R} \tag{20}$$

从等式两边均有常数项可知 $n = 0$，即

$$A = \frac{D}{R} \tag{21}$$

将(16) 式和(17) 式代入(19) 式有

$$\varepsilon \frac{Q_f}{4\pi\varepsilon R^2} = \varepsilon_0 \left(\frac{Q_f}{4\pi\varepsilon R^2} + \frac{D}{R^2} \right) \tag{22}$$

解此方程有

$$D = \frac{(\varepsilon - \varepsilon_0) Q_f}{4\pi\varepsilon_0 \varepsilon} \tag{23}$$

将(23) 式代入(21) 式有

$$A = \frac{(\varepsilon - \varepsilon_0) Q_f}{4\pi\varepsilon_0 \varepsilon R} \tag{24}$$

将(23) 式和(24) 式代入(16) 式和(17) 式得球内外的电势为

$$\varphi_1(r,\theta) = \frac{Q_f}{4\pi\varepsilon r} + \frac{(\varepsilon - \varepsilon_0) Q_f}{4\pi\varepsilon_0 \varepsilon R} \quad (r < R) \tag{25}$$

$$\varphi_2(r,\theta) = \frac{Q_f}{4\pi\varepsilon r} + \frac{(\varepsilon - \varepsilon_0) Q_f}{4\pi\varepsilon_0 \varepsilon r} = \frac{Q_f}{4\pi\varepsilon_0 r} \quad (r > R) \tag{26}$$

显然两种方法求解的结果是一致的。

2.44　两个接地的导体球，具有相等的半径，相交成直角，一个点电荷放在这个平面上，距离两导体球心为 $d=\frac{3}{\sqrt{2}}R$ 处。证明：导体上的全部感应电荷为$(\frac{1}{3}-\frac{2}{\sqrt{5}})q$。

【证明】　利用镜像法证明，如图 2.44 所示，在距球心为 b_1 和 b_2 处分别放置镜像电荷 q'_1 和 q''_1，且 $b_1=b_2$，由图 2.44 可知：

$$PO'=PO'' \tag{1}$$

$$b_1=b_2=\frac{R^2}{PO'}=\frac{R^2}{\sqrt{\left(\frac{3}{\sqrt{2}}R\right)^2+\left(\frac{1}{\sqrt{2}}R\right)^2}}=\frac{R}{\sqrt{5}} \tag{2}$$

而镜像电荷为

$$q'_1=q''_1=-\frac{R}{PO'}q=-\frac{1}{\sqrt{5}}q \tag{3}$$

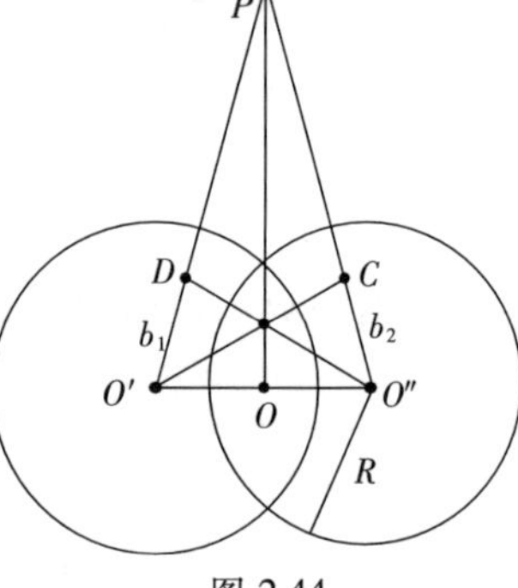

图 2.44

如图 2.44 所示，在 $O'C$、$O''D$ 的连线上，距离 O'、O'' 分别为 b'_1、b''_2 处放置镜像电荷 q'_2、q''_2，则

$$b_0=b'_1=b'_2=\frac{R^2}{O'C}=\frac{R^2}{\frac{3}{\sqrt{5}}R}=\frac{1}{3}\sqrt{5}R \tag{4}$$

而 q'_2、q''_2 的位置重合，令

$$q'_0=q'_2+q''_2 \tag{5}$$

所以有

$$q'_0=-\frac{R}{O'C}q'_1=-\frac{R}{\frac{3}{\sqrt{5}}R}\left(-\frac{1}{\sqrt{5}}q\right)=\frac{q}{3} \tag{6}$$

所以，导体球上的全体感应电荷为所有镜像电荷之和，即

$$Q'=q'_1+q''_1+q'_0=2q'_1+q'_0=\left(\frac{1}{3}-\frac{2}{\sqrt{5}}\right)q \tag{7}$$

证毕。

2.45　如图 2.45 所示，一均匀电场的端界面是一无限大导体平面，已知一点电荷 q 置于离该平面为 d 处时所受的力为 $\boldsymbol{F}$；今若把半径为 R 的半球块正对着点电荷平放在导体平面上，该点电荷所受的力不变。试证明：

$$E_0=\frac{qd^6}{2\pi\varepsilon_0(d^4-R^4)^2}$$

并求点电荷所受的力。

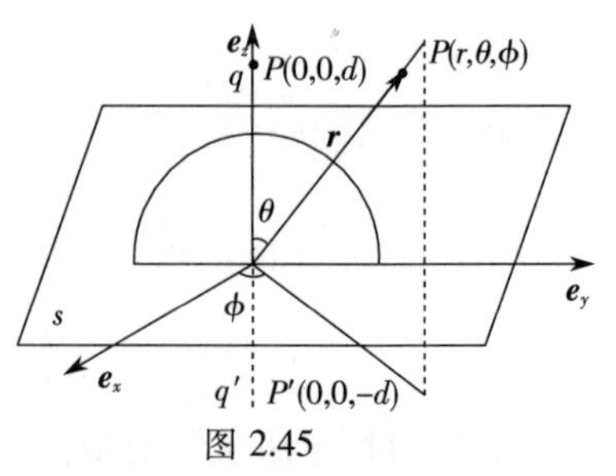

图 2.45

【求证】　Ⅰ. 证明

(1) 未放入半球块时

根据对称性分析，此问题的电势具有轴对称性，电势与方位角 ϕ 无关，以 $\boldsymbol{E}_0$ 方向为极轴方向、

半球的球心为原点建立球坐标系。设 $\boldsymbol{E}_0 = E_0(-\boldsymbol{k})$，并选导体面为零电势参考点，即 $\varphi(r,\theta)\big|_{r=0} = 0$。由 $\boldsymbol{E} = -\nabla\varphi$ 有

$$E_0(-\boldsymbol{k}) = -\frac{\partial\varphi_0(r,\theta)}{\partial r} \tag{1}$$

所以

$$\varphi_0(r,\theta) = E_0 r\cos\theta \tag{2}$$

点电荷 q 在导体平面上的感应电荷可用置于 P 点 $(0,0,-d)$ 的镜像电荷 $q' = -q$ 代之。q' 在导体平面上半空间点 P 产生的电势为

$$\varphi'_1 = -\frac{q}{4\pi\varepsilon_0 r'} = -\frac{q}{4\pi\varepsilon_0(2d)} \tag{3}$$

由于在 P 点处，$\theta = 0$，$\cos\theta = 1$，所以 P 点的电场为

$$\boldsymbol{E}_{1P} = -\nabla(\varphi_0 + \varphi') = \left(E_0 + \frac{q}{4\pi\varepsilon_0(2d)^2}\right)(-\boldsymbol{k}) \tag{4}$$

所以，点电荷 q 所受的力为

$$\boldsymbol{F}_1 = q\boldsymbol{E}_{1P} \tag{5}$$

(2) 放入半球块后

在导体平面上半空间$(r > R)$ 无电荷，所以上半空间的电势满足拉普拉斯方程

$$\nabla^2\varphi_2(r,\theta) = 0 \tag{6}$$

此方程的通解为

$$\varphi_2(r,\theta) = \sum_{n=0}^{\infty}\left(A_n r^n + \frac{B_n}{r^{n+1}}\right)P_n(\cos\theta) \quad (r > R) \tag{7}$$

边界条件为

$$\varphi_2(r,\theta)\big|_{r=R} = 0 \tag{8}$$

$$\varphi_2(r,\theta)\big|_{r\to\infty} = E_0 r\cos\theta = E_0 r P_1(\cos\theta) \tag{9}$$

根据边界条件求方程(7) 式的系数 A_n 和 B_n。利用边界条件(8) 式有

$$A_n = -\frac{B_n}{R^{2n+1}} \tag{10}$$

利用边界条件(9) 式有

$$A_1 = E_0 \quad (n = 1) \tag{11}$$

$$A_n = 0 \quad (n \neq 1) \tag{12}$$

所以

$$B_1 = -E_0 R^3 \quad (n = 1) \tag{13}$$

$$B_n = 0 \quad (n \neq 1) \tag{14}$$

将(10) 式、(11) 式和(13) 式代入(7) 式得

$$\varphi_2(r,\theta) = E_0 r\cos\theta - \frac{E_0 R^3}{r^2}\cos\theta \quad (r > R) \tag{15}$$

点电荷在半球块上及导体平面上的感应电荷可用置于点$(0,0,b)$、$(0,0,-b)$

和$(0,0,d)$的镜像电荷q'_1、q'_2和q'_3代替，其中

$$b = \frac{R^2}{d} \tag{16}$$

$$q'_1 = -\frac{Rq}{d} \tag{17}$$

$$q'_2 = \frac{Rq}{d} \tag{18}$$

$$q'_3 = -q \tag{19}$$

三个镜像电荷q'_1、q'_2和q'_3在上半空间的P点产生的电势为

$$\varphi'_2(r,\theta) = \frac{q'_1}{4\pi\varepsilon_0 r_1} + \frac{q'_2}{4\pi\varepsilon_0 r_2} + \frac{q'_3}{4\pi\varepsilon_0 r_3} = \frac{1}{4\pi\varepsilon_0}\left(\frac{-Rq/d}{r_1} + \frac{Rq/d}{r_2} + \frac{-q}{r_3}\right) \tag{20}$$

所以

$$\begin{aligned}\boldsymbol{E}_{2p} &= -\nabla[\varphi_2(r,\theta) + \varphi'_2(r,\theta)] \\ &= \left\{-E_0 + \frac{2E_0R^3}{d^3} + \frac{q}{4\pi\varepsilon_0}\left[\frac{-R/d}{(d-R^2/d)^2} + \frac{R/d}{(d+R_2/d)^2} - \frac{1}{(2d)^2}\right]\right\}\boldsymbol{k} \\ &= \left\{E_0 + \frac{2E_0R^3}{d^3} + \frac{q}{4\pi\varepsilon_0}\left[\frac{4d^3R^3}{(d^4-R^4)^2} + \frac{1}{(2d)^2}\right]\right\}(-\boldsymbol{k})\end{aligned} \tag{21}$$

此时点电荷所受的力为

$$\boldsymbol{F}_2 = q\boldsymbol{E}_{2p} \tag{22}$$

根据题意有$\boldsymbol{F}_1 = \boldsymbol{F}_2$，即

$$q\boldsymbol{E}_{1p} = q\boldsymbol{E}_{2p} \text{ 或 } \boldsymbol{E}_{1p} = \boldsymbol{E}_{2p} \tag{23}$$

亦即

$$\begin{aligned}&\left(E_0 + \frac{q}{4\pi\varepsilon_0(2d)^2}\right)(-\boldsymbol{k}) \\ &\quad = \left\{E_0 + \frac{2E_0R^3}{d^3} + \frac{q}{4\pi\varepsilon_0}\left[\frac{4d^3R^3}{(d^4-R^4)^2} + \frac{1}{(2d)^2}\right]\right\}(-\boldsymbol{k})\end{aligned} \tag{24}$$

所以

$$E_0 = \frac{qd^6}{2\pi\varepsilon_0(d^4-R^4)^2} \tag{25}$$

证毕。

Ⅱ. 求点电荷所受的力$\boldsymbol{F}$

点电荷q所受的力$\boldsymbol{F}$为

$$\begin{aligned}\boldsymbol{F} = \boldsymbol{F}_1 = q\boldsymbol{E}_{1p} &= q\left(\boldsymbol{E}_0 + \frac{q}{4\pi\varepsilon_0(2d)^2}\right)(-\boldsymbol{k}) \\ &= \frac{q^2}{4\pi\varepsilon_0}\left[\frac{2d^6}{(d^4-R^4)^2} + \frac{1}{4d^2}\right](-\boldsymbol{k})\end{aligned} \tag{26}$$

若取$\boldsymbol{E}_0 = E_0\boldsymbol{k}$，上式为

$$\boldsymbol{F} = \frac{q^2}{4\pi\varepsilon_0}\left[\frac{2d^6}{(d^4-R^4)^2} - \frac{1}{4d^2}\right](\boldsymbol{k}) \tag{27}$$

2.46　在均匀外电场 $\boldsymbol{E}_0$ 中置入一带均匀自由电荷 ρ_f 的绝缘介质球(电容率为 ε),球半径为 R,试求空间各点的电势。

【解】　以 $\boldsymbol{E}_0$ 方向为极轴方向,球心 O 到任一点的矢径为 $\boldsymbol{r}$,建立球坐标系。设球内的电势为 φ_1,球外的电势为 φ_2。在球内有电荷分布,电势满足泊松方程

$$\nabla^2\varphi_1=-\frac{\rho_f}{\varepsilon}\quad(r<R)\tag{1}$$

设

$$\varphi_1=\varphi_0-\frac{\rho_f}{6\varepsilon}r^2\quad(r<R)\tag{2}$$

则有

$$\nabla^2\varphi_0=0\quad(r<R)\tag{3}$$

在球外无电荷分布,电势满足拉普拉斯方程

$$\nabla^2\varphi_2=0\quad(r>R)\tag{4}$$

由于此问题具有轴对称性,电势 φ 与方位角 ϕ 无关,所以,(2) 式和(5) 式的通解分别为

$$\varphi_1(r,\theta)=\sum_{n=0}^{\infty}\left(A_nr^n+\frac{B_n}{r^{n+1}}\right)P_n(\cos\theta)-\frac{\rho_f}{6\varepsilon}r^2\quad(r<R)\tag{5}$$

$$\varphi_2(r,\theta)=\sum_{n=0}^{\infty}\left(C_nr^n+\frac{D_n}{r^{n+1}}\right)P_n(\cos\theta)(r>R)\tag{6}$$

边界条件为

$$\varphi_1\big|_{r\to0}=\text{有限值}\tag{7}$$

$$\varphi_2\big|_{r\to\infty}=-E_0r\cos\theta\tag{8}$$

$$\varphi_1\big|_{r=R}=\varphi_2\big|_{r=R}\tag{9}$$

$$\varepsilon\frac{\partial\varphi_1}{\partial r}\bigg|_{r=R}=\varepsilon_0\frac{\partial\varphi_2}{\partial r}\bigg|_{r=R}\tag{10}$$

根据边界条件求特解,将(5) 式代入边界条件(7) 式有

$$B_n=0\tag{11}$$

所以,(5) 式变为

$$\varphi_1=\sum_{n=0}^{\infty}A_nr^nP_n(\cos\theta)-\frac{\rho_f}{6\varepsilon}r^2\quad(r<R)\tag{12}$$

将(6) 式代入边界条件(8) 式有

$$C_1=1\quad C_n=0\quad(n\neq1)\tag{13}$$

所以,(6) 式变为

$$\varphi_2=-E_0r\cos\theta+\sum_{n\neq1}^{\infty}\frac{D_n}{r^{n+1}}P(\cos\theta)\quad(r>R)\tag{14}$$

将(12) 式和(14) 式代入边界条件(9) 式有

$$\sum_{n=0}^{\infty}A_nR^nP_n(\cos\theta)-\frac{\rho_f}{6\varepsilon}R^2=-E_0R\cos\theta+\sum_{n\neq1}^{\infty}\frac{D_n}{R^{n+1}}P(\cos\theta)\tag{15}$$

比较方程两边 P_n 的系数，比较 P_0 项有

$$A_0 - \frac{\rho_f}{6\varepsilon}R^2 = \frac{D_0}{R} \quad (n=0) \tag{16}$$

比较 P_1 项有

$$A_1 R = -E_0 R + \frac{B_1}{R^2} \quad (n=1) \tag{17}$$

比较除 P_0 和 P_1 项的其他项的系数有

$$A_n R^n = \frac{D_n}{R^{n+1}} \quad (n \neq 0,1) \tag{18}$$

将(12)式和(14)式代入边界条件(10)式有

$$\varepsilon \sum_{n=0}^{\infty} n A_n R^{n-1} P_n(\cos\theta) - \frac{\rho_f}{3\varepsilon}R = -\varepsilon_0 E_0 \cos\theta + \varepsilon_0 \sum_{n=0}^{\infty}(n+1)\frac{D_n}{R^{n+2}}P_n(\cos\theta) \tag{19}$$

比较方程两边 P_0 项的系数有

$$B_0 = \frac{\rho_f}{3\varepsilon_0}R^3 \quad (n=0) \tag{20}$$

比较方程两边 P_1 项的系数有

$$\varepsilon A_1 = -\varepsilon_0 E_0 + \varepsilon_0 \frac{2D_1}{R^3} \quad (n=1) \tag{21}$$

比较除 P_0 和 P_1 项的其他项的系数有

$$\varepsilon n A_n R^{n-1} = -\varepsilon_0 (n+1)\frac{D_n}{R^{n+2}} \quad (n \neq 0,1) \tag{22}$$

由(18)式和(22)式有

$$D_n = 0 \quad (n \neq 0,1) \tag{23}$$

将(23)式代入(18)式有

$$A_n = 0 \quad (n \neq 0,1) \tag{24}$$

将(20)式和(23)式代入(16)式有

$$A_0 = \frac{\rho_f R^2}{3\varepsilon_0} + \frac{\rho_f R^2}{6\varepsilon} \tag{25}$$

由(17)式和(21)式有

$$A_1 = -\frac{3\varepsilon_0}{2\varepsilon_0 + \varepsilon}E_0 \tag{26}$$

$$D_1 = \frac{\varepsilon - \varepsilon_0}{2\varepsilon_0 + \varepsilon}E_0 R^3 \tag{27}$$

将系数 $A_{0,1,n}$、$B_{0,1,n}$ 和 $C_{0,1,n}$、$D_{0,1,n}$ 分别代入(5)式和(6)式得所求介质球内、外的电势为

$$\varphi_1(r,\theta) = \frac{\rho_f R^2}{3\varepsilon_0} - \frac{3\varepsilon_0 E_0}{2\varepsilon_0 + \varepsilon} r\cos\theta + \frac{\rho_f (R^2 - r^2)}{6\varepsilon} \quad (r < R)$$

$$\varphi_2(r,\theta) = -E_0 r\cos\theta + \frac{\rho_f R^3}{3\varepsilon_0}\frac{1}{r} + \frac{\varepsilon - \varepsilon_0}{2\varepsilon_0 + \varepsilon}\frac{E_0 R^3 \cos\theta}{r^2} \quad (r > R) \tag{28}$$

第3章　静磁场

3.1　设矢势 $\boldsymbol{A}=5\boldsymbol{e}_x/(x^2+y^2+z^2)$，试求磁感应强度 $\boldsymbol{B}$。

【解】　由磁感应强度 $\boldsymbol{B}$ 与矢势 $\boldsymbol{A}$ 的关系

$$\boldsymbol{B}=\nabla\times\boldsymbol{A}=\left(\frac{\partial A_z}{\partial y}-\frac{\partial A_y}{\partial z}\right)\boldsymbol{e}_x+\left(\frac{\partial A_x}{\partial z}-\frac{\partial A_z}{\partial x}\right)\boldsymbol{e}_y+\left(\frac{\partial A_y}{\partial x}-\frac{\partial A_x}{\partial y}\right)\boldsymbol{e}_z \tag{1}$$

可求出磁感应强度 $\boldsymbol{B}$，由于所给矢势 $\boldsymbol{A}$ 只有 $\boldsymbol{e}_x$ 分量，即

$$A_y=A_z=0 \tag{2}$$

$$A=A_x \tag{3}$$

将(2)式和(3)式代入(1)式有

$$\begin{aligned}\boldsymbol{B}&=\frac{\partial A_x}{\partial z}\boldsymbol{e}_y-\frac{\partial A_x}{\partial y}\boldsymbol{e}_z\\&=\frac{\partial}{\partial z}[5(x^2+y^2+z^2)^{-1}]\boldsymbol{e}_y-\frac{\partial}{\partial y}[5(x^2+y^2+z^2)^{-1}]\boldsymbol{e}_z\\&=-10(x^2+y^2+z^2)^{-2}\cdot z\boldsymbol{e}_y+10(x^2+y^2+z^2)^{-2}\cdot y\boldsymbol{e}_z\\&=10(x^2+y^2+z^2)(y\boldsymbol{e}_z-z\boldsymbol{e}_y)\end{aligned} \tag{4}$$

3.2　试用 $\boldsymbol{A}$ 表示一个沿 z 方向的均匀恒定磁场 $\boldsymbol{B}$，写出 $\boldsymbol{A}$ 的两种不同表示式，证明二者之差是无旋场。

【证明】　由题意有

$$\nabla\times\boldsymbol{A}=B\boldsymbol{e}_z \tag{1}$$

在直角坐标系中

$$\nabla\times\boldsymbol{A}=\begin{vmatrix}\boldsymbol{e}_x&\boldsymbol{e}_y&\boldsymbol{e}_z\\\frac{\partial}{\partial x}&\frac{\partial}{\partial y}&\frac{\partial}{\partial z}\\A_x&A_y&A_z\end{vmatrix}=\left(\frac{\partial A_z}{\partial y}-\frac{\partial A_y}{\partial z}\right)\boldsymbol{e}_x+\left(\frac{\partial A_x}{\partial z}-\frac{\partial A_z}{\partial x}\right)\boldsymbol{e}_y+\left(\frac{\partial A_y}{\partial x}-\frac{\partial A_x}{\partial y}\right)\boldsymbol{e}_z \tag{2}$$

由(1)式和(2)式有

$$\begin{cases}\dfrac{\partial A_z}{\partial y}-\dfrac{\partial A_y}{\partial z}=0\\\dfrac{\partial A_x}{\partial z}-\dfrac{\partial A_z}{\partial x}=0\\\dfrac{\partial A_y}{\partial x}-\dfrac{\partial A_x}{\partial y}=B\end{cases} \tag{3}$$

满足(3)式这组方程的 $\boldsymbol{A}$ 场有很多，其中有两个可选为

$$\boldsymbol{A}_1 = -By\boldsymbol{e}_x \tag{4}$$

$$\boldsymbol{A}_2 = Bx\boldsymbol{e}_y \tag{5}$$

则有

$$\nabla \times (\boldsymbol{A}_1 - \boldsymbol{A}_2) = -\frac{\partial}{\partial y}(-By) - \frac{\partial}{\partial x}(Bx) = 0 \tag{6}$$

即 $\boldsymbol{A}_1$ 与 $\boldsymbol{A}_2$ 之差是无旋场，证毕。

3.3 均匀无限长直圆柱形螺线管，其单位长度线圈匝数为 n 电流为 I，试用唯一性定理求管内外的磁感应强度 $\boldsymbol{B}$。

【解】 设螺线管横截面的半径为 R，以其中心轴线为 z 轴建立柱坐标。在柱坐标系中，螺线管表面的线电流密度为

$$\boldsymbol{\alpha}_f = nI\boldsymbol{e}_\phi \tag{1}$$

设管内的磁感应强度为 $\boldsymbol{B}_1$，管外的磁感应强度为 $\boldsymbol{B}_2$，其管内的磁感应强度为均匀场。所以，此问题的定解条件，即场方程为

$$\nabla \cdot \boldsymbol{B} = 0 \tag{2}$$

$$\nabla \times \boldsymbol{H} = 0 \tag{3}$$

边界条件为

$$\boldsymbol{B}_1 \big|_{r=0} = \text{有限值} \tag{4}$$

$$\boldsymbol{B}_2 \big|_{r\to\infty} = 0 \tag{5}$$

$$B_{1r} \big|_{r=R} = B_{2r} \big|_{r=R} \tag{6}$$

$$\boldsymbol{e}_r \times (\boldsymbol{H}_2 - \boldsymbol{H}_1) = nI\boldsymbol{e}_\phi \tag{7}$$

对于无限长直圆柱形螺线管，其管外的磁感应强度为零，即

$$\boldsymbol{B}_2 = \mu_0 \boldsymbol{H}_2 = 0 \tag{8}$$

将(8)式代入(7)式有

$$\boldsymbol{e}_r \times (-\boldsymbol{H}_1) = nI\boldsymbol{e}_\phi \tag{9}$$

所以，所求的解，即螺线管内的磁场强度和磁感应强度为

$$\boldsymbol{H}_1 = nI\boldsymbol{e}_z \tag{10}$$

$$\boldsymbol{B}_1 = \mu_0 nI\boldsymbol{e}_z \tag{11}$$

(10)式和(11)式这组解满足螺线管内外两区域的场方程(2)式和(3)式，同时满足全部的边界条件。因此，所求的解是唯一正确的。

3.4 设有无穷长的线电流 I 沿 z 轴流动，$z<0$ 空间充满磁导率为 μ 的均匀介质，$z>0$ 区域为真空，试用唯一性定理求磁感应强度 $\boldsymbol{B}$，然后求磁化电流分布。

【解】 Ⅰ. 求磁感应强度 $\boldsymbol{B}$

设下半空间 $z<0$ 区域的磁感应强度为 $\boldsymbol{B}_1$，上半空间 $z>0$ 区域的磁感应强度为 $\boldsymbol{B}_2$。以电流的流动轴为 z 轴建立柱坐标系。在柱坐标系中，此问题的定解条件，即场方程为

$$\nabla \cdot \boldsymbol{B} = 0 \quad (z < 0, z > 0, r \neq 0) \tag{1}$$

$$\nabla \times \boldsymbol{H} = 0 \quad (z < 0, z > 0, r \neq 0) \tag{2}$$

边界条件为

$$\boldsymbol{H}_1 \big|_{r=0} \to \infty \tag{3}$$

$$\boldsymbol{H}_2 \big|_{r=0} \to \infty \tag{4}$$

$$\boldsymbol{H}_1 \big|_{r\to\infty} \to 0 \tag{5}$$

$$\boldsymbol{H}_2 \big|_{r\to\infty} \to 0 \tag{6}$$

$$B_{1z} \big|_{z=0} = B_{2z} \big|_{z=0} \tag{7}$$

$$\boldsymbol{e}_z \times (\boldsymbol{H}_2 - \boldsymbol{H}_1) = 0 \tag{8}$$

由于电流 I 为无穷长，两区域内的介质为均匀介质，根据安培环路定理，可提出磁场的尝试解为

$$\boldsymbol{H}_1 = \boldsymbol{H}_2 = \frac{I}{2\pi r}\boldsymbol{e}_\phi \tag{9}$$

$$\boldsymbol{B}_1 = \mu \boldsymbol{H}_1 = \frac{\mu I}{2\pi r}\boldsymbol{e}_\phi \tag{10}$$

$$\boldsymbol{B}_2 = \mu_0 \boldsymbol{H}_2 = \frac{\mu_0 I}{2\pi r}\boldsymbol{e}_\phi \tag{11}$$

此尝试解满足场方程和全部边界条件，即满足全部的定解条件，所以，此解是唯一正确的。

Ⅱ. 求磁化电流分布

根据磁场强度与磁化强度的关系

$$\boldsymbol{B}_1 = \mu_0 (\boldsymbol{H}_1 + \boldsymbol{M}_1) = \mu \boldsymbol{H}_1 \tag{12}$$

有

$$\boldsymbol{M}_1 = \left(\frac{\mu}{\mu_0} - 1\right)\boldsymbol{H}_1 = \left(\frac{\mu}{\mu_0} - 1\right)\frac{I}{2\pi r}\boldsymbol{e}_\phi \tag{13}$$

在上半空间 $z > 0$ 区域为真空，所以上半空间有

$$\boldsymbol{M}_2 = 0 \tag{14}$$

在介质的分界面上，即 $z = 0$ 处磁化电流面密度为

$$\boldsymbol{\alpha}_M = \boldsymbol{e}_z \times (\boldsymbol{M}_2 - \boldsymbol{M}_1) = -\boldsymbol{e}_z \times \boldsymbol{M}_1 = \left(\frac{\mu}{\mu_0} - 1\right)\frac{I}{2\pi r}\boldsymbol{e}_r \tag{15}$$

此式表明电流在介质表面上从 $r = 0$（无限小圆周）处流出沿半径 r 方向流动，所以，磁化电流为

$$\begin{aligned} \text{Im} &= \oint_L \boldsymbol{M}_1 \cdot \mathrm{d}\boldsymbol{l} = \oint_L \left(\frac{\mu}{\mu_0} - 1\right)\frac{I}{2\pi r}\boldsymbol{e}_\phi \cdot \mathrm{d}l\boldsymbol{e}_\phi \\ &= \left(\frac{\mu}{\mu_0} - 1\right)\frac{I}{2\pi r}\oint_l \mathrm{d}l = \left(\frac{\mu}{\mu_0} - 1\right)I \quad (z < 0, r \to 0) \end{aligned} \tag{16}$$

3.5 设 $x < 0$ 半空间充满磁导率为 μ 的均匀介质，$x > 0$ 空间为真空，今有线

电流 I 沿 z 轴流动，求磁感应强度和磁化电流分布。

【解】 Ⅰ. 求磁感应强度 $\boldsymbol{B}$

设 $x<0$ 空间的场为 $\boldsymbol{B}_1$，$x>0$ 空间的场为 $\boldsymbol{B}_2$，磁场满足的场方程为

$$\nabla\cdot\boldsymbol{B}=0\quad(x<0,x>0,r\neq 0)\tag{1}$$

$$\nabla\times\boldsymbol{H}=0\quad(x<0,x>0,r\neq 0)\tag{2}$$

边界条件为

$$\boldsymbol{H}_1\big|_{r=0}\rightarrow\infty\tag{3}$$

$$\boldsymbol{H}_2\big|_{r=0}\rightarrow\infty\tag{4}$$

$$\boldsymbol{H}_1\big|_{r\rightarrow\infty}\rightarrow 0\tag{5}$$

$$\boldsymbol{H}_2\big|_{r\rightarrow\infty}\rightarrow 0\tag{6}$$

$$B_{1x}\big|_{x=0}=B_{2x}\big|_{x=0}\tag{7}$$

$$\boldsymbol{e}_x\times(\boldsymbol{H}_2-\boldsymbol{H}_1)=0\tag{8}$$

根据安培环路定理，以电流导线为圆心，半径为 r 做一闭合回路 L，此闭合回路的一半 L_1 在 $x<0$ 空间，另一半 L_2 在 $x>0$ 空间，根据安培环路定理有

$$\oint_L\boldsymbol{H}\cdot\mathrm{d}\boldsymbol{l}=\int_{L_1}\boldsymbol{H}\cdot\mathrm{d}\boldsymbol{l}+\int_{L_2}\boldsymbol{H}\cdot\mathrm{d}\boldsymbol{l}=I\tag{9}$$

由(7)式和对称性分析知

$$\boldsymbol{B}_1=\boldsymbol{B}_2\tag{10}$$

又由于

$$\boldsymbol{B}_1=\mu\boldsymbol{H}_1\tag{11}$$

$$\boldsymbol{B}_2=\mu_0\boldsymbol{H}_2\tag{12}$$

将(11)式和(12)式代入(9)式有

$$\begin{aligned}\int_{L_1}\boldsymbol{H}\cdot\mathrm{d}\boldsymbol{l}+\int_{L_2}\boldsymbol{H}\cdot\mathrm{d}\boldsymbol{l}&=\int_{L_1}\frac{\boldsymbol{B}_1}{\mu}\cdot\mathrm{d}\boldsymbol{l}+\int_{L_2}\frac{\boldsymbol{B}_2}{\mu_0}\cdot\mathrm{d}\boldsymbol{l}\\&=\int_{L/2}\left(\frac{1}{\mu}+\frac{1}{\mu_0}\right)\boldsymbol{B}\cdot\mathrm{d}\boldsymbol{l}\\&=\frac{\mu_0+\mu}{\mu_0\mu}B\cdot\pi r=I\end{aligned}\tag{13}$$

式中利用了(10)式。所以得两空间的磁感应强度为

$$\boldsymbol{B}_1=\boldsymbol{B}_2=\frac{\mu_0\mu}{\mu_0+\mu}\frac{I}{\pi r}\boldsymbol{e}_\phi\tag{14}$$

两空间的磁场强度分别为

$$\boldsymbol{H}_1=\frac{\mu_0}{\mu_0+\mu}\frac{I}{\pi r}\boldsymbol{e}_\phi\tag{15}$$

$$\boldsymbol{H}_2=\frac{\mu}{\mu_0+\mu}\frac{I}{\pi r}\boldsymbol{e}_\phi\tag{16}$$

解(14)式、(15)式和(16)式满足场方程和全部边界条件，所以是唯一正确的。

Ⅱ. 求磁化电流分布

根据磁场强度与磁化强度的关系

$$\boldsymbol{B}_1 = \mu_0(\boldsymbol{H}_1 + \boldsymbol{M}_1) = \mu\boldsymbol{H}_1 \tag{17}$$

有

$$\boldsymbol{M}_1 = \left(\frac{\mu}{\mu_0} - 1\right)\boldsymbol{H}_1 = \left(\frac{\mu}{\mu_0} - 1\right)\boldsymbol{H}_1 \tag{18}$$

当电流在$r \to 0$无限小圆周上流动时，电流线与介质的分界面处出现的线磁化电流为

$$\begin{aligned} \mathrm{Im} &= \oint_L \boldsymbol{M} \cdot \mathrm{d}\boldsymbol{l} = \int_{L_1} \boldsymbol{M}_1 \cdot \mathrm{d}\boldsymbol{l} \\ &= \int_{L/2} \left(\frac{\mu}{\mu_0} - 1\right)\frac{\mu_0}{\mu_0 + \mu}\frac{I}{\pi r}\boldsymbol{e} \cdot \mathrm{d}\boldsymbol{l} = \frac{\mu - \mu_0}{\mu + \mu_0}I \end{aligned} \tag{19}$$

3.6　某空间区域内有轴对称磁场，在柱坐标源点附近已知$B_z \approx B_0 - C(z^2 - r^2/2)$，其中$B_0$为常数，求该处的$B$。

【解】　根据题意，磁场具有轴对称性，所以磁场与方位角ϕ无关。在柱坐标系中，$\boldsymbol{B}$满足的场方程为

$$\nabla \cdot \boldsymbol{B} = \frac{1}{r}\frac{\partial}{\partial r}(rB_r) + \frac{1}{r}\frac{\partial B_\phi}{\partial \phi} + \frac{\partial^2 B_z}{\partial z^2} = 0 \tag{1}$$

将$B_z \approx B_0 - C(z^2 - r^2/2)$及$\boldsymbol{B}$与$\phi$无关代入有

$$\nabla \cdot \boldsymbol{B} = \frac{1}{r}\frac{\partial}{\partial r}(rB_r) - 2Cz = 0 \tag{2}$$

解此方程有

$$B_r = Czr + \frac{A}{r} \tag{3}$$

式中A为积分常数，其可以是ϕ和z的任意函数。因B_z为坐标源点附近小区域内的磁场，即$r \to 0$时附近的磁场，因为B_r不可能为无穷大，所以可令$A = 0$。这样，所求的解为

$$B_r = Czr \tag{4}$$

将(4)式代入$\nabla \times \boldsymbol{H} = \frac{1}{\mu_0}\nabla \times \boldsymbol{B} = \boldsymbol{J}_f$中有

$$\nabla \times \boldsymbol{H} = \boldsymbol{J}_f = 0 \tag{5}$$

设常量B_0和积分常数C分别为

$$B_0 = \frac{\mu_0 I}{2a} \tag{6}$$

$$C = \frac{3\mu_0 I}{4a^3} \tag{7}$$

将(6)式和(7)式代入已知条件有

$$B_z = \frac{\mu_0 I}{2a} - \frac{3\mu_0 I}{4a^3}\left(z^2 - \frac{r^2}{2}\right) \tag{8}$$

将(8)式代入(4)式有

$$B_r = \frac{3\mu_0 I}{4a^3} zr \tag{9}$$

3.7 两个半径为 a 的共轴圆形线圈，位于 $z=\pm L$ 的面上，每个线圈上载有同方向的电流 I，试求：

(1) 轴线上的磁感应强度；

(2) 在中心区域产生最接近均匀磁场时 L 和 a 的关系。

【解】 Ⅰ.轴线上的磁感应强度

设两线圈的电流均沿 $\boldsymbol{e}_\phi$ 方向，由对称性分析知 $\boldsymbol{B}$ 只有 z 分量，即 $B=B_z$。由毕—萨定律可求得线圈产生的磁感应强度分别为

$$B_{z1} = \frac{\mu_0 Ia}{2} \frac{1}{[(L-z)^2+a^2]^{3/2}} \tag{5}$$

$$B_{z2} = \frac{\mu_0 Ia}{2} \frac{1}{[(L+z)^2+a^2]^{3/2}} \tag{6}$$

总磁感应强度为

$$B_z = B_{z1}+B_{z2} = \frac{\mu_0 Ia}{2}\left\{\frac{1}{[(L-z)^2+a^2]^{3/2}}+\frac{1}{[(L+z)^2+a^2]^{3/2}}\right\} \tag{7}$$

Ⅱ. 在中心区域产生最接近均匀磁场时 L 和 a 的关系

根据最接近均匀磁场的条件，可令

$$\frac{\partial^2 B_z}{\partial z^2} = 0 \tag{8}$$

将(7)式代入(8)式可解得

$$L = \frac{a}{2} \tag{9}$$

3.8 半径为 a 的无限长圆柱导体内有恒定电流 $\boldsymbol{J}$ 均匀分布于截面上，试解矢势 $\boldsymbol{A}$ 的微分方程，设导体的磁导率为 μ_0，导体外的磁导率为 μ。

【解】 以导体的中心轴为 z 轴，建立柱坐标系，则电流密度为 $\boldsymbol{J}=J\boldsymbol{e}_z$。设导体内的矢势为 $\boldsymbol{A}_1$，导体外的矢势为 $\boldsymbol{A}_2$，则矢势 $\boldsymbol{A}$ 满足的微分方程为

$$\nabla^2 \boldsymbol{A}_1 = -\mu_0 J\boldsymbol{e}_z \quad (\nabla\cdot\boldsymbol{A}_1=0) \quad (r<a) \tag{1}$$

$$\nabla^2 \boldsymbol{A}_2 = 0 \quad (\nabla\cdot\boldsymbol{A}_2=0) \quad (r>a) \tag{2}$$

边界条件为

$$\boldsymbol{A}_1\big|_{r=0} = \text{有限值} \tag{3}$$

$$\boldsymbol{A}_1\big|_{r=a} = \boldsymbol{A}_2\big|_{r=a} \tag{4}$$

$$\boldsymbol{e}_r \times \left(\frac{1}{\mu}\boldsymbol{A}_2 - \frac{1}{\mu_0}\boldsymbol{A}_1\right) = 0 \tag{5}$$

由于电流分部在无限区域，只能选有限远处的点作为零矢势的参考点，可令 $r=a$ 处的 $\boldsymbol{A}=0$。由矢势的定义

$$\boldsymbol{A}=\frac{\mu_0}{4\pi}\int\frac{I\mathrm{d}\boldsymbol{l}}{r} \tag{6}$$

$\boldsymbol{A}$ 只有 z 分量,即 $A=A_z$。由对称性分析知,$\boldsymbol{A}$ 与 ϕ 和 z 无关,只与 r 有关,即

$$\boldsymbol{A}_1=A_1(r)\boldsymbol{e}_z \quad (r<a) \tag{7}$$

$$\boldsymbol{A}_2=A_2(r)\boldsymbol{e}_z \quad (r>a) \tag{8}$$

由(7)式和(8)式,(1)式和(2)式在柱坐标系中为

$$\frac{1}{r}\frac{\mathrm{d}}{\mathrm{d}r}\left(r\frac{\mathrm{d}A_1}{\mathrm{d}r}\right)=-\mu_0 J \quad (r<a) \tag{9}$$

$$\frac{1}{r}\frac{\mathrm{d}}{\mathrm{d}r}\left(r\frac{\mathrm{d}A_2}{\mathrm{d}r}\right)=0 \quad (r>a) \tag{10}$$

此时边界条件(4)式和(5)式变为

$$A_1\big|_{r=a}=A_2\big|_{r=a}=0 \tag{11}$$

$$\frac{1}{\mu}\frac{\mathrm{d}A_2}{\mathrm{d}r}\bigg|_{r=a}=\frac{1}{\mu_0}\frac{\mathrm{d}A_1}{\mathrm{d}r}\bigg|_{r=a} \tag{12}$$

解方程(9)式和方程(10)式有

$$\frac{\mathrm{d}A_1}{\mathrm{d}r}=-\frac{\mu_0}{2}Jr+\frac{C_1}{r} \tag{13}$$

$$A_1=-\frac{\mu_0}{4}Jr^2+C_1\ln r+C_2 \tag{14}$$

$$\frac{\mathrm{d}A_2}{\mathrm{d}r}=\frac{C_3}{r} \tag{15}$$

$$A_2=C_3\ln r+C_4 \tag{16}$$

式中 C_1,C_2,C_3,C_4 为积分常数,由边界条件确定。将(14)式代入(3)式得

$$C_1=0 \tag{17}$$

将(14)式代入(11)式,并利用(17)式得

$$C_2=\frac{\mu_0}{4}Ja^2 \tag{18}$$

将(14)式和(17)式代入(12)式,并利用(17)式和(18)式有

$$\frac{1}{\mu}\frac{C_3}{a}=-\frac{1}{2}Ja \tag{19}$$

所以有

$$C_3=-\frac{\mu}{2}Ja^2 \tag{20}$$

将(16)式代入(11)式,并利用(20)式得

$$C_4=-C_3\ln a=\frac{\mu}{2}Ja^2\ln a \tag{21}$$

将(17)式、(18)式、(20)式和(21)式代入(14)式和(16)式得所求的解为

$$\boldsymbol{A}_1=\frac{\mu_0}{4}(a^2-r^2)\boldsymbol{J} \quad (r<a) \tag{22}$$

$$\boldsymbol{A}_2 = \frac{\mu}{2}a^2\boldsymbol{J}\ln\frac{a}{r} \quad (r > a) \tag{23}$$

3.9　假设存在磁单极子，磁荷为 q_m，它的磁场强度为 $\boldsymbol{H} = \dfrac{q_m\boldsymbol{r}}{4\pi\mu_0 r^3}$，试找出矢势 $\boldsymbol{A}$ 的一个可能的表达式，并讨论它的奇异性。

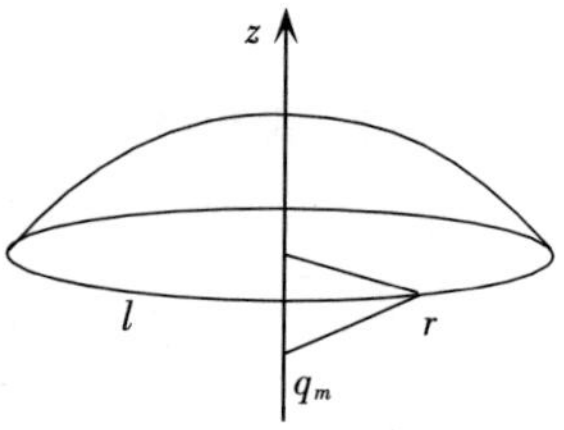

【解】　Ⅰ.求矢势 $\boldsymbol{A}$ 的一个可能的表达式

以 q_m 所在点为坐标原点，如图 3.9 所示，通过任一半径为 r 的球冠的磁通量为

$$\Phi_m = \int_S \boldsymbol{B}\cdot \mathrm{d}\boldsymbol{s} = \int_S (\nabla\times\boldsymbol{A})\cdot\mathrm{d}\boldsymbol{s} \tag{1}$$

图 3.9

由积分变换公式

$$\oint_L \boldsymbol{f}\cdot\mathrm{d}\boldsymbol{l} = \int_S (\nabla\times\boldsymbol{f})\cdot\mathrm{d}\boldsymbol{s} \tag{2}$$

所以有

$$\begin{aligned}\Phi_m &= \oint_L \boldsymbol{A}\cdot\mathrm{d}\boldsymbol{l} = \oint_L (A_r\boldsymbol{e}_r + A_\theta\boldsymbol{e}_\theta + A_\phi\boldsymbol{e}_\phi)\cdot r\sin\theta\mathrm{d}\phi\boldsymbol{e}_\phi \\ &= \oint_L A_\phi r\sin\theta\mathrm{d}\phi = A_\phi r\sin\theta\int_0^{2\pi}\mathrm{d}\phi = 2\pi A_\phi r\sin\theta\end{aligned} \tag{3}$$

式中利用了 A_ϕ 与 ϕ 无关的关系。另外 Φ_m 又可如下计算

$$\begin{aligned}\Phi_m &= \int_S \boldsymbol{B}\cdot\mathrm{d}\boldsymbol{s} = \int_S \mu_0\boldsymbol{H}r^2\sin\theta\mathrm{d}\theta\mathrm{d}\phi\boldsymbol{e}_r \\ &= \frac{q_m}{4\pi}\int_0^{\pi}\sin\theta\mathrm{d}\theta\int_0^{2\pi}\mathrm{d}\phi = \frac{q_m}{2}(1-\cos\theta)\end{aligned} \tag{4}$$

由(3)式和(4)式相等得

$$A_\phi = \frac{q_m}{4\pi}\frac{1-\cos\theta}{r\sin\theta} \tag{5}$$

即矢势 $\boldsymbol{A}$ 的一个可能的表达式为

$$\boldsymbol{A} = A_\phi\boldsymbol{e}_\varphi = \frac{q_m}{4\pi}\frac{1-\cos\theta}{r\sin\theta}\boldsymbol{e}_\varphi \tag{6}$$

Ⅱ.讨论它的奇异性

由(6)式知：对 $q_m > 0$ 时，当 $r = 0$ 时，$A\to\infty$；当 $r\neq 0, \theta = \pi$ 时，$A\to\infty$，表明矢势 $\boldsymbol{A}$ 有一条奇异的弦；对 $q_m < 0$ 时，当 $r = 0$ 时，$A\to\infty$；当 $r\neq 0, \theta = 0$ 时，$A\to\infty$，表明矢势 $\boldsymbol{A}$ 也有一条奇异的弦。

3.10　地球周围的大气层受宇宙射线电离而形成一种非均匀的导电介质，电导率为 $\sigma = \sigma_0 + a(r-R)^2$，$\sigma_0 = 3\times10^{-14}\,\mathrm{S\cdot m^{-1}}$，$a = 0.5\times10^{-20}\,\mathrm{S\cdot m^3}$，$R$ 为地球的半径。天晴时地球表面的电场强度约为 $100\,\mathrm{V\cdot m^{-1}}$。试求：(1) 大气层中稳定电流的电场和电流；(2) 大气层中的电荷密度及地球表面上的电荷；(3) 地球表面的电势；(4) 如果地球上电荷得不到补充，电流把地球上的电荷中和需多少时间？

【解】　Ⅰ.大气层中稳定电流的电场和电流

因为大气层中的电流随时间变化很慢，可以近似地认为电流是稳定的，所以电流分布满足方程

$$\nabla \cdot \boldsymbol{J} = 0 \tag{1}$$

将地球视为球体，电场沿$(-\boldsymbol{r})$方向，电流只与$\boldsymbol{r}$有关，与θ,ϕ无关，所以方程(1)式为

$$\frac{1}{r^2}\frac{\partial}{\partial r}(r^2 J) = 0 \tag{2}$$

解此方程得

$$J = \frac{C}{r^2} \tag{3}$$

式中C为待定常数，由电流密度与电场强度的关系有

$$J = \sigma E \tag{4}$$

由地球表面的边界条件

$$E\big|_{r=R} = E_R \tag{5}$$

$$\sigma\big|_{r=R} = \sigma_0 \tag{6}$$

将(5)式和(6)式代入(3)式得待定常数为

$$C = \sigma_0 E_R R^2 \tag{7}$$

所以

$$J = \frac{\sigma_0 E_R R^2}{r^2} \tag{8}$$

由(4)式得地球大气层的电场强度为

$$E(r) = \frac{J}{\sigma} = \frac{\sigma_0 E_R R^2}{\sigma_0 + \alpha(r-R)^2} r^{-2} \tag{9}$$

所以流向整个地球的电流为

$$I = \oint_S \boldsymbol{J} \cdot \mathrm{d}\boldsymbol{S} = J_R 4\pi R^2 \tag{10}$$

将(8)式和地球的半径等数据代入(10)式得流向整个地球的电流为

$$I \approx 1\ 350\ \mathrm{A} \tag{11}$$

Ⅱ. 大气层中的电荷密度及地球表面上的电荷

设大气层的电容率为$\varepsilon = \varepsilon_0$，根据电荷密度与电位移的关系，大气层中的电荷密度为

$$\rho = \nabla \cdot \boldsymbol{D} = -\varepsilon_0 \nabla \cdot \boldsymbol{E} \tag{12}$$

取球坐标，并注意$\boldsymbol{E}$只与$\boldsymbol{r}$有关，所以有

$$\rho = -\varepsilon_0 \frac{1}{r^2}\frac{\partial}{\partial r}(r^2 E) \tag{13}$$

将(9)式代入(13)式得大气层中的电荷密度为

$$\rho = 2\varepsilon_0 [\sigma_0 E_R R^2 a(r-R)]/\sigma^2 r^2 \tag{14}$$

设地球表面为无穷大理想导体平面，大气带电为正，地表带电为负，根据电荷面密度与电场强度的关系有

$$\sigma = \varepsilon_0(\boldsymbol{E}_1 - \boldsymbol{E}_2)\cdot\boldsymbol{e}_n = -\varepsilon_0 E_R \tag{15}$$

代入 ε_0 和 E_R 数据得

$$\sigma = -8.85\times10^{-19}\ \text{S}\cdot\text{m}^{-2} \tag{16}$$

Ⅲ. 地球表面的电势

由电势的定义，地球表面的电势为

$$\varphi_R = \int_R^\infty \boldsymbol{E}\cdot \mathrm{d}\boldsymbol{r} = \int_R^\infty E\,\mathrm{d}r \tag{17}$$

将(9)式代入(17)式有

$$\begin{aligned}\varphi_R &= \sigma_0 E_R R^2\int_R^\infty \frac{\mathrm{d}r}{r^2[\sigma_0 + a(r-R)^2]}\\ &= \sigma_0 E_R R^2/a\left(R^2+\frac{\sigma_0}{a}\right)^2\cdot\left[R\ln\left(\frac{\sigma_0}{aR^2}\right)+\left(R^2+\frac{\sigma_0}{a}\right)/R+\frac{\pi}{2}\left(R^2-\frac{\sigma_0}{a}\right)/\sqrt{\frac{\sigma_0}{a}}\right]\end{aligned} \tag{18}$$

由于

$$R^2 \gg \sigma_0/\alpha \tag{19}$$

所以有

$$\varphi_R \approx \frac{\sigma_0 E_R}{aR^2}\left\{R\left[\ln\left(\frac{\sigma_0}{aR^2}\right)+1\right]+\frac{\pi R^2}{\sqrt{\sigma_0/a}}\right\} \tag{20}$$

将地球半径等有关数据代入(20)式得地球表面的电势，亦即大气最外层与地球表面间的电势差为

$$\varphi_R \approx 3.48\times10^5\ \text{V} \tag{21}$$

Ⅳ. 若地球上电荷得不到补充，电流把地球上的电荷中和需多少时间

由电荷守恒定律 $\frac{\partial\rho}{\partial t}+\nabla\cdot\boldsymbol{J}=0$，即

$$\frac{\partial\rho}{\partial t}+\nabla\cdot(\sigma\boldsymbol{E}) = \frac{\partial\rho}{\partial t}+\sigma\nabla\cdot\boldsymbol{E}+(\nabla\sigma)\cdot\boldsymbol{E}=0 \tag{22}$$

又

$$\nabla\cdot\boldsymbol{E} = \nabla\cdot\boldsymbol{D}/\varepsilon_0 = \rho/\varepsilon_0 \tag{23}$$

将(23)式代入(22)式有

$$\frac{\partial\rho}{\partial t}+\frac{1}{\varepsilon_0}\sigma\rho+(\nabla\sigma)\cdot E = 0 \tag{24}$$

从 σ_0 和 a 数量极上看有

$$\frac{1}{\varepsilon_0}\sigma\rho \gg (\nabla\sigma)\cdot\boldsymbol{E} = 0 \tag{25}$$

因此，作为估算可略去 $(\nabla\sigma)\cdot\boldsymbol{E}$，所以(22)式变为

$$\frac{\partial\rho}{\partial t}+\frac{1}{\varepsilon_0}\sigma\rho = 0 \tag{26}$$

解方程(26)式得

$$\rho(r,t) = A\mathrm{e}^{-\frac{\sigma}{\varepsilon_0}t} = A\mathrm{e}^{-\tau t} \tag{27}$$

式中 A 为待定常数为

$$A = \rho(r,t=0) \tag{28}$$

即 $\rho(r,t) = \rho(r,t=0)\mathrm{e}^{-\tau t}$,式中时间常数 $\tau = \dfrac{\sigma}{\varepsilon_0} \approx 295\ \mathrm{s}$。

由此可知,晴天时由于地球上总保持有一定的电荷,这就需要存在一个等效电源不断地给地球补充负电荷,这就是地球上局部地区发生的闪电。通过自然界这种年复一年的闪电形式,不断地给地球补充负电荷,以维持地球上保持一定的电荷量。

3.11　将一磁导率为 μ,半径为 R_0 的球体,放入均匀磁场 $\boldsymbol{H}_0$ 内,试求:(1) 总磁感应强度 $\boldsymbol{B}$;(2) 球的磁矩 $\boldsymbol{m}$;(3) 球内的磁化电流密度 $\boldsymbol{J}_m$。

【解】　Ⅰ. 求磁感应强度 $\boldsymbol{B}$

以球心为坐标原点,$\boldsymbol{H}_0$ 的方向为极轴的方向,建立球坐标系。因为球内外均无自由电流,所以,可采用磁标势方法求解。磁标势 φ_m 满足拉普拉斯方程

$$\nabla^2\varphi_m(r,\theta) = 0 \tag{1}$$

因为磁标势 φ_m 具有轴对称性,$\varphi_m(r,\theta)$ 与方位角无关,所以,方程(1) 的解为

$$\varphi_m(r,\theta) = \sum_{n=0}^{\infty}\left(A_n r^n + \frac{B_n}{r^{n+1}}\right)P_n(\cos\theta) \tag{2}$$

边界条件为

$$\varphi_m(r,\theta)\big|_{r\to 0} = \text{有限值} \tag{3}$$

$$\varphi_m(r,\theta)\big|_{r\to 0} = -H_0 r\cos\theta \tag{4}$$

$$\varphi_{m1}(r,\theta)\big|_{r\to 0} = \varphi_{m2}(r,\theta)\big|_{r=R_0} \tag{5}$$

$$\mu\left.\frac{\partial\varphi_{m1}(r,\theta)}{\partial r}\right|_{r=R_0} = \mu_0\left.\frac{\partial\varphi_{m2}(r,\theta)}{\partial r}\right|_{r=R_0} \tag{6}$$

利用边界条件确定系数 A_n 和 B_n,设球内的磁标势为 φ_{m1},球外的磁标势为 φ_{m2}。将(2) 式代入(3) 式有

$$\varphi_{m1}(r,\theta) = \sum_{n=0}^{\infty}A_n r^n P_n(\cos\theta)\quad(r\leqslant R_0) \tag{7}$$

将(2) 式代入(4) 式有

$$\varphi_{m2}(r,\theta) = \sum_{n=0}^{\infty}\frac{B_n}{r^{n+1}}P_n(\cos\theta) - H_0 r\cos\theta\quad(r\geqslant R_0) \tag{8}$$

将(7) 式和(8) 式代入(5) 式有

$$\sum_{n=0}^{\infty}A_n R_0{}^n P_n(\cos\theta) = \sum_{n=0}^{\infty}\frac{B_n}{R_0{}^{n+1}}P_n(\cos\theta) - H_0 R_0\cos\theta \tag{9}$$

将(7) 式和(8) 式代入(6) 式有

$$\mu\sum_{n=0}^{\infty}nA_n R_0{}^{n-1}P_n(\cos\theta) = -\mu_0\sum_{n=0}^{\infty}\frac{(n+1)B_n}{R_0{}^{n+2}}P_n(\cos\theta) - \mu H_0 R_0\cos\theta \tag{10}$$

由(9) 式和(10) 式可得

当 $n \neq 1$ 时有

$$B_n = R_0^{2n+1} A_n \tag{11}$$

$$B_n = -\frac{\mu n}{\mu_0 (n+1)} R_0^{2n+1} A_n \tag{12}$$

当 $n = 1$ 时有

$$B_1 = (A_1 + H_0) R_0^3 \tag{13}$$

$$B_1 = -\frac{1}{2\mu_0} (\mu A_1 + \mu_0 H_0) R_0^3 \tag{14}$$

由(13) 式和(14) 式可得

$$A_n = 0 \quad B_n = 0 \quad (n \neq 1) \tag{15}$$

$$A_1 = -\frac{3\mu_0}{\mu + 2\mu_0} H_0 \quad (n = 1) \tag{16}$$

$$B_1 = \frac{\mu - \mu_0}{\mu + 2\mu_0} H_0 R_0^3 \quad (n = 1) \tag{17}$$

将(15) 式、(16) 式和(17) 式代入(7) 式和(8) 式有

$$\varphi_{m1}(r,\theta) = -\frac{3\mu_0}{\mu + 2\mu_0} H_0 r\cos\theta \quad (r \leqslant R_0) \tag{18}$$

$$\varphi_{m2}(r,\theta) = \frac{\mu - \mu_0}{\mu + 2\mu_0} \frac{R_0^3}{r^2} H_0 r\cos\theta - H_0 r\cos\theta \quad (r \leqslant R_0) \tag{19}$$

根据磁标势 φ_m 与磁场强度 $\boldsymbol{H}$ 的关系,球内、外的磁场强度为

$$\boldsymbol{H}_1 = -\nabla \varphi_{m1}(r,\theta) = \frac{3\mu_0}{\mu + 2\mu_0} H_0 (\cos\theta \boldsymbol{e}_r - \sin\theta \boldsymbol{e}_\theta) = \frac{3\mu_0}{\mu + 2\mu_0} \boldsymbol{H}_0 \quad (r < R_0) \tag{20}$$

$$\begin{aligned} \boldsymbol{H}_2 &= -\nabla \varphi_{m2}(r,\theta) = -\frac{\mu - \mu_0}{\mu + 2\mu_0} R_0^3 H_0 \nabla \left(\frac{\cos\theta}{r^2}\right) - H_0 \nabla (r\cos\theta) \\ &= \frac{\mu - \mu_0}{\mu + 2\mu_0} \left(\frac{R_0}{r}\right)^3 H_0 (2\cos\theta \boldsymbol{e}_r + \sin\theta \boldsymbol{e}_\theta) + \boldsymbol{H}_0 \\ &= \frac{\mu - \mu_0}{\mu + 2\mu_0} \left(\frac{R_0}{r}\right)^3 \left[\frac{3(\boldsymbol{H}_0 \cdot \boldsymbol{r})\boldsymbol{r}}{r^2} - \boldsymbol{H}_0\right] + \boldsymbol{H}_0 \quad (r > R_0) \end{aligned} \tag{21}$$

于是得球内、外的磁感应场强度为

$$\boldsymbol{B}_1 = \mu \boldsymbol{H}_1 = \frac{3\mu\mu_0}{\mu + 2\mu_0} \boldsymbol{H}_0 \quad (r < R_0) \tag{22}$$

$$\boldsymbol{B}_2 = \mu_0 \boldsymbol{H}_2 = \frac{\mu_0(\mu - \mu_0)}{\mu + 2\mu_0} \left(\frac{R_0}{r}\right)^3 \left[\frac{3(\boldsymbol{H}_0 \cdot \boldsymbol{r})\boldsymbol{r}}{r^2} - \boldsymbol{H}_0\right] + \mu_0 \boldsymbol{H}_0 \quad (r > R_0) \tag{23}$$

Ⅱ.求球的磁矩

根据磁化场强度 $\boldsymbol{M}$ 与磁场强度 $\boldsymbol{H}$ 的关系有

$$\boldsymbol{M} = \chi_m \boldsymbol{H}_1 = \frac{\mu - \mu_0}{\mu_0} \boldsymbol{H}_1 = \frac{3(\mu - \mu_0)}{\mu + 2\mu_0} \boldsymbol{H}_0 \quad (r < R_0)$$

因为球是被均匀磁化的,所以球的磁矩为

$$\boldsymbol{m}=\frac{4\pi}{3}R_0^3\boldsymbol{M}=\frac{4\pi(\mu-\mu_0)}{\mu+2\mu_0}R_0^3\boldsymbol{H}_0 \tag{24}$$

Ⅲ.求球内的磁化电流密度

$$\boldsymbol{J}_M=\nabla\times\boldsymbol{M}=\frac{3(\mu-\mu_0)}{\mu+2\mu_0}\nabla\times\boldsymbol{H}_0=0\quad(r<R_0) \tag{25}$$

Ⅳ.求球面上的磁化电流密度

$$\boldsymbol{K}_m=-\boldsymbol{n}\times\boldsymbol{M}=-\frac{3(\mu-\mu_0)}{\mu+2\mu_0}\boldsymbol{n}\times\boldsymbol{H}_0=-\frac{3(\mu-\mu_0)}{\mu+2\mu_0}H_0\sin\theta\boldsymbol{e}_\phi \tag{26}$$

式中 $\boldsymbol{n}$ 为球面的外法线方向的单位矢量。

3.12 有一内外半径分别为 R_1 和 R_2 的空心球,位于均匀外磁场 $\boldsymbol{H}_0$ 内,球的磁导率为 μ,求空腔内的磁场 $\boldsymbol{B}$,讨论 $\mu\gg\mu_0$ 时的磁屏蔽作用。

【解】 Ⅰ. 求空腔内的磁场 $\boldsymbol{B}$

以球心为坐标原点,$\boldsymbol{H}_0$ 的方向为极轴,建立球坐标系。因为球腔、介质内和球外均无传导电流,可用磁标势法求解。设球腔内的磁标势为 φ_{m1},介质球内的磁标势为 φ_{m2},球外的磁标势为 φ_{m3},三个区域的磁标势满足的拉普拉斯方程分别为

$$\nabla^2\varphi_{m1}=0\quad(r<R_1) \tag{1}$$

$$\nabla^2\varphi_{m2}=0\quad(R_1<r<R_2) \tag{2}$$

$$\nabla^2\varphi_{m3}=0\quad(r>R_2) \tag{3}$$

由对称性分析,此问题具有轴对称性,φ_m 与方位角无关,所以,方程(1)式、(2)式及(3)式都具有如下形式的通解

$$\varphi_m(r,\theta)=\sum_{n=0}^{\infty}\left(A_nr^n+\frac{B_n}{r^{n+1}}\right)P_n(\cos\theta) \tag{4}$$

边界条件为

$$\varphi_1\big|_{r=0}=\text{有限值} \tag{5}$$

$$\varphi_3\big|_{r\to\infty}=-H_0r\cos\theta \tag{6}$$

$$\varphi_1\big|_{r=R_1}=\varphi_1\big|_{r=R_1} \tag{7}$$

$$\mu_0\frac{\partial\varphi_1}{\partial r}\bigg|_{r=R_1}=\mu\frac{\partial\varphi_1}{\partial r}\bigg|_{r=R_1} \tag{8}$$

$$\varphi_2\big|_{r=R_2}=\varphi_3\big|_{r=R_2} \tag{9}$$

$$\mu\frac{\partial\varphi_1}{\partial r}\bigg|_{r=R_2}=\mu_0\frac{\partial\varphi_3}{\partial r}\bigg|_{r=R_2} \tag{10}$$

由(5)式和(6)式可知三个区域的通解为

$$\varphi_{m1}(r,\theta)=\sum_{n=0}^{\infty}A_nr^nP_n(\cos\theta)\quad(r<R_1) \tag{11}$$

$$\varphi_{m2}(r,\theta)=\sum_{n=0}^{\infty}\left(B_nr^n+\frac{C_n}{r^{n+1}}\right)P_n(\cos\theta)\quad(R_1<r<R_2) \tag{12}$$

$$\varphi_{m3}(r,\theta)=-H_0\cos\theta+\sum_{n=0}^{\infty}\frac{D_n}{r^{n+1}}P_n(\cos\theta)\quad(r>R_2) \tag{13}$$

将(11) 式和(12) 式分别代入(7) 式和(8) 式有

$$A_1R_1 = B_1R_1 + \frac{C_1}{R_1^2} \tag{14}$$

$$\mu_0 A_1 = \mu\left(B_1 - \frac{C_1}{R_1^3}\right) \tag{15}$$

$$B_1R_2 + \frac{C_1}{R_2^2} = \frac{D_1}{R_2^2} - H_0R_2 \tag{16}$$

$$\mu\left(B_1 - \frac{2C_1}{R_2^3}\right) = \mu_0\left(-\frac{2D_1}{R_2^3} - H_0\right) \tag{17}$$

联立(14) 式、(15) 式、(16) 式和(17) 式解得

$$A_n = B_n = C_n = D_n = 0 \quad (n \neq 1) \tag{18}$$

$$A_1 = -\frac{H_0}{\frac{2(\mu-\mu_0)^2}{9\mu_0\mu}\left[\frac{(\mu+2\mu_0)(2\mu+\mu_0)}{2(\mu-\mu_0)}\left(\frac{R_2}{R_1}\right)^3 - 1\right]} \tag{19}$$

由于只求腔内的磁场,没有必要解出 B_1、C_1 和 D_1,将(18) 式和(19) 式代入(11) 式得腔内的磁标势为

$$\varphi_{m1}(r,\theta) = -\frac{H_0 r\cos\theta}{\frac{2(\mu-\mu_0)^2}{9\mu_0\mu}\left[\frac{(\mu+2\mu_0)(2\mu+\mu_0)}{2(\mu-\mu_0)}\left(\frac{R_2}{R_1}\right)^3 - 1\right]} \tag{20}$$

所以,腔内磁感应强度为

$$\begin{aligned}\boldsymbol{B}_1 &= \mu_0\boldsymbol{H}_1 = -\mu_0\nabla\varphi_{m1} = \mu_0 A_1\boldsymbol{e}_z \\ &= -\frac{\mu_0\boldsymbol{H}_0}{\frac{2(\mu-\mu_0)^2}{9\mu_0\mu}\left[\frac{(\mu+2\mu_0)(2\mu+\mu_0)}{2(\mu-\mu_0)}\left(\frac{R_2}{R_1}\right)^3 - 1\right]}\end{aligned} \tag{21}$$

Ⅱ. 讨论 $\mu \gg \mu_0$ 时的磁屏蔽作用

此结果表明腔内的磁场与外场同向,但比外场弱,在 R_2/R_1 一定的情况下,介质的 μ 越大,腔内的磁场比外场越弱,球壳对壳外磁场的屏蔽越厉害,当 $\mu \gg \mu_0$ 时,腔内的磁场 $\boldsymbol{B}_1 \to 0$。

3.13 理想铁磁体的磁化规律为 $\boldsymbol{B} = \mu\boldsymbol{H} + \mu_0\boldsymbol{M}_0$,$\boldsymbol{M}_0$ 是恒定的与 $\boldsymbol{H}$ 无关的量。现将一个理想铁磁体做成的均匀磁化球($\boldsymbol{M}_0$ 为常量) 置于磁导率为 μ' 的无限大均匀介质中,试求:(1) 各处的磁感应强度;(2) 磁化电流分布。

【解】 Ⅰ. 求各处的磁感应强度

用磁标势法求解。如图 3.13 所示,设磁化球的半径为 R,以球心 O 为原点,$\boldsymbol{M}_0$ 的方向为极轴,建立球坐标系。因为整个空间无自由电流,所以磁标势 φ_m 满足拉普拉斯方程

$$\nabla^2\varphi_m = 0 \tag{1}$$

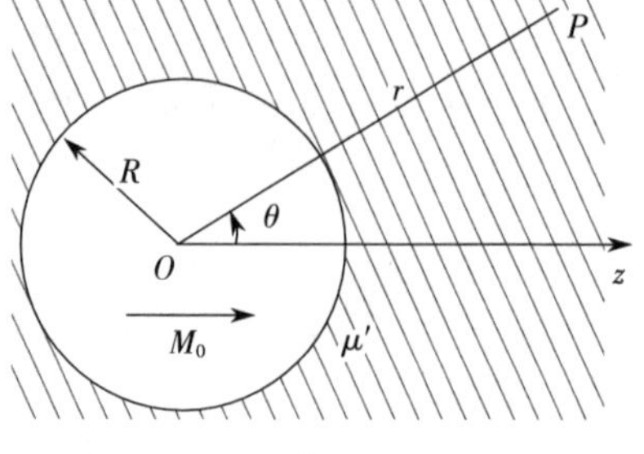

图 3.13

因为此问题具有轴对称性，φ_m 与方位角无关，所以，方程(1)的通解为

$$\varphi_m(r,\theta)=\sum_{n=0}^{\infty}\left(A_n r^n+\frac{B_n}{r^{n+1}}\right)P_n(\cos\theta) \tag{2}$$

边界条件为

$$\varphi_{m1}(r,\theta)\big|_{r\to 0}=\text{有限值} \tag{3}$$

$$\varphi_{m2}(r,\theta)\big|_{r\to\infty}=0 \tag{4}$$

$$\varphi_{m1}(r,\theta)\big|_{r=R}=\varphi_{m2}(r,\theta)\big|_{r=R} \tag{5}$$

$$-\mu\frac{\partial\varphi_{m1}}{\partial r}\bigg|_{r=R}+\mu_0 M_0\cos\theta=-\mu'\frac{\partial\varphi_{m2}}{\partial r}\bigg|_{r=R} \tag{6}$$

利用边界条件确定系数 A_n 和 B_n，设球内的磁标势为 φ_{m1}，球外的磁标势为 φ_{m2}。将(2)式代入(3)式有

$$\varphi_{m1}(r,\theta)=\sum_{n=0}^{\infty}A_n r^n P_n(\cos\theta)\quad(r\leqslant R) \tag{7}$$

将(2)式代入(4)式有

$$\varphi_{m2}(r,\theta)=\sum_{n=0}^{\infty}\frac{B_n}{r^{n+1}}P_n(\cos\theta)\quad(r\geqslant R) \tag{8}$$

根据(7)式和(8)式，由方程(5)式，并比较方程两边 $P_n(\cos\theta)$ 的系数有

$$B_n=R^{2n+1}A_n \tag{9}$$

根据(7)式和(8)式，由方程(6)式，并比较方程两边 $P_n(\cos\theta)$ 的系数有

$$B_1=\frac{R^3}{2\mu'}(-\mu A_1+\mu_0 M_0) \tag{10}$$

$$B_n=-\frac{\mu n R^{2n+1}}{\mu'(n+1)}A_n \tag{11}$$

联立方程(9)式、(10)式和(11)式有

$$A_1=\frac{\mu_0}{\mu+2\mu'}M_0 \tag{12}$$

$$B_1=\frac{\mu_0}{\mu+2\mu'}M_0 R^3 \tag{13}$$

$$A_n=0,\quad B_n=0\quad(n\neq 1) \tag{14}$$

将(12)式和(14)式代入(7)式有

$$\varphi_{m1}(r,\theta)=\frac{\mu_0}{\mu+2\mu'}M_0 r\cos\theta=\frac{\mu_0}{\mu+2\mu'}\boldsymbol{M}_0\cdot\boldsymbol{r}\quad(r\leqslant R) \tag{15}$$

将(13)式和(4)代入(8)式有

$$\varphi_{m2}(r,\theta)=\frac{\mu_0}{\mu+2\mu'}\frac{R^3}{r^2}M_0 r\cos\theta=\frac{\mu_0}{\mu+2\mu'}\left(\frac{R}{r}\right)^3\boldsymbol{M}_0\cdot\boldsymbol{r}\quad(r\geqslant R) \tag{16}$$

根据 $\boldsymbol{B}$、$\boldsymbol{H}$ 和 $\boldsymbol{M}$ 三者间的关系得球内的磁感应强度为

$$\boldsymbol{B}_1=\mu_0\boldsymbol{H}_0+\mu_0\boldsymbol{M}_0=-\mu\nabla\varphi_{m1}(r,\theta)+\mu_0\boldsymbol{M}_0$$

$$= \frac{\mu\mu_0}{\mu+2\mu'}\boldsymbol{M}_0 + \mu_0\boldsymbol{M}_0 = \frac{2\mu_0\mu'}{\mu+2\mu'}\boldsymbol{M}_0 \quad (r<R) \tag{17}$$

同理,球外的磁感应强度为

$$\boldsymbol{B}_2 = \mu' H = -\mu'\nabla\varphi_{m2} = -\mu'\frac{\mu_0}{\mu+2\mu'}\nabla\left[\left(\frac{R}{r}\right)^3\boldsymbol{M}_0\cdot\boldsymbol{r}\right]$$

$$= \frac{\mu_0\mu'}{(\mu+2\mu')}\left(\frac{R}{r}\right)^3\left[\frac{3(\boldsymbol{M}_0\cdot\boldsymbol{r})\boldsymbol{r}}{r^2}-\boldsymbol{M}_0\right] \quad (r>R) \tag{18}$$

Ⅱ.求磁化电流分布

① 球内

由 $\boldsymbol{B}_1 = \mu(\boldsymbol{H}_1+\boldsymbol{M}_0) = \mu\boldsymbol{H}_1 + \mu\boldsymbol{M}_0$ 得

$$\boldsymbol{M}_1 = \boldsymbol{M}_0 + \frac{\mu-\mu_0}{\mu_0}\boldsymbol{H}_1 = \boldsymbol{M}_0 + \frac{\mu-\mu_0}{\mu_0}\frac{\boldsymbol{B}-\mu_0\boldsymbol{M}_0}{\mu}$$

$$= \boldsymbol{M}_0 - \frac{\mu-\mu_0}{\mu_0}\boldsymbol{M}_0 + \frac{\mu-\mu_0}{\mu\mu_0}\boldsymbol{B}_1$$

$$= \frac{\mu_0}{\mu}\boldsymbol{M}_0 + \frac{\mu-\mu_0}{\mu_0\mu}\frac{2\mu_0\mu'}{\mu+2\mu'}\boldsymbol{M}_0 = \frac{\mu_0+2\mu'}{\mu+2\mu'}\boldsymbol{M}_0 \tag{19}$$

② 球外

介质的磁化强度为

$$\boldsymbol{M}_2 = \frac{\boldsymbol{B}_2}{\mu_0} - \boldsymbol{H}_2 = \left(\frac{1}{\mu_0}-\frac{1}{\mu'}\right)\boldsymbol{B}_2 = \frac{\mu'-\mu_0}{\mu'\mu_0}\boldsymbol{B}_2$$

$$= \frac{\mu'-\mu_0}{\mu+2\mu'}\left(\frac{R}{r}\right)^3\left[\frac{3(\boldsymbol{M}_0\cdot\boldsymbol{r})\boldsymbol{r}}{r^2}-\boldsymbol{M}_0\right] \tag{20}$$

由磁化电流 $\boldsymbol{J}_m$ 与磁化强度 $\boldsymbol{M}$ 的关系得磁化电流密度为

① 球内

$$\boldsymbol{J}_{m1} = \nabla\times\boldsymbol{M}_1 = \frac{\mu_0+2\mu'}{\mu+2\mu'}\nabla\times\boldsymbol{M}_0 = 0 \tag{21}$$

② 球外

$$\boldsymbol{J}_{m2} = \nabla\times\boldsymbol{M}_2 = \frac{\mu_0-\mu_0}{\mu+2\mu}R^3\nabla\times\left[\frac{3(\boldsymbol{M}_0\cdot\boldsymbol{r})\boldsymbol{r}}{r^5}-\frac{\boldsymbol{M}_0}{r^3}\right] = 0 \tag{22}$$

③ 球面上

在球与介质的交界面上有一薄层的磁化电流,其面电流密度 $\boldsymbol{K}_m$ 为

$$\boldsymbol{K}_m = \boldsymbol{e}_r\times(\boldsymbol{M}_2-\boldsymbol{M}_1)_{r=R} = \boldsymbol{e}_r\times\boldsymbol{M}_2\big|_{r=R} - \boldsymbol{e}_r\times\boldsymbol{M}_1\big|_{r=R}$$

$$= \frac{\mu'-\mu_0}{\mu+2\mu'}\boldsymbol{M}_0\times\boldsymbol{e}_r - \frac{\mu_0+2\mu'}{\mu+2\mu'}\boldsymbol{M}_0\times\boldsymbol{e}_r = \frac{3\mu'}{\mu+2\mu'}\boldsymbol{H}_0\sin\theta\boldsymbol{e}_\phi \tag{23}$$

补充 将上题的永磁球置入均匀外磁场 $\boldsymbol{H}_0$ 中,结果如何?

【解】 Ⅰ.磁化球内外的磁标势

设 $\boldsymbol{M}_0 = M\boldsymbol{e}_z$,$\boldsymbol{H}_0 = H_0\boldsymbol{e}_z$,以磁化球球心为坐标原点,$\boldsymbol{H}_0$ 的方向为极轴方向,建立球坐标系。因为整个空间无自由电流,所以磁标势 φ_m 满足拉普拉斯方程

$$\nabla^2 \varphi_m = 0 \tag{1}$$

由对称性分析知此问题具有轴对称性，φ_m 与方位角无关，则方程(1)的通解为

$$\varphi_m(r,\theta) = \sum_{n=0}^{\infty}\left(A_n r^n + \frac{B_n}{r^{n+1}}\right)P_n(\cos\theta) \tag{2}$$

由上题分析，并考虑到 $r \to 0$ 时，φ_1 为有限值，$r \to \infty$ 时，$\varphi_2 = -H_0 r\cos\theta$，磁化球内外两区域的通解可为

$$\varphi_{m1}(r,\theta) = \sum_{n=0}^{\infty} A_n r^n P_n(\cos\theta) \quad (r \leqslant R) \tag{3}$$

$$\varphi_{m2}(r,\theta) = -H_0 r\cos\theta + \sum_{n=0}^{\infty}\frac{B_n}{r^{n+1}}P_n(\cos\theta) \tag{4}$$

边界条件为

$$\varphi_{m1}\big|_{r=R} = \varphi_{m2}\big|_{r=R} \tag{5}$$

$$\left(-\mu\frac{\partial\varphi_{m1}}{\partial r} + \mu_0 M_0\cos\theta\right)\bigg|_{r=R} = -\mu_0\frac{\partial\varphi_{m2}}{\partial r}\bigg|_{r=R} \tag{6}$$

利用边界条件确定系数 A_n 和 B_n，将(3)式和(4)式代入(5)式有

$$A_n = 0 \quad (n \neq 1) \tag{7}$$

$$A_1 R = -H_0 R + \frac{B_1}{R^2} \tag{8}$$

将(3)式和(4)式代入(6)式有

$$B_n = 0 \quad (n \neq 1) \tag{9}$$

$$-\mu A_1 + \mu_0 M_0 = \mu_0 H_0 + 2\mu_0\frac{B_1}{R^3} \tag{10}$$

联立(8)式和(10)式解得

$$A_1 = \frac{\mu_0(M_0 - 3H_0)}{2\mu_0 + \mu} \tag{11}$$

$$B_1 = \frac{[(\mu - \mu_0)H_0 + \mu_0 M_0]}{2\mu_0 + \mu}R^3 \tag{12}$$

将(7)式和(11)式及(9)式和(12)式分别代入(2)式和(3)式，即得磁化球内外的磁标势为

$$\varphi_{m1}(r,\theta) = \frac{\mu_0(M_0 - 3H_0)}{2\mu_0 + \mu}r\cos\theta \quad (r < R)$$

$$\varphi_{m2}(r,\theta) = -H_0 r\cos\theta + \frac{[(\mu - \mu_0)H_0 + \mu_0 M_0]}{2\mu_0 + \mu}\frac{R^3}{r^2}\cos\theta \quad (r > R) \tag{13}$$

Ⅱ.磁化球内外的磁场

$$\boldsymbol{B}_1 = -\mu\nabla\varphi_{m1} + \mu_0\boldsymbol{M}_0 = \frac{3\mu_0\mu}{2\mu_0 + \mu}\boldsymbol{H}_0 + \frac{2\mu_0^2}{2\mu_0 + \mu}\boldsymbol{M}_0 \quad (r < R) \tag{14}$$

$$\boldsymbol{B}_2 = -\mu_0\nabla\varphi_{m2} = -\mu_0\left(\frac{\partial\varphi_{m2}}{\partial r}\boldsymbol{e}_r + \frac{1}{r}\frac{\partial\varphi_{m2}}{\partial\theta}\boldsymbol{e}_\theta\right)$$

$$= \mu_0 H_0(\cos\theta \boldsymbol{e}_r - \sin\theta \boldsymbol{e}_\theta) - \mu_0 \left[\frac{(\mu-\mu_0)H_0 + \mu_0 M_0}{2\mu_0+\mu}\right] R^3 \left(-\frac{2\cos\theta}{r^3}\boldsymbol{e}_r + \frac{\sin\theta}{r^3}\boldsymbol{e}_\theta\right) \quad (15)$$

令

$$\boldsymbol{m} = \left[\frac{(\mu-\mu_0)\boldsymbol{H}_0 + \mu_0 \boldsymbol{M}_0}{2\mu_0+\mu}\right] R^3 \quad (16)$$

则

$$\boldsymbol{B}_2 = \mu_0 \boldsymbol{H}_0 + \mu_0 \left[\frac{3(\boldsymbol{m}\cdot\boldsymbol{r})\boldsymbol{r}}{r^5} - \frac{\boldsymbol{m}}{r^3}\right]$$

3.14 半径为 R_0 无穷长介质圆柱被均匀磁化，磁化强度为 $\boldsymbol{M}_0$，$\boldsymbol{M}_0$ 与圆柱的轴线垂直，圆柱外是真空，试求此圆柱产生的磁化强度。

【解】 用磁标势法求解。如图 3.14 所示，以圆柱轴线上任意一点为坐标 O，圆柱的轴线为 z 轴，$\boldsymbol{M}_0$ 的方向为 $\phi = 0$ 的方向建立柱坐标系。由于柱内外无自由电流，故磁标势 φ_m 满足拉普拉斯方程

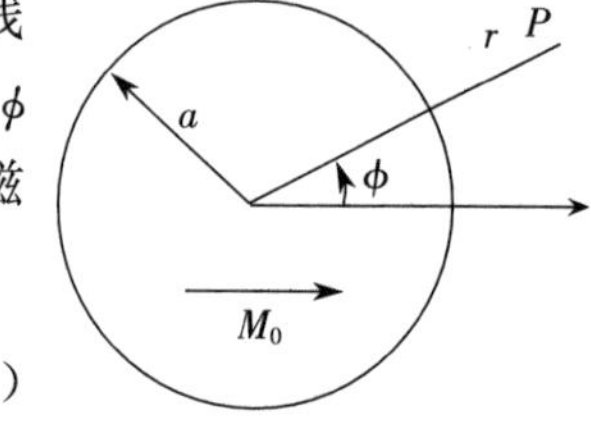

图 3.14

$$\nabla^2 \varphi_m = \frac{1}{r}\frac{\partial}{\partial r}\left(\frac{\partial \varphi_m}{\partial r}\right) + \frac{1}{r}\frac{\partial \varphi_m}{\partial \phi} = 0 \quad (1)$$

因为此问题具有轴对称性，所以 φ_m 与 z 坐标无关。令

$$\varphi_m(r,\phi) = R(r)\Phi(\phi) \quad (2)$$

将方程(2)式代入方程(1)式有

$$\frac{1}{R} r \frac{\mathrm{d}}{\mathrm{d}r}\left(r\frac{\mathrm{d}R}{\mathrm{d}r}\right) = \frac{1}{\Phi}\frac{\mathrm{d}^2\Phi}{\mathrm{d}\phi^2} \quad (3)$$

令方程(3)式等于 m^2，则有

$$\frac{1}{\Phi}\frac{\mathrm{d}^2\Phi}{\mathrm{d}\phi^2} = -m^2 \quad (4)$$

$$\frac{1}{R}\left(r^2\frac{\mathrm{d}^2R}{\mathrm{d}r^2} + r\frac{\mathrm{d}R}{\mathrm{d}r}\right) = m^2 \quad (5)$$

解方程(4)和方程(5)得解分别为

$$\Phi(\phi) = A'_m \cos m\phi + B'_m \sin m\phi \quad (6)$$

$$R(r) = C'_m r^m + D'_m r^{-m} \quad (7)$$

式中 $m = 0,1,2\cdots$ 将方程(6)式和方程(7)式代入(2)式得方程(1)式的通解为

$$\varphi_m(r,\theta) = C_0 \ln r + D_0 + \sum_{m=1}^{\infty}(A_m' \cos m\phi + B_m' \sin m\phi)(C_m' r^m + D'_m r^{-m}) \quad (8)$$

式中 C_0、D_0、A_m'、B_m'、C'_m 和 D_m' 为待定常数。

边界条件为

$$\varphi_m(r,\theta)\big|_{r\to 0} = \text{有限值} \quad (9)$$

$$\varphi_m(r,\theta)\big|_{r\to\infty} = 0 \quad (10)$$

$$\varphi_m(r,\phi)\big|_{r=R_0} = \varphi_m(r,\phi)\big|_{r=R_0} \quad (11)$$

$$-\frac{\partial \varphi_{m1}}{\partial \phi}\bigg|_{r=R_0}+M_0\cos\phi=-\frac{\partial \varphi_{m2}}{\partial \phi}\bigg|_{r=R_0}\quad (B_{1n}=B_{2n}) \tag{12}$$

利用边界条件确定常数，设柱内的磁标势为 φ_{m1}，柱外的磁标势为 φ_{m2}。将方程(8)式代入边界条件(9)式有

$$C_0=0 \tag{13}$$

$$D_m{}'=0 \tag{14}$$

所以，得柱内的磁标势为

$$\varphi_{m1}(r,\theta)=\sum_{m=0}^{\infty}r^m(A'_mC'_mD_0\cos m\phi+B'_mC'_mD_0\sin m\phi)\quad (r\leqslant R_0) \tag{15}$$

令

$$A_m=A'_mC'_mD'_0 \tag{16}$$

$$B_m=B'_mC'_mD_0 \tag{17}$$

则方程(15)式变为

$$\varphi_{m1}(r,\theta)=\sum_{m=0}^{\infty}r^m(A_m\cos m\phi+B_m\sin m\phi)(r\leqslant R_0) \tag{18}$$

将方程(8)式代入边界条件(10)式有

$$C_0=0 \tag{19}$$

$$C'_m=0 \tag{20}$$

所以，得柱外的磁标势为

$$\varphi_{m2}(r,\theta)=\sum_{m=0}^{\infty}r^m(A'_mD'_mD_0\cos m\phi+B'_mD'mD_0\sin m\phi)\quad (r\geqslant R_0) \tag{21}$$

令

$$C_m=A'_mD'_mD_0 \tag{22}$$

$$D_m=B'_mD'_mD_0 \tag{23}$$

则方程(21)式变为

$$\varphi_{m2}(r,\theta)=\sum_{m=0}^{\infty}r^m(C_m\cos m\phi+D_m\sin m\phi)\quad (r\geqslant R_0) \tag{24}$$

将方程(18)式和(24)式代入方程(11)式，并比较方程两边 $\cos m\phi$ 和 $\sin m\phi$ 的系数有

$$C_m=R_0^{2m}A_m \tag{25}$$

$$D_m=R_0^{2m}A_m \tag{26}$$

将方程(13)式和(14)式代入方程(12)式，并比较方程两边 $\cos m\phi$ 和 $\sin m\phi$ 的系数有

$$C_m=-R_0^{2m}A_m\quad (m\neq 1) \tag{27}$$

$$D_m=-R_0^{2m}A_m\quad (m\neq 1) \tag{28}$$

$$-A_1+M_0=\frac{1}{R_0^2}C_1 \tag{29}$$

$$-B_1=\frac{1}{R_0^2}D_1 \tag{30}$$

联立(25)式、(26)式、(27)式、(28)式、(29)式和(30)式求解得

$$A_m=B_m=C_m=D_m=0\quad(m\neq 1) \tag{31}$$

$$B_1=D_1=0 \tag{32}$$

$$A_1=\frac{1}{2}M_0 \tag{33}$$

$$C_1=\frac{1}{2}R_0^2D_0 \tag{34}$$

将(31)式、(32)式、(33)式和(34)式代入方程(18)式和(24)式得所求的磁标势为

$$\varphi_{m1}(r,\phi)=\frac{1}{2}M_0r\cos\phi\quad(r\leqslant R_0) \tag{35}$$

$$\varphi_{m2}(r,\phi)=\frac{1}{2}R_0^2\frac{\cos\phi}{r}\quad(r\geqslant R_0) \tag{36}$$

由磁场强度 $\boldsymbol{H}$ 与磁标势 $\varphi_m(r,\phi)$ 间的关系得所求的磁场强度为

$$\boldsymbol{H}_1=-\nabla\varphi_{m1}(r,\phi)=-\frac{1}{2}M_0\nabla(r\cos\phi)=-\frac{1}{2}\boldsymbol{M}_0\quad(r<R_0) \tag{37}$$

$$\begin{aligned}\boldsymbol{H}_2&=-\nabla\varphi_{m2}(r,\phi)=-\frac{1}{2}R_0^2\nabla M_0\left(\frac{\cos\phi}{r}\right)\\&=-\frac{1}{2}M_0\left(\frac{R_0}{r}\right)^2(\cos\phi\boldsymbol{e}_r+\sin\phi\boldsymbol{e}_\phi)\quad(r>R_0)\end{aligned} \tag{38}$$

3.15 真空中有一半径为 R 的均匀磁化球，磁化强度为 $\boldsymbol{M}$。试求：(1) 此球的磁标势；(2) 此球的磁感应强度。

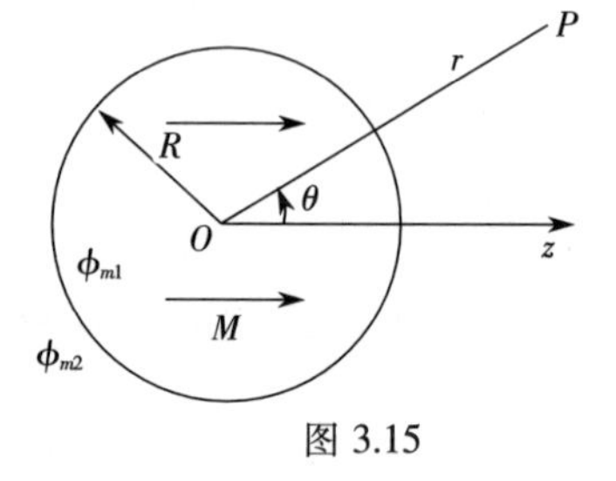

图 3.15

【解】 Ⅰ. 求球的磁标势

如图 3.15 所示，以球心 O 为坐标原点，$\boldsymbol{M}$ 的方向为极轴的方向，建立球坐标系。因无自由电流，所以存在磁标势 φ_m，φ_m 满足拉普拉斯方程为

$$\nabla^2\varphi_m=0 \tag{1}$$

由于此问题具有轴对称性，$\varphi_m(r,\theta)$ 与方位角无关，所以，方程(1)的解为

$$\varphi_m(r,\theta)=\sum_{n=0}^{\infty}\left(A_nr^n+\frac{B_n}{r^{n+1}}\right)P_n(\cos\theta) \tag{2}$$

边界条件为

$$\varphi_m=(r,\theta)\big|_{r\to 0}=\text{有限值} \tag{3}$$

$$\varphi_m=(r,\theta)\big|_{r\to\infty}=0 \tag{4}$$

$$\varphi_{m1}=(r,\theta)\big|_{r=R}=\varphi_{m2}(r,\theta)\big|_{r=R} \tag{5}$$

$$-\frac{\partial\varphi_{m1}(r,\theta)}{\partial r}\bigg|_{r=R}+M\cos\theta=-\frac{\partial\varphi_{m2}(r,\theta)}{\partial r}\bigg|_{r=R}\quad(B_{n1}=B_{n2},H_{n1}+M_n=H_{n2}) \tag{6}$$

利用边界条件确定系数 = A_n 和 B_n，设球内的磁标势为 φ_{m1}，球外的磁标势为 φ_{m2}。将方程(2) 代入方程(3) 式有

$$\varphi_{m1}(r,\theta) = \sum_{n=0}^{\infty} A_n r^n P_n(\cos\varphi) \quad (r \leqslant R) \tag{7}$$

将方程(2) 代入方程(4) 式有

$$\varphi_{m2}(r,\theta) = \sum_{n=0}^{\infty} \frac{B_n}{r^{n+1}} P_n(\cos\theta) \quad (r \geqslant R) \tag{8}$$

将(7) 式和(8) 式代入方程(5) 式有

$$B_n = R^{2r+1} A_n \tag{9}$$

将(7) 式和(8) 式代入方程(6) 式有

$$-\sum_{n=0}^{\infty} n A_n R^{n-1} P_n(\cos\theta) + M\cos\theta = \sum_{n=0}^{\infty} \frac{(n+1)B_n}{R^{n+2}} P_n(\cos\theta) \tag{10}$$

比较(10) 式方程两边 $P_n(\cos\theta)$ 的系数得

$$B_n = -\frac{n}{n+1} R^{2n+1} A_n \quad (n \neq 1) \tag{11}$$

$$B_1 = -\frac{1}{2} R^3 (A_1 - M) \tag{12}$$

联立(9) 式、(11) 式和(12) 式求解得

$$A_n = B_n = 0 \quad (n \neq 1) \tag{13}$$

$$A_1 = \frac{1}{3} M \tag{14}$$

$$B_1 = \frac{1}{3} R^3 M \tag{15}$$

将(13) 式、(14) 式和(15) 式代入方程(7) 式和(8) 式得所求的磁标势为

$$\varphi_{m1}(r,\theta) = \frac{1}{3} M r \cos\theta \quad (r \leqslant R) \tag{16}$$

$$\varphi_{m2}(r,\theta) = \frac{1}{3} R^3 M \frac{\cos\theta}{r^3} \quad (r \geqslant R) \tag{17}$$

Ⅱ. 求球的磁感应强度

根据磁感应强度 $\boldsymbol{B}$、磁场强度 $\boldsymbol{H}$ 和磁化强度 $\boldsymbol{M}$ 间的关系得磁感应强度 $\boldsymbol{B}$ 为

① 球内

$$\begin{aligned} \boldsymbol{B}_1 &= \mu_0 \boldsymbol{H}_1 + \mu_0 \boldsymbol{H} = -\mu_0 \nabla \varphi_{m1}(r,\theta) + \mu_0 \boldsymbol{M} \\ &= -\mu \nabla \left(\frac{1}{3} M r \cos\theta \right) + \mu_0 \boldsymbol{M} = \frac{2}{3} \mu_0 \boldsymbol{M} \quad (r < R) \end{aligned} \tag{18}$$

② 球外

同理有

$$\boldsymbol{B}_2 = \mu_0 \boldsymbol{H}_2 = -\mu_0 \nabla \varphi_{m2}(r,\theta) = -\mu_0 \nabla \left(\frac{R^3}{3r^3} M \cos\theta \right)$$

$$= \frac{1}{3}\mu_0\left(\frac{R}{r}\right)^3[2Mr\cos\theta\boldsymbol{e}_r + M\sin\theta\boldsymbol{e}_\theta]$$

$$= \frac{1}{3}\mu_0\left(\frac{R}{r}\right)^3\left[\frac{3(\boldsymbol{M}\cdot\boldsymbol{r})\boldsymbol{r}}{r^2} - \boldsymbol{M}\right] \quad (r > R) \tag{19}$$

3.16 半径为 R 的圆柱导电介质中均匀地流有电流 $\boldsymbol{J}$，并置于均匀的外磁场 $\boldsymbol{B}_0$ 中，磁场的方向与圆柱的轴垂直，圆柱介质的磁导率为 μ，试求空间的磁场分布。

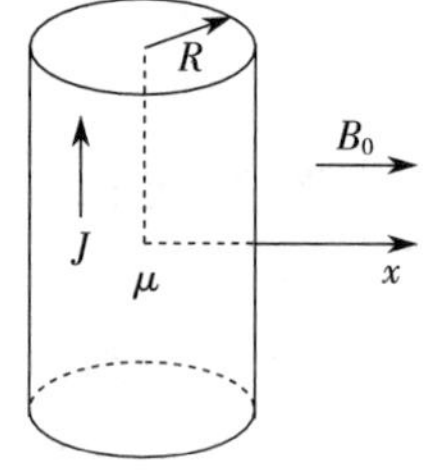

图 3.16

【解】 这是一个稳定的电流体系问题，根据稳定电流的条件 $\nabla\cdot\boldsymbol{J}=0$ 可知 $\frac{\partial}{\partial z}J_z=0$，电流密度与 z 方向的空间坐标无关，即 $\boldsymbol{J}=J(x,y)\boldsymbol{e}_z$，由于矢势 $\boldsymbol{A}$ 是由电流 $\boldsymbol{J}$ 所激发的，且边界面是二维的，所以矢势 $\boldsymbol{A}$ 也是二维的 x,y 的函数，并只有 z 方向的分量，即 $\boldsymbol{A}=A(x,y)\boldsymbol{e}_z$，这样，$\boldsymbol{A}$ 所满足的矢量方程 $\nabla^2\boldsymbol{A}=-\mu\boldsymbol{J}$ 就变为一个标量方程 $\nabla^2 A=-\mu J$。由此，此题可先求出矢势，再求磁场，如图 3.16 所示，采用柱坐标系，设圆柱外 $\rho>R$ 区域的矢势为 $\boldsymbol{A}_1$，圆柱内 $\rho<R$ 区域的矢势为 $\boldsymbol{A}_2$，由于圆柱外 $\boldsymbol{J}=0$，$\boldsymbol{A}_1$ 满足拉普拉斯方程

$$\nabla^2 A_1 = 0 \quad (\rho > R) \tag{1}$$

在圆柱内有电流分布，$\boldsymbol{A}_2$ 满足泊松方程

$$\nabla^2 A_2 = -\mu J \quad (\rho < R) \tag{2}$$

边界条件为

$$A_1\big|_{\rho=R} = A_2\big|_{\rho=R} \tag{3}$$

$$\frac{1}{\mu_1}\frac{\partial A_1}{\partial n}\bigg|_{\rho=R} = \frac{1}{\mu_2}\frac{\partial A_2}{\partial n}\bigg|_{\rho=R} \tag{4}$$

$$A_1\big|_{\rho\to\infty} \Rightarrow \text{含有均匀外磁场和传导电流的贡献} \tag{5}$$

$$A_2\big|_{\rho\to\infty} = \text{有限值} \tag{6}$$

球外的矢势 $\boldsymbol{A}$ 由三部分组成：

均匀外磁场 $\boldsymbol{B}_0$ 的贡献：

$$A_{11} = B_{0y} = B_0\rho\cos\varphi \tag{7}$$

传导电流 $I=\pi R^2 J$ 的贡献：

$$A_{12} = \frac{\mu_0 I}{2\pi}\ln\frac{\rho_0}{\rho} \tag{8}$$

介质磁化电流的贡献：

$$A_{13} = \sum_{n=0}^{\infty}(c_n\cos n\varphi + d_n\sin n\varphi)\rho^{-n} \tag{9}$$

所以 A_1 为

$$A_1 = A_{11} + A_{12} + A_{13} = B_0\rho\sin\varphi + \frac{\mu_0 I}{2\pi}\ln\frac{\rho_0}{\rho} + \sum_{nb=0}^{\infty}(c_n\cos n\varphi + d_n\sin n\varphi)\rho^{-n} \tag{10}$$

且有

$$A_{13}\big|_{\rho\to\infty}=0 \tag{11}$$

式中 c_n 和 d_n 为待定常数。

球内的矢势 A_2 由两部分组成：

柱内电流分布的贡献为

$$A_{21}=-\frac{\mu}{4}J\rho^2 \tag{12}$$

柱内磁化电流的贡献为

$$A_{22}=\sum_{n=0}^{\infty}(a_n\cos n\varphi+b_n\sin n\varphi)\rho^n \tag{13}$$

所以 A_2 为

$$A_2=A_{21}+A_{22}=-\frac{\mu}{4}J\rho^2+\sum_{n=0}^{\infty}(a_n\cos n\varphi+b_n\sin n\varphi)\rho^n \tag{14}$$

且有

$$A_2\big|_{\rho\to\infty}=\text{有限值} \tag{15}$$

式中 a_n 和 B_n 为待定常数。

根据边界条件确定待定常数。

将(10)式和(14)式代入(3)式有

$$\begin{aligned}&-\frac{\mu}{4}JR^2+\sum_{n=0}^{\infty}(a_n\cos n\varphi+b_n\sin n\varphi)R^n\\&\quad=B_0R\sin\varphi+\frac{\mu_0 I}{2\pi}\ln\frac{\rho_0}{R}+\sum_{n=0}^{\infty}(c_n\cos n\varphi+d_n\sin n\varphi)R^{-n}\end{aligned} \tag{16}$$

比较方程(16)式两边的系数有

$$\frac{\mu_0 I}{2\pi}\ln\rho_0=\frac{\mu_0 I}{2\pi}\ln R-\frac{\mu}{4}JR^2 \tag{17}$$

即

$$\frac{\mu_0 I}{2\pi}\ln\rho_0=\frac{\mu_0 I}{2\pi}\ln R-\frac{\mu I}{4\pi} \tag{18}$$

$$B_0R+(c_1\cos\varphi+d_1\sin\varphi)R^{-1}=(a_1\cos\varphi+b_1\sin\varphi)R\quad(n=1) \tag{19}$$

将(10)式和(14)式代入(4)式有

$$\begin{aligned}&\frac{1}{\mu_0}\left[B_0\sin\varphi-\frac{\mu_0 I}{2\pi R}-n\sum_{n=0}^{\infty}(c_n\cos n\varphi+d_n\sin n\varphi)R^{-(n+1)}\right]\\&=\frac{1}{\mu}\left[-\frac{\mu JR}{2}+n\sum_{n=0}^{\infty}(a_n\cos n\varphi+b_n\sin n\varphi)R^{n-1)}\right]\end{aligned} \tag{20}$$

注意：式中 $\mu_1=\mu_0,\mu_2=\mu$。

比较方程(20)式两边的系数有

$$\frac{1}{\mu_0}[B_0\sin\varphi-(c_1\cos\varphi+d_1\sin\varphi)R^{-2}]=\frac{1}{\mu}(a_1\cos\varphi+b_1\sin\varphi)\quad(n=1) \tag{21}$$

由(19) 式和(21) 式联立解得

$$b_1 = \frac{2\mu}{\mu+\mu_0}B_0 \tag{22}$$

$$d_1 = \frac{\mu-\mu_0}{\mu+\mu_0}B_0R^2 \tag{23}$$

其他的系数都为零。所以，空间的矢势分布为

$$A_1 = \frac{\mu_0 I}{2\pi}\ln\frac{R}{\rho} - \frac{\mu I}{4\pi} + B_0\rho\sin\varphi\left(1+\frac{\mu-\mu_0}{\mu+\mu_0}\frac{R^2}{\rho^2}\right) \quad (\rho > R) \tag{24}$$

$$A_2 = -\frac{\mu J}{4}\rho^2 + \frac{2\mu}{\mu+\mu_0}B_0\rho\sin\varphi \quad (\rho < R) \tag{25}$$

由磁感应强度 $\boldsymbol{B}$ 和矢势 $\boldsymbol{A}$ 的关系得空间的磁感应强度分布为

$$\boldsymbol{B}_1 = \nabla\times\boldsymbol{A}_1 = \frac{1}{\rho}\frac{\partial \boldsymbol{A}_1}{\partial\varphi}\boldsymbol{e}_\rho - \frac{\partial \boldsymbol{A}_1}{\partial\rho}\boldsymbol{e}_\varphi = \left[\left(1+\frac{\mu-\mu_0}{\mu+\mu_0}\frac{R^2}{\rho^2}\right)B_0\cos\varphi\right]\boldsymbol{e}_\rho$$

$$+\left[\frac{\mu_0 I}{2\pi}\frac{1}{\rho} - B_0\sin\varphi + \frac{\mu-\mu_0}{\mu+\mu_0}\frac{B^2}{\rho^2}B_0\sin\varphi\right]\boldsymbol{e}_\varphi \quad (\rho > R) \tag{26}$$

$$\boldsymbol{B}_2 = \nabla\times\boldsymbol{A}_2 = \frac{1}{\rho}\frac{\partial \boldsymbol{A}_2}{\partial\varphi}\boldsymbol{e}_\rho - \frac{\partial \boldsymbol{A}_2}{\partial\rho}\boldsymbol{e}_\varphi$$

$$= \left(\frac{2\mu}{\mu+\mu_0}B_0\cos\varphi\right)\boldsymbol{e}_\rho + \left(\frac{\mu}{2}J\rho - \frac{2\mu}{\mu+\mu_0}B_0\sin\varphi\right)\boldsymbol{e}_\varphi \quad (\rho < R) \tag{27}$$

3.17 真空中有一半径为 R_0 的均匀磁化球，磁化强度为 $\boldsymbol{M}$。试求：(1) 此球的矢势；(2) 此球的磁感应强度。

【解】 Ⅰ. 求矢势 $\boldsymbol{A}$。

如图 3.17 所示，以球心 O 为原点，$\boldsymbol{M}$ 的方向为极轴的方向，建立球坐标系。根据

$$\nabla\times\boldsymbol{H} = \boldsymbol{J} \tag{1}$$

$$\nabla\times\boldsymbol{A} = \boldsymbol{B} \tag{2}$$

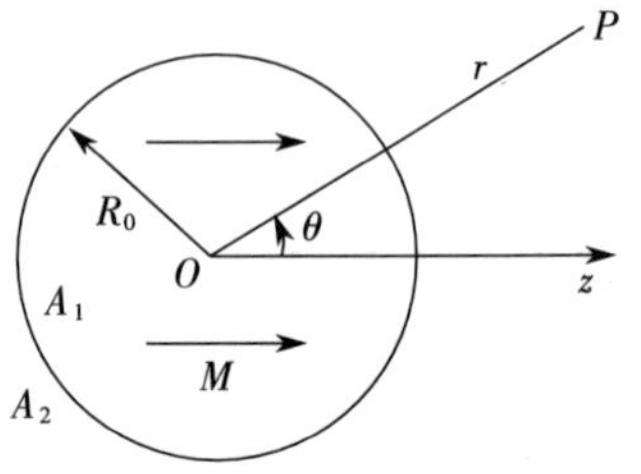

图 3.17

所以有

$$\nabla\times\boldsymbol{H} = \left(\nabla\frac{1}{\mu}\right)\times\boldsymbol{B} + \frac{1}{\mu}\nabla\times\boldsymbol{B} = -\frac{1}{\mu^2}\nabla\mu\times(\nabla\times\boldsymbol{A}) + \frac{1}{\mu}\nabla\times(\nabla\times\boldsymbol{A}) = \boldsymbol{J} \tag{3}$$

又因为

$$\nabla\times(\nabla\times\boldsymbol{A}) = \nabla(\nabla\cdot\boldsymbol{A}) - \nabla^2\boldsymbol{A} \tag{4}$$

由(3) 式和(4) 式有

$$\nabla^2\boldsymbol{A} - \nabla(\nabla\cdot\boldsymbol{A}) + \frac{1}{\mu}(\nabla u)\times(\nabla\times\boldsymbol{A}) = -\mu\boldsymbol{J} \tag{5}$$

采取库伦规范

$$\nabla\cdot\boldsymbol{A} = 0 \tag{6}$$

由于介质球是均匀，球外是真空，所以有

$$\nabla \mu = 0 \tag{7}$$

$$\boldsymbol{J} = 0 \tag{8}$$

将(6)式、(7)式和(8)式代入(5)式得矢势 **A** 满足的拉普拉斯方程为

$$\nabla^2 \boldsymbol{A} = 0 \tag{9}$$

将矢势 **A** 分解在球坐标系的三个方向上，即

$$\boldsymbol{A} = A_r \boldsymbol{e}_r + A_e \boldsymbol{e}_\theta + A_\phi \boldsymbol{e}_\phi \tag{10}$$

根据轴对称性，**A** 与 ϕ 无关，所以有

$$\boldsymbol{A} = \boldsymbol{A}(r,\theta) \tag{11}$$

在球坐标系中将方程(9)式展开为

$$\begin{aligned}\nabla^2 \boldsymbol{A} = &\left\{\nabla^2 A_r - \frac{2}{r^2}\left[A_r + \frac{1}{\sin\theta}\frac{\partial}{\partial\theta}(\sin\theta A_\theta) + \frac{1}{\sin\theta}\frac{\partial A_\phi}{\partial\phi}\right]\right\}\boldsymbol{e}_r \\ &+ \left\{\nabla^2 A_\theta - \frac{2}{r^2}\left(\frac{\partial A_r}{\partial\theta} - \frac{A_\theta}{2\sin^2\theta} - \frac{\cos\theta}{\sin^2\theta}\frac{\partial A_\phi}{\partial\phi}\right)\right\}\boldsymbol{e}_\theta \\ &+ \left\{\nabla^2 A_\phi - \frac{2}{r^2\sin\theta}\left(\frac{\partial A_r}{\partial\phi} + \frac{\cos\theta}{\sin\theta}\frac{\partial A_\theta}{\partial\phi} - \frac{A_\phi}{2\sin\theta}\right)\right\}\boldsymbol{e}_\phi\end{aligned} \tag{12}$$

由于磁化强度 **M** 是由球面上的一薄层电流产生的，根据公式

$$\boldsymbol{A} = \frac{\mu_0}{4\pi}\int_V \frac{\boldsymbol{J}(\boldsymbol{r}')}{|\boldsymbol{r} - \boldsymbol{r}'|}\mathrm{d}V \tag{13}$$

知 d**A** 平行于 $\boldsymbol{J}(\boldsymbol{r}')\mathrm{d}V$。而磁化电流 $\boldsymbol{K}_m$ 与磁化强度 **M** 有如下关系

$$\boldsymbol{K}_m = -\boldsymbol{n} \times \boldsymbol{M} = \boldsymbol{M} \times \boldsymbol{n} = M\sin\theta \boldsymbol{e}_\phi \tag{14}$$

所以，由(13)式知

$$\boldsymbol{A} = A_\phi \boldsymbol{e}_\phi = A(r,\theta)\boldsymbol{e}_\phi \tag{15}$$

$$A_r = 0 \tag{16}$$

$$A_\theta = 0 \tag{17}$$

将上面(15)式、(16)式和(17)式代入(12)式有

$$\nabla^2 A - \frac{A}{r^2\sin^2\theta} = 0 \tag{18}$$

即

$$\frac{1}{r^2}\frac{\partial}{\partial r}\left(r^2\frac{\partial A}{\partial r}\right) + \frac{1}{r^2\sin\theta}\frac{\partial}{\partial\theta}\left(\sin\theta\frac{\partial A}{\partial\theta}\right) + \frac{1}{r^2\sin^2\theta}\frac{\partial^2 A}{\partial\phi^2} - \frac{A}{r^2\sin^2\theta} = 0 \tag{19}$$

利用$\dfrac{\partial A}{\partial\phi} = 0$得

$$\frac{1}{r^2}\frac{\partial}{\partial r}\left(r^2\frac{\partial A}{\partial r}\right) + \frac{1}{r^2\sin\theta}\frac{\partial}{\partial\theta}\left(\sin\theta\frac{\partial A}{\partial\theta}\right) - \frac{A}{r^2\sin^2\theta} = 0 \tag{20}$$

此方程可用分离变量法求解，设

$$A(r,\theta) = R(r)\Theta(\theta) \tag{21}$$

将(21)式代入(20)式并分离变量有

$$\frac{1}{R}\frac{\mathrm{d}}{\mathrm{d}r}\left(r^2\frac{\mathrm{d}R}{\mathrm{d}r}\right)=\frac{1}{\sin\theta}-\frac{1}{\Theta\sin\theta}\frac{\mathrm{d}}{\mathrm{d}r}\left(\sin\theta\frac{\mathrm{d}\Theta}{\mathrm{d}\theta}\right)\tag{22}$$

令方程(22)式等于常数b,即

$$\frac{1}{R}\frac{\mathrm{d}}{\mathrm{d}r}\left(r^2\frac{\mathrm{d}R}{\mathrm{d}r}\right)=\frac{1}{\sin\theta}-\frac{1}{\Theta\sin\theta}\frac{\mathrm{d}}{\mathrm{d}r}\left(\sin\theta\frac{\mathrm{d}\Theta}{\mathrm{d}\theta}\right)=b\tag{23}$$

则有

$$\frac{1}{R}\frac{\mathrm{d}}{\mathrm{d}r}\left(r^2\frac{\mathrm{d}R}{\mathrm{d}r}\right)=b\tag{24}$$

即

$$r^2\frac{\mathrm{d}^2R}{\mathrm{d}r^2}+2r\frac{\mathrm{d}R}{\mathrm{d}r}-bR=0\tag{25}$$

此方程为二阶欧勒方程,其解为

$$R(r)=d_1r^{\frac{\sqrt{1+4b}-1}{2}}+d_2r^{\frac{\sqrt{1+4b}+1}{2}}\tag{26}$$

此方程在当$r\to\infty$时,相当于球是一个磁偶极子,此磁偶极子的矢势$\mathbf{A}$具有如下的性质,即

$$A(r)\big|_{r\to\infty}\to\frac{1}{r^2}\quad(\text{边界条件})\tag{27}$$

根据(27)式的性质,由(24)式可得常数

$$b=2\tag{28}$$

将(28)式代入(26)式有

$$R(r)=b_1r+\frac{b_2}{r^2}\tag{29}$$

将(28)式代入方程(23)式有

$$\frac{1}{\Theta\sin\theta}\frac{\mathrm{d}}{\mathrm{d}\theta}\left(\sin\theta\frac{\mathrm{d}\Theta}{\mathrm{d}\theta}\right)+\left(2-\frac{1}{\Theta\sin^2\theta}\right)=0\tag{30}$$

令

$$\cos\theta=x,\quad\Theta=y\tag{31}$$

上式为

$$\frac{\mathrm{d}}{\mathrm{d}x}\left[(1-x^2)\frac{\mathrm{d}y}{\mathrm{d}x}\right]+\left[2-\frac{1}{1-x^2}\right]=0\tag{32}$$

将(32)式与缔合勒让德方程

$$\frac{\mathrm{d}}{\mathrm{d}x}\left[(1-x^2)\frac{\mathrm{d}y}{\mathrm{d}x}\right]+\left[l(l+1)-\frac{m^2}{1-x^2}\right]y=0\tag{33}$$

比较可知,方程(32)式是$l=1,m=1$的缔合勒让德方程,所以方程(32)式的解为

$$P_l^m(x)=(1-x^2)^{\frac{m}{2}}\frac{\mathrm{d}^m}{\mathrm{d}x^m}P_l(x)\quad(0\leqslant m\leqslant l)\text{(参见数学物理方法书籍)}\tag{34}$$

当$l=1$时,$P_l(x)=x$,所以方程(33)式的解为

$$Y(x)=(1-x^2)^{\frac{1}{2}}\tag{35}$$

根据(31)式代换，方程(30)式的解为

$$\Theta(\theta)=(1-\cos^2\theta)^{\frac{1}{2}}=\sin\theta \tag{36}$$

根据方程(15)式、(16)式、(17)式、(21)式、(29)式和方程(36)式及边界条件(27)式可得

$$\boldsymbol{A}_1(r,\theta)=b_1 r\sin\theta\boldsymbol{e}_\phi \quad (r<R_0) \tag{37}$$

$$\boldsymbol{A}_2(r,\theta)=\frac{b_2}{r^2}\sin\theta\boldsymbol{e}_\phi \quad (r>R_0) \tag{38}$$

Ⅱ. 求磁感应强度 $\boldsymbol{B}$

根据磁感应强度 $\boldsymbol{B}$ 与矢势 $\boldsymbol{A}$ 的关系，磁感应强度 $\boldsymbol{B}$ 为

$$\begin{aligned}\boldsymbol{B}_1&=\nabla\times\boldsymbol{A}_1\\&=b_1\nabla\times(r\sin\theta\boldsymbol{e}_\phi)=b_1[\nabla\times(r\sin\theta)\times\boldsymbol{e}_\phi+r\sin\theta\nabla\times\boldsymbol{e}_\phi]\\&=b_1\left[\frac{\partial}{\partial r}(r\sin\theta)\boldsymbol{e}_r+\frac{1}{r}\frac{\partial}{\partial\theta}(r\sin\theta)\boldsymbol{e}_\theta\right]\times\boldsymbol{e}_\phi+b_1 r\sin\theta\left[\frac{\cos\theta}{r\sin\theta}\boldsymbol{e}_r-\frac{1}{r}\boldsymbol{e}_\theta\right]\\&=2b_1(\cos\theta\boldsymbol{e}_r-\sin\theta\boldsymbol{e}_\theta)\quad(r<R_0)\end{aligned} \tag{39}$$

$$\begin{aligned}\boldsymbol{B}_2&=\nabla\times\boldsymbol{A}_2=b_2\nabla\times\left(\frac{\sin\theta}{r^2}\boldsymbol{e}_\phi\right)\\&=b_2\left[\left(\nabla\frac{\sin\theta}{r^2}\right)\times e_\phi+\frac{\sin\theta}{r^2}(\nabla\times\boldsymbol{e}_\phi)\right]\\&=b_2\left\{\left[\frac{\partial}{\partial r}\left(\frac{\sin\theta}{r^2}\right)\boldsymbol{e}_r+\frac{1}{r}\frac{\partial}{\partial\theta}\left(\frac{\sin\theta}{r^2}\right)\boldsymbol{e}_\theta\right]\times\boldsymbol{e}_\phi+\frac{\sin\theta}{r^2}\left[\frac{\cos\theta}{r\sin\theta}\boldsymbol{e}_r-\frac{1}{r}\boldsymbol{e}_\theta\right]\right\}\\&=\frac{b_2}{r^3}(2\cos\theta\boldsymbol{e}_r+\sin\theta\boldsymbol{e}_\theta)\quad(r>R_0)\end{aligned} \tag{40}$$

Ⅲ. 利用边界条件确定常数 b_1 和 b_2，求最终结果的 $\boldsymbol{A}$ 和 $\boldsymbol{B}$

边界条件为

$$B_{1n}\big|_{r=R_0}=B_{2n}\big|_{r=R_0} \tag{41}$$

$$H_{1t}\big|_{r=R_0}=H_{2t}\big|_{r=R_0} \tag{42}$$

将方程(39)式和(40)式代入边界条件(41)式有

$$b_1R_0^3=b_2 \tag{43}$$

根据 $\boldsymbol{H}$ 与 $\boldsymbol{B}$、$\boldsymbol{M}$ 的关系，利用方程(39)式和(40)式有

$$\begin{aligned}\boldsymbol{H}_1&=\frac{\boldsymbol{B}}{\mu_0}-\boldsymbol{M}=\frac{2b_1}{\mu_0}(\cos\theta\boldsymbol{e}_r-\sin\theta\boldsymbol{e}_\theta)-\boldsymbol{M}(\cos\theta\boldsymbol{e}_r-\sin\theta\boldsymbol{e}_\theta)\\&=\left(\frac{2b_1}{\mu_0}-\boldsymbol{M}\right)(\cos\theta\boldsymbol{e}_r-\sin\theta\boldsymbol{e}_\theta)\end{aligned} \tag{44}$$

$$\boldsymbol{H}_2=\frac{\boldsymbol{B}_2}{\mu_0}=\frac{b_2}{\mu_0 r^3}(2\cos\theta e_t+\sin\theta e_\theta) \tag{45}$$

将方程(44)式和(45)式代入边界条件(42)式有

$$b_2=\mu_0R_0{}^3\left(\boldsymbol{M}-\frac{2b_1}{\mu_0}\right) \tag{46}$$

联立方程(43) 式和(46) 式有

$$b_1 = \frac{1}{3}\mu_0 M \tag{47}$$

$$b_2 = \frac{1}{3}\mu_0 R_0{}^3 M \tag{48}$$

将方程(47) 式和(48) 式代入方程(37) 式和(38) 式得所求矢势为

$$\boldsymbol{A}_1 = \frac{1}{3}\mu_0 Mr\sin\theta\boldsymbol{e}_\phi = \frac{1}{3}\mu_0 \boldsymbol{M}\times\boldsymbol{r} \quad (r < R_0) \tag{49}$$

$$\boldsymbol{A}_2 = \frac{1}{3}\mu_0 R_0^3 M\frac{\sin\theta}{r^2}\boldsymbol{e}_\phi = \frac{1}{3}\mu_0\left(\frac{R_0}{r}\right)^3\boldsymbol{M}\times\boldsymbol{r} \quad (r > R_0) \tag{50}$$

将方程(47) 式和(48) 式代入方程(39) 式和(40) 式得所求磁感应强度为

$$\boldsymbol{B}_1 = \frac{2}{3}\mu_0 M(\cos\theta\boldsymbol{e}_r - \sin\theta\boldsymbol{e}_\theta) = \frac{2}{3}\mu_0\boldsymbol{M} \quad (r < R_0) \tag{51}$$

$$\boldsymbol{B}_2 = \frac{1}{3}\mu_0 M\frac{R_0^3}{r^3}(2\cos\theta\boldsymbol{e}_r + \sin\theta\boldsymbol{e}_\theta) = \frac{1}{3}\mu_0\left(\frac{R_0}{r}\right)^3\left[\frac{3(\boldsymbol{M}\cdot\boldsymbol{r})\boldsymbol{r}}{r^2} - \boldsymbol{M}\right] \quad (r > R_0) \tag{52}$$

3.18 试求半径为 R 的球形永久磁铁所激发的磁场，设其相对磁导率为 μ_r，球外为真空。

【解】 由于球内外无电流分布，可用磁标势求解。设球外的磁标势为 φ_{m1}，因为球外 $\rho_m = 0$，所以，球外的磁标势 φ_{m1} 满足拉普拉斯方程

$$\nabla^2\varphi_{m1} = 0 \quad (r > R) \tag{1}$$

在球内，设球的磁化强度为

$$\boldsymbol{M} = \boldsymbol{M}_0 + \boldsymbol{M}' \tag{2}$$

式中 $\boldsymbol{M}_0$ 为球的固有磁化强度，$\boldsymbol{M}'$ 为球的诱导磁化强度，$\boldsymbol{M}'$ 与磁场强度 $\boldsymbol{H}$ 的关系为

$$\boldsymbol{M}' = \kappa\boldsymbol{H} \tag{3}$$

式中 κ 为球形永久磁铁的磁化率。由(2) 式和(3) 式有

$$\boldsymbol{M} = \boldsymbol{M}_0 + \kappa\boldsymbol{H} \tag{4}$$

对于永久磁铁内部有

$$\boldsymbol{B}/\mu_0 = \boldsymbol{M} + \boldsymbol{H} \tag{5}$$

将(4) 式代入(5) 式有

$$\boldsymbol{B}/\mu_0 = \boldsymbol{M}_0 + (1+\kappa)\boldsymbol{H} = \boldsymbol{M}_0 + \mu_r\boldsymbol{H} \tag{6}$$

式中 μ_r 为球形永久磁铁的相对磁导率。

对方程(6) 式两边取散度，并注意 $\nabla\cdot\boldsymbol{B} = 0$，则有

$$\nabla\cdot\boldsymbol{H} = -\frac{\nabla\cdot\boldsymbol{M}_0}{\mu_r} \tag{7}$$

因为 $\boldsymbol{M}_0$ 是球的固有磁化强度，为一恒矢量，所以

$$\nabla\cdot\boldsymbol{M}_0 = 0 \tag{8}$$

$$\boldsymbol{J} = J(r,\theta)\boldsymbol{e}_{\phi} \tag{1}$$

由矢势 $\boldsymbol{A}$ 与 $\boldsymbol{J}$ 的关系

$$\boldsymbol{A}(\boldsymbol{x}) = \frac{\mu}{4\pi}\int \frac{\boldsymbol{J}(\boldsymbol{x}')}{r}\mathrm{d}V' \tag{2}$$

知 $\boldsymbol{A}$ 只有 ϕ 方向的分量，即

$$\boldsymbol{A} = A(r,\theta)\boldsymbol{e}_{\phi} \tag{3}$$

$\nabla^2\boldsymbol{A}$ 在球坐标系中的 ϕ 分量为

$$(\nabla^2\boldsymbol{A})_{\phi} = \nabla^2 A_{\phi} - \frac{A_{\phi}}{r^2\sin^2\theta} + \frac{2}{r^2\sin\theta}\frac{\partial A_r}{\partial\phi} + \frac{2\cos\theta}{r^2\sin^2\theta}\frac{\partial A_{\theta}}{\partial\phi} \tag{4}$$

由于矢势 $\boldsymbol{A}$ 只有 ϕ 分量，由(3)式知旋转对称的三维问题中的矢势方程为

$$\nabla^2 A_{\phi} - \frac{A_{\phi}}{r^2\sin^2\theta} = -\mu J(r,\theta) \tag{5}$$

将整个空间分为球内和球外两个区域，球外区域的磁导率为 μ_1，球内区域的磁导率为 μ_2，设球外的矢势为 A_1，球内的矢势为 A_2，都只有 ϕ 方向的分量。由于球面内外均无电流分布，由(4)式知矢势满足的方程为

$$\nabla^2 A_1 - \frac{A_1}{r^2\sin^2\theta} = 0 \quad (r > R) \tag{6}$$

$$\nabla^2 A_2 - \frac{A_2}{r^2\sin^2\theta} = 0 \quad (r < R) \tag{7}$$

设

$$A(r,\theta) = R(r)\sin\theta \tag{8}$$

式中 $R(r)$ 是只与 r 有关的函数。

将(8)式代入(6)式和(7)式有

$$r^2\frac{\mathrm{d}^2R_1}{\mathrm{d}r^2} + 2r\frac{\mathrm{d}R_1}{\mathrm{d}r} - 2R_1 = 0 \quad (r > R) \tag{9}$$

$$r^2\frac{\mathrm{d}^2R_2}{\mathrm{d}r^2} + 2r\frac{\mathrm{d}R_2}{\mathrm{d}r} - 2R_2 = 0 \quad (r < R) \tag{10}$$

这是两个齐次欧拉方程，它们的通解为

$$R_1(r) = B_1 r + \frac{B_2}{r^2} \quad (r > R) \tag{11}$$

$$R_2(r) = C_1 r + \frac{C_2}{r^2} \quad (r < R) \tag{12}$$

(11)式和(12)式中 B_1、B_2、C_1 和 C_2 为待定常数。

当球面上的电荷与球面一道转动时，球面上形成的电流线密度为

$$\boldsymbol{\alpha} = \sigma\boldsymbol{v} = \frac{q\omega}{4\pi R^2}R\sin\theta\boldsymbol{e}_{\phi} = \frac{q\omega}{4\pi R}\sin\theta\boldsymbol{e}_{\phi} \tag{13}$$

边界条件

$$A_1\big|_{r\to\infty} = 0 \quad (R_1\big|_{r\to\infty} = 0) \tag{14}$$

$$A_2\big|_{r\to 0}=\text{有限值}\quad (R_1\big|_{r\to 0}=\text{有限值}) \tag{15}$$

$$A_1\big|_{r=R}=A_2\big|_{r=R} \tag{16}$$

$$\frac{1}{\mu_1}\frac{\partial}{\partial r}(rA_1)\bigg|_{r=R}-\frac{1}{\mu_2}\frac{\partial}{\partial r}(rA_2)\bigg|_{r=R}=-\frac{q\omega}{4\pi R}\sin\theta \tag{17}$$

利用边界条件确定待定常数

将(11)式代入(14)式有

$$B_1=0 \tag{18}$$

将(12)式代入(15)式有

$$C_2=0 \tag{19}$$

将(18)式和(19)式分别代入(11)式和(12)式有

$$R_1(r)=\frac{B_2}{r^2}\quad (r>R) \tag{20}$$

$$R_2(r)=C_1 r\quad (r<R) \tag{21}$$

即

$$A_1=\frac{B_2}{r^2}\sin\theta\quad (r>R) \tag{22}$$

$$A_2=C_1 r\sin\theta\quad (r<R) \tag{23}$$

将(22)式和(23)式代入(16)式有

$$B_2=C_1R^3 \tag{24}$$

将(22)式和(23)式代入(17)式有

$$-\frac{B_2}{R^2}-2C_1R=-\frac{\mu_0 q\omega}{4\pi} \tag{25}$$

式中取 $\mu_1=\mu_2=\mu_0$。

联立(24)式和(25)式得

$$B_2=\frac{\mu_0 q\omega R^2}{12\pi} \tag{26}$$

$$C_1=\frac{\mu_0 q\omega}{12\pi R} \tag{27}$$

将(26)式和(27)式代入(22)式和(23)式得两区域的矢势分别为

$$\boldsymbol{A}_1(r,\theta)=\frac{\mu_0}{4\pi}\left(\frac{q\omega R^2}{3}\right)\frac{\sin\theta}{r^2}\boldsymbol{e}_\phi=\frac{\mu_0}{4\pi}\frac{\boldsymbol{m}\times\boldsymbol{r}}{r^3}\quad (r>R) \tag{28}$$

式中

$$\boldsymbol{m}=\frac{1}{3}qR^2\boldsymbol{\omega} \tag{29}$$

$$\boldsymbol{A}_2(r,\theta)=\frac{\mu_0}{4\pi}\left(\frac{q\omega R^2}{3}\right)\frac{r}{R^3}\sin\theta\boldsymbol{e}_\phi=\frac{\mu_0 q}{12\pi R}\boldsymbol{\omega}\times\boldsymbol{r}\quad (r<R) \tag{30}$$

Ⅱ. 求磁感应强度 $\boldsymbol{B}$

根据 $\boldsymbol{B}$ 和 $\boldsymbol{A}$ 的关系有

$$\boldsymbol{B}_1 = \nabla \times \boldsymbol{A}_1 = \frac{\mu_0}{4\pi}\nabla \times \left(\frac{\boldsymbol{m}\times\boldsymbol{r}}{r^3}\right)$$

$$= \frac{\mu_0}{4\pi}\left[\frac{1}{r^3}\nabla \times (\boldsymbol{m}\times\boldsymbol{r}) + \left(\nabla \frac{1}{r^3}\right)\times(\boldsymbol{m}\times\boldsymbol{r})\right]$$

$$= \frac{\mu_0}{4\pi}\left[\frac{2\boldsymbol{m}}{r^3} - \frac{3\boldsymbol{r}\times(\boldsymbol{m}\times\boldsymbol{r})}{r^5}\right] = \frac{\mu_0}{4\pi r^3}\left[\frac{3(\boldsymbol{m}\cdot\boldsymbol{r})\boldsymbol{r}}{r^2} - \boldsymbol{m}\right] \quad (r > R) \tag{31}$$

$$\boldsymbol{B}_2 = \nabla \times \boldsymbol{A}_2 = \frac{\mu_0 q}{12\pi R}\nabla \times (\boldsymbol{\omega}\times\boldsymbol{r}) = \frac{\mu_0 q}{6\pi R}\boldsymbol{\omega} \quad (r > R) \tag{32}$$

【解法二】 磁标势法

Ⅰ.求磁标势

以球心为坐标原点，$\boldsymbol{\omega}$ 的方向为极轴方向，建立球坐标系。将整个空间分为球内和球外两个区域，设球外的磁标势为 φ_{m1}，球内的磁标势为 φ_{m2}，由于两区域内均无电流分布，因此，两区域的磁标势均满足拉普拉斯方程，即

$$\nabla^2 \varphi_{m1} = 0 \quad (r > R) \tag{1}$$

$$\nabla^2 \varphi_{m2} = 0 \quad (r < R) \tag{2}$$

因为此问题具有轴对称性，磁标势与方位角无关，所以，方程(1)式和方程(2)式的通解为

$$\varphi_{m1}(r,\theta) = \sum_{n=0}^{\infty}\left(A_n r^n + \frac{B_n}{r^{n+1}}\right)P_n(\cos\theta) \quad (r > R) \tag{3}$$

$$\varphi_{m2}(r,\theta) = \sum_{n=0}^{\infty}\left(C_n r^n + \frac{D_n}{r^{n+1}}\right)P_n(\cos\theta) \quad (r < R) \tag{4}$$

当球面上的电荷与球面一道转动时，球面上形成的电流线密度为

$$\boldsymbol{\alpha} = \sigma \boldsymbol{v} = \frac{q\omega}{4\pi R}\sin\theta \boldsymbol{e}_\phi \tag{5}$$

边界条件为

$$\varphi_{m1}\big|_{r\to\infty} = 0 \tag{6}$$

$$\varphi_{m2}\big|_{r\to 0} = \text{有限值} \tag{7}$$

$$\left.\frac{\partial \varphi_{m1}}{\partial r}\right|_{r=R} = \left.\frac{\partial \varphi_{m2}}{\partial r}\right|_{r=R} \tag{8}$$

$$\left.\frac{\partial \varphi_{m1}}{\partial \theta}\right|_{r=R} - \left.\frac{\partial \varphi_{m2}}{\partial \theta}\right|_{r=R} = -\frac{q\omega}{4\pi}\sin\theta \tag{9}$$

这里取 $\mu_1 = \mu_2 = \mu_0$，其中，(8) 式由 $\boldsymbol{e}\cdot(\boldsymbol{B}_2 - \boldsymbol{B}_1) = 0$ 导出。(9) 式是由 $\boldsymbol{e}_r \times (\boldsymbol{H}_1 - \boldsymbol{H}_2) = -\boldsymbol{\alpha}$ 导出的，即用 $\boldsymbol{e}_\phi$ 点乘方程 $\boldsymbol{e}_r \times (\boldsymbol{H}_1 - \boldsymbol{H}_2) = -\boldsymbol{\alpha}$ 的两边，有

$$\boldsymbol{e}_\phi \cdot [\boldsymbol{e}_r \times (\boldsymbol{H}_2 - \boldsymbol{H}_1)] = (\boldsymbol{H}_2 - \boldsymbol{H}_1)\cdot(\boldsymbol{e}_\phi \times \boldsymbol{e}_r)$$

$$= (\boldsymbol{H}_2 - \boldsymbol{H}_1)\cdot \boldsymbol{e}_\theta = -(\nabla\varphi_{m2} - \nabla\varphi_{m1})\cdot \boldsymbol{e}_\theta$$

$$= -\frac{1}{R}\left.\frac{\partial \varphi_{m2}}{\partial \theta}\right|_{r=R} - \frac{1}{R}\left.\frac{\partial \varphi_{m1}}{\partial \theta}\right|_{r=R} = \frac{q\omega}{4\pi R}\sin\theta$$

即

$$\left.\frac{\partial \varphi_{m1}}{\partial \theta}\right|_{r=R} - \left.\frac{\partial \varphi_{m2}}{\partial \theta}\right|_{r=R} = -\frac{q\omega}{4\pi}\sin\theta$$

利用边界条件确定待定常数。

将(3)式代入(6)式有

$$A_n = 0 \tag{10}$$

将(4)式代入(7)式有

$$D_n = 0 \tag{11}$$

所以,(3)式和(4)式变为

$$\varphi_{m1}(r,\theta) = \sum_{n=0}^{\infty} \frac{B_n}{r^{n+1}} P_n(\cos\theta) \quad (r > R) \tag{12}$$

$$\varphi_{m2}(r,\theta) = \sum_{n=0}^{\infty} C_n r^n P_n(\cos\theta) \quad (r < R) \tag{13}$$

将(12)式和(13)式代入(8)式,并比较方程两边 $P_n(\cos\theta)$ 的系数有

$$B_n = -\frac{n}{n+1} R^{2n+1} C_n \tag{14}$$

将(12)式和(13)式代入(9)式,并比较方程两边$\frac{\mathrm{d}}{\mathrm{d}\theta}P_n(\cos\theta)$ 的系数有

$$B_n = C_n R^{2n+1} \quad (n \neq 1) \tag{15}$$

$$B_1 = C_1 R^3 + \frac{q\omega}{4\pi} R^2 \quad (n = 1) \tag{16}$$

联立(14)式、(15)式和(16)式求解可得

$$C_n = 0 \quad (n = 1) \tag{17}$$

$$C_1 = -\frac{q\omega}{6\pi R} \tag{18}$$

$$B_n = 0 \quad (n \neq 1) \tag{19}$$

$$B_1 = \frac{q\omega R^2}{12\pi} \tag{20}$$

将(17)式、(18)式、(19)式和(20)式分别代入(12)式和(13)式得所求的磁标势为

$$\varphi_{m1}(r,\theta) = \frac{q\omega R^2}{12\pi} \frac{\cos\theta}{r^2} = \frac{qR^2}{12\pi} \frac{\boldsymbol{\omega} \cdot \boldsymbol{r}}{r^3} \quad (r > R) \tag{21}$$

$$\varphi_{m2}(r,\theta) = -\frac{q\omega}{6\pi R} r\cos\theta = -\frac{q}{6\pi R} \boldsymbol{\omega} \cdot \boldsymbol{r} \quad (r < R) \tag{22}$$

由磁感应强度 $\boldsymbol{B}$ 与 φ_m 的关系有

$$\boldsymbol{B}_1 = -\mu_0 \nabla \varphi_{m1} = -\frac{\mu_0 q R^2}{12\pi}\left[\frac{1}{r^3}\nabla(\boldsymbol{\omega}\cdot\boldsymbol{r}) + (\boldsymbol{\omega}\cdot\boldsymbol{r})\nabla\frac{1}{r^3}\right]$$

$$= \frac{\mu_0 q R^2}{12\pi r^3}\left[\frac{3(\boldsymbol{\omega}\cdot\boldsymbol{r})}{r^2} - \boldsymbol{\omega}\right] \quad (r > R) \tag{23}$$

$$\boldsymbol{B}_2 = -\mu_0 \nabla \varphi_{m2} = \frac{\mu_0 q}{6\pi R}\nabla(\boldsymbol{\omega}\cdot\boldsymbol{r}) = \frac{\mu_0 q}{6\pi R}\boldsymbol{\omega} \quad (r < R) \tag{24}$$

或

$$\boldsymbol{B}_2 = \frac{\mu_0}{4\pi r^3}\left[\frac{3(\boldsymbol{m}\cdot\boldsymbol{r})\boldsymbol{r}}{r^2} - \boldsymbol{m}\right] \quad (r < R) \tag{25}$$

式中 $\boldsymbol{m}$ 为球旋转时的磁矩

$$\boldsymbol{m} = \int \mathrm{d}\boldsymbol{I}\cdot\boldsymbol{S} = \int_0^\pi \alpha R\,\mathrm{d}\theta\cdot\pi\cdot(R\sin\theta)^2\cdot\boldsymbol{e}_\omega \tag{26}$$

式中 $\boldsymbol{e}_\omega = \boldsymbol{\omega}/\omega$ 为 $\boldsymbol{\omega}$ 方向的单位矢量。

将(5)式代入(26)式有

$$\boldsymbol{m} = \frac{qR^2\boldsymbol{\omega}}{4}\int_0^\pi \sin^3\theta\,\mathrm{d}\theta = \frac{1}{3}qR^2\boldsymbol{\omega} \tag{27}$$

显然,两种求解方法的结果是一致的。

3.20　一长度为 L、半径为 R_0 的磁棒已被均匀磁化,磁化强度为 $\boldsymbol{M}_0$,$\boldsymbol{M}_0$ 与轴线平行。以棒的中心为原点,$\boldsymbol{M}_0$ 的方向为极轴,取球坐标系如图 3.20 所示。求 $r \gg L$ 处的磁感应强度。

【解】　在远离磁棒的地方,即 $r \gg L$ 处,磁棒可视为一磁偶极子,其磁矩为

$$\boldsymbol{m} = V\boldsymbol{M}_0 = \pi R_0^2 L\boldsymbol{M}_0 \tag{1}$$

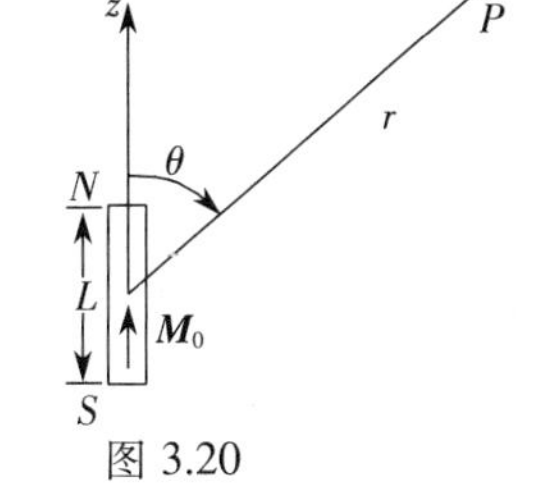

图 3.20

所以磁标势为

$$\varphi_m = \frac{\boldsymbol{m}\cdot\boldsymbol{r}}{4\pi r^3} = \frac{R_0^2 L\boldsymbol{M}_0\cdot\boldsymbol{r}}{r^3} \tag{2}$$

根据 $\boldsymbol{B}$、$\boldsymbol{H}$ 和 φ_m 间的关系,磁感应强度 $\boldsymbol{B}$ 为

$$\begin{aligned}\boldsymbol{B} &= \mu_0\boldsymbol{H} = \mu_0(-\nabla\varphi_m) = -\mu_0\nabla\left(\frac{R_0^2 L\boldsymbol{M}_0\cdot\boldsymbol{r}}{4r^3}\right) = -\frac{\mu_0 R_0^2 L}{4}\nabla\left(\frac{\boldsymbol{M}_0\cdot\boldsymbol{r}}{r^3}\right)\\ &= -\frac{\mu_0 R_0^2 L}{4}\left[\left(\nabla\frac{1}{r^3}\right)(\boldsymbol{M}_0\cdot\boldsymbol{r}) + \frac{1}{r^3}\nabla(\boldsymbol{M}_0\cdot\boldsymbol{r})\right]\\ &= \frac{\mu_0 R_0^2 L}{4}\left[\frac{3(\boldsymbol{M}_0\cdot\boldsymbol{r})\boldsymbol{r}}{r^5} - \frac{1}{r^3}\boldsymbol{M}_0\right]\\ &= \frac{\mu_0 R_0^2 L}{4r^3}\left[\frac{3(\boldsymbol{M}_0\cdot\boldsymbol{r})\boldsymbol{r}}{r^2} - \boldsymbol{M}_0\right]\end{aligned} \tag{3}$$

也可表示为

$$\boldsymbol{B} = \frac{\mu_0 R_0^2 LM}{4r^3}[2\cos\theta\boldsymbol{e}_r + \sin\theta\boldsymbol{e}_r] \tag{4}$$

3.21　两个磁偶极子 $\boldsymbol{m}_1$ 和 $\boldsymbol{m}_2$ 位于同一平面内,$\boldsymbol{m}_1$ 固定不动,$\boldsymbol{m}_2$ 则可以在该平面内绕自己的中心自由转动;从 $\boldsymbol{m}_1$ 到 $\boldsymbol{m}_2$ 的位矢为 $\boldsymbol{r}$,$\boldsymbol{m}_1$ 与 $\boldsymbol{r}$ 的夹角为 α_1。设 $\boldsymbol{m}_2$ 在平衡时与 $\boldsymbol{r}$ 的夹角为 α_2,试求 α_2 与 α_1 的关系。

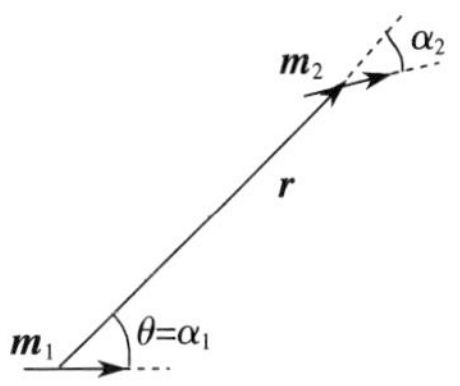

图 3.21

【解】　根据磁矩在外磁场中的相互作用能关系,磁矩分别为 $\boldsymbol{m}_1$ 和 $\boldsymbol{m}_2$ 的两磁偶极子的相互作用能为

$$W=\boldsymbol{m}_2\cdot\boldsymbol{B}_1=\boldsymbol{m}_2\cdot\left(-\mu\nabla\frac{\boldsymbol{m}_1\cdot\boldsymbol{r}}{4\pi r^3}\right)=-\frac{\mu_0 m_1}{4\pi}\boldsymbol{m}_2\cdot\nabla\left(\frac{\cos\theta}{r^2}\right)$$

$$=-\frac{\mu_0 m_1}{4\pi}\boldsymbol{m}_2\cdot\left[\cos\theta\nabla\left(\frac{1}{r^2}\right)+\frac{1}{r^2}\nabla(\cos\theta)\right]$$

$$=\frac{\mu_0 m_1}{4\pi r^3}[2\cos\theta\boldsymbol{m}_2\cdot\boldsymbol{e}_r+\sin\theta\boldsymbol{m}_2\cdot\boldsymbol{e}_r]$$

$$=\frac{\mu_0 m_1}{4\pi r^3}[2\cos\theta\cdot m_2\cos\alpha_2+\sin\theta m_2\cos(90^\circ+\alpha_2)]$$

$$=\frac{\mu_0 m_1 m_2}{4\pi r^3}[2\cos\alpha_1\cos\alpha_2-\sin\alpha_1\sin\alpha_2] \tag{5}$$

当相互作用能平衡时，即 $\boldsymbol{m}_2$ 达平衡时有 $\frac{\partial W}{\partial\alpha}=0$，则由

$$\frac{\partial}{\partial\alpha}[2\cos\alpha_1\cos\alpha_2-\sin\alpha_1\sin\alpha_2]=2\cos\alpha_1(-\sin\alpha_2)-\sin\alpha_1\cos\alpha_2=0 \tag{6}$$

所以 α_2 和 α_1 的关系为

$$\tan\alpha_2=-\frac{1}{2}\tan\alpha_1 \tag{7}$$

3.22 如图3.22所示，设有一超导体占据 $z>0$ 的半空间，将它置于与它的表面平行的均匀磁场 $\boldsymbol{B}_0$ 中，假定超导体中的超导电流 $\boldsymbol{J}_s$ 由下式决定

$$\nabla\times(\Omega\boldsymbol{J}_s)=-\frac{1}{c}\boldsymbol{B}$$

其中 Ω 为一与 $\boldsymbol{B}$ 无关的常数，并且超导体的 $\mu=1$，试求超导体中的磁场 $\boldsymbol{B}$ 分布。

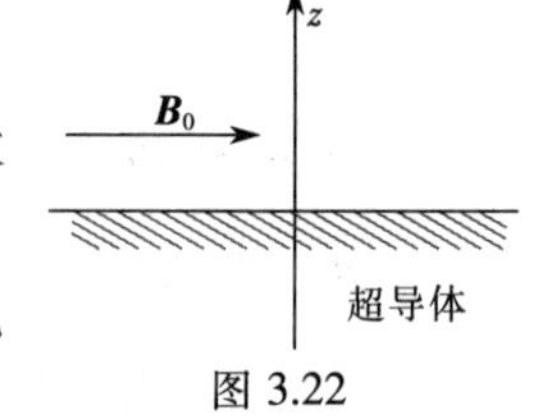

图 3.22

【解】 设 $\boldsymbol{B}_0$ 的方向为 x 方向，即 $\boldsymbol{B}_0=B_0\boldsymbol{e}_x$，对恒定电流的磁场 $\boldsymbol{B}_0$，$\boldsymbol{j}=\boldsymbol{j}_s$，由麦氏方程

$$\nabla\times\boldsymbol{B}=\mu\boldsymbol{j}_s=\boldsymbol{j}_s\quad(\mu=1) \tag{1}$$

对方程两边取旋度有

$$\nabla(\nabla\times\boldsymbol{B})=\nabla(\nabla\cdot\boldsymbol{B})-\nabla^2\boldsymbol{B}=\nabla\times\boldsymbol{j}_s \tag{2}$$

由已知条件

$$\nabla\times(\Omega\boldsymbol{j}_s)=-\frac{1}{c}\boldsymbol{B} \tag{3}$$

有

$$\nabla(\nabla\times\boldsymbol{B})=\nabla(\nabla\cdot\boldsymbol{B})-\nabla^2\boldsymbol{B}=-\frac{1}{c\Omega}\boldsymbol{B} \tag{4}$$

因为 $\nabla\cdot\boldsymbol{B}=0$，所以得 $\boldsymbol{B}$ 满足的方程为

$$\nabla^2\boldsymbol{B}=\frac{1}{c\Omega}\boldsymbol{B}\quad(z<0) \tag{5}$$

$$\nabla^2\boldsymbol{B}=0\quad(z>0) \tag{6}$$

根据对称性知 $\boldsymbol{B}$ 只与 z 有关，而与 x,y 无关。边界条件为

$$B_z\big|_{z=0}=0\quad(\text{法线方向连续})\tag{7}$$

$$B_y\big|_{z=0}=0\tag{8}$$

$$B_x\big|_{x=0}=\mu H_0=B_0\quad(\mu=1,\boldsymbol{H}\text{ 切向连续})\tag{9}$$

$$B_x\big|_{z\to\infty}=0\tag{10}$$

根据已知条件，在超导体内部，$\boldsymbol{B}$ 只有 B_x 分量，其满足的方程为

$$\frac{\partial^2}{\partial z^2}B_z=\frac{1}{c\Omega}B_x\tag{11}$$

解方程(11)式得

$$B_x=A\exp\left(-\sqrt{\frac{1}{c\Omega}}\right)z+C\exp\sqrt{\frac{1}{c\Omega^2}}z\tag{12}$$

将(12)式代入边界条件(10)式有

$$C=0\tag{13}$$

将(13)式代入(12)式有

$$B_x=A\exp\left(-\sqrt{\frac{1}{c\Omega}}\right)z\tag{14}$$

将(14)式代入边界条件(9)式有

$$A=B_0\tag{15}$$

将(15)式代入(14)式得解为

$$B_x=B_0\exp\left(-\sqrt{\frac{1}{c\Omega}}\right)z\tag{16}$$

3.23　在两块无限大薄的平行导体板 A 和 B 上通有面电流，其面电流分别为 $\boldsymbol{i}_1$ 和 $\boldsymbol{i}_2$，方向相互平行，如两板间充满磁导率为 μ 的磁介质，两板以外为真空，磁导率为 μ_0，试求 Ⅰ、Ⅱ 和 Ⅲ 区域内的磁感应强度 $\boldsymbol{B}$ 和磁化电流密度 J_c。

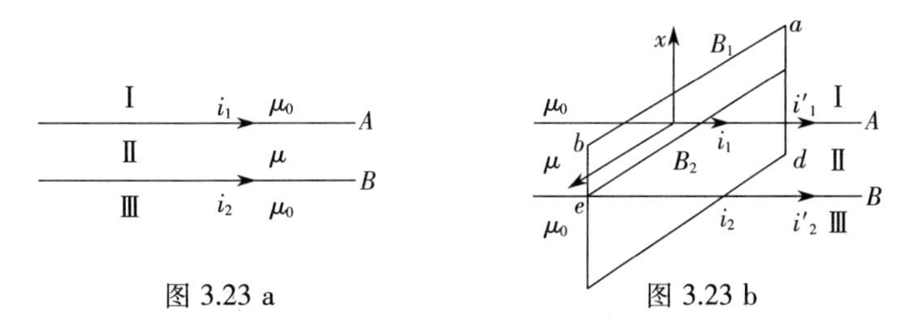

图 3.23 a　　图 3.23 b

【解】　Ⅰ.求磁感应强度

如图 3.23a 所示，设 A、B 板上的磁化电流分别为 i'_1 和 i'_2，因为 $i_1+i'_1$ 分布在板 A 上，$i_2+i'_2$ 分布在板 B 上，所以在 Ⅰ 和 Ⅲ 两区域中，磁感应强度大小相等，方向相反，设其大小为 B_1，根据有介质时的安培环路定理

$$\oint_l\boldsymbol{H}\cdot\mathrm{d}\boldsymbol{l}=\sum_i\boldsymbol{I}_i\tag{1}$$

式 $\boldsymbol{I}_i$ 为传导电流，选取回路 $abefa$，有

$$\oint_{abcda} \boldsymbol{H} \cdot \mathrm{d}\boldsymbol{l} = (H_1 + H_2)l = \left(\frac{B_1}{\mu_0} + \frac{B_2}{\mu_0}\right)l = (i_1 + i_2)l \tag{2}$$

式中 l 为回路的周长。所以有

$$2\frac{B_1}{\mu_0} = (i_1 + i_2) \tag{3}$$

即

$$B_1 = \frac{\mu_0}{2}(i_1 + i_2) \tag{4}$$

设区域 Ⅱ 的磁感应强度大小为 B_2,选其回路 $abefa$,同理有

$$\oint_{abefa} \boldsymbol{H} \cdot \mathrm{d}\boldsymbol{l} = \left(\frac{B_1}{\mu_0} + \frac{B_2}{\mu}\right)l = i_1 l \tag{5}$$

即

$$B_2 = -\mu i_1 + \frac{\mu}{\mu_0}B_1 = \frac{\mu}{2}(i_2 - i_1) \tag{6}$$

Ⅱ. 求磁化电流

应用按培环路定理有

$$\oint \frac{\boldsymbol{B}}{\mu_0} \cdot \mathrm{d}\boldsymbol{l} = \sum I_{总} = \sum (I_{传} + I_{磁}) \tag{7}$$

即

$$\oint_{abefa} \frac{\boldsymbol{B}}{\mu_0} \cdot \mathrm{d}\boldsymbol{l} = \sum (i_1 + i'_1) \tag{8}$$

亦即

$$\frac{1}{\mu_0}(B_1 - B_2)l = (i_1 + i'_1) \tag{9}$$

将(6) 式代入(9) 式有

$$\frac{B_1}{\mu_0} + \frac{\mu}{2\mu_0}(i_2 - i_1) = i_1 + i'_1 \tag{10}$$

将(4) 式代入(10) 式有

$$i'_1 = \frac{1}{2}(i_2 - i_1)\left(1 - \frac{\mu}{\mu_0}\right) \tag{11}$$

将(8) 式至(11) 式中的脚标 1 和 2 互换得

$$i'_2 = \frac{1}{2}(i_1 - i_2)\left(1 - \frac{\mu}{\mu_0}\right) \tag{12}$$

3.24 一无限长的直圆柱导体,半径为 R,体内有一半径为 R' 的无限长圆柱形空腔,其截面图如图 3.24a 所示,导体通有电流为 I,圆柱体中心 O 与空腔中心 O' 相距为 d。(1) 求空腔内的磁场 B;(2) 证明此磁场是均匀的。

【解】 Ⅰ. 求空腔内的磁场 B。

【解法一】

利用叠加原理，将问题视为实心圆柱体产生的磁场与空腔柱体的反向等值电流产生的磁场的叠加。

根据安培环路定理，实心圆柱体在腔内任一点产生的磁场为

$$2\pi r H_1 = \pi r^2 j \tag{1}$$

所以

$$H_1 = \frac{r}{2} j \tag{2}$$

或

$$\boldsymbol{H}_1 = \frac{1}{2} \boldsymbol{j} \times \boldsymbol{r} \tag{3}$$

式中，$\boldsymbol{r}$ 为从 O 点出发的矢径。

同理，空腔柱体在同一点产生的磁场为

$$2\pi r \boldsymbol{H}_2 = \pi r'^2 (-j) \tag{4}$$

所以

$$H_2 = -\frac{1}{2} \boldsymbol{j} \times \boldsymbol{r}' \tag{5}$$

式中 $\boldsymbol{r}'$ 为从 $\boldsymbol{O}'$ 点出发的矢径。因为

$$\boldsymbol{r} = \boldsymbol{r}' + \boldsymbol{d} \tag{6}$$

所以，腔内任一点 P 的总场为

$$\boldsymbol{H} = H_1 + H_2 = \frac{1}{2} \boldsymbol{j} \times \boldsymbol{r} - \frac{1}{2} \boldsymbol{j} \times \boldsymbol{r}' = \frac{1}{2} \boldsymbol{j} \times (\boldsymbol{r} - \boldsymbol{r}') = \frac{1}{2} \boldsymbol{j} \times \boldsymbol{d} \tag{7}$$

而

$$j = \frac{I}{\pi(R^2 - R'^2)} \tag{8}$$

所以

$$\boldsymbol{H} = \frac{I}{2\pi(R^2 - R'^2)} \boldsymbol{e}_j \times \boldsymbol{d} \tag{9}$$

式中，$\boldsymbol{e}_j = \boldsymbol{j}/j$ 为 $\boldsymbol{j}$ 的单位矢量。

$$\boldsymbol{B} = \frac{\mu_0}{2} \boldsymbol{j} \times \boldsymbol{d} \tag{10}$$

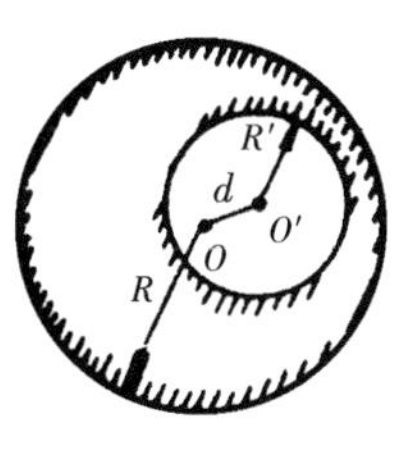

图 3.24 a

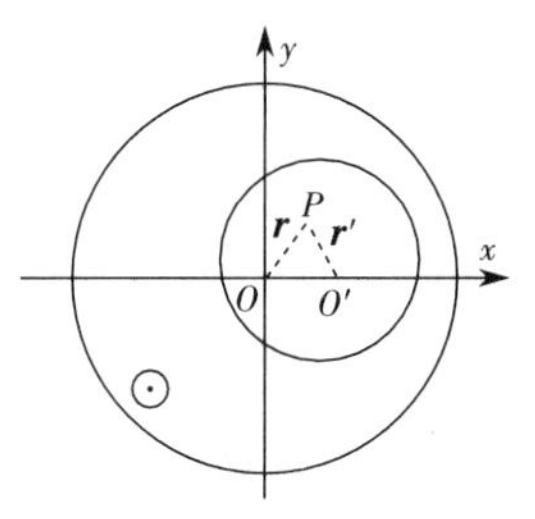

图 3.24 b

【解法二】

建立如图 3.24b 所示的直角坐标系，实心圆柱体在腔内任一点 P 产生的磁场分量为

$$H_{1x}=-\frac{y}{2}j \tag{11}$$

$$H_{1y}=\frac{x}{2}j \tag{12}$$

空腔柱体在同一点 P 产生磁场的分量为

$$H_{2x}=\frac{y}{2}j \tag{13}$$

$$H_{2y}=-\frac{(x-d)}{2}j \tag{14}$$

所以有

$$H_x=H_{1x}+H_{2x}=0 \tag{15}$$

$$H_y=H_{1y}+H_{2y}=\frac{d}{2} \tag{16}$$

$$\boldsymbol{H}=\boldsymbol{H}_x+\boldsymbol{H}_y=\frac{1}{2}\boldsymbol{j}\times\boldsymbol{d} \tag{17}$$

所以

$$\boldsymbol{B}=\frac{\mu_0}{2}\boldsymbol{j}\times\boldsymbol{d} \tag{18}$$

此结果与(10) 式一致。

Ⅱ. 证明此磁场是均匀的

从上面计算的结果知，$\boldsymbol{B}$ 与位置 $\boldsymbol{r}$ 无关，j 和 d 是常量，表明圆柱空腔内的磁场为一均匀磁场。

3.25 一平行板电容器，其极板为圆形，面积为 S，电容为 C，其内充有均匀介质 ε，设此介质漏电，电导率为 γ，今在此电容器上加一电压 U_0，然后与电源断开，求：(1) 电容器极板上电荷随时间变化的规律；(2) 电容器内的位移电流；(3) 电容器内的磁场。

【解】 Ⅰ. 电容器极板上电荷随时间变化的规律。

因为

$$E=\frac{\sigma}{\varepsilon} \tag{1}$$

$$j=\gamma E \tag{2}$$

所以

$$j=-\frac{\mathrm{d}\sigma}{\mathrm{d}l}=-\varepsilon\frac{\mathrm{d}E}{\mathrm{d}t}=-\frac{\varepsilon}{\gamma}\frac{\partial j}{\partial t} \tag{3}$$

即

$$\frac{\mathrm{d}j}{j}=-\frac{\gamma}{\varepsilon}\mathrm{d}t \tag{4}$$

$$j=j_0\mathrm{e}^{-\frac{\gamma}{\varepsilon}}\mathrm{d}t \tag{5}$$

所以

$$E=E_0\mathrm{e}^{-\frac{\gamma}{\varepsilon}}\quad \text{(方向从负极板指向正极板)} \tag{6}$$

由(1)式和(6)式有

$$\sigma=\sigma_0\mathrm{e}^{-\frac{\gamma}{\varepsilon}} \tag{7}$$

由已知条件知

$$\sigma_0 S=CU_0 \tag{8}$$

$$\sigma_0=\frac{CU_0}{S} \tag{9}$$

所以,电容器极板上电荷随时间变化的规律为

$$\sigma=\frac{CU_0}{S}\mathrm{e}^{-\frac{\gamma}{\varepsilon}t} \tag{10}$$

Ⅱ.电容器内的位移电流

位移电流为

$$\boldsymbol{j}_d=\varepsilon\frac{\partial \boldsymbol{E}}{\partial t}=-\gamma\boldsymbol{E}_0\mathrm{e}^{-\frac{\gamma}{\varepsilon}t} \tag{11}$$

Ⅲ. 电容器内的磁场

传导电流为

$$\boldsymbol{j}=\gamma\boldsymbol{E}=\gamma\boldsymbol{E}_0\mathrm{e}^{-\frac{\gamma}{\varepsilon}t} \tag{12}$$

位移电流为

$$\boldsymbol{j}_d=\varepsilon\frac{\partial \boldsymbol{E}}{\partial t}=-\gamma\boldsymbol{E}_0\mathrm{e}^{-\frac{\gamma}{\varepsilon}t} \tag{13}$$

总电流为

$$\boldsymbol{j}_{总}=\boldsymbol{j}+\boldsymbol{j}_d=0 \tag{14}$$

所以电容器内的磁场为

$$\boldsymbol{B}=0 \tag{15}$$

3.26 电流 I 均匀分布在半径为 R 的无限长圆柱形导体的横截面上,求电流 I 产生的矢势和磁场强度。导体的磁导率为 μ,导体的周围为空气。

【解】 设电流与 z 轴同向,则 $J=J_z$,由矢势 $\mathbf{A}$ 的表达式

$$\mathbf{A}(\boldsymbol{x})=\frac{\mu}{4\pi}\int\frac{\boldsymbol{J}(\boldsymbol{x}')\mathrm{d}V'}{r} \tag{1}$$

知

$$A_x=A_y=0 \tag{2}$$

$\mathbf{A}$ 只有 z 方向的分量,即 $A=A_z$,而 $A=A_z$ 可由如下泊松方程求解

$$\nabla^2\mathbf{A}=-\mu\boldsymbol{J} \tag{3}$$

亦即由如下泊松方程求解

$$\nabla^2 \boldsymbol{A}_z = -\mu J \tag{4}$$

在柱坐标下(4) 式为

$$\frac{1}{r}\frac{\mathrm{d}}{\mathrm{d}r}\left(r\frac{\mathrm{d}A_z}{\mathrm{d}r}\right) = -\mu\frac{I}{\pi R} \quad (r < R) \tag{5}$$

$$\frac{1}{r}\frac{\mathrm{d}}{\mathrm{d}r}\left(r\frac{\mathrm{d}A_z}{\mathrm{d}r}\right) = 0 \quad (r > R) \tag{6}$$

方程(5) 式和(6) 式的通解为

$$A_{z1} = -\frac{\mu I}{4\pi R}r^2 + c_1\ln r + c_2 \quad (r < R) \tag{7}$$

$$A_{z2} = c_3\ln r + c_4 \quad (r > R) \tag{8}$$

由场的有限性,即当 $r \to 0$ 时,A_{z1} 不存在,所以得

$$c_1 = 0 \tag{9}$$

另外,令

$$c_4 = 0 \tag{10}$$

不影响场的普遍性。边界条件为

$$\boldsymbol{n}\cdot(\boldsymbol{B}_2 - \boldsymbol{B}_1) = 0 \quad [\boldsymbol{n}\cdot(\nabla\times\boldsymbol{A}_2 - \nabla\times\boldsymbol{A}_1) = 0] \tag{11}$$

即

$$\nabla\times\boldsymbol{A}_2\big|_{r=R} = \nabla\times\boldsymbol{A}_1\big|_{r=R} \tag{12}$$

$$A_{2n}\big|_{r=R} = A_{1n}\big|_{r=R} \quad (\nabla\cdot\boldsymbol{A} = 0) \tag{13}$$

将(7) 式和(8) 式代入(12) 式有

$$c_3 = -\frac{I}{2\pi} \tag{14}$$

将(7) 式和(8) 式代入(13) 式有

$$c_2 = \frac{\mu I}{4\pi} - \frac{I}{2\pi}\ln R \tag{15}$$

将(9) 式、(10) 式、(14) 式和(15) 式分别代入(7) 式和(8) 式得

$$A_{z1} = \frac{\mu I}{4\pi} - \frac{\mu I}{4\pi}\frac{r^2}{R^2} - \frac{I}{2\pi}\ln r \quad (r < R) \tag{16}$$

$$A_{z2} = -\frac{I}{2\pi}\ln r \quad (r > R) \tag{17}$$

所以,磁场强度为

$$H_1 = H_{\theta 1} = -\frac{1}{\mu}\frac{\partial A_{z1}}{\partial r} = \frac{I}{2\pi R^2}r \quad (r < R) \tag{18}$$

$$H_2 = H_{\theta 2} = \frac{I}{2\pi r} \quad (r > R) \tag{19}$$

3.27 将均匀介质球壳置于均匀外磁场 $\boldsymbol{H}_0$ 中,介质的磁导率为 μ,壳内外区域的磁导率为 μ_0,球壳的内、外半径分别为 R_1 和 R_2,试求球壳内外空间的磁标势

分布及球壳内的磁场强度。

【解】 Ⅰ.球壳内外的磁标势

采用球坐标系，将空间分为三个区域，即 $r>R_2$，$R_1<r<R_2$，$r<R_1$，$r<R_1$。由于三个区域均无电流分布，均可使用磁标势法求解，设 $r>R_2$ 区域的磁标势为 φ_{m1}，$R_1<r<R_2$ 区域的磁标势为 φ_{m2}，$r<R_1$ 区域的磁标势为 φ_{m3}，则三个区域满足的拉普拉斯方程为

$$\nabla^2\varphi_{m1}=0\quad(r>R_2)\tag{1}$$

$$\nabla^2\varphi_{m2}=0\quad(R_1<r<R_2)\tag{2}$$

$$\nabla^2\varphi_{m3}=0\quad(r<R_1)\tag{3}$$

边界条件为

$$\varphi_{m1}\big|_{r\to\infty}=-H_0 r\cos\theta\tag{4}$$

$$\varphi_{m3}\big|_{r\to0}=\text{有限值}\tag{5}$$

$$\varphi_{m1}\big|_{r=R_2}=\varphi_{m2}\big|_{r=R_2}\tag{6}$$

$$\mu_0\frac{\partial\varphi_{m1}}{\partial r}\bigg|_{r=R_2}=\mu\frac{\partial\varphi_{m2}}{\partial r}\bigg|_{r=R_2}\tag{7}$$

$$\varphi_{m2}\big|_{r=R_1}=\varphi_{m3}\big|_{r=R_2}\tag{8}$$

$$\mu\frac{\partial\varphi_{m2}}{\partial r}\bigg|_{r=R_1}=\mu_0\frac{\partial\varphi_{m3}}{\partial r}\bigg|_{r=R_1}\tag{9}$$

由于此问题具有球对称性，磁标势 φ_m 与方位角无关，方程(1)式、(2)式和(3)式的通解为

$$\varphi_{m1}(r,\theta)=\sum_{n=0}^{\infty}\left(A_n r^n+\frac{B_n}{r^{n+1}}\right)P_n\cos\theta\quad(r>R_2)\tag{10}$$

$$\varphi_{m2}(r,\theta)=\sum_{n=0}^{\infty}\left(C_n r^n+\frac{D_n}{r^{n+1}}\right)P_n\cos\theta\quad(R_1<r<R_2)\tag{11}$$

$$\varphi_{m3}(r,\theta)=\sum_{n=0}^{\infty}\left(E_n r^n+\frac{F_n}{r^{n+1}}\right)P_n\cos\theta\quad(r<R_1)\tag{12}$$

为简单计，根据边界条件的特性，对 $\varphi_{m1}=(r,\theta)$、$\varphi_{m2}(r,\theta)$、$\varphi_{m3}(r,\theta)$ 可以提出如下的尝试解：

$$\varphi_{m1}=-H_0 r\cos\theta+\frac{B_1}{r^2}\quad(r>R_2)\tag{13}$$

$$\varphi_{m2}=C_1 r\cos\theta+\frac{D_1}{r^2}\quad(R_1<r<R_2)\tag{14}$$

$$\varphi_{m3}=E_1 r\cos\theta\quad(r<R_1)\tag{15}$$

式中 B_1、C_1、D_1 和 E_1 为四个待定常数。

将(13)式和(14)式分别代入(6)式和(7)式可得两个方程，再将(14)式和(15)式分别代入(8)式和(9)式又可得两个方程，由这四个方程可解得四个待定常数，其中 B_1 和 E_1 分别为

$$B_1=\frac{(\mu_r-1)(1+2\mu_r)(R_2^3-R_1^3)}{(1+2\mu_r)(2+\mu_r)-2(\mu_r-1)^2(R_1/R_2)^3}H_0 \tag{16}$$

$$E_1=\frac{-9\mu_r}{(1+2\mu_r)(2+\mu_r)-2(\mu_r-1)^2(R_1/R_2)^3}H_0 \tag{17}$$

所以,球内外的磁标势分别为

$$\varphi_{m1}=-H_0r\cos\theta+\frac{(\mu_r-1)(1+2\mu_r)(R_2^3-R_1^3)}{(1+2\mu_r)(2+\mu_r)-2(\mu_r-1)^2(R_1/R_2)^3}\frac{H_0}{r^2}\quad(r>R_2) \tag{18}$$

$$\varphi_{m3}=\frac{-9\mu_r}{(1+2\mu_r)(2+\mu_r)-2(\mu_r-1)^2(R_1/R_2)^3}H_0r\cos\theta \tag{19}$$

Ⅱ.球壳内外的磁场

根据磁场强度 $\boldsymbol{H}$ 与磁标势的关系

$$\boldsymbol{H}=-\nabla\varphi_m \tag{20}$$

$$\begin{aligned}\boldsymbol{H}_1&=-\nabla\varphi_{m1}=-\left(\frac{\partial}{\partial r}+\frac{1}{r}\frac{\partial}{\partial\theta}\right)\varphi_{m1}\\&=H_0\cos\theta\boldsymbol{e}_r-H_0\sin\theta\boldsymbol{e}_\theta+\frac{2(\mu_r-1)(1+2\mu_r)(R_2^3-R_1^3)}{(1+2\mu_r)(2+\mu_r)-2(\mu_r-1)^2(R_1/R_2)^3}\frac{H_0}{r^3}\boldsymbol{e}_r\\&=\boldsymbol{H}_0+\frac{2(\mu_r-1)(1+2\mu_r)(R_2^3-R_1^3)}{(1+2\mu_r)(2+\mu_r)-2(\mu_r-1)^2(R_1/R_2)^3}\frac{H_0}{r^3}\boldsymbol{e}_r\end{aligned} \tag{21}$$

当 μ_r 很大,满足 $\mu_r\gg1$ 时

$$\begin{aligned}&\frac{2(\mu_r-1)(1+2\mu_r)(R_2^3-R_1^3)}{(1+2\mu_r)(2+\mu_r)-2(\mu_r-1)^2(R_1/R_2)^3}H_0\\&\approx\frac{2\mu_r^2(R_3^3-R_1^3)}{2\mu_r^2-2\mu_r^2(R_1/R_2)^3}H_0=\frac{(R_2^3-R_1^3)}{1-R_1^3/R_2^3}=R_2^3\end{aligned} \tag{22}$$

所以,球壳外的磁场为

$$\boldsymbol{H}_1=\boldsymbol{H}_0+\frac{R_2^3H_0}{r}\boldsymbol{e}_r\quad(r>R_2) \tag{23}$$

表明球外的场是均匀场与磁偶极子场的叠加,磁偶极矩的大小为

$$m=4\pi B_1 \tag{24}$$

当 $\mu_r\gg1$ 时有

$$\boldsymbol{m}=4\pi\boldsymbol{B}_1\approx4\pi H_0R_2^3\boldsymbol{e}_r\quad\left(\boldsymbol{H}_0=\frac{\boldsymbol{m}}{4\pi R_2^3}\right) \tag{25}$$

所以有

$$\boldsymbol{H}_1=\boldsymbol{H}_0+\frac{m}{4\pi R^3}\frac{\boldsymbol{e}_r}{r^3}\quad(r>R_2) \tag{26}$$

球壳内的磁场为

$$\begin{aligned}\boldsymbol{H}_3&=-\nabla\varphi_{m3}=-\left(\frac{\partial}{\partial r}\boldsymbol{e}_r+\frac{1}{r}\frac{\partial}{\partial\theta}\right)\varphi_{m3}\\&=\frac{9\mu_r}{(1+2\mu_r)(2+\mu_r)-2(\mu_r-1)^2(R_1/R_2)^3}H_0\left(\frac{\partial}{\partial r}\boldsymbol{e}_r+\frac{1}{r}\frac{\partial}{\partial\theta}\boldsymbol{e}_\theta\right)r\cos\theta\end{aligned}$$

$$= \frac{9\mu_r}{(1+2\mu_r)(2+\mu_r)-2(\mu_r-1)^2(R_1/R_2)^3} H_0(\cos\theta \boldsymbol{e}_r - \sin\theta \boldsymbol{e}_\theta)$$

$$= \frac{9\mu_r}{(1+2\mu_r)(2+\mu_r)-2(\mu_r-1)^2(R_1/R_2)^3} \boldsymbol{H}_0 \quad (r < R_1) \tag{27}$$

表明球内的场也是均匀场，当 $\mu_r \to \infty$ 时有

$$\boldsymbol{H}_3 = \frac{9}{2\mu_r[1-(R_1/R_2)^3]} \boldsymbol{H}_0 \to 0 \quad (r < R_1) \tag{28}$$

这就是磁屏蔽原理，所选 μ_r 越大，球的壳层越厚，磁屏蔽效果就越好。磁感应线在球壳中的分布情况如图 3.27 所示。

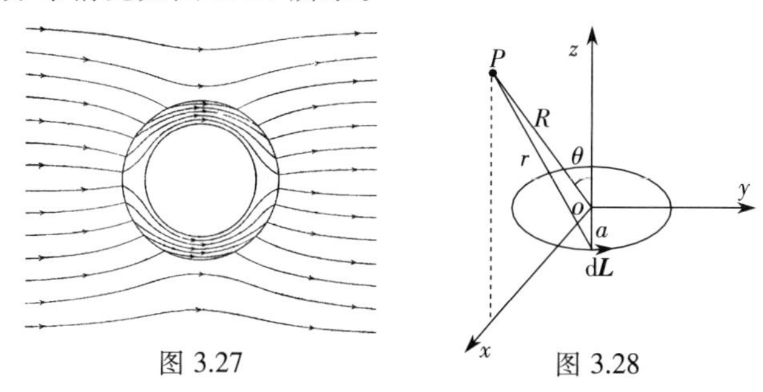

图 3.27　　图 3.28

3.28　设有一圆形电流回路，半径为 a，电流为 I，如图 3.28 所示。试求此回路产生的矢势和磁感应强度。

【解】　Ⅰ. 求矢势

【A 的解法一】　由矢势的定义，空间任一点 P 产生的矢势为

$$\boldsymbol{A}(\boldsymbol{x}) = \frac{\mu_0}{4\pi}\int_{V'} \frac{\boldsymbol{J}\mathrm{d}V'}{r} = \frac{\mu_0}{4\pi}\oint \frac{I\mathrm{d}\boldsymbol{l}}{r} \tag{1}$$

如图 3.28 所示，采用球坐标系，由对称性可知 $\boldsymbol{A}$ 只有 ϕ 分量，即 $\boldsymbol{A} = A_\phi \boldsymbol{e}_\phi$，且 A_ϕ 与 ϕ 无关，只与 R,θ 有关。设圆形电流回路处于 xoy 平面，这样，电流分布可表示为

$$\boldsymbol{J} = -J_\phi \sin\phi \boldsymbol{e}_x + J_\phi \cos\phi \boldsymbol{e}_y \tag{2}$$

当选择 P 点在 $\phi = 0$ 的 xoy 平面上时，电流密度只有 y 方向的分量，即

$$\boldsymbol{J} = J_y \boldsymbol{e}_y \tag{3}$$

为便于计算，考虑电流的分布具有柱对称性，将空间任意点(所求矢势的点)选在 xoz 平面上，此时 $\phi = 0$，由(3)式可知 $\boldsymbol{A}(\boldsymbol{x})$ 只有 y 分量，即

$$\boldsymbol{A} = A_y \boldsymbol{e}_y \tag{4}$$

在 xoy 平面上的 P 点有

$$\mathrm{d}\boldsymbol{l} = -\mathrm{d}l_x \sin\phi \boldsymbol{e}_x + \mathrm{d}l \cos\phi \boldsymbol{e}_y = \mathrm{d}l_y \boldsymbol{e}_y \tag{5}$$

将(5)式代入(1)式有

$$A(r,\theta) = A_y = \frac{\mu_0}{4\pi}\oint \frac{I\mathrm{d}l_y}{r} \tag{6}$$

设电流元所在处 $\phi = \phi'$，如图 3.28 所示，则有

$$\mathrm{d}l_y = a\cos\phi' \mathrm{d}\phi' \tag{7}$$

$$r = |\boldsymbol{x} - \boldsymbol{x}'| = \sqrt{R^2 + a^2 - 2Ra\cos\alpha} \tag{8}$$

式中 $x = R, x' = \alpha$。因为

$$\cos\alpha = \cos\theta\cos\theta' + \sin\theta\sin\theta'\cos(\phi - \phi') \tag{9}$$

由图 3.28 知

$$\phi = 0, \quad \theta' = 90° \tag{10}$$

所以

$$\cos\alpha = \sin\theta\cos\phi' \tag{12}$$

将(12) 式代入(8) 式有

$$r = \sqrt{R^2 + a^2 - 2Ra\sin\theta\cos\phi'} \tag{13}$$

将(7) 式和(13) 式代入(6) 式有

$$\begin{aligned} A(r,\theta) &= \frac{\mu_0 aI}{4\pi}\int_0^{2\pi}\frac{\cos\phi'\mathrm{d}\phi'}{\sqrt{R^2 + a^2 - 2Ra\sin\theta\cos\phi'}} \\ &= \frac{\mu_0 aI}{4\pi\sqrt{R^2 + a^2}}\int_0^{2\pi}\frac{\cos\phi'\mathrm{d}\phi'}{\sqrt{1 - \dfrac{2Ra\sin\theta\cos\phi'}{R^2 + a^2}}} \end{aligned} \tag{14}$$

此积分的结果可用完全椭圆积分 K 和 E 表示为

$$A_\phi(r,\theta) = \frac{\mu_0 aI}{\pi\sqrt{R^2 + a^2 - 2Ra\sin\theta\cos\phi'}}\left[\frac{(2 - k^2)K - 2E}{k^2}\right] \tag{15}$$

式中完全椭圆积分的自变量 k 为

$$k = \frac{4Ra\sin\theta}{R^2 + a^2 + 2Ra\sin\theta} \tag{16}$$

而

$$K = \frac{\pi}{2}\left\{1 + \left(\frac{1}{2}\right)^2 k^2 + \left(\frac{1\cdot 3}{2\cdot 4}\right)^2 k^4 + \cdots + \left[\frac{(2n-1)!!}{2^n n!}\right]^2 k^{2n} + \cdots\right\} \tag{17}$$

$$E = \frac{\pi}{2}\left\{1 - \left(\frac{1}{2}\right)^2 k^2 - \left(\frac{1\cdot 3}{2\cdot 4}\right)^2\frac{k^4}{3} - \cdots - \left[\frac{(2n-1)!!}{2^n n!}\right]^2\frac{k^{2n}}{2n-1} - \cdots\right\} \tag{18}$$

【A 的解法二】 在(14) 式的基础上,当满足条件

$$R^2 + a^2 \gg 2Ra\sin\theta\cos\phi' \tag{15}$$

时,根据二项式展开公式

$$\begin{aligned} (1 + x)^n &= 1 + nx + \frac{n(n-1)}{2!}x^2 + \frac{n(n-1)(n-2)}{3!}x^3 + \cdots \\ &\quad + \frac{n(n-1)(n-2)\cdots(n-k+1)}{k!}x^k + \cdots \quad (|x| < 1) \end{aligned} \tag{16}$$

可将 $\sqrt{1 - 2ra\sin\theta\cos\phi'/(R^2 + a^2)}$ 对 $2Ra\sin\theta\cos\phi'/(R^2 + a^2)$ 展开,并取前三项有

$$\sqrt{1 - 2ra\sin\theta\cos\phi'/(R^2 + a^2)}$$

$$= 1 + \frac{1}{2}\cdot\frac{2Ra\sin\theta\cos\phi'}{R^2 + a^2} - \frac{1}{8}\left(\frac{2Ra\sin\theta\cos\phi'}{R^2 + a^2}\right)^2 + \frac{3}{48}\left(\frac{2Ra\sin\theta\cos\phi'}{R^2 + a^2}\right)^3 \tag{17}$$

将(17)式代入(14)式有

$$A(r,\theta)=\frac{\mu_0 aI}{4\pi\sqrt{R^2+a^2}}\int_0^{2\pi}\left[1+\frac{Ra\sin\theta}{R^2+a^2}\cos\phi'-\frac{1}{2}\left(\frac{Ra\sin\theta}{R^2+a^2}\right)^2\cos^2\phi'+\frac{3}{6}\left(\frac{Ra\sin\theta}{R^2+a^2}\right)^3\cos^3\phi'\right]\cos\phi'\mathrm{d}\phi'$$

$$=\frac{\mu_0 aI}{4\pi\sqrt{R^2+a^2}}\left[\int_0^{2\pi}\cos\phi'\mathrm{d}\phi'+\frac{Ra\sin\theta}{R^2+a^2}\int_0^{2\pi}\cos^2\phi'\mathrm{d}\phi'-\frac{1}{2}\left(\frac{Ra\sin\theta}{R^2+a^2}\right)^2\int_0^{2\pi}\cos^3\phi'\mathrm{d}\phi'+\frac{3}{6}\left(\frac{Ra\sin\theta}{R^2+a^2}\right)^3\int_0^{2\pi}\cos^4\phi'\mathrm{d}\phi'\right] \tag{18}$$

式中

$$\int_0^{2\pi}\cos\phi'\mathrm{d}\phi'=0 \tag{19}$$

$$\int_0^{2\pi}\cos^2\phi'\mathrm{d}\phi'=\frac{1}{2}\int_0^{2\pi}(1+\cos 2\phi')\mathrm{d}\phi'=\left[\frac{1}{2}\phi'+\frac{1}{4}\sin 2\phi'\right]_0^{2\pi}=\pi \tag{20}$$

$$\int_0^{2\pi}\cos^3\phi'\mathrm{d}\phi'=\frac{1}{4}\int_0^{2\pi}(3\cos\phi'+\cos 3\phi')\mathrm{d}\phi'=0 \tag{21}$$

$$\int_0^{2\pi}\cos^4\phi'\mathrm{d}\phi'=\left[\frac{\cos^3\phi'\sin\phi'}{4}\bigg|_0^{2\pi}+\frac{3}{4}\int_0^{2\pi}\cos^2\phi'\mathrm{d}\phi'\right]=0+\frac{3}{4}\cdot\frac{1}{2}\int_0^{2\pi}\mathrm{d}\phi'=\frac{3\pi}{4} \tag{22}$$

将(19)式、(20)式、(21)式和(22)式代入(14)式有

$$A(r,\theta)=\frac{\mu_0 aI}{4\pi\sqrt{R^2+a^2}}\left[0+\frac{Ra\sin\theta}{R^2+a^2}\cdot\pi-0+\frac{3}{6}\left(\frac{Ra\sin\theta}{R^2+a^2}\right)^3\cdot\frac{3\pi}{4}\right]$$

$$=\frac{\mu_0 aI}{4\sqrt{R^2+a^2}}\left[\frac{Ra\sin\theta}{R^2+a^2}+\frac{3}{8}\left(\frac{Ra\sin\theta}{R^2+a^2}\right)^3\right] \tag{23}$$

Ⅱ. 求磁感应强度 $\boldsymbol{B}$

根据 $\boldsymbol{B}$ 与 $\boldsymbol{A}$ 的关系

$$\boldsymbol{B}=\nabla\times\boldsymbol{A} \tag{24}$$

在球坐标系中有

$$\boldsymbol{B}=\nabla\times\boldsymbol{A}=\frac{1}{R\sin\theta}\left[\frac{\partial}{\partial\theta}\left(\sin\theta A_\phi-\frac{\partial A_\theta}{\partial\phi}\right)\right]\boldsymbol{e}_r+\frac{1}{R}\left[\frac{1}{\sin\theta}\frac{\partial A_R}{\partial\phi}-\frac{\partial}{\partial R}(RA_\phi)\right]\boldsymbol{e}_\theta+\frac{1}{R}\left[\frac{\partial}{\partial R}(RA_\theta)-\frac{\partial A_R}{\partial\theta}\right]\boldsymbol{e}_\phi \tag{25}$$

即

$$B_R=\frac{1}{R\sin\theta}\frac{\partial}{\partial\theta}(\sin\theta A_\phi)=B_{R1}+B_{R2} \tag{26}$$

$$B_\theta=-\frac{1}{R}\frac{\partial}{\partial R}(RA_\phi)=-\frac{1}{R}\left(A_\phi+R\frac{\partial A_\phi}{\partial R}\right)=B_{\theta 1}+B_{\theta 2} \tag{27}$$

$$B_\phi=0 \tag{28}$$

(26) 式中 $B_{R1}=\dfrac{1}{R}\cot\theta A_{\phi}$，$B_{R2}=\dfrac{1}{R}\dfrac{\partial A_{\phi}}{\partial\theta}$，(27) 式中 $B_{\theta1}=-\dfrac{1}{R}A_{\phi}$，$R_{\theta2}=-\dfrac{\partial A_{\phi}}{\partial R}$。

这里，考虑到 $R\gg a$ 和 $r\gg a$ 的情况，即 $r\approx R$，对 r 的微分即是对 R 的微分，将(23) 式分别代入(26) 式、(27) 式和(28) 式即可求出磁感应强度 $\boldsymbol{B}$。

将(23) 式分别代入(26) 式中的第一项有

$$B_{R1}=\frac{1}{R}\cot\theta A_{\phi}=\frac{1}{R}\cot\theta\cdot\frac{\mu_0 aI}{4\sqrt{R^2+a^2}}\left[\frac{Ra\sin\theta}{R^2+a^2}+\frac{3}{8}\left(\frac{Ra\sin\theta}{R^2+a^2}\right)^3\right]$$

$$=\frac{\mu_0 aI\cos\theta}{4R}\left[\frac{Ra}{(R^2+a^2)^{3/2}}+\frac{3}{8}\frac{R^3a^3\sin^2\theta}{(R^2+a^2)^{7/2}}\right]\tag{29}$$

将(23) 式分别代入(26) 式中的第二项有

$$B_{R2}=\frac{1}{R}\frac{\partial A_{\phi}}{\partial\theta}=\frac{1}{R}\frac{\partial}{\partial\theta}\left\{\frac{\mu_0 aI}{4\sqrt{R^2+a^2}}\left[\frac{Ra\sin\theta}{R^2+a^2}+\frac{3}{8}\left(\frac{Ra\sin\theta}{R^2+a^2}\right)^3\right]\right\}$$

$$=\frac{1}{R}\cdot\frac{\mu_0 aI}{4\sqrt{R^2+a^2}}\left[\frac{Ra\cos\theta}{R^2+a^2}+\frac{3}{8}\left(\frac{Ra}{R^2+a^2}\right)^3\cdot 3\sin^2\theta\cos\theta\right]$$

$$=\frac{\mu_0 aI\cos\theta}{4R}\left[\frac{Ra}{(R^2+a^2)^{3/2}}+\frac{9}{8}\frac{R^3a^3\sin^2\theta}{(R^2+a^2)^{7/2}}\right]\tag{30}$$

将(29) 式和(30) 式代入(26) 式得所求的 B_R 为

$$B_R=\frac{\mu_0 aI\cos\theta}{4R}\left[\frac{Ra}{(R^2+a^2)^{3/2}}+\frac{17}{8}\frac{R^3a^3\sin^2\theta}{(R^2+a^2)^{7/2}}\right]\tag{31}$$

将(23) 式分别代入(27) 式中的第一项有

$$B_{\theta1}=-\frac{1}{R}A_{\phi}=-\frac{1}{R}\frac{\mu_0 aI}{4\sqrt{R^2+a^2}}\left[\frac{Ra\sin\theta}{R^2+a^2}+\frac{3}{8}\left(\frac{Ra\sin\theta}{R^2+a^2}\right)\right]$$

$$=-\frac{\mu_0 aI}{4R\sqrt{R^2+a^2}}\left[\frac{Ra\sin\theta}{R^2+a^2}+\frac{3}{8}\left(\frac{Ra\sin\theta}{R^2+a^2}\right)^3\right]\tag{32}$$

将(23) 式分别代入(27) 式中的第二项有

$$B_{\theta2}=-\frac{\partial A_{\phi}}{\partial R}=-\frac{\partial}{\partial R}\left\{\frac{\mu_0 aI}{4\sqrt{R^2+a^2}}\left[\frac{Ra\sin\theta}{R^2+a^2}+\frac{3}{8}\left(\frac{Ra\sin\theta}{R^2+a^2}\right)^3\right]\right\}$$

$$=-\frac{\mu_0 aI}{4}\frac{\partial}{\partial R}\left[\frac{Ra\sin\theta}{(R^2+a^2)^{3/2}}+\frac{3}{8}\frac{R^3a^3\sin^3\theta}{(R^2+a^2)^{7/2}}\right]$$

$$=-\frac{\mu_0 aI}{4}\left[\frac{(-2R^2+a^2)a\sin\theta}{(R^2+a^2)^{5/2}}+\frac{3}{8}\frac{(-4R^2+3R^2a^2)a^3\sin^3\theta}{(R^2+a^2)^{9/2}}\right]$$

$$=-\frac{\mu_0 Ia^2\sin\theta}{4}\left[\frac{(a^2-2R^2)}{(R^2+a^2)^{5/2}}+\frac{3}{8}\frac{(3R^2-4)R^2a^2\sin^2\theta}{(R^2+a^2)^{9/2}}\right]\tag{33}$$

所以，总的磁感应强度为

$$\boldsymbol{B}(r,\theta)=B_R\boldsymbol{e}_r+B_{\theta}\boldsymbol{e}_{\theta}+B_{\phi}\boldsymbol{e}_{\phi}\tag{34}$$

式中 B_{R1}、B_{R2}、$B_{\theta1}$ 和 $B_{\theta2}$ 分别由(31) 式、(32) 式和(33) 式给出。

3.29　如图 3.29a 所示，在磁导率为 μ_1 的介质中，有电流为 I 的长直载流导线与两种介质的分界面平行，距分界面的垂直距离为 a，设第二种介质的磁导率为 μ_2。试求：(1) 两种介质中的磁场强度；(2) 载流导线单位长度上所受的力。

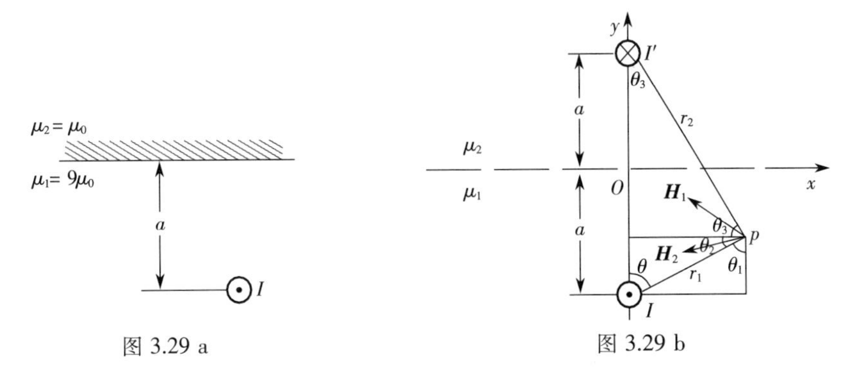

图 3.29 a　　图 3.29 b

【解】　Ⅰ. 两种介质中的磁场强度

① 下半空间的磁场强度 $\boldsymbol{H}_1$

采用镜像法求解，此时认为全空间的介质都是 μ_1，根据镜像法原理，可知镜像电流 I' 位于与电流 I 对称的第二种介质中，其值为

$$I' = \frac{\mu_2 - \mu_1}{\mu_2 + \mu_1} I \tag{1}$$

建立如图 3.29b 所示的直角坐标系，则下半空间的任一点 P 的磁场强度 $\boldsymbol{H}_1$ 由 I 与 I' 产生的磁场强度的叠加，根据磁场的安培环路定理，I 与 I' 产生的磁场强度分别为

$$\boldsymbol{H}' = \frac{I}{2\pi r_1}\boldsymbol{e}_{\alpha 1} \tag{2}$$

$$\boldsymbol{H}''_1 = \frac{I'}{2\pi r_2}\boldsymbol{e}_{\alpha 2} = \frac{\mu_2 - \mu_1}{\mu_2 + \mu_1}\frac{I}{2\pi r_2}\boldsymbol{e}_{\alpha 2} \tag{3}$$

则下半空间的磁场强度 $\boldsymbol{H}_1$ 为

$$\begin{aligned}\boldsymbol{H}_1 &= \boldsymbol{H}' + \boldsymbol{H}'' = \frac{I}{2\pi r_1}\boldsymbol{e}_{\alpha 1} + \frac{I'}{2\pi r_2}\boldsymbol{e}_{\alpha 2} \\ &= \frac{I}{2\pi}\left(\frac{1}{r_1}\boldsymbol{e}_{\alpha 1} + \frac{\mu_2 - \mu_1}{\mu_2 + \mu_1}\frac{1}{r_2}\boldsymbol{e}_{\alpha 2}\right)\end{aligned} \tag{4}$$

其中

$$r_1 = \sqrt{x^2 + (y+a)^2} \tag{5}$$

$$r_2 = \sqrt{x^2 + (a-y)^2} \tag{6}$$

而

$$\sin\theta_1 = x/r_1 \tag{7}$$

$$\cos\theta_1 = (a+y)/r_1 \tag{8}$$

$$\sin\theta_2 = x/r_2 \tag{9}$$

$$\cos\theta_2 = (a-y)/r_2 \tag{10}$$

将(5) 式至(10) 式代入(4) 式有

$$\begin{aligned}\boldsymbol{H}_1 &= \frac{I}{2\pi r_1}(-\cos\theta_1\boldsymbol{e}_x+\sin\theta_1\boldsymbol{e}_y)+\frac{I'}{2\pi r_2}(\cos\theta_2\boldsymbol{e}_x+\sin\theta_2\boldsymbol{e}_y)\\&=\frac{I}{2\pi}\left\{\left[-\frac{a+y}{x^2+(y+a)^2}+\frac{\mu_2-\mu_1}{\mu_2+\mu_1}\frac{a-y}{x^2+(y+a)^2}\right]\boldsymbol{e}_x\right.\\&\left.+\left[\frac{x}{x^2+(y+a)^2}+\frac{\mu_2-\mu_1}{\mu_2+\mu_1}\frac{x}{x^2+(a-y)^2}\right]\boldsymbol{e}_y\right\}\end{aligned}\tag{11}$$

② 上半空间的磁场强度 $\boldsymbol{H}_2$

此时认为上半空间的介质都是 μ_2，根据镜像法原理，上半空间的 $\boldsymbol{H}_2$ 由位于下半空间电流 I 处的镜像电流 I'' 产生，镜像电流 I'' 为

$$I''=\frac{2\mu_1}{\mu_2-\mu_1}I\tag{12}$$

根据磁场的安培环路定理，上半空间任一点的磁场强度 $\boldsymbol{H}_2$ 为

$$\boldsymbol{H}_2=\frac{I''}{2\pi r}\boldsymbol{e}_\alpha\tag{13}$$

其中

$$r=\sqrt{x^2+(y+a)^2}\tag{14}$$

而

$$\sin\theta=x/r\tag{15}$$

$$\cos\theta=(a+y)/r\tag{16}$$

将(14) 式至(16) 式代入(13) 式有

$$\begin{aligned}\boldsymbol{H}_2&=\frac{I''}{2\pi r}(-\cos\theta\boldsymbol{e}_x+\sin\theta\boldsymbol{e}_y)\\&=\frac{\mu_1 I}{\pi(\mu_2-\mu_1)}\left[-\frac{a+y}{x^2+(a+y)^2}\boldsymbol{e}_x+\frac{x}{x^2+(a+y)^2}\boldsymbol{e}_y\right]\end{aligned}\tag{17}$$

Ⅱ. 载流导线单位长度上所受的力

载流导线单位长度上所受的力 $\boldsymbol{F}$，是镜像电流 I' 产生的磁场 $\boldsymbol{B}$ 作用在电流 I 上的力，在载流导线上取一电流元 $I\mathrm{d}\boldsymbol{l}$，根据安培定律，$I\mathrm{d}\boldsymbol{l}$ 所受的力为

$$\begin{aligned}\mathrm{d}\boldsymbol{F}&=I\mathrm{d}\boldsymbol{l}\times\boldsymbol{B}=IB\mathrm{d}l(-\boldsymbol{e}_x)=\mu_1 IH\mathrm{d}l(-\boldsymbol{e}_x\times\boldsymbol{e}_z)\\&=\mu_1 I\frac{I'}{2\pi(2a)}(-\boldsymbol{e}_y)=-\frac{\mu_1 II'}{4\pi a}\boldsymbol{e}_y\end{aligned}\tag{18}$$

整个载流导线所受的力 $\boldsymbol{F}$ 为

$$\boldsymbol{F}=\int\mathrm{d}\boldsymbol{F}=\frac{\mu_1 II'}{4\pi a}\int_0^L\mathrm{d}l(-\boldsymbol{e}_y)=-\frac{\mu_1 II'}{4\pi a}L\boldsymbol{e}_y\tag{19}$$

式中 L 为载流导线的长度。所以，载流导线单位长度上所受的力为

$$\boldsymbol{F}_{单}=\frac{\boldsymbol{F}}{L}=-\frac{\mu_1 II'}{4\pi a}\boldsymbol{e}_y=-\frac{\mu_1(\mu_2-\mu_1)I^2}{4\pi a(\mu_2+\mu_1)}\boldsymbol{e}_y\tag{20}$$

3.30　如图 3.30 所示，证明圆心在坐标原点，半径为 a，面积为 S，所载电流 I

垂直于 z 轴的小圆形载流线圈产生的磁感应强度为

$$B_r = \frac{\mu_0}{4\pi}\frac{2m}{r^3}\cos\theta$$

$$B_\theta = \frac{\mu_0}{4\pi}\frac{m}{r^3}\sin\theta$$

$$B_\varphi = 0$$

式中 $m = \pi a^2 = IS$ 为线圈的磁偶极子，$r \gg a$。

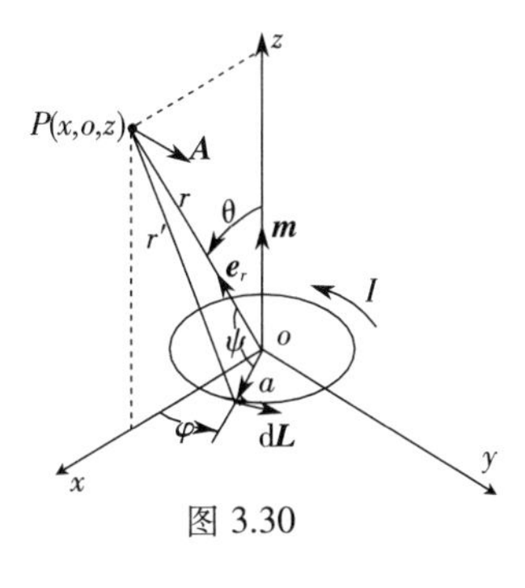

图 3.30

【证明】　Ⅰ. 矢势 $\boldsymbol{A}$

根据矢势的定义，载流线圈在空间某点 P 产生的矢势为

$$\boldsymbol{A} = \frac{\mu_0}{4\pi}\oint\frac{I\mathrm{d}\boldsymbol{l}}{r'} \tag{1}$$

由(1)式知矢势 $\boldsymbol{A}$ 的方向与电流元 $I\mathrm{d}\boldsymbol{l}$ 同向，或与 $\mathrm{d}\boldsymbol{l}$ 同向，即沿方位角 ϕ 的方向。由图 3.30 知，$\mathrm{d}\boldsymbol{l}$ 没有 z 方向的分量，只有 x 和 y 方向的分量，设电流元 $I\mathrm{d}\boldsymbol{l}$ 到 P 点的位矢为 $\boldsymbol{r}'$，对任一给定的 r'，相对于线圈的某一直径两端，都有一对相互对称的电流元，即都有一对相互对称的 $\mathrm{d}\boldsymbol{l}$ 矢量，这对矢量叠加后 x 方向的分量为零，只有 y 方向的分量。所以，P 点的矢势为

$$\boldsymbol{A} = \frac{\mu_0}{4\pi}\oint\frac{I\mathrm{d}l_y}{r'}\boldsymbol{e}_\varphi = \frac{\mu_0 I}{4\pi}\oint\frac{\mathrm{d}l\cdot\cos\varphi}{r'}\boldsymbol{e}_\varphi = \frac{\mu_0 I}{4\pi}\oint\frac{(a\mathrm{d}\varphi)\cos\varphi}{r'}\boldsymbol{e}_\varphi \tag{2}$$

式中 $\boldsymbol{e}_\varphi$ 为球坐标系中方位角的单位矢量。由图 3.30 有

$$r'^2 = r^2 + a^2 - 2ra\cos\psi \tag{3}$$

即

$$r^2 = r'^2 - a^2 + 2ra\cos\psi \tag{4}$$

或

$$\frac{r^2}{r'^2} = 1 - \frac{a^2}{r'^2} + \frac{2ra}{r'^2}\cos\psi \tag{5}$$

所以有

$$\frac{r}{r'} = \left(1 - \frac{a^2}{r'^2} + \frac{2ra}{r'^2}\cos\psi\right)^{1/2} = \left[1 + \left(\frac{2ra\cos\psi - a^2}{r'^2}\right)\right]^{1/2} \tag{6}$$

当满足 $r \gg a$ 和 $r' \gg a$ 时，有

$$\left|\frac{2ra\cos\psi - a^2}{r'^2}\right| < 1 \tag{7}$$

将(6)式按二项式展开公式

$$(1+x)^n = 1 + nx + \frac{n(n-1)}{2!}x^2 + \frac{n(n-1)(n-2)}{3!}x^3 + \cdots + \frac{n(n-1)(n-2)\cdots(n-k+1)}{k!}x^k + \cdots (|x|<1) \tag{8}$$

展开有

$$\frac{r}{r'} = 1 + \frac{1}{2}\left(\frac{2ra\cos\psi - a^2}{r'^2}\right) = 1 - \frac{a^2}{2r'^2} + \frac{ra}{r'^2}\cos\psi \tag{9}$$

在满足 $r \gg a$ 和 $r' \gg a$ 时，有

$$r \approx r' \tag{10}$$

将(10)式代入(9)式有

$$\frac{r}{r'} = 1 - \frac{a^2}{2r^2} + \frac{a}{r}\cos\psi \tag{11}$$

由图 3.30 有

$$\boldsymbol{r} \cdot \boldsymbol{a} = (x\boldsymbol{e}_x + z\boldsymbol{e}_z)\cdot(a\cos\varphi\boldsymbol{e}_x + a\sin\varphi\boldsymbol{e}_y) = xa\cos\varphi \tag{12}$$

同时有

$$\boldsymbol{r} \cdot \boldsymbol{a} = ra\cos\psi \tag{13}$$

由(12)式和(13)式有

$$\cos\psi = \frac{x}{r}\cos\varphi \tag{14}$$

将(14)式代入(11)式有

$$\frac{r}{r'} = 1 - \frac{a^2}{2r^2} + \frac{ax}{r^2}\cos\varphi \tag{15}$$

将(15)式代入(2)式得矢势 $\boldsymbol{A}$ 为

$$\begin{aligned}\boldsymbol{A} &= \frac{\mu_0 I}{4\pi}\int_0^{2\pi}\left(1 - \frac{a^2}{2r^2} + \frac{ax}{r^2}\cos\varphi\right)a\cos\varphi\mathrm{d}\varphi\boldsymbol{e}_\varphi \\ &= \frac{\mu_0 aI}{4\pi}\int_0^{2\pi}\left(\cos\varphi - \frac{a^2}{2r^2}\cos\varphi + \frac{ax}{r^2}\cos^2\varphi\right)\mathrm{d}\varphi\boldsymbol{e}_\varphi \\ &= \frac{\mu_0}{4\pi}\frac{I\pi a^2}{r^3}x\boldsymbol{e}_\varphi = \frac{\mu_0}{4\pi}\frac{I\pi a^2}{r^3}r\sin\theta\boldsymbol{e}_\varphi = \frac{\mu_0}{4\pi}\frac{m}{r^2}\sin\theta\boldsymbol{e}_\varphi\end{aligned} \tag{16}$$

即

$$A_\varphi(r,\theta) = \frac{\mu_0}{4\pi}\frac{m}{r^2}\sin\theta \tag{17}$$

或表示为

$$\boldsymbol{A} = \frac{\mu_0}{4\pi}\frac{\boldsymbol{m}\times\boldsymbol{r}}{r^3} \tag{18}$$

式中磁偶极矩

$$\boldsymbol{m} = I\pi a^2\boldsymbol{e}_z = IS\boldsymbol{e}_z = I\boldsymbol{S} \tag{19}$$

Ⅱ. 证明磁感应强度 $\boldsymbol{B}$

根据磁感应强度 $\boldsymbol{B}$ 与矢势 $\boldsymbol{A}$ 的关系

$$\boldsymbol{B} = \nabla\times\boldsymbol{A} \tag{20}$$

即可证明所要求的结果。在球坐标系中

$$\boldsymbol{B} = \nabla\times\boldsymbol{A} = B_r\boldsymbol{e}_r + B_\theta\boldsymbol{e}_\theta + B_\varphi\boldsymbol{e}_\varphi$$

$$= \frac{1}{r\sin\theta}\left[\frac{\partial}{\partial\theta}\left(\sin\theta A_{\varphi} - \frac{\partial A_{\theta}}{\partial\varphi}\right)\right]\boldsymbol{e}_r + \frac{1}{r}\left[\frac{1}{\sin\theta}\frac{\partial A_r}{\partial\varphi} - \frac{\partial}{\partial r}(rA_{\varphi})\right]\boldsymbol{e}_{\theta}$$

$$+ \frac{1}{r}\left[\frac{\partial}{\partial r}(rA_{\theta}) - \frac{\partial A_r}{\partial\theta}\right]\boldsymbol{e}_{\varphi} \tag{21}$$

所以,将(17)式代入(21)式的第一项有

$$B_r = \frac{1}{r\sin\theta}\left[\frac{\partial}{\partial\theta}\left(\sin\theta A_{\varphi} - \frac{\partial A_{\theta}}{\partial\varphi}\right)\right] = \frac{1}{r\sin\theta}\frac{\partial}{\partial\theta}(-\sin\theta A_{\varphi})$$

$$= \frac{\mu_0}{4\pi}\frac{m}{r\sin\theta}\frac{\partial}{\partial\theta}\left(-\frac{\sin^2\theta}{r^2}\right) = \frac{\mu_0}{4\pi}\frac{2m}{r^3}\cos\theta \tag{22}$$

将(17)式代入(21)式的第二项有

$$B_{\theta} = \frac{1}{r}\left[\frac{1}{\sin\theta}\frac{\partial A_r}{\partial\varphi} - \frac{\partial}{\partial R}(rA_{\varphi})\right] = \frac{1}{r}\left[-\frac{\partial}{\partial R}(rA_{\varphi})\right]$$

$$= \frac{\mu_0 m}{4\pi}\frac{1}{r}\left[-\frac{\partial}{\partial R}\left(\frac{\sin\theta}{r}\right)\right] = \frac{\mu_0}{4\pi}\frac{m\sin\theta}{r^3} \tag{23}$$

由于 $A = A_{\varphi}$,即 $A_r = A_{\theta} = 0$,根据(21)式的第三项有

$$B_{\varphi} = 0 \tag{24}$$

证毕。

3.31　仿迹仪是模拟带电粒子在磁场运动轨迹的一种装置仪器。若用通有电流为 I,固定在轨迹两端的细软导线,代替质量为 m,电量为 Q,速度为 v 的带电粒子,证明:若要使细软导线的状态与带电粒子的运动轨迹重合,则有如下方程

$$\frac{mv}{Q} = \frac{T}{I}$$

式中 T 是细软导线的张力。

【证明】　所谓细软导线,即是一种很轻且浮动的软导线,它的优越性在于用它来做实验比用带电粒子束做实验容易得多,这里,细软导线起了模拟计算机的作用。

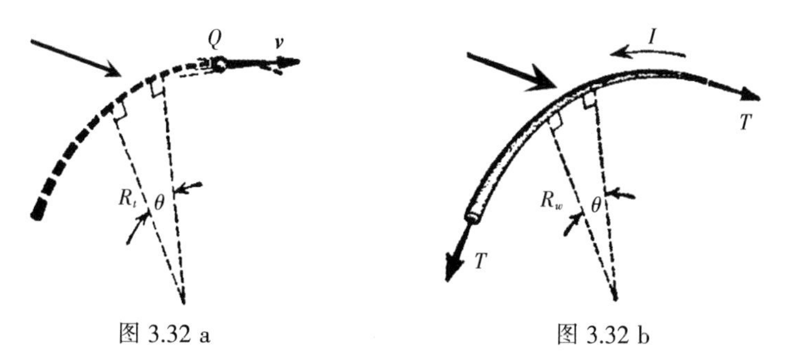

图 3.32 a　　图 3.32 b

如图 3.31a 所示,当带电粒子以速度 $\boldsymbol{v}$ 进入磁场 $\boldsymbol{B}$ 中,若 $\boldsymbol{v} \perp \boldsymbol{B}$ 时,根据牛顿第二定律有

$$QvB = \frac{mv^2}{R_t} \tag{1}$$

式中 R_t 为带电粒子的运动轨迹的曲率半径，即

$$R_t = \frac{mv}{BQ} \tag{2}$$

如图 3.31b 所示，在相同的磁场中，用一通有相反方向电流的细软导线来代替带电粒子，在细软导线上任一点取电流元 $I\mathrm{d}\boldsymbol{l}$，则电流元所受的安培力为

$$\mathrm{d}\boldsymbol{F} = I\mathrm{d}\boldsymbol{l} \times \boldsymbol{B} \tag{3}$$

因为 $I\mathrm{d}\boldsymbol{l} \perp \boldsymbol{B}$，所以有

$$\mathrm{d}F = BI\mathrm{d}l = \frac{mv^2}{R_t} \tag{4}$$

方向指向细软导线曲线的外侧。

设细软导线曲线的曲率半径为 R_w，则电流元中的线元 $\mathrm{d}l$ 所受的张力为

$$\mathrm{d}F' = 2T\sin(\theta/2) = \frac{T}{R_w}\mathrm{d}l \tag{5}$$

方向指向细软导线曲线的内侧，式中 θ 为线元 $\mathrm{d}l$ 对应的圆心角。

当细软导线所受张力与安培力平衡时有

$$BI\mathrm{d}l = \frac{T}{R_w}\mathrm{d}l \tag{6}$$

即

$$R_w = \frac{T}{BI} \tag{7}$$

根据题意，要使细软导线的状态与带电粒子的运动轨迹重合，则有

$$R_w = R_t \tag{8}$$

即

$$R_w = R_t = \frac{mv}{QB} = \frac{T}{BI} \tag{9}$$

所以有

$$\frac{mv}{Q} = \frac{T}{I} \tag{10}$$

证毕。

第4章 电磁波的传播

4.1 考虑两列振幅相同、偏振方向相同、频率分别为 $\omega+\mathrm{d}\omega$ 和 $\omega-\mathrm{d}\omega$ 的线偏振平面波，它们都沿 z 轴方向传播。

(1) 求合成波，证明波的振幅不是常数，而是一个波。

(2) 求合成波的相位传播速度和振幅传播速度。

【解】 Ⅰ. 求合成波，证明波的振幅不是常数，而是一个波

由题意有

$$\omega \gg \mathrm{d}\omega \tag{1}$$

表明两波频率十分接近，由波矢和圆频率的关系知两波的波数为

$$k_1 = k + \mathrm{d}k \tag{2}$$

$$k_2 = k - \mathrm{d}k \tag{3}$$

设两波的振幅均为 E_0，初相位一致，都沿 x 方向偏振，由题意有

$$\boldsymbol{E}_1 = E_0 \mathrm{e}^{\mathrm{i}[(k+\mathrm{d}k)z-(\omega+\mathrm{d}\omega)t]}\boldsymbol{e}_x \tag{4}$$

$$\boldsymbol{E}_2 = E_0 \mathrm{e}^{\mathrm{i}[(k-\mathrm{d}k)z-(\omega-\mathrm{d}\omega)t]}\boldsymbol{e}_x \tag{5}$$

合成波为

$$\begin{aligned}\boldsymbol{E} = \boldsymbol{E}_1 + \boldsymbol{E}_2 &= E_0 \mathrm{e}^{\mathrm{i}(kz-\omega t)}(\mathrm{e}^{\mathrm{i}(\mathrm{d}k\cdot z-\mathrm{d}\omega\cdot t)} + \mathrm{e}^{-\mathrm{i}(\mathrm{d}k\cdot z-\mathrm{d}\omega\cdot t)})\boldsymbol{e}_x \\ &= 2E_0\cos(\mathrm{d}k\cdot z - \mathrm{d}\omega\cdot t)\mathrm{e}^{\mathrm{i}(kz-\omega t)}\boldsymbol{e}_x\end{aligned} \tag{6}$$

此式表明，频率为 ω 的高频波受到频率为 $\mathrm{d}\omega$ 的低频波调制。该式中的 $2E_0\cos(\mathrm{d}k\cdot z-\mathrm{d}\omega\cdot t)$ 已不是常数，而是已调波的振幅，称为已调波的包络线。

Ⅱ. 求合成波的相位传播速度和振幅传播速度

从(6)式看出等相位的方程为

$$\varphi = kz - \omega t = \text{常数} \tag{7}$$

对其求时间的导数得相位的传播速度为

$$v_p = \frac{\mathrm{d}z}{\mathrm{d}t} = \frac{\omega}{k} \tag{8}$$

从(6)式可以看出等振幅的方程为

$$2E_0\cos(\mathrm{d}k\cdot z - \mathrm{d}\omega\cdot t) = \text{常数} \tag{9}$$

对其求时间的导数得振幅的传播速度为

$$v_g = \frac{\mathrm{d}\omega}{\mathrm{d}k} \tag{10}$$

此速度称为群速度,表示包络整体的传播速度。

4.2 频率为 ω 的电磁波在各向异性介质中传播时,若 $\boldsymbol{E}$、$\boldsymbol{D}$、$\boldsymbol{B}$、$\boldsymbol{H}$ 仍按 $e^{i(\boldsymbol{k}\cdot\boldsymbol{x}-\omega t)}$ 变化,但 $\boldsymbol{D}$ 不再与 $\boldsymbol{E}$ 平行(即 $\boldsymbol{D}=\varepsilon\boldsymbol{E}$ 不成立)。

(1) 证明 $\boldsymbol{k}\cdot\boldsymbol{B}=\boldsymbol{B}\cdot\boldsymbol{D}=\boldsymbol{B}\cdot\boldsymbol{E}=0$,但一般 $\boldsymbol{k}\cdot\boldsymbol{E}\neq 0$。

(2) 证明 $\boldsymbol{D}=\dfrac{1}{\omega^2\mu}[k^2E-(\boldsymbol{k}\cdot\boldsymbol{E})\boldsymbol{k}]$。

(3) 证明能流 $\boldsymbol{S}$ 与波矢 $\boldsymbol{k}$ 一般不在同一方向上。

【证明】 Ⅰ. 证明 $\boldsymbol{k}\cdot\boldsymbol{B}=\boldsymbol{B}\cdot\boldsymbol{D}=\boldsymbol{B}\cdot\boldsymbol{E}=0$,但一般 $\boldsymbol{k}\cdot\boldsymbol{E}\neq 0$

介质性质的方程为

$$\nabla\cdot\boldsymbol{D}=0 \tag{1}$$

$$\nabla\cdot\boldsymbol{B}=0 \tag{2}$$

设介质的电荷密度 $\rho_f=0$,电流密度 $\boldsymbol{J}_f=0$,则由麦克斯韦方程组有

$$\nabla\times\boldsymbol{E}=-\frac{\partial\boldsymbol{B}}{\partial t} \tag{3}$$

$$\nabla\times\boldsymbol{H}=\frac{\partial\boldsymbol{D}}{\partial t} \tag{4}$$

设 $\boldsymbol{B}=\mu\boldsymbol{H}$ 成立,由题意有

$$\boldsymbol{E}=\boldsymbol{E}_0e^{i(\boldsymbol{k}\cdot\boldsymbol{x}-\omega t)} \tag{5}$$

$$\boldsymbol{D}=\boldsymbol{D}_0e^{i(\boldsymbol{k}\cdot\boldsymbol{x}-\omega t)} \tag{6}$$

$$\boldsymbol{B}=\boldsymbol{B}_0e^{i(\boldsymbol{k}\cdot\boldsymbol{x}-\omega t)} \tag{7}$$

$$\boldsymbol{H}=\boldsymbol{H}_0e^{i(\boldsymbol{k}\cdot\boldsymbol{x}-\omega t)} \tag{8}$$

将(5)式和(7)式代入(1)式有

$$\boldsymbol{k}\cdot\boldsymbol{E}\neq\boldsymbol{k}\cdot\boldsymbol{D}/\varepsilon=0\quad(\boldsymbol{D}=\varepsilon\boldsymbol{E}\text{ 不成立}) \tag{9}$$

$$\boldsymbol{k}\cdot\boldsymbol{D}=0 \tag{10}$$

$$\boldsymbol{k}\cdot\boldsymbol{B}=0 \tag{11}$$

将(5)式和(8)式代入(3)式有

$$\boldsymbol{B}=\frac{1}{\omega}\boldsymbol{k}\times\boldsymbol{E} \tag{12}$$

将(6)式和(8)式代入(4)式有

$$\boldsymbol{D}=-\frac{1}{\mu\omega}\boldsymbol{k}\times\boldsymbol{B} \tag{13}$$

将(5)式点乘(7)式,并利用(12)式有

$$\boldsymbol{E}\cdot\boldsymbol{B}=\frac{1}{\mu\omega}\boldsymbol{E}\cdot(\boldsymbol{k}\times\boldsymbol{E})=\frac{1}{\mu\omega}\boldsymbol{k}\cdot(\boldsymbol{E}\times\boldsymbol{E})=0 \tag{14}$$

将(7)式点乘(6)式,并利用(13)式有

$$\boldsymbol{B}\cdot\boldsymbol{D}=-\frac{1}{\mu\omega}\boldsymbol{B}\cdot(\boldsymbol{k}\times\boldsymbol{B})=-\frac{1}{\mu\omega}\boldsymbol{k}\cdot(\boldsymbol{B}\times\boldsymbol{B})=0 \tag{15}$$

Ⅱ. 证明 $\boldsymbol{D}=\dfrac{1}{\omega^2\mu}[k^2E-(\boldsymbol{k}\cdot\boldsymbol{E})\boldsymbol{k}]$

将(12) 式代入(13) 式有

$$\boldsymbol{D}=-\frac{1}{\mu\omega^2}\boldsymbol{k}\times(\boldsymbol{k}\times\boldsymbol{E})=\frac{1}{\mu\omega^2}[k^2\boldsymbol{E}-(\boldsymbol{k}\cdot\boldsymbol{E})\boldsymbol{k}] \tag{16}$$

Ⅲ. 证明能流密度 $\boldsymbol{S}$ 与波矢 $\boldsymbol{k}$ 一般不在同一方向上

根据能流密度的定义，能流密度 $\boldsymbol{S}$ 为

$$\boldsymbol{S}=\boldsymbol{E}\times\boldsymbol{H} \tag{17}$$

将(12) 式代入(17) 式有

$$\boldsymbol{S}=\frac{1}{\mu\omega}\boldsymbol{E}\times(\boldsymbol{k}\times\boldsymbol{E})=\frac{1}{\mu\omega}[E^2\boldsymbol{k}-(\boldsymbol{k}\cdot\boldsymbol{E})\boldsymbol{E}] \tag{18}$$

从此式看出，由于 $\boldsymbol{k}\cdot\boldsymbol{E}\neq 0$，因此 $\boldsymbol{D}$ 与 $\boldsymbol{E}$ 不同向，所以，介质中的能流密度 $\boldsymbol{S}$ 与波矢 $\boldsymbol{k}$ 一般不在同一方向上，证毕。

4.3　平面电磁波由真空倾斜入射到导电介质表面上，入射角为 θ_1，求导电介质中电磁波的相速度和衰减长度。若导电介质为金属，结果如何？

【解】　设导电介质的表面为 $z=0$ 的平面，入射面为 xoz 平面，入射波波矢为 $\boldsymbol{k}$，折射(透射) 波波矢为 $\boldsymbol{k}''$，则有

$$k_x=k\sin\theta \tag{1}$$

$$\boldsymbol{k}''=\boldsymbol{\beta}+\mathrm{i}\boldsymbol{\alpha} \tag{2}$$

其在 x 和 z 方向的分量为

$$k''_x=\beta_x+\mathrm{i}\alpha_x \tag{3}$$

$$k''_z=\beta_z+\mathrm{i}\alpha_z \tag{4}$$

因为

$$k''_x=k_x \tag{5}$$

所以有

$$\beta_x+\mathrm{i}\alpha_x=k\sin\theta \tag{6}$$

即

$$\alpha_x=0 \tag{7}$$

$$\beta_x=k\sin\theta=\frac{\omega}{c}\sin\theta \tag{8}$$

又因为复波数为

$$k''=\omega\sqrt{\mu\varepsilon'} \tag{9}$$

$$\varepsilon'=\varepsilon+\mathrm{i}\frac{\sigma}{\omega} \tag{10}$$

将(1) 式至(4) 式和(10) 式代入(9) 式，并注意 $\beta_y=0$ 和 $\boldsymbol{\alpha}$ 只有 z 分量，令实部和虚部分别相等，则有

$$\beta_x^2+\beta_z^2-\alpha_z^2=\omega^2\mu\varepsilon \tag{11}$$

$$\alpha_z\beta_z = \omega\mu\sigma \tag{12}$$

联立(8) 式、(11) 式和(12) 式得

$$\beta_z^2 = \frac{1}{2}\omega^2(\mu\varepsilon - \sin^2\theta/c) + \frac{1}{2}[\omega^4(\mu\varepsilon - \sin^2\theta/c)^2 + (\omega\mu\sigma)^2]^{1/2} \tag{13}$$

$$\alpha^2 = \alpha_z^2 = -\frac{1}{2}\omega^2(\mu\varepsilon - \sin^2\theta/c) + \frac{1}{2}[\omega^4(\mu\varepsilon - \sin^2\theta/c)^2 + (\omega\mu\sigma)^2]^{1/2} \tag{14}$$

平面电磁波在导电介质中的相速度和透射深度分别为

$$v_p = \frac{\omega}{k} = \frac{\omega}{\beta} \tag{15}$$

$$\delta = \frac{1}{\alpha} = \frac{1}{\alpha_z} \tag{16}$$

若导电介质为金属，即当

$$\frac{\sigma}{\omega\varepsilon} \gg 1 \tag{17}$$

时有

$$\beta_x \ll \beta_z \tag{18}$$

$$\beta_z \approx \alpha_z \approx \sqrt{\frac{\omega\mu\sigma}{2}} \tag{19}$$

此时平面电磁波在导电介质中的相速度和透射深度分别为

$$v_p \approx \frac{\omega}{\beta_z} \approx \sqrt{\frac{2\omega}{\mu\sigma}} \tag{20}$$

$$\delta = \frac{1}{\alpha} = \frac{1}{\alpha_z} \approx \sqrt{\frac{2}{\omega\mu\sigma}} \tag{21}$$

4.4 有一平面电磁波在两种介质的分界面上发生反射和折射，求 $\boldsymbol{B}$ 的反射系数 R 和折射系数 T。

【解】 Ⅰ. 当 $\boldsymbol{E}$ 垂直于入射面时，设介质 1 和介质 2 的分界面为无穷大平面，两种介质的电容率分别为 ε_1 和 ε_2，磁导率为 $\mu_1 = \mu_2 = \mu_0$，并设入射角为 θ，反射角为 θ'，折射角为 θ''，由菲涅耳公式有

$$\frac{E'_0}{E_0} = -\frac{\sin(\theta - \theta'')}{\sin(\theta + \theta'')} \tag{1}$$

$$\frac{E''_0}{E_0} = \frac{2\cos\theta\sin\theta''}{\sin(\theta + \theta'')} \tag{2}$$

由 $\boldsymbol{B}$ 和 $\boldsymbol{E}$ 的关系

$$\boldsymbol{B} = \frac{1}{\omega}\boldsymbol{k} \times \boldsymbol{E} = \frac{1}{\omega}\frac{\omega}{v}\boldsymbol{n} \times \boldsymbol{E} = \sqrt{\varepsilon\mu}\,\boldsymbol{n} \times \boldsymbol{E} \tag{3}$$

式中 $\boldsymbol{n}$ 是 $\boldsymbol{k}$ 的单位矢量，即

$$B = \sqrt{\varepsilon\mu}E \tag{4}$$

所以有

$$B_0 = \sqrt{\varepsilon_1\mu_0}E_0 \tag{5}$$

$$B'_0 = \sqrt{\varepsilon_1\mu_0}E'_0 \tag{6}$$

$$B''_0 = \sqrt{\varepsilon_2\mu_0}E''_0 \tag{7}$$

由(5) 式和(6) 式有

$$\frac{B'_0}{B_0} = \frac{E'_0}{E_0} = -\frac{\sin(\theta-\theta'')}{\sin(\theta+\theta'')} \tag{8}$$

由(5) 式和(7) 式有

$$\frac{B''_0}{B_0} = \frac{E''_0}{E_0} = \frac{2\cos\theta\sin\theta''}{\sin(\theta+\theta'')}\sqrt{\frac{\varepsilon_2}{\varepsilon_1}} = \frac{2\sin\theta\cos\theta}{\sin(\theta+\theta'')} \tag{9}$$

式中利用了$\sqrt{\varepsilon_1}\sin\theta = \sqrt{\varepsilon_2}\sin\theta''$。所以,反射系数和折射(透射) 系数分别为

$$R = \left|\frac{B'_0}{B_0}\right|^2 = \frac{\sin^2(\theta-\theta'')}{\sin^2(\theta+\theta'')} \tag{10}$$

$$T = \left|\frac{B''_0}{B_0}\right|^2 = \frac{4\sin^2\theta\cos^2\theta}{\sin^2(\theta+\theta'')} \tag{11}$$

Ⅱ. 当 $\boldsymbol{E}$ 平行于入射面时,由菲涅耳公式有

$$\frac{E'_0}{E_0} = \frac{\tan(\theta-\theta'')}{\tan(\theta+\theta'')} \tag{12}$$

$$\frac{E''_0}{E_0} = \frac{2\cos\theta\sin\theta''}{\sin(\theta+\theta'')\cos(\theta-\theta'')} \tag{13}$$

由(5) 式和(6) 式,并代入(11) 式有

$$\frac{B'_0}{B_0} = \frac{E'_0}{E_0} = \frac{\tan(\theta-\theta'')}{\tan(\theta+\theta'')} \tag{14}$$

由(5) 式和(7) 式,并代入(13) 式有

$$\frac{B''_0}{B_0} = \frac{2\cos\theta\sin\theta''}{\sin(\theta+\theta'')\cos(\theta-\theta'')}\sqrt{\frac{\varepsilon_2}{\varepsilon_1}} = \frac{2\sin\theta\cos\theta}{\sin(\theta+\theta'')\cos(\theta-\theta'')} \tag{15}$$

所以,反射系数和折射(透射) 系数分别为

$$R = \left|\frac{B'_0}{B_0}\right|^2 = \frac{\tan^2(\theta-\theta'')}{\tan^2(\theta+\theta'')} \tag{16}$$

$$T = \left|\frac{B''_0}{B_0}\right|^2 = \frac{4\sin^2\theta\cos^2\theta}{\sin^2(\theta+\theta'')\cos^2(\theta-\theta'')} \tag{17}$$

4.5 一平面电磁波以 $\theta = 45°$ 从真空入射到 $\varepsilon_r = 2$ 的介质,电场强度垂直于入射面。试求反射系数和折射系数。

【解】 Ⅰ. 求反射系数 R

由折射定律

$$\frac{\sin\theta}{\sin\theta''} = \frac{\sqrt{\varepsilon_2\mu_2}}{\sqrt{\varepsilon_1\mu_1}} = \sqrt{\frac{\varepsilon_2}{\varepsilon_1}} = \sqrt{\frac{\varepsilon_{r_2}}{\varepsilon_{r_1}}} = n_{21} \tag{1}$$

式中,$\mu_1 = \mu_2 = \mu_0$,$\varepsilon = \varepsilon_0\varepsilon_r$,所以有

$$\sin\theta''=\frac{\sin\theta}{\sqrt{\varepsilon_{r_2}}}=\frac{1}{\sqrt{2}}\sin 45^\circ=\frac{1}{2}\tag{2}$$

所以

$$\theta''=\arcsin\left(\frac{1}{2}\right)=30^\circ\tag{3}$$

电场强度的反射分量 E' 和入射分量 E 的比值为

$$\frac{E'}{E}=\frac{\sqrt{\varepsilon_1}\cos\theta-\sqrt{\varepsilon_2}\cos\theta''}{\sqrt{\varepsilon_1}\cos\theta+\sqrt{\varepsilon_2}\cos\theta''}=\frac{\frac{\sqrt{2}}{2}-\sqrt{2}\cdot\frac{\sqrt{3}}{2}}{\frac{\sqrt{2}}{2}+\sqrt{2}\cdot\frac{\sqrt{3}}{2}}=\frac{1-\sqrt{3}}{1+\sqrt{3}}\tag{4}$$

所以反射系数为

$$R=\left|\frac{E'}{E}\right|^2=\left|\frac{1-\sqrt{3}}{1+\sqrt{3}}\right|^2=\frac{4-2\sqrt{3}}{4+2\sqrt{3}}=\frac{2-\sqrt{3}}{2+\sqrt{3}}\tag{5}$$

Ⅱ.求折射系数 T

电场强度的折射分量 E'' 与入射分量 E 的比值为

$$\frac{E''}{E}=\frac{2\varepsilon_1\cos\theta}{\sqrt{\varepsilon_1}\cos\theta+\sqrt{\varepsilon_2}\cos\theta''}=\frac{2\cdot\frac{\sqrt{2}}{2}}{\frac{\sqrt{2}}{2}+\sqrt{2}\cdot\frac{\sqrt{3}}{2}}=\frac{2}{1+\sqrt{3}}\tag{6}$$

所以折射系数为

$$T=\left|\frac{E''}{E}\right|^2=\left|\frac{2}{1+\sqrt{3}}\right|^2=\frac{2}{2+\sqrt{3}}\tag{7}$$

4.6 有一可见平面光波由水入射到空气，入射角为 60°。证明这时将会发生全反射，并求折射波沿表面传播的相速度和透入空气的深度。设该波在空气中的波长为 $\lambda_0=6.28\times10^{-5}$ cm，水的折射率为 $n=1.33$。

【证明与求解】

Ⅰ. 证明：由折射定律

$$\frac{\sin\theta}{\sin\theta''}=\frac{n_2}{n_1}\tag{1}$$

有

$$\sin\theta''=\frac{n_1}{n_2}\sin\theta=\frac{1.33}{1}\times\frac{\sqrt{3}}{2}=1.33\frac{\sqrt{3}}{2}\geqslant 1\tag{2}$$

所以

$$\theta''\geqslant 90^\circ\tag{3}$$

根据反射原理知将发生全反射。

Ⅱ.求相速度 v_p

根据相速度的计算公式有

$$v_p = \frac{c}{\sqrt{\mu_{r_1}\varepsilon_{r_2}}} = \frac{c}{\sqrt{1.33}} = \sqrt{0.75}c = \frac{\sqrt{3}}{2}c \tag{4}$$

Ⅲ.求透射深度 κ^{-1}

根据透射深度的计算公式(教材 P148) 有

$$\kappa^{-1} = \frac{\lambda_1}{2\pi\sqrt{\sin^2\theta - n_{21}^2}} = \frac{\dfrac{\lambda_0}{n_1}}{2\pi\sqrt{\sin^2\theta - \left(\dfrac{1}{1.33}\right)^2}}$$

$$= \frac{6.28\times10^{-5}}{2\pi n_1\sqrt{\dfrac{3}{4} - \left(\dfrac{1}{1.33}\right)^2}} = \frac{10^{-5}}{1.33\times\sqrt{0.75-0.58}}$$

$$= \frac{10^{-5}}{1.33\sqrt{17\times10^{-2}}} = 1.82\times10^{-5}\ \text{cm} \tag{5}$$

4.7　电磁波 $\boldsymbol{E}(x,y,z,t) = \boldsymbol{E}(x,y)e^{i(k_z z-\omega t)}$ 在波导管中沿 z 方向传播,试用 $\nabla\times\boldsymbol{E} = i\omega\mu_0\boldsymbol{H}$ 及 $\nabla\times\boldsymbol{H} = -i\omega\varepsilon_0\boldsymbol{E}$,证明电磁场所有分量都可以用 $E_z(x,y)$ 及 $H_z(x,y)$ 这两个分量表示。

【证明】　设波导管为无限长,$\boldsymbol{E}$ 和 $\boldsymbol{H}$ 只是 x、y 坐标的函数,即

$$\boldsymbol{E} = \boldsymbol{E}(x,y)e^{i(k_z z-\omega t)} \tag{1}$$

$$\boldsymbol{H} = \boldsymbol{H}(x,y)e^{i(k_z z-\omega t)} \tag{2}$$

将(1) 式和(2) 式代入方程$\nabla\times\boldsymbol{H} = -i\omega\varepsilon_0\boldsymbol{E}$ 有

$$\frac{\partial H_z}{\partial y} - ik_z H_y = -i\omega\varepsilon_0 E_x \tag{3}$$

$$\frac{\partial H_z}{\partial x} - ik_z H_x = -i\omega\varepsilon_0 E_y \tag{4}$$

$$\frac{\partial H_y}{\partial x} - \frac{\partial H_x}{\partial y} = -i\omega\varepsilon_0 E_z \tag{5}$$

将(1) 式和(2) 式代入方程$\nabla\times\boldsymbol{E} = i\omega\mu_0\boldsymbol{H}$ 有

$$\frac{\partial E_z}{\partial y} - ik_z E_y = i\omega\mu_0 H_x \tag{6}$$

$$-\frac{\partial E_z}{\partial x} + ik_z E_x = i\omega\mu_0 H_y \tag{7}$$

$$\frac{\partial E_y}{\partial x} - \frac{\partial E_x}{\partial y} = -i\omega\mu_0 H_z \tag{8}$$

联立(3) 式至(8) 式可解得

$$E_x = \frac{i}{k^2-k_z^2}\left(\omega\mu_0\frac{\partial H_z}{\partial y} + k_z\frac{\partial E_z}{\partial x}\right) \tag{9}$$

$$E_y = \frac{i}{k^2-k_z^2}\left(-\omega\mu_0\frac{\partial H_z}{\partial x} + k_z\frac{\partial E_z}{\partial y}\right) \tag{10}$$

$$H_x = \frac{\mathrm{i}}{k^2 - k_z^2}\left(-\omega\varepsilon_0 \frac{\partial E_z}{\partial y} + k_z \frac{\partial H_z}{\partial x}\right) \tag{11}$$

$$H_y = \frac{\mathrm{i}}{k^2 - k_z^2}\left(\omega\varepsilon_0 \frac{\partial E_z}{\partial x} + k_z \frac{\partial H_z}{\partial y}\right) \tag{12}$$

式中波数 $k = \omega/c$，这组方程电磁场所有分量都可以用 $E_z(x,y)$ 及 $H_z(x,y)$ 这两个分量表示。

同时从这组方程可以看出，E_z 和 H_z 这两个纵向分量不能同时为零，若选 $E_z = 0, H_z \neq 0$，此时的电磁波称为横电波(TE 波)，若选 $H_z = 0, E_z \neq 0$，此时的电磁波称为横磁波(TM 波)。

4.8 论证矩形波导管内不存在 TM_{m0} 波或 TM_{0n} 波。

【解】 采用直角坐标系，管内电磁波的电场分量满足亥姆霍兹方程

$$\nabla^2 \boldsymbol{E} + k^2 \boldsymbol{E} = 0 \tag{1}$$

$$k = \omega\sqrt{\mu\varepsilon} \tag{2}$$

同时满足

$$\nabla \cdot \boldsymbol{E} = 0 \tag{3}$$

设电磁波沿 z 方向传播，电场分量 $\boldsymbol{E}$ 可表示为

$$\boldsymbol{E}(x,y,z,t) = \boldsymbol{E}(x,y)\mathrm{e}^{\mathrm{i}(k_z z - \omega t)} \tag{4}$$

或表示为

$$\boldsymbol{E}(x,y,z) = \boldsymbol{E}(x,y)\mathrm{e}^{\mathrm{i}k_z z} \tag{5}$$

将(5) 式代入(1) 式，并利用(2) 式有

$$\left(\frac{\partial^2}{\partial x^2} + \frac{\partial^2}{\partial y^2}\right)\boldsymbol{E}(x,y) + (k^2 - k_z^2)\boldsymbol{E}(x,y) = 0 \tag{6}$$

设

$$E(x,y) = X(x)Y(y) \tag{7}$$

将(7) 式代入(6) 式有

$$\frac{\mathrm{d}^2 X}{\mathrm{d}x^2} + k_x^2 X = 0 \tag{8}$$

$$\frac{\mathrm{d}^2 Y}{\mathrm{d}y^2} + k_y^2 Y = 0 \tag{9}$$

$$k^2 = k_x^2 + k_y^2 + k_z^2 \tag{10}$$

解方程(8) 式和(9) 式可得(7) 式的解为

$$E(x,y) = (C_1 \cos k_x x + D_1 \sin k_x x)(C_2 \cos k_y y + D_2 \sin k_y y) \tag{11}$$

式中 C_1、C_2、D_1 和 D_2 为待定常数。边界条件为

$$E_y\big|_{x=0,a} = E_z\big|_{x=0,a} = 0 \tag{12}$$

$$\left.\frac{\partial E_x}{\partial x}\right|_{x=0,a} = 0 \tag{13}$$

$$E_x\big|_{y=0,b} = E_z\big|_{y=0,b} = 0 \tag{12}$$

$$\left.\frac{\partial E_y}{\partial y}\right|_{y=0,b} = 0 \tag{13}$$

利用 $x=0$ 和 $y=0$ 面上边界条件可得

$$E_x = A_1 \cos k_x x \sin k_y y e^{i(k_z z-\omega t)} \tag{14}$$

$$E_y = A_2 \sin k_x x \cos k_y y e^{i(k_z z-\omega t)} \tag{15}$$

$$E_z = A_3 \sin k_x x \sin k_y y e^{i(k_z z-\omega t)} \tag{16}$$

利用 $x=a$ 和 $y=b$ 面上边界条件可得

$$k_x = m\pi/a \quad k_y = n\pi/b \quad (m,n=0,1,2,\cdots) \tag{17}$$

将(14)式、(15)式和(16)式代入(3)式有

$$k_x A_1 + k_x A_2 - ik_x A_3 = 0 \tag{18}$$

由 $\nabla \times \boldsymbol{E} = i\omega\mu_0 \boldsymbol{H}$ 可得

$$i\omega\mu_0 H_x = (k_y A_3 - ik_z A_2)\sin k_x x \cos k_y y e^{i(k_z z-\omega t)} \tag{19}$$

$$i\omega\mu_0 H_y = (-k_x A_3 + ik_z A_1)\cos k_x x \sin k_y y e^{i(k_z z-\omega t)} \tag{20}$$

$$i\omega\mu_0 H_z = (k_x A_2 - k_y A_1)\cos k_x x \cos k_y y e^{i(k_z z-\omega t)} \tag{21}$$

Ⅰ. 论证矩形波导管内不存在 TM_{m0} 波

由(17)式可知,当 $n=0$ 时有

$$k_y = 0 \tag{22}$$

$$\sin k_y = 0 \tag{23}$$

所以有

$$H_y = 0 \tag{24}$$

由于 TM 波中

$$H_z = 0 \tag{25}$$

将(22)式和(25)式代入(21)式有

$$A_2 = 0 \tag{26}$$

将(22)式和(26)式代入(19)式有

$$H_x = 0 \tag{27}$$

由(25)式和(27)式知,不存在 TM_{m0} 波。

Ⅱ. 论证矩形波导管内不存在 TM_{0n} 波

当 $m=0$ 时有

$$k_x = 0 \tag{28}$$

$$\sin k_x = 0 \tag{29}$$

所以有

$$H_x = 0 \tag{30}$$

将(25)式和(28)式代入(21)式有

$$A_1 = 0 \tag{31}$$

将(30)式和(31)式代入(20)式有

$$H_y = 0 \tag{32}$$

由(25) 式和(32) 式知,不存在 TM_{0n} 波。

4.9 频率为 30×10^9 Hz 的微波,在 0.7 cm×0.4 cm 的矩形波导管中能以什么波模传播?在 0.7 cm×0.6 cm 的矩形波导管中能以什么波模传播?

【解】 根据频率与波长的关系,频率为 30×10^9 Hz 的微波对应的波长为

$$\lambda_0 = \frac{c}{\nu} = \frac{3\times10^8\ \mathrm{m\cdot s^{-1}}}{30\times10^9\ \mathrm{Hz}} = 1\ \mathrm{cm} \tag{1}$$

设波导管内为真空,在横截面积为 $a\times b$ 的矩形波导管内截止频率及相应的波长为

$$\omega_{c,mn} = \frac{\pi}{\sqrt{\mu_0\varepsilon_0}}\sqrt{\left(\frac{m}{a}\right)^2+\left(\frac{n}{b}\right)^2} = \pi c\sqrt{\left(\frac{m}{a}\right)^2+\left(\frac{n}{b}\right)^2} \tag{2}$$

$$\lambda_{c,mn} = \frac{2\pi c}{\omega_{c,mn}} = \frac{2ab}{\sqrt{m^2b^2+n^2a^2}} \tag{3}$$

Ⅰ. 若矩形波导管的 $a\times b = 0.7\ \mathrm{cm}\times0.4\ \mathrm{cm}$ 时

当 $a>b$ 时,TE_{10} 波的最低截止频率为

$$\nu_{c,10} = \frac{\omega_{c,10}}{2\pi} = \frac{1}{2a\sqrt{\mu\varepsilon}} = \frac{c}{2a} \tag{4}$$

相应的截止波长为

$$\lambda_{c,10} = 2a = 2\times0.7\ \mathrm{cm} = 1.4\ \mathrm{cm} > \lambda_0 \tag{5}$$

$$\lambda_{c,01} = 2b = 2\times0.4\ \mathrm{cm} = 0.8\ \mathrm{cm} < \lambda_0 \tag{6}$$

$$\lambda_{c,11} = \frac{2\pi c}{\omega_{c,11}} = \frac{2ab}{\sqrt{a^2+b^2}} = \frac{2.8\ \mathrm{cm}}{0.81} = 3.46\ \mathrm{cm} > \lambda_0 \tag{7}$$

所以,$a\times b = 0.7\ \mathrm{cm}\times0.4\ \mathrm{cm}$ 的矩形波导管内只能传播波模为 TE_{10} 的波。

Ⅱ. 若矩形波导管的 $a\times b = 0.7\ \mathrm{cm}\times0.6\ \mathrm{cm}$ 时

相应的截止波长为

$$\lambda_{c,10} = 2a = 2\times0.7\ \mathrm{cm} = 1.4\mathrm{cm} > \lambda_0 \tag{8}$$

$$\lambda_{c,01} = 2b = 2\times0.6\ \mathrm{cm} = 1.2\mathrm{cm} > \lambda_0 \tag{9}$$

再考虑到(7) 式,所以,$a\times b = 0.7\ \mathrm{cm}\times0.4\ \mathrm{cm}$ 的矩形波导管内只能传播波模为 TE_{10} 或 TE_{01} 的波。

4.10 无限长的矩形波导管,在 $z=0$ 处被一块垂直插入的理想导体平板完全封闭,求在 $z=-\infty$ 到 $z=0$ 这段管内可能存在的波模。

【解】 因矩形波导管的一端在 $z=0$ 处被理想导体封闭,则电磁波在此处将被完全反射,所以,这时波导管内的电场不再具有如下形式

$$\boldsymbol{E}(x,y,z,t) = \boldsymbol{E}(x,y)\mathrm{e}^{\mathrm{i}(k_z z-\omega t)} \tag{1}$$

设波导管内的电场有如下形式

$$\boldsymbol{E}(x,y,z,t) = \boldsymbol{E}(x,y,z)\mathrm{e}^{-\mathrm{i}\omega t} \tag{2}$$

式中 $\boldsymbol{E}(x,y,z)$ 是亥姆霍兹方程

$$\nabla^2 \boldsymbol{E} + k^2 \boldsymbol{E} = 0 \quad \left(k = \frac{\omega}{c}\right) \tag{3}$$

满足方程

$$\nabla \cdot \boldsymbol{E} = 0 \tag{4}$$

和边界条件

$$\boldsymbol{n} \times \boldsymbol{E}\big|_S = 0 \tag{5}$$

的解。在直角坐标系中 $\boldsymbol{E}(x,y,z)$ 的三个分量均满足如下方程

$$\nabla^2 E_{x,y,z} + k^2 E_{x,y,z} = 0 \tag{6}$$

$$k^2 = k_x^2 + k_y^2 + k_z^2 = \omega^2/c^2 \tag{7}$$

设

$$E_x = X(x)Y(y)Z(z) \tag{8}$$

将(8)式代入(6)式 x 分量的方程,分离变量后有

$$\frac{\mathrm{d}^2 X}{\mathrm{d}x^2} + k_x^2 X = 0 \tag{9}$$

$$\frac{\mathrm{d}^2 Y}{\mathrm{d}y^2} + k_y^2 Y = 0 \tag{10}$$

$$\frac{\mathrm{d}^2 Z}{\mathrm{d}z^2} + k_z^2 Z = 0 \tag{11}$$

(9)式、(10)式和(11)式的解分别为

$$X(x) = C_1 \cos k_x x + D_1 \sin k_x x \tag{12}$$

$$Y(y) = C_2 \cos k_y y + \sin k_y y \tag{13}$$

$$Z(z) = C_3 \cos k_z z + D_3 \sin k_z z \tag{14}$$

将(12)式、(13)式和(14)式代入(8)式,得(8)式的解为

$$E_x = (C_1 \cos k_x x + D_1 \sin k_x x)(C_2 \cos k_y y + D_2 \sin k_y y)(C_3 \cos k_z z + D_3 \sin k_z z) \tag{15}$$

由(5)式有如下边界条件

$$E_x \big|_{\substack{y=0 \\ z=0}} = 0 \tag{16}$$

$$\left.\frac{\partial E_x}{\partial x}\right|_{x=0} = 0 \tag{17}$$

将(15)式分别代入(16)式和(17)式得

$$C_2 = C_3 = D_1 = 0 \tag{18}$$

所以得

$$E_x = A_1 \cos k_x x \sin k_y y \sin k_z z \tag{19}$$

同理得

$$E_y = A_2 \sin k_x x \cos k_y y \sin k_z z \tag{20}$$

$$E_z = A_3 \sin k_x x \sin k_y y \cos k_z z \tag{21}$$

上面三式中,A_1、A_2 和 A_3 分别是 E_x、E_y 和 E_z 的振幅。

由(5)式有如下边界条件

$$E_y\big|_{x=a} = E_z\big|_{x=a} = 0 \tag{22}$$

$$\left.\frac{\partial E_x}{\partial x}\right|_{x=a} = 0 \tag{23}$$

$$E_x\big|_{y=b} = E_z\big|_{y=b} = 0 \tag{24}$$

$$\left.\frac{\partial E_y}{\partial y}\right|_{y=b} = 0 \tag{25}$$

将(19)式、(20)式和(21)式分别代入(22)式至(25)式可得

$$k_x = \frac{\pi m}{a} \quad (m = 0,1,2,\cdots) \tag{26}$$

$$k_y = \frac{\pi n}{a} \quad (n = 0,1,2,\cdots) \tag{27}$$

$$k_z = (k^2 - k_x^2 - k_y^2)^{1/2} = [(\omega/c)^2 - (\pi m/a)^2 - (\pi n/b)^2]^{1/2} \tag{28}$$

将(19)式、(20)式和(21)式代入(4)式得

$$A_1 k_x + A_2 k_y + A_3 k_z = 0 \tag{29}$$

由此式看出，A_1、A_2 和 A_3 中只有两个是独立的，表明(19)式、(20)式和(21)式表示的解中，对于每一组(m,n)值，这段管内有两种独立的波模。

4.11　写出矩形波导管内磁场 $\boldsymbol{H}$ 满足的方程和边界条件。

【解】　因为波导管内 $\rho = 0, \boldsymbol{J} = 0$，麦克斯韦方程组为

$$\nabla\times \boldsymbol{E} = -\frac{\partial \boldsymbol{B}}{\partial t} \tag{1}$$

$$\nabla\times \boldsymbol{H} = \frac{\partial \boldsymbol{D}}{\partial t} \tag{2}$$

$$\nabla\cdot \boldsymbol{D} = 0 \tag{3}$$

$$\nabla\cdot \boldsymbol{B} = 0 \tag{4}$$

所以，对一定频率的电磁波，可令 $\boldsymbol{D} = \varepsilon\boldsymbol{E}, \boldsymbol{B} = \mu\boldsymbol{H}$，则可得波导管内的时谐波的场方程有

$$\nabla\times \boldsymbol{E}(\boldsymbol{x}) = \mathrm{i}\omega\mu\boldsymbol{H}(\boldsymbol{x}) \tag{5}$$

$$\nabla\times \boldsymbol{H}(\boldsymbol{x}) = -\mathrm{i}\omega\varepsilon\boldsymbol{E}(\boldsymbol{x}) \tag{6}$$

$$\nabla\cdot \boldsymbol{E}(\boldsymbol{x}) = 0 \tag{7}$$

$$\nabla\cdot \boldsymbol{H}(\boldsymbol{x}) = 0 \tag{8}$$

取(6)式的旋度并利用(5)式得

$$\nabla\times(\nabla\times \boldsymbol{H}) = \omega^2\mu\varepsilon\boldsymbol{H} \tag{9}$$

根据

$$\nabla\times(\nabla\times \boldsymbol{H}) = \nabla(\nabla\cdot \boldsymbol{H}) - \nabla^2\boldsymbol{H} = -\nabla^2\boldsymbol{H} \tag{10}$$

由(9)式和(10)式得矩形波导管内 $\boldsymbol{H}(\boldsymbol{x})$ 满足的亥姆霍兹方程为

$$\nabla^2\boldsymbol{H} + k^2\boldsymbol{H} = 0 \quad (k = \omega\sqrt{\mu\varepsilon}) \tag{11}$$

同时满足条件

$$\nabla \cdot \boldsymbol{H} = 0 \tag{12}$$

波导管属于理想导体，在理想导体表面有如下的边值关系

$$\boldsymbol{n} \times \boldsymbol{H} \big|_S = \boldsymbol{\alpha}_f \tag{13}$$

$$\boldsymbol{n} \times \boldsymbol{E} \big|_S = 0 \tag{14}$$

由(6) 式及(14) 式有

$$\boldsymbol{n} \times (\nabla \times \overline{H}) \big|_S = 0 \tag{15}$$

设波导管的边界为 $x = 0$、a 及 $y = 0$、b，则由(13) 式和(15) 式可得磁场 $\boldsymbol{H}$ 满足的边界条件为

$$H_x \big|_{\substack{x=0 \\ x=a}} = 0 \tag{16}$$

$$\left.\frac{\partial H_y}{\partial x}\right|_{\substack{x=0 \\ x=a}} = \left.\frac{\partial H_z}{\partial x}\right|_{\substack{x=0 \\ x=a}} = 0 \tag{17}$$

$$H_y \big|_{\substack{y=0 \\ y=b}} = 0 \tag{18}$$

$$\left.\frac{\partial H_x}{\partial y}\right|_{\substack{y=0 \\ y=b}} = \left.\frac{\partial H_z}{\partial y}\right|_{\substack{y=0 \\ y=b}} = 0 \tag{19}$$

4.12　证明整个谐振腔内的电场能量和磁场能量对时间的平均值总相等。

【证明】　由教材 P141 页的(4.20) 式，可得在边长为 L_1、L_2 和 L_3 的矩形谐振腔内的电场为

$$E_x = A_1 \cos k_x x \sin k_y y \sin k_z z \, \mathrm{e}^{-\mathrm{i}\omega t} \tag{1}$$

$$E_y = A_2 \sin k_x x \cos k_y y \sin k_z z \, \mathrm{e}^{-\mathrm{i}\omega t} \tag{2}$$

$$E_z = A_3 \sin k_x x \sin k_y y \cos k_z z \, \mathrm{e}^{-\mathrm{i}\omega t} \tag{3}$$

式中

$$k^2 = k_x^2 + k_y^2 + k_z^2 = \omega^2 / c^2 \tag{4}$$

$$A_1 k_x + A_2 k_y + A_3 k_z = 0 \tag{5}$$

电场能量密度的时间平均值为

$$w_e = \frac{1}{2} \varepsilon_0 E_0^2 = \frac{1}{2} \varepsilon_0 A^2 = \frac{1}{2} \varepsilon_0 (A_1^2 + A_2^2 + A_3^2) \tag{6}$$

矩形谐振腔内的磁场为

$$\boldsymbol{B} = -\frac{\mathrm{i}}{\omega} \nabla \times \boldsymbol{E} \tag{7}$$

将(1) 式、(2) 式和(3) 式代入(7) 式可得谐振腔内的磁场的三个分量为

$$B_x = -\mathrm{i} B_{0x} \sin k_x x \cos k_y y \cos k_z z \, \mathrm{e}^{-\mathrm{i}\omega t} \tag{8}$$

$$B_y = -\mathrm{i} B_{0y} \cos k_x x \sin k_y y \cos k_z z \, \mathrm{e}^{-\mathrm{i}\omega t} \tag{9}$$

$$B_z = -\mathrm{i} B_{0z} \cos k_x x \cos k_y y \sin k_z z \, \mathrm{e}^{-\mathrm{i}\omega t} \tag{10}$$

式中三个分量的振幅为

$$B_{0x} = (A_3 k_y - A_2 k_z) / \omega \tag{11}$$

$$B_{0y} = (A_1 k_z - A_3 k_x) / \omega \tag{12}$$

$$B_{0z} = (A_1 k_y - A_2 k_x) / \omega \tag{13}$$

将(4) 式和(5) 式代入(11) 式、(12) 式和(13) 式可解得

$$w_m = \frac{1}{2}\frac{B_0^2}{\mu_0} = \frac{1}{2}\varepsilon_0 c^2 (B_{0x}^2 + B_{0y}^2 + B_{0z}^2) = \frac{1}{2}\varepsilon_0 (A_1^2 + A_2^2 + A_3^2) \tag{14}$$

(6) 式等于(14) 式，表明整个谐振腔内的电场能量和磁场能量对时间的平均值总相等。

4.13 设在电容率为 ε、磁导率为 μ 的各向同性的均匀线性介质中，既无自由电荷，亦无自由电流，采用直角坐标系，试证明：在这介质中，麦克斯韦方程组的解如果只与坐标 z 和时间 t 有关，则这个解便是由 (E_x, H_y) 和 (E_y, H_x) 两组互相独立的解组成的。

【证明】 根据题意，所有的电磁场量都只与坐标 z 和时间 t 有关，则麦克斯韦方程组中的两式

$$\nabla\times \boldsymbol{E} = -\mu \frac{\partial \boldsymbol{H}}{\partial t} \tag{1}$$

$$\nabla\times \boldsymbol{H} = \varepsilon \frac{\partial \boldsymbol{E}}{\partial t} \tag{2}$$

在直角坐标系中简化为如下形式

$$-\frac{\partial E_y}{\partial z}\boldsymbol{e}_x + \frac{\partial E_x}{\partial z}\boldsymbol{e}_y = -\mu \frac{\partial \boldsymbol{H}}{\partial t} \tag{3}$$

$$-\frac{\partial H_y}{\partial z}\boldsymbol{e}_x + \frac{\partial H_x}{\partial z}\boldsymbol{e}_y = \varepsilon \frac{\partial \boldsymbol{E}}{\partial t} \tag{4}$$

$$\frac{\partial E_z}{\partial z} = 0 \quad \text{(沿 } z \text{ 方向传播的电磁波)} \tag{5}$$

$$\frac{\partial H_z}{\partial z} = 0 \quad \text{(沿 } z \text{ 方向传播的电磁波)} \tag{6}$$

由方程(3) 式和(4) 式知

$$\frac{\partial H_z}{\partial t} = 0 \tag{7}$$

$$\frac{\partial E_z}{\partial t} = 0 \tag{8}$$

由方程(5) 式和(6) 式知 H_z 和 E_z 都是常量。

根据题意，无自由电荷，也无自由电流，即是无源的情况，可令

$$H_z = 0 \tag{9}$$

$$E_z = 0 \tag{10}$$

这样，由方程(3) 式和(4) 式有

$$\frac{\partial E_x}{\partial z} = -\mu \frac{\partial H_y}{\partial t} \tag{11}$$

$$\frac{\partial E_y}{\partial z} = \mu \frac{\partial H_x}{\partial t} \tag{12}$$

$$\frac{\partial H_y}{\partial z}=-\varepsilon\frac{\partial E_x}{\partial t} \tag{13}$$

$$\frac{\partial H_x}{\partial z}=\varepsilon\frac{\partial E_y}{\partial t} \tag{14}$$

联立方程(11)式和(13)式消去 H_y 有

$$\frac{\partial^2 E_x}{\partial z^2}-\varepsilon^2\mu^2\frac{\partial^2 E_x}{\partial z^2}=0 \tag{15}$$

由于波速为

$$v=\frac{1}{\sqrt{\varepsilon\mu}} \tag{16}$$

所以(15)式变形为

$$\frac{\partial^2 E_x}{\partial z^2}-\frac{1}{v^2}\frac{\partial^2 E_x}{\partial t^2}=0 \tag{17}$$

联立方程(12)式和(14)式消去 H_x 有

$$\frac{\partial^2 E_y}{\partial z^2}-\frac{1}{v^2}\frac{\partial^2 E_y}{\partial t^2}=0 \tag{18}$$

由方程(15)式解出 E_x 代入(13)式可求出 H_y，由方程(18)式解出 E_y 代入(14)式可求出 H_x，由方程(17)式和方程(18)式知求出的两组独立解(E_x，H_y)和(E_y，H_x)是只与 z 和 t 有关的函数，证毕。

4.14　在电容率为 ε、磁导率为 μ 的均匀介质中，有一个沿 x 轴传播的单色平面电磁波。已知它的电场强度为 $\boldsymbol{E}=\boldsymbol{E}_0\cos(kx-\omega t)$，式中 $\boldsymbol{E}_0$、k、ω 都与 x、y、z、t 无关。试求：(1) 磁场强度 $\boldsymbol{H}$；(2) 场能密度的瞬时值和平均值；(3) 坡印亭矢量 $\boldsymbol{S}$ 的瞬时值和平均值。

【解】　Ⅰ. 求磁场强度 $\boldsymbol{H}$

因为

$$\nabla\times\boldsymbol{E}=-\mu\frac{\partial\boldsymbol{H}}{\partial t} \tag{1}$$

所以有

$$\begin{aligned}-\frac{\partial\boldsymbol{H}}{\partial t}&=\nabla\times\boldsymbol{E}=\nabla\times[\boldsymbol{E}_0\cos(kx-\omega t)]\\&=\cos(kx-\omega t)\nabla\times\boldsymbol{E}_0+\nabla[\cos(kx-\omega t)]\times\boldsymbol{E}_0\\&=-k\sin(kx-\omega t)\boldsymbol{e}_x\times\boldsymbol{E}_0\end{aligned} \tag{2}$$

所以有

$$\begin{aligned}\boldsymbol{H}&=-\frac{k}{\mu}\int\sin(kx-\omega t)\mathrm{d}t\boldsymbol{e}_x\times\boldsymbol{E}_0=\frac{k}{\mu\omega}\boldsymbol{e}_x\times\boldsymbol{E}_0\cos(kx-\omega t)\\&=\frac{1}{\mu\omega}\boldsymbol{k}\times\boldsymbol{E}_0\cos(kx-\omega t)=\frac{1}{\mu\omega}\boldsymbol{k}\times\boldsymbol{E}\end{aligned} \tag{3}$$

Ⅱ. 电磁波能量密度的瞬时值 w

根据电磁波的能量密度公式有

$$w=\frac{1}{2}(\boldsymbol{E}\cdot\boldsymbol{D}+\boldsymbol{H}\cdot\boldsymbol{B})=\varepsilon E^2=\varepsilon E_0^2\cos^2(kx-\omega t) \tag{4}$$

Ⅲ. 电磁波能量密度的平均值 $\overline{w}$

根据电磁波能量平均值的计算公式有

$$\overline{W}=\frac{1}{T}\int_0^T w\mathrm{d}t=\frac{\varepsilon E_0^2}{T}\int_0^T\cos^2(kx-\omega t)\mathrm{d}t=\frac{1}{2}\varepsilon E_0^2 \tag{5}$$

Ⅳ. 坡印亭矢量的瞬时值 $\boldsymbol{S}$

根据坡印亭矢量的计算式有

$$\boldsymbol{S}=\boldsymbol{E}\times\boldsymbol{H}=\mathrm{Re}\boldsymbol{E}\times\mathrm{Re}\boldsymbol{H}=\boldsymbol{E}_0\cos(kx-\omega t)\times\left[\frac{\boldsymbol{k}\times\boldsymbol{E}_0}{\mu\omega}\cos(kx-\omega t)\right]$$

$$=\frac{\boldsymbol{k}}{\mu\omega}E_0^2\cos^2(kx-\omega t) \tag{6}$$

Ⅴ. 坡印亭矢量的平均值 $\bar{\boldsymbol{S}}$

根据坡印亭矢量平均值的计算式有

$$\bar{\boldsymbol{S}}=\frac{1}{2}\mathrm{Re}(\boldsymbol{E}\times\boldsymbol{H}^*)=\frac{1}{2}\boldsymbol{E}\times\left(\frac{\boldsymbol{k}\times\boldsymbol{E}}{\mu\omega}\right)^*=\frac{E_0^2}{2\mu\omega}\boldsymbol{k} \tag{7}$$

或如下计算

$$\bar{\boldsymbol{S}}=\frac{1}{2}\int_0^T\boldsymbol{S}\mathrm{d}t=\frac{E_0^2}{2\mu\omega}\boldsymbol{k}\int_0^T\cos^2(kx-\omega t)\mathrm{d}t=\frac{E_0^2}{2\mu\omega}\boldsymbol{k} \tag{8}$$

4.15 平面电磁波的能量传播速度定义为 $\boldsymbol{u}=\boldsymbol{S}/w$，式中 $\boldsymbol{S}$ 是坡印亭矢量，w 是电磁场的能量密度。试证明：在无色散的介质中，能量传播速度 $\boldsymbol{u}$ 等于相速度 $\boldsymbol{v}$。

【证明】 设平面电磁波的相速度为

$$\boldsymbol{v}=\frac{1}{\sqrt{\varepsilon\mu}}\boldsymbol{n} \tag{1}$$

并注意波矢量为

$$\boldsymbol{k}=\frac{\omega}{v}\boldsymbol{n} \tag{2}$$

所以，平面电磁波的坡印亭矢量为

$$\boldsymbol{S}=\boldsymbol{E}\times\boldsymbol{H}=\boldsymbol{E}\times\frac{1}{\mu\omega}\boldsymbol{k}\times\boldsymbol{E}=\frac{E^2}{\mu\omega}\boldsymbol{k}=\frac{E^2}{\mu\omega}k\boldsymbol{n}=\frac{E^2}{\mu\omega}\frac{\omega}{v}\boldsymbol{n}=\frac{E^2}{\mu\omega}\omega\sqrt{\varepsilon\mu}\boldsymbol{n}$$

$$=\varepsilon E^2 v\boldsymbol{n}=\varepsilon E^2\boldsymbol{v}=w\boldsymbol{v} \tag{3}$$

式中 $\boldsymbol{v}$ 表示能量传播的速度。所以有

$$\boldsymbol{v}=\boldsymbol{S}/w=\boldsymbol{u} \tag{4}$$

证毕。

4.16 设真空中有一平面电磁波，其电场强度 $\boldsymbol{E}$ 的分量分别为 $E_x=0$，$E_y=A\cos\omega(t-x/c)$，$E_z=A\sin\omega(t-x/c)$，求它的磁场分量 $\boldsymbol{B}$ 和能流密度 $\bar{\boldsymbol{S}}$。

【解】 Ⅰ. 求磁场分量

设 $\boldsymbol{E}$ 的表达式为

$$\boldsymbol{E} = \boldsymbol{E}_0 \mathrm{e}^{\mathrm{i}(\boldsymbol{k}\cdot\boldsymbol{r}-\omega t)} \tag{1}$$

根据公式

$$\boldsymbol{B} = \sqrt{\mu_0 \varepsilon_0}\,\boldsymbol{n} \times \boldsymbol{E} = \frac{1}{c}\boldsymbol{n} \times \boldsymbol{E} \tag{2}$$

式中 $\boldsymbol{n}$ 为传播方向的单位矢量。由题意知平面电磁波沿 x 轴方向传播，所以有

$$\boldsymbol{B} = \frac{1}{c}\boldsymbol{i} \times \boldsymbol{E} = \frac{1}{c}\begin{vmatrix} \boldsymbol{i} & \boldsymbol{j} & \boldsymbol{k} \\ 1 & 0 & 0 \\ 0 & E_y & E_z \end{vmatrix} = \frac{1}{c}(-E_z\boldsymbol{j} + E_y\boldsymbol{k}) \tag{3}$$

所以磁场分量为

$$B_x = 0 \tag{4}$$

$$B_y = -\frac{1}{c}E_z = -\frac{A}{c}\sin\omega(t - x/c) \tag{5}$$

$$B_z = \frac{1}{c}E_y = \frac{A}{c}\cos\omega(t - x/c) \tag{6}$$

Ⅱ. 能流密度 $\bar{\boldsymbol{S}}$

根据能流密度平均值的计算公式有

$$\bar{\boldsymbol{S}} = \frac{1}{2}\mathrm{Re}(\boldsymbol{E}^* \times \boldsymbol{H}) = \frac{1}{2}\sqrt{\frac{\varepsilon_0}{\mu_0}}E_0^2\boldsymbol{i} = \frac{1}{2}\sqrt{\frac{\varepsilon_0}{\mu_0}}\left(\sqrt{A^2 + A^2}\right)^2\boldsymbol{i} = \sqrt{\frac{\varepsilon_0}{\mu_0}}A^2\boldsymbol{i} \tag{7}$$

4.17 有两个频率和振幅都相等的且相互独立的单色平面电磁波，在真空中沿同一 z 轴方向传播，采用直角坐标系，其中一个沿 x 方向偏振，场量为(E_x, H_y)，另一个沿 y 方向偏振，场量为(E_y, H_x)，假定两个波的相位差为 ϕ，试以电场为例，说明在下列三种情况下合成的电磁波的偏振(极化)状态：(1) ϕ 为某一确定的值；(2) $\phi = 0$；(3) $\phi = \pm\frac{\pi}{2}$。

【解】 Ⅰ. 相位差 ϕ 为定值时

以电场为例说明。在空间任意点 P 沿 x、y 方向偏振的两单色平面电磁波的电场强度随时间的变化为

$$E_x = E_{x0}\cos\omega t \tag{1}$$

$$E_y = E_{y0}\cos(\omega t + \phi) \tag{2}$$

所以 P 点合成的电场 $\boldsymbol{E}$ 为

$$\boldsymbol{E} = E_{x0}\cos\omega t\,\boldsymbol{e}_x + E_{y0}\cos(\omega t + \phi)\,\boldsymbol{e}_y \tag{3}$$

由(1) 式和(2) 式有

$$\cos\omega t = \frac{E_x}{E_{x0}} \tag{4}$$

$$\sin\omega t = \frac{\cos\omega t\cos\phi - E_y/E_{y0}}{\sin\phi} \tag{5}$$

由(4)式和(5)式联立消去 t 有

$$\sin^2\omega t+\cos^2\omega t=\left(\frac{E_x}{E_{x0}}\right)^2+\left(\frac{\cos\omega t\cos\phi-E_y/E_{y0}}{\sin\phi}\right)^2=1 \tag{6}$$

整理得

$$\left(\frac{E_x}{E_{x0}}\right)^2+\left(\frac{E_y}{E_{y0}}\right)^2-2\frac{E_xE_y}{E_{x0}E_{y0}}\cos\phi=\sin^2\phi \tag{7}$$

此方程为一椭圆方程，表明当两波位相差恒定时，合成波为一椭圆偏振波。

Ⅱ. 相位差 $\phi=0$ 时

当 $\phi=0$ 时，E_x 和 E_y 的相位相同，由(7)式有

$$\frac{E_x}{E_{x0}}=\frac{E_y}{E_{y0}} \tag{8}$$

此方程为一直线方程，表明当两波位相差相同时，合成波蜕化为一直线。

Ⅲ. 相位差 $\phi=\pm\frac{\pi}{2}$ 时

当相位差 $\phi=\pm\frac{\pi}{2}$ 时，由(7)式有

$$\left(\frac{E_x}{E_{x0}}\right)^2+\left(\frac{E_y}{E_{y0}}\right)^2=1 \tag{9}$$

此方程为一正椭圆方程，表明当两波位相差为 $\phi=\pm\frac{\pi}{2}$ 时，合成波为一正椭圆偏振波。当 $\phi=\frac{\pi}{2}$ 时，$\boldsymbol{E}$ 矢量沿顺时针方向旋转，称为右旋椭圆偏振波，当 $\phi=-\frac{\pi}{2}$ 时，$\boldsymbol{E}$ 矢量沿逆时针方向旋转，称为左旋椭圆偏振波。

若此时 $E_{x0}=E_{y0}=E_0$，则方程(9)式变为

$$E_x^2+E_y^2=E_0^2 \tag{10}$$

此方程为一圆方程，表明当两波位相差为 $\phi=\pm\frac{\pi}{2}$，且 $E_{x0}=E_{y0}=E_0$ 时，合成波为一圆偏振波，仍然有左旋和右旋之分。

4.18 平面电磁波垂直入射到金属表面上，试证明透入到金属内部的电磁波能量全部转变为焦耳热量。

【证明】 设金属很厚并处于 $z>0$ 的半无界空间，电磁波从 $z<0$ 处正入射到金属表面上，金属中电磁波的电场为

$$\boldsymbol{E}=\boldsymbol{E}_0\mathrm{e}^{-\alpha z}\mathrm{e}^{\mathrm{i}(\beta z-\omega t)} \tag{1}$$

金属中电磁波能流密度的平均值为

$$\bar{\boldsymbol{S}}=\frac{1}{2}\mathrm{Re}(\boldsymbol{E}\times\boldsymbol{H}^*)=\frac{1}{2}\mathrm{Re}\left[\boldsymbol{E}\times\left(\frac{1}{\mu\omega}\boldsymbol{k}\times\boldsymbol{E}\right)^*\right]=\frac{1}{2}Re\left[|E_0|^2\frac{1}{\mu\omega}\boldsymbol{k}^*\right] \tag{2}$$

因为

$$\boldsymbol{k}=\boldsymbol{\beta}+\mathrm{i}\boldsymbol{\alpha},\quad \boldsymbol{k}^*=\boldsymbol{\beta}-\mathrm{i}\boldsymbol{\alpha} \tag{3}$$

所以

$$\bar{S} = \frac{1}{2\mu\omega}|E_0|^2\beta \tag{4}$$

金属中单位体积内消耗的焦耳热的平均值为

$$\bar{Q} = \frac{1}{2}\mathrm{Re}(\boldsymbol{E}\cdot\boldsymbol{J}^*) = \frac{1}{2}\mathrm{Re}(\boldsymbol{E}\cdot\sigma\boldsymbol{E}^*) = \frac{1}{2}\sigma|\boldsymbol{E}|^2 = \frac{1}{2}\sigma|E_0|^2\mathrm{e}^{-2\alpha z} \tag{5}$$

在金属表面上,取底面积为一个单位的无穷长圆柱体,则此柱体消耗的焦耳热为

$$q = \int_0^\infty \bar{Q}\mathrm{d}z = \int_0^\infty \frac{1}{2}\sigma|E_0|^2\mathrm{e}^{-2\alpha z}\mathrm{d}z = \frac{\sigma}{4\alpha}|E_0|^2 \tag{6}$$

因为

$$\alpha\beta = \frac{1}{2}\omega\mu\sigma \tag{7}$$

即

$$\sigma = 2\alpha\beta/\omega\mu \tag{8}$$

将(8)式代入(6)式得此柱体消耗的焦耳热为

$$q = \frac{1}{2\omega\mu}|E_0|^2\beta \tag{9}$$

比较(4)式和(9)式知,透入金属内部电磁波的能量全部转变为金属所消耗的焦耳热量,证毕。

4.19 在电容率为 ε、电导率为 σ、磁导率为 μ 的导电介质中,有一沿 z 方向传播的电磁波为

$$\boldsymbol{E} = E(z)\mathrm{e}^{-\omega t}\boldsymbol{e}_x \quad \boldsymbol{H} = H(z)\mathrm{e}^{-\mathrm{i}\omega t}\boldsymbol{e}_y$$

已知介质中无净电荷(即 $\rho = 0$)。试证明:这介质的波阻抗为

$$\eta = \frac{E}{H} = \sqrt{\frac{\omega\mu}{\omega\varepsilon + \mathrm{i}\sigma}}$$

【证明】 将 $\boldsymbol{E} = E(z)\mathrm{e}^{-\mathrm{i}\omega t}\boldsymbol{e}_x$ 和 $\boldsymbol{H} = H(z)\mathrm{e}^{-\mathrm{i}\omega t}\boldsymbol{e}_y$ 代入麦克斯韦方程组有

$$\nabla\times\boldsymbol{E} = -\frac{\partial\boldsymbol{B}}{\partial t} = -\mu\frac{\partial\boldsymbol{H}}{\partial t} = \mathrm{i}\omega\mu\boldsymbol{H} \tag{1}$$

$$\nabla\times\boldsymbol{H} = \varepsilon\frac{\partial\boldsymbol{E}}{\partial t} + \boldsymbol{J} = -\mathrm{i}\omega\varepsilon\boldsymbol{E} + \sigma\boldsymbol{E} = -\mathrm{i}\omega\left(\varepsilon + \mathrm{i}\frac{\sigma}{\omega}\right)\boldsymbol{E} \tag{2}$$

用算符∇分别叉乘(1)式两端,并将(2)式代入有

$$\begin{aligned}\nabla\times(\nabla\times\boldsymbol{E}) &= \mathrm{i}\omega\mu\,\nabla\times\boldsymbol{H} = \omega^2\left(\varepsilon + \mathrm{i}\frac{\sigma}{\omega}\right)\mu\boldsymbol{E}\\ &= \nabla(\nabla\cdot\boldsymbol{E}) - \nabla^2\boldsymbol{E} = -\nabla^2\boldsymbol{E}\end{aligned} \tag{3}$$

即

$$\nabla^2\boldsymbol{E} + \omega^2\left(\varepsilon + \mathrm{i}\frac{\sigma}{\omega}\right)\mu\boldsymbol{E} = 0 \tag{4}$$

同理,用∇分别叉乘(2)式两端,并将(1)式代入有

$$\nabla^2 \boldsymbol{H} + \omega^2\left(\varepsilon + \mathrm{i}\,\frac{\sigma}{\omega}\right)\mu \boldsymbol{H} = 0 \tag{5}$$

联立方程(4)式和(5)式可求得

$$\boldsymbol{E} = E_0 \mathrm{e}^{\mathrm{i}(k'z-\omega t)} \boldsymbol{e}_x \tag{6}$$

$$\boldsymbol{H} = H \mathrm{e}^{\mathrm{i}(k'z-\omega t)} \boldsymbol{e}_y \tag{7}$$

其中

$$k' = \omega\sqrt{\mu\left(\varepsilon + \mathrm{i}\,\frac{\sigma}{\omega}\right)} \tag{8}$$

由方程(6)式有

$$\nabla\times \boldsymbol{E} = E_0\left[\nabla \mathrm{e}^{\mathrm{i}(k'z-\omega t)}\right]\times \boldsymbol{e}_x = \mathrm{i}k'E_0 \mathrm{e}^{\mathrm{i}(k'z-\omega t)} \boldsymbol{e}_y = \mathrm{i}k'E\boldsymbol{e}_y \tag{9}$$

由方程(1)式和(8)式得此介质的波阻抗为

$$\eta = \frac{E}{H} = \frac{\omega\mu}{k'} = \sqrt{\frac{\omega}{\omega\varepsilon + \mathrm{i}\sigma}} \tag{10}$$

证毕。

4.20 已知海水的 $\mu_r = \mu_0, \varepsilon_r = 80\varepsilon_0, \sigma = 1\ \mathrm{S\cdot m^{-1}}$，试计算频率 ν 为 50 Hz、10^6 Hz 和 10^9 Hz 的三种电磁波在海水中的穿透深度。

【解】 Ⅰ. 当 $\nu = 50$ Hz 时，求 δ

此时有

$$\left(\frac{\sigma}{\omega\varepsilon}\right)^2 = \left(\frac{1}{2\pi\times 50\times 80\times 1/(36\pi\times 10^9)}\right)^2 = \frac{(36\pi\times 10^9)^2}{(2\pi\times 50\times 80)^2}$$

$$= \frac{1.28\times 10^{22}}{6.31\times 10^8} = 2\times 10^{13} \gg 1 \tag{1}$$

这时海水可视为良导体，所以，透入深度为

$$\delta = \frac{1}{\alpha} = \sqrt{\frac{2}{\omega\mu\sigma}} = \sqrt{\frac{2}{2\pi\times 50\times 4\pi\times 10^{-7}\times 1}} = \sqrt{\frac{1}{1.97\times 10^{-4}}}$$

$$= \frac{1}{1.4\times 10^{-2}} = 0.71\times 10^2\ \mathrm{m} = 71\ \mathrm{mm} \tag{2}$$

Ⅱ. 当 $\nu = 10^6$ Hz 时，求 δ

此时有

$$\left(\frac{\sigma}{\omega\varepsilon}\right)^2 = \left(\frac{36\pi\times 10^9}{2\pi\times 10^6\times 80}\right)^2 = \frac{1.28\times 10^{22}}{2.52\times 10^{17}} \gg 1 \tag{3}$$

这时海水可视为良导体，所以，透入深度为

$$\delta = \frac{1}{\alpha} = \sqrt{\frac{2}{\omega\mu\sigma}} = \sqrt{\frac{2}{2\pi\times 10^6\times 4\pi\times 10^{-7}\times 1}} = \sqrt{0.25} = 0.5\ \mathrm{m} \tag{4}$$

Ⅲ. 当 $\nu = 10^9$ Hz 时，求 δ

此时有

$$\left(\frac{\sigma}{\omega\varepsilon}\right)^2 = \left(\frac{36\pi\times 10^9}{2\pi\times 10^9\times 80}\right)^2 = \frac{1.28\times 10^{22}}{2.52\times 10^{23}} = 0.051 < 1 \tag{5}$$

这时海水不能视为良导体，此时

$$\alpha = \omega\sqrt{\mu\varepsilon}\left[\frac{1}{2}\left(\sqrt{1+\frac{\sigma^2}{\varepsilon^2\omega^2}}-1\right)\right]^{\frac{1}{2}}$$

$$= 2\pi\times 10^9\times\sqrt{4\pi\times 10^{-7}\times 80\,\frac{1}{36\pi\times 10^9}}\left[\frac{1}{2}(\sqrt{1+0.051}-1)\right]^{\frac{1}{2}}$$

$$= 6.28\times 10^9\times\sqrt{8.89\times 10^{-16}}\times\sqrt{0.126} = 20.3 \tag{6}$$

所以，透入深度为

$$\delta = \frac{1}{20.3} = 0.049\ \text{m} = 49\ \text{mm} \tag{7}$$

4.21　设频率为$\nu = 4\times 10^{10}$ Hz的电磁波从空气垂直入射到某种介质，此介质的电导率为$\sigma = 10^{-1}/\Omega\cdot\text{m}$，相对磁导率为$\mu_r = 1$，相对电容率为$\varepsilon_r = 50$，求此电磁波在这种介质中的穿透深度$\delta$。

【解】　根据电磁波穿透深度的计算公式有

$$\delta = \frac{1}{\alpha} = \frac{1}{\omega\sqrt{\varepsilon\mu}\left[\frac{1}{2}\left(\sqrt{1+\frac{\sigma^2}{\varepsilon^2\omega^2}}-1\right)\right]^{\frac{1}{2}}} \tag{1}$$

因为

$$\frac{\sigma}{\varepsilon\omega} = \frac{\sigma}{2\pi\varepsilon_0\varepsilon_r\nu} = \frac{1}{4\pi\varepsilon_0}\frac{2\sigma}{\varepsilon_r\nu} = \frac{9\times 10^{10}\times 2\times 10^{-1}}{50\times 4\times 10^{10}} = 9\times 10^{-4}\ll 1 \tag{2}$$

由于$\frac{\sigma}{\varepsilon\omega}\ll 1$，所以将$\sqrt{1+\frac{\sigma^2}{\varepsilon^2\omega^2}}$按幂级数展开有

$$\sqrt{1+\frac{\sigma^2}{\varepsilon^2\omega^2}}\approx 1+\frac{1}{2}\frac{\sigma^2}{\varepsilon^2\omega^2} \tag{3}$$

将(3)式代入(1)式有

$$\delta = \frac{2}{\sigma}\sqrt{\frac{\varepsilon}{\mu}} = \frac{2}{\sigma}\sqrt{\frac{\varepsilon_0\varepsilon_r}{\mu_0}} = \frac{1}{10^{-1}}\sqrt{\frac{50\times 8.85\times 10^{-12}}{4\pi\times 10^{-7}}} = 38\ \text{cm} \tag{4}$$

4.22　在圆柱形波导管中传波的电磁波，其电磁场的横向分量(即垂直于管轴的分量)都可以用纵向分量(即平行于管轴的分量)表示，试求出这种表达式。

【解】　设波导管内充满电容率为ε、磁导率为μ的均匀介质，其中传播的电磁波的圆频率为ω，由麦克斯韦方程组有

$$\nabla\times\boldsymbol{E} = -\frac{\partial\boldsymbol{B}}{\partial t} = \mathrm{i}\mu\omega\boldsymbol{H} \tag{1}$$

$$\nabla\times\boldsymbol{H} = \varepsilon\frac{\partial\boldsymbol{E}}{\partial t}+\boldsymbol{J} = -\mathrm{i}\varepsilon\omega\boldsymbol{E}\quad(\boldsymbol{J}=0) \tag{2}$$

以管轴为z轴建立柱坐标系，沿z轴传播的电磁波的$\boldsymbol{E}$分量和$\boldsymbol{B}$分量的形式为

$$\boldsymbol{E}(\boldsymbol{r},t) = \boldsymbol{E}(\boldsymbol{r})\mathrm{e}^{\mathrm{i}(k_z z-\omega t)} \tag{3}$$

$$\boldsymbol{H}(\boldsymbol{r},t) = \boldsymbol{H}(\boldsymbol{r})\mathrm{e}^{\mathrm{i}(k_z z-\omega t)} \tag{4}$$

其中 k_z 是波矢量 $\boldsymbol{k}$ 在 z 方向的分量。将(1) 式展为分量式,并利用(3) 式有

$$\frac{1}{\rho}\frac{\partial E_z}{\partial \phi}-\frac{\partial E_\phi}{\partial z}=\frac{1}{\rho}\frac{\partial E_z}{\partial \phi}-\mathrm{i}k_z E_\phi=\mathrm{i}\mu\omega H_\rho \tag{5}$$

$$\frac{\partial E_\rho}{\partial z}-\frac{\partial E_z}{\partial \rho}=\mathrm{i}k_z E_\rho-\frac{\partial E_z}{\partial \rho}=\mathrm{i}\mu\omega H_\phi \tag{6}$$

$$\frac{1}{\rho}\frac{\partial}{\partial \rho}(\rho E_\phi)-\frac{1}{\rho}\frac{\partial E_\rho}{\partial \phi}=\mathrm{i}\mu\omega H_z \tag{7}$$

将(2) 式展开为分量式,并利用(4) 式有

$$\frac{1}{\rho}\frac{\partial H_z}{\partial \phi}-\frac{\partial H_\phi}{\partial z}=\frac{1}{\rho}\frac{\partial H_z}{\partial \phi}-\mathrm{i}k_z H_\phi=-\mathrm{i}\varepsilon\omega E_\rho \tag{8}$$

$$\frac{\partial H_\rho}{\partial z}-\frac{\partial H_z}{\partial \rho}=\mathrm{i}k_z H_\rho-\frac{\partial H_z}{\partial \rho}=-\mathrm{i}\varepsilon\omega E_\phi \tag{9}$$

$$\frac{1}{\rho}\frac{\partial}{\partial \rho}(\rho H_\phi)-\frac{1}{\rho}\frac{\partial H_\rho}{\partial \phi}=-\mathrm{i}\varepsilon\omega E_z \tag{10}$$

由(5) 式和(9) 式消去 H_ρ 可得

$$E_\phi=\frac{\mathrm{i}}{\mu\varepsilon\omega^2-k_z^2}\left(\frac{k_z}{\rho}\frac{\partial E_z}{\partial \phi}-\mu\omega\frac{\partial H_z}{\partial \rho}\right) \tag{11}$$

由(6) 式和(8) 式消去 H_ϕ 可得

$$E_\rho=\frac{\mathrm{i}}{\mu\varepsilon\omega^2-k_z^2}\left(\frac{k_z}{\rho}\frac{\partial E_z}{\partial \phi}+\frac{\mu\omega}{\rho}\frac{\partial H_z}{\partial \rho}\right) \tag{12}$$

由(5) 式和(9) 式消去 E_ϕ 可得

$$H_\rho=\frac{\mathrm{i}}{\mu\varepsilon\omega^2-k_z^2}\left(k_z\frac{\partial H_z}{\partial \phi}-\frac{\varepsilon\omega}{\rho}\frac{\partial E_z}{\partial \rho}\right) \tag{13}$$

由(6) 式和(8) 式消去 E_ρ 可得

$$H_\phi=\frac{\mathrm{i}}{\mu\varepsilon\omega^2-k_z^2}\left(\frac{k_z}{\rho}\frac{\partial H_z}{\partial \phi}+\varepsilon\omega\frac{\partial E_z}{\partial \rho}\right) \tag{14}$$

以上(11) 式至(14) 式即是所求电磁波的表达式。

4.23 如图 4.23 所示,边长为 a、b、c 的长方体谐振腔,腔壁是用理想导体制成的。腔内激发的频率为 ω 的 TE_{101} 波,其电场振幅的最大值为 E_0,TE_{101} 波的 $k_x=\frac{\pi}{a}$,$k_y=0$,$k_z=\frac{\pi}{c}$。试证明谐振腔内的电场能量和磁场能量对时间的平均值相等,且为$\overline{W_m}=\overline{W_e}=\frac{1}{16}\varepsilon_0 E_0^2 abc$。

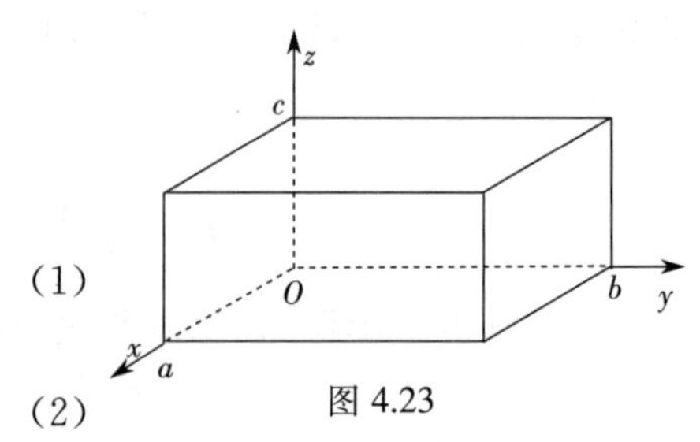

图 4.23

【证明】 Ⅰ.求电场和磁场分量

解亥姆霍兹方程

$$\nabla^2\boldsymbol{E}+k^2\boldsymbol{E}=0 \tag{1}$$

可得矩形谐振腔内的电场强度为

$$E_x=A_1\cos k_x x\sin k_y y\sin k_z z\,\mathrm{e}^{-\mathrm{i}\omega t} \tag{2}$$

$$E_y = A_2 \sin k_x x \cos k_y y \sin k_z z \mathrm{e}^{-\mathrm{i}\omega t} \tag{3}$$

$$E_z = A_3 \sin k_x x \sin k_y y \cos k_z z \mathrm{e}^{-\mathrm{i}\omega t} \tag{4}$$

由已知条件

$$k_x = \frac{\pi}{a} \tag{5}$$

$$k_y = 0 \tag{6}$$

$$k_z = \frac{\pi}{c} \tag{7}$$

将(5)式、(6)式和(7)式代入(2)式、(3)式和(4)式有

$$E_x = 0 \tag{8}$$

$$E_y = E_0 \sin \frac{\pi}{a} x \sin \frac{\pi}{c} z \mathrm{e}^{-\mathrm{i}\omega t} \tag{9}$$

$$E_z = 0 \tag{10}$$

根据 $\boldsymbol{H}$ 和 $\boldsymbol{E}$ 的关系

$$\boldsymbol{H} = -\frac{\mathrm{i}}{\mu_0 \omega} \nabla \times \boldsymbol{E} \tag{11}$$

可得

$$H_x = \frac{\mathrm{i}\pi}{\mu_0 \omega c} E_0 \sin \frac{\pi}{a} x \cos \frac{\pi}{c} z \mathrm{e}^{-\mathrm{i}\omega t} \tag{12}$$

$$H_y = 0 \tag{13}$$

$$H_z = -\frac{\mathrm{i}\pi}{\mu_0 \omega a} E_0 \cos \frac{\pi}{a} x \sin \frac{\pi}{c} z \mathrm{e}^{-\mathrm{i}\omega t} \tag{14}$$

Ⅱ.求电场总能量的时间平均值

电场能量密度的时间平均值为

$$\begin{aligned} \overline{w}_e &= \frac{1}{T}\int_0^T w_e \mathrm{d}t = \frac{1}{T}\int_0^T \frac{1}{2}\varepsilon_0 (\mathrm{Re}\boldsymbol{E})^2 \mathrm{d}t = \frac{\varepsilon_0}{2T} E_0^2 \sin^2 \frac{\pi}{a} x \sin^2 \frac{\pi}{c} z \int_0^T \cos^2 \omega t \, \mathrm{d}t \\ &= \frac{1}{4} E_0^2 \sin^2 \frac{\pi}{a} x \sin^2 \frac{\pi}{c} z \end{aligned} \tag{15}$$

电场总能量的时间平均值为

$$\overline{W}_e = \int \overline{w}_e \mathrm{d}V = \frac{1}{4}\varepsilon_0 E_0^2 \int_0^a \int_0^b \int_0^c \sin^2 \frac{\pi}{a} x \sin^2 \frac{\pi}{c} z \, \mathrm{d}x\mathrm{d}y\mathrm{d}z = \frac{1}{16}\varepsilon_0 E_0^2 abc \tag{16}$$

Ⅲ.求磁场总能量的时间平均值

磁场能量密度的时间平均值为

$$\begin{aligned} \overline{w}_m &= \frac{1}{T}\int_0^T w_m \mathrm{d}t = \frac{1}{T}\int_0^T \frac{1}{2}\mu_0 (\mathrm{Re}\boldsymbol{H})^2 \mathrm{d}t \\ &= \frac{\mu_0}{2T}\left(\frac{\pi E_0}{\mu_0 \omega}\right)^2 \int_0^T \left[\frac{1}{c^2}\sin^2 \frac{\pi}{a} x \cos^2 \frac{\pi}{c} z + \frac{1}{a^2}\cos^2 \frac{\pi}{a} x \sin^2 \frac{\pi}{c} z\right] \sin^2 \omega t \, \mathrm{d}t \\ &= \left(\frac{\mu_0 E_0}{2\mu_0 \omega}\right)^2 \left(\frac{1}{c^2}\sin^2 \frac{\pi}{a} x \cos^2 \frac{\pi}{c} z + \frac{1}{a^2}\cos^2 \frac{\pi}{a} x \sin^2 \frac{\pi}{c} z\right) \end{aligned} \tag{17}$$

磁场总能量的时间平均值为

$$\overline{W}_m=\int_0^T\overline{w}_m\mathrm{d}V$$
$$=\left(\frac{\pi E_0}{2\mu_0\omega}\right)^2\int_0^a\int_0^b\int_0^c\left(\frac{1}{c^2}\sin^2\frac{\pi}{a}x\cos^2\frac{\pi}{c}z+\frac{1}{a^2}\cos^2\frac{\pi}{a}x\sin^2\frac{\pi}{c}z\right)\mathrm{d}x\mathrm{d}y\mathrm{d}z$$
$$=\frac{\pi^2E_0^2b(a^2+b^2)}{16\mu_0\omega^2ac} \tag{18}$$

其中

$$\omega=c'k=c'\pi\left(\frac{1}{a^2}+\frac{1}{c^2}\right)^{\frac{1}{2}}=\frac{c\pi}{ac}\sqrt{a^2+c^2} \tag{19}$$

其中,c' 为真空中的光速,所以(18) 式为

$$\overline{W}_m=\frac{1}{16\mu_0c'^2}E_0^2abc \tag{20}$$

因为

$$\frac{1}{\mu_0c'^2}=\varepsilon_0 \tag{21}$$

$$\overline{W}_m=\frac{1}{16}\varepsilon_0E_0^2abc \tag{22}$$

比较(16) 式有

$$\overline{W}_e=\overline{W}_m \tag{23}$$

证毕。

4.24 对于 $L_1=3.0$ cm,$L_2=1.4$ cm 的中空矩形波导,若入射波的波长为 2.5 cm,试问在此波导内可能传播的波型有几种?

【解】 矩形波导内传播的电磁波的临界频率(截止频率) 为

$$\omega_{c,mn}=\frac{\pi}{\sqrt{\mu\varepsilon}}\sqrt{\left(\frac{m}{L_1}\right)^2+\left(\frac{n}{L_2}\right)^2} \tag{1}$$

临界波长(截止波长) 为

$$\lambda_{c,mn}=\frac{2\pi c}{\omega_{c,mn}}=\frac{2}{\sqrt{\left(\frac{m}{L_1}\right)^2+\left(\frac{n}{L_2}\right)^2}} \tag{2}$$

其中

$$c=\frac{1}{\sqrt{\mu\varepsilon}} \tag{3}$$

将不同的(m,n) 值代入(2) 式有

$\lambda_{c,10}$	$\lambda_{c,20}$	$\lambda_{c,01}$	$\lambda_{c,11}$
6.0	3.0	2.8	2.54

所以,可能的波型为 H_{10}、H_{20}、H_{01}、H_{11}、E_{11}。

4.25　当电磁波从真空射向无穷大良导体 $4\pi\sigma/\varepsilon\omega \gg 1$ 平面时，计算说明不论入射角 θ_1 为何值，电磁波在导体内传播的方向与衰减方向均甚微，并指明衰减方向，计算出衰减长度。

【解】　Ⅰ.计算说明不论入射角 θ_1 为何值，电磁波在导体内传播的方向与衰减方向均甚微

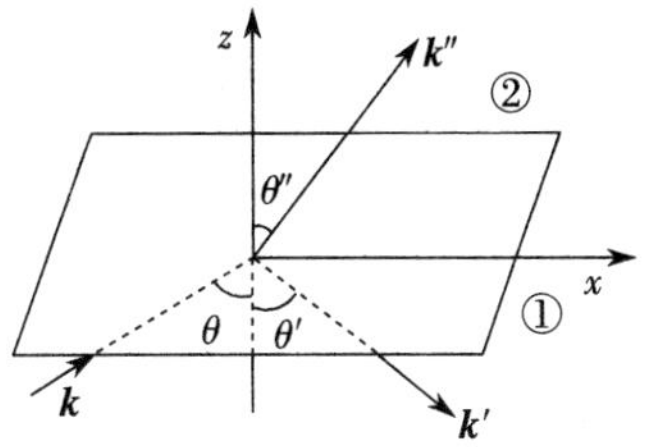

对于导体，其复电容率为

$$\varepsilon' = \varepsilon + \mathrm{i}\,\frac{\sigma}{\omega} \tag{1}$$

图 4.25

如图 4.25 所示，取入射面为 xz 平面，在导体内有如下边值关系

$$k'' = k''_x \boldsymbol{e}_x + k''_z \boldsymbol{e}_z \tag{2}$$

$$k''_x = k_x = \frac{\omega}{c}\sin\theta_1 \tag{3}$$

$$k'' = \frac{\omega}{v''} = \sqrt{\mu\varepsilon'}\,\frac{\omega}{c} \tag{4}$$

其中

$$v'' = \frac{1}{\sqrt{\mu\varepsilon'}} \tag{5}$$

$$k''_z = \sqrt{k''^2 - k_x^2} = \sqrt{\frac{\mu\varepsilon'\omega^2}{c^2} - \frac{\omega^2}{c^2}\sin^2\theta_1} = \sqrt{\left(\frac{\mu\varepsilon\omega^2}{c^2} - \frac{\omega^2}{c^2}\sin^2\theta_1\right) + \mathrm{i}\,\frac{4\pi\sigma\mu\omega}{c^2}} \tag{6}$$

$$= \sqrt{\frac{\omega^2}{c^2}(\mu\varepsilon - \sin^2\theta_1) + \mathrm{i}\,\frac{4\pi\sigma\mu\omega}{c^2}} \tag{7}$$

因为

$$\mu\varepsilon \gg \sin^2\theta_1 \tag{8}$$

所以

$$k''_z = \sqrt{\frac{\omega^2\mu\varepsilon}{c^2} + \mathrm{i}\,\frac{4\pi\sigma\mu\omega}{c^2}} = \sqrt{\frac{4\pi\sigma\mu\omega}{c^2}\left(\frac{\varepsilon\omega}{4\pi\sigma} + \mathrm{i}\right)} \tag{9}$$

对良导体有

$$\frac{\sigma}{\varepsilon\omega} \gg 1 \tag{10}$$

所以(9)式中

$$\frac{\varepsilon\omega}{4\pi\sigma} \ll 1 \tag{11}$$

所以 k''_z 最大为

$$k''_z \approx \sqrt{\frac{\omega^2\mu\varepsilon}{c^2} + \mathrm{i}\,\frac{4\pi\sigma\mu\omega}{c^2}} = \sqrt{\frac{4\pi\sigma\mu\omega}{c^2}}(1+\mathrm{i}) \tag{12}$$

所以由(2)式有

$$k'' = \frac{\omega}{c}\sin\theta_1 \boldsymbol{e}_x + \frac{2}{c}\sqrt{\pi\varepsilon\mu\omega}(1+\mathrm{i})\boldsymbol{e}_z \approx \frac{2}{c}\sqrt{\pi\varepsilon\mu\omega}(1+\mathrm{i})\boldsymbol{e}_z \tag{13}$$

表明传播方向在 z 方向，且与 θ_1 角无关。

Ⅱ. 指明波的衰减方向，计算出衰减长度

从(13) 式知衰减方向也在 z 方向，令

$$k''_z = \mathrm{i}\kappa = \frac{2}{c}\sqrt{\pi\varepsilon\mu\omega} \tag{14}$$

则导体内折射波的电场可表示为

$$\boldsymbol{E}'' = \boldsymbol{E}''_0 \mathrm{e}^{-\kappa z}\mathrm{e}^{\mathrm{i}(k''_x x - \omega t)} \tag{15}$$

衰减长度为

$$d = \kappa^{-1} = \frac{c}{2\sqrt{\pi\varepsilon\mu\omega}} = \frac{1}{2\sqrt{\varepsilon_0\mu_0\pi\varepsilon\mu\omega}} \ll 1 \tag{16}$$

表明衰减长度甚微。

4.26 在 S 面两旁有两种均匀介质，左边的电容率为 ε_1，右边的电容率为 ε_2，两种介质的磁导率都为 μ_0，在 ε_1 介质内，有一平面单色电磁波以入射角 θ_1 入射到 S 面上，入射波的磁场垂直于入射面。试求：(1) 反射系数；(2) 布儒斯特角。

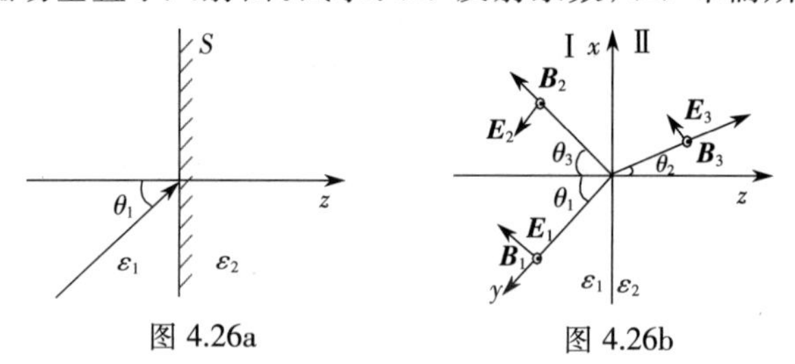

图 4.26a　　图 4.26b

【解】 Ⅰ. 求反射系数 R

如图 4.26 所示，在 $z=0$ 的平面上有

$$E_{1t} = E_{2t} \tag{1}$$

$$B_{1t} = B_{2t} \tag{2}$$

所以有

$$E_{1x} + E_{3x} = E_{2x} \tag{3}$$

$$B_{1y} + B_{3y} = B_{2y} \tag{4}$$

由(3) 式有

$$E_1\cos\theta_1 - E_3\cos\theta_3 = E_2\cos\theta_2 \tag{5}$$

得

$$\theta_1 = \theta_3 \tag{6}$$

又因为

$$H = \sqrt{\frac{\varepsilon}{\mu}}E \quad (\mu_1 = \mu_2 = \mu_0) \tag{7}$$

由(4)式和(7)式有

$$\sqrt{\varepsilon_1}(E_1 + E_3) = \sqrt{\varepsilon_2}E_2 \tag{8}$$

根据折射定律

$$\frac{\sin\theta_2}{\sin\theta_1} = \frac{\sqrt{\mu_1\varepsilon_1}}{\sqrt{\mu_2\varepsilon_2}}\frac{\sqrt{\varepsilon_1}}{\sqrt{\varepsilon_2}} = \frac{n_1}{n_2} \tag{9}$$

将(9)式代入(8)式有

$$\sin\theta(E_1 + E_3) = \sin\theta_1 E_2 \tag{10}$$

由(5)式和(10)式有

$$\frac{E_3}{E_1} = \frac{\sin2\theta_1 - \sin2\theta_2}{\sin2\theta_1 + \sin2\theta_2} = \frac{2\sin(\theta_1 - \theta_2)\cos(\theta_1 + \theta_2'')}{2\sin(\theta_1 + \theta_2'')\cos(\theta_1 - \theta_2)} = \frac{\tan(\theta_1 - \theta_2)}{\tan(\theta_1 + \theta_2)} \tag{11}$$

所以,反射系数为

$$R = \frac{E_3^2}{E_1^2} = \frac{\tan^2(\theta_1 - \theta_2)}{\tan^2(\theta_1 + \theta_2)} \tag{12}$$

Ⅱ.求布儒斯特角 α

当 $\theta_1 + \theta_2 = \frac{\pi}{2}$ 时,有 $R \to 0$。根据(12)式,布儒斯特角 α 为

$$\alpha = \theta_1 = \theta_2 \tag{13}$$

此时

$$\cos\theta_1 = \sin\theta_2 = \frac{n_1}{n_2}\sin\theta_1 \tag{14}$$

即 $\tan\alpha = \frac{n_2}{n_1}$,亦即

$$\alpha = \arctan\left(\frac{n_2}{n_1}\right) \tag{15}$$

4.27　两无限大的平行理想导体板,相距为 d,电磁波沿平行于板面的 z 方向传播,假设电磁波在 x 方向上是均匀的,求可能传播的波型和截止频率。

【解】　Ⅰ.求可能的传播波型

根据题意有

$$k_x = 0 \tag{1}$$

设电场为如下的形式

$$\boldsymbol{E}(y,z,t) = \boldsymbol{E}(y)\mathrm{e}^{\mathrm{i}(k_z - \omega t)} \tag{2}$$

其振幅满足的亥姆霍兹方程为

$$\frac{\mathrm{d}^2\boldsymbol{E}(y)}{\mathrm{d}y^2} + k_y^2\boldsymbol{E}(y) = 0 \tag{3}$$

边界条件为

$$E_x = E_y\big|_{y=0} = 0 \tag{4}$$

$$\frac{\partial E_y}{\partial x} = 0 \tag{5}$$

由方程(3)式的通解为

$$\boldsymbol{E}(y)=\boldsymbol{A}\cos k_y y+\boldsymbol{B}\sin k_y y \tag{6}$$

边界条件(4)式和(5)式可得

$$E_x=A_1\sin k_y y\,\mathrm{e}^{\mathrm{i}(k_z z-\omega t)} \tag{7}$$

$$E_y=A_2\cos k_y y\,\mathrm{e}^{\mathrm{i}(k_z z-\omega t)} \tag{8}$$

$$E_z=A_3\sin k_y y\,\mathrm{e}^{\mathrm{i}(k_z z-\omega t)} \tag{9}$$

上面(7)式、(8)式和(9)式即为可能的传播波型。

Ⅱ.求截止频率

由(4)式有

$$k_y=\frac{m\pi}{d}\quad(m=1,2,3,\cdots) \tag{10}$$

所以有

$$k_z^2=k^2-k_y^2=\left(\frac{\omega}{c}\right)^2-\left(\frac{m\pi}{d}\right)^2 \tag{11}$$

所以得截止频率为

$$\omega_c=\frac{m\pi}{d}c \tag{12}$$

式中 c 为真空中的光速。

4.28 设由两个圆形极板组成的平行板电容器漏电,证明直流电源供电时进入电容器的能流等于它所消耗的焦耳热。

【证明】 设圆形电容器极板的半径为 a,电导率为 σ,电场强度为 $\boldsymbol{E}$,则电容器极板间的电场强度和电流密度分别为

$$\boldsymbol{E}=E\boldsymbol{e}_z \tag{1}$$

$$\boldsymbol{j}=\sigma E\boldsymbol{e}_z \tag{2}$$

根据安培环路定理

$$\oint_L \boldsymbol{H}\cdot\mathrm{d}\boldsymbol{l}=\sum_i I \tag{3}$$

采用柱坐标系,选回路为 $L=2\pi a$,则有

$$\oint_L \boldsymbol{H}\cdot\mathrm{d}\boldsymbol{l}=I \tag{4}$$

即

$$H2\pi a\boldsymbol{e}_\theta=\pi a^2 j\boldsymbol{e}_\theta=\pi a^2\sigma E\boldsymbol{e}_\theta$$

亦即

$$\boldsymbol{H}=\frac{1}{2}a\sigma E\boldsymbol{e}_\theta \tag{5}$$

能流密度为

$$\boldsymbol{S}=\boldsymbol{E}\times\boldsymbol{H}=E\boldsymbol{e}_z\times\frac{1}{2}a\sigma E\boldsymbol{e}_\theta=\frac{1}{2}a\sigma E^2(\boldsymbol{e}_z\times\boldsymbol{e}_\theta)=-\frac{aj^2}{2\sigma}\boldsymbol{e}_r \tag{6}$$

电容器所消耗的功率(焦耳热)为

$$P = \boldsymbol{S} \cdot 2\pi ad(-\boldsymbol{e}_r) = \frac{\pi a^2 dj^2}{\sigma}\boldsymbol{e}_r \cdot \boldsymbol{e}_r = \frac{I^2 d}{\sigma \pi a^2} = I^2 R \tag{7}$$

此结果即为直流电源供电时提供的能流,证毕。

4.29　证明亥姆霍兹方程$(\nabla^2 + K^2)\psi = 0$具有出射波的形式的格林函数为$G(\boldsymbol{x},\boldsymbol{x}') = \frac{1}{r}e^{iKr}, r = |\boldsymbol{x} - \boldsymbol{x}'|$,式中$\boldsymbol{x}$为场点(观察点),$\boldsymbol{x}'$为源点。

【证明】　Ⅰ.证明亥姆霍兹方程的出射波形式的格林函数为$G(\boldsymbol{x},\boldsymbol{x}') = \frac{e^{ikr}}{r}$

求$\nabla^2 \frac{1}{r}e^{ikr}$,设

$$r = [(x_1 - x'_1)^2 + (x_2 - x'_2)^2 + (x_3 - x'_3)^2]^{\frac{1}{2}} \tag{1}$$

考察如下公式

$$\begin{aligned}\nabla^2 \varphi\psi &= \nabla \cdot \nabla \varphi\psi = \nabla \cdot [(\nabla\varphi)\psi + \varphi\nabla\psi] = \nabla \cdot [(\nabla\varphi)\psi + \nabla(\varphi\nabla\psi)] \\ &= (\nabla^2\varphi)\psi + (\nabla\varphi)\cdot\nabla\psi + (\nabla\varphi)\cdot(\nabla\psi)\varphi + \nabla^2\psi \\ &= (\nabla^2\varphi)\psi + 2\nabla\varphi\cdot\nabla\psi + \varphi\nabla^2\psi\end{aligned} \tag{2}$$

令

$$\varphi = \frac{1}{r} \tag{3}$$

$$\psi = e^{ikr} \tag{4}$$

计算(2)式中的下列各项

$$\nabla^2 \frac{1}{r} = -4\pi\delta(\boldsymbol{x} - \boldsymbol{x}') \tag{5}$$

$$\nabla \frac{1}{r} = -\frac{1}{r^2}\boldsymbol{e}_r \tag{6}$$

式中

$$\boldsymbol{e}_r = \frac{\boldsymbol{r}}{r} \tag{7}$$

$$\nabla e^{ikr} = ik\nabla e^{ikr}\boldsymbol{e}_r \tag{8}$$

$$\begin{aligned}\nabla \cdot \boldsymbol{e}_r &= \frac{1}{r}\nabla\cdot\boldsymbol{r} + \left(\nabla\frac{1}{r}\right)\cdot\boldsymbol{r} = \frac{3}{r} + \nabla\left(\frac{1}{r}\right)\cdot\boldsymbol{r} \\ &= \frac{3}{r} + \left(\nabla_{x_1}\frac{1}{r} + \nabla_{x_2}\frac{1}{r} + \nabla_{x_3}\frac{1}{r}\right)\cdot\boldsymbol{r}\end{aligned} \tag{9}$$

式中

$$\begin{aligned}\nabla_{x_1}\frac{1}{r} &= \frac{\partial}{\partial x_1}[(x_1 - x'_1)^2 + (x_2 - x'_2)^2 + (x_3 - x'_3)^2]^{-\frac{1}{2}}\boldsymbol{e}_{x_1} \\ &= -\frac{1}{2}\frac{2(x_1 - x'_1)}{r^3} = -\frac{x_1 - x'_1}{r^3}\boldsymbol{e}_{x_1}\end{aligned} \tag{10}$$

同理

$$\nabla_{x_2}\frac{1}{r}=-\frac{x_2-x'_2}{r^3}\boldsymbol{e}_{x_2}\tag{11}$$

$$\nabla_{x_3}\frac{1}{r}=-\frac{x_3-x'_3}{r^3}\boldsymbol{e}_{x_3}\tag{12}$$

将(10)式、(11)式和(12)式代入(9)式得

$$\begin{aligned}\nabla\cdot\boldsymbol{e}_r&=\frac{3}{r}-\frac{1}{r^3}[(x_1-x'_1)\boldsymbol{e}_{x_1}+(x_2-x'_2)\boldsymbol{e}_{x_2}+(x_3-x'_3)\boldsymbol{e}_{x_3}]\\&=\frac{3}{r}-\frac{\boldsymbol{r}}{r^3}\cdot\boldsymbol{r}=\frac{2}{r}\end{aligned}\tag{13}$$

所以

$$\nabla^2\mathrm{e}^{\mathrm{i}kr}=\mathrm{i}k\left[\mathrm{i}k\mathrm{e}^{\mathrm{i}kr}\boldsymbol{e}_r\cdot\boldsymbol{e}_r+\frac{2}{r}\mathrm{e}^{\mathrm{i}kr}\right]=\left(-k^2+\frac{2\mathrm{i}k}{r}\right)\mathrm{e}^{\mathrm{i}kr}\tag{14}$$

由(2)式有

$$\nabla^2\frac{1}{r}\mathrm{e}^{\mathrm{i}kr}=\left(\nabla^2\frac{1}{r}\right)\mathrm{e}^{\mathrm{i}kr}+\frac{1}{r}\nabla^2\mathrm{e}^{\mathrm{i}kr}+2\left(\nabla\frac{1}{r}\right)\cdot(\nabla\mathrm{e}^{\mathrm{i}kr})\tag{15}$$

将(5)式、(7)式和(13)式代入(14)式有

$$\begin{aligned}\nabla^2\frac{1}{r}\mathrm{e}^{\mathrm{i}kr}&=-4\pi\delta(\boldsymbol{x}-\boldsymbol{x}')\mathrm{e}^{\mathrm{i}k|\boldsymbol{x}-\boldsymbol{x}'|}+\frac{1}{r}\left(-k^2+\frac{2\mathrm{i}k}{r}\right)\mathrm{e}^{\mathrm{i}kr}+2\left(-\frac{1}{r^2}\boldsymbol{e}_r\right)\cdot(\mathrm{i}k\,\nabla\mathrm{e}^{\mathrm{i}kr}\boldsymbol{e}_r)\\&=-4\pi\delta(\boldsymbol{x}-\boldsymbol{x}')-\frac{k^2}{r}\mathrm{e}^{\mathrm{i}kr}\end{aligned}\tag{16}$$

即

$$\nabla^2\frac{1}{r}\mathrm{e}^{\mathrm{i}kr}+\frac{k^2}{r}\mathrm{e}^{\mathrm{i}kr}=-4\pi\delta(\boldsymbol{x}-\boldsymbol{x}')\tag{17}$$

所以得

$$(\nabla^2+k^2)\frac{\mathrm{e}^{\mathrm{i}kr}}{r}=-4\pi\delta(\boldsymbol{x}-\boldsymbol{x}')\tag{18}$$

比较亥姆霍兹方程$(\nabla^2+K^2)\psi=0$知，该方程的出射波形式的格林函数为

$$G(\boldsymbol{x},\boldsymbol{x}')=\frac{\mathrm{e}^{\mathrm{i}kr}}{r}\tag{19}$$

Ⅱ.证明$\boldsymbol{x}'$为源点，$\boldsymbol{x}$为场点（观察点）

将$\psi(\boldsymbol{x}')$和$G(\boldsymbol{x},\boldsymbol{x}')=\frac{1}{r}\mathrm{e}^{\mathrm{i}kr}$代入格林公式有

$$\begin{aligned}&\int_V[\psi(\boldsymbol{x}')\nabla'^2G(\boldsymbol{x},\boldsymbol{x}')-G(\boldsymbol{x},\boldsymbol{x}')\nabla'^2\psi(\boldsymbol{x}')]\mathrm{d}V'\\&=\oint_S[\psi(\boldsymbol{x}')\nabla'G(\boldsymbol{x},\boldsymbol{x}')-G(\boldsymbol{x},\boldsymbol{x}')\nabla'\psi(\boldsymbol{x}')]\cdot\mathrm{d}\boldsymbol{S}\end{aligned}\tag{20}$$

利用(17)式有

$$\begin{aligned}&\psi(\boldsymbol{x}')\nabla'^2G(\boldsymbol{x},\boldsymbol{x}')-G(\boldsymbol{x},\boldsymbol{x}')\nabla'^2\psi(\boldsymbol{x}')\\&=\psi(\boldsymbol{x}')\left[-4\pi\delta(\boldsymbol{x}-\boldsymbol{x}')-k^2\frac{1}{r}\mathrm{e}^{\mathrm{i}kr}\right]-\frac{1}{r}\mathrm{e}^{\mathrm{i}kr}(-k^2\psi(\boldsymbol{x}'))\end{aligned}$$

$$= -4\pi\delta(\boldsymbol{x}-\boldsymbol{x}')\psi(\boldsymbol{x}') \tag{21}$$

因为

$$\nabla' \frac{1}{r}\mathrm{e}^{\mathrm{i}kr} = \left(\nabla' \frac{1}{r}\right)\mathrm{e}^{\mathrm{i}kr} + \frac{1}{r}\nabla'\mathrm{e}^{\mathrm{i}kr} \tag{22}$$

而

$$\nabla' \frac{1}{r} = \left(\frac{\partial}{\partial x'_1}\boldsymbol{e}_x + \frac{\partial}{\partial x'_2}\boldsymbol{e}_y + \frac{\partial}{\partial x'_3}\boldsymbol{e}_z\right)\times$$

$$[(x_1-x'_1)^2+(x_2-x'_2)^2+(x_3-x'_3)^2]^{-\frac{1}{2}} \tag{23}$$

式中

$$\frac{\partial}{\partial x'_1}\frac{1}{r} = -\frac{1}{2}\frac{-2(x_1-x'_1)}{r^3} = \frac{x_1-x'_1}{r^3} \tag{24}$$

$$\frac{\partial}{\partial x'_2}\frac{1}{r} = -\frac{1}{2}\frac{-2(x_2-x'_2)}{r^3} = \frac{x_2-x'_2}{r^3} \tag{25}$$

$$\frac{\partial}{\partial x'_3}\frac{1}{r} = -\frac{1}{2}\frac{-2(x_3-x'_3)}{r^3} = \frac{x_3-x'_3}{r^3} \tag{26}$$

所以

$$\nabla' \frac{1}{r} = \frac{\boldsymbol{r}}{r^3} \tag{27}$$

因为

$$\frac{\partial}{\partial x'_1}r = \frac{1}{2}\cdot\frac{-2(x_1-x'_1)}{r} = -\frac{x_1-x'_1}{r} \tag{28}$$

$$\frac{\partial}{\partial x'_2}r = \frac{1}{2}\cdot\frac{-2(x_2-x'_2)}{r} = -\frac{x_2-x'_2}{r} \tag{29}$$

$$\frac{\partial}{\partial x'_3}r = \frac{1}{2}\cdot\frac{-2(x_3-x'_3)}{r} = -\frac{x_3-x'_3}{r} \tag{30}$$

所以

$$\nabla' r = -\frac{\boldsymbol{r}}{r} \tag{31}$$

又因为

$$\nabla'\mathrm{e}^{\mathrm{i}kr} = -\mathrm{i}k\frac{\boldsymbol{r}}{r}\mathrm{e}^{\mathrm{i}kr} \tag{32}$$

$$\nabla' \frac{1}{r}\mathrm{e}^{\mathrm{i}kr} = \frac{\boldsymbol{r}}{r^3}\mathrm{e}^{\mathrm{i}kr} - \mathrm{i}k\frac{\boldsymbol{r}}{r^2}\mathrm{e}^{\mathrm{i}kr} = \left(\frac{1}{r}-\mathrm{i}k\right)\frac{\boldsymbol{r}}{r^2}\mathrm{e}^{\mathrm{i}kr} \tag{33}$$

将(21)式代入方程(20)式左边，将(33)式及 $G(\boldsymbol{x},\boldsymbol{x}')$ 代入方程(20)式右边有

$$\int_V [-4\pi\delta(\boldsymbol{x}-\boldsymbol{x}')\psi(\boldsymbol{x}')]\mathrm{d}V'$$

$$= \oint_S \left\{\psi(\boldsymbol{x}')\left[\left(\frac{1}{r}-\mathrm{i}k\right)\frac{\boldsymbol{r}}{r^2}\mathrm{e}^{\mathrm{i}kr} - \frac{1}{r}\mathrm{e}^{\mathrm{i}kr}\nabla'\psi(\boldsymbol{x}')\right]\right\}\cdot \mathrm{d}\boldsymbol{S}' \tag{34}$$

即

$$\psi(\boldsymbol{x})=-\frac{1}{4\pi}\oint_S\psi(\boldsymbol{x}')\left[\left(\frac{1}{r}-\mathrm{i}k\right)\frac{\boldsymbol{r}}{r^2}\mathrm{e}^{\mathrm{i}kr}-\frac{1}{r}\mathrm{e}^{\mathrm{i}kr}\nabla'\psi(\boldsymbol{x}')\right]\cdot\mathrm{d}\boldsymbol{S}' \tag{35}$$

设 $\mathrm{d}\boldsymbol{S}'=-\mathrm{d}S'\boldsymbol{n}$，式中 $\boldsymbol{n}$ 为从 $\mathrm{d}S'$ 指向 V 内的法线，则有(35) 式为

$$\psi(\boldsymbol{x})=-\frac{1}{4\pi}\oint_S\frac{1}{r}\mathrm{e}^{\mathrm{i}kr}\left[\nabla'\psi(\boldsymbol{x}')+\left(\mathrm{i}k-\frac{1}{r}\right)\frac{\boldsymbol{r}}{r}\right]\cdot\mathrm{d}S'\boldsymbol{n} \tag{36}$$

此式表明，V 内 $\boldsymbol{x}$ 点的场由 S 上的 $\boldsymbol{x}'$ 点的 ψ 和$\frac{\partial\psi}{\partial n}$决定，因子$\frac{1}{r}\mathrm{e}^{\mathrm{i}kr}$ 表示为从 S 上的 $\boldsymbol{x}'$ 点向 V 内的 $\boldsymbol{x}$ 点传播的波。S 上每一点 $\boldsymbol{x}'$ 都可以看做次波波源，$\boldsymbol{x}$ 点的波可看做 S 上的次波源发射的子波的叠加。

4.30 矩形波导管的宽为 a，高为 b，在其中传播的 TE_{10} 波为 $E_x=0$，$E_y=\frac{\mathrm{i}\omega\mu a}{\pi}H_0\sin\frac{\pi x}{a}\mathrm{e}^{-\mathrm{i}(\omega t-k_z z)}$，$E_z=0$，求 TE_{10} 波的传输功率和管壁电流。

【解】 Ⅰ. 求 TE_{10} 波的传输功率

根据 $\boldsymbol{H}$ 和 $\boldsymbol{E}$ 的关系

$$\begin{aligned}&\boldsymbol{H}=-\frac{\mathrm{i}}{\mu\omega}\nabla\times\boldsymbol{E}\\&E_x=0\\&E_y=\frac{\mathrm{i}\omega\mu a}{\pi}H_0\sin\frac{\pi x}{a}\mathrm{e}^{-\mathrm{i}(\omega t-k_z z)}\\&E_z=0\end{aligned} \tag{1}$$

将已知条件代入(1) 式有

$$H_x=-\frac{\mathrm{i}k_z a}{\pi}H_0\sin\frac{\pi x}{a}\mathrm{e}^{-(\omega t-k_z z)} \tag{2}$$

$$H_y=0 \tag{3}$$

$$H_z=H_0\cos\frac{\pi x}{a}\mathrm{e}^{-\mathrm{i}(\omega t-k_z z)} \tag{4}$$

根据能流密度平均值的计算公式，能流密度的平均值为

$$\bar{\boldsymbol{S}}=\frac{1}{2}\mathrm{Re}(\boldsymbol{E}^*\times\boldsymbol{H})=\frac{1}{2}\left(\frac{H_0 a}{\pi}\right)^2\mu\omega k_z\sin^2\frac{\pi x}{a}\boldsymbol{e}_z \tag{5}$$

传输功率为

$$P=\int_0^a\int_0^b\bar{\boldsymbol{S}}\mathrm{d}x\mathrm{d}y=\frac{1}{2}\left(\frac{H_0 a}{\pi}\right)^2\mu\omega k_z\int_0^a\sin^2\frac{\pi x}{a}\mathrm{d}x\int_0^b\mathrm{d}y=\frac{ba^3\mu\omega k_z H_0^2}{4\pi^2} \tag{6}$$

Ⅱ. 求 TE_{10} 波的管壁电流

根据公式

$$\boldsymbol{\alpha}=\boldsymbol{n}\times\boldsymbol{H} \tag{7}$$

所以有

$$\boldsymbol{\alpha}\big|_{x=0}=\boldsymbol{e}_x\times H_z\boldsymbol{e}_z=-H_0\mathrm{e}^{-\mathrm{i}(\omega t-k_z z)}\boldsymbol{e}_y \tag{8}$$

$$\boldsymbol{\alpha}\big|_{x=a}=-\boldsymbol{e}_x\times H_z\boldsymbol{e}_z=H_0\mathrm{e}^{-\mathrm{i}(\omega t-k_z z)}\boldsymbol{e}_y \tag{9}$$

$$\alpha\big|_{y=0} = \boldsymbol{e}_y \times (H_x\boldsymbol{e}_x + H_z\boldsymbol{e}_z)$$
$$= \left(\frac{\mathrm{i}k_z a H_0}{\pi}\sin\frac{\pi x}{a}\boldsymbol{e}_z + H_0\cos\frac{\pi x}{a}\boldsymbol{e}_x\right)\cdot \mathrm{e}^{-\mathrm{i}(\omega t - k_z z)} \tag{10}$$

$$\alpha\big|_{y=b} = -\boldsymbol{e}_y \times (H_x\boldsymbol{e}_x + H_z\boldsymbol{e}_z)$$
$$= -\left(\frac{\mathrm{i}k_z a H_0}{\pi}\sin\frac{\pi x}{a}\boldsymbol{e}_z + H_0\cos\frac{\pi x}{a}\boldsymbol{e}_x\right)\cdot \mathrm{e}^{-\mathrm{i}(\omega t - k_z z)} \tag{11}$$

4.31　设两种均匀介质的界面为一平面，两种介质的电容率和磁导率分别为 ε_1、μ_0 和 ε_2、μ_0。现有一平面单色电磁波从介质 1 中沿垂直于界面的方向入射，其电场强度的振幅为 E_0，频率为 ω_0，如图 4.31 所示。

(1) 试求此电磁波的反射系数 R 和折射系数 T；

(2) 证明 $R+T=1$；

(3) 试求介质 1 中距界面为 $3\lambda_1/2$ 处的总电场，λ_1 是电磁波在介质 1 中的波长；

(4) 试求介质 1 中距界面为 $3\lambda_1/2$ 处的能流密度。

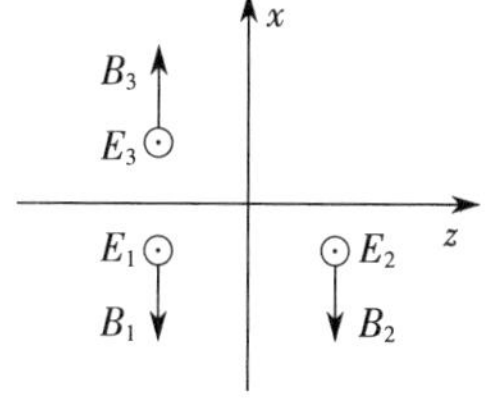

图 4.31

【解】　Ⅰ. 此电磁波的反射系数 R 和折射系数 T

设入射波为 E_1、B_1，透射波为 E_2、B_2，反射波为 E_3、B_3，其中

$$B_1 = \frac{1}{v_1}E_1 \tag{1}$$

$$B_2 = \frac{1}{v_2}E_2 \tag{2}$$

$$B_3 = \frac{1}{v_1}E_3 \tag{3}$$

由 $\boldsymbol{E}$ 和 $\boldsymbol{H}$ 的边界条件

$$E_{1t} = E_{2t} \tag{4}$$
$$H_{1t} = H_{2t} \tag{5}$$

有

$$E_1 + E_3 = E_2 \tag{6}$$
$$H_1 - H_3 = H_2 \quad (B_1 - B_3 = B_2) \tag{7}$$

将(1)式、(2)式和(3)式代入(7)式有

$$\frac{1}{v_1}(E_1 - E_3) = \frac{1}{v_2}E_2 \tag{8}$$

由(6)式和(8)式有

$$E_2 = \frac{2v_2}{v_1+v_2}E_1 \tag{9}$$

$$E_3 = \frac{v_2 - v_1}{v_1+v_2}E_1 \tag{10}$$

所以，由反射系数的定义，反射系数为

$$R=\frac{|\boldsymbol{S}_3|}{|\boldsymbol{S}_1|}=\frac{|E_3|^2}{|E_1|^2}=\frac{(v_2-v_1)^2}{(v_2+v_1)^2}=\left(\frac{c/n_2-c/n_1}{c/n_2+c/n_1}\right)^2=\left(\frac{n_1-n_2}{n_1+n_2}\right)^2 \tag{11}$$

式中 $n_1=\frac{c}{v_1}=\sqrt{\varepsilon_{r1}}$，$n_2=\frac{c}{v_2}=\sqrt{\varepsilon_{r2}}$ 分别为介质 1 和介质 2 的折射率。

由折射系数的定义，折射系数为

$$T=\frac{|\boldsymbol{S}_2|}{|\boldsymbol{S}_1|}=\frac{E_2H_2}{E_1H_1}=\frac{E_2B_2}{E_1B_1}=\frac{v_1}{v_2}\left(\frac{E_2}{E_1}\right)^2=\frac{4v_1v_2}{(v_1+v_2)^2}=\frac{4n_1n_2}{(n_1+n_2)^2} \tag{12}$$

Ⅱ. 证明 $R+T=1$

由(11)式和(12)式有 $R+T=1$，证毕。

Ⅲ. 求介质 1 中距界面为 $3\lambda_1/2$ 处的总电场

介质 1 中的电场为入射波和反射波电场的叠加，设入射波和反射波的电场分别为

$$\boldsymbol{E}_1=\boldsymbol{E}_{10}\mathrm{e}^{\mathrm{i}(\omega t-k_1z)} \tag{13}$$

$$\boldsymbol{E}_3=\boldsymbol{E}_{30}\mathrm{e}^{\mathrm{i}(\omega t+k_1z)} \tag{14}$$

其中

$$k_1=\frac{\omega}{v_1} \tag{15}$$

由(10)式有

$$E_{30}=\frac{v_2-v_1}{v_1+v_2}E_{10} \tag{16}$$

在介质 1 中距界面为 $3\lambda_1/2$ 处有

$$z=-\frac{3}{2}\lambda_1 \tag{17}$$

此处的总电场强度为

$$\begin{aligned}\boldsymbol{E}&=\boldsymbol{E}_1+\boldsymbol{E}_3=\boldsymbol{E}_{10}\mathrm{e}^{\mathrm{i}(\omega t-k_1z)}+\boldsymbol{E}_{30}\mathrm{e}^{\mathrm{i}(\omega t+k_1z)}\\&=\boldsymbol{E}_{10}\mathrm{e}^{\mathrm{i}(\omega t+3\pi)}+\frac{v_1-v_2}{v_1+v_2}\boldsymbol{E}_{10}\mathrm{e}^{\mathrm{i}(\omega t-3\pi)}\end{aligned} \tag{18}$$

用其实部表示总电场为

$$\boldsymbol{E}=-\left(1+\frac{v_2-v_1}{v_2+v_1}\right)\boldsymbol{E}_{10}\cos\omega t=-\frac{2v_2}{v_1+v_2}\boldsymbol{E}_{10}\cos\omega t \tag{19}$$

Ⅳ. 求介质 1 中距界面为 $3\lambda_1/2$ 处的能流密度

在此处总磁场为

$$\boldsymbol{B}=\boldsymbol{B}_1+\boldsymbol{B}_3 \tag{20}$$

其中

$$\boldsymbol{B}_1=\frac{1}{v_1}\boldsymbol{n}\times\boldsymbol{E}_1=\frac{1}{v_1}(\boldsymbol{n}\times\boldsymbol{E}_{10})\mathrm{e}^{\mathrm{i}(\omega t+3\pi)} \tag{21}$$

$$\boldsymbol{B}_3=\frac{1}{v_1}(-\boldsymbol{n}\times\boldsymbol{E}_3)=-\frac{1}{v_1}\left(\frac{v_2-v_1}{v_2+v_1}\right)(\boldsymbol{n}\times\boldsymbol{E}_{10})\mathrm{e}^{\mathrm{i}(\omega t-3\pi)} \tag{22}$$

式中 $\boldsymbol{n}$ 为 z 方向的单位矢量。

将(21) 式和(22) 式代入(20) 式得用实部表示的总磁场为

$$\boldsymbol{B} = -\frac{2}{v_1 + v_2}(\boldsymbol{n} \times \boldsymbol{E}_{10})\cos\omega t \tag{23}$$

由能流密度的定义有

$$\boldsymbol{S} = \boldsymbol{E} \times \boldsymbol{H} = \frac{1}{\mu_0}\boldsymbol{E} \times \boldsymbol{B} = \frac{4v_2\boldsymbol{n}}{\mu_0(v_1 + v_2)^2}E_{10}^2\cos^2\omega t \tag{24}$$

所以，平均能流密度为

$$\bar{\boldsymbol{S}} = \frac{1}{2}\mathrm{Re}(\boldsymbol{E} \times \boldsymbol{H}^*) = \frac{2v_2\boldsymbol{n}}{\mu_0(v_1 + v_2)^2}E_{10}^2 \tag{25}$$

4.32　一频率为 ω 的平面单色电磁波，在真空中垂直入射到折射率为 $n = \sqrt{\varepsilon_r}$ 的介质膜上($\mu = \mu_0$)，膜的厚度为 d。为完全消除膜的反射，d、n 和 ω 应满足什么关系？

【解】　建立如图 4.32 所示的坐标，设入射波电场为 $\boldsymbol{E}_1$，透射波的电场依次为 $\boldsymbol{E}_2$ 和 $\boldsymbol{E}_3$，反射波的电场分别为 $\boldsymbol{E}'_1$ 和 $\boldsymbol{E}'_2$，设入射波为

$$\boldsymbol{E}_1 = E_{10}\mathrm{e}^{\mathrm{i}(k_1 x - \omega t)}\boldsymbol{e}_z \tag{1}$$

$$\boldsymbol{H}_1 = H_{10}\mathrm{e}^{\mathrm{i}(k_2 x - \omega t)}(-\boldsymbol{e}_y) \tag{2}$$

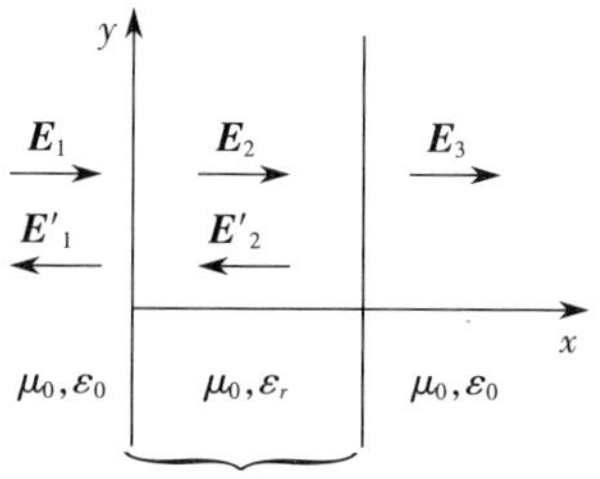

其中

$$k = \frac{\omega}{c} \tag{3}$$

$$H_{10} = \frac{B_{10}}{\mu_0} = \frac{E_{10}}{\mu_0 c} \tag{4}$$

图 4.32

透射波(介质 2 中的入射波) 为

$$\boldsymbol{E}_2 = E_{20}\mathrm{e}^{\mathrm{i}(k_2 x - \omega t)}\boldsymbol{e}_z \tag{5}$$

$$\boldsymbol{H}_2 = H_{20}\mathrm{e}^{\mathrm{i}(k_2 x - \omega t)}(-\boldsymbol{e}_y) \tag{6}$$

透射波(介质 3 中的入射波) 为

$$\boldsymbol{E}_3 = E_{30}\mathrm{e}^{\mathrm{i}(k_3 x - \omega t)}\boldsymbol{e}_z \tag{7}$$

$$\boldsymbol{H}_3 = H_{30}\mathrm{e}^{\mathrm{i}(k_3 x - \omega t)}(-\boldsymbol{e}_y) \tag{8}$$

其中

$$k_1 = k_3 \tag{9}$$

$$H_{30} = \frac{B_{30}}{\mu_0} = \frac{E_{30}}{\mu_0 c} \tag{10}$$

反射波(介质 1 中) 为

$$\boldsymbol{E}'_1 = E'_{10}\mathrm{e}^{\mathrm{i}(-k_1 x - \omega t)}\boldsymbol{e}_z \tag{11}$$

$$\boldsymbol{H}'_1 = H'_{10}\mathrm{e}^{\mathrm{i}(-k_2 x - \omega t)}\boldsymbol{e}_y \tag{12}$$

其中

$$H'_{10} = \frac{B_{10}}{\mu_0} = \frac{E'_{10}}{\mu_0 c} \tag{13}$$

反射波(介质 2 中) 为

$$\boldsymbol{E}'_2 = E'_{20}\mathrm{e}^{\mathrm{i}(-k_2x-\omega t)}\boldsymbol{e}_z \tag{14}$$

$$\boldsymbol{H}'_2 = H'_{20}\mathrm{e}^{\mathrm{i}(-k_2x-\omega t)}\boldsymbol{e}_y \tag{15}$$

其中

$$k_2 = \frac{n\omega}{c} \tag{16}$$

$$H_{20} = \frac{nE_{20}}{\mu_0 c} \tag{17}$$

$$H'_{20} = \frac{nE'_{20}}{\mu_0 c} \tag{18}$$

在 $x=0$ 的边界面上有

$$\begin{aligned}(E_1+E'_1)\boldsymbol{e}_z\big|_{x=0} &= (E_2+E'_2)\boldsymbol{e}_z\big|_{x=0}\\(H_1+H'_1)\boldsymbol{e}_y\big|_{x=0} &= (H_2+H'_2)\boldsymbol{e}_y\big|_{x=0}\end{aligned} \tag{19}$$

即

$$\begin{aligned}E_{10}+E'_{10} &= E_{20}+E'_{20}\\-E_{10}+E'_{10} &= -nE_{20}+nE'_{20}\end{aligned} \tag{20}$$

在 $x=d$ 的边界面上有

$$\begin{aligned}(E_2+E'_2)\boldsymbol{e}_z\big|_{x=d} &= E_3\boldsymbol{e}_z\big|_{x=0}\\(H_2+H'_2)\boldsymbol{e}_y\big|_{x=0} &= H_3\boldsymbol{e}_y\big|_{x=0}\end{aligned} \tag{21}$$

即

$$\begin{aligned}E_{20}\mathrm{e}^{\mathrm{i}k_2d}+E'_{20}\mathrm{e}^{-\mathrm{i}k_2d} &= E_{30}\mathrm{e}^{\mathrm{i}k_1d}\\-nE_{20}\mathrm{e}^{\mathrm{i}k_2d}+nE'_{20}\mathrm{e}^{-\mathrm{i}k_2d} &= -E_{30}\mathrm{e}^{\mathrm{i}k_2d}\end{aligned} \tag{22}$$

由(21)式和(22)式可解得

$$\frac{E'_{10}}{E_{10}} = \frac{1-n}{1+n}\times\frac{(1-\mathrm{e}^{\mathrm{i}2k_2d})}{1-\left(\dfrac{1-n}{1+n}\right)^2\mathrm{e}^{\mathrm{i}2k_2d}} \tag{23}$$

垂直入射的反射系数为

$$R = \left|\frac{E'_{10}}{E_{10}}\right|^2 \tag{24}$$

将(23)式代入(24)式,为完全消除膜的反射,令 $R=0$,则有

$$\left|1-\mathrm{e}^{\mathrm{i}2k_2d}\right| = 0 \tag{25}$$

即

$$1-\cos 2k_2d = 0 \tag{26}$$

由(26)式有

$$k_2d = m\pi \quad (m=1,2,3,\cdots) \tag{27}$$

将(16)式代入(27)式得要完全消除膜的反射,d、n 和 ω 应满足的关系为

$$\omega = m\frac{\pi c}{nd} \quad (m=1,2,3,\cdots) \tag{29}$$

4.33 设有由理想导体管壁组成的横截面为 $a\times b$ 的矩形直波导管，试确定能沿该横截面传播的各种 E 波，求这些波的截止频率。

【解】 Ⅰ. 沿该横截面传播的各种 E 波

设波导管管壁的 a 和 b 分别沿 x 轴和 y 轴，管壁由 $x=0,x=a$ 及 $y=0,y=b$ 组成，电场 $\boldsymbol{E}$ 沿 z 方向传播，要求沿该横截面传播的各种 E 波（电磁波场强在空间中的分布情况），即求 E_z，可求解如下亥姆霍兹方程

$$\nabla^2 E_z + k^2 E_z = 0 \tag{1}$$

由于电磁波沿 z 方向传播，其应有 $\mathrm{e}^{\mathrm{i}(k_z z-\omega t)}$ 的传播因子，所以可令 E_z 为如下形式

$$E_z = E(x,y)\mathrm{e}^{\mathrm{i}(k_z z-\omega)} \tag{2}$$

将(2)式代入(1)式有

$$\left(\frac{\partial^2}{\partial x^2}+\frac{\partial^2}{\partial y^2}\right)E(x,y)+(k^2-k_z^2)E(x,y)=0 \tag{3}$$

设

$$E(x,y) = X(x)Y(y) \tag{4}$$

将(4)式代入(3)式有

$$\frac{\mathrm{d}^2 X}{\mathrm{d}x^2}+k_x^2 X = 0 \tag{5}$$

$$\frac{\mathrm{d}^2 Y}{\mathrm{d}y^2}+k_y^2 Y = 0 \tag{6}$$

式中

$$k_x^2+k_y^2 = k^2 = \frac{\omega^2}{v^2} \tag{7}$$

方程(5)式的解为

$$X(x) = c_1\cos k_x x + d_1 \sin k_x x \tag{8}$$

方程(6)式的解为

$$Y(y) = c_2\cos k_y y + d_2 \sin k_y y \tag{9}$$

式中

$$k_x^2+k_y^2 = k^2 = \frac{\omega^2}{v^2} = \omega^2\mu\varepsilon \tag{10}$$

其中

$$v = \frac{1}{\sqrt{\varepsilon\mu}} \tag{11}$$

将(8)式和(9)式代入(4)式得其通解为

$$E(x,y) = (c_1\cos k_x x + d_1\sin k_x x)(c_2\cos k_y y + d_2\sin k_y y) \tag{12}$$

式中 c_1、d_1 和 c_2、d_2 为待定常数。边界条件为

$$E_x = E_z = 0 \quad \frac{\partial E_x}{\partial x} = 0 \quad (x=0,a) \tag{13}$$

$$E_x = E_z = 0 \quad \frac{\partial E_y}{\partial y} = 0 \quad (y = 0, b) \tag{14}$$

由边界条件确定待定常数。将(8) 式代入(13) 式有

$$d_1 = 0 \tag{15}$$

$$k_x = \frac{m}{\pi} a \quad (m = 0, 1, 2, \cdots) \tag{16}$$

将(9) 式代入(14) 式有

$$d_2 = 0 \tag{17}$$

$$k_y = \frac{n}{\pi} a \quad (n = 0, 1, 2, \cdots) \tag{18}$$

所以，满足边界条件 E_z 的解为

$$X = c_1 \sin k_x x \tag{19}$$

$$Y = c_2 \sin k_y y \tag{20}$$

将(19) 式和(20) 式代入(12) 式得所求的解，即沿该横截面传播的各种 E 波为

$$E_z = A_{mn} \sin \frac{m\pi x}{a} \sin \frac{n\pi y}{b} \tag{21}$$

式中

$$A_{mn} = c_1 c_2 \tag{22}$$

根据圆频率与波矢的关系

$$k = \omega^2 \mu\varepsilon = \frac{\omega^2}{v^2} \tag{23}$$

所以，圆频率为

$$\omega_{mn} = v\sqrt{\left(\frac{m\pi}{a}\right)^2 + \left(\frac{n\pi}{b}\right)^2} \tag{24}$$

Ⅱ. 求这些波的截止频率

由波矢 k 与频率 ω 的关系 $k = \omega^2 \mu\varepsilon$，得截止频率为

$$\omega_{cmn} = \frac{1}{\sqrt{\mu\varepsilon}} \sqrt{\left(\frac{\pi}{a}\right)^2 + \left(\frac{\pi}{b}\right)^2} \tag{25}$$

***4.34** 标量理论的实质是什么？已知标量衍射的基尔霍夫公式为 $\psi(\boldsymbol{x}) = -\frac{1}{4\pi}\oint_S \frac{\mathrm{e}^{ikr}}{r}\boldsymbol{n}\cdot\left[\nabla'\psi + \left(\mathrm{i}k - \frac{1}{r}\right)\frac{\boldsymbol{r}}{r}\psi\right]\mathrm{d}s'$，试做出合理的近似假设，并导出计算小孔衍射的近似公式。

【解】 Ⅰ. 标量衍射理论的实质是什么

根据麦克斯韦方程组，非稳恒电磁场由两个相互耦合矢量场 $\boldsymbol{E}$ 和 $\boldsymbol{B}$ 构成，但在讨论衍射问题时，通常忽略电磁场矢量的矢量性质，在衍射角不大时，可将电磁场的任何一个分量 ψ 孤立视为一个标量场，这样处理不仅避开了电磁场理论矢量场的复杂性，而且标量场 ψ 满足亥姆霍兹方程 $\nabla^2\psi + k^2\psi = 0$。

再用边界上的 ψ 值和 $\dfrac{\partial\psi}{\partial n}$ 值来表示区域的 ψ，这种处理方法所得到的结果与实际十分接近，所产生的误差不大，这种理论称为标量衍射理论。

Ⅱ. 导出计算小孔衍射的近似公式

小孔衍射的合理近似假设为：

(1) 假设在小孔面 s_0 上，ψ 值和 $\dfrac{\partial\psi}{\partial n}$ 值等于原来入射波的值；当孔半径远大于入射波波长时，只有孔边缘附近因屏存在对入射波的扰动较大，而孔面大部分面积受扰动不大，所以此假设近似合理。

(2) 假设在障碍屏小孔的旁侧 S_1 面上有 $\psi=\dfrac{\partial\psi}{\partial n}=0$。障碍屏上只在孔边缘附近的 ψ 值和 $\dfrac{\partial\psi}{\partial n}$ 值显著不为零，所以此假设近似合理。

如图 4.34 所示，设 S_2 为无穷远处的衍射面，取小孔中心为坐标原点，$\boldsymbol{X}'$ 为 S_2 上任一点，$\boldsymbol{X}$ 为区域内距小孔有限远处任一点，$\boldsymbol{n}$ 为 S_2 上向内的法线单位矢量，小孔右半空间的波是由小孔 s_0 上发射出来的波，令 $R'=|\boldsymbol{X}'|$，$r=|\boldsymbol{X}-\boldsymbol{X}'|$，则在小孔右半空间无穷远处出射的波应有如下形式

$$\psi(\boldsymbol{X}')=f(\theta',\phi')\frac{e^{ikR'}}{R'} \tag{1}$$

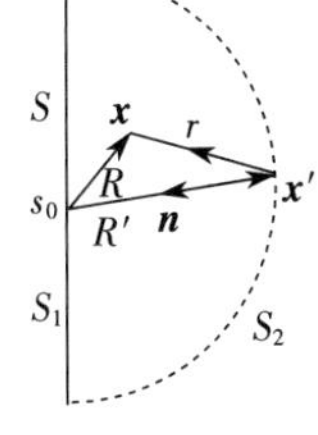

图 4.34

则由

$$\boldsymbol{n}\cdot\nabla'\psi=-\frac{\partial\psi(\boldsymbol{X}')}{\partial R'}=-\left(ik-\frac{1}{R'}\right)\psi \tag{2}$$

当 $r\to\infty$ 时有 $\dfrac{\boldsymbol{r}}{r}\approx\boldsymbol{n}$，$\dfrac{1}{r}\approx\dfrac{1}{R'}$，所以有

$$\boldsymbol{n}\cdot\left[\nabla'\psi+\left(ik-\frac{1}{r}\right)\frac{\boldsymbol{r}}{r}\psi\right]\approx 0 \tag{3}$$

根据基尔霍夫公式

$$\psi(\boldsymbol{x})=-\frac{1}{4\pi}\oint_S\frac{e^{ikr}}{r}\boldsymbol{n}\cdot\left[\nabla'\psi+\left(ik-\frac{1}{r}\right)\frac{\boldsymbol{r}}{r}\psi\right]ds' \tag{4}$$

所以对小孔面 s_0 上有

$$\psi(x)=-\frac{1}{4}\int_{s_0}\frac{e^{ikr}}{r}\boldsymbol{n}\cdot\left[\nabla'\psi+\left(ik-\frac{1}{r}\right)\frac{\boldsymbol{r}}{r}\psi\right]ds' \tag{5}$$

此式即为小孔衍射的近似公式。

4.35 设一平面电磁波的波型为 $\boldsymbol{E}=100e^{i(2\pi\times10^{-2}z-2\pi\times10^{6}t)}\boldsymbol{e}_x$ V/m，试求：(1) 圆频率、波长、介质中的波速、电场矢量的振动方向和波的传播方向；(2) 设介质 $\mu=4\pi\times10^{-7}$ H/m，问 ε 为多少？(3) 相应的 $\boldsymbol{H}$ 为多少？

【解】 Ⅰ. 求圆频率、波长、介质中的波速、电场矢量的振动方向和波的传播方向

从波型表达式知

$$\omega = 2\pi \times 10^6\ \mathrm{s^{-1}} \tag{1}$$

$$\lambda = 2\pi/k = 2\pi/(2\pi \times 10^{-2}) = 100\ \mathrm{m} \tag{2}$$

$$v = \lambda/T = \lambda\omega/2\pi = 100 \times 2\pi \times 10^6/2\pi = 10^8\ \mathrm{m/s} \tag{3}$$

振动方向为 x 轴方向，传播方向为 z 轴方向。

Ⅱ. 求介质的 $\mu = 4\pi \times 10^{-7}$ H/m 时，ε 为多少

因为 $v = \dfrac{1}{\sqrt{\mu\varepsilon}}$，所以

$$\varepsilon = 1/\mu v^2 = 1/[4\pi \times 10^{-7} \times (10^8)^2] = 10^{-9}/(4\pi)\ \mathrm{F/m} = 8.0 \times 10^{-11}\ \mathrm{F/m} \tag{4}$$

Ⅲ. 求相应的 $\boldsymbol{H}$

根据 $\boldsymbol{H}$ 与 $\boldsymbol{E}$ 的关系有

$$\boldsymbol{H} = \sqrt{\frac{\varepsilon}{\mu}}\,\frac{1}{k}\boldsymbol{k} \times \boldsymbol{E} = \frac{5}{2\pi}\mathrm{e}^{\mathrm{i}(2\pi\times10^{-2}z-2\pi\times10^{6}t)}\boldsymbol{e}_y \tag{5}$$

4.36 利用边值关系导出单色平面电磁波在两种均匀非导电和非磁性介质分界面上的反射波振幅与入射波振幅的关系，就 $\boldsymbol{E} \perp$ 入射面和 $\boldsymbol{E}//$ 入射面两种情况讨论反射波振幅与入射波振幅的关系，其中 $\sigma_1 = \sigma_2 = 0$，$\mu_1 = \mu_2 = \mu_0$。

【解】 如图 4.36 所示，设入射角为 θ，反射角为 θ'，折射角为 θ''，并设入射波、反射波、折射波的电场分别为

$$\boldsymbol{E} = \boldsymbol{E}_0\mathrm{e}^{\mathrm{i}(\boldsymbol{k}\cdot\boldsymbol{x}-\omega t)} \tag{1}$$

$$\boldsymbol{E}' = \boldsymbol{E}'_0\mathrm{e}^{\mathrm{i}(\boldsymbol{k}'\cdot\boldsymbol{x}-\omega' t)} \tag{2}$$

$$\boldsymbol{E}'' = \boldsymbol{E}''_0\mathrm{e}^{\mathrm{i}(\boldsymbol{k}''\cdot\boldsymbol{x}-\omega'' t)} \tag{3}$$

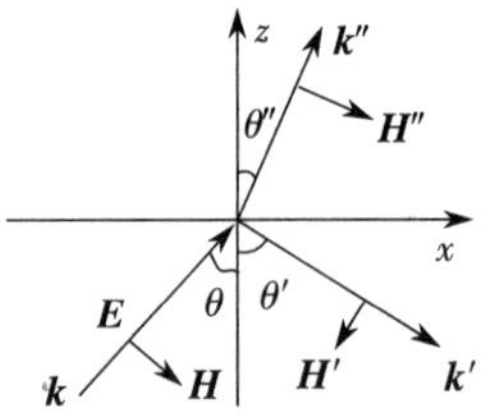

在 $z = 0$ 的平面上要使下式

$$\boldsymbol{n} \times (\boldsymbol{E} + \boldsymbol{E}') = \boldsymbol{n} \times \boldsymbol{E}'' \tag{4}$$

对面上任意 x,y 都成立，则要求

图 4.36

$$\omega = \omega' = \omega'' \tag{5}$$

$$k_x = k'_x = k''_x \tag{6}$$

$$k_y = k'_y = k''_y \tag{7}$$

取波矢 $\boldsymbol{k}$ 在 xoz 平面上，则有

$$k_y = k'_y = k''_y = 0 \tag{8}$$

由(5)式至(8)式有

$$\theta = \theta' \tag{9}$$

$$\frac{\sin\theta}{\sin\theta''} = \frac{v_1}{v_2} = \frac{\sqrt{\varepsilon_2\mu_2}}{\sqrt{\varepsilon_1\mu_1}} = \frac{\sqrt{\varepsilon_2\mu_0}}{\sqrt{\varepsilon_1\mu_0}} = \frac{\sqrt{\varepsilon_2}}{\sqrt{\varepsilon_1}} = n_{21} \tag{10}$$

Ⅰ. $\boldsymbol{E} \perp$ 入射面的情况

在 $\boldsymbol{E} \perp$ 入射面的情况下有

$$\boldsymbol{n} \times (\boldsymbol{E} + \boldsymbol{E}') = \boldsymbol{n} \times \boldsymbol{E}'' \quad E + E' = E'' \tag{11}$$

$$\boldsymbol{n} \times (\boldsymbol{H} + \boldsymbol{H}') = \boldsymbol{n} \times \boldsymbol{H}'' \quad H\cos\theta - H'\cos\theta' = H''\cos\theta'' \tag{12}$$

因为

$$\theta=\theta' \quad H=\sqrt{\frac{\varepsilon}{\mu}}E \tag{13}$$

所以,由(11) 式和(12) 式有

$$\sqrt{\varepsilon_1}(E-E')\cos\theta=\sqrt{\varepsilon_2}E''\cos\theta'' \tag{14}$$

将(11) 式代入(14) 式有

$$\frac{E'}{E}=\frac{\sqrt{\varepsilon_1}\cos\theta-\sqrt{\varepsilon_2}\cos\theta''}{\sqrt{\varepsilon_1}\cos\theta+\sqrt{\varepsilon_2}\cos\theta''} \tag{15}$$

将(10) 式代入(15) 式得 $\boldsymbol{E}\perp$ 入射面的情况下反射波振幅与入射波振幅的关系为

$$\frac{E'}{E}=-\frac{\sin(\theta-\theta'')}{\sin(\theta+\theta'')} \tag{16}$$

Ⅱ. $\boldsymbol{E}//$ 入射面的情况

在 $\boldsymbol{E}//$ 入射面的情况下有

$$\boldsymbol{n}\times(\boldsymbol{E}+\boldsymbol{E}')=\boldsymbol{n}\times\boldsymbol{E}'' \quad E\cos\theta-E'\cos\theta'=E''\cos\theta'' \tag{17}$$

$$\boldsymbol{n}\times(\boldsymbol{H}+\boldsymbol{H}')=\boldsymbol{n}\times\boldsymbol{H}'' \quad H+H'=H'' \tag{18}$$

由(13) 式和(18) 式有

$$\sqrt{\varepsilon_1}(E+E')=\sqrt{\varepsilon_2}E'' \tag{19}$$

由(17) 式和(19) 式有

$$\frac{E''}{E}=\frac{\cos\theta-\sqrt{\frac{\varepsilon_1}{\varepsilon_2}}\cos\theta''}{\cos\theta+\sqrt{\frac{\varepsilon_1}{\varepsilon_2}}\cos\theta''} \tag{20}$$

将(10) 式代入(20) 式得 $\boldsymbol{E}//$ 入射面的情况下反射波振幅与入射波振幅的关系为

$$\frac{E'}{E}=\frac{\tan(\theta-\theta'')}{\tan(\theta+\theta'')} \tag{21}$$

4.37　选择正确答案,如图 4.37 所示的平面电磁波,入射波电场为

$$\boldsymbol{E}=\boldsymbol{E}_0\mathrm{e}^{-\mathrm{i}(kz-\omega t)}\boldsymbol{e}_y$$

由真空入射到 $\varepsilon_r=4$ 的介质,则反射波的电场为

(1) $\boldsymbol{E}'=\frac{1}{3}\boldsymbol{E}_0\mathrm{e}^{-\mathrm{i}(kz+\omega t)}\boldsymbol{e}_y$;

(2) $\boldsymbol{E}'=-\frac{1}{3}\boldsymbol{E}_0\mathrm{e}^{-\mathrm{i}(kz+\omega t)}\boldsymbol{e}_y$;

(3) $\boldsymbol{E}'=\frac{1}{3}\boldsymbol{E}_0\mathrm{e}^{-\mathrm{i}(kz-\omega t)}\boldsymbol{e}_y$。

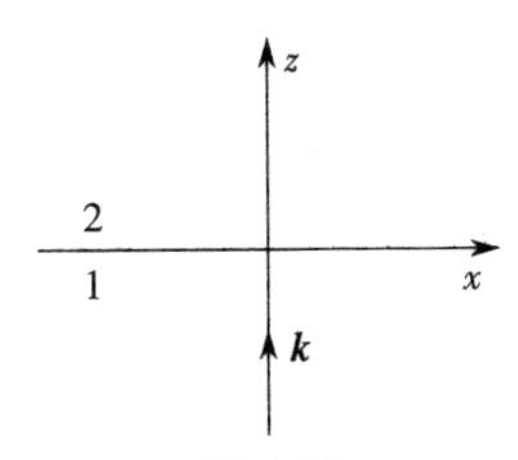

图 4.37

已知菲涅耳公式为

$$E'_{\perp}=\frac{\sqrt{\varepsilon_1}\cos\theta-\sqrt{\varepsilon_2}\cos\theta''}{\sqrt{\varepsilon_1}\cos\theta+\sqrt{\varepsilon_2}\cos\theta''}E_{\perp} \qquad E'_{//}=\frac{\tan(\theta-\theta'')}{\tan(\theta+\theta'')}E_{//}$$

【解】 根据菲涅耳公式有

$$E'_{\perp}=\frac{1-2}{1+2}E_{\perp}=-\frac{1}{3}E_{\perp}=-\frac{1}{3}E_0$$

选 $\boldsymbol{E}_0$ 的方向为正方向，$\boldsymbol{E}_0>0$，则 $E'_{\perp}<0$，即 $E'_{\perp}$ 沿 y 轴的反向，所以应选(2)。

4.38 选择正确答案，一平面电磁波在自由电荷密度 $\rho_f=0$ 的均匀金属导体中传播，其电矢量为 $\boldsymbol{E}=\boldsymbol{E}_0\mathrm{e}^{\mathrm{i}(\boldsymbol{k}\cdot\boldsymbol{x}-\omega t)}$，其中波矢量为 $\boldsymbol{k}=(k_1+\mathrm{i}k_2)\boldsymbol{e}_x+\mathrm{i}k_3\boldsymbol{e}_z$，$\boldsymbol{E}_0$ 是实矢量，则有

(1) 振幅在 x 轴方向上衰减，波的传播方向由$(k_2\boldsymbol{e}_x+k_3\boldsymbol{e}_z)$决定，电磁波已不是横波；

(2) 振幅在$(k_2\boldsymbol{e}_x+k_3\boldsymbol{e}_z)$方向上衰减，电磁波是横波，$\boldsymbol{E}_0$ 只要和 x 轴垂直即可，$\boldsymbol{E}_0$ 必须在 y 轴方向上。

(3) 振幅在$(k_2\boldsymbol{e}_x+k_3\boldsymbol{e}_z)$方向上衰减，波在 x 方向上传播，且是横波，$\boldsymbol{E}_0$ 只要和 x 轴垂直即可。

【解】 由$\nabla\cdot\boldsymbol{D}=0$ 有 $\boldsymbol{k}\cdot\boldsymbol{E}_0=0$，所以有

$$[(k_1+\mathrm{i}k_2)\boldsymbol{e}_x+\mathrm{i}k_3\boldsymbol{e}_z]\cdot\boldsymbol{E}_0=[\boldsymbol{k}_1\cdot\boldsymbol{e}_x+\mathrm{i}(k_2\boldsymbol{e}_x+k_3\boldsymbol{e}_z)]\cdot\boldsymbol{E}_0=0 \qquad (1)$$

则有

$$\boldsymbol{E}_0\perp\boldsymbol{e}_x \qquad (2)$$

$$\boldsymbol{E}_0\perp(k_2\boldsymbol{e}_x+k_3\boldsymbol{e}_z) \qquad (3)$$

所以，$\boldsymbol{E}_0$ 必须在 y 轴上，所以正确答案是(3)。

4.39 试证明一平面电磁波在两种介质分界面上发生反射和折射时，能量是守恒的。

【证明】 设电磁波从第一种介质射向第二种介质，第一种介质的电容率为 ε_1，第二种介质的电容率为 ε_2，入射角为 θ，反射角为 θ'，折射角为 θ''，如图 4.39 所示。设入射波、反射波和折射波的电场分量分别为

$$\boldsymbol{E}=\boldsymbol{E}_0\mathrm{e}^{\mathrm{i}(\boldsymbol{k}\cdot\boldsymbol{x}-\omega t)} \qquad (1)$$

$$\boldsymbol{E}'=\boldsymbol{E}'_0\mathrm{e}^{\mathrm{i}(\boldsymbol{k}'\cdot\boldsymbol{x}-\omega t)} \qquad (2)$$

$$\boldsymbol{E}''=\boldsymbol{E}''_0\mathrm{e}^{\mathrm{i}(\boldsymbol{k}''\cdot\boldsymbol{x}-\omega t)} \qquad (3)$$

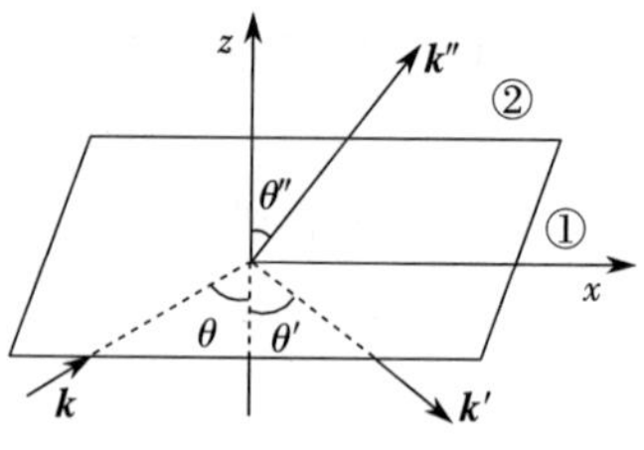

z k″ ② θ″ ① x θ θ′ k k′

图 4.39

Ⅰ.当 $\boldsymbol{E}$ 垂直于入射面时

由菲涅耳公式有

$$\frac{E'}{E}=-\frac{\sin(\theta-\theta')}{\sin(\theta+\theta')} \qquad (4)$$

$$\frac{E''}{E}=\frac{2\cos\theta\sin\theta''}{\sin(\theta+\theta'')} \qquad (5)$$

入射波的平均能流密度为

$$|\bar{\boldsymbol{S}}_{\text{入}}|=\left|\frac{1}{2}\mathrm{Re}(\boldsymbol{E}^*\times\boldsymbol{H})\right|=\left|\frac{1}{2}\sqrt{\frac{\varepsilon_1}{\mu_1}}E_0^2\boldsymbol{n}\right|=\frac{1}{2}\sqrt{\frac{\varepsilon_1}{\mu_1}}E_0^2 \qquad (6)$$

所以，分界面单位面积单位时间内收到的能量为

$$S = \frac{1}{2}\sqrt{\frac{\varepsilon_1}{\mu_0}}E_0^2\cos\theta \tag{7}$$

同理，分界面单位面积单位时间内反射和折射(透射) 的能量分别为

$$S' = \frac{1}{2}\sqrt{\frac{\varepsilon_1}{\mu_0}}E'^2_0\cos\theta' = \frac{1}{2}\sqrt{\frac{\varepsilon_1}{\mu_0}}E'^2_0\cos\theta \tag{8}$$

$$S'' = \frac{1}{2}\sqrt{\frac{\varepsilon_2}{\mu_0}}E''^2_0\cos\theta'' \tag{9}$$

能量守恒定律要求

$$S = S' + S'' \tag{10}$$

即

$$\frac{S' + S''}{S} = 1 \tag{11}$$

将(8) 式、(9) 式和(10) 式代入(11) 式有

$$\frac{S' + S''}{S} = \frac{E'^2_0}{E_0^2} + \frac{E''^2_0}{E_0^2}\frac{\cos\theta''}{\cos\theta} \tag{12}$$

将(4) 式和(5) 式代入(12) 式，并利用折射定律有

$$\begin{aligned}\frac{S' + S''}{S} &= \frac{\sin^2(\theta - \theta'')}{\sin^2(\theta + \theta'')} + \frac{\sin\theta}{\sin\theta''}\frac{\cos\theta''}{\cos\theta}\frac{4\cos^2\theta\cdot\sin^2\theta''}{\sin^2(\theta + \theta'')}\\ &= \frac{\sin^2(\theta - \theta'') + 4\sin^2\theta''\cos\theta\cos\theta''}{\sin^2(\theta + \theta'')}\\ &= \frac{(\sin\theta\cos\theta'' - \cos\theta\sin\theta'')^2 + 4\sin^2\theta''\cos\theta\cos\theta''}{\sin^2(\theta + \theta'')}\\ &= \frac{(\sin\theta\cos\theta' + \cos\theta\sin\theta')^2}{\sin^2(\theta + \theta')} = \frac{\sin^2(\theta + \theta'')}{\sin^2(\theta + \theta'')} = 1\end{aligned} \tag{13}$$

即 $S = S' + S''$，能量守恒，证毕。

Ⅱ. 当 $\boldsymbol{E}$ 平行于入射面时

由菲涅耳公式有

$$\frac{E'}{E} = -\frac{\tan(\theta - \theta'')}{\tan(\theta + \theta'')} \tag{14}$$

$$\frac{E''}{E} = \frac{2\cos\theta\sin\theta''}{\sin(\theta + \theta'')\cos(\theta - \theta'')} \tag{15}$$

$$\begin{aligned}\frac{S' + S''}{S} &= \frac{E'^2_0}{E_0^2} + \frac{E''^2_0}{E_0^2}\frac{\sin\theta}{\sin\theta''}\frac{\cos\theta''}{\cos\theta}\\ &= \frac{\tan(\theta - \theta'')}{\tan(\theta + \theta'')} + \frac{\sin\theta\cos\theta''}{\sin\theta''\cos\theta}\frac{4\cos^2\theta\sin^2\theta''}{\sin^2(\theta + \theta'')\cos^2(\theta - \theta'')}\\ &= \frac{\sin^2(\theta - \theta'')\cos^2(\theta + \theta'') + 4\sin\theta\cos\theta''\sin\theta''\cos\theta}{\sin^2(\theta + \theta'')\cos^2(\theta - \theta'')}\end{aligned}$$

$$= \frac{\sin^2(\theta-\theta'')\cos^2(\theta+\theta'') - \cos^2(\theta+\theta'') + \cos^2(\theta-\theta'')}{\sin^2(\theta+\theta'')\cos^2(\theta-\theta'')}$$

$$= \frac{\sin^2(\theta+\theta'')\cos^2(\theta-\theta'')}{\sin^2(\theta+\theta'')\cos^2(\theta-\theta'')} = 1 \tag{16}$$

即 $S = S' + S''$，能量守恒，证毕。

4.40 电导率为 σ 的金属导体，有一单色平面电磁波在其中传播，求单色平面电磁波的 $\boldsymbol{E}$ 与 $\boldsymbol{H}$ 的相位差和振幅比。

【解】 Ⅰ. 求相位差

为简单起见，考虑垂直入射的情况，设导体表面为 xoy 平面，z 轴指向导体内部，此时电磁波的表达式为

$$\boldsymbol{E} = \boldsymbol{E}_0 e^{-\alpha z} e^{i(\beta z - \omega t)} \tag{1}$$

设金属为良导体，则有

$$\alpha \approx \beta = \sqrt{\frac{\omega\mu\sigma}{2}} \tag{2}$$

$$\frac{\sigma}{\varepsilon\omega} \gg 1 \tag{3}$$

由麦克斯韦方程组中的

$$\nabla\times\boldsymbol{E} = -\frac{\partial\boldsymbol{B}}{\partial t} = i\mu\omega\boldsymbol{H} \tag{4}$$

有

$$\boldsymbol{H} = \frac{1}{\omega\mu}\boldsymbol{k}\times\boldsymbol{E} = \frac{1}{\omega\mu}(\beta + i\alpha)\boldsymbol{n}\times\boldsymbol{E} \tag{5}$$

式中 $\boldsymbol{n}$ 为 z 的方向，将(2)式代入(5)式有

$$\boldsymbol{H} = \frac{1}{\omega\mu}(1+i)\beta\boldsymbol{n}\times\boldsymbol{E} = \frac{1}{\omega\mu}\sqrt{\frac{\omega\mu\sigma}{2}}(1+i)\boldsymbol{n}\times\boldsymbol{E}$$

$$= \sqrt{\frac{\sigma}{\omega\mu}}\left(\frac{1}{\sqrt{2}} + \frac{i}{\sqrt{2}}\right)\boldsymbol{n}\times\boldsymbol{E} = \sqrt{\frac{\sigma}{\omega\mu}}e^{i\frac{\pi}{4}}\boldsymbol{n}\times\boldsymbol{E} \tag{6}$$

即 $\boldsymbol{E}$ 与 $\boldsymbol{H}$ 的相位差为

$$\Delta\phi = \pi/4 \tag{7}$$

所以，磁场相位比电场相位滞后 $\pi/4$。

Ⅱ. 求 $\boldsymbol{E}$ 与 $\boldsymbol{H}$ 的振幅比

由(6)式有

$$\left|\frac{\boldsymbol{H}}{\boldsymbol{E}}\right| = \sqrt{\frac{\sigma}{\omega\mu}} \tag{8}$$

即

$$\sqrt{\frac{\mu}{\varepsilon}}\left|\frac{\boldsymbol{H}}{\boldsymbol{E}}\right| = \sqrt{\frac{\sigma}{\omega\varepsilon}} \gg 1 \tag{9}$$

上式表明，在金属导体中，相对于真空或绝缘介质而言，磁场远比电场大得多，重要得多，金属导体内电磁波的能量主要是磁场的能量。

第 5 章 电磁波的辐射

5.1 试用纵场和横场的形式写出电磁场中 $\boldsymbol{E}$、$\boldsymbol{B}$ 和 $\boldsymbol{A}$、φ 之间的关系式，并指出库仑规范条件。

【解】 Ⅰ. 用纵场和横场的形式写出电磁场中 $\boldsymbol{E}$、$\boldsymbol{B}$ 和 $\boldsymbol{A}$、φ 之间的关系式

一般情况下电场表示为

$$\boldsymbol{E} = -\nabla\varphi - \frac{\partial \boldsymbol{A}}{\partial t} \tag{1}$$

对横场有

$$\boldsymbol{E}_t = -\nabla\varphi - \frac{\partial \boldsymbol{A}_t}{\partial t} \tag{2}$$

对纵场有

$$\boldsymbol{E}_n = -\nabla\varphi - \frac{\partial \boldsymbol{A}_t}{\partial t} \tag{3}$$

所以得

$$\boldsymbol{B} = \nabla\times\boldsymbol{A} = \nabla\times\boldsymbol{A}_t \tag{4}$$

Ⅱ. 指出库仑规范条件

库仑规范条件为

$$\nabla\cdot\boldsymbol{A} = 0 \tag{5}$$

所以有

$$\boldsymbol{A} = \boldsymbol{A}_t \tag{6}$$

$$\boldsymbol{A}_n = 0 \tag{7}$$

5.2 在 $\boldsymbol{A}$ 和 φ 满足洛伦兹条件的情况下，是否还可以进行规范？

【解】 还可以进行规范，具体的规范步骤如下：

设 $\boldsymbol{A}$ 和 φ 为满足洛伦兹条件下的势，则有

$$\nabla\cdot\boldsymbol{A} + \frac{1}{c^2}\frac{\partial\varphi}{\partial t} = 0 \tag{1}$$

设函数 $f = f(r,t)$ 满足波动方程

$$\nabla^2 f - \frac{1}{c^2}\frac{\partial^2 f}{\partial t^2} = 0 \tag{2}$$

做如下变换

$$\boldsymbol{A}' = \boldsymbol{A} + \nabla f \tag{3}$$

$$\varphi' = \varphi - \frac{\partial \varphi}{\partial t} \tag{4}$$

将(3)式和(4)式代入(1)式有

$$\begin{aligned}\nabla\cdot\boldsymbol{A}' + \frac{1}{c^2}\frac{\partial\varphi'}{\partial t} &= \nabla\cdot\boldsymbol{A} + \nabla^2 f + \frac{1}{c^2}\frac{\partial\varphi}{\partial t} - \frac{1}{c^2}\frac{\partial^2\varphi}{\partial f^2}\\ &= \left(\nabla\cdot\boldsymbol{A} + \frac{1}{c^2}\frac{\partial\varphi}{\partial t}\right) + \left(\nabla^2 f - \frac{1}{c^2}\frac{\partial^2 f}{\partial t^2}\right)\end{aligned} \tag{5}$$

将(1)式和(2)式代入(5)式有

$$\nabla\cdot\boldsymbol{A}' + \frac{1}{c^2}\frac{\partial\varphi'}{\partial t} = 0 \tag{6}$$

即新的 $\boldsymbol{A}'$ 和 φ' 仍然满足洛伦兹条件。

5.3 对于自由平面波($\rho = 0, \boldsymbol{J} = 0$),若场的矢势 $\boldsymbol{A}$ 垂直于波的传播方向,试证明此时标势 $\varphi = 0$。

【证明】 设 $\boldsymbol{A}$ 和 φ 分别为

$$\boldsymbol{A}(\boldsymbol{r},t) = \boldsymbol{A}_0 \mathrm{e}^{\mathrm{i}(\boldsymbol{k}\cdot\boldsymbol{r}-\omega t)} \tag{1}$$

$$\varphi(\boldsymbol{r},t) = \varphi_0 \mathrm{e}^{\mathrm{i}(\boldsymbol{k}\cdot\boldsymbol{r}-\omega t)} \tag{2}$$

将(1)式和(2)式代入洛伦兹条件

$$\nabla\cdot\boldsymbol{A} + \frac{1}{c^2}\frac{\partial\varphi}{\partial t} = 0 \tag{3}$$

有

$$\mathrm{i}\boldsymbol{k}\cdot\boldsymbol{A} - \frac{\mathrm{i}\omega}{c^2}\varphi = 0 \tag{4}$$

由题意有

$$\boldsymbol{A}\cdot\boldsymbol{k} = 0 \tag{5}$$

将(5)式代入(4)式得 $\varphi = 0$,证毕。

5.4 一平面波为 $\boldsymbol{E} = \boldsymbol{E}_0\cos\omega t$,试问在何情况下,与传导电流相比可忽略位移电流?在何情况下可忽略推迟势,即可将 $\boldsymbol{E} = \boldsymbol{E}_0\mathrm{e}^{\mathrm{i}\omega\left(t-\frac{r}{c}\right)}$ 认为是 $\boldsymbol{E} = \boldsymbol{E}_0\mathrm{e}^{\mathrm{i}\omega t}$。

【解】 Ⅰ.传导电流和位移电流分别为

$$\boldsymbol{J}_f = \sigma\boldsymbol{E} = \sigma\boldsymbol{E}_0\cos\omega t \tag{1}$$

$$\boldsymbol{J}_d = \frac{\partial\boldsymbol{D}}{\partial t} = -\varepsilon\omega\boldsymbol{E}_0\cos\omega t \tag{2}$$

由(1)式和(2)式有

$$\frac{|\boldsymbol{J}_f|}{|\boldsymbol{J}_d|} = \frac{\sigma}{\varepsilon\omega} \tag{3}$$

当 $\frac{\sigma}{\varepsilon\omega} \gg 1$ 时有

$$J_f \gg J_d \tag{4}$$

此时可忽略位移电流，即当介质的电导率远大于其电容率时，才可忽略位移电流，这种情况一般发生在金属导体中。

Ⅱ. 当所考虑的区域为近区时，有

$$kr \ll 1 \tag{5}$$

即当所考虑的区域 r 满足 $r \ll \frac{c}{\omega}$ 时，推迟因子为

$$e^{ikr} \approx 1 \tag{6}$$

此时电磁场的波动性不显著，可将 $\boldsymbol{E} = \boldsymbol{E}_0 e^{i\omega\left(t-\frac{r}{c}\right)}$ 认为是 $\boldsymbol{E} = \boldsymbol{E}_0 e^{i\omega t}$。

上述表明，只要电荷守恒定律成立，推迟势 $\boldsymbol{A}$ 和 φ 就满足洛伦兹条件。

5.5　试由关系 $t' = t - \frac{|\boldsymbol{r}-\boldsymbol{r}'|}{c}$、$\boldsymbol{v} = \frac{d\boldsymbol{r}'}{dt'}$ 和 $\boldsymbol{n} = \frac{\boldsymbol{r}-\boldsymbol{r}'}{|\boldsymbol{r}'-\boldsymbol{r}|}$，证明：

(1) $\frac{\partial t'}{\partial t} = \frac{c}{c-\boldsymbol{n}\cdot\boldsymbol{v}}$；(2) $\nabla t' = -\frac{c}{c-\boldsymbol{n}\cdot\boldsymbol{v}}$。

【证明】　Ⅰ. 证明：$\frac{\partial t'}{\partial t} = \frac{c}{c-\boldsymbol{n}\cdot\boldsymbol{v}}$

因为

$$t' = t - \frac{|\boldsymbol{r}-\boldsymbol{r}'|}{c} \tag{1}$$

$$\boldsymbol{v} = \frac{d\boldsymbol{r}'}{dt'} \tag{2}$$

$$\boldsymbol{n} = \frac{\boldsymbol{r}-\boldsymbol{r}'}{|\boldsymbol{r}-\boldsymbol{r}'|} \tag{3}$$

所以

$$\begin{aligned}\frac{\partial t'}{\partial t} &= \frac{\partial}{\partial t}\left(t - \frac{|\boldsymbol{r}-\boldsymbol{r}'|}{c}\right) = 1 - \frac{1}{c}\frac{\partial}{\partial t}\sqrt{r^2 - 2\boldsymbol{r}\cdot\boldsymbol{r}' + r'^2} \\ &= 1 - \frac{1}{2c|\boldsymbol{r}-\boldsymbol{r}'|}\left(-2\boldsymbol{r}\cdot\frac{\partial \boldsymbol{r}'}{\partial t} + 2\boldsymbol{r}'\cdot\frac{\partial \boldsymbol{r}'}{\partial t}\right) \\ &= 1 + \frac{(\boldsymbol{r}-\boldsymbol{r}')}{c|\boldsymbol{r}-\boldsymbol{r}'|}\cdot\frac{\partial \boldsymbol{r}'}{\partial t} = 1 + \frac{\boldsymbol{n}}{c}\cdot\frac{d\boldsymbol{r}'}{dt'}\frac{\partial t'}{\partial t} \\ &= 1 + \frac{\boldsymbol{n}\cdot\boldsymbol{v}}{c}\frac{\partial t'}{\partial t}\end{aligned} \tag{4}$$

即

$$\frac{\partial t'}{\partial t} = \frac{c}{c-\boldsymbol{n}\cdot\boldsymbol{v}} \tag{5}$$

证毕。

Ⅱ. 证明：$\nabla t' = -\frac{c}{c-\boldsymbol{n}\cdot\boldsymbol{v}}$

$$\nabla t' = \nabla\left(t - \frac{|\boldsymbol{r}-\boldsymbol{r}'|}{c}\right) = -\frac{1}{c}\nabla|\boldsymbol{r}-\boldsymbol{r}'|$$

$$=-\frac{1}{c}(\nabla|\boldsymbol{r}-\boldsymbol{r}'|)_{t'\text{连续}}-\frac{1}{c}\left(\frac{\partial|\boldsymbol{r}-\boldsymbol{r}'|}{\partial t'}\right)\nabla t'$$

$$=-\frac{1}{c}\frac{\boldsymbol{r}-\boldsymbol{r}'}{|\boldsymbol{r}-\boldsymbol{r}'|}-\frac{1}{c}(-\boldsymbol{n}\cdot\boldsymbol{v})\nabla t' \tag{6}$$

即

$$\left(1-\frac{\boldsymbol{n}\cdot\boldsymbol{v}}{c}\right)\nabla t'=-\frac{1}{c}\frac{\boldsymbol{r}-\boldsymbol{r}'}{|\boldsymbol{r}-\boldsymbol{r}'|}=-\frac{\boldsymbol{n}}{c} \tag{7}$$

所以得$\nabla t'=-\dfrac{\boldsymbol{n}}{c-\boldsymbol{n}\cdot\boldsymbol{v}}$，证毕。

5.6　把麦克斯韦方程组的所有矢量都分解为无旋的(纵场)和无散的(横场)两部分，写出$\boldsymbol{E}$和$\boldsymbol{B}$的两部分在真空中所满足的方程，并证明电场的无旋部分对应于库仑场。

【解】　设角标l表示纵场，角标t表示横场，将场量$\boldsymbol{E}$、$\boldsymbol{B}$和$\boldsymbol{J}$表示为如下形式

$$\boldsymbol{E}=\boldsymbol{E}_l+\boldsymbol{E}_t \tag{1}$$

$$\boldsymbol{B}=\boldsymbol{B}_l+\boldsymbol{B}_t \tag{2}$$

$$\boldsymbol{J}=\boldsymbol{J}_l+\boldsymbol{J}_t \tag{3}$$

将上面三式代入麦克斯韦方程组

$$\nabla\times\boldsymbol{E}=-\frac{\partial\boldsymbol{B}}{\partial t} \tag{4}$$

$$\nabla\times\boldsymbol{B}=\mu_0\boldsymbol{J}+\frac{1}{c^2}\frac{\partial\boldsymbol{E}}{\partial t} \tag{5}$$

$$\nabla\times\boldsymbol{E}=-\frac{\rho}{\varepsilon_0} \tag{6}$$

$$\nabla\cdot\boldsymbol{B}=0 \tag{7}$$

可得场量$\boldsymbol{E}$、$\boldsymbol{B}$纵场和横场分开的四组方程，即

$\boldsymbol{E}$的两部分在真空中所满足的方程为

$\boldsymbol{E}$的纵场方程：

$$\frac{1}{c^2}\frac{\partial\boldsymbol{E}_l}{\partial t}=-\mu_0\boldsymbol{J}_l\quad\nabla\cdot\boldsymbol{E}_l=\frac{\rho}{\varepsilon_0}\quad\nabla\times\boldsymbol{E}_l=0 \tag{8}$$

$\boldsymbol{E}$的横场方程：

$$\nabla\times\boldsymbol{E}_t=-\frac{\partial\boldsymbol{B}_t}{\partial t}\quad\nabla\cdot\boldsymbol{E}_t=0 \tag{9}$$

$\boldsymbol{B}$的两部分在真空中所满足的方程为

$\boldsymbol{B}$的纵场方程：

$$\nabla\cdot\boldsymbol{B}_l=0\quad\nabla\times\boldsymbol{B}_l=0\quad\frac{\partial\boldsymbol{B}_l}{\partial t}=0 \tag{10}$$

$\boldsymbol{B}$的横场方程：

$$\nabla\times\boldsymbol{B}_t=\mu_0\boldsymbol{J}_t+\frac{1}{c^2}\frac{\partial\boldsymbol{E}_t}{\partial t}\quad\nabla\cdot\boldsymbol{B}_t=0 \tag{11}$$

在 $\boldsymbol{E}$ 的纵场方程中，其后两个方程表明，电场的纵向分量 $\boldsymbol{E}_l$ 由点电荷 ρ 激发，与库仑场一样，是有源无旋场，表明电场的无旋部分 $\boldsymbol{E}_l$ 对应于库仑场；而第一个方程表明 $\boldsymbol{E}_l$ 的时间变化率与电流的纵向部分 $\boldsymbol{J}_l$ 有关，这点与静电场截然不同。

5.7　证明：在线性各向同性均匀的非导电介质中，若 $\rho=0$，$\boldsymbol{J}=0$，则 $\boldsymbol{E}$ 和 $\boldsymbol{B}$ 完全可由矢势 $\boldsymbol{A}$ 决定，若取 $\varphi=0$，这时 $\boldsymbol{A}$ 满足那两个方程。

【证明】　对一定频率的单色电磁波，在线性各向同性均匀的非导电介质中有

$$\boldsymbol{D}=\varepsilon\boldsymbol{E} \tag{1}$$

$$\boldsymbol{B}=\mu\boldsymbol{H} \tag{2}$$

若 $\rho=0$，$\boldsymbol{J}=0$，此时，麦克斯韦方程组为

$$\nabla\times\boldsymbol{E}=-\frac{\partial\boldsymbol{B}}{\partial t} \tag{3}$$

$$\nabla\times\boldsymbol{B}=\mu\varepsilon\frac{\partial\boldsymbol{E}}{\partial t} \tag{4}$$

$$\nabla\cdot\boldsymbol{E}=0 \tag{5}$$

$$\nabla\cdot\boldsymbol{B}=0 \tag{6}$$

将 $\boldsymbol{B}=\nabla\times\boldsymbol{A}$ 和 $\boldsymbol{E}=-\left(\nabla\varphi+\frac{\partial\boldsymbol{A}}{\partial t}\right)$ 代入方程(4) 式有

$$\nabla\times(\nabla\times\boldsymbol{A})=-\mu\varepsilon\frac{\partial}{\partial t}\left(\nabla\varphi+\frac{\partial\boldsymbol{A}}{\partial t}\right) \tag{7}$$

即

$$\nabla(\nabla\cdot\boldsymbol{A})-\nabla^2\boldsymbol{A}=-\mu\varepsilon\nabla\left(\frac{\partial\varphi}{\partial t}\right)-\mu\varepsilon\frac{\partial^2\boldsymbol{A}}{\partial t^2} \tag{8}$$

亦即

$$\nabla\left(\nabla\cdot\boldsymbol{A}+\frac{1}{c^2}\frac{\partial\varphi}{\partial t}\right)=\nabla^2\boldsymbol{A}-\frac{1}{c^2}\frac{\partial^2\boldsymbol{A}}{\partial t} \tag{9}$$

式中，$c=1/\sqrt{\mu\varepsilon}$。因为

$$\boldsymbol{B}=\nabla\times\boldsymbol{A} \tag{10}$$

$$\boldsymbol{E}=-\left(\nabla\varphi+\frac{\partial\boldsymbol{A}}{\partial t}\right) \tag{11}$$

所以，将(10) 式和(11) 式代入方程(5) 式有

$$-\nabla\cdot\left(\nabla\varphi+\frac{\partial\boldsymbol{A}}{\partial t}\right)=0 \tag{12}$$

$$\nabla^2\varphi+\frac{\partial}{\partial t}\nabla\cdot\boldsymbol{A}=0 \tag{13}$$

现采用洛伦兹规范

$$\nabla\cdot\boldsymbol{A}+\frac{1}{c^2}\frac{\partial\varphi}{\partial t}=0 \tag{14}$$

将(14) 式代入(9) 式和(11) 式有

$$\nabla^2 \boldsymbol{A} - \frac{1}{c^2}\frac{\partial^2 \boldsymbol{A}}{\partial t^2} = 0 \tag{15}$$

$$\nabla^2 \varphi - \frac{1}{c^2}\frac{\partial^2 \varphi}{\partial t^2} = 0 \tag{16}$$

角频率为 ω 的单色电磁波的标势和矢势分别为

$$\varphi(\boldsymbol{x},t) = \varphi(\boldsymbol{x})\mathrm{e}^{-\mathrm{i}\omega t} \tag{17}$$

$$\boldsymbol{A}(\boldsymbol{x},t) = \boldsymbol{A}(\boldsymbol{x})\mathrm{e}^{-\mathrm{i}\omega t} \tag{18}$$

将(15)式和(16)式代入(14)式后，求梯度有

$$\nabla\varphi = -\mathrm{i}\frac{c^2}{\omega}\nabla(\nabla\cdot\boldsymbol{A}) \tag{19}$$

将(19)式代入(11)式有

$$\boldsymbol{E} = -\left(\nabla\varphi + \frac{\partial \boldsymbol{A}}{\partial t}\right) = \frac{\mathrm{i}c^2}{\omega}\nabla(\nabla\cdot\boldsymbol{A}) + \mathrm{i}\omega\boldsymbol{A} \tag{20}$$

由(10)式和(20)式可以看出 $\boldsymbol{E}$ 和 $\boldsymbol{B}$ 完全由矢势 $\boldsymbol{A}$ 决定，证毕。

当取 $\varphi = 0$ 时，由洛伦兹规范(14)式有

$$\nabla\cdot\boldsymbol{A} = 0 \tag{21}$$

此时，由(15)式和(21)式知矢势 $\boldsymbol{A}$ 满足如下两个方程

$$\nabla^2 \boldsymbol{A} - \frac{1}{c^2}\frac{\partial^2 \boldsymbol{A}}{\partial t^2} = 0$$

$$\nabla\cdot\boldsymbol{A} = 0$$

5.8 证明沿 z 轴方向传播的平面电磁波可用矢势 $\boldsymbol{A}(\omega,\tau)$ 表示，其中 $\tau = t - z/c$，$\boldsymbol{A}$ 垂直于 z 轴方向。

【证明】 设平面电磁波传播的空间 $\rho = 0$，$\boldsymbol{J} = 0$，则达朗贝尔方程为

$$\nabla^2 \boldsymbol{A} + \frac{1}{c^2}\frac{\partial^2 \boldsymbol{A}}{\partial t^2} = 0 \tag{1}$$

$$\nabla^2 \varphi + \frac{1}{c^2}\frac{\partial^2 \varphi}{\partial t^2} = 0 \tag{2}$$

在洛伦兹规范条件 $\nabla\cdot\boldsymbol{A} + \frac{1}{c^2}\frac{\partial\varphi}{\partial t} = 0$ 下，方程(1)式和(2)式平面电磁波的解为

$$\boldsymbol{A} = \boldsymbol{A}_0\mathrm{e}^{\mathrm{i}(\boldsymbol{k}\cdot\boldsymbol{x}-\omega t)} \tag{3}$$

$$\varphi = \varphi_0\mathrm{e}^{\mathrm{i}(\boldsymbol{k}\cdot\boldsymbol{x}-\omega t)} \tag{4}$$

将(3)式和(4)式代入洛伦兹规范条件有

$$\boldsymbol{k}\cdot\boldsymbol{A} - \frac{\omega}{c^2}\varphi = 0 \tag{5}$$

因为 $\boldsymbol{A}$ 为横场，则有 $\boldsymbol{k}\cdot\boldsymbol{A} = 0$，所以有 $\varphi = 0$。

因为波矢 $\boldsymbol{k}$ 沿传播方向，即 $\boldsymbol{k} = k\boldsymbol{e}_z$，所以矢势为

$$\boldsymbol{A} = \boldsymbol{A}_0\mathrm{e}^{\mathrm{i}(\boldsymbol{k}\cdot\boldsymbol{x}-\omega t)} = \boldsymbol{A}_0\mathrm{e}^{\mathrm{i}(kx-\omega t)} = \boldsymbol{A}_0\mathrm{e}^{-\mathrm{i}\omega(t-z/c)} = \boldsymbol{A}_0\mathrm{e}^{-\mathrm{i}\omega\tau} = \boldsymbol{A}(\omega,\tau) \tag{6}$$

证毕。

5.9 设真空中矢势$\boldsymbol{A}(\boldsymbol{x},t)$可用复数傅里叶展开为$\boldsymbol{A}(\boldsymbol{x},t)=\sum_k[\boldsymbol{a}_k(t)\mathrm{e}^{\mathrm{i}\boldsymbol{k}\cdot\boldsymbol{x}}+\boldsymbol{a}_k^*(t)\mathrm{e}^{-\mathrm{i}\boldsymbol{k}\cdot\boldsymbol{x}}]$,其中$\boldsymbol{a}_k^*$是$\boldsymbol{a}_k$的复共轭。

(1) 证明$\boldsymbol{a}_k$满足谐振子方程$\dfrac{\mathrm{d}^2\boldsymbol{a}_k(t)}{\mathrm{d}t^2}+k^2c^2\boldsymbol{a}_k(t)=0$;

(2) 当选取规范$\nabla\cdot\boldsymbol{A}=0,\varphi=0$时,证明$\boldsymbol{k}\cdot\boldsymbol{a}_k=0$;

(3) 把$\boldsymbol{E}$和$\boldsymbol{B}$用$\boldsymbol{a}_k$和$\boldsymbol{a}_k^*$表示出来。

【证明】 Ⅰ. 证明$\boldsymbol{a}_k$满足谐振子方程$\dfrac{\mathrm{d}^2\boldsymbol{a}_k(t)}{\mathrm{d}t^2}+k^2c^2\boldsymbol{a}_k(t)=0$

在真空中$\rho=0,\boldsymbol{J}=0$,采用洛伦兹规范条件

$$\nabla\cdot\boldsymbol{A}+\frac{1}{c^2}\frac{\partial\varphi}{\partial t}=0 \tag{1}$$

此时,矢势$\boldsymbol{A}$满足的波动方程为

$$\nabla^2\boldsymbol{A}+\frac{1}{c^2}\frac{\partial^2\boldsymbol{A}}{\partial t^2}=0 \tag{2}$$

此方程为线性方程,任一频率的单色平面波都是其可能的一个解,各种不同频率的单色平面波做线性叠加而成的电磁波也是此方程的解。在一般情况下,即使电磁波不是单色波,可用傅里叶分析方法将电磁波分解为不同频率的单色波的叠加。所以,可将方程(2)式的解表示为级数,即

$$\boldsymbol{A}(\boldsymbol{x},t)=\sum_k[\boldsymbol{a}_k(t)\mathrm{e}^{\mathrm{i}\boldsymbol{k}\cdot\boldsymbol{x}}+\boldsymbol{a}_k^*(t)\mathrm{e}^{-\mathrm{i}\boldsymbol{k}\cdot\boldsymbol{x}}] \tag{3}$$

式中$\boldsymbol{k}$为波矢量,$\boldsymbol{a}_k(t)$是角频率为$\omega=k/c$的一个单色波,$\boldsymbol{a}_k^*(t)$为$\boldsymbol{a}_k(t)$的复共轭。将(3)式代入(2)式有

$$\frac{\mathrm{d}^2\boldsymbol{a}_k}{\mathrm{d}t^2}+k^2c^2\boldsymbol{a}_k=0 \tag{4}$$

证毕。

Ⅱ. 当选取规范$\nabla\cdot\boldsymbol{A}=0,\varphi=0$时,证明$\boldsymbol{k}\cdot\boldsymbol{a}_k=0$

当$\varphi=0$时,洛伦兹规范条件变为

$$\nabla\cdot\boldsymbol{A}=0 \tag{5}$$

将(4)式代入(5)式有

$$\nabla\cdot\sum_k[\boldsymbol{a}_k(t)\mathrm{e}^{\mathrm{i}\boldsymbol{k}\cdot\boldsymbol{x}}+\boldsymbol{a}_k^*(t)\mathrm{e}^{-\mathrm{i}\boldsymbol{k}\cdot\boldsymbol{x}}]=\sum_k\mathrm{i}\boldsymbol{k}\cdot[\boldsymbol{a}_k(t)\mathrm{e}^{\mathrm{i}\boldsymbol{k}\cdot\boldsymbol{x}}-\mathrm{i}\boldsymbol{k}\cdot\boldsymbol{a}_k^*(t)\mathrm{e}^{-\mathrm{i}\boldsymbol{k}\cdot\boldsymbol{x}}]=0$$

所以得

$$\boldsymbol{k}\cdot\boldsymbol{a}_k(t)=0 \tag{6}$$

$$\boldsymbol{k}\cdot\boldsymbol{a}_k^*(t)=0 \tag{7}$$

证毕。

Ⅲ. 把$\boldsymbol{E}$和$\boldsymbol{B}$用$\boldsymbol{a}_k$和$\boldsymbol{a}_k^*$表示出来

$$\boldsymbol{B}=\nabla\times\boldsymbol{A}=\sum_k\mathrm{i}\boldsymbol{k}\times[\boldsymbol{a}_k(t)\mathrm{e}^{\mathrm{i}\boldsymbol{k}\cdot\boldsymbol{x}}+\boldsymbol{a}_k^*(t)\mathrm{e}^{-\mathrm{i}\boldsymbol{k}\cdot\boldsymbol{x}}] \tag{8}$$

$$\boldsymbol{E}=-\frac{\partial \boldsymbol{A}}{\partial t}=-\sum_{k}\left[\frac{\mathrm{d}\boldsymbol{a}_k}{\mathrm{d}t}\mathrm{e}^{\mathrm{i}\boldsymbol{k}\cdot\boldsymbol{x}}+\frac{\mathrm{d}\boldsymbol{a}_k^*}{\mathrm{d}t}\mathrm{e}^{-\mathrm{i}\boldsymbol{k}\cdot\boldsymbol{x}}\right] \tag{9}$$

或者 $\boldsymbol{E}$ 可如下表示，由(6) 式和(7) 式知，每一个单色波都是横波，因此，对平面单色波有

$$\boldsymbol{E}=\sum_{k}(c\boldsymbol{B}_k\times\boldsymbol{e}_k)=\sum_{k}\mathrm{i}ck\left[\boldsymbol{a}_k(t)\mathrm{e}^{\mathrm{i}\boldsymbol{k}\cdot\boldsymbol{x}}+\boldsymbol{a}_k^*(t)\mathrm{e}^{-\mathrm{i}\boldsymbol{k}\cdot\boldsymbol{x}}\right] \tag{10}$$

其中，$\boldsymbol{e}_k$ 为任意一个单色波传播方向的单位矢量。

5.10　设 $\boldsymbol{A}$ 和 φ 是满足洛伦兹规范条件的矢势和标势。

(1) 引入一个矢量函数 $\boldsymbol{Z}(\boldsymbol{x},t)$(即赫兹矢量)，若令 $\varphi=\nabla\cdot\boldsymbol{Z}$，证明 $\boldsymbol{A}=-\frac{1}{c^2}\frac{\partial \boldsymbol{Z}}{\partial t}$；

(2) 若令 $\rho=-\nabla\cdot\boldsymbol{P}$，证明 $\boldsymbol{Z}$ 满足方程 $\nabla^2\boldsymbol{Z}-\frac{1}{c^2}\frac{\partial^2\boldsymbol{Z}}{\partial t^2}=-c^2\mu_0\boldsymbol{P}$，写出在真空中的推迟势；

(3) 证明 $\boldsymbol{E}$ 和 $\boldsymbol{B}$ 可通过 $\boldsymbol{Z}$ 用下列公式表出

$$\boldsymbol{E}=\nabla\times(\nabla\times\boldsymbol{Z})+c^2\mu_0\boldsymbol{P},\quad \boldsymbol{B}=\frac{1}{c^2}\frac{\partial}{\partial t}(\nabla\times\boldsymbol{Z})。$$

【证明】　Ⅰ. 证明 $\boldsymbol{A}=\frac{1}{c^2}\frac{\partial \boldsymbol{Z}}{\partial t}$

采用洛伦兹规范条件

$$\nabla\cdot\boldsymbol{A}+\frac{1}{c^2}\frac{\partial\varphi}{\partial t}=0 \tag{1}$$

此时，$\boldsymbol{A}$ 和 φ 的达朗贝尔方程为

$$\nabla^2\boldsymbol{A}+\frac{1}{c^2}\frac{\partial^2\boldsymbol{A}}{\partial t^2}=-\mu_0\boldsymbol{J} \tag{2}$$

$$\nabla^2\varphi+\frac{1}{c^2}\frac{\partial^2\varphi}{\partial t^2}=-\frac{\rho}{\varepsilon_0} \tag{3}$$

由题意有

$$\varphi=\nabla\cdot\boldsymbol{Z} \tag{4}$$

将(4) 式代入洛伦兹规范条件(1) 式有

$$\nabla\cdot\left(\boldsymbol{A}+\frac{1}{c^2}\frac{\partial\boldsymbol{Z}}{\partial t}\right)=0 \tag{5}$$

由矢量分析公式 $\nabla\cdot(\nabla\times\boldsymbol{f})=0$ 可知

$$\boldsymbol{A}+\frac{1}{c^2}\frac{\partial\boldsymbol{Z}}{\partial t}=\nabla\times\boldsymbol{f} \tag{6}$$

式中 $\boldsymbol{f}$ 为无旋场，令

$$\nabla\times\boldsymbol{f}=0 \tag{7}$$

则有

$$\boldsymbol{A}=-\frac{1}{c^2}\frac{\partial \boldsymbol{Z}}{\partial t} \tag{8}$$

证毕。

Ⅱ. 证明 $\boldsymbol{Z}$ 满足方程$\nabla^2\boldsymbol{Z}-\frac{1}{c^2}\frac{\partial^2\boldsymbol{Z}}{\partial t^2}=-c^2\mu_0\boldsymbol{P}$

由题意有

$$\rho=-\nabla\cdot\boldsymbol{P} \tag{9}$$

将(4)式和(9)式代入(3)式有

$$\nabla^2(\nabla\cdot\boldsymbol{Z})+\frac{1}{c^2}\frac{\partial^2}{\partial t^2}(-\nabla\cdot\boldsymbol{Z})=-\frac{1}{\varepsilon_0}(-\nabla\cdot\boldsymbol{P}) \tag{10}$$

即

$$\nabla\cdot\left(\nabla^2\boldsymbol{Z}-\frac{1}{c^2}\frac{\partial^2\boldsymbol{Z}}{\partial t^2}\right)=\nabla(-c^2\mu_0\boldsymbol{P}) \tag{11}$$

亦即

$$\nabla^2\boldsymbol{Z}-\frac{1}{c^2}\frac{\partial^2\boldsymbol{Z}}{\partial t^2}=-c^2\mu_0\boldsymbol{P}=-\frac{1}{\varepsilon_0}\boldsymbol{P} \tag{12}$$

此式与达朗贝尔方程同形,所以其推迟势为

$$\boldsymbol{Z}(\boldsymbol{x},t)=\frac{1}{4\pi\varepsilon_0}\int_V\frac{\boldsymbol{P}(\boldsymbol{x},t-r/c)}{r}\mathrm{d}V' \tag{13}$$

证毕。

Ⅲ. 证明 $\boldsymbol{E}=\nabla\times(\nabla\times\boldsymbol{Z})+c^2\mu_0\boldsymbol{P},\boldsymbol{B}=\frac{1}{c^2}\frac{\partial}{\partial t}(\nabla\times\boldsymbol{Z})$

将(4)式和(8)式代入 $\boldsymbol{E}=-\nabla\varphi-\frac{\partial\boldsymbol{A}}{\partial t}$ 和 $\boldsymbol{B}=\nabla\times\boldsymbol{A}$ 有

$$\boldsymbol{E}=-\nabla(\nabla\cdot\boldsymbol{Z})-\frac{\partial}{\partial t}\left(-\frac{1}{c^2}\frac{\partial\boldsymbol{Z}}{\partial t}\right)=-\nabla(\nabla\cdot\boldsymbol{Z})+\frac{1}{c^2}\frac{\partial^2\boldsymbol{Z}}{\partial t^2} \tag{14}$$

将(12)式中的$\frac{1}{c^2}\frac{\partial^2\boldsymbol{Z}}{\partial t^2}=\nabla^2\boldsymbol{Z}+\frac{1}{\varepsilon_0}\boldsymbol{P}$ 代入(14)式有

$$\boldsymbol{E}=\nabla^2\boldsymbol{Z}-\nabla(\nabla\cdot\boldsymbol{Z})+\frac{1}{\varepsilon_0}=\nabla\times\nabla\times\boldsymbol{Z}+c^2\mu_0\boldsymbol{P} \tag{15}$$

式中利用了矢量分析公式$\nabla\times\nabla\times\boldsymbol{Z}=\nabla(\nabla\cdot\boldsymbol{Z})-\nabla^2\boldsymbol{Z}$。

将(4)式和(8)式代入 $\boldsymbol{B}=\nabla\times\boldsymbol{A}$ 有

$$\boldsymbol{B}=\nabla\times\left(\frac{1}{c^2}\frac{\partial\boldsymbol{Z}}{\partial t}\right)=\frac{1}{c^2}\frac{\partial}{\partial t}(\nabla\times\boldsymbol{Z}) \tag{16}$$

证毕。

5.11　两个质量和电荷都相等的粒子相向而行发生碰撞,证明电偶极辐射和磁偶极辐射都不会发生。

【证明】　设两粒子的质量为 m,电荷为 q,一粒子的速度为 $\boldsymbol{v}_1$,另一粒子的速度为 $\boldsymbol{v}_2$,由题意,根据动量守恒定律有

$$m\boldsymbol{v}_1 + m\boldsymbol{v}_2 = 0 \tag{1}$$

所以有

$$\boldsymbol{v}_1 = -\boldsymbol{v}_2 \tag{2}$$

亦即有

$$\boldsymbol{x}_1 = -\boldsymbol{x}_2 \tag{3}$$

由(2)式和(3)式及 $q_1 = q_2 = q$ 知,此系统的电偶极矩和磁偶极矩都为零,即

$$\boldsymbol{P} = \boldsymbol{P}_1 + \boldsymbol{P}_2 = q\boldsymbol{x}_1 + q\boldsymbol{x}_2 = q(\boldsymbol{x}_1 - \boldsymbol{x}_1) = 0 \tag{4}$$

$$\boldsymbol{m} = \boldsymbol{m}_1 + \boldsymbol{m}_2 = \sum_{n=\mathrm{i}}^{2} \frac{1}{2}\boldsymbol{x}_n \times q_n\boldsymbol{v}_n = 0 \tag{5}$$

所以,电偶极辐射和磁偶极辐射都不会发生,证毕。

5.12 设有一球对称的电荷分布,以频率 ω 沿径向做简谐振动,求辐射场,并对结果给以物理解释。

【解】 电荷按球对称分布,表明电荷密度 ρ 与极角和方位角无关,只是径向 r' 的函数,即 $\rho = \rho(r')$。设该电荷体系做径向振动的振幅为 $\boldsymbol{r}'_0$,则位置矢量 $\boldsymbol{r}'$ 的简谐振动方程为

$$\boldsymbol{r}' = \boldsymbol{r}'_0 \mathrm{e}^{-\mathrm{i}\omega t} \tag{1}$$

做径向振动时的径向速度为

$$\boldsymbol{v}' = \frac{\mathrm{d}\boldsymbol{r}'}{\mathrm{d}t} = -\mathrm{i}\omega\boldsymbol{r}' \tag{2}$$

球内任一点的电荷密度为

$$\boldsymbol{j}(\boldsymbol{x}', t') = \rho(r')\boldsymbol{v}' = -\mathrm{i}\omega\rho(r')\boldsymbol{r}' \tag{3}$$

在过球心的任一直径的两端处电荷密度相等,但位置矢量 $\boldsymbol{r}'$ 反向,所以,总的电流密度为

$$\boldsymbol{J}(\boldsymbol{x}', t') = \sum \boldsymbol{j}'(\boldsymbol{x}', t') = 0 \tag{4}$$

所以,该系统产生的矢势为

$$\boldsymbol{A}(\boldsymbol{x}, t) = \frac{\mu_0}{4\pi}\int_V \frac{\boldsymbol{J}(\boldsymbol{x}', t')}{r}\mathrm{d}V' = 0 \tag{5}$$

所以有

$$\boldsymbol{B} = \nabla \times \boldsymbol{A} = 0 \tag{6}$$

$$\boldsymbol{E} = -c\boldsymbol{n} \times \boldsymbol{B} = 0 \tag{7}$$

所以,该系统的辐射场为零,即不发生辐射。

5.13 一飞轮半径为 R,并有电荷均匀地分布在其边缘上,总电荷为 Q。设此飞轮以恒定角速度 ω 旋转,求辐射场。

【解】 当飞轮以恒定角速度 ω 旋转时,其边缘产生的电荷线密度为

$$\lambda = \frac{Q}{2\pi R} \tag{1}$$

相应地产生的电流为

$$I = \frac{q}{T} = \lambda v = \lambda\omega R = \frac{Q\omega}{2\pi} \tag{2}$$

此式表明产生的电流是恒定的，因而不会产生辐射。

5.14　利用电荷守恒定律，验证 $\boldsymbol{A}$ 和 φ 的推迟势

$$\boldsymbol{A}(\boldsymbol{r},t) = \frac{\mu_0}{4\pi}\int_{V'} \frac{\boldsymbol{J}(\boldsymbol{r}',t')\mathrm{d}V'}{|\boldsymbol{r}-\boldsymbol{r}'|}$$

$$\varphi(\boldsymbol{r},t) = \frac{1}{4\pi\varepsilon_0}\int_{V'} \frac{\rho(\boldsymbol{r}',t)\mathrm{d}V'}{|\boldsymbol{r}-\boldsymbol{r}'|}$$

满足洛伦兹条件：

$$\nabla\cdot\boldsymbol{A} + \frac{1}{c^2}\frac{\partial\varphi}{\partial t} = 0$$

【证明】　Ⅰ. 求$\dfrac{\partial\varphi}{\partial t}$

在 $\boldsymbol{A}$ 和 φ 的推迟势中，$\boldsymbol{r}$ 是场点的位矢，$\boldsymbol{r}'$ 是源点的位矢，t' 与 t 之间有如下关系

$$t' = t - \frac{|\boldsymbol{r}-\boldsymbol{r}'|}{c} \tag{1}$$

对空间的一个固定点，有

$$\frac{\partial}{\partial t} = \frac{\partial}{\partial t'} \tag{2}$$

所以有

$$\frac{\partial\varphi}{\partial t} = \frac{1}{4\pi\varepsilon_0}\int_{V'} \frac{1}{|\boldsymbol{r}-\boldsymbol{r}'|}\frac{\partial}{\partial t'}\rho(\boldsymbol{r}',t')\mathrm{d}V' \tag{3}$$

即

$$\frac{1}{c^2}\frac{\partial\varphi}{\partial t} = \varepsilon_0\mu_0\frac{\partial\varphi}{\partial t} = \frac{\mu_0}{4\pi}\int_{V'} \frac{1}{|\boldsymbol{r}-\boldsymbol{r}'|}\frac{\partial}{\partial t'}\rho(\boldsymbol{r}',t')\mathrm{d}V' \tag{4}$$

Ⅱ. 求$\nabla\cdot\boldsymbol{A}$

同理，有

$$\begin{aligned}\nabla\cdot\boldsymbol{A} &= \frac{\mu_0}{4\pi}\int_{V'}\nabla\cdot\left[\frac{\boldsymbol{J}(\boldsymbol{r}',t')}{|\boldsymbol{r}-\boldsymbol{r}'|}\right]\mathrm{d}V' \\ &= \frac{\mu_0}{4\pi}\int_{V'}\boldsymbol{J}\cdot\left[\nabla\frac{1}{|\boldsymbol{r}-\boldsymbol{r}'|}\right]\mathrm{d}V' + \frac{\mu_0}{4\pi}\int_{V'}\frac{1}{|\boldsymbol{r}-\boldsymbol{r}'|}\nabla\cdot\boldsymbol{J}\mathrm{d}V'\end{aligned} \tag{5}$$

应用

$$\nabla|\boldsymbol{r}-\boldsymbol{r}'|^n = -\nabla'|\boldsymbol{r}-\boldsymbol{r}'|^n \tag{6}$$

注意∇' 只作用于 $\boldsymbol{r}'$，且 $\boldsymbol{J}(\boldsymbol{r}',t')$ 中的 t' 为(1)式所示，即 t' 中含有 $\boldsymbol{r}$，所以有

$$\nabla\cdot\boldsymbol{J} = \frac{\partial\boldsymbol{J}}{\partial t'}\cdot(\nabla t') = -\frac{1}{c}\frac{\partial\boldsymbol{J}}{\partial t'}\cdot(\nabla|\boldsymbol{r}-\boldsymbol{r}'|) = \frac{1}{c}\frac{\partial\boldsymbol{J}}{\partial t'}\cdot(\nabla'|\boldsymbol{r}-\boldsymbol{r}'|) \tag{7}$$

另外有

$$\nabla' \cdot \boldsymbol{J} = (\nabla' \cdot \boldsymbol{J})_{t\text{连续}} - \frac{1}{c}\frac{\partial \boldsymbol{J}}{\partial t'} \cdot (\nabla' |\boldsymbol{r} - \boldsymbol{r}'|) \tag{8}$$

比较(7)式和(8)式有

$$\nabla \cdot \boldsymbol{J} = (\nabla' \cdot \boldsymbol{J})_{t'\text{连续}} - \nabla' \cdot \boldsymbol{J} \tag{9}$$

将(9)式代入(5)式有

$$\begin{aligned}
\nabla \cdot \boldsymbol{A} &= \frac{\mu_0}{4\pi}\int_{V'} \boldsymbol{J} \cdot \left(\nabla \frac{1}{|\boldsymbol{r} - \boldsymbol{r}'|}\right)\mathrm{d}V' + \frac{\mu_0}{4\pi}\int_{V'} \frac{1}{|\boldsymbol{r} - \boldsymbol{r}'|}[(\nabla' \cdot \boldsymbol{J})_{t'\text{连续}} - \nabla' \cdot \boldsymbol{J}]\mathrm{d}V' \\
&= -\frac{\mu_0}{4\pi}\int_{V'} \boldsymbol{J} \cdot \left(\nabla' \frac{1}{|\boldsymbol{r} - \boldsymbol{r}'|}\right)\mathrm{d}V' - \frac{\mu_0}{4\pi}\int_{V'} \frac{1}{|\boldsymbol{r} - \boldsymbol{r}'|}\nabla' \cdot \boldsymbol{J}\mathrm{d}V' + \\
&\quad \frac{\mu_0}{4\pi}\int_{V'} \frac{1}{|\boldsymbol{r} - \boldsymbol{r}'|}(\nabla' \cdot \boldsymbol{J})_{t'\text{连续}}\mathrm{d}V' \\
&= -\int_{V'} \nabla' \cdot \left[\frac{\boldsymbol{J}(\boldsymbol{r}', t')}{|\boldsymbol{r} - \boldsymbol{r}'|}\right]\mathrm{d}V' + \frac{\mu_0}{4\pi}\int_{V'} \frac{1}{|\boldsymbol{r} - \boldsymbol{r}'|}(\nabla' \cdot \boldsymbol{J})_{t'\text{连续}}\mathrm{d}V'
\end{aligned} \tag{10}$$

利用附录(1.44)式,即

$$\int_{V'} \nabla' \cdot \left[\frac{\boldsymbol{J}(\boldsymbol{r}', t')}{|\boldsymbol{r} - \boldsymbol{r}'|}\right]\mathrm{d}V' = \oint_{S'} \frac{\boldsymbol{J}(\boldsymbol{r}', t')}{|\boldsymbol{r} - \boldsymbol{r}'|} \cdot \mathrm{d}\boldsymbol{S}' \tag{11}$$

当 $V' \to \infty$ 时,$S' \to \infty$,此时 $\boldsymbol{J}(\boldsymbol{r}', t')$ 在区域 V' 的边界面 S' 上处处为零,所以有

$$\int_{V'} \nabla' \cdot \left[\frac{\boldsymbol{J}(\boldsymbol{r}', t')}{|\boldsymbol{r} - \boldsymbol{r}'|}\right]\mathrm{d}V' = \oint_{S'} \frac{\boldsymbol{J}(\boldsymbol{r}', t')}{|\boldsymbol{r} - \boldsymbol{r}'|} \cdot \mathrm{d}\boldsymbol{S}' = 0 \tag{12}$$

所以

$$\nabla \cdot \boldsymbol{A} = \frac{\mu_0}{4\pi}\int_{V'} \frac{1}{|\boldsymbol{r} - \boldsymbol{r}'|}(\nabla' \cdot \boldsymbol{J})_{t'\text{连续}}\mathrm{d}V' \tag{13}$$

由(4)式和(13)式有

$$\nabla \cdot \boldsymbol{A} + \frac{1}{c^2}\frac{\partial \varphi}{\partial t} = \frac{\mu_0}{4\pi}\int_{V'} \frac{1}{|\boldsymbol{r} - \boldsymbol{r}'|}\left[(\nabla' \cdot \boldsymbol{J})_{t'\text{连续}} + \frac{\partial \rho}{\partial t'}\right]\mathrm{d}V' \tag{14}$$

由电荷守恒定律知

$$(\nabla' \cdot \boldsymbol{J})_{t'\text{连续}} + \frac{\partial \rho}{\partial t'} = 0 \tag{15}$$

其中 t' 是 $\boldsymbol{r}'$ 点的局域时间,将(15)式代入(14)式得

$$\nabla \cdot \boldsymbol{A} + \frac{1}{c^2}\frac{\partial \varphi}{\partial t} = 0 \tag{16}$$

5.15 半径为 R_0 的均匀永磁球体,磁化强度为 $\boldsymbol{M}_0$,此球以恒定角速度 ω 绕通过球心而垂直于 $\boldsymbol{M}_0$ 的轴旋转,设 $R_0\omega \ll c$,试求:(1) 它的辐射场;(2) 平均能流密度。

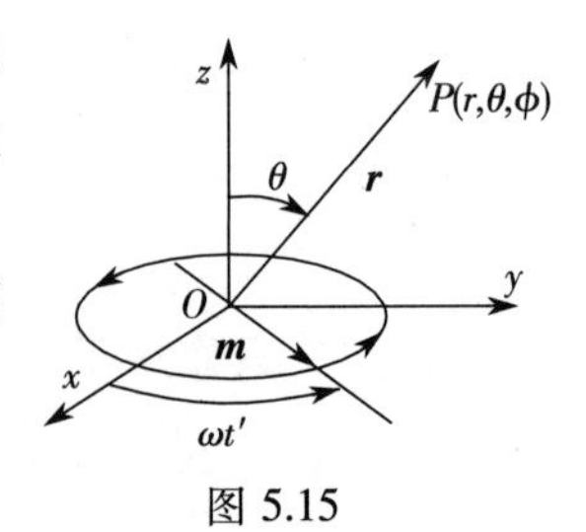

图 5.15

提示:$\boldsymbol{M}_0$ 以角速度 ω 转动,可分解为相位差为 $\pi/2$ 的相互垂直的线偏振动;直角坐标基矢与球坐标基矢变换关系为

$$\boldsymbol{e}_x = \sin\theta\cos\phi\boldsymbol{e}_r + \cos\theta\cos\phi\boldsymbol{e}_\theta - \sin\phi\boldsymbol{e}_\phi$$

$$\boldsymbol{e}_y = \sin\theta\sin\phi\boldsymbol{e}_r + \cos\theta\sin\phi\boldsymbol{e}_\theta + \cos\phi\boldsymbol{e}_\phi$$

$$e_z = \cos\theta e_r - \sin\theta e_\theta$$

【解】　Ⅰ. 求旋转球的辐射场 $\boldsymbol{B}(\boldsymbol{r},t)$ 和 $\boldsymbol{E}(\boldsymbol{r},t)$

本问题属于旋转磁偶极矩的辐射场，可通过其推迟势 $\boldsymbol{A}$ 来求解。建立球坐标系如图 5.15 所示，球的旋转磁矩为

$$\boldsymbol{m} = m_0(\boldsymbol{e}_x + \mathrm{i}\boldsymbol{e}_y)\mathrm{e}^{-\mathrm{i}\omega t'} = \frac{4\pi}{3}R_0 M_0(\boldsymbol{e}_x + \mathrm{i}\boldsymbol{e}_y)\mathrm{e}^{-\mathrm{i}\omega t'} \tag{1}$$

将(1)式化为用球坐标表示，根据提示，直角坐标基矢与球坐标基矢间关系为

$$\boldsymbol{e}_x = \sin\theta\cos\phi\boldsymbol{e}_r + \cos\theta\cos\phi\boldsymbol{e}_\theta - \sin\phi\boldsymbol{e}_\phi \tag{2}$$

$$\boldsymbol{e}_y = \sin\theta\sin\phi\boldsymbol{e}_r + \cos\theta\sin\phi\boldsymbol{e}_\theta - \cos\phi\boldsymbol{e}_\phi \tag{3}$$

所以有

$$\boldsymbol{e}_x + \mathrm{i}\boldsymbol{e}_y = (\sin\theta\boldsymbol{e}_r + \cos\theta\boldsymbol{e}_\theta + \mathrm{i}\boldsymbol{e}_\phi)\mathrm{e}^{\mathrm{i}\phi} \tag{4}$$

将(4)式代入(1)式有

$$\boldsymbol{m} = \frac{4\pi}{3}R_0 M_0(\sin\theta\boldsymbol{e}_r + \cos\theta\boldsymbol{e}_\theta + \mathrm{i}\boldsymbol{e}_\phi)\mathrm{e}^{\mathrm{i}(\phi-\omega t')} \tag{5}$$

由振动磁矩产生推迟势的计算公式，旋转球的推迟势为

$$\begin{aligned}\boldsymbol{A}(\boldsymbol{r},t) &= \frac{\mu_0}{4\pi cr}\left[\frac{\mathrm{d}}{\mathrm{d}t'}\boldsymbol{m}(t')\right]\times\boldsymbol{e}_r \\ &= -\frac{\mathrm{i}\mu_0\omega R_0^3 M_0}{3c}\frac{\mathrm{e}^{\mathrm{i}(\phi-\omega t')}}{r}(\sin\theta\boldsymbol{e}_r + \cos\theta\boldsymbol{e}_\theta + \mathrm{i}\boldsymbol{e}_\phi)\times\boldsymbol{e}_r \\ &= -\frac{\mathrm{i}\mu_0\omega R_0^3 M_0}{3c}\frac{\mathrm{e}^{\mathrm{i}(kr-\omega t+\phi)}}{r}(-\mathrm{i}\boldsymbol{e}_\theta + \cos\theta\boldsymbol{e}_\phi)\end{aligned} \tag{6}$$

所以，辐射场的磁感应强度为

$$\boldsymbol{B}(\boldsymbol{r},t) = \nabla\times\boldsymbol{A}(\boldsymbol{r},t) = \frac{\mathrm{i}\mu_0\omega R_0^3 M_0}{3c}\nabla\times\left[\frac{\mathrm{e}^{\mathrm{i}(kr-\omega t+\phi)}}{r}(-\mathrm{i}\boldsymbol{e}_\theta + \cos\theta\boldsymbol{e}_\phi)\right] \tag{7}$$

因为辐射场的磁感应强度中只含有 $\frac{1}{r}$ 的项，所以算符 ∇ 作用在 $\frac{1}{r}$ 和 $(-\mathrm{i}\boldsymbol{e}_\theta + \cos\theta\boldsymbol{e}_\phi)$ 产生的 $\frac{1}{r^2}$ 项可略去。所以有

$$\begin{aligned}\boldsymbol{B}(\boldsymbol{r},t) &= \frac{\mathrm{i}\mu_0\omega R_0^3 M_0}{3cr}[\nabla\mathrm{e}^{\mathrm{i}(kr-\omega t+\phi)}]\times(-\mathrm{i}\boldsymbol{e}_\theta + \cos\theta\boldsymbol{e}_\phi) \\ &= -\frac{\mu_0\omega^2 R_0^3 M_0}{3c^2}\frac{\mathrm{e}^{\mathrm{i}(kr-\omega t+\phi)}}{r}\boldsymbol{e}_r\times(-\mathrm{i}\boldsymbol{e}_\theta + \cos\theta\boldsymbol{e}_\phi) \\ &= \frac{\mu_0\omega^2 R_0^3 M_0}{3c^2}\frac{\mathrm{e}^{\mathrm{i}(kr-\omega t+\phi)}}{r}\times(\cos\theta\boldsymbol{e}_\theta + \mathrm{i}\boldsymbol{e}_\phi)\end{aligned} \tag{8}$$

其电场强度为

$$\boldsymbol{E}(\boldsymbol{r},t) = c\boldsymbol{B}(\boldsymbol{r},t)\times\boldsymbol{e}_r = \frac{\omega^2 R_0^3 M_0}{3\varepsilon_0 c^3}\frac{\mathrm{e}^{\mathrm{i}(kr-\omega t+\phi)}}{r}\times(\mathrm{i}\boldsymbol{e}_\theta - \cos\boldsymbol{e}_\phi) \tag{9}$$

Ⅱ. 求旋转球辐射场的平均能流密度 $\bar{\boldsymbol{S}}$

根据计算公式，平均能流密度 $\bar{\boldsymbol{S}}$ 为

$$\bar{\boldsymbol{S}} = \frac{1}{2}\mathrm{Re}(\boldsymbol{E}\times\boldsymbol{H}^{*}) = \frac{1}{2}\mathrm{Re}\left(\boldsymbol{E}\times\frac{\boldsymbol{B}^{*}}{\mu_0}\right) = \frac{\omega^4 R_0^6 M_0{}^2}{18\varepsilon_0 c^5}\frac{1+\cos^2\theta}{r^2}\boldsymbol{e}_r \tag{10}$$

5.16 带电粒子 e 做半径为 a 的非相对论性圆周运动，回旋频率为 ω，求远处的辐射电磁场和能流密度。

【解】 Ⅰ.求远处的辐射电磁场

设此粒子在 xoy 平面内运动，其做圆周运动时产生的电矩矢量为

$$\boldsymbol{P} = ea\boldsymbol{e}_r = ea(\cos\omega t\boldsymbol{e}_x + \sin\omega t\boldsymbol{e}_y) \tag{1}$$

写成指数形式为

$$\boldsymbol{P} = ea\boldsymbol{e}_r = ea(\boldsymbol{e}_x + \mathrm{i}\boldsymbol{e}_y)\mathrm{e}^{-\mathrm{i}\omega t} \tag{2}$$

直角坐标系与球坐标系基矢间的变换关系为

$$\boldsymbol{e}_x = \sin\theta\cos\phi\boldsymbol{e}_r + \cos\theta\cos\phi\boldsymbol{e}_\theta - \sin\phi\boldsymbol{e}_\phi \tag{3}$$

$$\boldsymbol{e}_y = \sin\theta\sin\phi\boldsymbol{e}_r + \cos\theta\sin\phi\boldsymbol{e}_\theta + \cos\phi\boldsymbol{e}_\phi \tag{4}$$

将(3)式和(4)式代入(2)式有

$$\boldsymbol{P} = ea\,\mathrm{e}^{-\mathrm{i}(\omega t-\phi)}(\sin\theta\boldsymbol{e}_r + \cos\theta\boldsymbol{e}_\theta + \mathrm{i}\boldsymbol{e}_\phi) \tag{5}$$

$$\frac{\mathrm{d}\boldsymbol{P}}{\mathrm{d}t} = \dot{\boldsymbol{P}} = -\mathrm{i}\omega\boldsymbol{P} \tag{6}$$

$$\ddot{\boldsymbol{P}} = -\omega^2\boldsymbol{P} \tag{7}$$

由偶极辐射公式[见教材(P164)]可得辐射的电磁场为

$$\begin{aligned}\boldsymbol{B} &= \frac{1}{4\pi\varepsilon_0 c^3 R}\mathrm{e}^{\mathrm{i}kR}\ddot{\boldsymbol{P}}\times\boldsymbol{e}_r = \frac{-ea\omega^2}{4\pi\varepsilon_0 c^3 R}\mathrm{e}^{\mathrm{i}kR}\,\mathrm{e}^{-\mathrm{i}(\omega t-\phi)}(\sin\theta\boldsymbol{e}_r + \cos\theta\boldsymbol{e}_\theta + \mathrm{i}\boldsymbol{e}_\phi)\times\boldsymbol{e}_r \\ &= \frac{\mu_0 ea\omega^2}{4\pi cR}(-\mathrm{i}\boldsymbol{e}_\theta + \cos\theta\boldsymbol{e}_\phi)\mathrm{e}^{\mathrm{i}(kR-\omega t+\phi)}\end{aligned} \tag{8}$$

$$\begin{aligned}\boldsymbol{E} &= c\boldsymbol{B}\times\boldsymbol{e}_r = \frac{\mu_0 ea\omega^2}{4\pi cR}(-\mathrm{i}\boldsymbol{e}_\theta + \cos\theta\boldsymbol{e}_\phi)\mathrm{e}^{\mathrm{i}(kR-\omega t+\phi)}\times\boldsymbol{e}_r \\ &= \frac{\mu_0 ea\omega^2}{4\pi R}(\cos\theta\boldsymbol{e}_\theta + \mathrm{i}\boldsymbol{e}_\phi)\mathrm{e}^{\mathrm{i}(kR-\omega t+\phi)}\end{aligned} \tag{9}$$

Ⅱ.求远处的能流

根据平均能流密度公式可得平均能流密度为

$$\begin{aligned}\bar{\boldsymbol{S}} &= \frac{1}{2}\mathrm{Re}(\boldsymbol{E}\times\boldsymbol{H}^{*}) = \frac{1}{2\mu_0}\mathrm{Re}(\boldsymbol{E}\times\boldsymbol{B}^{*}) \\ &= \frac{1}{2\mu_0}\mathrm{Re}\left[\frac{\mu_0 ea\omega^2}{4\pi R}(\cos\theta\boldsymbol{e}_\theta + \mathrm{i}\boldsymbol{e}_\phi)\mathrm{e}^{\mathrm{i}(kR-\omega t+\phi)}\times\frac{\mu_0 ea\omega^2}{4\pi cR}(\mathrm{i}\boldsymbol{e}_\theta + \cos\theta\boldsymbol{e}_\phi)\mathrm{e}^{-\mathrm{i}(kR-\omega t+\phi)}\right] \\ &= \frac{\mu_0 e^2 a^2\omega^4}{32\pi^2 cR^2}\mathrm{Re}[(\cos\theta\boldsymbol{e}_\theta + \mathrm{i}\boldsymbol{e}_\phi)\times(\mathrm{i}\boldsymbol{e}_\theta + \cos\theta\boldsymbol{e}_\phi)] \\ &= \frac{\mu_0 \mathrm{e}^2 a^2\omega^4}{32\pi^2 cR^2}\mathrm{Re}(1+\cos^2\theta)\boldsymbol{e}_r = \frac{\mu_0 \mathrm{e}^2 a^2\omega^4}{32\pi^2 cR^2}(1+\cos^2\theta)\boldsymbol{e}_r\end{aligned} \tag{10}$$

5.17 设一电矩为 $\boldsymbol{p} = \boldsymbol{p}_0\mathrm{e}^{-\mathrm{i}\omega t}$ 的振荡电偶极子，距无穷大理想导体平面的距离为 $\frac{a}{2}$，如图 5.17a 所示，$\boldsymbol{p}_0$ 平行于导体平面。设 $a \ll \lambda = \frac{2\pi c}{\omega}$，试求：(1) 在 $R \gg \lambda$

处的电磁场;(2) 辐射的平均能流密度。

【解】　Ⅰ.求 $R \gg \lambda$ 处的电磁场 $\boldsymbol{B}(\boldsymbol{r},t)$ 和 $\boldsymbol{E}(\boldsymbol{r},t)$。

由镜像法知,可在导体内一侧距导体平面为$\dfrac{a}{2}$处放置一与 $\boldsymbol{p}$ 等大反向的电偶极子$\boldsymbol{p}'$,如图 5.17a 所示,所求辐射场是 $\boldsymbol{p}$ 和 $\boldsymbol{p}'$ 产生的辐射场的叠加。取如图 5.17b 所示的坐标,$\boldsymbol{p}$ 位于 $z=a$ 处,$\boldsymbol{p}'$ 位于坐标原点 O 处,方向沿 $\boldsymbol{e}_x$ 的反向。

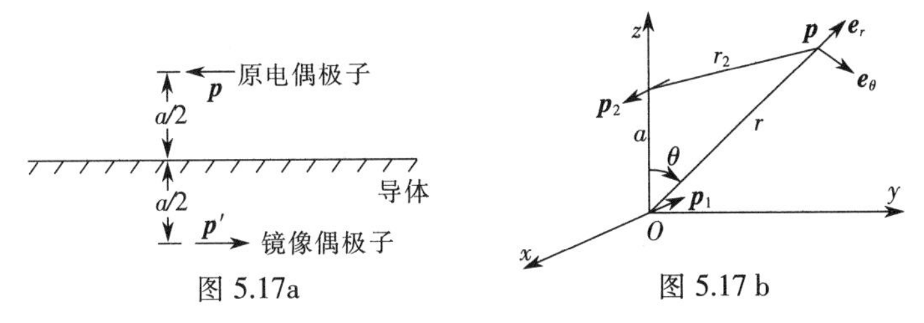

图 5.17a　　图 5.17 b

设 $\boldsymbol{p}_1=\boldsymbol{p}'$、$\boldsymbol{p}_2=\boldsymbol{p}$,由振荡电偶极子辐射场的公式,$\boldsymbol{p}_1$ 产生的磁感应强度为

$$\begin{aligned}\boldsymbol{B}_1(\boldsymbol{r},t) &= \frac{\mu_0}{4\pi cr}\frac{\mathrm{d}^2\boldsymbol{p}_1(t')}{\mathrm{d}t'^2}\times\boldsymbol{e}_r = \frac{\mu_0}{4\pi cr}\frac{\mathrm{d}^2}{\mathrm{d}t'^2}[p_0\mathrm{e}^{-\mathrm{i}\omega t'}(-\boldsymbol{e}_x)]\times\boldsymbol{e}_r\\ &= \frac{\mu_0\omega^2 p_0}{4\pi cr}\mathrm{e}^{-\mathrm{i}\omega t'}\boldsymbol{e}_x\times\boldsymbol{e}_r = \frac{\mu_0\omega^2 p_0}{4\pi cr}\mathrm{e}^{-\mathrm{i}\omega\left(t-\frac{r}{c}\right)}\boldsymbol{e}_x\times\boldsymbol{e}_r\\ &= \frac{\mu_0\omega^2 p_0}{4\pi c}\frac{\mathrm{e}^{\mathrm{i}(kr-\omega t)}}{r}\boldsymbol{e}_x\times\boldsymbol{e}_r \end{aligned}\tag{1}$$

同理,$\boldsymbol{p}_2$ 产生的磁感应强度为

$$\boldsymbol{B}_2(\boldsymbol{r},t) = \frac{\mu_0}{4\pi cr}\frac{\mathrm{d}^2\boldsymbol{p}_2(t')}{\mathrm{d}t'^2}\times\boldsymbol{e}_{r2}\tag{2}$$

因为 $r\gg a$,所以有 $r_2\cong r$,$\boldsymbol{e}_{r2}\cong\boldsymbol{e}_r$,所以得

$$\boldsymbol{B}_2(\boldsymbol{r},t) = \frac{\mu_0}{4\pi cr}\frac{\mathrm{d}^2}{\mathrm{d}t'^2}[p_0\mathrm{e}^{-\mathrm{i}\omega t'}\boldsymbol{e}_x]\times\boldsymbol{e}_r = -\frac{\mu_0\omega^2 p_0}{4\pi cr}\frac{\mathrm{e}^{-\omega t'}}{r}\boldsymbol{e}_x\times\boldsymbol{e}_r\tag{3}$$

又因为

$$\begin{aligned} t' &= t-\frac{|\boldsymbol{r}-\boldsymbol{r}'_2|}{c} = t-\frac{1}{c}\left[r^2-2\boldsymbol{r}\cdot\boldsymbol{r}'_2+\left(\frac{\boldsymbol{r}'_2}{r}\right)^2\right]^{\frac{1}{2}}\\ &\cong t-\frac{1}{c}(r-r'_2\cos\theta) = t-\frac{r}{c}+\frac{1}{c}a\cos\theta \end{aligned}\tag{4}$$

所以,$\boldsymbol{p}_2$ 产生的磁感应强度为

$$\boldsymbol{B}_2(\boldsymbol{r},t) = -\frac{\mu_0\omega^2 p_0}{4\pi c}\frac{\mathrm{e}^{\mathrm{i}(kr-\omega t)}}{r}\mathrm{e}^{-\mathrm{i}ka\cos\theta}\boldsymbol{e}_x\times\boldsymbol{e}_r\tag{5}$$

由(1)式和(5)式得产生的总磁感应强度为

$$\begin{aligned}\boldsymbol{B}(\boldsymbol{r},t) &= \boldsymbol{B}_1(\boldsymbol{r},t)+\boldsymbol{B}_2(\boldsymbol{r},t)\\ &= \frac{\mu_0\omega^2 p_0}{4\pi c}\frac{\mathrm{e}^{\mathrm{i}(kr-\omega t)}}{r}\boldsymbol{e}_x\times\boldsymbol{e}_r - \frac{\mu_0\omega^2 p_0}{4\pi c}\frac{\mathrm{e}^{\mathrm{i}(kr-\omega t)}}{r}\mathrm{e}^{-\mathrm{i}ka\cos\theta}\boldsymbol{e}_x\times\boldsymbol{e}_r\\ &= \frac{\mu_0\omega^2 p_0}{4\pi c}\frac{\mathrm{e}^{\mathrm{i}(kr-\omega t)}}{r}[1-\mathrm{e}^{-\mathrm{i}ka\cos\theta}]\boldsymbol{e}_x\times\boldsymbol{e}_r\end{aligned}$$

$$= \frac{\mu_0 \omega^2 p_0}{4\pi c} \frac{e^{i(kr-\omega t)}}{r} [1 - (1 - ika\cos\theta)] \boldsymbol{e}_x \times \boldsymbol{e}_r$$

$$= -\frac{i\omega^3 a p_0}{4\pi\varepsilon_0 c^3} \frac{e^{i(kr-\omega t)}}{r} \cos\theta(\sin\phi \boldsymbol{e}_\theta + \cos\theta\sin\phi \boldsymbol{e}_\phi) \tag{6}$$

Ⅱ.求总电场强度

根据电场强度和磁感应强度的关系，总电场强度为

$$\boldsymbol{E}(\boldsymbol{r},t) = c\boldsymbol{B}(\boldsymbol{r},t) = c\left[-\frac{i\omega^3 a p_0}{4\pi\varepsilon_0 c^3} \frac{e^{i(kr-\omega t)}}{r} \cos\theta(\sin\phi \boldsymbol{e}_\theta + \cos\theta\sin\phi \boldsymbol{e}_\phi)\right] \times \boldsymbol{e}_r$$

$$= \frac{i\omega^3 a p_0}{4\pi\varepsilon_0 c^2} \frac{e^{i(kr-\omega t)}}{r} \cos\theta(-\cos\theta\cos\phi \boldsymbol{e}_\theta + \sin\phi \boldsymbol{e}_\phi) \tag{7}$$

Ⅲ.求辐射场的平均能流密度

根据平均能流密度的计算公式得

$$\bar{\boldsymbol{S}} = \frac{1}{2}\mathrm{Re}(\boldsymbol{E} \times \boldsymbol{H}^*) = \frac{\mu_0 \omega^4 p_0^2}{32\pi\varepsilon_0 c^3} \frac{\sin^2\theta}{r^2} \boldsymbol{e}_r \tag{8}$$

Ⅳ.求辐射场的总功率

根据辐射功率的计算公式得

$$P = \oint \bar{\boldsymbol{S}} \cdot d\boldsymbol{s} = \frac{\omega^4 p_0^2}{12\pi\varepsilon_0 c^3} \tag{9}$$

5.18　设有线偏振平面波 $\boldsymbol{E} = \boldsymbol{E}_0 e^{i(kx-\omega t)}$ 照射到一个绝缘介质球上（$\boldsymbol{E}_0$ 在 z 方向），引起介质球极化，极化矢量 $\boldsymbol{P}$ 是随时间变化的，因而产生辐射。设平面波的波长 $2\pi/k$ 远大于球半径 R_0，求介质球所产生的辐射场和能流密度。

【解】　由于所讨论的区域满足 $\lambda = 2\pi/k \gg R_0$ 的条件，所以，所讨论的区域为近区，在近区内，$kr \ll 1$，推迟因子 $e^{ikr} \approx 1$，因而介质球及其表面附近场保持恒定场的主要特点，可以近似地作为静电场的边值问题来求出介质球的磁化电流，从而求出辐射场。由于除球面外，球的内外均无磁化电流，所以，球内外的静电势均满足拉普拉斯方程。以 $\boldsymbol{E}_0$ 方向为极轴方向，建立球坐标系，设介质球的电容率为 ε，球外为真空，并设球内外的静电势分别为 φ_1 和 φ_2，则有

$$\nabla^2 \varphi_1 = 0 \quad (r < R_0) \tag{1}$$

$$\nabla^2 \varphi_2 = 0 \quad (r > R_0) \tag{2}$$

因为此问题具有轴对称性，静电势 $\varphi_{1,2}$ 与方位角 ϕ 无关，所以，方程(1)式和(2)式的通解为

$$\varphi_1(r,\theta) = \sum_{n=0}^{\infty}\left(A_n r^n + \frac{B_n}{r^{n+1}}\right) P_n(\cos\theta) \quad (r < R_0) \tag{3}$$

$$\varphi_2(r,\theta) = \sum_{n=0}^{\infty}\left(C_n r^n + \frac{D_n}{r^{n+1}}\right) P_n(\cos\theta) \quad (r > R_0) \tag{4}$$

边界条件为

$$\varphi_1 \big|_{r=0} = \text{有限值} \tag{5}$$

$$\varphi_2\big|_{r\to\infty} = -E_0 r\cos\theta \tag{6}$$

$$\varphi_1\big|_{r=R_0} = \varphi_2\big|_{r=R_0} \tag{7}$$

$$\varepsilon_0 \left.\frac{\partial\varphi_2}{\partial r}\right|_{r=R_0} = \varepsilon \left.\frac{\partial\varphi_1}{\partial r}\right|_{r=R_0} \tag{8}$$

将(3)式代入边界条件(5)式和将(4)式代入边界条件(6)式有

$$B_n = 0 \tag{9}$$

$$C_1 = -E_0 \quad C_n = 0(n\neq 1) \tag{10}$$

所以,(3)式和(4)式可写为

$$\varphi_1(r,\theta) = \sum_{n=0}^{\infty} A_n r^n P_n(\cos\theta) \quad (r < R_0) \tag{9}$$

$$\varphi_2(r,\theta) = -E_0 r\cos\theta + \sum_{n=0}^{\infty}\frac{D_n}{r^{n+1}}P_n(\cos\theta) \quad (r > R_0) \tag{10}$$

将(9)式和(10)式代入边界条件(7)式有

$$\sum_{n=0}^{\infty} A_n R_0^n P_n(\cos\theta) = -E_0 R_0\cos\theta + \sum_{n=0}^{\infty}\frac{D_n}{R_0^{n+1}}P_n(\cos\theta) \tag{11}$$

将(9)式和(10)式代入边界条件(8)式有

$$-\varepsilon_0 E_0\cos\theta - \varepsilon_0(n+1)\sum_{n=0}^{\infty}\frac{D_n}{R_0^{n+2}}P_n(\cos\theta) = \varepsilon n\sum_{n=0}^{\infty} A_n R_0^{n+1}P_n(\cos\theta) \tag{12}$$

解方程(11)式和(12)式有

$$A_1 = -\frac{3\varepsilon_0}{\varepsilon+2\varepsilon_0}E_0 \tag{13}$$

$$A_n = 0 \quad (n\neq 1) \tag{14}$$

$$D_1 = \frac{\varepsilon-\varepsilon_0}{\varepsilon+2\varepsilon_0}E_0 R_0^3 \tag{15}$$

$$D_n = 0 \quad (n\neq 1) \tag{16}$$

将(13)式和(14)式代入(9)式,将(15)式和(16)式代入(10)式即得球内外的静电势为

$$\varphi_1 = -\frac{3\varepsilon_0}{\varepsilon+2\varepsilon_0}E_0 r\cos\theta \quad (r < R_0) \tag{17}$$

$$\varphi_2 = -E_0 r\cos\theta + \frac{\varepsilon-\varepsilon_0}{\varepsilon+2\varepsilon_0}\frac{E_0 R_0^3}{r^2}\cos\theta \quad (r > R_0) \tag{18}$$

由电场强度与静电势的关系有

$$\boldsymbol{E}_1 = -\nabla\varphi_1 = -\left(\frac{\partial\varphi_1}{\partial r}\boldsymbol{e}_r + \frac{1}{r}\frac{\partial\varphi_1}{\partial\theta}\boldsymbol{e}_\theta\right) = \frac{3\varepsilon_0}{\varepsilon+2\varepsilon_0}E_0\cos\theta\boldsymbol{e}_r - \frac{3\varepsilon_0}{\varepsilon+2\varepsilon_0}E_0\sin\theta\boldsymbol{e}_\theta$$

$$= \frac{3\varepsilon_0}{\varepsilon+2\varepsilon_0}E_0(\cos\theta\boldsymbol{e}_r - \sin\theta\boldsymbol{e}_\theta) = \frac{3\varepsilon_0}{\varepsilon+2\varepsilon_0}\boldsymbol{E}_0 \tag{19}$$

对介质球内有

$$\boldsymbol{D}_1 = \varepsilon_0\boldsymbol{E}_1 + \boldsymbol{P} = \varepsilon\boldsymbol{E}_1 \tag{20}$$

所以,介质球的极化强度为

$$\boldsymbol{P}=(\varepsilon-\varepsilon_0)\boldsymbol{E}_1=\frac{3\varepsilon_0(\varepsilon-\varepsilon_0)}{\varepsilon+2\varepsilon_0}\boldsymbol{E}_0 \tag{21}$$

根据极化强度的定义,可得由极化电荷分布形成的电偶极矩为

$$\boldsymbol{p}=\Delta V\boldsymbol{P}=\frac{4\pi R_0^3}{3}\times\frac{3\varepsilon_0(\varepsilon-\varepsilon_0)}{\varepsilon+2\varepsilon_0}\boldsymbol{E}_0=\frac{4\pi\varepsilon_0(\varepsilon-\varepsilon_0)}{\varepsilon+2\varepsilon_0}R_0^3\boldsymbol{E}_0 \tag{22}$$

设电偶极矩 $\boldsymbol{p}$ 与线偏振平面波 $\boldsymbol{E}$ 有相同的振动角频率 ω,所以,设电偶极矩 $\boldsymbol{p}$ 的振动为

$$\boldsymbol{p}=\boldsymbol{p}_0\mathrm{e}^{-\mathrm{i}\omega t}=\frac{4\pi\varepsilon_0(\varepsilon-\varepsilon_0)}{\varepsilon+2\varepsilon_0}R_0^3E\mathrm{e}^{-\mathrm{i}\omega t}\boldsymbol{e}_z \tag{23}$$

所以有

$$\dot{\boldsymbol{p}}=-\mathrm{i}\omega\boldsymbol{p} \tag{24}$$

$$\ddot{\boldsymbol{p}}=-\omega^2\boldsymbol{p} \tag{25}$$

由偶极辐射公式[见教材(P164)]可得辐射的电磁场为(这里$\boldsymbol{r}=\boldsymbol{R},\boldsymbol{e}_r=\boldsymbol{e}_r$)

$$\boldsymbol{B}=\frac{1}{4\pi\varepsilon_0c^3R}\mathrm{e}^{\mathrm{i}kR}\ddot{\boldsymbol{P}}\times\boldsymbol{e}_r=\frac{\omega^2p_0\mathrm{e}^{\mathrm{i}(kR-\omega t)}}{4\pi\varepsilon_0c^3R}\sin\theta\boldsymbol{e}_\phi \tag{26}$$

$$\boldsymbol{E}=c\boldsymbol{B}\times\boldsymbol{e}_r=\frac{\omega^2p_0\mathrm{e}^{\mathrm{i}(kR-\omega t)}}{4\pi\varepsilon_0c^3R}\sin\theta\boldsymbol{e}_\theta \tag{27}$$

根据电磁场能流密度的定义可得辐射的平均能流密度为

$$\bar{\boldsymbol{S}}=\frac{1}{2\mu_0}\mathrm{Re}(\boldsymbol{E}\times\boldsymbol{B}^*)=\frac{\omega^2p_0^2}{32\pi^2\varepsilon_0c^3R^3}\sin^2\theta\boldsymbol{e}_r \tag{28}$$

5.19 带有电量 q 的粒子 t' 时刻位于 $\boldsymbol{r}'$ 处,速度 $\boldsymbol{v}=\dfrac{\mathrm{d}\boldsymbol{r}'}{\mathrm{d}t'}$,加速度 $\boldsymbol{a}=\dfrac{\mathrm{d}^2\boldsymbol{r}'}{\mathrm{d}t'^2}$;在非相对论的情况下(即它的速率 $v\ll c$),它在 $t(t>t')$ 时刻的 $\boldsymbol{r}$ 处所产生的辐射场的电场强度为

$$\boldsymbol{E}_a=\frac{q}{4\pi\varepsilon_0c^2}\frac{(\boldsymbol{r}-\boldsymbol{r}')\times[(\boldsymbol{r}-\boldsymbol{r}')\times\boldsymbol{a}]}{|\boldsymbol{r}-\boldsymbol{r}'|}$$

试证明,对于离 q 较远的地方(即略去$\dfrac{1}{|\boldsymbol{r}-\boldsymbol{r}'|^2}$ 项),$\boldsymbol{E}_a$ 可写为

$$\boldsymbol{E}_a=\frac{q}{4\pi\varepsilon_0c^2}\frac{\mathrm{d}^2\boldsymbol{n}}{\mathrm{d}t^2}$$

式中 $\boldsymbol{n}=\dfrac{\boldsymbol{r}-\boldsymbol{r}'}{|\boldsymbol{r}-\boldsymbol{r}'|}$ 为从 $\boldsymbol{r}'$ 到 $\boldsymbol{r}$ 方向上的单位矢量。

【证明】 因为 t 与 t' 间的关系为

$$t=t'+\frac{|\boldsymbol{r}-\boldsymbol{r}|}{c} \tag{1}$$

所以

$$\frac{\mathrm{d}t}{\mathrm{d}t'}=1+\frac{1}{c}\frac{\mathrm{d}|\boldsymbol{r}-\boldsymbol{r}'|}{\mathrm{d}t'}=1+\frac{1}{c}\frac{-2\boldsymbol{r}\cdot\boldsymbol{v}+2\boldsymbol{r}'\cdot\boldsymbol{v}}{2|\boldsymbol{r}-\boldsymbol{r}'|}=1-\frac{\boldsymbol{v}\cdot\boldsymbol{n}}{c} \tag{2}$$

因为 $v \ll c$，所以 $\frac{\boldsymbol{v} \cdot \boldsymbol{n}}{c} \to 0$，因而有

$$\frac{\mathrm{d}t}{\mathrm{d}t'} = 1 \tag{3}$$

利用(3)式有

$$\begin{aligned}
\frac{\mathrm{d}\boldsymbol{n}}{\mathrm{d}t} &= \frac{\mathrm{d}\boldsymbol{n}}{\mathrm{d}t'}\frac{\mathrm{d}t'}{\mathrm{d}t} = \frac{\mathrm{d}\boldsymbol{n}}{\mathrm{d}t'} = \frac{\mathrm{d}}{\mathrm{d}t'}\left(\frac{\boldsymbol{r}-\boldsymbol{r}'}{|\boldsymbol{r}-\boldsymbol{r}'|}\right) \\
&= \frac{1}{|\boldsymbol{r}-\boldsymbol{r}'|^2}\left[|\boldsymbol{r}-\boldsymbol{r}'|\frac{\mathrm{d}(\boldsymbol{r}-\boldsymbol{r}')}{\mathrm{d}t'} - (\boldsymbol{r}-\boldsymbol{r}')\frac{\mathrm{d}|\boldsymbol{r}-\boldsymbol{r}'|}{\mathrm{d}t'}\right] \\
&= \frac{1}{|\boldsymbol{r}-\boldsymbol{r}'|^2}[|\boldsymbol{r}-\boldsymbol{r}'|(-\boldsymbol{v}) - (\boldsymbol{r}-\boldsymbol{r}')(-\boldsymbol{v}\cdot\boldsymbol{n})] = \frac{(\boldsymbol{v}\cdot\boldsymbol{n})\boldsymbol{n}-\boldsymbol{v}}{|\boldsymbol{r}-\boldsymbol{r}'|}
\end{aligned} \tag{4}$$

所以由(1)式有

$$\begin{aligned}
\frac{\mathrm{d}^2\boldsymbol{n}}{\mathrm{d}t^2} &= \frac{\mathrm{d}}{\mathrm{d}t}\left(\frac{\mathrm{d}\boldsymbol{n}}{\mathrm{d}t}\right) = \frac{\mathrm{d}^2\boldsymbol{n}}{\mathrm{d}t'^2} \\
&= \frac{1}{|\boldsymbol{r}-\boldsymbol{r}'|}\left\{|\boldsymbol{r}-\boldsymbol{r}'|\frac{\mathrm{d}}{\mathrm{d}t'}[(\boldsymbol{v}\cdot\boldsymbol{n})\boldsymbol{n}-\boldsymbol{v}] - [(\boldsymbol{v}\cdot\boldsymbol{n})\boldsymbol{n}-\boldsymbol{v}]\frac{\mathrm{d}|\boldsymbol{r}-\boldsymbol{r}'|}{\mathrm{d}t'}\right\} \\
&= \frac{1}{|\boldsymbol{r}-\boldsymbol{r}'|^2}\left\{|\boldsymbol{r}-\boldsymbol{r}'|\left[(\boldsymbol{a}\cdot\boldsymbol{n})\boldsymbol{n} + \left(\boldsymbol{v}\cdot\frac{\mathrm{d}\boldsymbol{n}}{\mathrm{d}t'}\right)\boldsymbol{n} + (\boldsymbol{v}\cdot\boldsymbol{n})\frac{\mathrm{d}\boldsymbol{n}}{\mathrm{d}t'} - \boldsymbol{a}\right] + \right. \\
&\quad \left.[(\boldsymbol{v}\cdot\boldsymbol{n})\boldsymbol{n}](-\boldsymbol{v}\cdot\boldsymbol{n})\right\}
\end{aligned} \tag{5}$$

同理，略去 $\frac{1}{|\boldsymbol{r}-\boldsymbol{r}'|^2}$ 项，可得

$$\frac{\mathrm{d}^2\boldsymbol{n}}{\mathrm{d}t^2} = \frac{1}{|\boldsymbol{r}-\boldsymbol{r}'|}[(\boldsymbol{a}\cdot\boldsymbol{n})\boldsymbol{n}-\boldsymbol{a}] = \frac{\boldsymbol{n}\times(\boldsymbol{n}\times\boldsymbol{a})}{|\boldsymbol{r}-\boldsymbol{r}'|} \tag{6}$$

证毕。

5.20　一电荷量为 q 的粒子沿 z 轴做简谐振动，其坐标为 $z = a\cos\omega t$。设它的速率 $v \ll c$（真空中的光速），试求：(1) 辐射场；(2) 平均能流密度；(3) 辐射总功率。

【解】　Ⅰ. 求带电粒子的辐射场

带电粒子对原点的电偶极矩为

$$\boldsymbol{p} = qz\boldsymbol{e}_z = qa\cos\omega t'\boldsymbol{e}_z \tag{1}$$

此电偶极矩产生的辐射场的矢势为

$$\boldsymbol{A}(\boldsymbol{r},t) = \frac{\mu_0}{4\pi}\frac{\mathrm{d}\boldsymbol{p}(t')}{\mathrm{d}t'} = -\frac{\mu_0}{4\pi r}q\omega a\sin\omega t'\boldsymbol{e}_z = \frac{\mu_0}{4\pi}\frac{1}{r}q\omega a\sin(kr-\omega t)\boldsymbol{e}_z \tag{2}$$

磁感应强度为

$$\begin{aligned}
\boldsymbol{B}(\boldsymbol{r},t) &= \nabla\times\boldsymbol{A}(\boldsymbol{r},t) = \frac{\mu_0 q\omega a}{4\pi}\nabla\times\left[\frac{\sin(kr-\omega t)}{r}\boldsymbol{e}_z\right] \\
&= \frac{\mu_0 q\omega a}{4\pi r}\nabla\times[\sin(kr-\omega t)\times\boldsymbol{e}_z] = \frac{\mu_0 q\omega a}{4\pi r}[\nabla\sin(kr-\omega t)]\times\boldsymbol{e}_z \\
&= -\frac{q\omega^2 a}{4\pi\varepsilon_0 c^3}\frac{\cos(kr-\omega t)}{r}\sin\theta\boldsymbol{e}_\phi
\end{aligned} \tag{3}$$

Ⅱ.求电场强度

由电场强度与磁感应强度的关系有

$$\boldsymbol{E}(\boldsymbol{r},t)=c\boldsymbol{B}(\boldsymbol{r},t)\times\boldsymbol{e}_r=-\frac{q\omega^2a}{4\pi\varepsilon_0c^2}\frac{\cos(kr-\omega t)}{r}\sin\theta\boldsymbol{e}_\theta \tag{4}$$

Ⅲ.求平均能流密度

根据平均能流密度的计算公式有

$$\bar{\boldsymbol{S}}=\frac{1}{2}\mathrm{Re}(\boldsymbol{E}\times\boldsymbol{H}^*)=\frac{q^2\omega^4a^2}{32\pi^2\varepsilon_0c^3}\frac{\sin^2\theta}{r^2}\boldsymbol{e}_r \tag{5}$$

Ⅳ.求辐射的总功率

根据辐射功率的计算公式有

$$P=\oint_S\boldsymbol{S}\cdot\mathrm{d}\boldsymbol{s}=\frac{q^2\omega^4a^2}{32\pi^2\varepsilon_0c^3}\int_0^\pi\frac{\sin^2\theta}{r^2}\cdot2\pi r^2\sin\theta\mathrm{d}\theta=\frac{q^2\omega^4a^2}{12\pi^2\varepsilon_0c^3} \tag{6}$$

5.21　带电粒子 q 做半径为 a 的非相对论性匀速圆周运动，角速度为 ω，$\omega a\ll c$(真空中的光速)。以圆心 O 为原点，圆所在平面为 xoy 平面，取坐标系如图 5.21 所示。试求：(1) 辐射电磁场；(2) 辐射平均能流密度；(3) 辐射总功率。

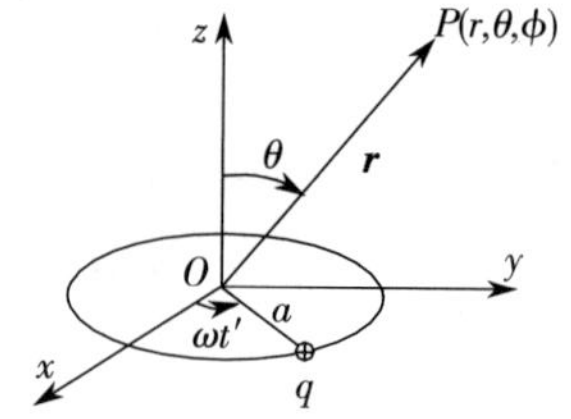

图 5.21

【解】　Ⅰ.求辐射的电磁场

如图 5.21 所示，带电粒子 q 做圆周运动时对圆心 O 的电偶极矩为

$$\boldsymbol{p}=qa(\cos\omega t'\boldsymbol{e}_x+\sin\omega t'\boldsymbol{e}_y) \tag{1}$$

$\boldsymbol{p}$ 在任意点 $P(r,\theta,\phi)$ 产生的推迟势为

$$\boldsymbol{A}(\boldsymbol{r},t)=\frac{\mu_0}{4\pi r}\frac{\mathrm{d}\boldsymbol{p}(t')}{\mathrm{d}t'}=\frac{\mu_0qa\omega}{4\pi r}[-\sin\omega t'\boldsymbol{e}_x+\cos\omega t'\boldsymbol{e}_y] \tag{2}$$

因为

$$t'=t-\frac{|\boldsymbol{r}-\boldsymbol{r}'|}{c}\cong t-\frac{r-\boldsymbol{r}'\cdot\boldsymbol{e}_r}{c}=t-\frac{r}{c}+\frac{\boldsymbol{r}'\cdot\boldsymbol{e}_r}{c} \tag{3}$$

所以

$$\omega t'=\omega t-kr+\frac{\omega}{c}\boldsymbol{r}'\cdot\boldsymbol{e}_r\cong\omega t-kr \tag{4}$$

式中

$$\frac{\omega}{c}\boldsymbol{r}'\cdot\boldsymbol{e}_r=\frac{a\omega}{c}\ll1 \tag{5}$$

所以可将(3)式中的 $\frac{\omega}{c}\boldsymbol{r}'\cdot\boldsymbol{e}_r$ 略去不计，所以有

$$\boldsymbol{A}(\boldsymbol{r},t)=\frac{\mu_0qa\omega}{4\pi r}[\sin(kr-\omega t)\boldsymbol{e}_x+\cos(kr-\omega t)\boldsymbol{e}_y] \tag{6}$$

所以磁感应强度为

$$\boldsymbol{B}(\boldsymbol{r},t)=\nabla\times\boldsymbol{A}(\boldsymbol{r},t)=\frac{\mu_0qa\omega}{4\pi}\nabla\times\left[\frac{\sin(kr-\omega t)}{r}\boldsymbol{e}_x+\frac{\cos(kr-\omega t)}{r}\boldsymbol{e}_y\right]$$

$$= \frac{\mu_0 qa\omega}{4\pi}\left\{\frac{1}{r}\nabla[\sin(kr-\omega t)\boldsymbol{e}_x+\cos(kr-\omega t)\boldsymbol{e}_y]+\right.$$

$$\left.\nabla\left(\frac{1}{r}\right)\cdot[\sin(kr-\omega t)\boldsymbol{e}_z+\cos(kr-\omega t)\boldsymbol{e}_y]\right\} \tag{7}$$

略去(7)式中的小项$\nabla\left(\frac{1}{r}\right)$有

$$\boldsymbol{B}(\boldsymbol{r},t)=\frac{\mu_0 qa\omega}{4\pi}[\cos(kr-\omega t)k\boldsymbol{e}_r\times\boldsymbol{e}_x-\sin(kr-\omega t)k\boldsymbol{e}_r\times\boldsymbol{e}_y] \tag{8}$$

因为

$$\boldsymbol{e}_r\times\boldsymbol{e}_x=\cos\theta\cos\phi\boldsymbol{e}_\phi+\sin\phi\boldsymbol{e}_\theta \tag{9}$$

$$\boldsymbol{e}_r\times\boldsymbol{e}_y=\cos\theta\sin\phi\boldsymbol{e}_\phi-\cos\phi\boldsymbol{e}_\theta \tag{10}$$

将(9)式和(10)式及$k=\frac{\omega}{c}$代入(8)式有

$$\boldsymbol{B}(\boldsymbol{r},t)=\frac{\mu_0 qa\omega^2}{4\pi cr}[\cos(kr-\omega t)\cos\theta\cos\phi\boldsymbol{e}_\phi+\cos(kr-\omega t)\sin\phi\boldsymbol{e}_\theta$$

$$-\sin(kr-\omega t)\cos\theta\sin\phi\boldsymbol{e}_\phi+\sin(kr-\omega t)\cos\phi\boldsymbol{e}_\theta] \tag{11}$$

由$\boldsymbol{B}(\boldsymbol{r},t)$和$\boldsymbol{E}(\boldsymbol{r},t)$的关系得电场强度为

$$\boldsymbol{E}(\boldsymbol{r},t)=c\boldsymbol{B}(\boldsymbol{r},t)\times\boldsymbol{e}_r$$

$$=\frac{\mu_0 qa\omega^2}{4\pi r}[\cos(kr-\omega t+\phi)\cos\theta\boldsymbol{e}_\theta-\sin(kr-\omega t+\phi)\boldsymbol{e}_\phi] \tag{12}$$

Ⅱ.求辐射的平均能流密度

根据平均能流密度的计算公式有

$$\bar{\boldsymbol{S}}=\frac{1}{2}\mathrm{Re}(\boldsymbol{E}\times\boldsymbol{H}^*)=\frac{q^2a^2\omega^4}{32\pi^2\varepsilon_0 c^3}\frac{1+\cos^2\theta}{r^2}\boldsymbol{e}_r$$

Ⅲ.求辐射的总功率

根据辐射功率的计算公式有

$$P=\oint_S\boldsymbol{S}\cdot\mathrm{d}\boldsymbol{s}=\frac{q^2a^2\omega^4}{32\pi^2\varepsilon_0c^3}\int_0^\pi\frac{(1+\cos^2\theta)}{r^2}\times2\pi r^2\sin\theta\mathrm{d}\theta=\frac{q^2a^2\omega^4}{6\pi\varepsilon_0c^3} \tag{13}$$

5.22　一电偶极子的电偶极矩$\boldsymbol{p}$随时间t做简谐振动，即$\boldsymbol{p}=\boldsymbol{p}_0\cos\omega t$，式中$\boldsymbol{p}_0$为常矢量。以$\boldsymbol{p}$所在处为原点$O$，取球坐标系如图5.22所示。(1)试由$\boldsymbol{p}$的推迟势求远区(即$r\gg\lambda=2\pi c/\omega$处)的矢势$\boldsymbol{A}$；(2)试由$\boldsymbol{A}$求辐射场；(3)求辐射的平均能流密度；(4)求辐射的总功率。

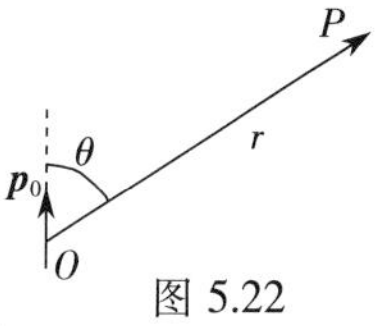

图5.22

【解】　Ⅰ.求矢势$\boldsymbol{A}(\boldsymbol{r},t)$

在t时刻，电流密度$\boldsymbol{J}(\boldsymbol{r}',t')$在$\boldsymbol{r}$处产生的推迟势为

$$\boldsymbol{A}(\boldsymbol{r},t)=\frac{\mu_0}{4\pi}\int_V\frac{\boldsymbol{J}(\boldsymbol{r}',t')}{|\boldsymbol{r}-\boldsymbol{r}'|}\mathrm{d}V'=\frac{\mu_0}{4\pi}\int_V\frac{\boldsymbol{J}\left(\boldsymbol{r}',t-\frac{|\boldsymbol{r}-\boldsymbol{r}'|}{c}\right)}{|\boldsymbol{r}-\boldsymbol{r}'|}\mathrm{d}V' \tag{1}$$

对$r\gg r'$有

$$|\boldsymbol{r}-\boldsymbol{r}'|\approx r \tag{2}$$

所以有

$$\boldsymbol{A}(\boldsymbol{r},t)=\frac{\mu_0}{4\pi}\int_V\frac{\boldsymbol{J}(\boldsymbol{r}',t')}{r}\mathrm{d}V'=\frac{\mu_0}{4\pi r}\int_V\boldsymbol{J}(\boldsymbol{r}',t-\frac{r}{c})\mathrm{d}V' \tag{3}$$

电偶极矩为

$$\boldsymbol{p}(t')=\int_V\rho(\boldsymbol{r}',t')\boldsymbol{r}'\mathrm{d}V' \tag{4}$$

将(4)式代入电荷守恒定律有

$$\begin{aligned}\frac{\mathrm{d}\boldsymbol{p}(t')}{\mathrm{d}t}&=\int_V\frac{\partial\rho(\boldsymbol{r}',t')}{\partial t'}\boldsymbol{r}'\mathrm{d}V'=-\int_V[\nabla'\cdot\boldsymbol{J}(\boldsymbol{r}',t')]\boldsymbol{r}'\mathrm{d}V'\\&=\int_V\{\boldsymbol{J}(\boldsymbol{r}',t')-\nabla'\cdot[\boldsymbol{J}(\boldsymbol{r}',t')\boldsymbol{r}']\}\mathrm{d}V'=\int_V\boldsymbol{J}(\boldsymbol{r}',t')\mathrm{d}V'\end{aligned} \tag{5}$$

对电偶极矩 $\boldsymbol{p}=\boldsymbol{p}_0\cos\omega t$ 求时间的一阶导数有

$$\frac{\mathrm{d}\boldsymbol{p}(t')}{\mathrm{d}t'}=\frac{\mathrm{d}}{\mathrm{d}t'}(\boldsymbol{p}_0\cos\omega t')=-\omega\boldsymbol{p}_0\sin\omega t' \tag{6}$$

由(5)式和(6)式有

$$\int_V\boldsymbol{J}(\boldsymbol{r}',t')\mathrm{d}V'=-\omega\boldsymbol{p}_0\sin\omega t' \tag{7}$$

将(7)式代入(3)式得

$$\boldsymbol{A}(\boldsymbol{r},t)=-\frac{\mu_0}{4\pi r}\omega\boldsymbol{p}_0\sin\omega t'=-\frac{\mu_0\omega\boldsymbol{p}_0}{4\pi r}\sin\omega\left(t-\frac{r}{c}\right) \tag{8}$$

因为

$$k=\frac{\omega}{c}=\frac{2\pi}{\lambda} \tag{9}$$

所以得

$$\boldsymbol{A}(\boldsymbol{r},t)=\frac{\mu_0\omega\boldsymbol{p}_0}{4\pi r}\sin(kr-\omega t) \tag{10}$$

Ⅱ.求辐射场 $\boldsymbol{B}(\boldsymbol{r},t)$ 和 $\boldsymbol{E}(\boldsymbol{r},t)$

辐射场的 $\boldsymbol{B}(\boldsymbol{r},t)$ 为

$$\begin{aligned}\boldsymbol{B}&=\nabla\times\boldsymbol{A}=\frac{\mu_0\omega}{4\pi}\nabla\times\left[\frac{\boldsymbol{p}_0\sin(kr-\omega t)}{r}\right]\\&=\frac{\mu_0\omega}{4\pi}\left\{\frac{1}{r}\nabla\times[\boldsymbol{p}_0\sin(kr-\omega t)]+\nabla\left(\frac{1}{r}\right)\times[\boldsymbol{p}_0\sin(kr-\omega t)]\right\}\end{aligned} \tag{11}$$

因为辐射场只含$\frac{1}{r}$的项,所以可将上式第二项略去,所以得

$$\begin{aligned}\boldsymbol{B}&=\frac{\mu_0\omega}{4\pi r}\nabla\times[\boldsymbol{p}_0\sin(kr-\omega t)]=\frac{\mu_0\omega}{4\pi r}[\nabla\sin(kr-\omega t)]\times\boldsymbol{p}_0\\&=\frac{\mu_0\omega k}{4\pi r}\cos(kr-\omega t)\boldsymbol{e}_r\times\boldsymbol{p}_0=-\frac{\mu_0\omega^2p_0}{4\pi cr}\cos(kr-\omega t)\sin\theta\boldsymbol{e}_\phi\end{aligned} \tag{12}$$

辐射场的 $\boldsymbol{E}(\boldsymbol{r},t)$ 为

$$\boldsymbol{E}=c\boldsymbol{B}\times\boldsymbol{e}_r=-\frac{\mu_0\omega^2p_0}{4\pi r}\cos(kr-\omega t)\sin\theta\boldsymbol{e}_\phi\times\boldsymbol{e}_r$$

$$=-\frac{\mu_0\omega^2p_0}{4\pi r}\cos(kr-\omega t)\sin\theta\boldsymbol{e}_\theta \tag{13}$$

Ⅲ.求辐射场的平均能流密度 $\bar{\boldsymbol{S}}$

根据平均能流密度的计算公式有

$$\bar{\boldsymbol{S}}=\frac{1}{2}\mathrm{Re}(\boldsymbol{E}\times\boldsymbol{H}^*)=\frac{\omega^4p_0^2}{32\pi^2\varepsilon_0c^3}\frac{\sin^2\theta}{r^2}\boldsymbol{e}_r \tag{14}$$

Ⅳ.求辐射场的总功率

$$P=\oint_S\boldsymbol{S}\cdot\mathrm{d}\boldsymbol{s}=\frac{\omega^4p_0^2}{12\pi\varepsilon_0c^3} \tag{15}$$

5.23 长为 l 的一段直导线上有振荡电流，以它为极轴，它的中点 O 为原点，取球坐标系如图5.23所示。试证明：这电流产生的辐射场的磁感应强度为

$$\boldsymbol{B}=-\frac{\partial A}{\partial r}\sin\theta\boldsymbol{e}_\phi$$

式中 A 是场点的矢势的大小。

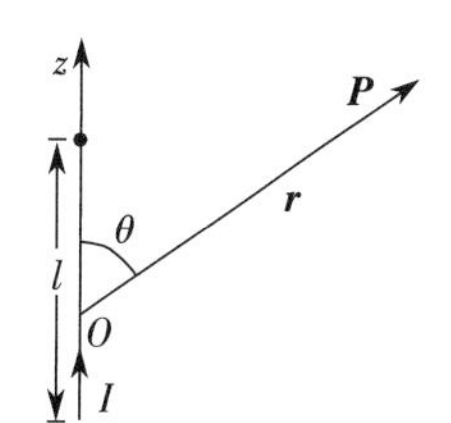

图5.23

【证明】 如图5.23所示，电流在任意场点 $\boldsymbol{r}$ 处产生的矢势为

$$\boldsymbol{A}(\boldsymbol{r},t)=\frac{\mu_0}{4\pi}\int_{-\frac{l}{2}}^{\frac{l}{2}}\frac{(I_0\mathrm{e}^{-\mathrm{i}\omega t'}\boldsymbol{e}_z)}{|\boldsymbol{r}-z\boldsymbol{e}_z|}\mathrm{d}z=\frac{\mu_0I_0}{4\pi}\int_{-\frac{l}{2}}^{\frac{l}{2}}\frac{\mathrm{e}^{-\mathrm{i}\omega t+\mathrm{i}k|\boldsymbol{r}-z\boldsymbol{e}_z|}}{|\boldsymbol{r}-z\boldsymbol{e}_z|}\mathrm{d}z\boldsymbol{e}_z$$

$$=\frac{\mu_0I_0\mathrm{e}^{-\mathrm{i}\omega t}}{4\pi}\int_{-\frac{l}{2}}^{\frac{l}{2}}\frac{\mathrm{e}^{\mathrm{i}k|\boldsymbol{r}-z\boldsymbol{e}_z|}}{|\boldsymbol{r}-z\boldsymbol{e}_z|}\mathrm{d}z\boldsymbol{e}_z=A\boldsymbol{e}_z \tag{1}$$

式中

$$A=\frac{\mu_0I_0\mathrm{e}^{-\mathrm{i}\omega t}}{4\pi}\int_{-\frac{l}{2}}^{\frac{l}{2}}\frac{\mathrm{e}^{\mathrm{i}k|\boldsymbol{r}-z\boldsymbol{e}_z|}}{|\boldsymbol{r}-z\boldsymbol{e}_z|}\mathrm{d}z \tag{2}$$

根据对称性分析知，A 只与 r 和 θ 有关，而与方位角 ϕ 无关，所以有

$$\boldsymbol{A}(\boldsymbol{r},t)=A\boldsymbol{e}_z=A(\cos\theta\boldsymbol{e}_r-\sin\theta\boldsymbol{e}_\theta) \tag{3}$$

所以，电流辐射场的磁感应强度为

$$\boldsymbol{B}(\boldsymbol{r},t)=\nabla\times\boldsymbol{A}(\boldsymbol{r},t)=\frac{1}{r^2\sin\theta}\left[\frac{\partial}{\partial\theta}(\sin\theta A_\phi)-\frac{\partial A_\theta}{\partial\theta}\right]\boldsymbol{e}_r+$$

$$\left[\frac{1}{r\sin\theta}\frac{\partial A_r}{\partial\phi}-\frac{\partial}{r\partial r}(rA_\phi)\right]\boldsymbol{e}_\theta+\frac{1}{r}\left[\frac{\partial}{\partial r}(rA_\theta)-\frac{\partial A_r}{\partial\theta}\right]\boldsymbol{e}_\phi$$

$$=\frac{1}{r}\left[\frac{\partial}{\partial r}(rA_\theta)-\frac{\partial A_r}{\partial\theta}\right]\boldsymbol{e}_\phi=\frac{1}{r}\left[\frac{\partial}{\partial r}(-rA\sin\theta)-\frac{\partial}{\partial\theta}(A\cos\theta)\right]\boldsymbol{e}_\phi$$

$$=-\frac{\partial A}{\partial r}\sin\theta\boldsymbol{e}_\phi-\frac{1}{r}\frac{\partial A}{\partial\theta}\cos\theta\boldsymbol{e}_\phi \tag{4}$$

因为辐射场只含 $\frac{1}{r}$ 的项，即 $A\propto\frac{1}{r}$，对 $\frac{1}{r}\frac{\partial A}{\partial\theta}\propto\frac{1}{r^2}$ 的项可略去不计，所以有

$$\boldsymbol{B}(\boldsymbol{r},t)=-\frac{\partial A}{\partial r}\sin\theta\boldsymbol{e}_{\phi} \tag{5}$$

证毕。

5.24　一根短天线平行地放置在一个水平的理想导体表面 S 的上方距离为 H 处，发出一波长为 λ 的雷达波。在短天线的中垂面(即纸面内)与天线距离为 D 处有一接收器 R，如图 5.24a 所示。试求当 R 从理想导体表面上移动多大距离 h 时，在 P 点可接收到第一个极大值的波，假定 $D\gg H$ 和 h。

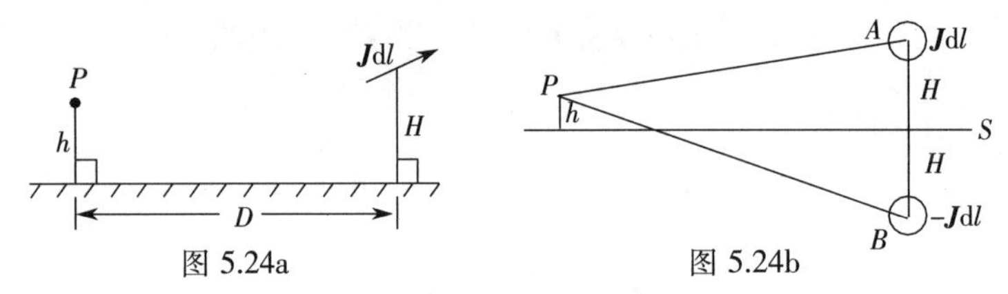

图 5.24a　　图 5.24b

【解】　如图 5.24b 所示，根据镜像法，为保证理想导体表面 $\boldsymbol{E}=0$，在 S 面下与电流 $\boldsymbol{j}\mathrm{d}l$ 对称的 H 处放置镜像电流 $-\boldsymbol{j}\mathrm{d}l$，这样 $\boldsymbol{j}\mathrm{d}l$ 与 $-\boldsymbol{j}\mathrm{d}l$ 在 S 面上产生的辐射场的电场为零，为使 A 和 B 产生的辐射场在 P 处为第一个极大值，两波在 P 处相遇的光程差应满足

$$\overline{BP}-\overline{AP}=\lambda/2 \tag{1}$$

即

$$[(H+h)^2+D^2]^{\frac{1}{2}}-[(H-h)^2+D^2]^{\frac{1}{2}}=\frac{\lambda}{2} \tag{2}$$

当 $D\gg H$ 和 h 时，将上式展开有

$$D\left[1+\frac{1}{2}\,\frac{(H+h)^2}{D^2}\right]-D\left[1+\frac{1}{2}\,\frac{(H-h)^2}{D^2}\right]=\frac{\lambda}{2} \tag{3}$$

所以得

$$h=\frac{D\lambda}{4H} \tag{4}$$

5.25　两电量均为 e 的点电荷固定在长为 $2l$ 的线段的两端，以角速度 ω 绕垂直且通过线段中点的轴转动，试求：

(1) 体系的电偶极矩；

(2) 体系是什么形式的辐射，辐射频率是多少；

(3) 若观察方向与转轴的夹角为 θ 时，辐射场在 $\theta=0$ 及 $0>\theta>\pi/2$ 的极化情况。

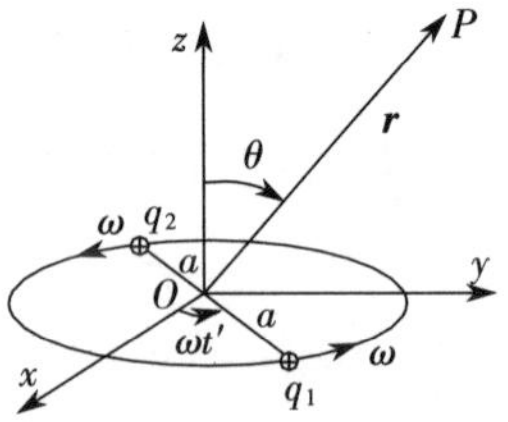

图 5.25

【解】　Ⅰ. 体系的电偶极矩、磁偶极矩和电四极矩

以两点电荷之间的连线的中点为原点 O，转轴为 z 轴，如图 5.25 所示，由定义，体系对 O 点的电偶极矩为

$$\boldsymbol{p}=\sum_{i=1}^{2}q_i\boldsymbol{r}_i=e\boldsymbol{r}+e(-\boldsymbol{r})=0 \tag{1}$$

磁偶极矩为

$$\boldsymbol{m}=I\boldsymbol{S}=\frac{2e}{T}\cdot\pi l^2\boldsymbol{e}_z=el^2\omega\boldsymbol{e}_z \tag{2}$$

根据张量的定义式

$$\mathscr{D}_{ij}=\int_V 3\boldsymbol{r}'_i\boldsymbol{r}'_j\rho(\boldsymbol{r}')\mathrm{d}V'\quad（对称张量） \tag{3}$$

体系的电四极矩的分量为

$$\begin{aligned}D_{11}&=\sum_{i=1}^{2}(3x_i^2-r_i^2)q_i=2e(3l^2\cos^2\omega t-l^2)\\&=2el^2(3\cos^2\omega t'-1)=el^2(1+3\cos2\omega t')\end{aligned} \tag{4}$$

$$\begin{aligned}D_{22}&=\sum_{i=1}^{2}(3y_i^2-r_i^2)q_i=2e(3l^2\sin^2\omega t'-l^2)\\&=2el^2(3\sin^2\omega t'-1)=el^2(1-3\cos\omega t')\end{aligned} \tag{5}$$

$$D_{33}=\sum_{i=1}^{2}(3z_i^2-r_i^2)q_i=-2el^2 \tag{6}$$

$$D_{12}=D_{21}=\sum_{i=1}^{2}3x_iy_iq_i=6el^2\sin\omega t'\cos\omega t'=3el^2\sin2\omega t' \tag{7}$$

$$D_{13}=D_{31}=D_{23}=D_{32}=0 \tag{8}$$

所以，电四极矩为

$$\begin{aligned}\boldsymbol{D}&=2el^2\begin{pmatrix}3(\cos^2\omega t'-1) & \sin\omega t'\cos\omega t' & 0\\ \sin\omega t'\cos\omega t' & 3(\sin^2\omega t'-1) & 0\\ 0 & 0 & -1\end{pmatrix}\\&=el^2\begin{pmatrix}1+3\cos2\omega t' & 3\sin2\omega t' & 0\\ 3\sin2\omega t' & 1-3\cos2\omega t' & 0\\ 0 & 0 & -2\end{pmatrix}\end{aligned} \tag{9}$$

Ⅱ. 体系是什么形式的辐射，辐射频率是多少

因为体系的 $\boldsymbol{p}=0$，$\boldsymbol{m}$ 不随时间变化，所以电偶极辐射和磁偶极辐射均为零，即无电偶极辐射和磁偶极辐射，故体系的辐射为电四极辐射。辐射区的电磁场为

$$\boldsymbol{B}=\mathrm{i}k\boldsymbol{n}\times\boldsymbol{A}(\boldsymbol{r},t)=\frac{\mathrm{e}^{\mathrm{i}kr}}{24\pi\varepsilon_0c^4r}\dddot{\mathscr{D}}\times\boldsymbol{n} \tag{10}$$

$$\boldsymbol{E}=c\boldsymbol{B}\times\boldsymbol{n}=\frac{\mathrm{e}^{\mathrm{i}kr}}{24\pi\varepsilon_0c^3r}(\dddot{\mathscr{D}}\times\boldsymbol{n})\times\boldsymbol{n} \tag{11}$$

即 $\boldsymbol{E}\propto\dddot{\mathscr{D}}\times\boldsymbol{n}$ 和 $\boldsymbol{B}\propto(\dddot{\mathscr{D}}\times\boldsymbol{n})\times\boldsymbol{n}$，而

$$\dddot{\mathscr{D}}=2el^2\begin{pmatrix}12\omega^3\sin2\omega t' & 4\omega^3\cos2\omega' & 0\\ 4\omega^3\cos2\omega t' & -12\omega^3\sin2\omega t' & 0\\ 0 & 0 & 0\end{pmatrix} \tag{12}$$

表明辐射的频率为 2ω。

Ⅲ. 若观察方向与转轴的夹角为 θ,辐射场在 $\theta=0$ 及 $0>\theta>\pi/2$ 的极化情况

电四极矩产生的推迟势为

$$
\begin{aligned}
\mathbf{A}(\boldsymbol{r},t) &= \frac{\mu_0}{24\pi cr}\boldsymbol{n}\cdot\ddot{\mathscr{D}} \\
&= \frac{\mu_0 el^2(2\omega)^2}{24\pi cr}\boldsymbol{n}\cdot\{-3\cos2\omega t'\boldsymbol{e}_x\boldsymbol{e}_x-3\sin2\omega t'(\boldsymbol{e}_x\boldsymbol{e}_y+\boldsymbol{e}_y\boldsymbol{e}_x)+3\cos2\omega t'\boldsymbol{e}_y\boldsymbol{e}_y\} \\
&= \frac{\mu_0 e\omega^2 l^2}{2\pi cr}\{-[\cos2\omega t'\sin\theta\cos\phi+\sin2\omega t'\sin\theta\sin\phi]\boldsymbol{e}_x- \\
&\quad [\sin2\omega t'\sin\theta\cos\phi-\cos2\omega t'\sin\theta\sin\phi]\boldsymbol{e}_y\} \\
&= -\frac{\mu_0 e\omega^2 l^2\sin\theta}{2\pi cr}[\cos(2\omega t'-\phi)\boldsymbol{e}_x+\sin(2\omega t'-\phi)\boldsymbol{e}_y]
\end{aligned}
\tag{13}
$$

式中

$$
\omega t'=\omega\left(t-\frac{|\boldsymbol{r}-\boldsymbol{r}'|}{c}\right)\cong\omega\left(t-\frac{r-\boldsymbol{n}\cdot\boldsymbol{r}'}{c}\right)
\tag{14}
$$

因为 $r'=l\ll r$,所以

$$
\omega t'\cong\omega\left(t-\frac{r}{c}\right)=-(kr-\omega t)
\tag{15}
$$

将(15)式代入(13)式得

$$
\mathbf{A}(\boldsymbol{r},t)=\frac{\mu_0 e\omega^2 l^2\sin\theta}{2\pi cr}[\cos(2kr-2\omega t+\phi)\boldsymbol{e}_x-\sin(2kr-2\omega t+\phi)\boldsymbol{e}_y]
\tag{16}
$$

5.26　一电偶极型天线长为 l,所载电流 $I=I_0\sin\omega t$,已知 $\omega l\ll c$(真空中光速),试求:(1) 辐射场的 $\boldsymbol{H}$ 和 $\boldsymbol{E}$;(2) 平均能流密度 $\overline{\boldsymbol{S}}$;(3) 辐射场的功率 P 和辐射电阻 R_r;(4) 当 $l=10.0\ \mathrm{m}$,$I_e=35.0\ \mathrm{A}$,$f=1.00\ \mathrm{MHz}$ 时 P 和 R_r 的值。

【解】　Ⅰ. 求辐射场

如图 5.26 所示,以天线的中点为原点 O,天线为极轴 z,建立柱坐标系。在距 O 点为 $\boldsymbol{r}$ 处的 $P(r,\theta,\phi)$ 点,天线产生的推迟势 $\mathbf{A}(\boldsymbol{r},t)$ 为

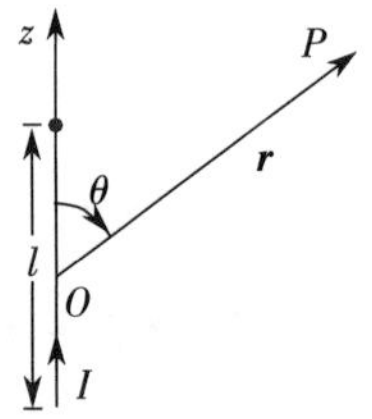

图 5.26

$$
\mathbf{A}(\boldsymbol{r},t)=\frac{\mu_0}{4\pi}\int_V\frac{\boldsymbol{J}(\boldsymbol{r}',t')}{|\boldsymbol{r}-\boldsymbol{r}'|}\mathrm{d}V'
$$

$$
=\frac{\mu_0}{4\pi}\int_{-\frac{l}{2}}^{\frac{l}{2}}\frac{I_0\sin\omega t'}{|\boldsymbol{r}-z\boldsymbol{e}_z|}\boldsymbol{e}_z\mathrm{d}z=\frac{\mu_0 I_0}{4\pi}\int_{-\frac{l}{2}}^{\frac{l}{2}}\frac{\sin\left(t-\dfrac{|\boldsymbol{r}-z\boldsymbol{e}|}{c}\right)}{|\boldsymbol{r}-z\boldsymbol{e}_z|}\boldsymbol{e}_z\mathrm{d}z
\tag{1}
$$

对于辐射场有

$$
r\gg l
\tag{2}
$$

所以

$$
|\boldsymbol{r}-z\boldsymbol{e}_z|\cong r
\tag{3}
$$

所以有

$$\boldsymbol{A}(\boldsymbol{r},t)=\frac{\mu_0 I_0}{4\pi}\frac{\sin\omega\left(t-\frac{r}{c}\right)}{r}\boldsymbol{e}_z\int_{-\frac{l}{2}}^{\frac{l}{2}}\mathrm{d}z=-\frac{\mu_0 I_0 l}{4\pi}\frac{\sin(kr-\omega t)}{r}\boldsymbol{e}_z \tag{4}$$

由 $\boldsymbol{B}(\boldsymbol{r},t)$ 和 $\boldsymbol{A}(\boldsymbol{r},t)$ 的关系得磁感应强度为

$$\begin{aligned}\boldsymbol{B}(r,t)&=\nabla\times\boldsymbol{A}(\boldsymbol{r},t)\\&=\frac{\mu_0 I_0 l}{4\pi r}[\nabla\sin(kr-\omega t)]\times\boldsymbol{e}_z\quad\left(\text{因是辐射场,可略去}\frac{1}{r^2}\text{的项不计}\right)\\&=-\frac{\mu_0 I_0 lk}{4\pi r}\cos(kr-\omega t)\boldsymbol{e}_r\times\boldsymbol{e}_z=\frac{\mu_0 I_0 l\omega}{4\pi c}\frac{\sin(kr-\omega t)}{r}\sin\theta\boldsymbol{e}_\phi\end{aligned} \tag{5}$$

式中 $k=\frac{\omega}{c}$,所以磁场强度为

$$\boldsymbol{H}(\boldsymbol{r},t)=\frac{I_0 l\omega}{4\pi c}\frac{\sin(kr-\omega t)}{r}\sin\theta\boldsymbol{e}_\phi \tag{6}$$

由 $\boldsymbol{E}(\boldsymbol{r},t)$ 和 $\boldsymbol{B}(\boldsymbol{r},t)$ 的关系得电场强度为

$$\begin{aligned}\boldsymbol{E}(\boldsymbol{r},t)&=c\boldsymbol{B}(\boldsymbol{r},t)\times\boldsymbol{e}_r=\frac{\mu_0 I_0 l\omega}{4\pi}\frac{\sin(kr-\omega t)}{r}\sin\theta\boldsymbol{e}_\phi\times\boldsymbol{e}_r\\&=\frac{I_0 l\omega}{4\pi\varepsilon_0 c^2}\frac{\sin(kr-\omega t)}{r}\sin\theta\boldsymbol{e}_\theta\end{aligned} \tag{7}$$

式中 $c=\frac{1}{\sqrt{\varepsilon_0\mu_0}}$。

Ⅱ. 求辐射场的平均能流密度

根据平均能流密度的计算公式

$$\bar{\boldsymbol{S}}=\frac{1}{2}\mathrm{Re}(\boldsymbol{E}\times\boldsymbol{H}^*)=\frac{I_0^2 l^2\omega^2}{32\pi^2\varepsilon_0 c^3}\frac{\sin^2\theta}{r^2}\boldsymbol{e}_r \tag{8}$$

Ⅲ. 求辐射场的功率和辐射电阻

根据辐射功率的计算公式,辐射功率为

$$P=\oint_S\boldsymbol{S}\cdot\mathrm{d}\boldsymbol{s}=\frac{I_0^2 l^2\omega^2}{32\pi^2\varepsilon_0 c^3}\int_0^\pi\int_0^{2\pi}\frac{\sin^2\theta}{r^2}\times r^2\sin\theta\mathrm{d}\theta\mathrm{d}\phi=\frac{I_0^2 l^2\omega^2}{12\pi^2\varepsilon_0 c^3} \tag{9}$$

辐射电阻为

$$R_r=\frac{P}{I^2}=\frac{2P}{I_e^2} \tag{10}$$

Ⅳ. 求当 $l=10.0\ \mathrm{m}, I_e=35.0\ \mathrm{A}, f=1.00\ \mathrm{MHz}$ 时 P 和 R_r 的值

在(9)式和(10)式中代入数据得 $P=4.34\ \mathrm{kW}, R_r=3.53\ \Omega$。

5.27　一个带有电荷 e 的粒子,以速度 $\boldsymbol{v}$ 做匀速直线运动。

(1) 写出该粒子所产生的电磁场的标势 $\varphi(\boldsymbol{x},t)$ 所满足的场方程。

(2) 导出 $\varphi(\boldsymbol{x},t)$ 的傅里叶展开 $\varphi=\int\mathrm{e}^{\mathrm{i}\boldsymbol{k}\cdot\boldsymbol{x}}\varphi_k\frac{\mathrm{d}^3k}{(2\pi)^3}$ 中 φ_k 所满足的场方程并求解 φ_k。

【解】　Ⅰ. $\varphi(\boldsymbol{x},t)$ 所满足的场方程

$\varphi(\boldsymbol{x},t)$ 所满足的波动方程为

$$\nabla^2\varphi-\frac{1}{c^2}\frac{\partial^2}{\partial t^2}\varphi=-\frac{1}{\varepsilon_0}\rho(\boldsymbol{x},t) \tag{1}$$

其中

$$\rho(\boldsymbol{x},t)=e\delta(\boldsymbol{x}-\boldsymbol{x}')=e\delta(\boldsymbol{x}-\boldsymbol{v}t) \tag{2}$$

Ⅱ.求 $\varphi_k(t)$

将如下傅里叶展开式

$$\varphi=\int e^{i\boldsymbol{k}\cdot\boldsymbol{x}}\varphi_k\frac{d^3k}{(2\pi)^3} \tag{3}$$

及(2)式代入(1)式有

$$\nabla^2\left[\int e^{i\boldsymbol{k}\cdot\boldsymbol{x}}\varphi_k\frac{d^3k}{(2\pi)^3}\right]-\frac{1}{c^2}\frac{\partial^2}{\partial t^2}\left[\int e^{i\boldsymbol{k}\cdot\boldsymbol{x}}\varphi_k\frac{d^3k}{(2\pi)^3}\right]=e\delta(\boldsymbol{x}-\boldsymbol{v}t) \tag{4}$$

因为

$$\nabla^2 e^{i\boldsymbol{k}\cdot\boldsymbol{x}}=-k^2e^{i\boldsymbol{k}\cdot\boldsymbol{x}} \tag{5}$$

$$\delta(\boldsymbol{x}-\boldsymbol{v}t)=\int e^{i\boldsymbol{k}\cdot(\boldsymbol{x}-\boldsymbol{v}t)}\frac{d^3k}{(2\pi)^3}=\int e^{-i\boldsymbol{k}\cdot\boldsymbol{v}t}e^{i\boldsymbol{k}\cdot\boldsymbol{x}}\frac{d^3k}{(2\pi)^3} \tag{6}$$

所以(1)式为

$$\int\left(-k^2-\frac{1}{c^2}\frac{\partial^2}{\partial t^2}\right)\varphi_k e^{i\boldsymbol{k}\cdot\boldsymbol{x}}\frac{d^3k}{(2\pi)^3}=\frac{e}{\varepsilon_0}\int e^{i\boldsymbol{k}\cdot\boldsymbol{v}t}e^{i\boldsymbol{k}\cdot\boldsymbol{x}}\frac{d^3k}{(2\pi)^3} \tag{7}$$

将方程(7)式两边乘以 $e^{-\boldsymbol{k}'\cdot\boldsymbol{x}}$,对 $\boldsymbol{x}$ 积分,并代入

$$\int e^{i(\boldsymbol{k}-\boldsymbol{k}')\cdot\boldsymbol{x}}d^3x=(2\pi)^3\delta(\boldsymbol{k}-\boldsymbol{k}')$$

则(7)式化为

$$\int\left(k^2+\frac{1}{c^2}\frac{\partial^2}{\partial t^2}\right)\varphi_k\delta(\boldsymbol{k}-\boldsymbol{k}')d^3k=\frac{e}{\varepsilon_0}\int e^{-i\boldsymbol{k}\cdot\boldsymbol{v}t}\delta(\boldsymbol{k}-\boldsymbol{k}')d^3k \tag{8}$$

又因为 δ 函数的性质

$$\int\delta(\boldsymbol{k}-\boldsymbol{k}')f(\boldsymbol{k})d^3k=f(\boldsymbol{k}') \tag{9}$$

所以 φ_k 满足场方程

$$\left(k'^2+\frac{1}{c^2}\frac{\partial^2}{\partial t^2}\right)\varphi_{k'}=\frac{e}{\varepsilon_0}e^{-i\boldsymbol{k}'\cdot\boldsymbol{v}t} \tag{10}$$

在(10)式中令

$$\varphi_k(t)=\varphi_k e^{-i\boldsymbol{k}\cdot\boldsymbol{v}t} \tag{11}$$

而

$$\frac{\partial^2}{\partial t^2}e^{-i\boldsymbol{k}\cdot\boldsymbol{v}t}=-(\boldsymbol{k}\cdot\boldsymbol{v})^2e^{-i\boldsymbol{k}\cdot\boldsymbol{v}t} \tag{12}$$

则(10)式化为

$$\left[k^2-\frac{1}{c^2}(\boldsymbol{k}\cdot\boldsymbol{v})^2\right]\varphi_k=\frac{e}{\varepsilon_0}e^{-i\boldsymbol{k}\cdot\boldsymbol{v}t} \tag{13}$$

所以

$$\varphi_k(t)=\frac{e}{\varepsilon_0\left[k^2-(\boldsymbol{k}\cdot\boldsymbol{v})^2/c^2\right]}\mathrm{e}^{-\mathrm{i}\boldsymbol{k}\cdot\boldsymbol{v}t}\tag{14}$$

Ⅲ. 求 $\boldsymbol{A}(\boldsymbol{x},t)$ 所满足的场方程

$\boldsymbol{A}(\boldsymbol{x},t)$所满足的波动方程为

$$\nabla^2\boldsymbol{A}-\frac{1}{c^2}\frac{\partial^2}{\partial t^2}\boldsymbol{A}=-\mu_0\boldsymbol{J}(\boldsymbol{x},t)=-\mu_0 e\boldsymbol{v}\delta(\boldsymbol{x}-\boldsymbol{v}t)\tag{15}$$

比较(1) 式和(15) 式有

$$\boldsymbol{A}_k(t)=\frac{\mu_0 e\boldsymbol{v}}{k^2-(\boldsymbol{k}\cdot\boldsymbol{v})^2/c^2}\mathrm{e}^{-\mathrm{i}(\boldsymbol{k}\cdot\boldsymbol{v})t}\tag{16}$$

Ⅳ. 导出 $\varphi(\boldsymbol{x},t)$ 的傅里叶展开

$$\boldsymbol{E}=-\left(\nabla\varphi+\frac{\partial\boldsymbol{A}}{\partial t}\right)\tag{17}$$

根据傅里叶级数的展开式，将 $\boldsymbol{E}$ 和 φ 做傅里叶级数展开

$$\boldsymbol{E}=\int\mathrm{e}^{\mathrm{i}\boldsymbol{k}\cdot\boldsymbol{x}}\boldsymbol{E}_k\frac{\mathrm{d}^3k}{(2\pi)^3}\tag{18}$$

$$\varphi=\int\mathrm{e}^{\mathrm{i}\boldsymbol{k}\cdot\boldsymbol{x}}\varphi_k\frac{\mathrm{d}^3k}{(2\pi)^3}\tag{19}$$

又因为

$$\nabla\varphi=\nabla\int\mathrm{e}^{\mathrm{i}\boldsymbol{k}\cdot\boldsymbol{x}}\varphi_k\frac{\mathrm{d}^3k}{(2\pi)^3}=\int\mathrm{e}^{\mathrm{i}\boldsymbol{k}\cdot\boldsymbol{x}}(\mathrm{i}\boldsymbol{k})\varphi_k\frac{\mathrm{d}^3k}{(2\pi)^3}\tag{20}$$

$$\frac{\partial\boldsymbol{A}}{\partial t}=\frac{\partial}{\partial t}\int\mathrm{e}^{\mathrm{i}\boldsymbol{k}\cdot\boldsymbol{x}}\boldsymbol{A}_k(t)\frac{\mathrm{d}^3k}{(2\pi)^3}=\int\mathrm{e}^{\mathrm{i}\boldsymbol{k}\cdot\boldsymbol{x}}\frac{\partial}{\partial t}\boldsymbol{A}_k(t)\frac{\mathrm{d}^3k}{(2\pi)^3}\tag{21}$$

由(16) 式有

$$\frac{\partial}{\partial t}\boldsymbol{A}_k(t)=-\mathrm{i}(\boldsymbol{k}\cdot\boldsymbol{v})\boldsymbol{A}_k(t)\tag{22}$$

由(17) 式、(18) 式、(19) 式、(20) 式和(21) 式有

$$\boldsymbol{E}_k=-\mathrm{i}\boldsymbol{k}\varphi_k+\mathrm{i}(\boldsymbol{k}\cdot\boldsymbol{v})\boldsymbol{A}_k\tag{23}$$

同理

$$\boldsymbol{B}=\nabla\times\boldsymbol{A}\tag{24}$$

将 $\boldsymbol{B}$ 做傅里叶级数展开

$$\boldsymbol{B}=\int\mathrm{e}^{\mathrm{i}\boldsymbol{k}\cdot\boldsymbol{x}}\boldsymbol{B}_k\frac{\mathrm{d}^3k}{(2\pi)^3}=\nabla\times\int\mathrm{e}^{\mathrm{i}\boldsymbol{k}\cdot\boldsymbol{x}}\boldsymbol{A}_k\frac{\mathrm{d}^3k}{(2\pi)^3}=\int\mathrm{e}^{\mathrm{i}\boldsymbol{k}\cdot\boldsymbol{x}}(\mathrm{i}\boldsymbol{k})\times\boldsymbol{A}_k\frac{\mathrm{d}^3k}{(2\pi)^3}\tag{25}$$

比较方程两边得 $\boldsymbol{B}_k=\mathrm{i}\boldsymbol{k}\times\boldsymbol{A}_k$。

上面(22) 式和(23) 式中的 φ_k 和 $\boldsymbol{A}_k$ 分别由(14) 式和(16) 式给出。

5.28　设交变电流 $\boldsymbol{J}(\boldsymbol{x}',t)=\boldsymbol{J}(\boldsymbol{x}')\mathrm{e}^{-\mathrm{i}\omega t}$，分布于小区域内（满足条件 $l\ll\lambda$，$l\ll r$，l 为电荷分布区域的限度，r 为从电荷所在点 $\boldsymbol{x}'$ 到观察点的距离，λ 为波长）。

(1) 导出 $r\gg\lambda$ 的辐射区域内电偶极辐射的矢势 $\boldsymbol{A}$ 的表达式；

(2) 计算辐射区域内的 $\boldsymbol{B}$ 和 $\boldsymbol{E}$，并画出 $\boldsymbol{B}$ 和 $\boldsymbol{E}$ 振荡方向的图示；

(3) 计算平均能流密度 $\bar{\boldsymbol{S}}$ 和总辐射功率 P。

【解】 Ⅰ. 导出 $r \gg \lambda$ 的辐射区域内电偶极辐射的矢势 $\boldsymbol{A}(\boldsymbol{x})$ 的表达式

推迟势为

$$\boldsymbol{A}(\boldsymbol{x},t)=\frac{\mu_0}{4\pi}\int\frac{1}{r}\boldsymbol{J}(\boldsymbol{x}',t-r/c)\mathrm{d}V' \tag{1}$$

式中

$$r=|\boldsymbol{x}-\boldsymbol{x}'| \tag{2}$$

将 $\boldsymbol{J}(\boldsymbol{x}',t)=\boldsymbol{J}(\boldsymbol{x})\mathrm{e}^{-\mathrm{i}\omega t}$ 代入(1) 式有

$$\boldsymbol{A}(\boldsymbol{x},t)=\frac{\mu_0}{4\pi}\int\frac{1}{r}\boldsymbol{J}(\boldsymbol{x}')\mathrm{e}^{-\mathrm{i}\omega(t-r/c)}\mathrm{d}V'=\left[\frac{\mu_0}{4\pi}\int\frac{1}{r}\boldsymbol{J}(\boldsymbol{x}')\mathrm{e}^{-\mathrm{i}\omega r/c}\mathrm{d}V'\right]\mathrm{e}^{-\mathrm{i}\omega t}=\boldsymbol{A}(\boldsymbol{x})\mathrm{e}^{-\mathrm{i}\omega t} \tag{3}$$

其中

$$\boldsymbol{A}(\boldsymbol{x})=\frac{\mu_0}{4\pi}\int\frac{1}{r}\boldsymbol{J}(\boldsymbol{x}')\mathrm{e}^{\mathrm{i}kr} \tag{4}$$

$$k=\omega/c \tag{5}$$

设 $R=|\boldsymbol{x}|$,则

$$r=(R^2+\boldsymbol{x}'^2-2\boldsymbol{R}\cdot\boldsymbol{x}')^{\frac{1}{2}}=R\left(1+\frac{\boldsymbol{x}'^2}{R^2}-2\boldsymbol{n}\cdot\frac{\boldsymbol{x}'}{R}\right)^{\frac{1}{2}} \tag{6}$$

其中 $\boldsymbol{n}$ 为 $\boldsymbol{R}$ 方向的单位矢量。

在辐射区 $\lambda \ll R$,计算远场时,只保留 $1/R$ 的最低次项,所以有

$$r=R\left(1-\boldsymbol{n}\cdot\frac{\boldsymbol{x}'}{R}\right)=R-\boldsymbol{n}\cdot\boldsymbol{x}' \tag{7}$$

$$\mathrm{e}^{\mathrm{i}kr}=\mathrm{e}^{\mathrm{i}k(R-\boldsymbol{n}\cdot\boldsymbol{x}')}\approx(1-\mathrm{i}k\boldsymbol{n}\cdot\boldsymbol{x}'+\cdots)\mathrm{e}^{\mathrm{i}kR} \tag{8}$$

对于偶极辐射只取上式展开式中的第一项,且

$$\frac{1}{R-\boldsymbol{n}\cdot\boldsymbol{x}'}\approx\frac{1}{r} \tag{9}$$

将(8) 式和(9) 式代入(4) 式有

$$\boldsymbol{A}(\boldsymbol{x})=\frac{\mu_0}{4\pi R}\mathrm{e}^{\mathrm{i}kR}\int\boldsymbol{J}(\boldsymbol{x}')\mathrm{d}V' \tag{10}$$

又因为

$$\int\boldsymbol{J}(\boldsymbol{x}')\mathrm{d}V'=\int\rho(\boldsymbol{x}')\boldsymbol{v}(\boldsymbol{x}')\mathrm{d}V'=\int\rho(\boldsymbol{x}')\frac{\mathrm{d}}{\mathrm{d}t}\boldsymbol{x}'\mathrm{d}V'=\frac{\mathrm{d}}{\mathrm{d}t}\int\rho(\boldsymbol{x}')\boldsymbol{x}'\mathrm{d}V'=\frac{\mathrm{d}}{\mathrm{d}t}\boldsymbol{p}=\dot{\boldsymbol{p}} \tag{11}$$

其中

$$\boldsymbol{p}=\int\rho(\boldsymbol{x}')\boldsymbol{x}'\mathrm{d}V' \tag{12}$$

是电荷系统的电偶极矩。将(11) 式代入(10) 式有

$$\boldsymbol{A}(\boldsymbol{x})=\frac{\mu_0}{4\pi R}\mathrm{e}^{\mathrm{i}kR}\dot{\boldsymbol{p}} \tag{13}$$

Ⅱ. 求 $\boldsymbol{B}$ 和 $\boldsymbol{E}$,并画出 $\boldsymbol{B}$ 和 $\boldsymbol{E}$ 振荡方向的图示

$$\boldsymbol{B}=\nabla\times\boldsymbol{A} \tag{14}$$

将(13)式代入有

$$\boldsymbol{B}=\nabla\times\left(\frac{\mu_0}{4\pi R}\mathrm{e}^{\mathrm{i}kR}\dot{\boldsymbol{p}}\right)=\frac{\mu_0}{4\pi}\left[\left(\nabla\frac{1}{R}\right)\mathrm{e}^{\mathrm{i}kR}+\frac{1}{R}\nabla\mathrm{e}^{\mathrm{i}kR}\right]\times\dot{\boldsymbol{p}} \tag{15}$$

式中$\nabla\frac{1}{R}=-\frac{1}{R^2}\boldsymbol{n}$ 可略去，而

$$\frac{1}{R}\nabla\mathrm{e}^{\mathrm{i}kR}=\frac{1}{R}\mathrm{i}k\mathrm{e}^{\mathrm{i}kR}\boldsymbol{n} \tag{16}$$

将(16)式代入(15)式，并注意$\nabla\frac{1}{R}\to 0$ 有

$$\boldsymbol{B}=\frac{\mu_0\mathrm{i}k}{4\pi R}\mathrm{e}^{\mathrm{i}kR}\boldsymbol{n}\times\dot{\boldsymbol{p}} \tag{17}$$

式中

$$\boldsymbol{p}=\boldsymbol{p}(t)=\boldsymbol{p}_0\mathrm{e}^{-\mathrm{i}\omega t} \tag{18}$$

所以

$$\dot{\boldsymbol{p}}=-\mathrm{i}\omega\boldsymbol{p}\quad \ddot{\boldsymbol{p}}=-\mathrm{i}\omega\dot{\boldsymbol{p}}=-\omega^2\boldsymbol{p} \tag{19}$$

将(19)式的第 1 式代入(17)式有

$$\boldsymbol{B}=\frac{\mu_0}{4\pi R}\mathrm{i}\frac{\omega}{c}\mathrm{e}^{\mathrm{i}kR}\boldsymbol{n}\times\dot{\boldsymbol{p}}=\frac{\mu_0}{4\pi cR}\mathrm{e}^{\mathrm{i}kR}\ddot{\boldsymbol{p}}\times\boldsymbol{n}=\frac{1}{4\pi\varepsilon_0c^3R}\mathrm{e}^{\mathrm{i}kR}\ddot{\boldsymbol{p}}\times\boldsymbol{n} \tag{20}$$

又因为

$$\nabla\times\boldsymbol{B}=\mu_0\varepsilon_0\frac{\partial\boldsymbol{E}}{\partial t}=-\frac{\mathrm{i}\omega}{c^2}\boldsymbol{E} \tag{21}$$

即

$$\boldsymbol{E}=\frac{\mathrm{i}c}{k}\nabla\times\boldsymbol{B} \tag{22}$$

式中

$$\boldsymbol{E}=\boldsymbol{E}(\boldsymbol{x},t)=\boldsymbol{E}(\boldsymbol{x})\mathrm{e}^{-\mathrm{i}\omega t} \tag{23}$$

将(20)式代入(22)式有

$$\boldsymbol{E}=\frac{\mathrm{i}c}{k}\nabla\times\boldsymbol{B}=c\boldsymbol{B}\times\boldsymbol{n}=\frac{1}{4\pi\varepsilon_0c^2R}\mathrm{e}^{\mathrm{i}kR}(\ddot{\boldsymbol{p}}\times\boldsymbol{n})\times\boldsymbol{n} \tag{24}$$

若取坐标原点在电荷分布区域内，以 $\boldsymbol{p}$ 方向为极轴，则(20)式和(24)式改写为

$$\boldsymbol{B}=\frac{1}{4\pi\varepsilon_0c^3R}|\ddot{\boldsymbol{p}}|\mathrm{e}^{\mathrm{i}kR}\sin\theta\boldsymbol{e}_\phi \tag{25}$$

$$\boldsymbol{E}=\frac{1}{4\pi\varepsilon_0c^2R}|\ddot{\boldsymbol{p}}|\mathrm{e}^{\mathrm{i}kR}\sin\theta\boldsymbol{e}_\theta \tag{26}$$

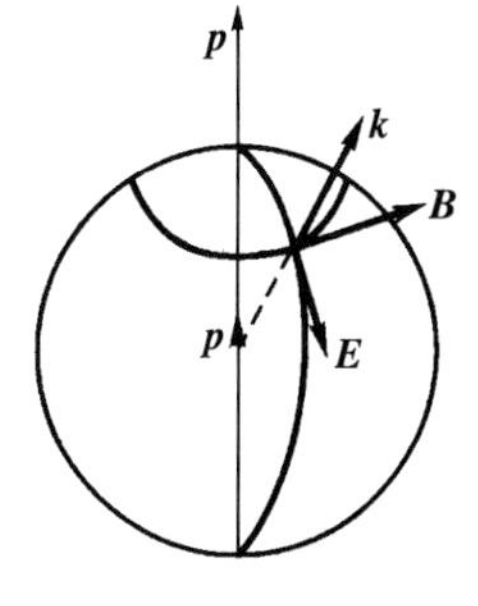

图 5.28

如图 5.28 所示，$\boldsymbol{B}$ 沿纬线振荡，$\boldsymbol{E}$ 沿经线振荡。

Ⅲ. 计算平均能流密度 $\bar{\boldsymbol{S}}$ 和总辐射功率 P

根据平均能流密度的计算公式，平均能流密度为

$$\bar{\boldsymbol{S}} = \frac{1}{2}\mathrm{Re}(\boldsymbol{E}^* \times \boldsymbol{H}) = \frac{1}{2}\mathrm{Re}\left[c(\boldsymbol{B}^* \times \boldsymbol{n}) \times \frac{\boldsymbol{B}}{\mu_0}\right]$$

$$= \frac{c}{2\mu_0}\mathrm{Re}[(\boldsymbol{B} \cdot \boldsymbol{B}^*)\boldsymbol{n} - (\boldsymbol{B} \cdot \boldsymbol{n})\boldsymbol{B}^*] = \frac{c}{2\mu_0}|\boldsymbol{B}|^2\boldsymbol{n} = \frac{|\ddot{\boldsymbol{p}}|^2}{32\pi^2\varepsilon_0 c^3 R^2}\sin^2\theta\boldsymbol{n} \quad (27)$$

将 $\bar{\boldsymbol{S}}$ 对球面积分即得总辐射功率，取面元 $\mathrm{d}\boldsymbol{\sigma} = \mathrm{d}\sigma\boldsymbol{n} = R^2\mathrm{d}\Omega\boldsymbol{n}$，则

$$P = \oint \bar{\boldsymbol{S}} \cdot \mathrm{d}\boldsymbol{\sigma} = \oint |\bar{\boldsymbol{S}}| R^2 \mathrm{d}\Omega$$

$$= \frac{|\ddot{\boldsymbol{p}}|^2}{32\pi^2\varepsilon_0 c^3 R^2} R^2 \oint \sin^2\theta \mathrm{d}\Omega = \frac{|\ddot{\boldsymbol{p}}|^2}{32\pi^2\varepsilon_0 c^3}\int_0^{2\pi}\mathrm{d}\phi\int_0^{\pi}\sin^2\theta\sin\theta\mathrm{d}\theta$$

$$= \frac{|\ddot{\boldsymbol{p}}|^2}{32\pi^2\varepsilon_0 c^3} \times 2\pi \times \left[-\cos\theta\Big|_0^{\pi} + \frac{1}{3}\cos^3\theta\Big|_0^{\pi}\right] = \frac{1}{4\pi\varepsilon_0}\frac{|\ddot{\boldsymbol{p}}|}{3c^3} \quad (28)$$

5.29 已知电偶极辐射矢势为 $\boldsymbol{A}(\boldsymbol{k}, t) = \frac{\mu_0}{4\pi}\frac{\mathrm{e}^{\mathrm{i}kR}}{R}$，试求电偶极辐射场和平均辐射能流。

【解】 Ⅰ. 求电偶极辐射场

由 5.28 题可知

$$\boldsymbol{B} = \nabla \times \boldsymbol{A} = \frac{\mu_0 \mathrm{i}k}{4\pi R}\mathrm{e}^{\mathrm{i}kR}\boldsymbol{n} \times \dot{\boldsymbol{p}} \quad (1)$$

$$\boldsymbol{E} = \frac{\mathrm{i}c}{k}\nabla \times \boldsymbol{B} = c\boldsymbol{B} \times \boldsymbol{n} = \frac{1}{4\pi\varepsilon_0 c^2 R}\mathrm{e}^{\mathrm{i}kR}(\ddot{\boldsymbol{p}} \times \boldsymbol{n}) \times \boldsymbol{n} \quad (2)$$

Ⅱ. 求平均辐射能流

根据平均辐射能流的计算公式，平均辐射能流为

$$\bar{\boldsymbol{S}} = \frac{1}{2}\mathrm{Re}(\boldsymbol{E}^* \times \boldsymbol{H}) = \frac{1}{2}\mathrm{Re}\left[c(\boldsymbol{B}^* \times \boldsymbol{n}) \times \frac{\boldsymbol{B}}{\mu_0}\right]$$

$$= \frac{c}{2\mu_0}\mathrm{Re}[(\boldsymbol{B} \cdot \boldsymbol{B}^*)\boldsymbol{n} - (\boldsymbol{B} \cdot \boldsymbol{n})\boldsymbol{B}^*] = \frac{c}{2\mu_0}|\boldsymbol{B}|^2\boldsymbol{n} = \frac{|\ddot{\boldsymbol{p}}|^2}{32\pi^2\varepsilon_0 c^3 R^2}\sin^2\theta\boldsymbol{n} \quad (3)$$

5.30 一带电粒子的电量为 q，以速度 $\boldsymbol{v}$ 做匀速直线运动，写出该粒子所产生的电磁场标势 φ 所满足的场方程。

【解】 Ⅰ. 该粒子所产生的电磁场标势 φ 所满足的场方程

带电粒子 q 所产生的电磁场标势 φ 所满足的场方程 $\varphi(\boldsymbol{x}, t)$ 为

$$\nabla^2\varphi(\boldsymbol{x}, t) - \frac{1}{c^2}\frac{\partial^2}{\partial t^2}\varphi(\boldsymbol{x}, t) = -\frac{1}{\varepsilon_0}\rho(\boldsymbol{x}, t)$$

式中，$\rho(\boldsymbol{x}, t) = q\delta(\boldsymbol{x} - \boldsymbol{v}t)$。

5.31 有一电偶极子 $\boldsymbol{P}$，在 xoy 平面内通过电偶极子中心的 z 轴以恒定角速度 ω 旋转，求其辐射场。

【解】 Ⅰ. 先求矢势 $\boldsymbol{A}$

设电偶极子 $\boldsymbol{P}$ 所带电量为 q，旋转半径为 R，由于其 $\boldsymbol{P}$ 在 xoy 平面内，故设

$$\begin{aligned}\boldsymbol{P} &= P_x\boldsymbol{i} + P_y\boldsymbol{j} = qR\cos\phi\boldsymbol{i} + qR\sin\phi\boldsymbol{j} = qR\cos\omega t\boldsymbol{i} + qR\sin\omega t\boldsymbol{j} \\ &= P_{0x}\cos\omega t\boldsymbol{i} + P_{0y}\sin\omega t\boldsymbol{j} = P_0(\cos\omega t\boldsymbol{i} + \sin\omega t\boldsymbol{j})\end{aligned} \tag{1}$$

所以有

$$\dot{P}_x = \frac{\partial P_x}{\partial t} = -P_{0x}\omega\sin\omega t = P_{0x}\omega\cos\left(\omega t + \frac{\pi}{2}\right) \tag{2}$$

$$\dot{P}_y = \frac{\partial P_y}{\partial t} = P_{0y}\omega\cos\omega t \tag{3}$$

写成指数形式

$$\dot{P}_x = P_{0x}\omega\mathrm{e}^{-\mathrm{i}\left(\omega t + \frac{\pi}{2}\right)} \tag{4}$$

$$\dot{P}_y = P_{0y}\omega\mathrm{e}^{-\mathrm{i}\omega t} \tag{5}$$

设场点坐标$|\boldsymbol{x}| = R$，$\boldsymbol{r} = \boldsymbol{x} - \boldsymbol{x}'$，则振动电偶极矩产生辐射的矢势公式为

$$\boldsymbol{A}(\boldsymbol{x}) = \frac{\mu_0\mathrm{e}^{\mathrm{i}kR}}{4\pi R}\dot{\boldsymbol{P}} = \frac{\mu_0\mathrm{e}^{\mathrm{i}kR}}{4\pi R}(\dot{P}_x\boldsymbol{i} + \dot{P}_y\boldsymbol{j}) \tag{6}$$

将(4)式和(5)式代入(6)式得矢势为

$$\boldsymbol{A}(\boldsymbol{x}) = \frac{\mu_0 P_0\omega\mathrm{e}^{\mathrm{i}kR}}{4\pi R}(\mathrm{e}^{-\mathrm{i}\pi/2}\boldsymbol{i} + \boldsymbol{j})\mathrm{e}^{-\mathrm{i}\omega t} \tag{7}$$

Ⅱ.求辐射场

由 $\boldsymbol{B}$ 和 $\boldsymbol{A}$ 的关系有

$$\boldsymbol{B} = \nabla\times\boldsymbol{A} = \frac{\mu_0 P_0\omega}{4\pi R}\{\nabla\times[\mathrm{e}^{\mathrm{i}(kR-\omega t)}]\times(\mathrm{e}^{-\mathrm{i}\pi/2}\boldsymbol{i} + \boldsymbol{j})\} \tag{8}$$

这里应注意，由于只保留 $1/R$ 的最低次项，算符∇只作用到相因子 $\mathrm{e}^{\mathrm{i}kR}$ 上，而不作用到分母的 R 上，并注意如下的代换

$$\nabla\rightarrow \mathrm{i}k\boldsymbol{n} \tag{9}$$

式中 $\boldsymbol{n}$ 为 $\boldsymbol{R}$ 方向的单位矢量 $\boldsymbol{e}_r$。将(9)式代入(8)式有

$$\boldsymbol{B} = \frac{\mathrm{i}k\mu_0 P_0\omega}{4\pi R}\mathrm{e}^{\mathrm{i}(kR-\omega t)}\boldsymbol{e}_r\times(\mathrm{e}^{-\mathrm{i}\pi/2}\boldsymbol{i} + \boldsymbol{j}) \tag{10}$$

直角坐标系基矢与球坐标系基矢间的换算为

$$\boldsymbol{i} = \sin\theta\cos\phi\boldsymbol{e}_r + \cos\theta\cos\phi\boldsymbol{e}_\theta - \sin\phi\boldsymbol{e}_\phi \tag{11}$$

$$\boldsymbol{j} = \sin\theta\sin\phi\boldsymbol{e}_r + \cos\theta\sin\phi\boldsymbol{e}_\theta + \cos\phi\boldsymbol{e}_\phi \tag{12}$$

将(11)式和(12)式代入(10)式有

$$\begin{aligned}\boldsymbol{B} &= \frac{\mathrm{i}k\mu_0 P_0\omega}{4\pi R}\mathrm{e}^{\mathrm{i}(kR-\omega t)}[\mathrm{e}^{-\mathrm{i}\pi/2}(\cos\theta\cos\phi\boldsymbol{e}_\phi + \sin\phi\boldsymbol{e}_\theta) + (\cos\theta\sin\phi\boldsymbol{e}_\phi - \cos\phi\boldsymbol{e}_\theta)] \\ &= \frac{\mathrm{i}k\mu_0 P_0\omega}{4\pi R}\mathrm{e}^{\mathrm{i}(kR-\omega t)}[(\mathrm{e}^{-\mathrm{i}\pi/2}\sin\phi - \cos\phi)\boldsymbol{e}_\theta + (\mathrm{e}^{-\mathrm{i}\pi/2}\cos\theta\cos\phi + \cos\theta\sin\phi)\boldsymbol{e}_\phi]\end{aligned} \tag{13}$$

由上式可看出只有 B_θ 和 B_ϕ 分量，而 $B_r = 0$。由 $\boldsymbol{B}$ 和 $\boldsymbol{E}$ 的关系

$$\boldsymbol{E} = c\boldsymbol{B}\times\boldsymbol{n} = c\boldsymbol{B}\times\boldsymbol{e}_r \tag{14}$$

$$= \frac{\mathrm{i}ck\mu_0 P_0\omega}{4\pi R}\mathrm{e}^{\mathrm{i}(kR-\omega t)}[(\mathrm{e}^{-\mathrm{i}\pi/2}\sin\phi - \cos\phi)\boldsymbol{e}_\theta - (\mathrm{e}^{-\mathrm{i}\pi/2}\cos\theta\cos\phi + \cos\theta\sin\phi)\boldsymbol{e}_\phi] \tag{15}$$

第 6 章　狭义相对论

6.1　证明在伽利略变换下，牛顿定律是协变的，麦克斯韦方程不是协变的。

【证明】　Ⅰ. 证明伽利略变换下，牛顿定律是协变的

设惯性系 Σ' 与惯性系 Σ 的对应坐标平行，且 Σ' 系以速度 v 沿 Σ 系的 x 轴方向匀速运动，由伽利略变换可得两坐标系间的坐标变换为

$$x = x' + vt' \quad y = y' \quad z = z' \quad t = t' \tag{1}$$

两坐标系间的速度变换为

$$\boldsymbol{u} = \boldsymbol{u}' + \boldsymbol{v} \tag{2}$$

物体质量在伽利略变换下是不变量，即

$$m = m' \tag{3}$$

质量为 m 的物体在两坐标系中的动量为

$$\boldsymbol{p} = m\boldsymbol{u} = m\boldsymbol{u}' + m\boldsymbol{v} \tag{4}$$

$$\boldsymbol{p}' = m\boldsymbol{u}' \tag{5}$$

即动量在两坐标系间的变换为

$$\boldsymbol{p} = \boldsymbol{p}' + m\boldsymbol{v} \tag{6}$$

式中 $m\boldsymbol{v}$ 为常矢量，所以，牛顿定律在两坐标系中的形式为

$$\boldsymbol{F} = \frac{\mathrm{d}\boldsymbol{p}}{\mathrm{d}t} \tag{7}$$

$$\boldsymbol{F}' = \frac{\mathrm{d}\boldsymbol{p}'}{\mathrm{d}t} = \frac{\mathrm{d}\boldsymbol{p}}{\mathrm{d}t} \tag{8}$$

即

$$\boldsymbol{F} = \boldsymbol{F}' \tag{10}$$

表明牛顿定律在两坐标系具有相同的形式，即牛顿定律在伽利略变换下是协变的，证毕。

Ⅱ. 证明在伽利略变换下，麦克斯韦方程不是协变的

由麦克斯韦方程组可导出矢势 $\boldsymbol{A}$ 和标势 φ 的达朗贝尔方程为

$$\nabla^2\boldsymbol{A} - \frac{1}{c^2}\frac{\partial^2\boldsymbol{A}}{\partial t^2} = -\mu_0\boldsymbol{J} \tag{11}$$

$$\nabla^2\varphi - \frac{1}{c^2}\frac{\partial^2\varphi}{\partial t^2} = -\rho/\varepsilon_0 \tag{12}$$

由于在伽利略变换下，光速 c 是可变量，因此(11) 式和(12) 式两方程在伽利略变换下不是协变的，而(11) 式和(12) 式是从麦克斯韦方程导出的，所以，可推知在伽利略变换下麦克斯韦方程不是协变的，证毕。

6.2　一辆以速度 v 运动的列车上的观察者，在经过某一高大建筑物时，看见一避雷针上跳起一脉冲电火花，电光迅速传播，先后照亮了铁路沿线上的两铁塔，求列车上的观察者测量到电光到达两铁塔的时刻差，设建筑物及两铁塔都在一直线上，与列车前进方向一致，铁塔到建筑物的地面距离已知都是 l_0。

【解】　设地面为 Σ 系，列车为 Σ' 系，列车运动方向为 x 轴，即 Σ' 系相对于 Σ 系以速度 v 沿 x 轴方向匀速运动。

在 Σ 系中：两铁塔的位置为

$$x_1 = -l_0 \tag{1}$$

$$x_2 = l_0 \tag{2}$$

两铁塔间距离为

$$\Delta x = x_2 - x_1 = 2l_0 \tag{3}$$

两铁塔被照亮的时刻差为

$$\Delta t = t_2 - t_1 = \frac{l_0}{c} - \frac{l_0}{c} = 0 \tag{4}$$

表明 Σ 系上，即地面上的观察者测量电光到达两铁塔的时刻差为零，亦即测量电光到达两铁塔的时间是相同的。

在 Σ' 系中：两铁塔的位置为

$$x'_1 = \gamma(x_1 - vt) \tag{5}$$

$$x'_2 = \gamma(x_2 - vt) \tag{6}$$

式中 $\gamma = 1/\sqrt{1 - v^2/c^2}$。

两铁塔间距离为

$$\Delta x' = x'_2 - x'_1 = \gamma(x_2 - x_1) = \gamma 2l_0 \tag{7}$$

两铁塔被照亮的时刻差为

$$\begin{aligned}\Delta t' &= t'_2 - t'_1 = \gamma\left(t_2 - \frac{v}{c^2}x_2\right) - \gamma\left(t_1 - \frac{v}{c^2}x_1\right) \\ &= \gamma(t_2 - t_1) - \frac{\gamma v}{c^2}(x_2 - x_1) = 0 + \gamma\frac{2vl_0}{c^2} = \frac{2vl_0\gamma}{c^2}\end{aligned} \tag{8}$$

表明 Σ' 系上，即列车上的观察者测量电光到达两铁塔的时刻差为 $2vl_0\gamma/c^2$，亦即测量电光到达两铁塔的时间是不相同的。

从此题的计算结果可以看出，Σ 系上认为同时发生的两件事，在 Σ' 系上的观察者认为是不同时的。应从这里体会同时相对性的含义。

6.3　设两事件之间的空间距离为 Δl，时间差为 Δt。试证明：(1) 在 $\Delta l = 0$ 的惯性系中，Δt 为最短；(2) 在 $\Delta t = 0$ 的惯性系中，Δl 为最短。

【证明】 Ⅰ. 证明在 $\Delta l=0$ 的惯性系中，Δt 为最短

设在惯性系 Σ 中，两事件的距离为 Δl，时间差为 Δt；在惯性系 Σ' 中，两事件的距离为 $\Delta l'$，时间差为 $\Delta t'$，根据间隔不变性有

$$c^2\Delta t^2-\Delta l^2=c^2\Delta t'^2-\Delta l'^2 \tag{1}$$

由题意，在 $\Delta l=0$ 的惯性系中有

$$c^2\Delta t^2=c^2\Delta t'^2-\Delta l'^2 \tag{2}$$

即

$$\Delta t=\sqrt{\Delta t^2-\frac{\Delta l'^2}{c^2}}<\Delta t' \tag{3}$$

表明在 $\Delta l=0$ 的惯性系中，Δt 为最短。

Ⅱ. 证明在 $\Delta t=0$ 的惯性系中，Δl 为最短

由(1) 式，在 $\Delta t=0$ 的惯性系中有

$$-\Delta l^2=c^2\Delta t'^2-\Delta l'^2 \tag{4}$$

即

$$\Delta l=\sqrt{\Delta l'^2-c^2\Delta t'^2}<\Delta l' \tag{5}$$

表明在 $\Delta t=0$ 的惯性系中，Δl 为最短。证毕。

6.4 静止时长度为 l_0 的车厢，以匀速 v 相对于地面运动，车厢内一个小球从车厢的后壁出发，以匀速 u_0 相对于车厢向前运动，如图 6.4 所示。小球的直径比 l_0 小很多，可略去不计。试求地面观察者观测到小球从后壁到前壁所需的时间。

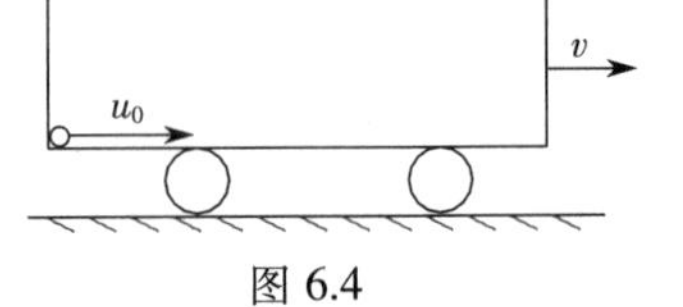

图 6.4

【解法一】 设地面为 Σ 系，车厢为 Σ' 系，Σ 系上的观察者观测到小球从后壁到前壁所需要的时间为

$$\Delta t=\frac{1}{\sqrt{1-\beta^2}}\left(\Delta t'+\frac{v}{c^2}\Delta x'\right)\quad\left(\beta=\frac{v}{c}\right) \tag{1}$$

在 Σ' 系上有

$$\Delta x'=l_0 \tag{2}$$

$$\Delta t'=\frac{l_0}{u_0} \tag{3}$$

将(2) 式和(3) 式代入(1) 式得

$$\Delta t=\frac{1}{\sqrt{1-v^2/c^2}}\left(\frac{l_0}{u_0}+\frac{v}{c^2}l_0\right)=\frac{l_0(1+u_0v/c^2)}{u_0\sqrt{1-\beta^2}} \tag{4}$$

【解法二】 设固定在小球上静止的参考系为 Σ''，Σ'' 系测得车厢的速度为

$$u''_x=-u_0 \tag{5}$$

测得车厢的运动距离和时间分别为

$$l''=l_0\sqrt{1-\left(\frac{u_0}{c}\right)^2} \tag{6}$$

$$\Delta t'' = \frac{l''}{u_0} = \frac{l_0\sqrt{1-\left(\frac{u_0}{c}\right)^2}}{u_0} \tag{7}$$

地面测得小球的运动速度为

$$u_x = \frac{u_0+v}{1+u_0 v/c^2} = \frac{c^2(u_0+v)}{c+u_0 v} \tag{8}$$

所以，由时间延缓效应可得地面观察者观测到小球从后壁到前壁所需时间为

$$\Delta t = \frac{\Delta t''}{\sqrt{1-\left(\frac{u_x}{c}\right)^2}} \tag{9}$$

将(7)式和(8)式代入(9)式得所求时间为

$$\Delta t = \frac{l_0\left(1+\frac{u_0 v}{c^2}\right)}{u_0\sqrt{1-\beta^2}} \tag{10}$$

6.5　设有两根互相平行的尺子，在各自静止的参考系中的长度均为 l_0，它们以相同的速率 v 相对于某一参考系运动，但运动方向相反，且平行于尺子。试求站在一根尺上测量另一根尺的长度。

【解】　设两尺子沿 x 轴放置，一尺相对于另一尺的运动速度为 u_x，根据相对论速度变换公式的反变换式有

$$u_x = \frac{u'_x+v}{1+vu'_x/c^2} = \frac{v+v}{1+v^2/c^2} = \frac{2vc^2}{c^2+v^2} \tag{1}$$

从一尺测得另一尺的长度为

$$l = l_0\sqrt{1-\frac{u_x^2}{c^2}} \tag{2}$$

将(1)式代入(2)式得

$$\begin{aligned} l &= l_0\sqrt{1-\frac{4v^2c^2}{(c^2+v^2)^2}} = l_0\sqrt{\frac{(c^2+v^2)^2-4v^2c^2}{(c^2+v^2)^2}} \\ &= l_0\frac{c^2-v^2}{c^2+v^2} = l_0\frac{1-v^2/c^2}{1+v^2/c^2} \end{aligned} \tag{3}$$

6.6　在坐标系 Σ 中，有两个物体都以相同速度 u 沿 x 轴运动，在 Σ 系看来，它们一直保持距离 l 不变。今有一观察者以速度 $\boldsymbol{v}$ 沿 x 轴运动，他看到这两个物体的距离是多少？

【解】　设在相对于两物体静止的坐标系中测得两物体间的距离为 l_0，两物体相对于 Σ 系以速度 u 沿 x 轴运动，在 Σ 坐标系中测得两物体间的距离为 l，而两物体相对于 Σ' 系以速度 u' 沿 x 轴运动，在 Σ' 系上的观察者测得两物体间的距离为 l'，Σ' 系相对于 Σ 系以速度 v 沿 x 轴运动，根据相对论速度变换公式有

$$u' = \frac{u-v}{1-\frac{vu}{c^2}} \tag{1}$$

而根据长度缩短效应有

$$l = l_0 \sqrt{1 - \frac{u^2}{c^2}} \tag{2}$$

$$l' = l \sqrt{1 - \frac{u'^2}{c^2}} \tag{3}$$

将(1) 式代入(3) 式有

$$l' = l \sqrt{1 - \frac{u'^2}{c^2}} = l_0 \sqrt{1 - \frac{1}{c^2}\left[\frac{c^2(u-v)}{c^2 - uv}\right]^2}$$

$$= \frac{l_0}{c^2 - uv} \sqrt{c^4 - c^2u^2 - v^2(c^2 - u^2)} \tag{4}$$

将(2) 式代入(4) 式有

$$l' = \frac{l}{(c^2 - uv)\sqrt{1 - u^2/c^2}} \sqrt{c^2(c^2 - u^2) - v^2(c^2 - u^2)}$$

$$= \frac{l}{c^2 - uv} \times c \times \sqrt{\frac{c^2(c^2 - u^2) - v^2(c^2 - u^2)}{c^2 - u^2}}$$

$$= \frac{cl}{c^2 - uv} \sqrt{c^2 - v^2} = \frac{l}{1 - uv/c^2} \sqrt{1 - v^2/c^2} \tag{5}$$

6.7 一把直尺相对于Σ坐标系静止，直尺与x轴交角为θ。今有一观察者以速度v沿x轴运动，他看到直尺与x轴交角θ'有何变化？

【解】 设尺子所在参考系为Σ，运动的观察者所在参考系为Σ'，在Σ系中有

$$\tan\theta = \frac{\Delta y}{\Delta x} \tag{1}$$

在Σ'系中：尺子在x、y方向的分量为

$$\Delta x' = \Delta x \sqrt{1 - v^2/c^2} \tag{2}$$

$$\Delta y' = \Delta y \tag{3}$$

设运动的观察者看到直尺与x轴交角为θ'，则有

$$\tan\theta' = \Delta y'/\Delta x = \frac{\tan\theta}{\sqrt{1 - v^2/c^2}} \tag{4}$$

表明运动的观察者看到直尺与x轴交角增大了。

6.8 两个惯性系Σ和Σ'中各放置若干时钟，同一惯性系中的诸时钟同步。Σ'系相对于Σ系以速度v沿x轴方向运动。设两系原点相遇时，$t_0 = t'_0 = 0$。问处于Σ系中某点(x,y,z)处的时钟与Σ'系中何处的时钟相遇时，指示的时刻相同？读数是多少？

【解】 设当Σ'系中处于(x',y',z')的时钟与Σ系中处于(x,y,z)的时钟相遇，此时两系的时钟所指时刻相同，即有

$$t' = t \tag{1}$$

由洛伦兹变换

$$t' = \gamma\left(t - \frac{vx}{c^2}\right) \tag{2}$$

得两钟相遇时 Σ 系的坐标为

$$x = \left(1 - \frac{1}{\gamma}\right)\frac{c^2}{v}t \tag{3}$$

将上式代入洛伦兹变换

$$x' = \gamma(x - vt) \tag{4}$$

得两时钟相遇时所处的坐标和时钟的读数为

$$x' = -x$$

$$t' = t = \frac{x}{c}\left(1 + \frac{1}{\gamma}\right) \tag{6}$$

此结果表明两时钟相遇时读数相同。

6.9　火箭由静止状态加速到 $v = \sqrt{0.9999}c$，设瞬时惯性系上加速度为 $|\dot{\boldsymbol{v}}| = 20\ \mathrm{m \cdot s^{-2}}$，问按照静止系的时钟和按火箭内的时钟加速火箭各需多少时间？

【解】　设静止参考系为 Σ 系，火箭上的瞬时惯性系为 Σ′ 系，火箭的加速方向为 Σ 系的 x 方向，根据速度变换的反变换式，在 Σ′ 系中，火箭的速度为

$$v = u_x = \frac{u'_x + v}{1 + vu_x/c^2} \tag{1}$$

由洛伦兹变换

$$t' = \gamma\left(t - \frac{vx}{c^2}\right) \tag{2}$$

有

$$\frac{\mathrm{d}t'}{\mathrm{d}t} = \gamma\left(1 - \frac{v}{c^2}u_x\right) = \frac{1}{\sqrt{1 - v^2/c^2}} \times (1 - v^2/c^2) = \sqrt{1 - \frac{v^2}{c^2}} = \frac{1}{\gamma} \tag{3}$$

式中利用了(1) 式及 $\gamma = 1/\sqrt{1 - v^2/c^2}$。根据题意，在 Σ 系中火箭的速度为

$$a_x = \frac{\mathrm{d}v}{\mathrm{d}t} = \frac{\mathrm{d}u_x}{\mathrm{d}t} = \frac{\mathrm{d}u_x}{\mathrm{d}t'}\frac{\mathrm{d}t'}{\mathrm{d}t} \tag{4}$$

根据题意有

$$a'_x = \frac{\mathrm{d}u'_x}{\mathrm{d}t'} = 20\ \mathrm{m \cdot s^{-2}} \tag{5}$$

根据速度变换式

$$u'_x = \frac{u_x - v}{1 - vu_x/c^2} = \frac{u_x - v}{1 - v^2/c^2} \tag{6}$$

所以有

$$\frac{\mathrm{d}u'_x}{\mathrm{d}t'} = \frac{1}{1 - v^2/c^2}\frac{\mathrm{d}u_x}{\mathrm{d}t'} \tag{7}$$

将(5) 式和(7) 式代入(4) 式有

$$a_x = \frac{\mathrm{d}v}{\mathrm{d}t} = \frac{1}{\gamma}a'_x(1 - v^2/c^2) = 20(1 - v^2/c^2)^{3/2} \tag{8}$$

所以有

$$\mathrm{d}t = \frac{\mathrm{d}v}{20(1 - v^2/c^2)^{3/2}} \tag{9}$$

所以，在 Σ 系中火箭从 $v = 0$ 加速到 $v = \sqrt{0.9999}c$ 所需的时间为

$$t = \frac{1}{20}\int_0^{\sqrt{0.9999}c} \frac{\mathrm{d}v}{(1 - v^2/c^2)^{3/2}} = \frac{1}{20}\frac{v/c}{\sqrt{1 - v^2/c^2}}\Bigg|_0^{\sqrt{0.9999}c} = 47.5\ \text{年} \tag{10}$$

在 Σ' 系中，由时钟延缓效应，火箭从 $v = 0$ 加速到 $v = \sqrt{0.9999}c$ 所需时间为

$$\mathrm{d}t' = \frac{\mathrm{d}t}{\gamma} = \frac{\mathrm{d}v}{20(1 - v^2/c^2)} \tag{11}$$

$$t' = \frac{1}{20}\int_0^{\sqrt{0.9999}c} \frac{\mathrm{d}v}{(1 - v^2/c^2)} = \frac{1}{20}\ln\frac{1 + v^2/c^2}{1 - v^2/c^2}\Bigg|_0^{\sqrt{0.9999}c} = 2.52\ \text{年} \tag{12}$$

计算表明，火箭从 $v = 0$ 加速到 $v = \sqrt{0.9999}c$ 时，静系所需的时间大于动系所需的时间。

6.10 一直山洞的长为 1 km，一列火车静止时，长也是 1 km。当这列火车以 $0.6c$ 的速度行驶时，穿过此山洞。A 是站在地面上的观察者，B 是坐在火车上的观察者。(1) 试求从车前端进洞到车尾端出洞，A 观测到的时间是多少？B 观测到的时间是多少？(2) 整个列车在洞内的时间是多少？

【解】 Ⅰ. 求地面上的观测者 A 测得从火车开始进洞到火车尾端出洞的时间

设地面为 Σ 系，火车为 Σ' 系，火车的速度为 v。Σ' 系上的观测者认为火车的长就是静止长度 l_0。根据长度缩短效应，Σ 系上的观测者测得火车的长为

$$l = l_0\sqrt{1 - \frac{v^2}{c^2}} = 0.8\ \text{km} \tag{1}$$

即 B 认为山洞比列车长，列车缩短了，则地面上，即 Σ 系的观测者 A 测得从火车开始进洞到火车尾端出洞的时间为

$$\Delta t = \frac{l + l_0}{v} = 10^{-5}\ \text{s} \tag{2}$$

Ⅱ. 火车上的观测者 B 测得的时间

设山洞的长度为 l'，火车上，即 Σ' 系上的观测者 B 认为火车的长就是静止长度 l_0。根据长度缩短效应，Σ' 系上的观测者 B 测得山洞的长为

$$l' = l_0\sqrt{1 - \frac{v^2}{c^2}} = 0.8\ \text{km} \tag{3}$$

即坐在火车上的观察者 B 认为列车比山洞长，山洞缩短了，则火车上，即 Σ' 系上的观测者 B 测得时间为

$$\Delta t' = \frac{l_0 + l'}{v} \times 10^{-5}\ \text{s} \tag{4}$$

Ⅲ. 整个火车在洞内运行的时间

对 Σ 系：其上的观测者 A 测得整个列车全在洞内的时间为

$$\Delta T = \frac{l_0 - l}{v} = 1.11 \times 10^{-6}\ \text{s} \tag{5}$$

对 Σ' 系：其上的观测者 B 认为列车比山洞长，所以列车不可能全在洞内。

6.11　设两束电子做迎面的相对运动，每束电子相对于实验室的速度均为 $v = 0.9c$，c 为光在真空中的速度，试求：

(1) 实验室观察者观测到的两束电子的相对速度；

(2) 相对于其中一束电子静止的观察者观测到另一束电子的速度。

【解】　Ⅰ. 实验室观察者观测到的两束电子的相对速度

设两束电子的速度分别为 v_1 和 v_2，方向相反，且 $v = v_1 = v_2$，实验室为两束电子的同一参考系，对同一参考系，两束电子对实验室的合成速度为

$$u = v_1 + v_2 = 0.9c + 0.9c = 1.8c \tag{1}$$

Ⅱ. 相对于其中一束电子静止的观察者观测到另一束电子的速度

由速度变换公式，相对于其中一束电子静止的观察者观测到另一束电子的速度为

$$u' = \pm \frac{v_1 - v_2}{\sqrt{1 - v^2/c^2}} = \pm \frac{2v}{\sqrt{1 - v^2/c^2}} = \pm 0.994c \tag{2}$$

6.12　在 Σ 系原点有一信号接收器 A，另有一信号发生器 B 以速度 v 沿 x 轴方向运动，B 每隔时间 τ_0 发出光信号，求 A 接收到相邻两次光信号的时间间隔 t。

【解】　设 B 为 Σ' 系，根据相对论效应，Σ 系上的观察者认为信号发生器接收到相邻两次光信号的时间间隔为

$$\tau' = \frac{\tau_0}{\sqrt{1 - v^2/c^2}} \tag{1}$$

由于信号发生器发出相邻两次光信号间隔内又前进一段距离

$$x = v\tau' \tag{2}$$

所以，Σ 系中的接收器 A 收到相邻两次光信号的时间间隔为

$$t = \tau' + \frac{v\tau'}{c} = \left(1 + \frac{v}{c}\right)\tau' = \left(1 + \frac{v}{c}\right)\frac{\tau_0}{\sqrt{1 - v^2/c^2}} = \frac{(c + v)\tau_0}{\sqrt{c^2 - v^2}} \tag{3}$$

6.13　(1) 设地球的年龄已有五十亿年，在地球诞生时就在赤道和两极放有相同时钟，问赤道上的时钟现在比两极的时钟慢多少？(2) 我国古代神话说：“洞中方七日，世上已千年。”假定“洞中”是在某一宇宙飞船中，“世上”就是地球上。问该宇宙飞船相对于地球的速度是多少？

【解】　Ⅰ. 赤道上的时钟现在比两极的时钟慢多少

设两极上的参考系为 Σ 系，赤道上的参考系为 Σ 系 $'$，令在两极的时钟所指的时间 $t = 50$ 亿年，地球自转时赤道上任一点的速度大小为

$$v = \frac{2\pi R}{T} = \frac{2\pi \times 6.37 \times 10^6}{24 \times 60 \times 60} = 4.63 \times 10^2\ \text{m} \cdot \text{s}^{-1} \tag{1}$$

即

$$v \ll c \tag{2}$$

根据时钟延缓效应(或时间膨胀效应),时钟所指时间为

$$t' = t\sqrt{1-\frac{v^2}{c^2}} \tag{3}$$

所以,赤道上的时钟现在比两极的时钟慢的时间为

$$\Delta t = t - t' = t(1-\sqrt{1-v^2/c^2}) \tag{4}$$

将$\sqrt{1-\frac{v^2}{c^2}}$展开有

$$\sqrt{1-\frac{v^2}{c^2}} \cong 1-\frac{1}{2}\frac{v^2}{c^2} \tag{5}$$

所以得

$$\Delta t = \frac{1}{2}\frac{v^2}{c^2}t = \frac{1}{2}\left(\frac{4.63\times10^2}{3\times10^8}\right)^2\times50\times10^8\text{年} = 2.17\ \text{天} \tag{6}$$

Ⅱ.宇宙飞船相对于地球的速度是多少

设地球(世上)为Σ系,飞船(洞中)为Σ'系,设飞船相对于地球的速度为v,根据时间膨胀效应有

$$\Delta\tau = \Delta t\sqrt{1-\frac{v^2}{c^2}} \tag{7}$$

即

$$1-\frac{v^2}{c^2} = \frac{c+v}{c}\times\frac{c-v}{c} = \left(\frac{\Delta\tau}{\Delta t}\right)^2 = \left(\frac{7}{1\ 000\times365}\right)^2 = 3.678\times10^{-10} \tag{8}$$

设飞船的速度很大,有$v\to c$,即

$$\frac{c+v}{c} \cong \frac{2c}{c} = 2 \tag{9}$$

所以

$$2\times\frac{c-v}{c} = 3.678\times10^{-10} \tag{9}$$

即

$$v = (1-1.839\times10^{-10})c \tag{10}$$

6.14 有一光源S与接收器R相对静止,两者距离为l_0,S-R装置浸在均匀无限大的液体介质(静止折射率为n)中,试对下列三种情况计算光源发出信号到接收器接收到信号所经历的时间。

(1) 液体介质相对于S-R装置静止;

(2) 液体沿着S-R连线方向以速度v流动;

(3) 液体垂直于S-R连线方向以速度v流动。

【解】 Ⅰ.求介质相对于S-R静止时,信号从S到R所经历的时间

根据题意，所求时间为光程与光速之比，即

$$\Delta t_1 = \frac{nl_0}{c} \tag{1}$$

Ⅱ. 求介质沿着 S-R 连线方向以速度 v 流动时，信号从 S 到 R 所经历的时间

设相对于 S-R 静止的参考系为 Σ 系，相对于介质静止的参考系为 Σ' 系，Σ' 系相对于 Σ 系以速度 v 沿 x 方向运动，沿 S-R 方向为 x 方向。信号在介质中的速度为

$$u'_x = \frac{c}{n} \tag{2}$$

根据相对论速度变换公式的反变换式有

$$u_x = \frac{u'_x + v}{1 + vu'/c^2} = \frac{c/n + v}{1 + v/cn} \tag{3}$$

所以，信号从 S 到 R 所经历的时间为

$$\Delta t_2 = \frac{l_0}{u_x} = \frac{(1 + v/cn)l_0}{c/n + v} \tag{4}$$

Ⅲ. 求介质垂直于 S-R 连线方向以速度 v 流动时，信号从 S 到 R 所经历时间

设相对于 S-R 静止的参考系为 Σ 系，相对于介质静止的参考系为 Σ' 系，Σ' 系相对于 Σ 系以速度 v 沿 x 方向运动，使 S-R 方向为 y 方向，则 S-R 装置沿 x 负方向运动，速度为 $(-v)$，在 Σ' 系中，信号从 S 到 R 的速度为

$$\boldsymbol{u}' = \frac{c}{n}\boldsymbol{e}_u = u'_x\boldsymbol{e}_x + u'_y\boldsymbol{e}_y \tag{5}$$

即

$$u'_x = -v \tag{6}$$

$$u'_y = \sqrt{(c/n)^2 - v^2} \tag{7}$$

在 Σ 系中，信号沿 y 方向从 S 到 R，将(6)式和(7)式代入相对论速度变换公式的反变换式有

$$u_y = \frac{u'_y\sqrt{1 - v^2/c^2}}{1 + u'_x v/c^2} = \frac{\sqrt{(c/n)^2 - v^2} \times \sqrt{1 - v^2/c^2}}{1 + (-v)v/c^2} = \frac{\sqrt{(c/n)^2 - v^2}}{\sqrt{1 - v^2/c^2}} \tag{8}$$

所以，信号从 S 到 R 所经历的时间为

$$\Delta t_3 = \frac{l_0}{u_y} = \frac{\sqrt{1 - v^2/c^2}}{\sqrt{(c/n)^2 - v^2}}l_0 \tag{9}$$

6.15　物体 A 以速度 $\boldsymbol{u} = (u,0,0)$ 相对于参考系 Σ' 运动，Σ' 系又以速度 $\boldsymbol{v} = (v,0,0)$ 相对于惯性系 Σ 运动，则 A 相对于 Σ 系的速度为 $\mathbf{V} = (V,0,0)$，其中 $V = \dfrac{u + v}{1 + uv/c^2}$，试证明：当 $u < c, v < c$ 时，$V < c$。

【证明】　设 $u = xc, v = yc$，则当 $0 < x < 1$ 和 $0 < y < 1$ 时有

$$u < c \quad v < c \tag{1}$$

由 x 和 y 的取值有

$$(1-x)(1-y)>0 \tag{2}$$

即 $x+y<1+xy$，所以得

$$V=\frac{u+v}{1+uv/c^2}=\frac{(x+y)c}{1+xy}<c \tag{3}$$

证毕。

6.16　利用相对论力学方程进行证明：当力 $\boldsymbol{F}$ 与速度 $\boldsymbol{v}$ 垂直时，力与加速度 $\boldsymbol{a}=\frac{\mathrm{d}\boldsymbol{v}}{\mathrm{d}t}$ 的比为 $\frac{m_0}{\sqrt{1-v^2/c^2}}$；当 $\boldsymbol{F}$ 力与速度 $\boldsymbol{v}$ 平行时，力与加速度的比为 $\frac{m_0}{\sqrt{(1-v^2/c^2)^3}}$。

【解】　由相对论力学方程

$$\boldsymbol{F}=\frac{\mathrm{d}}{\mathrm{d}t}\left(\frac{m_0\boldsymbol{v}}{\sqrt{1-v^2/c^2}}\right) \tag{1}$$

当 $\boldsymbol{F}\perp\boldsymbol{v}$ 时，速度 $\boldsymbol{v}$ 只改变方向，不改变大小，即(1) 式中 v^2 为常数，所以有

$$\boldsymbol{F}=\frac{\mathrm{d}}{\mathrm{d}t}(\frac{m_0\boldsymbol{v}}{\sqrt{1-v^2/c^2}})=\frac{m_0}{\sqrt{1-v^2/c^2}}\frac{\mathrm{d}\boldsymbol{v}}{\mathrm{d}t}=\frac{m_0}{\sqrt{1-v^2/c^2}}\boldsymbol{a} \tag{2}$$

即力与加速度的比为

$$\frac{F}{a}=\frac{m_0}{\sqrt{1-v^2/c^2}} \tag{3}$$

当 $\boldsymbol{F}//\boldsymbol{v}$ 时，速度 $\boldsymbol{v}$ 只改变大小，而不改变方向

$$\boldsymbol{F}=\frac{\mathrm{d}}{\mathrm{d}t}\left(\frac{m_0\boldsymbol{v}}{\sqrt{1-v^2/c^2}}\right)=\frac{m_0}{\sqrt{1-v^2/c^2}}\frac{\mathrm{d}\boldsymbol{v}}{\mathrm{d}t}+\boldsymbol{v}\frac{\mathrm{d}}{\mathrm{d}t}(\frac{m_0}{\sqrt{1-v^2/c^2}})$$

$$=\frac{m_0}{\sqrt{1-v^2/c^2}}\frac{\mathrm{d}\boldsymbol{v}}{\mathrm{d}t}+\frac{m_0}{(1-v^2/c^2)^{\frac{3}{2}}}\frac{v\boldsymbol{v}}{c^2}\frac{\mathrm{d}v}{\mathrm{d}t} \tag{4}$$

式中

$$v\frac{\mathrm{d}v}{\mathrm{d}t}=\frac{1}{2}\frac{\mathrm{d}}{\mathrm{d}t}(v^2)=\frac{1}{2}\frac{\mathrm{d}}{\mathrm{d}t}(\boldsymbol{v}\cdot\boldsymbol{v})=\boldsymbol{v}\cdot\frac{\mathrm{d}\boldsymbol{v}}{\mathrm{d}t} \tag{5}$$

将(5) 式代入(4) 式有

$$\boldsymbol{F}=\left(\frac{m_0}{\sqrt{1-v^2/c^2}}+\frac{m_0}{(1-v^2/c^2)^{\frac{3}{2}}}\frac{v^2}{c^2}\right)\frac{\mathrm{d}\boldsymbol{v}}{\mathrm{d}t}=\left(\frac{m_0}{\sqrt{1-v^2/c^2}}+\frac{m_0}{(1-v^2/c^2)^{\frac{3}{2}}}\frac{v^2}{c^2}\right)\boldsymbol{a} \tag{6}$$

即力与加速度的比为

$$\frac{F}{a}=\frac{m_0}{\sqrt{1-v^2/c^2}}+\frac{m_0}{(1-v^2/c^2)^{\frac{3}{2}}}\frac{v^2}{c^2}=\frac{m_0}{\sqrt{1-v^2/c^2}}(1+\frac{v^2/c^2}{1-v^2/c^2})$$

$$=\frac{m_0}{\sqrt{1-v^2/c^2}}\left(\frac{1}{1-v^2/c^2}\right)=\frac{m_0}{(1-v^2/c^2)^{\frac{3}{2}}}=\frac{m_0}{\sqrt{(1-v^2/c^2)^3}} \tag{7}$$

6.17　一粒子以速度 $\boldsymbol{v}(t)$ 相对于惯性系 Σ 运动。设在 t_0 时刻此粒子不改变它的速度方向，只改变它的速度大小，其值为 $a=\left|\frac{\mathrm{d}\boldsymbol{v}(t)}{\mathrm{d}t}\right|_{t=t_0}$。这时在相对于此粒子为瞬时静止的惯性系中观测，此粒子的加速度的大小为多少？

【解】 设相对于粒子为瞬时静止的惯性系为 Σ' 系，Σ' 系以速度 v 沿 x 轴方向运动。令

$$\gamma = \sqrt{1-\frac{v^2}{c^2}} \quad v = |\boldsymbol{v}(t_0)| \tag{1}$$

根据相对论速度变换公式的反变换式，相对于 Σ 系的各速度分量为

$$u_x = \frac{u'_x + v}{1 + vu'_x/c^2} \tag{2}$$

$$u_y = \frac{\gamma u'_y}{1 + vu'_x/c^2} \tag{3}$$

$$u_z = \frac{\gamma u'_z}{1 + vu'_x/c^2} \tag{4}$$

对(2) 式求时间的一阶导数即可求得相对于 Σ' 系的加速度 a'_x，即

$$\mathrm{d}u_x = \frac{1}{1+\frac{vu'_x}{c^2}}\left[\left(1+\frac{vu'_x}{c^2}\right)\mathrm{d}u'_x - (u'_x + v)\,\frac{v}{c^2}\mathrm{d}u'_x\right] \tag{5}$$

因为粒子相对于 Σ' 系瞬时静止，即

$$u'_x = 0 \quad u'_y = 0 \quad u'_z = 0 \tag{6}$$

所以有

$$\mathrm{d}u_x = \left(1-\frac{v^2}{c^2}\right)\mathrm{d}u'_x = \gamma^2\mathrm{d}u'_x \tag{7}$$

加速度的 x 分量为

$$a_x = \frac{\mathrm{d}u_x}{\mathrm{d}t} = \gamma^2\,\frac{\mathrm{d}u'_x}{\mathrm{d}t'}\,\frac{\mathrm{d}t'}{\mathrm{d}t} = \gamma^2 a'_x\,\frac{\mathrm{d}t'}{\mathrm{d}t} \tag{8}$$

根据洛伦兹变换式有

$$t = \frac{1}{\gamma}\left(t' + \frac{v}{c^2}x'\right) \tag{9}$$

所以得

$$\frac{\mathrm{d}t}{\mathrm{d}t'} = \frac{1}{\gamma}\left(1+\frac{v}{c^2}u'_x\right) \tag{10}$$

将(6) 式代入(10) 式有

$$\frac{\mathrm{d}t}{\mathrm{d}t'} = \frac{1}{\gamma} \tag{11}$$

将(11) 式代入(8) 式有

$$a'_x = \frac{1}{\gamma^3}a_x \tag{12}$$

对上面的(3) 式求时间的一阶导数即可求得相对于 Σ' 系的加速度 a'_y，注意因粒子相对于 Σ' 系瞬时静止，有 $u'_x = 0$ 和 $u'_y = 0$，即

$$\mathrm{d}u_y = \frac{\gamma}{1+\frac{vu'_x}{c^2}}\left[\left(1+\frac{vu'_x}{c^2}\right)\mathrm{d}u'_y - u'_y\,\frac{v}{c^2}\mathrm{d}u'_x\right] = \gamma\mathrm{d}u'_y \tag{13}$$

$$a_y = \gamma^2 a'_y \tag{14}$$

即

$$a'_y = \frac{1}{\gamma^2} a_y \tag{15}$$

同理,对(4)式求时间的一阶导数即可求得相对于 Σ' 系的加速度 a'_z,即

$$a_z = \gamma^2 a'_z \tag{16}$$

即

$$a'_z = \frac{1}{\gamma^2} a_z \tag{17}$$

因为速度 $\boldsymbol{v}$ 的方向不变,$\boldsymbol{v}$ 在 y、z 方向无变化,所以有

$$a_y = a_z = 0 \tag{18}$$

即

$$a'_y = a'_z = 0 \tag{19}$$

所以在相对于粒子为瞬时静止的坐标系 Σ' 中观测到的加速度为

$$a' = a'_x = \frac{1}{\gamma^3} a_x = a\left(1 - \frac{v^2}{c^2}\right)^{-\frac{3}{2}} \Bigg|_{t=t_0} \tag{20}$$

6.18 宇宙飞船 A 和 B 都在同一直线上向同一方向做匀速飞行,它们相对于地面的速度分别为 v_A 和 v_B($v_B < v_A$),且 B 在 A 的前面。A 发出一个光脉冲信号,经 B 反射回 A;根据 A 上的原子钟,这光脉冲从 A 发出到返回 A,经历的时间为 Δt_A。(1) 根据 A 上的原子钟,从 A 收到返回的光脉冲到 A 追上 B,需要多长时间?(2) 对地面上和 B 上的观测者来说,光脉冲从 A 发出到返回 A,所经历的时间各是多少?

【解】 Ⅰ.从 A 收到返回的光脉冲信号到 A 追上 B 所需时间

设 A 所在惯性系为 Σ,B 所在惯性系为 Σ',并设 B 相对于 A 的速度为 v_{BA},根据相对论的速度变换公式有

$$v_{BA} = \frac{v_B - v_A}{1 - \frac{v_B v_A}{c^2}} \tag{1}$$

根据题意 $v_B < v_A$,所以 $v_{BA} < 0$,表明 v_{BA} 的方向与 A 和 B 的原运动方向相反。设 A 收到返回的光脉冲信号时间为 Δt_A,则 A 与 B 相距为

$$l = \frac{\Delta t_A}{2}(c - |v_{BA}|) \tag{2}$$

所以,设从 A 收到返回的光脉冲时到 A 追上 B 所需时间为 t_A,则有

$$t_A = \frac{l}{|v_{BA}|} \tag{3}$$

将(2)式代入(3)式有

$$t_A = \frac{l}{|v_{BA}|} = \frac{1}{2}\Delta t_A\left(\frac{c}{|v_{BA}|} - 1\right) \tag{4}$$

将(1) 式代入(4) 式有

$$t_A = \frac{1}{2}\Delta t_A\left[\frac{c^2 - v_A v_B}{c(v_A - v_B)} - 1\right] = \frac{(c - v_A)(c + v_B)}{2c(v_A - v_B)}\Delta t_A \tag{5}$$

Ⅱ. 光脉冲信号从 A 发出到返回 A，地面上的观察者所观测的所经过的时间

根据题意，光脉冲从 A 发出到返回 A 所经过的时间为 Δt_A，Δt_A 为 A 在相对静止的坐标系 A 上测出的固有时间，则地面上的观察者所观测的所经过的时间为

$$\Delta t_{地} = \frac{\Delta t_A}{\sqrt{1 - \frac{v_A^2}{c^2}}} \tag{6}$$

Ⅲ. 光脉冲信号从 A 发出到返回 A，B 上的观察者所观测的所经过的时间

同理，B 上的观察者所观测的所经过的时间为

$$\Delta t_B = \frac{\Delta t_A}{\sqrt{1 - \frac{v_{BA}^2}{c^2}}} \tag{7}$$

将(1) 式代入(7) 式有

$$\Delta t_B = \frac{(c^2 - v_A v_B)}{\sqrt{(c^2 - v_A^2)(c^2 - v_B^2)}}\Delta t_A \tag{8}$$

6.19 证明：(1)$\boldsymbol{r}' = \boldsymbol{r} + (\gamma - 1)\frac{\boldsymbol{v} \cdot \boldsymbol{r}}{v^2}\boldsymbol{v} - \gamma t\boldsymbol{v}$；(2)$t = \gamma(t - \frac{\boldsymbol{v} \cdot \boldsymbol{r}}{c^2})$。式中

$$\gamma = \frac{1}{\sqrt{1 - v^2/c^2}}$$

【证明】 Ⅰ. 证明 $\boldsymbol{r}' = \boldsymbol{r} + (\gamma - 1)\frac{\boldsymbol{v} \cdot \boldsymbol{r}}{v^2}\boldsymbol{v} - \gamma t\boldsymbol{v}$

将矢量 $\boldsymbol{r}$ 分解为垂直和平行于 $\boldsymbol{v}$ 方向的分量，即

$$\boldsymbol{r} = \boldsymbol{r}_{//} + \boldsymbol{r}_{\perp} \tag{1}$$

$$\boldsymbol{r}' = \boldsymbol{r}'_{//} + \boldsymbol{r}'_{\perp} \tag{2}$$

所以有

$$\boldsymbol{r}_{//} = \frac{\boldsymbol{r} \cdot \boldsymbol{v}}{v^2}\boldsymbol{v} \tag{3}$$

$$\boldsymbol{r}'_{//} = \frac{\boldsymbol{r} \cdot \boldsymbol{v}}{v^2}\boldsymbol{v} \tag{4}$$

由洛伦兹变换关系有

$$\boldsymbol{r}'_{//} = \gamma(\boldsymbol{r}_{//} - \boldsymbol{v}t) \tag{9}$$

$$\boldsymbol{r}'_{\perp} = \boldsymbol{r}_{\perp} \tag{10}$$

将(3) 式代入(9) 式有

$$\boldsymbol{r}'_{//} = \gamma(\frac{\boldsymbol{r} \cdot \boldsymbol{v}}{v^2}\boldsymbol{v} - \boldsymbol{v}t) \tag{11}$$

将(10) 式和(11) 式代入(2) 式有

$$\begin{aligned}\boldsymbol{r}' &= \boldsymbol{r}'_{//} + \boldsymbol{r}'_{\perp} = \boldsymbol{r}'_{//} + \boldsymbol{r}_{\perp} = \boldsymbol{r}'_{//} + \boldsymbol{r} - \boldsymbol{r}_{//} \\ &= \boldsymbol{r} + \gamma\left(\frac{\boldsymbol{r}\cdot\boldsymbol{v}}{v^2}\boldsymbol{v} - \boldsymbol{v}t\right) - \frac{\boldsymbol{r}\cdot\boldsymbol{v}}{v^2}\boldsymbol{v} = \boldsymbol{r} + (\gamma - 1)\frac{\boldsymbol{v}\cdot\boldsymbol{r}}{v^2}\boldsymbol{v} - \gamma t\boldsymbol{v}\end{aligned} \tag{12}$$

证毕。

Ⅱ. 证明 $t = \gamma(t - \frac{\boldsymbol{v}\cdot\boldsymbol{r}}{c^2})$

根据相对论时空坐标变换公式有

$$t = \gamma\left(t - \frac{v\boldsymbol{r}_{//}}{c^2}\right) = \gamma\left(t - \frac{\boldsymbol{v}\cdot\boldsymbol{r}}{c^2}\right) \tag{13}$$

式中 $\gamma = \dfrac{1}{\sqrt{1 - \frac{v^2}{c^2}}}$，证毕。

6.20　在参考系 Σ' 中，沿 y 轴相距 d 处，有两名运动员沿与 x 轴平行的跑道起跑，由于各自的发令员所发的起跑令有一时间差 ΔT，致使其中一名运动员在 Σ 系起跑时起跑晚了。问时间差 ΔT 在什么范围内，总可以找到一参考系 Σ'，使该运动员在 Σ' 系中起跑并不晚（不吃亏）？给出参考系 Σ' 相对于 Σ 系的运动，以及在 Σ' 系中两名运动员的时空位置。

【解】　设 Σ' 系相对于 Σ' 系以速度 $\boldsymbol{v}$ 运动，$\boldsymbol{v}$ 在 xy 平面内且与 y 轴的夹角为 θ，在 Σ 系中两名运动员的时空位置为

$$y_1 = 0 \quad t_1 = 0 \tag{1}$$

$$y_2 = d \quad t_2 = \Delta T \tag{2}$$

根据相对论的时空坐标变换公式，在 Σ' 系中有

$$t' = \frac{t - \frac{\boldsymbol{v}\cdot\boldsymbol{x}}{c^2}}{\sqrt{1 - \frac{v^2}{c^2}}} \tag{3}$$

要使两名运动员在 Σ' 系中为同时起跑，应有

$$t'_2 - t'_2 = 0 = \frac{\Delta T - \frac{vd\cos\theta}{c^2}}{\sqrt{1 - \frac{v^2}{c^2}}} \tag{4}$$

$d\cos\theta$ 为 d 折算在 $\boldsymbol{v}$ 方向上距原点的距离，则有

$$\Delta T - \frac{vd\cos\theta}{c^2} = 0 \tag{5}$$

$$\Delta T = \frac{vd\cos\theta}{c^2} \tag{6}$$

取速度 $\boldsymbol{v}$ 沿 y 轴方向运动，可得 ΔT 的最大的可能范围为

$$\Delta T < vd/c \tag{7}$$

在此范围中总可以找到一个参考系 Σ'，使在 Σ' 系中的运动员起跑不吃亏，在 Σ' 系中两运动员的时空位置为

$$
\begin{aligned}
y' &= \frac{y - vt}{\sqrt{1 - v^2/c^2}} \\
t' &= \frac{t - vy/c^2}{\sqrt{1 - v^2/c^2}}
\end{aligned}
\tag{8}
$$

$$
\begin{aligned}
y'_1 &= 0 \\
t'_1 &= 0
\end{aligned}
\tag{9}
$$

$$
\begin{aligned}
y'_2 &= d\sqrt{1 - v^2/c^2} \\
t_2 &= 0
\end{aligned}
\tag{10}
$$

6.21　频率为 ν 的单色光垂直入射到一个平面镜上，平面镜沿入射光传播方向以速度 $\boldsymbol{v}$ 做匀速运动，试求反射光的频率 ν'。

【解】　设 Σ 系为静系(观察系)，Σ' 系为相对于平面镜静止的动系。

对 Σ' 系，其看到入射光的频率为 ν_0，反射光的频率仍为 ν_0。

对 Σ 系，其观测到的(运动光源) 入射光的频率为(见教材 P245)

$$\nu = \frac{\nu_0}{\gamma\left(1 - \dfrac{v}{c}\cos\theta\right)} \tag{1}$$

因为垂直入射，即 $\theta = 0$，所以有

$$\nu = \frac{\nu_0}{\gamma(1 - v/c)} \tag{2}$$

Σ 系观测到反射光的频率为 ν'，$\theta = 0$，由(1) 式有

$$\nu' = \frac{\nu_0}{\gamma(1 + v/c)} \tag{3}$$

由(2) 式和(3) 式有

$$\frac{\nu'}{\nu} = \frac{1 - v/c}{1 + v/c} = \frac{c - v}{c + v} \tag{4}$$

所以得

$$\nu' = \frac{c - v}{c + v}\nu \tag{5}$$

6.22　如图 6.22 所示，甲、乙、丙分别为地球、星球、飞船上的时钟，地球与星球相对静止，距离为 8 光年，飞船相对地球以速度 $4c/5$ 运动，飞船飞过地球时甲、丙两时钟的读数为零，当乙和丙两时钟相遇时(即飞船达到星球)，地球和飞船的观察者都看到乙时钟的读数是 10 年，从同时相对性的观点，飞船上的观察者认为乙时钟的读数不对，他认为读数应是多少？

图 6.22

【解】　时钟丙的读数为

$$t_3 = \gamma t_2 - \frac{v}{c^2}x_2 = \frac{5}{3}\left(10 - \frac{4}{5}\times 8\right) = 6 \text{ 年} \tag{1}$$

飞船上的观察者认为地球系的时钟走慢了，时钟乙的读数应是时钟丙读数的 $1/\gamma$ 倍，即

$$t'_2 = \frac{1}{\gamma}\times t_3 = 3.6 \text{ 年} \tag{2}$$

6.23 A 和 B 是孪生兄弟，假设 B 留在地球上，A 乘火箭离开地球做航天飞行，到距地球为4光年的人马星座 α 星球，到达后返回地球。设火箭相对于地球的往返速度均为 $0.8c$(c 为光速)，火箭加速的时间忽略不计，其在人马星座 α 星球上停留的时间只有几天。A 与 B 约定，每过一年在各自参考系中与出发时相同的月份和日期都给对方发出一次无线电信号，试求：

(1) A 收到 B 发出的信号共有几次？B 收到 A 发出的信号共有几次？

(2) 在火箭的去程期间，A 接收到几次 B 发出的信号？B 接收到几次 A 发出的信号？每一信号在接收者的参考系中传播的时间为多少年？

(3) 在火箭的返程期间，A 接收到几次 B 发出的信号？B 接收到几次 A 发出的信号？每一信号在接收者的参考系中传播的时间为多少年？

(4) 当 A 返回地球时，两孪生兄弟谁年轻，年轻几岁？A 与 B 的运动有何不同？

【解】 Ⅰ. A 收到 B 发出的信号共有几次，B 收到 A 发出的信号共有几次

设相对于 B 静止的(地球)参考系为 Σ 系，相对于 A 静止的(火箭)参考系为 Σ' 系，Σ' 系相对于 Σ 系的运动速度为 $v = 0.8c$，则相对于 Σ 系，Σ 系上的观察者测得火箭往返飞行的时间为

$$t_B = 2\times\frac{4\times c}{0.8c} = 10 \text{ 年} \tag{1}$$

根据运动时钟的延缓效应，相对于 Σ' 系，Σ 系是动系，Σ' 系上的观察者测得火箭往返飞行的时间为

$$\Delta t'_A = \Delta t_B \sqrt{1 - v^2/c^2} = 6 \text{ 年} \tag{2}$$

所以，B 发出的信号共有10次，A 都能收到；A 发出的信号共有6次，B 也都能收到。

Ⅱ. 在火箭的去程期间，A 接收到几次 B 发出的信号，B 接收到几次 A 发出的信号，每一信号在接收者的参考系中传播的时间为多少年

① 在火箭去程期间内，B 一年发一次信号，最多能发5次信号，设 B 发出的第 m 次信号，在 B 系中经 x 年到达火箭，则应满足如下条件

$$m + x \leqslant 5 \tag{3}$$

且有

$$cx = v(m + x) \tag{4}$$

即

$$x = \frac{mv}{c - v} = \frac{m\times 0.8}{1 - 0.8} = 4m \tag{5}$$

由(3)式和(5)式有

$$m + x = 5m \leqslant 5 \tag{6}$$

得

$$m = 1 \tag{7}$$

所以,在火箭去程期间内,A 只收到 B 发出的第1次信号。

根据运动时钟的延缓效应,B 发出的这一次信号,在 A 系中经过的时间为

$$x \times \sqrt{1 - v^2/c^2} = 4 \times \sqrt{1 - v^2/c^2} = 2.4\text{ 年} \tag{8}$$

② 在火箭去程期间内,A 一年发一次信号,最多能发3次信号,设 A 发出的第 n' 次信号,在 B 系中经 y 年到达火箭,则应满足如下条件

$$n' \leqslant 3 \tag{9}$$

根据运动时钟的延缓效应,A 发出的第 n' 次信号,在 B 系中的观察者认为发出的次数为

$$n = \frac{n'}{\sqrt{1 - v^2/c^2}} \tag{10}$$

所以,在 B 系中应满足如下条件

$$n + y = \frac{n'}{\sqrt{1 - v^2/c^2}} + y \leqslant 5 \tag{11}$$

在 B 系中应有

$$cy = \frac{n'}{3} \times 4c \tag{12}$$

即

$$y = \frac{4}{3}n' \tag{13}$$

将(13)式代入(11)式有

$$\frac{n'}{\sqrt{1 - v^2/c^2}} + y = \frac{n'}{0.6} + \frac{4n'}{3} = 3n' \leqslant 5 \tag{14}$$

得

$$n' = 1 \tag{15}$$

所以,在火箭去程期间内,B 只收到 A 发出的第1次信号。

此信号在 B 系中经过的时间为

$$y = \frac{4n'}{3} = \frac{4}{3} \times 1 = \frac{4}{3}\text{ 年} \tag{16}$$

Ⅲ. 在火箭的返程期间,A 接收到几次 B 发出的信号,B 接收到几次 A 发出的信号,每一信号在接收者的参考系中传播的时间为多少年

① 在火箭返程期间内,设 B 发出的第 $m > 1$ 次信号,在 B 系中经过 x 年到达火箭,同时火箭到达地球,则应满足如下条件

$$m + x \leqslant 10 \tag{17}$$

且有

$$cx + v(m + x) = 2 \times 4c \tag{18}$$

即

$$x = \frac{8 - 0.8}{c + v} m \tag{19}$$

将(19)式代入(17)式有

$$m + x = \frac{8 + m}{1.8} \leqslant 10 \tag{20}$$

即

$$m \leqslant 10 \tag{21}$$

考虑到 $m > 1$,所以得

$$1 < m \leqslant 10 \tag{22}$$

所以,在火箭返程期间内,A 收到 B 发出的第 2 次至第 10 次信号,共 9 次,根据运动时钟的延缓效应,这些信号分别为下列时间才收到

$$x \times \sqrt{1 - v^2/c^2} = \frac{1}{3}(8 - 0.8)m \text{ 年} \quad (m = 2, 3, \cdots, 10) \tag{23}$$

②A 发出的第 2 次和第 3 次信号是火箭返程时收到的,根据(13)式,这两次信号在 B 系看来,分别在下列时间才收到

$$y = \frac{4}{3} n' \text{ 年} \quad (n' = 2, 3) \tag{24}$$

在火箭返程期间内,A 发出的第 $n' \geqslant 4$ 次信号,在 B 系中看来经过 y 年到达地球而被 B 收到,根据(12)式有

$$cy = \left(2 - \frac{n'}{3}\right) \times 4c \tag{25}$$

即

$$y = 4 \times \frac{6 - n'}{3} \tag{26}$$

将 $n' = 4, 5, 6$ 代入(26)式得这三次信号在 B 系中所经过的时间为

$$y = 4 \times \frac{6 - n'}{3} = \frac{8}{3}, \frac{4}{3}, 0 \text{ 年} \tag{27}$$

Ⅳ. 根据运动时钟的延缓效应,在地球上(Σ 系或 B 系)的观察者看来,A 系(Σ' 系)上的时钟走慢了,所以,A 较 B 年轻,年轻了 4 岁。根据相对论理论,在 A 和 B 的运动中,A 系是非惯性系(加速系),B 系是惯性系。

6.24 如图 6.24 所示,平面镜以速度 $\boldsymbol{v}$ 做匀速运动,$\boldsymbol{v}$ 的方向垂直于平面镜的法线方向 $\boldsymbol{n}$。频率为 ν 的一束光入射到这平面镜上,入射角为 θ_0(即入射线和法线之间的夹角)。

图 6.24

试求:(1) 反射光的频率和反射角;(2) 假设镜子的速度 $\boldsymbol{v}$ 的方向平行于镜面的法线

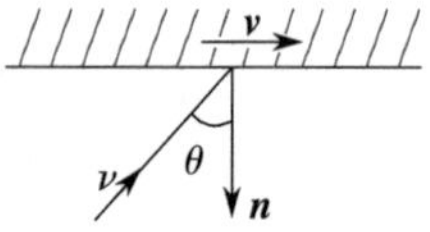

方向 $\boldsymbol{n}$ 时，反射光的频率。

【解】 Ⅰ. 求反射光的频率和反射角

设观察者所在的参考系为 Σ 系，相对于平面镜静止的参考系为 Σ' 系。在 Σ 系和 Σ' 系，光的四维波矢量分别为

$$k_{\mu} = (\boldsymbol{k}, \frac{\mathrm{i}}{c}\omega) \tag{1}$$

$$k'_{\mu} = (\boldsymbol{k}', \frac{\mathrm{i}}{c}\omega') \tag{2}$$

设入射光的波矢为 $\boldsymbol{k}_i$，反射光的波矢为 $\boldsymbol{k}_r$，用符号 $||$ 和 $\perp$ 分别表示平行分量和垂直分量，根据波矢量的变换关系，从 Σ 系到 Σ' 系，$\boldsymbol{k}_i$ 的变换关系为

$$k'_{i\perp} = k_{i\perp} \tag{3}$$

$$k'_{i||} = \gamma\left(k_{i||} - \frac{v}{c^2}\omega_i\right) \tag{4}$$

$$\omega'_i = \gamma(\omega_i - vk_{i||}) \tag{5}$$

在 Σ' 系中，根据反射定律有

$$k'_{r\perp} = -k'_{i\perp} \tag{6}$$

$$k'_{r||} = k'_{i||} \tag{7}$$

$$\omega'_r = \omega'_i \tag{9}$$

根据波矢量的变换关系，从 Σ' 系到 Σ 系，$\boldsymbol{k}_i$ 的变换关系为

$$k_{r\perp} = k'_{i\perp} \tag{10}$$

$$k_{r||} = \gamma\left(k_{i||} + \frac{v}{c^2}\omega'_i\right) \tag{11}$$

$$\omega_r = \gamma(\omega'_i + vk'_{i||}) \tag{12}$$

由(3) 式、(6) 式和(10) 式有

$$k_{r\perp} = k'_{i\perp} = -k'_{r\perp} = -k_{i\perp} \tag{13}$$

由(9) 式、(5) 式和(11) 式有

$$k_{r//} = \gamma\left(k'_{i//} + \frac{v}{c^2}\omega'_i\right) = \gamma^2\left(1 - \frac{v^2}{c^2}\right)k_{i//} \tag{14}$$

由(12) 式、(5) 式和(4) 式有

$$\omega_r = \gamma(\omega'_i + vk'_{i//}) = \gamma^2\left(1 - \frac{v^2}{c^2}\right)\omega_i = \omega_i \tag{15}$$

所以反射光的频率为

$$\nu_r = \nu_i = \nu \tag{16}$$

即反射光的频率等于入射光的频率。反射光的反射角为

$$\theta_r = \arctan\left(\frac{|k_{r//}|}{|k_{r\perp}|}\right) = \arctan(\tan\theta_0) = \theta_0 \tag{17}$$

即反射光的反射角等于入射光的入射角。

Ⅱ. 若镜子的速度 $\boldsymbol{v}$ 的方向平行于镜面的法线方向 $\boldsymbol{n}$，求反射光的频率

设观察者所在参考系为 Σ 系，相对于平面镜静止的参考系为 Σ′ 系。根据变换关系，从 Σ 系到Σ′ 系，$\boldsymbol{k}_i$ 的变换关系为

$$k'_{i\perp}=\gamma\left(k_{i\perp}-\frac{v}{c^2}\omega_i\right) \tag{18}$$

$$k'_{i//}=k_{i//} \tag{19}$$

$$\omega'_i=\gamma(\omega_i-vk_{i\perp}) \tag{20}$$

在 Σ′ 系中，反射定律成立，对反射光有

$$k'_{r\perp}=-k'_{i\perp} \tag{21}$$

$$k'_{r//}=k_{i//} \tag{22}$$

$$\omega'_r=\omega'_i \tag{23}$$

从 Σ′ 系到 Σ 系，$\boldsymbol{k}_r$ 的变换关系为

$$k_{r\perp}=\gamma\left(k'_{r\perp}+\frac{v}{c^2}\omega'_r\right) \tag{24}$$

$$k_{r//}=k'_{r//} \tag{25}$$

$$\omega_r=\gamma(\omega'_r+vk'_{r\perp}) \tag{26}$$

由(26)式、(23)式和(20)式有

$$\begin{aligned}\omega_r&=\gamma(\omega'_r+vk'_{r\perp})=\gamma(\omega_r+vk'_{r\perp})=\gamma^2\left(1+\frac{v^2}{c^2}\right)\omega_i-2\gamma^2vk_{i\perp}\\&=\gamma^2\left(1+\frac{v^2}{c^2}\right)\omega_i-2\gamma^2v\left(-\frac{\omega_i}{c}\cos\theta_0\right)=\gamma^2\omega_i\left(1+2\frac{v}{c}\cos\theta_0+\frac{v^2}{c^2}\right)\end{aligned} \tag{27}$$

所以，Σ 系测得反射光的频率为

$$\nu_r=\nu\gamma^2[(1+\beta\cos\theta_0)+\beta(\beta+\cos\theta_0)] \tag{28}$$

式中，$\beta=v/c$。

6.25 在洛伦兹变换中，若定义快速 y 为 $\tanh y=\beta$，证明：

(1) 洛伦兹变换矩阵可写为

$$\boldsymbol{a}=\begin{bmatrix}\mathrm{ch}y & 0 & 0 & \mathrm{ish}y\\ 0 & 1 & 0 & 0\\ 0 & 0 & 1 & 0\\ -\mathrm{ish}y & 0 & 0 & \mathrm{ch}y\end{bmatrix}$$

(2) 对应的速度合成公式为

$$\beta=\frac{\beta'+\beta''}{1+\beta'\beta''}$$

可用速度表示为 $y=y'+y''$。

【证明】 Ⅰ. 根据双曲函数的定义有

$$\mathrm{sh}y=\frac{\mathrm{e}^y-\mathrm{e}^{-y}}{2}=\frac{1}{\mathrm{csch}y} \tag{1}$$

$$\mathrm{ch}y=\frac{\mathrm{e}^y+\mathrm{e}^{-y}}{2}=\frac{1}{\mathrm{sech}y} \tag{2}$$

$$\tanh y \cdot \mathrm{ch} y = \mathrm{sh} y \tag{3}$$

由双曲函数的相互关系有

$$\mathrm{sech} y = \sqrt{1 - \tanh^2 y} \tag{4}$$

由题意有

$$\tanh y = \beta \tag{5}$$

将(5)式代入(2)式，并利用(4)式有

$$\mathrm{ch} y = \frac{1}{\mathrm{sech} y} = \frac{1}{\sqrt{1-\tanh^2 y}} = \frac{1}{\sqrt{1-\beta^2}} = \gamma \tag{6}$$

将(5)式和(6)式代入(3)式有

$$\mathrm{sh} y = \beta\gamma \tag{7}$$

设 Σ 系与 Σ' 系的坐标轴相互平行，Σ' 系以速度 v 沿 Σ 系的 x 轴做匀速运动。根据洛伦兹变换矩阵有

$$\boldsymbol{a} = \begin{bmatrix} \gamma & 0 & 0 & \mathrm{i}\beta\gamma \\ 0 & 1 & 0 & 0 \\ 0 & 0 & 1 & 0 \\ -\mathrm{i}\beta\gamma & 0 & 0 & \gamma \end{bmatrix} = \begin{bmatrix} \mathrm{ch} y & 0 & 0 & \mathrm{i}\,\mathrm{sh} y \\ 0 & 1 & 0 & 0 \\ 0 & 0 & 1 & 0 \\ -\mathrm{i}\,\mathrm{sh} y & 0 & 0 & \mathrm{ch} y \end{bmatrix} \tag{8}$$

Ⅱ. 速度变换中 x 方向分量的反变换式为

$$u_x = \frac{u'_x + v}{1 + \frac{v u_x}{c^2}} \tag{9}$$

现令

$$\beta = \frac{u_x}{c} \quad \beta' = \frac{u'_x}{c} \quad \beta'' = \frac{v}{c} \tag{10}$$

将(10)式代入(9)式有

$$\beta = \frac{u_x}{c} = \frac{u'_x/c + v/c}{1 + u_x/c \cdot v/c} = \frac{\beta' + \beta''}{1 + \beta'\beta''} \tag{12}$$

现令

$$\beta = \tanh y \quad \beta' = \tanh y' \quad \beta'' = \tanh y'' \tag{13}$$

将(13)式代入(12)式有

$$\tanh y = \tanh(y' + y'') = \frac{\tanh y' + \tanh y''}{1 + \tanh y' \cdot \tanh y''} \tag{14}$$

所以得

$$y = y' + y'' \tag{15}$$

所以，可用速度表示为 $y = y' + y''$，证毕。

6.26　试证明：一个静电场经过洛伦兹变换不可能变成纯粹磁场；同样，一个静磁场经过洛伦兹变换不可能变成纯粹电场。

【证明】　Ⅰ. 设惯性系 Σ' 以速度 $\boldsymbol{v} = v\boldsymbol{e}_x$ 相对于惯性系 Σ 运动，从 Σ 系到 Σ' 系，

根据洛伦兹变换有

$$E'_x = E_x \tag{1}$$

$$E'_y = \gamma(E_y - vB_z) \tag{2}$$

$$E'_z = \gamma(E_z + vB_y) \tag{3}$$

对于静电场，由(1)式至(3)式知，$\boldsymbol{E} \neq 0$，因此$\boldsymbol{E}$的三个分量中，至少有一个不为零，由(1)式至(3)式知静电场$\boldsymbol{E}$经洛伦兹变换后，不可能成为$\boldsymbol{E}' = 0$的纯粹磁场。

Ⅱ. 设Σ'系以速度$\boldsymbol{v} = v\boldsymbol{e}_x$相对于$\Sigma$系运动，从$\Sigma$系到$\Sigma'$系，根据洛伦兹变换有

$$B'_x = B_x \tag{4}$$

$$B'_y = \gamma\left(B_y + \frac{v}{c^2}E_z\right) \tag{5}$$

$$B'_z = \gamma\left(B_z - \frac{v}{c^2}E_y\right) \tag{6}$$

同理，对于静磁场，由(4)式至(6)式知，$\boldsymbol{B} \neq 0$，因此$\boldsymbol{B}$的三个分量中，至少有一个不为零，由(4)式至(6)式知静磁场$\boldsymbol{B}$经洛伦兹变换后，不可能成为$\boldsymbol{B}' = 0$的纯粹电场。

6.27　在无界空间里传播的单色平面电磁波，它的磁感应强度$\boldsymbol{B}$与电场强度$\boldsymbol{E}$垂直。试证明：在任何惯性系观测，它的磁感应强度都与电场强度垂直。

【证明】　设有一任意惯性系Σ'以匀速度$\boldsymbol{v} = v\boldsymbol{e}_x$相对于惯性系$\Sigma$运动，在$\Sigma$系中

$$\boldsymbol{E} = (E_x, E_y, E_z) \tag{1}$$

$$\boldsymbol{B} = (B_x, B_y, B_z) \tag{2}$$

根据洛伦兹变换，在Σ'系中电磁场的分量为

$$E'_x = E_x \tag{3}$$

$$E'_y = \gamma(E_y - vB_z) \tag{4}$$

$$E'_z = \gamma(E_z + vB_y) \tag{5}$$

$$B'_x = B_x \tag{6}$$

$$B'_y = \gamma\left(B_y + \frac{v}{c^2}E_z\right) \tag{7}$$

$$B'_z = \gamma\left(B_z - \frac{v}{c^2}E_y\right) \tag{8}$$

利用$\boldsymbol{E}'$点乘$\boldsymbol{B}'$有

$$\begin{aligned}\boldsymbol{E}' \cdot \boldsymbol{B}' &= E'_x B'_x + E'_y B'_y + E'_z B'_z \\ &= E_x B_x + \gamma(E_y - vB_z)\gamma\left(B_y + \frac{v}{c^2}E_z\right) + \gamma(E_z + vB_y)\gamma\left(B_z - \frac{v}{c^2}E_y\right) \\ &= E_x B_x + E_y B_y \gamma^2\left(1 - \frac{v^2}{c^2}\right) + E_z B_z \gamma^2\left(1 - \frac{v^2}{c^2}\right) \\ &= E_x B_x + E_y B_y + E_z B_z = \boldsymbol{E} \cdot \boldsymbol{B} = 0 \end{aligned} \tag{9}$$

上述表明，$\boldsymbol{E}' \perp \boldsymbol{B}$。由于$\boldsymbol{v}$方向的选取是任意性的，所以，在任意惯性系观测，均有$\boldsymbol{B} \perp \boldsymbol{E}$，证毕。

6.28　求证：(1) $\boldsymbol{E}\cdot\boldsymbol{B}$ 在洛伦兹变换下为不变量；(2) B^2-E^2/c^2 在洛伦兹变换下为不变量。

【证明】　Ⅰ. 证明 $\boldsymbol{E}\cdot\boldsymbol{B}$ 在洛伦兹变换下为不变量

将 $\boldsymbol{E}'\cdot\boldsymbol{B}'$ 展开为分量式有

$$\begin{aligned}\boldsymbol{E}'\cdot\boldsymbol{B}' &= E'_xB'_x+E'_yB'_y+E'_zB'_z\\ &= E_xB_x+\gamma(E_y-vB_z)\gamma\left(B_y+\frac{v}{c^2}E_z\right)+\gamma(E_z+vB_y)\gamma\left(B_z-\frac{v}{c^2}E_y\right)\\ &= E_xB_x+\gamma^2\left(E_yB_y-vB_zB_y-\frac{v^2}{c^2}E_zB_z+\frac{v}{c^2}E_yE_z\right)+\\ &\quad\gamma^2\left(E_zB_z-\frac{v^2}{c^2}B_yE_y-\frac{v}{c^2}E_zE_y+vB_yB_z\right)\\ &= E_xB_x+E_yB_y+E_zB_z=\boldsymbol{E}\cdot\boldsymbol{B}\end{aligned}\tag{1}$$

故 $\boldsymbol{E}\cdot\boldsymbol{B}$ 在洛伦兹变换下为不变量。

Ⅱ. 证明 $B'^2-\dfrac{E'^2}{c^2}$ 在洛伦兹变换下为不变量

将 B'^2 和 $\dfrac{E'^2}{c^2}$ 分别展开为分量式有

$$\begin{aligned}B'^2 &= B'^2_x+B'^2_y+B'^2_z=B_x^2+\gamma^2\left(B_y+\frac{v}{c^2}E_z\right)+\gamma^2\left(B_z-\frac{v}{c^2}E_y\right)\\ &= B_x^2+\gamma^2\left[B_y^2+2\frac{v}{c^2}B_yE_z+\left(\frac{v}{c^2}\right)^2E_z^2\right]\\ &= \gamma^2\left[B_z^2-2\frac{v}{c^2}B_zE_y+\left(\frac{v}{c^2}\right)^2E_y^2\right]\end{aligned}\tag{2}$$

而

$$\begin{aligned}\frac{E'^2}{c^2} &= \frac{1}{c^2}[E_x^2+\gamma^2(E_y-vB_z)^2+\gamma^2(E_z+vB_y)^2]\\ &= \frac{E_x^2}{c^2}+\gamma^2\left[\frac{E_y^2-2vE_yB_z+v^2B_z^2+E_z^2+2vB_yE_z+v^2B_y^2}{c^2}\right]\end{aligned}\tag{3}$$

由(2)式减去(3)式有

$$\begin{aligned}B'^2-\frac{E'^2}{c^2} &= \gamma^2\left[B_z^2-2\frac{v}{c^2}B_zE_y+\left(\frac{v}{c^2}\right)^2E_y^2\right]-\\ &\quad\frac{E_x^2}{c^2}-\gamma^2\left[\frac{E_y^2-2vE_yB_z+v^2B_z^2+E_z^2+2vB_yE_z+v^2B_y^2}{c^2}\right]\\ &= B_x^2-\frac{E_x^2}{c^2}+\gamma^2\left[B_y^2-\frac{v^2}{c^2}B_y^2\right]-\gamma^2\left[\frac{B_y^2}{c^2}-\frac{1}{c^2}\frac{v^2}{c^2}E_y^2\right]+\\ &\quad\gamma^2\left[B_z^2-\frac{v^2}{c^2}B_z^2\right]-\gamma^2\left[\frac{E_z^2}{c^2}-\frac{1}{c^2}\frac{v^2}{c^2}E_z^2\right]+\\ &\quad\gamma^2\left[2\frac{v}{c^2}B_yE_z-2\frac{v}{c^2}B_zE_y+2\frac{v}{c^2}B_zE_y-2\frac{v}{c^2}B_yE_z\right]\end{aligned}$$

$$= B_{x^2} - \frac{E_x^2}{c^2} + B_y^2 - \frac{E_y^2}{c^2} + B_z^2 - \frac{E_z^2}{c_2}$$

$$= (B_x^2 + B_y^2 + B_z^2) - \frac{1}{c^2}(E_x^2 + E_y^2 + E_z^2) = B^2 - E^2/c^2 \tag{4}$$

所以 $B^2 - E^2/c^2$ 在洛伦兹变换下为不变量。

6.29 特殊洛伦兹变换矩阵为

$$x' = \gamma(x - vt) \quad y' = y \quad z' = z \quad t' = \gamma\left(t - \frac{v}{c^2}x\right)$$

当 $x_4 = \mathrm{i}ct$ 时，上述变换的变换矩阵为

$$\boldsymbol{a} = \begin{pmatrix} \gamma & 0 & 0 & \mathrm{i}\gamma\frac{v}{c} \\ 0 & 1 & 0 & 0 \\ 0 & 0 & 1 & 0 \\ -\mathrm{i}\gamma\frac{v}{c} & 0 & 0 & \gamma \end{pmatrix}$$

式中 $\gamma = \left(1 - \frac{v^2}{c^2}\right)^{-\frac{1}{2}}$，以 $a_{\mu\nu}\,(\mu,\nu = 1,2,3,4)$ 表示这个矩阵的矩阵元，试证明：$a_{\mu\alpha}a_{\mu\beta} = \delta_{\alpha\beta}$。

【证明】 从题目给的变换矩阵可知，各矩阵元为

$$a_{11} = a_{14} = \gamma \tag{1}$$

$$a_{22} = a_{33} = 1 \tag{2}$$

$$a_{14} = -a_{41} = \mathrm{i}\gamma\frac{v}{c} \tag{3}$$

$$a_{12} = a_{13} = a_{21} = a_{23} = a_{24} = a_{31} = a_{32} = a_{34} = a_{42} = a_{43} = 0 \tag{4}$$

按照爱因斯坦求和惯例有

$$a_{\mu\alpha}a_{\mu\beta} = a_{1\alpha}a_{1\beta} = a_{2\alpha}a_{2\beta} = a_{3\alpha}a_{3\beta} = a_{4\alpha}a_{4\beta} \tag{5}$$

所以有

$$a_{\mu\alpha}a_{\mu\beta} = a_{\mu\beta}a_{\mu\alpha} \tag{6}$$

Ⅰ. 当 $\alpha \neq \beta$ 时

因为当 $\mu \neq \nu$ 时，除 $a_{14} = a_{41} = \gamma$ 外，其余全为零，即

$$a_{\mu\nu} = 0 \quad (\mu = \nu \neq 1,4) \tag{7}$$

所以，由(5)式有

$$a_{\mu\alpha}a_{\mu\beta} = a_{\mu\beta}a_{\mu\alpha} = 0 \quad (\alpha \neq \beta) \tag{8}$$

Ⅱ. 当 $\alpha = \beta$ 时

当 $\alpha = \beta = 1、2、3、4$ 时有

$$a_{\mu1}a_{\mu1} = a_{11}a_{11} + a_{21}a_{21} + a_{31}a_{31} + a_{41}a_{41} = \gamma^2 + \left(-\mathrm{i}\gamma\frac{v}{c}\right)$$

$$=\gamma^2\left(1-\frac{v^2}{c^2}\right)=1 \tag{9}$$

$$a_{\mu 2}a_{\mu 2}=a_{12}a_{12}+a_{22}a_{22}+a_{32}a_{32}+a_{42}a_{42}=a_{22}^2=1 \tag{10}$$

$$a_{\mu 3}a_{\mu 3}=a_{13}a_{13}+a_{23}a_{23}+a_{33}a_{33}+a_{43}a_{43}=a_{33}^2=1 \tag{11}$$

$$a_{\mu 4}a_{\mu 4}=a_{14}a_{14}+a_{24}a_{24}+a_{34}a_{34}+a_{44}a_{44}=\left(-\mathrm{i}\gamma\frac{v}{c}\right)^2+\gamma^2$$

$$=\gamma\left(1-\frac{v^2}{c^2}\right)=1 \tag{12}$$

$$a_{\mu\alpha}a_{\mu\beta}=a_{\mu\beta}a_{\mu\alpha}=1\quad(\alpha=\beta) \tag{13}$$

由(8)式和(13)式得

$$a_{\mu\alpha}a_{\mu\beta}=\delta_{\alpha\beta} \tag{14}$$

式中 $\gamma=(1-v^2/c^2)^{-1/2}$，证毕。

6.30　试证明：在洛伦兹变换下，(1) $\mathrm{d}x_\mu\mathrm{d}x_\mu$ 是不变式；(2) $\frac{\partial}{\partial x_\mu}\frac{\partial}{\partial x_\mu}$ 是不变算符。

【证明】　Ⅰ. 求证 $\mathrm{d}x_\mu\mathrm{d}x_\mu$ 在洛伦兹变换下为不变式

洛伦兹变换为

$$x'=a_{\mu\nu}x_\nu \tag{1}$$

由 6.29 题(14)式知其中的变换系数为

$$a_{\mu\alpha}a_{\mu\beta}=\delta_{\alpha\beta} \tag{2}$$

所以有

$$\mathrm{d}x'_\mu\mathrm{d}x'_\mu=a_{\mu\alpha}\mathrm{d}x_\alpha a_{\mu\beta}\mathrm{d}x_\beta=a_{\mu\alpha}a_{\mu\beta}\mathrm{d}x_\alpha\mathrm{d}x_\beta=\delta_{\alpha\beta}\mathrm{d}x_\alpha\mathrm{d}x_\beta=\mathrm{d}x_\beta\mathrm{d}x_\beta=\mathrm{d}x_\mu\mathrm{d}x_\mu \tag{3}$$

所以，$\mathrm{d}x_\mu\mathrm{d}x_\mu$ 为洛伦兹不变式。

Ⅱ. 求证 $\frac{\partial}{\partial x_\mu}\frac{\partial}{\partial x_\mu}$ 在洛伦兹变换下为不变算符

对于 x_μ 的任意函数 f，由 $a_{\mu\alpha}a_{\mu\beta}=\delta_{\alpha\beta}$ 有

$$\frac{\partial f}{\partial x'_\mu}=\frac{\partial f}{\partial x_\nu}\frac{\partial x_\nu}{\partial x'_\mu}=\frac{\partial f}{\partial x_\nu}\frac{\partial}{\partial x'_\mu}(a'_{\nu\alpha}x'_\alpha)=a'_{\nu\alpha}\frac{\partial x'_\alpha}{\partial x'_\mu}\frac{\partial f}{\partial x_\nu}$$

$$=a'_{\nu\alpha}\delta_{\alpha\mu}\frac{\partial f}{\partial x_\nu}=a'_{\nu\mu}\frac{\partial f}{\partial x_\nu} \tag{4}$$

又由变换 $x'_\mu=a_{\mu\nu}x_\nu$ 中的系数 $a_{\mu\nu}$ 与逆变换 $x_\nu=a'_{\nu\mu}x'_\mu$ 中的系数 $a'_{\nu\mu}$ 之间的关系

$$a'_{\nu\mu}=a_{\mu\nu} \tag{5}$$

所以有

$$\frac{\partial f}{\partial x'_\mu}=a_{\mu\nu}\frac{\partial f}{\partial x_\nu} \tag{6}$$

即

$$\frac{\partial}{\partial x'_\mu}=a_{\mu\nu}\frac{\partial}{\partial x_\nu} \tag{7}$$

由此有

$$\frac{\partial}{\partial x'_{\mu}}\frac{\partial}{\partial x'_{\mu}}=a_{\mu\alpha}\frac{\partial}{\partial x_{\alpha}}a_{\mu\beta}\frac{\partial}{\partial x_{\beta}}=a_{\mu\alpha}a_{\mu\beta}\frac{\partial}{\partial x_{\alpha}}\frac{\partial}{\partial x_{\beta}}=\delta_{\alpha\beta}\frac{\partial}{\partial x_{\alpha}}\frac{\partial}{\partial x_{\beta}}$$

$$=\frac{\partial}{\partial x_{\beta}}\frac{\partial}{\partial x_{\beta}}=\frac{\partial}{\partial x_{\mu}}\frac{\partial}{\partial x_{\mu}} \tag{8}$$

所以，$\frac{\partial}{\partial x_{\mu}}\frac{\partial}{\partial x_{\mu}}$ 为洛伦兹不变算符，证毕。

6.31　电偶极子 $\boldsymbol{p}_0$ 以速度 $\boldsymbol{v}$ 做匀速运动，求它产生的电磁势和场 φ、$\boldsymbol{A}$、$\boldsymbol{E}$、$\boldsymbol{B}$。

【解】　Ⅰ. 求电磁势 φ 和 $\boldsymbol{A}$

设地面参考系为 Σ 系，静止在电偶极子上的参考系为 Σ' 系，且两系的坐标轴相互平行，Σ' 系以速度 v 沿 x 轴正向匀速运动。设 $\boldsymbol{r}'$ 为 $\boldsymbol{p}_0$ 到场点的矢径，则在 Σ' 系中，电偶极子产生的标势和推迟势为

$$\varphi'=\frac{\boldsymbol{p}_0\cdot\boldsymbol{r}'}{4\pi\varepsilon_0 r'^3} \tag{1}$$

$$\boldsymbol{A}'=0 \tag{2}$$

对应的电场强度为

$$\boldsymbol{E}'=-\nabla\varphi'=\frac{1}{4\pi\varepsilon_0}\left[\frac{3(\boldsymbol{p}\cdot\boldsymbol{r}')\boldsymbol{r}'}{r'^5}-\frac{\boldsymbol{p}}{r'^3}\right] \tag{3}$$

$$\boldsymbol{B}'=0 \tag{4}$$

式中

$$\boldsymbol{r}'=x'\boldsymbol{e}_x+y'\boldsymbol{e}_y+z'\boldsymbol{e}_z \tag{5}$$

$$r=\sqrt{x'^2+y'^2+z'^2} \tag{6}$$

根据四维势变换关系(见教材 P219) 的反变换式，可得 Σ 系中的电磁势为

$$A_{//}=\gamma\left(A'_{//}+\frac{v}{c^2}\varphi'\right)=\gamma\frac{v}{c^2}\varphi' \tag{7}$$

$$A_{\perp}=0 \tag{8}$$

$$\varphi=\gamma(\varphi'+vA_{//})=\gamma\varphi' \tag{9}$$

式中角标 // 表示与运动方向平行，$\perp$ 表示与运动方向垂直。

设 $t=0$ 时刻电偶极子 $\boldsymbol{p}_0$ 正好过 Σ 系的坐标系原点($x=y=z=0$)，由坐标变换知此时刻 Σ' 系的场点坐标为

$$x'=\gamma x\quad y'=y\quad z'=z \tag{10}$$

此时，Σ' 系的场点矢径为

$$\tilde{\boldsymbol{r}}=\gamma x\boldsymbol{e}_x+y\boldsymbol{e}_y+z\boldsymbol{e}_z \tag{11}$$

$$\tilde{r}=\sqrt{(\gamma x)^2+y^2+z^2} \tag{12}$$

将(1) 式代入(9) 式有

$$\varphi=\frac{\gamma}{4\pi\varepsilon_0}\frac{\boldsymbol{p}_0\cdot\boldsymbol{r}'}{\tilde{r}'^3} \tag{13}$$

将(9) 式代入(7) 式有

$$A_{//} = \frac{v}{c^2}\varphi \tag{14}$$

所以

$$\boldsymbol{A} = A_{//}\boldsymbol{e}_{//} + A_{\perp}\boldsymbol{e}_{\perp} = A_{//}\boldsymbol{e}_x = \frac{\boldsymbol{v}}{c^2}\varphi \tag{15}$$

Ⅱ. 求电磁场 $\boldsymbol{E}$ 和 $\boldsymbol{B}$

由电磁场的张量变换关系(见教材 P222) 的反变换式

$$\boldsymbol{E}_{//} = \boldsymbol{E}'_{//} \quad \boldsymbol{B}_{//} = \boldsymbol{B}'_{//} \tag{16}$$

$$\boldsymbol{E}_{\perp} = \gamma(\boldsymbol{E}' - \boldsymbol{v}\times\boldsymbol{B}')_{\perp} \quad \boldsymbol{B}_{\perp} = \gamma(\boldsymbol{B}' + \frac{\boldsymbol{v}}{c^2}\times\boldsymbol{E}')_{\perp} \tag{17}$$

将(3) 式和(4) 式代入上面四个方程,可得 Σ 系中的电磁场为

$$\boldsymbol{E}_{//} = \boldsymbol{E}'_{//} \tag{18}$$

$$\boldsymbol{B}_{//} = 0 \tag{19}$$

$$\boldsymbol{E}_{\perp} = \gamma\boldsymbol{E}_{\perp} \tag{20}$$

$$\boldsymbol{B}_{\perp} = \gamma\left(\frac{\boldsymbol{v}}{c^2}\times\boldsymbol{E}'\right) = \frac{\boldsymbol{v}}{c^2}\times\boldsymbol{E}_{\perp} \tag{21}$$

6.32　设在参考系 Σ 内 $\boldsymbol{E}\perp\boldsymbol{B}$,$\Sigma'$ 系沿 $\boldsymbol{E}\times\boldsymbol{B}$ 的方向运动,问 Σ' 系应以什么样的速度相对于 Σ 系运动才能使其中只有电场或只有磁场?

【解】　设 Σ' 系与 Σ 系的坐标相互平行,Σ' 系沿 Σ 系的 x 轴方向匀速运动,由题意,在 Σ 系中有

$$E_x = E_z = 0 \quad \boldsymbol{E} = E_y\boldsymbol{e}_y \tag{1}$$

$$B_x = B_y = 0 \quad \boldsymbol{B} = B_z\boldsymbol{e}_z \tag{2}$$

由电磁场的变换关系

$$\boldsymbol{E}'_{//} = \boldsymbol{E}_{//} \quad \boldsymbol{B}'_{//} = \boldsymbol{B}'_{//} \tag{3}$$

$$\boldsymbol{E}'_{\perp} = \gamma(\boldsymbol{E} + \boldsymbol{v}\times\boldsymbol{B})_{\perp} \quad B'_{\perp} = \gamma\left(\boldsymbol{B} - \frac{\boldsymbol{v}}{c^2}\times\boldsymbol{E}\right)_{\perp} \tag{4}$$

在 Σ' 系中,将(1) 式和(2) 式代入(3) 式和(4) 式可得

$$E'_{//} = E'_x = 0 \quad B'_{//} = B'_x = 0 \tag{5}$$

$$E'_y = \gamma(E_y - vB_z) = \gamma(|\boldsymbol{E}| - v|\boldsymbol{B}|) \tag{6}$$

$$E'_z = \gamma(E_z + vB_y) = 0 \tag{7}$$

$$B'_y = \gamma\left(B_y + \frac{v}{c^2}E_z\right) = 0 \tag{8}$$

$$B'_z = \gamma\left(B_z - \frac{v}{c^2}E_y\right) = \gamma\left(|\boldsymbol{B}| - \frac{v}{c^2}|\boldsymbol{E}|\right) \tag{9}$$

式中角标 // 表示与运动方向平行,$\perp$ 表示与运动方向垂直,计算表明在 Σ' 系中只有 y 方向的电场和 z 方向的磁场。

当在 Σ' 系中只有电场 $\boldsymbol{E}'$,而 $\boldsymbol{B}' = 0$,则由(9) 式有

$$\gamma\left(|\boldsymbol{B}|-\frac{v}{c^{2}}|\boldsymbol{E}|\right)=0 \tag{10}$$

即得

$$v=\left|\frac{\boldsymbol{B}}{\boldsymbol{E}}\right|c^{2} \tag{11}$$

亦即

$$\boldsymbol{v}=\frac{c^{2}}{E^{2}}\boldsymbol{E}_{y}\times\boldsymbol{B}_{z}=\frac{c^{2}}{E^{2}}\boldsymbol{E}\times\boldsymbol{B} \tag{12}$$

式中利用了 $\boldsymbol{E}=c\boldsymbol{B}\times\boldsymbol{n}$ 的关系。因为 $v<c$，所以在 Σ 系中应有

$$|\boldsymbol{E}|>c|\boldsymbol{B}| \tag{13}$$

当在 Σ' 系中只有磁场 $\boldsymbol{B}'$，而 $\boldsymbol{E}'=0$，则由(9)式有

$$\gamma(|\boldsymbol{E}|-v|\boldsymbol{B}|)=0 \tag{14}$$

即得

$$v=\left|\frac{\boldsymbol{B}}{\boldsymbol{E}}\right| \tag{15}$$

亦即

$$\boldsymbol{v}=\frac{1}{B^{2}}\boldsymbol{E}\times\boldsymbol{B} \tag{16}$$

同理，在 Σ 系中应有

$$|\boldsymbol{E}|<c|\boldsymbol{B}| \tag{17}$$

所以，Σ' 系应以 $v<c$ 的速度相对于 Σ 系运动时才能使其中只有电场或只有磁场。

6.33 做匀速运动的点电荷所产生的电场在运动方向上发生“压缩”，这时在运动方向上电场与库仑场相比较会发生减弱现象，如何理解这一减弱现象与变换公式 $\boldsymbol{E}_{//}=\boldsymbol{E}'_{//}$ 的关系？

【解】 设固定在点电荷上的参考系为 Σ' 系，与地面固定的参考系为 Σ 系，Σ' 系(点电荷 q) 沿 Σ 系的 x 轴以速度 v 匀速运动。

在 Σ' 系中：点电荷 q 产生的库仑场为

$$\boldsymbol{E}'=\frac{q\boldsymbol{r}'}{4\pi\varepsilon_{0}r'^{3}} \tag{1}$$

x 方向的分量，即平行分量为

$$E'_{//}=\frac{qx'}{4\pi\varepsilon_{0}r'^{3}} \tag{2}$$

式中

$$r'=(x'^{2}+y'^{2}+z'^{2})^{1/2} \tag{3}$$

在 Σ 系中：由电磁场的变换关系有

$$E_{//}=E'_{//}=\frac{qx'}{4\pi\varepsilon_{0}r'^{3}} \tag{4}$$

根据坐标变换公式将 Σ' 系的坐标变换为 Σ 系的场点坐标，即

$$x' = \gamma(x - vt) \quad y' = y \quad z' = z \tag{5}$$

所以，Σ 系中的电场可表示为

$$E_{//} = \frac{q\gamma(x - vt)}{4\pi\varepsilon_0 \tilde{r}^3} \tag{6}$$

式中

$$\tilde{r} = [\gamma^2(x - vt)^2 + y^2 + z^2]^{1/2} \tag{7}$$

设当 $t = t' = 0$ 时，点电荷 q 正好经过 Σ 系的原点，则由(5) 式有

$$x' = \gamma x \tag{8}$$

此时(6) 式变为

$$E_{//} = \frac{q\gamma x}{4\pi\varepsilon_0 r^3} = \frac{q\gamma x}{4\pi\varepsilon_0 r'^3} \tag{9}$$

考虑此时对同一场点的电场，因为 $\gamma > 1$，所以由(8) 式有

$$x' > x \tag{10}$$

所以，由(4) 式和(9) 式有

$$E'_{//} > E_{//} \tag{11}$$

此结果表明对同一场点，Σ 系中测到的电场分量 $E_{//}$ 小于 Σ′ 系中测到的电场分量 $E'_{//}$，即点电荷运动方向上的分量 $E_{//}$ 被“压缩”了。而变换公式 $E'_{//} = E_{//}$ 应这样理解，即它表明的是在两参考系中，当 $x' = x, r' = r$ 时，不同场点上电场 $\boldsymbol{E}$ 的平行分量相等。

6.34 试求匀速运动点电荷的电场。

【解】 设点电荷 q 固定在 S' 系的原点上，实验系为 S 系，点电荷 q 与 S' 系一道相对于 S 系沿 x 轴方向以匀速度 $\boldsymbol{v}$ 运动，点电荷 q 相对于 S' 系是静止的，对 S' 系而言，其产生的场为

$$\boldsymbol{E}' = \frac{1}{4\pi\varepsilon_0}\frac{q\boldsymbol{r}'}{r'^3} \tag{1}$$

$$\boldsymbol{B}' = 0 \tag{2}$$

根据电磁场的变换关系，对 S 系而言，点电荷 q 产生的场为

$$E_x = E'_x \tag{3}$$

$$E_y = \gamma(E'_y + vB'_z) \tag{4}$$

$$E_z = \gamma(E'_z - vB'_y) \tag{5}$$

$$B_x = B'_x \tag{6}$$

$$B_y = \gamma\left(B'_y - \frac{v}{c^2}E'_z\right) \tag{7}$$

$$B_z = \gamma\left(B'_z - \frac{v}{c^2}E'_y\right) \tag{8}$$

将(1) 式和(2) 式代入(3) 式、(4) 式、(5) 式、(6) 式、(7) 式和(8) 式有

$$E_x = \frac{1}{4\pi\varepsilon_0}\frac{qx'}{r'^3} \tag{9}$$

$$E_y = \frac{1}{4\pi\varepsilon_0}\gamma\frac{qy'}{r'^3} \tag{10}$$

$$E_z = \frac{1}{4\pi\varepsilon_0}\gamma\frac{qz'}{r'^3} \tag{11}$$

$$B_x = 0 \tag{12}$$

$$B_y = -\frac{1}{4\pi\varepsilon_0}\gamma\frac{vqz'}{c^2 r'^3} \tag{13}$$

$$B_z = -\frac{1}{4\pi\varepsilon_0}\gamma\frac{vqy'}{c^2 r'^3} \tag{14}$$

设 $t = t' = 0$ 时，点电荷在原点，根据洛伦兹变换有

$$x = \gamma x' \tag{15}$$

$$y = y' \tag{16}$$

$$z = z' \tag{17}$$

所以，从 S' 系的原点到观察点的距离 r' 为

$$r' = \gamma\left[x^2 + \left(\frac{y}{\gamma}\right)^2 + \left(\frac{z}{\gamma}\right)^2\right]^{1/2} \tag{18}$$

S 系中的电场为

$$\boldsymbol{E} = E_x\boldsymbol{e}_x + E_y\boldsymbol{e}_y + E_z\boldsymbol{e}_z = \frac{qr}{4\pi\varepsilon_0}\left(\frac{x'/r \cdot \boldsymbol{e}_x + y'\boldsymbol{e}_y + z'\boldsymbol{e}_z}{r'^3}\right) \tag{19}$$

将(15)式、(16)式、(17)式和(18)式代入(19)式有

$$\boldsymbol{E} = \frac{1}{4\pi\varepsilon_0}\frac{q\boldsymbol{r}}{\gamma^2\left[x^2 + \left(\frac{y}{\gamma}\right)^2 + \left(\frac{z}{\gamma}\right)^2\right]^{1/2}} = \frac{1}{4\pi\varepsilon_0}\frac{q\left(1-\frac{v^2}{c^2}\right)\boldsymbol{r}}{\left[\left(1-\frac{v^2}{c^2}\right)r^2 + \frac{v^2}{c^2}x^2\right]^{3/2}}$$

$$= \frac{1}{4\pi\varepsilon_0}\frac{q\left(1-\frac{v^2}{c^2}\right)\boldsymbol{r}}{\left[\left(1-\frac{v^2}{c^2}\right)r^2 + \left(\frac{\boldsymbol{v}\cdot\boldsymbol{r}}{c}\right)^2\right]^{3/2}} = \frac{1}{4\pi\varepsilon_0}\frac{q(1-\beta^2)}{r^3(1-\beta^2\sin^2\theta)^{3/2}}\boldsymbol{r} \tag{20}$$

式中 θ 为 $\boldsymbol{r}$ 与 $\boldsymbol{v}$ 的夹角。同理，S 中的磁感应强度为

$$\boldsymbol{B} = B_x\boldsymbol{e}_x + B_y\boldsymbol{e}_y + B_z\boldsymbol{e}_z = -\frac{1}{4\pi\varepsilon_0}\frac{qv}{c^2 r'^3}(y'\boldsymbol{e}_y + z'\boldsymbol{e}_z) \tag{21}$$

或

$$\boldsymbol{B} = B_x\boldsymbol{e}_x + B_y\boldsymbol{e}_y + B_z\boldsymbol{e}_z = \frac{1}{c^2}\boldsymbol{v}\times\boldsymbol{E} \tag{22}$$

6.35 试证明$\left(\boldsymbol{k}, \frac{\mathrm{i}\omega}{c}\right)$组成四维波矢量 k_μ。

【解】 以平面电磁波为例，设 S 系中平面电磁波电场和磁场分别为

$$\boldsymbol{E} = \boldsymbol{E}_0\mathrm{e}^{\mathrm{i}(\boldsymbol{k}\cdot\boldsymbol{r}-\omega t)} \tag{1}$$

$$\boldsymbol{B} = \boldsymbol{B}_0\mathrm{e}^{\mathrm{i}(\boldsymbol{k}\cdot\boldsymbol{r}-\omega t)} \tag{2}$$

写成电磁场张量的形式为

$$F_{\mu\nu} = F^0_{\mu\nu} e^{i(\boldsymbol{k}\cdot\boldsymbol{r}-\omega t)} \tag{3}$$

式中 $F^0_{\mu\nu}$ 是由 $\boldsymbol{E}_0$ 和 $\boldsymbol{B}_0$ 组成的张量。将电磁场变换到 S' 系有

$$F'_{\mu\nu} = \alpha_{\mu\beta} F_{\beta\lambda} \alpha_{\lambda\nu} = \alpha_{\mu\beta} F^0_{\beta\lambda} \alpha_{\lambda\mu} e^{i(\boldsymbol{k}\cdot\boldsymbol{r}-\omega t)} = F^{0'}_{\mu\nu} e^{i(\boldsymbol{k}\cdot\boldsymbol{r}-\omega t)} \tag{4}$$

其中

$$F^{0'}_{\mu\nu} = \alpha_{\mu\beta} F^0_{\beta\lambda} \alpha_{\lambda\nu} \tag{5}$$

是 S' 系中的电磁场的振幅 $\boldsymbol{E}'_0$ 和 $\boldsymbol{B}'_0$ 组成的张量。

设 S' 系相对于 S 系沿 x 轴方向以匀速度 $\boldsymbol{v}$ 运动，由坐标变换有

$$x = \frac{x' + vt'}{\sqrt{1-\beta^2}} \tag{6}$$

$$y = y' \tag{7}$$

$$z = z' \tag{8}$$

$$t = \frac{t' + vx'/c^2}{\sqrt{1-\beta^2}} \tag{9}$$

将(6)式至(9)式代入(4)式有

$$F'_{\mu\nu} = F^{0'}_{\mu\nu} e^{i(\boldsymbol{k}'\cdot\boldsymbol{r}'-\omega' t')} \tag{10}$$

式中

$$k'_x = \frac{k_x - \beta\omega/c}{\sqrt{1-\beta^2}} \tag{11}$$

$$k'_y = k_y \tag{12}$$

$$k'_z = k_z \tag{13}$$

$$\frac{\omega'}{c} = \frac{\omega/c - \beta k_x}{\sqrt{1-\beta^2}} \tag{14}$$

令

$$k_\mu = (\boldsymbol{k}, i\frac{\omega}{c}) \tag{15}$$

式中

$$k_4 = i\frac{\omega}{c} \tag{16}$$

则(11)式至(14)式可改写为

$$k'_x = \frac{k_x + i\beta k_4}{\sqrt{1-\beta^2}} \tag{17}$$

$$k'_y = k_y \tag{18}$$

$$k'_z = k_z \tag{19}$$

$$k'_4 = \frac{k_4 - i\beta k_x}{\sqrt{1-\beta^2}} \tag{20}$$

从(17)式至(20)式可看出 k_μ 的变换关系与 x_μ 的变换关系相同，所以

$$k_\mu = (\boldsymbol{k}, \mathrm{i}\frac{\omega}{c}) \tag{21}$$

组成四维矢量。

6.36 有一沿 z 轴方向螺旋进动的静磁场 $\boldsymbol{B} = B_0(\cos k_m z\boldsymbol{e}_x + \sin k_m z\boldsymbol{e}_y)$，其中 $k_m = 2\pi/\lambda_m$，λ_m 为磁场周期长度。现有一沿 z 轴以速度 $v = \beta c$ 运动的惯性系，求在该惯性系中观察到的电磁场，证明当 $\beta \approx 1$ 时该电磁场类似于一列频率为 $\gamma \cdot \beta c k_m$ 的圆偏振电磁波。

【证明】 设静止的参考系为 Σ 系，运动的参考系为 Σ' 系，两系坐标轴相互平行，且 Σ' 系沿 Σ 系的 x 轴方向匀速运动，在 Σ 系中的电磁场为

$$\boldsymbol{E} = 0 \tag{1}$$

$$\boldsymbol{B}_{//} = 0 \tag{2}$$

由电磁场的变换公式，可得在 Σ' 系中的电磁场为

$$E'_{//} = E_{//} = 0 \tag{3}$$

$$B'_{//} = B_{//} = 0 \tag{4}$$

$$\boldsymbol{E}'_\perp = \gamma(\boldsymbol{E} + \boldsymbol{v}\times\boldsymbol{B})_\perp = \gamma(\boldsymbol{v}\times\boldsymbol{B})_\perp = \gamma B_0 \begin{vmatrix} \boldsymbol{e}_x & \boldsymbol{e}_y & \boldsymbol{e}_z \\ 0 & 0 & v \\ \cos k_m z & \sin k_m z & 0 \end{vmatrix}_\perp$$

$$= \gamma B_0[(0 - v\sin k_m z)\boldsymbol{e}_x + (v\cos k_m z - 0)\boldsymbol{e}_y + 0]$$

$$= \gamma\beta c B_0(\cos k_m z\boldsymbol{e}_y - \sin k_m z\boldsymbol{e}_x) \tag{5}$$

$$\boldsymbol{B}'_\perp = \gamma\left(\boldsymbol{B} - \frac{\boldsymbol{v}}{c^2}\times\boldsymbol{E}\right)_\perp = \gamma\boldsymbol{B}_\perp = \gamma B_0(\cos k_m z\boldsymbol{e}_x + \sin k_m z\boldsymbol{e}_y) \tag{6}$$

设两参考系的原点在 $t = t' = 0$ 时重合，在此时刻有

$$\boldsymbol{k}\cdot\boldsymbol{x} - \omega t = \boldsymbol{k}'\cdot\boldsymbol{x}' - \omega' t' = \text{不变量} \tag{7}$$

即

$$\boldsymbol{k}\cdot\boldsymbol{x} = \boldsymbol{k}'\cdot\boldsymbol{x}' = \text{不变量} \tag{8}$$

亦即有

$$k_m z = k'_m z' \tag{9}$$

将(9)式代入(5)式和(6)式有

$$\boldsymbol{E}'_\perp = \gamma\beta c B_0(\cos k'_m z'\boldsymbol{e}_y - \sin k'_m z'\boldsymbol{e}_x) \tag{10}$$

$$\boldsymbol{B}'_\perp = \gamma B_0(\cos k'_m z'\boldsymbol{e}_x + \sin k'_m z'\boldsymbol{e}_y) \tag{11}$$

将(10)式和(11)式写成复数形式为

$$\boldsymbol{E}'_\perp = \gamma\beta c B_0(\boldsymbol{e}_y + \boldsymbol{e}_x)\mathrm{e}^{\mathrm{i}k'_m z'} \tag{12}$$

$$\boldsymbol{B}'_\perp = -\frac{k'_m}{\omega'}\boldsymbol{e}_z\times\boldsymbol{E}'_\perp \tag{13}$$

式中

$$\omega' = \gamma\beta c k_m \tag{14}$$

当 $\beta = v/c \approx 1$ 时，即 $v \approx c$ 时，由(13)式和(14)式看出，此时的电磁场类以于

一列频率为 $\omega' = \gamma \cdot \beta c k_m$、沿 z 轴负方向传播的圆偏振电磁波，证毕。

6.37　参考系 $\Sigma'(x',y',z')$ 以匀速 $\boldsymbol{v}(v,0,0)$ 相对于惯性系 $\Sigma(x,y,z)$ 匀速运动。在 Σ 系观测，空间某区域有静磁场 $\boldsymbol{B} = (B_x,B_y,B_z)$。(1) 求在 Σ' 系观测，该区域内的电磁场；(2) 若该区域内有一电量为 q 的粒子相对于 Σ 系静止，求在 Σ' 系观测，这个粒子所受的力。

【解】　Ⅰ. 求 Σ' 系中观测到的电磁场

设 Σ 系中的电磁场为 $\boldsymbol{E}$ 和 $\boldsymbol{B}$，Σ' 系中的电磁场为 $\boldsymbol{E}'$ 和 $\boldsymbol{B}'$，Σ' 系相对于 Σ 系沿 x 轴方向以速度 v 运动，根据电磁场的变换关系，即由教材 P221 的(5.29) 式有

$$E'_x = E_x = 0 \tag{1}$$

$$E'_y = \gamma(E_y - vB_z) = -\gamma v B_z \tag{2}$$

$$E'_z = \gamma(E_z + vB_y) = \gamma v B_y \tag{3}$$

$$B'_x = B'_z \tag{4}$$

$$B'_y = \gamma\left(B_y + \frac{v}{c^2}E_z\right) = \gamma B_y \tag{5}$$

$$B'_z = \gamma\left(B_z - \frac{v}{c^2}E_y\right) = \gamma B_z \tag{6}$$

由(1) 式至(3) 式有

$$\boldsymbol{E}' = (0, -\gamma v B_z, \gamma v B_y) \tag{7}$$

$$\boldsymbol{B}' = (B_x, \gamma B_y, \gamma B_z) \tag{8}$$

Ⅱ. 求 Σ' 系中带电粒子所受的力

带电粒子所受的力为

$$\boldsymbol{F}' = q(\boldsymbol{E}' + \boldsymbol{v}' \times \boldsymbol{B}') = q\boldsymbol{E}' + q(-v\boldsymbol{e}_{x'} \times \boldsymbol{B}') \tag{9}$$

将(7) 式和(8) 式代入(9) 式有

$$\boldsymbol{F}' = q(-\gamma v B_z \boldsymbol{e}_{y'} + \gamma v B_y \boldsymbol{e}_{z'}) - qv\boldsymbol{e}_x \times (B_x\boldsymbol{e}_{x'} + \gamma B_y \boldsymbol{e}_{y'} + \gamma B_z \boldsymbol{e}_{z'}) = 0 \tag{10}$$

式中 $\gamma = (1 - v^2/c^2)^{-1/2}$。

6.38　有一无限长均匀带电直线，在其静止参考系中线电荷密度为 λ，该线电荷以速度 $v = \beta c$ 沿自身长度匀速移动，在与直线相距为 d 的地方有一以同样速度平行于直线运动的点电荷 e，分别用下列两种方法求出作用在电荷上的力。

(1) 在直线静止系中确定力，然后用四维力变换公式；

(2) 直接计算线电荷和线电流作用在运动电荷上的电磁力。

【解】　Ⅰ. 在直线静止系中确定力，然后用四维力变换公式

设 Σ 系为静止系，固定在直导线的参考系为 Σ' 系，两参考系的坐标轴相互平行，直导线的长度方向为 x 方向，Σ' 系沿 Σ 系的 x 轴正向匀速运动。在 Σ' 系中，带电直线产生的电磁场为

$$\boldsymbol{E}'_{//} = 0 \quad \boldsymbol{E}'_{\perp} = \frac{\lambda}{2\pi\varepsilon_0 d}\boldsymbol{e}_r \tag{1}$$

$$\boldsymbol{B}' = 0 \tag{2}$$

电磁场对电荷的作用力为

$$\boldsymbol{F}' = e\boldsymbol{E}' = \frac{e\lambda}{2\pi\varepsilon_0 d}\boldsymbol{e}_r \tag{3}$$

四维力公式为

$$K'_\mu = \left(\boldsymbol{K}', \frac{\mathrm{i}}{c}\boldsymbol{K}' \cdot \boldsymbol{v}'\right) \tag{4}$$

因为电荷在 Σ' 系中静止，即 $\boldsymbol{v}' = 0, K'_4 = 0$，所以有

$$K'_\mu = \left(0, 0, \frac{e\lambda}{2\pi\varepsilon_0 d}, 0\right) \tag{5}$$

即有

$$\boldsymbol{K}' = \boldsymbol{F}' = \frac{e\lambda}{2\pi\varepsilon_0 d}\boldsymbol{e}_r \tag{6}$$

在 Σ 系中有(见教材 P232)

$$\boldsymbol{K} = \frac{\boldsymbol{F}}{\sqrt{1 - v^2/c^2}} = \gamma\boldsymbol{F} \tag{7}$$

根据四维力的变换公式可得 Σ 系中电磁场对电荷的作用力为

$$\boldsymbol{F} = \frac{\boldsymbol{F}'}{\gamma} = \frac{e\lambda}{2\pi\varepsilon_0 \gamma d}\boldsymbol{e}_r \tag{8}$$

Ⅱ. 直接计算线电荷和线电流作用在运动电荷上的电磁力

在 Σ 系中，带电直导线产生的电磁场为

$$\boldsymbol{E}_{//} = \boldsymbol{E}'_{//} \quad \boldsymbol{B}_{//} = \boldsymbol{B}'_{//} = 0 \tag{9}$$

$$\boldsymbol{E}_\perp = \gamma(\boldsymbol{E}' - \boldsymbol{v}' \times \boldsymbol{B}')_\perp = \gamma\boldsymbol{E}'_\perp \quad (\boldsymbol{v}' = 0) \tag{10}$$

$$\boldsymbol{B}_\perp = \gamma\left(\boldsymbol{B}' + \frac{\boldsymbol{v}'}{c^2} \times \boldsymbol{E}'\right)_\perp = \gamma\boldsymbol{B}'_\perp \quad (\boldsymbol{v}' = 0) \tag{11}$$

由洛伦兹力公式，电磁场对电荷的作用力为

$$\begin{aligned}\boldsymbol{F} &= e(\boldsymbol{E} + \boldsymbol{v} \times \boldsymbol{B}) = e\gamma\left(\boldsymbol{E}'_\perp - \frac{v^2}{c^2}\boldsymbol{E}'_\perp\right) = e\gamma\boldsymbol{E}'_\perp\left(1 - \frac{v^2}{c^2}\right) \\ &= e\gamma\boldsymbol{E}'_\perp/\gamma^2 = \frac{e\lambda}{2\pi\varepsilon_0 \gamma d}\boldsymbol{e}_r\end{aligned} \tag{12}$$

与(8)式结果一致。

6.39　质量为 M 的静止粒子衰变为两个粒子 m_1 和 m_2，求粒子 m_1 的动量和能量。

【解】　设衰变后两粒子的动量为 $\boldsymbol{p}_1$ 和 $\boldsymbol{p}_2$，根据物体的能量、动量和质量的关系

$$W = \sqrt{p^2c^2 + m^2c^4} \tag{1}$$

可得两粒子的能量分别为

$$W_1 = \sqrt{p_1^2c^2 + m_1^2c^4} \tag{2}$$

$$W_2 = \sqrt{p_2^2c^2 + m_2^2c^4} \tag{3}$$

由动量守恒定律和能量守恒定律知，两粒子衰变前后的动量和能量应当守恒，即

$$0 = \boldsymbol{p}_1 + \boldsymbol{p}_2 \tag{4}$$

$$Mc^2 = W_1 + \sqrt{p_2^2 c^2 + m_2^2 c^4} \tag{5}$$

由(4) 式和(5) 式可解得粒子 m_1 的动量和能量分别为

$$p_1 = \frac{c}{2M}\sqrt{[M^2 - (m_1 + m_2)^2][M^2 - (m_1 - m_2)^2]} \tag{6}$$

$$W_1 = \frac{c^2}{2M}(M^2 + m_1 - m_2) \tag{7}$$

6.40　已知某一粒子 m 衰变成质量为 m_1 和 m_2、动量为 $\boldsymbol{p}_1$ 和 $\boldsymbol{p}_2$(两者方向间的夹角为 θ) 的两个粒子,求该粒子的质量。

【解】　设该粒子衰变前的动量为 $\boldsymbol{p}$,由动量守恒定律和能量守恒定律知,两粒子衰变前后的动量和能量应当守恒,即

$$\boldsymbol{p} = \boldsymbol{p}_1 + \boldsymbol{p}_2 \tag{1}$$

$$\sqrt{p^2 c^2 + m^2 c^4} = \sqrt{p_1^2 c^2 + m_1^2 c^4} + \sqrt{p_2^2 c^2 + m_2^2 c^4} \tag{2}$$

将(1) 式改写为

$$p^2 = p_1^2 + p_2^2 + 2p_1 p_2 \cos\theta \tag{3}$$

由(2) 式和(3) 式可解得该粒子的质量为

$$m^2 = m_1^2 + m_2^2 + \frac{2}{c^2}\left[\sqrt{(m_1^2 c^2 + p_1^2)(m_2^2 c^2 + p_2^2)} - p_1 p_2 \cos\theta\right] \tag{4}$$

6.41　一个质量为 M_0 的静止粒子,衰变为两个静止质量分别为 m_1 和 m_2 的粒子,试求这两个粒子的能量、动能和动量。

【解】　Ⅰ.求两粒子的能量

设静止粒子 M_0 的能量和动量分别为 E 和 p,衰变后两粒子的能量和动量分别为 E_1、p_1 和 E_2、p_2,根据能量守恒定律有

$$E = E_1 + E_2 \tag{1}$$

因为

$$E = M_0 c^2 \tag{2}$$

所以

$$E_1 + E_2 = M_0 c^2 \tag{3}$$

根据动量守恒定律有

$$\boldsymbol{p} = \boldsymbol{p}_1 + \boldsymbol{p}_2 \tag{4}$$

因为

$$\boldsymbol{p} = 0 \tag{5}$$

所以

$$\boldsymbol{p}_1 = - \boldsymbol{p}_2 \tag{6}$$

又根据能量和动量的关系有

$$E_1 = p_1^2 c^2 + m_1^2 c^4 \tag{7}$$

$$E_2 = p_2^2 c^2 + m_2^2 c^4 \tag{8}$$

所以，由(7)式、(8)式和(6)式有

$$E_1^2 - E_2^2 = (E_1 - E_2)(E_1 + E_2) = (m_1^2 - m_2^2)c^4 \tag{9}$$

将(3)式代入(9)式有

$$E_1 - E_2 = \frac{m_1^2 - m_2^2}{M_0}c^2 \tag{10}$$

再将(3)式代入(10)式有

$$E_1 = \frac{c^2}{2M_0}(M_0^2 + m_1^2 - m_2^2) \tag{11}$$

$$E_2 = \frac{c^2}{2M_0}(M_0^2 - m_1^2 + m_2^2) \tag{12}$$

Ⅱ.求两粒子的动能

由相对论力学动能和能量的关系，两粒子的动能分别为

$$T_1 = \frac{c^2}{2M_0}(M_0 + m_1^2 - m_2^2) - m_1 c^2 \tag{13}$$

$$T_2 = \frac{c^2}{2M_0}(M_0 - m_1^2 + m_2^2) - m_2 c^2 \tag{14}$$

Ⅲ.求两粒子的动量

由(7)式、(8)式和(6)式有

$$2p_1^2 c^2 = 2p_2^2 c^2 = 2p^2 c^2 = (E_1 + E_2) - (m_1^2 + m_2^2)c^4 \tag{15}$$

将(3)式和(9)式代入(15)式有

$$\begin{aligned} 2p^2 c^2 &= (E_1 + E_2) - (E_1 + E_2)(E_1 - E_2) \\ &= (E_1 + E_2)[1 - (E_1 - E_2)] = M_0 c^2 [1 - (E_1 - E_2)] \end{aligned} \tag{16}$$

将(11)式和(12)式代入(16)式有

$$2p^2 c^2 = M_0 c^2 \left[1 - \frac{m_1^2 - m_2^2}{M_0}c^2\right] \tag{17}$$

所以

$$p = |\boldsymbol{p}_1| = |\boldsymbol{p}_2| = \sqrt{\frac{1}{2}[M_0 - (m_1^2 - m_2^2)c^2]} \tag{18}$$

6.42 一质量为 m_1、速度为 v_1 的粒子 A 与另一质量为 m_2 的静止粒子 B 碰撞后结合为一个粒子，求此结合粒子的静止质量和速度。

【解】 Ⅰ.求结合新粒子的静止质量

设实验室参考系为 Σ 系，与 B 静止的参考系为 Σ' 系，在 Σ' 系中，A 粒子的动量为 p'_A，B 粒子的动量为 p'_B，结合的新粒子为 C，其动量为 p'_C，静止质量为 m_0，由相对论力学知，四维动量矢量为

$$p_\mu = m_0 U_\mu = \left(\boldsymbol{p}, \frac{\mathrm{i}}{c}W\right) \tag{1}$$

四维速度矢量的分量为

$$U_\mu = \frac{1}{\sqrt{1-v^2/c^2}}(v_1, v_2, v_3, \mathrm{i}c) = \gamma_v(v_1, v_2, v_3, \mathrm{i}c) \tag{2}$$

以 A 粒子和 B 粒子为研究对象，由题意知，在 Σ' 系中 A 粒子的四维动量为

$$p'_{A1} = \frac{\mathrm{i}m_1 v}{\sqrt{1-v_1^2/c^2}} \tag{3}$$

$$p'_{A2} = p'_{A3} = 0 \tag{4}$$

$$p'_{A4} = \frac{\mathrm{i}}{c}W = \frac{\mathrm{i}m_1 c}{\sqrt{1-v_1^2/c^2}} \tag{5}$$

B 粒子的四维动量为

$$p'_{B1} = p'_{B2} = p'_{B3} = 0 \tag{6}$$

$$p'_{B4} = \frac{\mathrm{i}}{c}W = \frac{\mathrm{i}m_2 c}{\sqrt{1-v_B^2/c^2}} = \mathrm{i}m_2 c \tag{7}$$

所以，Σ' 系中 A 和 B 的四维总动量为

$$p'_1 = p_{A1} + p_{B1} = \frac{m_1 v_1}{\sqrt{1-v_1^2/c^2}} \tag{8}$$

$$p'_2 = p'_3 = 0 \tag{9}$$

$$p'_4 = p'_{A4} + p'_{B4} = \frac{\mathrm{i}m_1 c}{\sqrt{1-v_1^2/c^2}} + \mathrm{i}m_2 c \tag{10}$$

取坐标系随新粒子 C 一起运动，则在物体静止体系内有

$$\boldsymbol{p} = 0 \tag{11}$$

$$W = m_0 c^2 \tag{12}$$

根据公式（见教材 P227）

$$p_\mu p_\mu = \boldsymbol{p}^2 - \frac{W^2}{c^2} = 不变量 \tag{14}$$

有

$$p_\mu p_\mu = -m_0^2 c^2 \tag{15}$$

即

$$p_\mu p_\mu = p'^2_1 + p'^2_4 = \left(\frac{m_1 v_1}{\sqrt{1-v_1^2/c^2}}\right)^2 + \left(\frac{\mathrm{i}m_1 c}{\sqrt{1-v_1^2/c^2}} + \mathrm{i}m_2 c\right)^2 = m_0^2 c^2 \tag{16}$$

解(16)式得新粒子 C 的静止质量为

$$m_0 = \frac{2m_1 m_2}{\sqrt{1-v_1^2/c^2}} + m_1^2 + m_2^2 \tag{17}$$

Ⅱ. 求结合新粒子的速度

设新粒子的速度为 v，在实验室参考系 Σ 中，由动量守恒定律有

$$\boldsymbol{p}_A + \boldsymbol{p}_B = \boldsymbol{p}_C \tag{18}$$

因为

$$\boldsymbol{p}_B = 0 \tag{19}$$

所以有

$$\boldsymbol{p}_A = \boldsymbol{p}_C \tag{20}$$

$$\frac{m_1 v_1}{\sqrt{1 - v_1^2/c^2}} = \frac{m_0 v}{\sqrt{1 - v^2/c^2}} \tag{21}$$

将(21)式两边平方后整理有

$$v^2\left(m_0^2 + \frac{m_1^2 v_1^2}{c^2 - v_1^2}\right) = \frac{m_1^2 v_1^2}{1 - v_1^2/c^2} \tag{22}$$

将(17)式代入上式有

$$v^2\left(m_1^2 + m_2^2 + \frac{2m_1 m_2}{1 - v_1^2/c^2} + \frac{m_1^2 v_1^2}{c^2 - v_1^2}\right) = \frac{m_1^2 v_1^2}{1 - v_1^2/c^2} \tag{23}$$

即

$$v^2\left[m_2^2 + \frac{2m_1 m_2}{1 - v_1^2/c^2} + m_1^2\left(1 + \frac{v_1^2}{c^2 - v_1^2}\right)\right] = \frac{m_1^2 v_1^2}{1 - v_1^2/c^2} \tag{24}$$

$$v^2\left(m_2^2 + \frac{2m_1 m_2}{1 - v_1^2/c^2} + \frac{m_1^2 c^2}{c^2 - v_1^2}\right) = \frac{m_1^2 v_1^2}{1 - v_1^2/c^2} \tag{25}$$

$$v^2\left[\frac{m_2(1 - v_1^2/c^2) + m_1^2 + 2m_1 m_2\sqrt{1 - v_1^2/c^2}}{1 - v_1^2/c^2}\right] = \frac{m_1^2 v_1^2}{1 - v_1^2/c^2} \tag{26}$$

$$v^2\left(m_1 + m_2\sqrt{1 - v_1^2/c^2}\right)^2 = m_1^2 v_1^2 \tag{27}$$

所以得

$$v = \frac{m_1 v_1}{m_1 + m_2\sqrt{1 - v_1^2/c^2}} \tag{28}$$

6.43 (1) 设 E 和 $\boldsymbol{p}$ 是粒子体系在实验室参考系 Σ 中的总能量和总动量($\boldsymbol{p}$ 与 x 轴方向夹角为 θ),证明在另一参考系 Σ'(相对于 Σ 系以速度 $\boldsymbol{v}$ 沿 x 轴方向匀速运动) 中的粒子体系总能量和总动量满足:

$$p'_x = \gamma(p_x - \beta E/c) \quad E' = \gamma(E - c\beta p_x)$$

$$\tan\theta' = \frac{\sin\theta}{\gamma(\cos\theta - \beta E/cp)}$$

(2) 某光源发出的光束在两个惯性系中与 x 轴的夹角分别为 θ 和 θ',证明:

$$\cos\theta' = \frac{\cos\theta - \beta}{1 - \beta\cos\theta} \quad \sin\theta' = \frac{\sin\theta}{\gamma(1 - \beta\cos\theta)}$$

(3) 考虑在 Σ 系内立体角为 $\mathrm{d}\Omega = \mathrm{d}\cos\theta\mathrm{d}\phi'$ 的光束,证明当变换到另一惯性系 Σ' 时,立体角为

$$\mathrm{d}\Omega' = \frac{\mathrm{d}\Omega}{\gamma^2(1 - \beta\cos\theta)^2}$$

【解】 Ⅰ. 在 Σ 系中,设粒子体系在 xoy 平面运动,则它们的四维动量分别为

$$p_1 = p\cos\theta \quad p_2 = p\sin\theta \quad p_3 = 0 \quad p_4 = \mathrm{i}E/c \tag{1}$$

在 Σ' 系中,根据四维动量变换式

$$
\begin{aligned}
p'_1 &= \gamma\left(p_1 - \frac{v}{c}mc\right) = \gamma(p_1 - \beta E/c) \\
p'_2 &= p_2 \quad p'_3 = p_3 \\
E' &= \gamma\left(mc - \frac{v}{c}p_1\right) = \gamma(E - c\beta p_1)
\end{aligned} \tag{2}
$$

式中 $\beta = v/c$,可得粒子体系在 Σ' 系中的四维动量分别为

$$p'_x = p'_1 = \gamma(p_1 - \beta E/c) \tag{3}$$

$$p'_2 = p_2 = p\sin\theta \tag{4}$$

$$p'_3 = p_3 = 0 \tag{5}$$

$$E' = \gamma(E - c\beta p_1) \tag{6}$$

所以有

$$\tan\theta' = \frac{\sin\theta'}{\cos\theta'} = \frac{p'_2}{p'_1} = \frac{p\sin\theta}{\gamma(p_1 - \beta E/c)} \tag{7}$$

将 $p_1 = p\cos\theta$ 代入上式得

$$\tan\theta' = \frac{p\sin\theta}{\gamma(p\cos\theta - \beta E/c)} = \frac{\sin\theta}{\gamma(\cos\theta - \beta E/cp)} \tag{8}$$

Ⅱ. 在 Σ 系中,设光源的角频率为 ω,波矢量 $\boldsymbol{k}$ 的方向与 x 轴的夹角为 θ,则它们的四维波矢量分别为

$$k_1 = \frac{\omega}{c}\cos\theta \quad k_2 = \frac{\omega}{c}\sin\theta \quad k_3 = 0 \quad k_4 = \frac{\mathrm{i}}{c}\omega \tag{9}$$

在 Σ' 系中,设光源的角频率为 ω',波矢量 $\boldsymbol{k}'$ 的方向与 x 轴的夹角为 θ',则它们的四维波矢量分别为

$$k'_1 = \frac{\omega'}{c}\cos\theta' \quad k'_2 = \frac{\omega'}{c}\sin\theta' \quad k'_3 = 0 \quad k'_4 = \frac{\mathrm{i}}{c}\omega' \tag{10}$$

四维波矢量的变换为

$$
\begin{aligned}
k'_1 &= \gamma\left(k_1 - \frac{v}{c^2}\right) \\
k'_2 &= k_2 \quad k'_3 = k_3 \\
\omega' &= \gamma(\omega - vk_1)
\end{aligned} \tag{11}
$$

由(10) 式的第一式有

$$\cos\theta' = \frac{k'_1}{\omega'}c \tag{12}$$

将(11) 式的第一式和第四式代入上式有

$$\cos\theta' = \frac{\gamma(k_1 - v/c^2)}{\gamma(\omega - vk_1)}c = \frac{(k_1 - v/c^2)}{(\omega - vk_1)}c \tag{13}$$

将(9) 式的第一式代入上式有

$$\cos\theta' = c\left(\frac{\omega}{c}\cos\theta - v/c^2\right)\Big/\left(\omega - v\,\frac{\omega}{c}\cos\theta\right) = \frac{\cos\theta - \beta}{1 - \beta\cos\theta} \tag{14}$$

又由(10)式的第二式有

$$\sin\theta' = \frac{k'_2}{\omega'}c \tag{15}$$

将(11)式的第二式和第四式代入上式有

$$\sin\theta' = \frac{k_2 c}{\gamma(\omega - vk_1)} \tag{16}$$

将(9)式的第一式和第二式代入上式有

$$\sin\theta' = \frac{\omega}{c}\sin\theta \cdot c/\gamma\left(\omega - v\frac{\omega}{c}\cos\theta\right) = \frac{\sin\theta}{\gamma(1-\beta\cos\theta)} \tag{17}$$

由(14)式和(17)式有

$$\tan\theta' = \frac{\sin\theta'}{\cos\theta'} = \frac{\sin\theta}{\gamma(1-\beta\cos\theta)} \Big/ \frac{\cos\theta - \beta}{1-\beta\cos\theta} = \frac{\sin\theta}{\gamma(\cos\theta - \beta)} \tag{18}$$

Ⅲ. 对(14)式方程两边求微分有

$$\sin\theta' \mathrm{d}\theta' = \frac{\sin\theta\mathrm{d}\theta(1-\beta\cos\theta) + (\cos\theta - \beta)\cdot\beta\sin\theta\mathrm{d}\theta}{(1-\beta\cos\theta)^2} \tag{19}$$

即

$$\sin\theta' \mathrm{d}\theta' = \frac{(1-\beta^2)\sin\theta\mathrm{d}\theta}{(1-\beta\cos\theta)^2} = \frac{\sin\theta\mathrm{d}\theta}{\gamma^2(1-\beta\cos\theta)^2} \tag{20}$$

因为 ϕ 角与粒子体系的运动方向垂直，所以有

$$\mathrm{d}\phi' = \mathrm{d}\phi \tag{21}$$

所以，在(20)式方程两边同乘以(21)式有

$$\sin\theta' \mathrm{d}\theta' \mathrm{d}\phi' = \frac{\sin\theta\mathrm{d}\theta\mathrm{d}\phi}{\gamma^2(1-\beta\cos\theta)^2} \tag{22}$$

即

$$\mathrm{d}\Omega' = \frac{\mathrm{d}\Omega}{\gamma^2(1-\beta\cos\theta)^2} \tag{23}$$

证毕.

6.44 考虑一个质量为 m_1、能量为 E_1 的粒子射向另一质量为 m_2 的静止粒子体系，通常在高能物理中，选择质心参考系有许多方便之处，在该参考系中总动量为零。

(1) 求质心相对于实验室系的速度 β_c。

(2) 求质心系中每个粒子的动量、能量及总能量。

(3) 已知电子静止能量 $m_e c^2 = 0.511$ MeV。北京正负电子对撞机(BEPC)的设计能量为 2×2.2 GeV(1 GeV $= 10^3$ MeV)，估计一下若用单束电子入射于静止靶，要用多大的能量才能达到与对撞机相同的相对运动能量。

【解】 Ⅰ. 求质心相对于实验室系的速度 β_c

设实验室参考系为 Σ 系，固定于质心的参考系为 Σ' 系，两参考系的坐标轴相互平行，且 Σ' 系相对于 Σ 系以速度 $v = \beta_c$ 运动。

在 Σ 系中，m_1 粒子的动量和能量分别为

$$p_1 = \frac{\sqrt{E_1 - m_{01}c^4}}{c} \tag{1}$$

$$E_1 = \sqrt{p_1^2 c^2 + m_{01}c^4} \tag{2}$$

m_2 粒子的动量为

$$p_2 = 0 \tag{3}$$

根据动量守恒定律，m_1 的动量应等于质心的动量，即

$$\frac{\sqrt{E_1 - m_{01}c^4}}{c} = \left(\frac{E_1}{c^2} + m_2\right)\beta_c = M\beta_c \tag{4}$$

式中 $M = m_1 + m_2$。所以，质心相对于实验室系的速度为

$$\beta_c = \frac{c\sqrt{E_1^2 - m_{01}^2 c^4}}{E_1 + m_2 c^2} = \frac{\sqrt{E_1^2 - m_{01}^2 c^4}}{Mc} \tag{5}$$

Ⅱ. 求质心系中每个粒子的动量、能量及总能量

由题意知，在质心参考系 Σ' 的中心，系统的总动量应为零，即

$$\boldsymbol{p}'_1 + \boldsymbol{p}'_2 = 0 \tag{6}$$

即

$$\boldsymbol{p}'_1 = -\boldsymbol{p}'_2 \text{ 或 } p'_1 = p'_2 \tag{7}$$

在质心系 Σ' 中每个粒子的运动速度就是质心的速度，设 m_1 和 m_2 的静止质量分别为 $m_{01} = m_1$ 和 m_{02}，所以，两粒子的动量值为

$$p'_1 = p'_2 = \frac{m_{02}v}{\sqrt{1 - v^2/c^2}} = \frac{m_{02}\beta_c}{\sqrt{1 - v^2/c^2}} = m_2\beta_c \tag{8}$$

将(5) 式代入(8) 式有

$$p'_1 = p'_2 = \frac{m_2\sqrt{E_1^2 - m_{01}^2 c^4}}{Mc} \tag{9}$$

m_1 粒子的能量为

$$E'_1 = \sqrt{p'_1 c^2 + m_{01}^2 c^4} \tag{10}$$

将(9) 式代入上式有

$$\begin{aligned} E'^2_1 &= \frac{m_2^2(E_1^2 - m_{01}^2 c^4)}{M^2 c^2}c^2 + m_{01}^2 c^4 \\ &= \frac{m_2^2 E_1^2 - m_2 m_{01}^2 c^4 + (m_{01} + m_2)m_{01}^2 c^4}{M^2} = \frac{(m_2 E_1 + m_{01}^2 c^2)^2}{M^2} \end{aligned} \tag{11}$$

所以得

$$E'_1 = \frac{m_2 E_1 + m_{01}^2 c^2}{M} = \frac{m_1 E_1 + m_1^2 c^2}{M} \tag{12}$$

同理得 m_2 粒子的能量为

$$E'_2 = \sqrt{p'^2_2 + m_{02}^2 c^4} = \frac{m_2 E_1 + m_2^2 c^2}{M} \tag{13}$$

两粒子的总能量为

$$E' = E'_1 + E'_2 = \frac{m_1^2c^2 + m_2^2c^2 + (m_1 + m_2)E_1}{M} \tag{14}$$

式中

$$\begin{aligned} M^2c^4 &= (m_1 + m_2)^2c^4 = m_1^2c^4 + m_2^2c^4 + 2m_1m_2c^4 \\ &= m_1^2c^4 + m_2^2c^4 + 2E_1m_2c^2 \end{aligned} \tag{15}$$

其中

$$E_1 = m_1c^2 \tag{16}$$

Ⅲ.用多大的能量才能达到与对撞机相同的相对运动能量

所谓对撞机，是利用两束反向加速运动的粒子对碰实现对撞的，若用单束电子入射于静止靶，要达到与对撞机相同的相对运动能量，则要求单束电子(粒子)入射时的运动能量必须满足

$$E_1 \gg m_1c^2 \tag{17}$$

$$E_1 \gg m_2c^2 \tag{18}$$

这时(12)式和(15)式变为

$$M \approx \frac{m_2E_1}{E'_1} \tag{19}$$

$$M^2c^2 \approx 2E_1m_2 \tag{20}$$

由(19)式和(20)式有

$$E_1 \approx \frac{2E'^2_1}{m_2c^2} \tag{21}$$

由题意可知，将 $m_2c^2 = m_ec^2 = 0.511$ MeV 以及对撞机单束粒子的能量 $E'_1 = 2.2\times10^3$ MeV 代入(21)式可得

$$E_1 \approx \frac{2\times(2.2\times10^3)^2}{0.511}\ \text{MeV} = 1.89\times10^7\ \text{MeV} \approx 1.9\times10^4\ \text{GeV} \tag{22}$$

此能量约为对撞机单束粒子能量的两万倍，从这里可体会使用对撞机获得高能的作用。

6.45　(1) 试写出带电粒子在电磁场中的相对论性的运动方程；(2) 一个电量为 q、静止质量为 m_0 的粒子从原点出发，在一均匀的电场 $\boldsymbol{E}$ 中运动，$\boldsymbol{E} = E\boldsymbol{e}_x$ 沿 x 轴的方向，粒子的初速度沿 y 轴方向，试证明此粒子的运动轨迹方程为 $x = \frac{W_0}{qE}\left[\cosh\left(\frac{qEy}{p_0c}\right) - 1\right]$，式中 p_0 是粒子出发时的动量值，$W_0 = \sqrt{p_0^2c^2 + m_0c^4}$ 是它出发时的能量。

【求解与证明】　Ⅰ. 带电粒子的运动方程

设带电粒子的运动速度为 $\boldsymbol{v}$，动量为 $\boldsymbol{p}$，则带电粒子 q 在电磁场中的相对论性的运动方程为

$$\frac{\mathrm{d}\boldsymbol{p}}{\mathrm{d}t} = q(\boldsymbol{E} + \boldsymbol{v}\times\boldsymbol{B}) \tag{1}$$

式中：

$$\boldsymbol{p}=m\boldsymbol{v}=\frac{m_0\boldsymbol{v}}{\sqrt{1-\dfrac{v^2}{c^2}}}=\gamma m_0\boldsymbol{v} \tag{2}$$

Ⅱ. 证明带电粒子的运动轨迹方程

因为 $\boldsymbol{E}=E\boldsymbol{e}_x$，所以由(1) 式知带电粒子的运动方程的分量式为

$$\frac{\mathrm{d}p_x}{\mathrm{d}t}=qE \tag{3}$$

$$\frac{\mathrm{d}p_y}{\mathrm{d}t}=0 \tag{4}$$

$$\frac{\mathrm{d}p_z}{\mathrm{d}t}=0 \tag{5}$$

初始条件为

$$p_x\big|_{t=0}=\gamma m_0 v_x=0 \tag{6}$$

$$p_y\big|_{t=0}=p_0 \tag{7}$$

$$p_z\big|_{t=0}=0 \tag{8}$$

经过时间 t 后，由牛顿第二定律，带电粒子的动量为

$$p_x=qEt \tag{9}$$

根据相对论质能关系，将(7) 式和(9) 式代入质能关系公式，则 t 时刻带电粒子的能量为

$$\begin{aligned}W&=mc^2=\sqrt{p^2c^2+m_0^2c^4}=\sqrt{p_x^2c^2+p_y^2c^2+m_0^2c^4}\\&=\sqrt{(p_0^2c^2+m_0^2c^4)+p_x^2c^2}=\sqrt{W_0^2+p_x^2c^2}=\sqrt{W_0^2+q^2E^2c^2t^2}\end{aligned} \tag{10}$$

由(9) 式，t 时刻有

$$p_x=m\frac{\mathrm{d}x}{\mathrm{d}t}=qEt \tag{11}$$

则有

$$\frac{\mathrm{d}x}{\mathrm{d}t}=\frac{qE}{m}t=\frac{qEc^2}{mc^2}t=\frac{qEc^2}{W}t \tag{12}$$

将(10) 式代入上式有

$$\frac{\mathrm{d}x}{\mathrm{d}t}=\frac{qEc^2}{\sqrt{W_0+q^2E^2c^2t^2}}t \tag{13}$$

所以

$$\begin{aligned}x&=\int_0^t\frac{qEc^2}{\sqrt{W_0+q^2E^2c^2t^2}}t\mathrm{d}t=\frac{1}{qE}\left[\sqrt{W_0+q^2E^2c^2t^2}\right]_0^t\\&=\frac{1}{qE}\left[\sqrt{W_0^2+q^2E^2c^2t^2}-W_0\right]\end{aligned} \tag{14}$$

同理

$$\frac{\mathrm{d}y}{\mathrm{d}t}=\frac{p_0}{m}=\frac{p_0c^2}{W}=\frac{p_0c^2}{\sqrt{W_0^2+q^2E^2c^2t^2}} \tag{15}$$

所以

$$y=p_0c^2\int_0^t\frac{\mathrm{d}t}{\sqrt{W_0^2+q^2E^2c^2t^2}}=\frac{p_0c^2}{qE}\operatorname{arcsinh}\left(\frac{qEc}{W_0}t\right) \tag{16}$$

即

$$\frac{qEc}{W_0}t=\sinh\left(\frac{qE}{p_0c}y\right) \tag{17}$$

将(17)式代入(14)式有

$$x=\frac{1}{qE}\left[\sqrt{W_0^2+W_0^2\sinh^2\left(\frac{qE}{p_0c}y\right)}-W_0\right]=\frac{W_0}{qE}\left[\sqrt{1+\sinh^2\left(\frac{qE}{p_0c}y\right)}-1\right] \tag{18}$$

利用关系

$$\cosh^2x-\sinh^2x=1 \tag{19}$$

则得带电粒子的运动轨迹方程为

$$x=\frac{W_0}{qE}\left[\cosh\left(\frac{qE}{p_0c}y\right)-1\right] \tag{20}$$

证毕。

6.46　电荷为 e、静止质量为 m_0 的粒子在均匀电场 $\boldsymbol{E}$ 内运动，初速度为零，试确定粒子的运动轨迹与时间的关系，并研究非相对论的情况。

【解】　Ⅰ.相对论情况

由牛顿第二定律 $\boldsymbol{F}=\mathrm{d}\boldsymbol{P}/\mathrm{d}t$，粒子的运动方程为

$$\frac{\mathrm{d}}{\mathrm{d}t}\left(\frac{m_0\boldsymbol{v}}{\sqrt{1-v^2/c^2}}\right)=e\boldsymbol{E} \tag{1}$$

即

$$\mathrm{d}\left(\frac{m_0v}{\sqrt{1-v^2/c^2}}\right)=eE\,\mathrm{d}t \tag{2}$$

设 $t=0$ 时，$v_0=0$，所以，上式积分后得

$$\frac{m_0v}{\sqrt{1-v^2/c^2}}=eEt \tag{3}$$

整理上式即得粒子的运动速度为

$$v=\frac{eEt/m_0}{\sqrt{1+(eEt/m_0c)^2}} \tag{4}$$

设粒子沿 z 轴方向运动，则上式为

$$\frac{\mathrm{d}z}{\mathrm{d}t}=\frac{eEt/m_0}{\sqrt{1+(eEt/m_0c)^2}} \tag{5}$$

设 $t=0$ 时，$z_0=0$，所以，上式积分后得粒子的运动轨迹与时间的关系为

$$z=\frac{m_0c^2}{eE}\left[\sqrt{1+\left(\frac{eE}{m_0c}t\right)^2}-1\right] \tag{6}$$

Ⅱ.非相对论情况

在非相对论情况下有

$$v\ll c \tag{7}$$

此时,牛顿第二定律为

$$\boldsymbol{F}=m_0\frac{\mathrm{d}\boldsymbol{v}}{\mathrm{d}t} \tag{8}$$

粒子的运动方程为

$$m_0\frac{\mathrm{d}\boldsymbol{v}}{\mathrm{d}t}=e\boldsymbol{E} \tag{9}$$

即

$$v=\frac{eE}{m_0}t\ll c \tag{10}$$

亦即有

$$eEt\ll m_0c \tag{11}$$

由(11)式的条件,可将 $\sqrt{1+(eEt/m_0c)^2}$ 展开有

$$\sqrt{1+(eEt/m_0c)^2}=1+(eEt/m_0c)^2 \tag{12}$$

将(12)式代入(6)式可得

$$z=\frac{1}{2}\frac{eE}{m_0}t^2 \tag{13}$$

6.47　试根据动量、能量守恒定律,证明真空中的自由电子既不能辐射光子,也不能吸收光子。

【证明】　设真空中静止质量为 m_0 的自由电子辐射出一个光子,辐射前电子在某惯性系中处于静止,电子在此惯性系中辐射出的光子的动量为

$$\hbar\boldsymbol{k}=\frac{h\nu}{c}\boldsymbol{e}_k \tag{1}$$

辐射光子后电子的动量为 $\boldsymbol{P}$,由动量守恒定律有

$$\boldsymbol{P}+\hbar\boldsymbol{k}=\boldsymbol{P}+\frac{h\nu}{c}\boldsymbol{e}_k=0 \tag{2}$$

即

$$\left[|\boldsymbol{P}|^2+\left|\frac{h\nu}{c}\boldsymbol{e}_k\right|^2\right]^{\frac{1}{2}}=0 \tag{3}$$

亦即

$$P^2c^2=h^2\nu^2 \tag{4}$$

由能量守恒定律有

$$\sqrt{(Pc)^2+(m_0c^2)^2}+h\nu=m_0c^2 \tag{5}$$

将(4) 式代入(5) 式有

$$m_0 c^2 h\nu = 0 \tag{6}$$

式中 m_0、c、h 都不可能为零，所以有

$$\nu = 0 \tag{7}$$

亦即

$$h\nu = 0 \tag{8}$$

表明自由电子辐射出的光子的能量为零，证明真空中的自由电子不辐射光子。另外，设电子吸收光子前处于静止的惯性系中，光子的动量为

$$\hbar \boldsymbol{k} = \frac{h\nu}{c}\boldsymbol{e}_k \tag{9}$$

电子吸收光子后的动量为 $\boldsymbol{P}$，由动量守恒定律有

$$\boldsymbol{P} = \hbar \boldsymbol{k} \tag{10}$$

即

$$P^2 c^2 = h^2 \nu^2 \tag{11}$$

再由能量守恒定律有

$$\sqrt{(Pc)^2 + (m_0 c^2)^2} = m_0 c^2 + h\nu \tag{12}$$

将(11) 式代入(12) 式有

$$h\nu = 0 \tag{13}$$

表明自由电子吸收光子的能量为零，证明真空中的自由电子不吸收光子。

综上所述，证明真空中的自由电子既不能辐射光子，也不能吸收光子。

6.48 导出在不同惯性参考系之间的三维力的变换关系。

【解】 设有两惯性系 Σ 和 Σ'，Σ' 系相对于 Σ 系以速度 $\boldsymbol{v}$ 沿 x 轴方向匀速运动，根据力 $\boldsymbol{F}$ 与四维力 $\boldsymbol{K}$ 矢量间的关系

$$\boldsymbol{F} = \sqrt{1 - \frac{v^2}{c^2}}\boldsymbol{K} = \sqrt{1-\beta^2}\boldsymbol{K} \tag{1}$$

有

$$\frac{F_x}{\sqrt{1-u^2/c^2}} = \frac{1}{\sqrt{1-\beta^2}}\left\{\frac{F'_x}{\sqrt{1-u'^2/c^2}} + \frac{\beta}{c}\,\frac{\boldsymbol{F}' \cdot \boldsymbol{v}'}{\sqrt{1-u'^2/c^2}}\right\} \tag{2}$$

$$\frac{F_y}{\sqrt{1-u^2/c^2}} = \frac{F'_y}{\sqrt{1-u'^2/c^2}} \tag{3}$$

$$\frac{F_z}{\sqrt{1-u^2/c^2}} = \frac{F'_z}{\sqrt{1-u'^2/c^2}} \tag{4}$$

因为

$$\sqrt{1-u^2/c^2} = \sqrt{1-u'^2/c^2} \cdot \frac{\sqrt{1-\beta^2}}{1+\boldsymbol{v}\cdot\boldsymbol{u}'/c^2} \tag{5}$$

所以

$$F_x = \frac{F'_x + \frac{v}{c^2}(\boldsymbol{F}' \cdot \boldsymbol{u}')}{1 + \boldsymbol{v} \cdot \boldsymbol{u}'/c^2} \tag{6}$$

$$F_y = F'_y \frac{\sqrt{1-\beta^2}}{1 + \boldsymbol{v} \cdot \boldsymbol{u}'/c^2} \tag{7}$$

$$F_z = F'_z \frac{\sqrt{1-\beta^2}}{1 + \boldsymbol{v} \cdot \boldsymbol{u}'/c^2} \tag{8}$$

6.49　若光子的质量不为零，电磁场的势方程或场方程如何修改，这时电磁场有什么特性。试设想一个实验室来检验光子质量的存在。

【解】　Ⅰ. 势方程的修改

设光子的静质量为 m，速度为 c，则势方程修改为

$$(\nabla_\mu - m^2)A_\mu = -\frac{4\pi}{c}J_\mu \tag{1}$$

场方程修改为

$$\frac{\partial F_{\lambda\nu}}{\partial x_\lambda} - m^2 A_\nu = -\frac{4\pi}{c} \tag{2}$$

Ⅱ. 测定光子的静止质量

根据(1) 式，在自由场的情况下有

$$(\nabla_\mu - m^2)A_\mu = 0 \tag{3}$$

平面电磁波的波矢为

$$k_\mu^2 + m^2 = 0 \tag{4}$$

即

$$\frac{\omega^2}{c^2} - k^2 = m^2 \tag{5}$$

群速度为

$$v_g = \frac{\mathrm{d}\omega}{\mathrm{d}k}c(\omega^2 - m^2c^2)^{\frac{1}{2}}/\omega \tag{6}$$

若有两列波，角频率满足

$$\omega_1 \gg mc \quad \omega_2 \gg mc \tag{7}$$

$$\frac{\Delta\nu}{c} = \frac{\nu_{g1} - \nu_{g2}}{c} \approx \frac{1}{2}m^2c^2\left(\frac{1}{\omega_2^2} - \frac{1}{\omega_1^2}\right) \tag{8}$$

所以，两列波通过相同路程 L 的时间差 Δt 为

$$\Delta t = \frac{L}{\nu_{g2}} - \frac{L}{\nu_{g1}} = \frac{L}{8\pi^2 c}(\lambda_2^2 - \lambda_1^2) \tag{9}$$

此式表明，只要测量出不同频率的两光波通过同一段路程时的时间差，就可测定光子的静质量。

6.50　利用洛伦兹变换，试确定粒子在互相垂直的均匀电场 $E\boldsymbol{e}_x$ 和均匀磁场 $B\boldsymbol{e}_y(E > cB)$ 内的运动规律，设粒子的初速度 $u = c^2B/E$ 而且沿着垂直于电场和磁

场的 z 轴正向。

【解】 设 $\boldsymbol{E}$ 和 $\boldsymbol{B}$ 静止的参考系为 Σ 系，固定于粒子上的参考系为 Σ' 系，Σ' 系与 Σ 系的坐标相互平行，Σ' 系沿 Σ 系的 z 轴方向以速度 u 匀速运动。由题意，在 Σ 系中有

$$E_y = E_z = 0 \quad \boldsymbol{E} = E_x \boldsymbol{e}_x \tag{1}$$

$$B_x = B_z = 0 \quad \boldsymbol{B} = B_y \boldsymbol{e}_y \tag{2}$$

在 Σ' 系中，由于粒子是静止的，所以 $\boldsymbol{B}' = 0$，由电磁场的变换关系

$$\boldsymbol{E}'_{//} = \boldsymbol{E}_{//} \quad \boldsymbol{B}'_{//} = \boldsymbol{B}_{//} \tag{3}$$

$$\boldsymbol{E}'_{\perp} = \gamma(\boldsymbol{E} + \boldsymbol{v} \times \boldsymbol{B})_{\perp} \quad \boldsymbol{B}'_{\perp} = \gamma\left(\boldsymbol{B} - \frac{\boldsymbol{v}}{c^2} \times \boldsymbol{E}\right)_{\perp} \tag{4}$$

电场为

$$E'_{//} = E'_z = 0 \quad B'_{//} = B'_z = 0 \tag{5}$$

$$\begin{aligned} E'_x &= \gamma_u(E_x - uB_y) = \gamma_u(E - uB) \\ &= \gamma_u\left(E - u \cdot \frac{uE}{c}\right) = \gamma_u E\left(1 - \frac{u^2}{c^2}\right) = E/\gamma_u \end{aligned} \tag{6}$$

$$E'_y = \gamma_u(E_y - uB_z) = 0 \tag{7}$$

式中 $\gamma_u = \dfrac{1}{\sqrt{1 - u^2/c^2}}$，$u = c^2 B/E$。

所以，在 Σ' 系中由牛顿第二定律可得粒子的运动方程为

$$F'_x = \frac{\mathrm{d}P'_x}{\mathrm{d}t'} = eE'_x \quad F'_y = 0 \quad F'_z = 0 \tag{8}$$

即

$$\mathrm{d}\left(\frac{m_0 u}{\sqrt{1 - u^2/c^2}}\right) = eE'_x \mathrm{d}t \tag{9}$$

此方程与 6.46 题(2) 式同形，仿照其方法得粒子在 Σ' 系中的运动轨迹方程为

$$x' = \frac{m_0 c^2}{eE'_x}\left[\sqrt{1 + \left(\frac{eE'_x}{m_0 c} t'\right)^2} - 1\right] \quad y' = 0 \quad z' = 0 \tag{10}$$

设初始时刻，粒子处于 Σ 系的坐标原点，则由洛伦兹变换

$$x' = x \quad y' = y \quad z' = (z - ut) \quad t' = \gamma_u\left(t - \frac{u}{c^2} z\right) \tag{11}$$

可得粒子在 Σ 系中的运动轨迹方程为

$$x = \frac{m_0 c^2 \gamma_u}{eE}\left[\sqrt{1 + \left(\frac{eE}{m_0 c \gamma_u^2} t\right)^2} - 1\right] \tag{12}$$

$$y = 0 \tag{13}$$

$$z = ut \tag{14}$$

$$t' = \gamma_u\left(t - \frac{u}{c^2} \cdot ut\right) = \gamma_u t\left(1 - \frac{u^2}{c^2}\right) = \frac{t}{\gamma_u} \tag{15}$$

其中(12) 式是将(6) 式和(11) 式代入(10) 式所得，即

$$x=\frac{m_0c^2}{eE'_x}\left[\sqrt{1+\left(\frac{eE'_x}{m_0c}t'\right)^2}-1\right]=\frac{m_0c^2\gamma_u}{eE}\left[\sqrt{1+\left(\frac{eE}{\gamma_u m_0 c}\frac{t}{\gamma_u}\right)^2}-1\right]$$

$$=\frac{m_0c^2\gamma_u}{eE}\left[\sqrt{1+\left(\frac{eE}{m_0c\gamma_u^2}t\right)^2}-1\right] \tag{16}$$

6.51　已知 $t=0$ 时点电荷 q_1 位于原点，q_2 静止于 y 轴 $(0,y_0,0)$ 上，q_1 以速度 v 沿 x 轴匀速运动，试分别求出 q_1、q_2 各自所受的力，如何解释两力不是等大反向？

【解】　设 q_2 静止的参考系为 Σ 系，q_1 静止的参考系为 Σ' 系，两系坐标轴相互平行，由题意，Σ' 系以速度 $\boldsymbol{v}$ 沿 Σ 系的 x 轴方向匀速运动。

由题意，$t=0$ 时，q_2 静止于 y 轴，设 q_2 产生的电场为 $\boldsymbol{E}_2$，其对 q_1 的作用力为

$$\boldsymbol{F}_1=q_1\boldsymbol{E}_2=q_1E_{1y}\boldsymbol{e}_y=-\frac{q_1q_2}{4\pi\varepsilon_0y_0^2}\boldsymbol{e}_y \tag{1}$$

在同一时刻，即 $t=0$ 时，q_1 在 Σ' 系中产生的磁场 $\boldsymbol{B}'_1=0$，只产生电场，其产生的电场为

$$\boldsymbol{E}'_1=\frac{q_1}{4\pi\varepsilon_0y'^2_0}\boldsymbol{e}_y=\frac{q_1}{4\pi\varepsilon_0y_0^2}\boldsymbol{e}_y\quad(y'_0=y_0) \tag{2}$$

由电磁场的变换关系

$$\boldsymbol{E}'_{//}=\boldsymbol{E}_{//}\quad\boldsymbol{B}'_{//}=\boldsymbol{B}_{//} \tag{3}$$

$$\boldsymbol{E}'_{\perp}=\gamma(\boldsymbol{E}+\boldsymbol{v}\times\boldsymbol{B})_{\perp}\quad\boldsymbol{B}'_{\perp}=\gamma\left(\boldsymbol{B}-\frac{\boldsymbol{v}}{c^2}\times\boldsymbol{E}\right)_{\perp} \tag{4}$$

有

$$E_{1x}=E'_{1x}=0\quad B_{1x}=B'_{1x}=0 \tag{5}$$

$$E_{1y}=\gamma E'_{1y}=\gamma\frac{q_1}{4\pi\varepsilon_0y_0^2}\quad B_{1y}=0 \tag{6}$$

$$E_{1z}=0\quad B_{1z}=\gamma\frac{v}{c^2}E'_{1y}=\gamma\frac{v}{c^2}\frac{q_1}{4\pi\varepsilon_0y_0^2} \tag{7}$$

注意，在应用变换关系(3)式和(4)式时，$\boldsymbol{v}$ 的方向应取反向，带撇量与不带撇量位置对调。

因为 q_2 是静止于 y 轴上的，所以 q_1 产生的电磁场中磁场对 q_2 无作用力，只有电场对 q_2 有作用力，其作用力为

$$\boldsymbol{F}_2=q_2\boldsymbol{E}_1=q_2E_{1y}\boldsymbol{e}_y=\gamma\frac{q_1q_2}{4\pi\varepsilon_0y_0^2}\boldsymbol{e}_y \tag{8}$$

显然有 $\boldsymbol{F}_1\neq-\boldsymbol{F}_2$，这是因为牛顿第三定律只适用于宏观物体低速运动的情况，即只适用于 $v\ll c$ 的情况，对于高速运动的情况，牛顿第三定律已不适用，所以此问题存在 $\boldsymbol{F}_1\neq-\boldsymbol{F}_2$ 是可能的。

6.52　试比较下列两种情况下两个电荷的相互作用力：

(1) 两个静止电荷 q 位于 y 轴上相距为 l；

(2) 两个电荷都以相同速度 v 平行于 x 轴匀速运动。

【解】　Ⅰ.两电荷都静止的情况

这是静电力学的问题,由库仑定律得两电荷间的静电斥力为

$$\boldsymbol{F}=\frac{q^2}{4\pi\varepsilon_0 l^2}\boldsymbol{e}_y \tag{1}$$

Ⅱ.两电荷都同速平行运动的情况

这是相对论力学问题,设静止参考系为Σ系,两运动电荷固定的参考系为Σ′系,在Σ′系中,两电荷的相互作用力是四维力,由于两电荷在Σ′系中是静止的,所以,其四维力与上式有相同的形式,即

$$\boldsymbol{K}'=\frac{q^2}{4\pi\varepsilon_0 l^2}\boldsymbol{e}_y \tag{2}$$

由四维力的变换将 $\boldsymbol{K}'$ 变换到Σ系,因为力的方向与电荷的运动方向垂直,所以有

$$\boldsymbol{K}=\boldsymbol{K}' \tag{3}$$

即

$$\boldsymbol{K}=\boldsymbol{K}'=\gamma\boldsymbol{F} \tag{4}$$

所以得

$$\boldsymbol{F}=\frac{\boldsymbol{K}}{\gamma}=\frac{1}{\gamma}\frac{q^2}{4\pi\varepsilon_0 l^2}\boldsymbol{e}_y=\frac{q^2\sqrt{1-\beta^2}}{4\pi\varepsilon_0 l^2}\boldsymbol{e}_y \tag{5}$$

式中 $\gamma=\sqrt{1-\beta^2}$,$\beta=v/c$。

6.53　设参考系 S' 相对于参考系 S 沿 x 轴方向以速度 $\boldsymbol{v}$ 匀速运动,一物体相对于参考系 S 的速度为 (u_x,u_y,u_z),相对于参考系 S' 的速度为 (u'_x,u'_y,u'_z),试推导这两组速度分量间的变换公式。

【解】　由相对论时空坐标变换关系

$$x'=\frac{x-vt}{\sqrt{1-v^2/c^2}}=\gamma(x-vt) \tag{1}$$

$$t'=\frac{t-\frac{v}{c^2}x}{\sqrt{1-v^2/c^2}}=\gamma\left(t-\frac{v}{c^2}x\right) \tag{2}$$

有

$$\mathrm{d}x'=\gamma(\mathrm{d}x-v\mathrm{d}t)=\gamma(u_x-v)\mathrm{d}t \tag{3}$$

$$\mathrm{d}t'=\gamma\left(\mathrm{d}t-\frac{v}{c^2}\mathrm{d}x\right)=\gamma\left(1-\frac{v}{c^2}u_x\right)\mathrm{d}t \tag{4}$$

所以有

$$u'_x=\frac{\mathrm{d}x'}{\mathrm{d}t'}=\frac{(u_x-v)}{\left(1-\frac{v}{c^2}u_x\right)} \tag{5}$$

同理有

$$u'_y=\frac{\mathrm{d}y'}{\mathrm{d}t'}=\gamma\frac{u_y}{1-\frac{vu_x}{c^2}} \tag{6}$$

$$u'_z = \frac{\mathrm{d}z'}{\mathrm{d}t'} = \gamma \frac{u_z}{1 - \frac{vu_x}{c^2}} \tag{7}$$

6.54　角频率为 ω 的光子(动量为 $\hbar \boldsymbol{k}$) 碰撞在静止的电子上,试证明:(1) 电子不可能吸收这个光子,否则能量和动量守恒定律不能满足;(2) 电子可以散射这个光子,散射后光子的频率比散射前的频率小(不同于经典理论中散射光频率不变的结论)。

【证明】　Ⅰ. 设电子静止质量为 m_0,在实验室参考系中,碰撞前该系统的动量和能量分别为

$$\boldsymbol{P}_1 = \hbar \boldsymbol{k} = \hbar(\omega/c)\boldsymbol{e}_k \tag{1}$$

$$W_1 = m_0 c^2 + \hbar\omega \tag{2}$$

碰撞后,设电子能够吸收光子,其吸收光子后的动量为 $\boldsymbol{P}_e$,由动量守恒定律有

$$\boldsymbol{P}_e = -\boldsymbol{P}_1 = -\hbar(\omega/c)\boldsymbol{e}_k \tag{3}$$

电子吸收光子后该系统的能量,即电子吸收光子后的能量为

$$W_2 = \sqrt{P_e^2 c^2 + m_0^2 c^4} = \sqrt{\hbar^2 (\omega/c)^2 c^2 + m_0^2 c^4} = \sqrt{\hbar^2 \omega^2 + m_0^2 c^4} \tag{4}$$

由能量守恒定律,吸收光子(碰撞) 前后系统能量应当相等,但从上面的计算有

$$W_1 \neq W_2 \tag{5}$$

这显然是违反能量守恒定律的,表明前面所设电子能够吸收光子不成立,因此电子不可能吸收这个光子,否则能量和动量守恒定律不能满足。

Ⅱ. 设电子的静止质量为 m_0,在实验室参考系中散射前该系统的动量和能量为

$$\boldsymbol{P} = \hbar \boldsymbol{k} = \hbar(\omega/c)\boldsymbol{e}_k \tag{6}$$

$$W = m_0 c^2 + \hbar\omega \tag{7}$$

设散射后,光子的频率为 ω',动量为 $\boldsymbol{P}' = \hbar \boldsymbol{k}' = (\omega'/c)\boldsymbol{e}_{k'}$,能量为 $\hbar\omega'$,电子的动量为 $\boldsymbol{P}'_e$,能量为 $\sqrt{P'^2_e c^2 + m_0^2 c^4}$,系统的动量和能量分别为

$$\boldsymbol{P}'' = \boldsymbol{P}' + \boldsymbol{P}_e \tag{8}$$

$$W' = \sqrt{P'^2_e c^2 + m_0^2 c^4} + \hbar\omega' \tag{9}$$

由动量和能量守恒定律有

$$\boldsymbol{P} = \boldsymbol{P}'' = \boldsymbol{P}' + \boldsymbol{P}_e \tag{10}$$

$$m_0 c^2 + \hbar\omega = \sqrt{P'^2_e c^2 + m_0^2 c^4} + \hbar\omega' \tag{11}$$

由(10) 式有

$$\boldsymbol{P}_e = \boldsymbol{P} - \boldsymbol{P}' \tag{12}$$

设光子的散射方向与入射方向间的夹角为 θ,电子的动量方向偏离入射方向的另一侧,则由余弦定理有

$$P_e^2 = (\hbar\omega/c)^2 + (\hbar\omega'/c)^2 - 2(\hbar\omega/c)(\hbar\omega'/c)\cos\theta \tag{13}$$

由(11) 式有

$$P'^2_e c^2 = \hbar^2(\omega - \omega')^2 + 2m_0 c^2 \hbar(\omega - \omega') \tag{14}$$

由(13)式有

$$P_e^2c^2 = \hbar^2(\omega^2 + \omega'^2) - 2\hbar^2\omega\omega'\cos\theta \tag{15}$$

由(14)式等于(15)式有

$$\omega'\left[\omega(1-\cos\theta) + \frac{m_0c^2}{\hbar}\right] = \frac{m_0c^2}{\hbar}\omega \tag{16}$$

所以，散射后光子的频率为

$$\omega' = \frac{\omega}{1 + \dfrac{\hbar\omega}{m_0c^2}(1-\cos\theta)} \tag{17}$$

因为 $1+\dfrac{\hbar\omega}{m_0c^2}(1-\cos\theta) > 1$，所以有 $\omega' < \omega$。从(17)式可知，当 $\hbar\omega \ll m_0c^2$ 时，才有 $\omega' \approx \omega$，即当入射光的频率较低时，散射光的频率才可以视为不变，证毕。

6.55 动量为 $\hbar\boldsymbol{k}$、能量为 $\hbar\omega$ 的光子碰撞在静止的电子上，散射到与入射方向夹角为 θ 的方向上，证明散射光子的角频率变化量为 $\omega-\omega' = \dfrac{2\hbar}{m_0c^2}\omega\omega'\sin^2\dfrac{\theta}{2}$，亦即散射光波长为

$$\lambda' = \lambda + \frac{4\pi\hbar}{m_0c}\sin^2\frac{\theta}{2}$$

其中，$\lambda = 2\pi/k$ 为散射前光子波长，m_0 为电子的静止质量。

【证明】 设电子的静止质量为 m_0，在实验室参考系中，散射前该系统的动量和能量分别为

$$\boldsymbol{P} = \hbar\boldsymbol{k} = \hbar(\omega/c)\boldsymbol{e}_k \tag{1}$$

$$W = m_0c^2 + \hbar\omega \tag{2}$$

设散射后，光子的频率为 ω'，动量为 $\boldsymbol{P}' = \hbar\boldsymbol{k}' = (\omega'/c)\boldsymbol{e}_{k'}$，能量为 $\hbar\omega'$，电子的动量为 $\boldsymbol{P}'_e$，能量为 $\sqrt{P'^2_ec^2 + m_0^2c^4}$，系统的动量和能量分别为

$$\boldsymbol{P}'' = \boldsymbol{P}' + \boldsymbol{P}_e \tag{3}$$

$$W' = \sqrt{P'^2_ec^2 + m_0^2c^4} + \hbar\omega' \tag{4}$$

由动量和能量守恒定律有

$$\boldsymbol{P} = \boldsymbol{P}' + \boldsymbol{P}_e \tag{5}$$

$$m_0c^2 + \hbar\omega = \sqrt{P'^2_ec^2 + m_0^2c^4} + \hbar\omega' \tag{6}$$

由(5)式有

$$\boldsymbol{P}_e = \boldsymbol{P} - \boldsymbol{P}' \tag{7}$$

设光子的散射方向与入射方向间的夹角为 θ，电子的动量方向偏离入射方向的另一侧，则由余弦定理有

$$P_e^2 = (\hbar\omega/c)^2 + (\hbar\omega'/c)^2 - 2(\hbar\omega/c)(\hbar\omega'/c)\cos\theta \tag{8}$$

由(6)式有

$$P_e^2c^2 = \hbar^2(\omega-\omega')^2 + 2m_0c^2\hbar(\omega-\omega') \tag{9}$$

由(8)式有

$$P_e^2c^2 = \hbar^2(\omega^2 + \omega'^2) - 2\hbar^2\omega\omega'\cos\theta \tag{10}$$

由(9)式和(10)式有

$$\omega - \omega' = \frac{\hbar}{m_0c^2}\omega\omega'(1-\cos\theta) \tag{11}$$

将三角函数关系 $\sin\frac{\theta}{2} = \sqrt{\frac{1-\cos\theta}{2}}$ 代入上式得

$$\omega - \omega' = \frac{2\hbar}{m_0c^2}\omega\omega'\sin^2\frac{\theta}{2} \tag{12}$$

将 $\lambda = 2\pi/k = 2\pi c/\omega$ 和 $\lambda' = 2\pi/k' = 2\pi c/\omega'$ 代入上式得

$$\lambda' = \lambda + \frac{4\pi\hbar}{m_0c}\sin^2\frac{\theta}{2} \tag{13}$$

证毕。

6.56 利用电磁场张量 $F_{\mu\nu}$ 和四维电流密度 $\boldsymbol{J}_\mu$，把真空中的麦克斯韦方程组改写成协变形式。其中 λ,μ,ν 为 1,2,3 或 2,3,4 的循环排列。

【解】 根据电磁场四维张量

$$\boldsymbol{F}_{\mu\nu} = \begin{bmatrix} 0 & B_3 & -B_2 & -\frac{i}{c}E_1 \\ -B_3 & 0 & B_1 & -\frac{i}{c}E_2 \\ B_2 & B_1 & 0 & -\frac{i}{c}E_3 \\ \frac{i}{c}E_1 & \frac{i}{c}E_2 & \frac{i}{c}E_3 & 0 \end{bmatrix} \tag{1}$$

有

$$F_{12} = -B_3 \quad F_{23} = B_1 \quad F_{31} = B_2 \tag{2}$$

$$F_{14} = -\frac{i}{c}E_1 \quad F_{24} = -\frac{i}{c}E_2 \quad F_{34} = -\frac{i}{c}E_3 \tag{3}$$

$$\boldsymbol{J}_\mu = (\boldsymbol{J}, ic\rho) \quad \text{（电流密度与电荷密度组合为四维矢量）} \tag{4}$$

真空中的麦克斯韦方程组为

$$\nabla\cdot\boldsymbol{E} = \frac{1}{\varepsilon_0}\rho \tag{5}$$

$$\nabla\times\boldsymbol{B} = \mu_0\varepsilon_0\frac{\partial}{\partial t}\boldsymbol{E} + \mu_0\boldsymbol{J} \tag{6}$$

$$\nabla\cdot\boldsymbol{B} = 0 \tag{7}$$

$$\nabla\times\boldsymbol{E} = -\frac{\partial}{\partial t}\boldsymbol{B} \tag{8}$$

其中

$$\mu_0\varepsilon_0 = \frac{1}{c^2} \tag{9}$$

由(5)式有

$$\frac{\partial}{\partial x_j}E_j = \mathrm{i}c\frac{\partial}{\partial x_j}F_{j4} = \frac{1}{\varepsilon_0}\rho \quad (j = 1,2,3) \tag{10}$$

所以得

$$\frac{\partial}{\partial x_j}F_{j4} = -\mathrm{i}\frac{1}{c\varepsilon_0}\rho = -\mathrm{i}\frac{\mu_0}{c\varepsilon_0\mu_0}\rho = -\mu_0(\mathrm{i}c\rho) \tag{11}$$

即

$$\frac{\partial}{\partial x_j}F_{j4} = -\mu_0 J_4 \tag{12}$$

又因为

$$F_{44} = 0 \tag{13}$$

所以,由(12)式和(13)式有

$$\frac{\partial F_{\mu 4}}{\partial x_\mu} = -\mu_0 J_4 \quad (\mu = 1,2,3,4) \tag{14}$$

方程(6)式的1分量为

$$(\nabla\times\boldsymbol{B})_1 = \frac{\partial}{\partial x_2}B_3 - \frac{\partial}{\partial x_3}B_2 = \frac{\partial}{\partial x_2}F_{12} - \frac{\partial}{\partial x_3}(-F_{13}) = \mu_0\varepsilon_0\frac{\partial}{\partial t}E_1 + \mu_0 J_1 \tag{15}$$

式中

$$\mu_0\varepsilon_0\frac{\partial}{\partial t}E_1 = \frac{1}{c^2}\frac{\partial}{\partial t}(\mathrm{i}cF_{14}) = -\frac{\partial}{\partial(\mathrm{i}ct)}F_{14} = -\frac{\partial}{\partial x_4}F_{14} \tag{16}$$

所以,将(16)式代入(15)式有

$$\frac{\partial}{\partial x_2}F_{12} + \frac{\partial}{\partial x_3}F_{13} + \frac{\partial}{\partial x_4}F_{14} = \mu_0 J_1 \tag{17}$$

因为 $F_{11} = 0$,所以

$$\frac{\partial}{\partial x_\mu}F_{\mu 1} = -\mu_0 J_1 \tag{18}$$

方程(6)式的2、3分量可做完全相同的处理,有

$$\frac{\partial}{\partial x_\mu}F_{\mu j} = -\mu_0 J_j \tag{19}$$

由(12)式和(19)式,所以方程(6)式的协变形式为

$$\frac{\partial}{\partial x_\mu}F_{\mu j} = -\mu_0 J_j \tag{20}$$

方程(7)式为

$$\frac{\partial}{\partial x_1}B_1 + \frac{\partial}{\partial x_2}B_2 + \frac{\partial}{\partial x_3}B_3 = \frac{\partial}{\partial x_1}F_{23} + \frac{\partial}{\partial x_2}F_{31} + \frac{\partial}{\partial x_3}F_{12} = 0 \tag{21}$$

方程(8)式的1分量为

$$(\nabla\times \boldsymbol{E})_1=\frac{\partial}{\partial x_2}E_3-\frac{\partial}{\partial x_3}E_2=-\frac{\partial}{\partial t}B_1 \tag{22}$$

将方程(3)式代入上式有

$$\frac{\partial}{\partial x_2}(\mathrm{i}cF_{34})-\frac{\partial}{\partial x_3}(\mathrm{i}cF_{24})=-\frac{\partial}{\partial(\mathrm{i}ct)}(\mathrm{i}cF_{23}) \tag{23}$$

即

$$\frac{\partial}{\partial x_2}F_{34}+\frac{\partial}{\partial x_3}F_{42}+\frac{\partial}{\partial x_4}F_{23}=0 \tag{24}$$

由(21)式和(24)式得麦克斯韦方程组的协变形式为

$$\frac{\partial}{\partial x_\lambda}F_{\mu\nu}+\frac{\partial}{\partial x_\mu}F_{\nu\lambda}+\frac{\partial}{\partial x_\nu}F_{\lambda\mu}=0 \tag{25}$$

其中 λ、μ、ν 为 1、2、3 或 2、3、4 的循环排列。

6.57 光在介质中的速度为 c/n，n 是介质的折射率，若介质以速度 v 相对于实验系运动，设 $v\ll c$，证明在实验系中观察光在介质中的速度，沿介质运动方向时为 $\frac{c}{n}+v\left(1-\frac{1}{n^2}\right)$，逆介质运动方向时为 $\frac{c}{n}-v\left(1-\frac{1}{n^2}\right)$。

【证明】 Ⅰ. 光沿介质运动方向的速度

设实验室为 Σ 系，介质为 Σ' 系，Σ' 系相对于 Σ 系以匀速度 $\boldsymbol{v}$ 沿 x 轴方向运动，由题意 $u'_x=c/n$，由速度变换公式有

$$u_x=\frac{u'_x+v}{1+vu'_x/c^2}=\frac{c/n+v}{1+v/cn} \tag{1}$$

根据幂级数展开公式

$$(1\pm x)^m=1\pm mx+\frac{m(m-1)}{2!}x^2\pm\frac{m(m-1)(m-2)}{3!}x^3+\cdots+(\pm 1)^m\frac{m(m-1)\cdots(m-n+1)}{m!}x^n+\cdots \tag{2}$$

将 $\left(1+\frac{v}{cn}\right)^{-1}$ 按幂级数展开，并取第一项有

$$\left(1+\frac{v}{cn}\right)^{-1}\approx\left(1-\frac{v}{cn}\right) \tag{3}$$

所以

$$u_x\approx\left(\frac{c}{n}+v\right)\left(1-\frac{v}{cn}\right)\approx\frac{c}{n}+v\left(1-\frac{1}{n^2}\right) \tag{4}$$

Ⅱ. 光逆介质运动方向的速度

由速度变换公式有

$$u_x=\frac{u'_x-v}{1-vu'_x/c^2}=\frac{c/n-v}{1-v/cn} \tag{5}$$

同理有 $\left(1-\frac{v}{cn}\right)^{-1}\approx\left(1+\frac{v}{cn}\right)$，所以

$$u_x \approx \left(\frac{c}{n}-v\right)\left(1+\frac{v}{cn}\right) \approx \frac{c}{n}-v\left(1-\frac{1}{n^2}\right) \tag{6}$$

6.58 一个总质量为 M_0 的激发原子，对所选定的坐标系静止，它在跃迁到能量比之低 ΔW 的基态时，发射一个光子(同时受到光子的反冲)，因此光子的频率不能正好是 $\nu = \Delta W/h$，而要略小些，证明这个频率为

$$\nu = \frac{\Delta W}{h}\left(1-\frac{\Delta W}{2M_0 c^2}\right)$$

【证明】 设与激发态原子静止的参考系为 Σ 系，在 Σ 系中，激发态原子的动量和能量分别为

$$\boldsymbol{P}_1 = 0 \tag{1}$$

$$W_1 = W_0 = M_0 c^2 \tag{2}$$

激发态原子跃迁时发出光子的动量和能量分别为

$$\boldsymbol{P}_2 = \hbar \boldsymbol{k} = (\hbar\omega/c)\boldsymbol{e}_k \tag{3}$$

$$W' = \hbar\omega \tag{4}$$

激发态原子发出光子后的能量为

$$W_2 = \sqrt{(P_1 - P')^2 c^2 + M_2^2 c^4} = \sqrt{P'^2 c^2 + M_2^2 c^4} \tag{5}$$

式中

$$M_2 = M_0 - \Delta W/c^2 \tag{6}$$

由题意，激发态原子受到的反冲动量为 $\boldsymbol{P}'$，则由动量和能量守恒定律有

$$\boldsymbol{P}_1 = \boldsymbol{P}' + \boldsymbol{P}_2 = \boldsymbol{P}' + \hbar\omega/c \cdot \boldsymbol{e}_k = 0 \tag{7}$$

$$M_0 c^2 = \sqrt{P'^2 c^2 + M_2^2 c^4} + \hbar\omega \tag{8}$$

由(7)式有

$$P' = -\hbar\omega/c \tag{9}$$

将(6)式和(9)式代入(8)式有

$$M_0 c^2 - \hbar\omega = \sqrt{\hbar^2\omega^2 + (M_0 - \Delta W/c^2)^2 c^4} \tag{10}$$

解上式得发射光子的角频率为

$$\omega = \frac{\Delta W}{\hbar}\left(1-\frac{\Delta W}{2M_0 c^2}\right) \tag{11}$$

证毕。

6.59 一个处于基态的氢原子，吸收能量为 $h\nu$ 的光子跃迁到激发态，基态能量比激发态能量低 ΔW，求光子的频率。

【解】 设基态氢原子静止的参考系为 Σ 系，在 Σ 系中，基态氢原子的动量和能量分别为

$$\boldsymbol{P}_1 = 0 \tag{1}$$

$$W_1 = W_0 = M_0 c^2 \tag{2}$$

设吸收光子的动量和能量分别为

$$\boldsymbol{P}' = \hbar\omega/c\boldsymbol{e}_k \tag{3}$$

$$W' = \Delta W = \hbar\omega \tag{4}$$

吸收光子后激发态的氢原子的动量和能量分别为

$$\boldsymbol{P}_2 = \hbar\omega/c\boldsymbol{e}_k \tag{5}$$

$$W_2 = \sqrt{P_2^2c^2 + (M_0c^2 + \Delta W)^2} \tag{6}$$

氢原子跃迁前后的动量和能量应当守恒,则由动量和能量守恒定律有

$$\boldsymbol{P}_1 = \boldsymbol{P}' + \boldsymbol{P}_2 = \hbar\omega/c \cdot \boldsymbol{e}_k + \boldsymbol{P}_2 \tag{7}$$

$$M_0c^2 + \hbar\omega = \sqrt{P_2^2c^2 + (M_0c^2 + \Delta W)^2} \tag{8}$$

由(7) 式将 $P_2 = \hbar\omega/c$ 代入(8) 式可得

$$\omega = \frac{\Delta W}{h}\left(1 + \frac{\Delta W}{2M_0c^2}\right) \tag{9}$$

6.60　试证明在自由电磁场的情况下,可以选取一个适当的规范来明显地说明矢势的独立分量只有两个横分量,并说明其物理意义。

【证明】　在自由电磁场的情况下,势满足的齐次方程为

$$\Box A_\mu = 0 \tag{1}$$

$$\partial_\mu A_\mu = 0 \tag{2}$$

由规范不变性,做一规范变换

$$A'_\mu = A_\mu + \partial_\mu x \tag{3}$$

令 x 是波动方程的解,即

$$\Box x = 0 \tag{4}$$

于是 A'_μ 与 A_μ 同样满足波动方程和洛伦兹条件,由于 A_0 是波动方程的解,若选一规范 $\frac{\partial}{\partial t}x = A_0$,则在此规范下有

$$\boldsymbol{A}' = \boldsymbol{A} \tag{5}$$

$$A'_0 = 0 \tag{6}$$

所以,在此规范下,电磁矢量势满足方程

$$\nabla \cdot \boldsymbol{A}' = 0 \tag{7}$$

这表示只有矢势的两个横分量起作用,这即是说光子只有两个独立的极化。

第7章　带电粒子和电磁场的相互作用

7.1　电子的速度 $\boldsymbol{v}$ 与加速度 $\dot{\boldsymbol{v}}$ 的夹角为 α，证明 $\boldsymbol{v}$ 与 $\dot{\boldsymbol{v}}$ 平面内，夹角为 β 的方向上无辐射，β 由以下方程决定：

$$\sin\beta = \frac{v}{c}\sin\alpha$$

【证明】　由任意运动带电粒子的电磁场公式[见郭硕鸿编著《电动力学》第三版 P224(1.17) 式]可知，该粒子产生的辐射场的电场为

$$\boldsymbol{E} = \frac{e}{4\pi\varepsilon_0 c^2 r}\frac{\boldsymbol{n}\times[(\boldsymbol{n}-\boldsymbol{v}/c)\times\dot{\boldsymbol{v}}]}{(1-\boldsymbol{v}\cdot\boldsymbol{n}/c)} \tag{1}$$

此式表明，当 $\boldsymbol{n}\times[(\boldsymbol{n}-\boldsymbol{v}/c)\times\dot{\boldsymbol{v}}]=0$ 时，即当 $\boldsymbol{n}\times\dot{\boldsymbol{v}}=(\boldsymbol{v}/c)\times\dot{\boldsymbol{v}}$ 时，有

$$\boldsymbol{E} = 0 \tag{2}$$

表明在 $\boldsymbol{n}$ 方向无辐射。由题意和式 $\boldsymbol{n}\times\dot{\boldsymbol{v}}=(\boldsymbol{v}/c)\times\dot{\boldsymbol{v}}$ 有

$$|\dot{\boldsymbol{v}}|\sin\beta = (v/c)|\dot{\boldsymbol{v}}|\sin\alpha \tag{3}$$

所以得

$$\sin\beta = (v/c)\sin\alpha \tag{4}$$

表明当 $\sin\beta=(v/c)\sin\alpha$ 时，$\boldsymbol{n}$ 方向无辐射，证毕。

7.2　一个在 10^{-4} 高斯的磁场中做圆周运动、能量达 10^{12} eV 的高速回转电子，试求它在单位时间内辐射损失的能量。

【解】　由于电子做高速回转的圆周运动，满足 $\dot{\boldsymbol{v}}\perp\boldsymbol{v}$ 的条件，则其辐射的功率，亦即其单位时间内辐射损失的能量[见郭硕鸿编著《电动力学》第三版 P248(2.14) 式]为

$$P(t') = \frac{e^2\dot{\boldsymbol{v}}^2}{6\pi\varepsilon_0 c^3}\gamma^4 \tag{1}$$

电子在磁场中做圆周运动的方程为

$$\boldsymbol{F} = \frac{m_0\dot{\boldsymbol{v}}}{\sqrt{1-v^2/c^2}} = \gamma m_0\dot{\boldsymbol{v}} = e\boldsymbol{v}\times\boldsymbol{B} \tag{2}$$

即

$$|\dot{\boldsymbol{v}}| = evB/\gamma m_0 \tag{3}$$

将(3) 式代入(1) 式有

$$P(t') = \frac{e^4 B^2}{6\pi\varepsilon_0 m_0^2 c^3}\gamma^2 v^2 \tag{4}$$

又电子的动量和能量分别为

$$p = \frac{m_0 v}{\sqrt{1 - v^2/c^2}} = \gamma m_0 v \tag{5}$$

$$W = \sqrt{p^2 c^2 + m_0^2 c^4} \tag{6}$$

由(5)式和(6)式有

$$\gamma^2 v^2 = \frac{W^2 - m_0^2 c^4}{m_0^2 c^2} \tag{7}$$

将(7)式代入(4)式有

$$P(t') = \frac{e^4 B^2}{6\pi\varepsilon_0 m_0^2 c} \frac{W^2 - m_0^2 c^4}{m_0^2 c^4} \tag{8}$$

将已知条件 $B = 10^4$ 高斯 $= 10^{-8}$ T，$W = 10^{12}$ eV，$m_0 c^2 = (9.1 \times 10^{-31}\ \text{kg} \times 3 \times 10^8\ \text{m} \cdot \text{s}^{-1})^2 = 0.51$ MeV 代入上式得电子在单位时间内辐射损失的能量为

$$P(t') = \frac{(1.6\times10^{-19})^4 \times (10^{-8})^2}{6\times3.14\times8.85\times10^{-12}(9.1\times10^{-31})^2\times3\times10^8} \frac{(10^{12})^2 - (0.511\times10^6)^2}{(0.511\times10^6)^2}$$

$$= 1.58\times10^{-30}\times\frac{10^{12}}{2.61} = 6.05\times10^{-19}\ \text{J}$$

$$= \frac{6.05\times10^{-19}}{1.6\times10^{-19}} \approx 37.8\ \text{eV} \tag{9}$$

7.3　有一带电粒子沿 z 轴做简谐振动 $z = z_0 e^{-i\omega t}$，设 $z_0\omega \ll c$，试求：(1) 它的辐射场和能流；(2) 它的自场，并比较两者的不同。

【解】　Ⅰ. 辐射场和能流

根据推迟势的特点，粒子在 t 时刻的辐射是粒子在较早时刻 $t' = t - R/c$ 激发的，所以，场点处粒子的运动方程为

$$z = z_0 e^{-i\omega t'} = z_0 e^{-i\omega(t-R/c)} = z_0 e^{i(kR-\omega t)} \tag{1}$$

式中波数 $k = \omega/c$，粒子的速度和加速度分别为

$$\boldsymbol{v} = \frac{dz}{dt} = -i\omega z_0 e^{i(kR-\omega t)} \boldsymbol{e}_z = -i\omega z \boldsymbol{e}_z \tag{2}$$

$$\dot{\boldsymbol{v}} = \frac{d\boldsymbol{v}}{dt} = -\omega^2 z \boldsymbol{e}_z \tag{3}$$

已知条件为

$$z_0\omega \ll c \tag{4}$$

由已知条件和(2)式有

$$v \ll c \tag{5}$$

由(5)式知该辐射为偶极辐射，即属于低速运动粒子有加速度 $\dot{\boldsymbol{v}}$ 时激发的辐射电磁场，其电场和磁场分别为

$$\boldsymbol{E} = \frac{e}{4\pi\varepsilon_0 c^2 R}\boldsymbol{n}\times(\boldsymbol{n}\times\dot{\boldsymbol{v}}) = -\frac{ez_0\omega^2\sin\theta}{4\pi\varepsilon_0 c^2 R} e^{i(kR-\omega t)} \boldsymbol{e}_\theta \tag{6}$$

式中 $\boldsymbol{n} = \boldsymbol{e}_r$ 为辐射方向的单位矢量。

$$\boldsymbol{B} = \frac{1}{c}\boldsymbol{n} \times \boldsymbol{E} = -\frac{ez_0\omega^2\sin\theta}{4\pi\varepsilon_0 c^3 R}\mathrm{e}^{\mathrm{i}(kR-\omega t)}\boldsymbol{e}_\phi \tag{7}$$

平均辐射能流密度为

$$\bar{\boldsymbol{S}} = \frac{1}{2}\mathrm{Re}(\boldsymbol{E} \times \boldsymbol{B}^*/\mu_0) = \frac{e^2 z_0^2\omega^4}{32\pi^2\varepsilon_0 c^3 R}\sin^2\theta\mathrm{e}^{\mathrm{i}(kR-\omega t)}\boldsymbol{e}_r \tag{8}$$

Ⅱ.求自场

由于此问题是偶极辐射，在$v \ll c$条件下，其辐射场[见郭硕鸿编著《电动力学》第三版 P243(1.11) 式]为

$$\boldsymbol{E} = \frac{e\boldsymbol{R}}{4\pi\varepsilon_0 R^3} + \frac{e}{4\pi\varepsilon_0 c^2 R}\boldsymbol{R} \times (\boldsymbol{R} \times \dot{\boldsymbol{v}}) \tag{9}$$

所谓粒子的自场，就是只与粒子速度有关而与粒子加速度无关的场，(9) 式第一项为仅与粒子的速度有关而与加速度无关的场，是与粒子不可分离的自场，相当于粒子静止时产生的静电场(库仑场)，第二项为粒子有加速运动时产生的辐射场(横场)，略去第二项即得粒子产生的自场的电场分量为

$$\boldsymbol{E} = \frac{e\boldsymbol{R}}{4\pi\varepsilon_0 R^3} \tag{10}$$

粒子以速度 $\boldsymbol{v}$ 运动时产生的势 $\boldsymbol{A}$ 为

$$\boldsymbol{A} = \frac{e\boldsymbol{v}}{4\pi\varepsilon_0 c^2(R - \boldsymbol{v} \cdot \boldsymbol{R}/c)} \tag{11}$$

所以有

$$\boldsymbol{B} = \nabla \times \boldsymbol{A} = \nabla \times \boldsymbol{A}\big|_{t'=\text{常数}} + \nabla t' \times \frac{\partial \boldsymbol{A}}{\partial t'} = \frac{e\boldsymbol{v} \times \boldsymbol{R}}{4\pi\varepsilon_0 c^2 R^3} + \frac{e\dot{\boldsymbol{v}} \times \boldsymbol{R}}{4\pi\varepsilon_0 c^3 R^2} \tag{12}$$

注意，式中使用了$\partial t'/\partial t = 1$，$\nabla t' = -\boldsymbol{n}/c$ 及$v \ll c$ 的条件[见郭硕鸿编著《电动力学》第三版 P242(1.9) 式]，上式中略去与加速度有关的第二项，即得粒子产生的自场的磁场分量为

$$\boldsymbol{B} = \frac{e\boldsymbol{v} \times \boldsymbol{R}}{4\pi\varepsilon_0 c^2 R^3} \tag{13}$$

从(10) 式和(13) 式可以看出，做低速运动粒子自场的电场分量类似于一个静止点电荷产生的库仑场，而磁场分量类似于恒定电流产生的磁场，自场正比于$1/R^2$；从(6) 式和(7) 式可以看出，辐射场正比于 $1/R$，因而，做低速运动粒子产生的场主要存在于粒子的附近。

7.4 带电荷 e 的粒子在 xoy 平面上绕 z 轴做匀速率圆周运动，角频率为 ω，半径为 R_0，设 $\omega R_0 \ll c$，试计算辐射场的频率和能流密度，讨论 $\theta = 0$、$\pi/4$、$\pi/2$ 及 π 处电磁场的偏振。

【解】 Ⅰ.计算辐射场的频率

由已知条件$\omega R_0 \ll c$有$v \ll c$，所以该辐射属偶极辐射，先计算出其速度和加速度。粒子的运动方程为

$$\boldsymbol{r} = R_0(\boldsymbol{e}_x + \mathrm{i}\boldsymbol{e}_y)\mathrm{e}^{-\mathrm{i}\omega t'} \tag{1}$$

速度为

$$\boldsymbol{v} = \frac{\mathrm{d}\boldsymbol{r}}{\mathrm{d}t} = -\mathrm{i}\omega R_0(\boldsymbol{e}_x + \mathrm{i}\boldsymbol{e}_y)\mathrm{e}^{-\mathrm{i}\omega t'} \tag{2}$$

加速度为

$$\dot{\boldsymbol{v}} = -\omega^2 R_0(\boldsymbol{e}_x + \mathrm{i}\boldsymbol{e}_y)\mathrm{e}^{-\mathrm{i}\omega t'} \tag{3}$$

将(3)式代入偶极辐射电磁场公式有

$$\boldsymbol{E} = \frac{e}{4\pi\varepsilon_0 c^2 R}\boldsymbol{n} \times (\boldsymbol{n} \times \dot{\boldsymbol{v}}) \tag{4}$$

又

$$\boldsymbol{n} = \boldsymbol{e}_r \tag{5}$$

$$\boldsymbol{e}_x = \sin\theta\cos\phi\boldsymbol{e}_r + \cos\theta\cos\phi\boldsymbol{e}_\theta - \sin\phi\boldsymbol{e}_\phi \tag{6}$$

$$\boldsymbol{e}_y = \sin\theta\sin\phi\boldsymbol{e}_r + \cos\theta\sin\phi\boldsymbol{e}_\theta + \cos\phi\boldsymbol{e}_\phi \tag{7}$$

将(3)式、(5)式、(6)式和(7)式代入(4)式得

$$\boldsymbol{E} = \frac{eR_0\omega^2}{4\pi\varepsilon_0 c^2 R}(\cos\theta\boldsymbol{e}_\theta + \mathrm{i}\boldsymbol{e}_\phi)\mathrm{e}^{\mathrm{i}(kR-\omega t+\varphi)} = E_0(\cos\theta\boldsymbol{e}_\theta + \mathrm{i}\boldsymbol{e}_\phi)\mathrm{e}^{\mathrm{i}(kR-\omega t+\phi)} \tag{8}$$

式中 $E_0 = \dfrac{eR_0\omega^2}{4\pi\varepsilon_0 c^2 R}$。

$$\boldsymbol{B} = \frac{1}{c}n \times \boldsymbol{E} = \frac{eR_0\omega^2}{4\pi\varepsilon_0 c^3 R}(-\mathrm{i}\boldsymbol{e}_\theta + \cos\theta\boldsymbol{e}_\phi) \tag{9}$$

Ⅱ. 计算能流密度

根据能流密度的计算公式，平均能流密度为

$$\begin{aligned}\overline{\boldsymbol{S}} &= \frac{1}{2}\mathrm{Re}(\boldsymbol{E} \times \boldsymbol{H}^*) = \frac{1}{2\mu_0}E_0^2\mathrm{Re}[(\cos\theta\boldsymbol{e}_\theta + \mathrm{i}\boldsymbol{e}_\phi) \times (\mathrm{i}\boldsymbol{e}_\theta + \cos\theta\boldsymbol{e}_\phi)] \\ &= \frac{1}{2\mu_0}E_0^2\mathrm{Re}(\mathrm{i}\cos\theta\boldsymbol{e}_\theta \times \boldsymbol{e}_\theta + \cos^2\theta\boldsymbol{e}_\theta \times \boldsymbol{e}_\phi - \boldsymbol{e}_\phi \times \boldsymbol{e}_\theta + \mathrm{i}\cos\theta\boldsymbol{e}_\phi \times \boldsymbol{e}_\phi) \\ &= \frac{1}{2\mu_0}E_0^2(\cos^2\theta\boldsymbol{e}_r + \boldsymbol{e}_r) = \frac{1}{2\mu_0}E_0^2(1 + \cos^2\theta)\boldsymbol{e}_r\end{aligned} \tag{10}$$

Ⅲ. 讨论

① 当 $\theta = 0$ 时，由(8)式有

$$\boldsymbol{E} = E_0(\boldsymbol{e}_\theta + \mathrm{i}\boldsymbol{e}_\phi)\mathrm{e}^{\mathrm{i}(kR-\omega t+\phi)} \tag{11}$$

此时，电场在两个正交方向(经线和纬线)上的振幅相等，因而是圆偏振波，经线相位超前纬线相位 $\pi/2$，面对传播方向 $\boldsymbol{E}$ 是左旋的。

② 当 $\theta = \pi/4$ 时，由(8)式有

$$\boldsymbol{E} = E_0\left(\frac{\sqrt{2}}{2}\boldsymbol{e}_\theta + \mathrm{i}\boldsymbol{e}_\phi\right)\mathrm{e}^{\mathrm{i}(kR-\omega t+\phi)} \tag{12}$$

此时，经线方向的振幅小于纬线方向的振幅，因而是椭圆偏振波，$\boldsymbol{E}$ 是左旋的。

③ 当 $\theta = \pi/2$ 时，由(8)式有

$$\boldsymbol{E}=\frac{\mathrm{i}eR_0\omega^2}{4\pi\varepsilon_0c^2R}\mathrm{e}^{\mathrm{i}(kR-\omega t+\phi)}\boldsymbol{e}_\phi \tag{13}$$

此时,$\boldsymbol{E}$ 只有一个方向,是完全线偏振波。

④ 当 $\theta=\pi$ 时,由(8) 式有

$$\boldsymbol{E}=E_0(-\boldsymbol{e}_\theta+\mathrm{i}\boldsymbol{e}_\phi)\mathrm{e}^{\mathrm{i}(kR-\omega t+\phi)} \tag{14}$$

此时,$\boldsymbol{E}$ 是右旋的圆偏振波。

7.5 设有一各向同性的带电谐振子(无外场时粒子受弹性恢复力 $-m\omega_0^2\boldsymbol{r}$ 作用),处于均匀恒定外磁场 $\boldsymbol{B}$ 中,假设粒子速度 $v\ll c$ 及辐射阻尼力可以忽略,试求:(1) 振子运动的通解;(2) 利用上题的结果,讨论沿磁场方向和垂直于磁场方向上辐射场的频率和偏振。

【解】 Ⅰ. 振子运动的通解

设磁场 $\boldsymbol{B}$ 沿 z 方向,即 $\boldsymbol{B}=B\boldsymbol{e}_z$,则振子所受到的合力为

$$\begin{aligned}\boldsymbol{F}&=-m\omega_0^2\boldsymbol{r}+e\boldsymbol{v}\times\boldsymbol{B}\\&=-m\omega_0^2(x\boldsymbol{e}_x+y\boldsymbol{e}_y+z\boldsymbol{e}_z)+e(v_x\boldsymbol{e}_x+v_y\boldsymbol{e}_y+v_z\boldsymbol{e}_z)\times B\boldsymbol{e}_z\\&=-m\omega_0^2(x\boldsymbol{e}_x+y\boldsymbol{e}_y+z\boldsymbol{e}_z)+eB(-v_x\boldsymbol{e}_y+v_y\boldsymbol{e}_x)\\&=(v_yeB-m\omega_0^2x)\boldsymbol{e}_x-(eBv_x+m\omega_0^2y)\boldsymbol{e}_y-m\omega_0^2z\boldsymbol{e}_z\end{aligned} \tag{1}$$

振子的运动方程为

$$\begin{aligned}(eBv_y-m\omega_0^2x)\boldsymbol{e}_x-(eBv_x+m\omega_0^2y)\boldsymbol{e}_y-m\omega_0^2z\boldsymbol{e}_z&=m\boldsymbol{a}\\&=m\left(\frac{\mathrm{d}v_x}{\mathrm{d}t}\boldsymbol{e}_x+\frac{\mathrm{d}v_y}{\mathrm{d}t}\boldsymbol{e}_y+\frac{\mathrm{d}v_z}{\mathrm{d}t}\boldsymbol{e}_z\right)\end{aligned} \tag{2}$$

写成分量式为

$$eBv_y-m\omega_0^2x=m\frac{\mathrm{d}v_x}{\mathrm{d}t} \tag{3}$$

$$-eBv_x-m\omega_0^2y=m\frac{\mathrm{d}v_y}{\mathrm{d}t} \tag{4}$$

$$-m\omega_0^2z=m\frac{\mathrm{d}v_z}{\mathrm{d}t} \tag{5}$$

即

$$\ddot{x}=\frac{eB}{m}\dot{y}-\omega_0^2x \tag{6}$$

$$\ddot{y}=-\frac{eB}{m}\dot{x}-\omega_0^2y \tag{7}$$

$$\ddot{z}=-\omega_0^2z \tag{8}$$

令 $f=x-\mathrm{i}y$,则有

$$\boldsymbol{r}=x\boldsymbol{e}_x+y\boldsymbol{e}_y+z\boldsymbol{e}_z=f(\boldsymbol{e}_x+\mathrm{i}\boldsymbol{e}_y)+z\boldsymbol{e}_z \tag{9}$$

设 $\omega_L=eB/2m$,则由(6) 式+(7) 式可将 x 分量和 y 分量的两个方程合并为一个方程,即

$$\ddot{f} - 2\mathrm{i}\omega_L \dot{f} + \omega_0^2 f = 0 \tag{10}$$

当磁场对振子引起的扰动较小时，有 $\omega_L \ll \omega_0$，此时方程(10) 式的近似解为

$$f = A\mathrm{e}^{-\mathrm{i}(\omega_0 - \omega_L)t} + B\mathrm{e}^{\mathrm{i}(\omega_0 + \omega_L)t} \tag{11}$$

而(8) 式的解为

$$z = C\mathrm{e}^{-\mathrm{i}\omega_0 t} \tag{12}$$

将(11) 式和(12) 式代入(9) 式得振子的运动方程(2) 式的通解为

$$\begin{aligned}\boldsymbol{r}(t) &= f(\boldsymbol{e}_x + \mathrm{i}\boldsymbol{e}_y) + z\boldsymbol{e}_z \\ &= A(\boldsymbol{e}_x + \mathrm{i}\boldsymbol{e}_y)\mathrm{e}^{-\mathrm{i}(\omega_0 - \omega_L)t} + B(\boldsymbol{e}_x - \mathrm{i}\boldsymbol{e}_y)\mathrm{e}^{-\mathrm{i}(\omega_0 + \omega_L)t} + C\mathrm{e}^{-\mathrm{i}\omega_0 t}\end{aligned} \tag{13}$$

式中 A、B 和 C 为待定常数，由初始条件确定.

Ⅱ. 讨论沿磁场方向和垂直于磁场方向上辐射场的频率和偏振

由方程(13) 式可知，在沿磁场的方向观察，可观察到频率为 $\omega_0 + \omega_L$ 和 $\omega_0 - \omega_L$ 的两个圆偏振波，两偏振波旋转方向相反；在垂直于磁场的方向观察，可观察到频率为 $\omega_0 + \omega_L$、$\omega_0 - \omega_L$ 及 ω_0 的三个线偏振波。

7.6　设电子在均匀外磁场 $\boldsymbol{B}_0$ 中运动，取磁场 $\boldsymbol{B}$ 的方向为 z 轴方向，已知 $t = 0$ 时，$x = R_0$，$y = z = 0$，$\dot{x} = \dot{z} = 0$，$\dot{y} = v_0$，设非相对论条件满足，试求：(1) 考虑辐射阻尼力的电子运动轨道；(2) 电子单位时间内的辐射能量。

【解】　Ⅰ. 考虑辐射阻尼力的电子运动轨道

采用直角坐标系，电子在磁场中受到的磁场力为

$$\boldsymbol{F}_B = e\boldsymbol{v} \times \boldsymbol{B} = e\dot{\boldsymbol{r}} \times B\boldsymbol{e}_z = e(\dot{x}\boldsymbol{e}_x + \dot{y}\boldsymbol{e}_y + \dot{z}\boldsymbol{e}_z) \times B\boldsymbol{e}_z = eB\dot{y}\boldsymbol{e}_x - eB\dot{x}\boldsymbol{e}_y \tag{1}$$

在低速运动的情况下，由郭硕鸿编著《电动力学》第三版 P261(5.9) 式，电子受到的辐射阻尼力为

$$\boldsymbol{F}_s = \frac{e^2}{6\pi\varepsilon_0 c^3}\ddot{\boldsymbol{v}} = \frac{e^2}{6\pi\varepsilon_0 c^3}(\dddot{x}\boldsymbol{e}_x + \dddot{y}\boldsymbol{e}_y + \dddot{z}\boldsymbol{e}_z) \tag{2}$$

设电子的质量为 m，则其运动方程为

$$\boldsymbol{F}_B + \boldsymbol{F}_s = m\dot{\boldsymbol{v}} = m(\ddot{x}\boldsymbol{e}_x + \ddot{y}\boldsymbol{e}_y + \ddot{z}\boldsymbol{e}_z) \tag{3}$$

把(1) 式和(2) 式代入(3) 式有

$$eB\dot{y}\boldsymbol{e}_x - eB\dot{x}\boldsymbol{e}_y + \frac{e^2}{6\pi\varepsilon_0 c^3}(\dddot{x}\boldsymbol{e}_x + \dddot{y}\boldsymbol{e}_y + \dddot{z}\boldsymbol{e}_z) = m(\ddot{x}\boldsymbol{e}_x + \ddot{y}\boldsymbol{e}_y + \ddot{z}\boldsymbol{e}_z) \tag{4}$$

把此方程分为三个方程，即

$$eB\dot{y} + \frac{e^2}{6\pi\varepsilon_0 c^3}\dddot{x} = m\ddot{x} \tag{5}$$

$$-eB\dot{x} + \frac{e^2}{6\pi\varepsilon_0 c^3}\dddot{y} = m\ddot{y} \tag{6}$$

$$\frac{e^2}{6\pi\varepsilon_0 c^3}\dddot{z} = m\ddot{z} \tag{7}$$

令

$$\omega_0 = eB/m \quad \gamma = \frac{e^2\omega_0^2}{6\pi\varepsilon_0 mc^3} \tag{8}$$

把(8)式代入(5)式、(6)式和(7)式有

$$\omega_0 \dot{y} + \frac{\gamma}{\omega_0^2}\dddot{x} = \ddot{x} \quad -\omega_0 \dot{x} + \frac{\gamma}{\omega_0^2}\dddot{y} = \ddot{y} \quad \frac{\gamma}{\omega_0^2}\dddot{z} = \ddot{z} \tag{9}$$

设

$$f = x + \mathrm{i}y \tag{10}$$

则由(9)式得第1式和第2式有

$$\ddot{f} + \mathrm{i}\omega_0 \dot{f} = \frac{\gamma}{\omega_0^2}\dddot{f} \tag{11}$$

设电子在原子内做圆周运动，其运动半径为

$$r_0 \approx 10^{-7}\ \mathrm{m} \tag{12}$$

因此，电子在原子内运动时辐射的波长为

$$\lambda = 2\pi c/\omega_0 \approx r_0 \approx 10^{-7}\ \mathrm{m} \tag{13}$$

电子的经典半径为(见附录12的基本物理常数的13)

$$r_e = \frac{e^2}{4\pi\varepsilon_0 mc^2} \approx 10^{-15}\ \mathrm{m} \tag{14}$$

由(8)式的第2式有

$$\left|\frac{\gamma}{\omega_0^2}\right| = \frac{3}{2c}r_e \approx 10^{-7}\ \mathrm{m} \tag{15}$$

即

$$\frac{\gamma}{\omega_0^2} \ll 1 \tag{16}$$

因此，(11)式变为

$$\ddot{f} + \mathrm{i}\omega_0 \dot{f} = 0 \tag{17}$$

经两次积分后有

$$f = f_0 \mathrm{e}^{\mathrm{i}\omega_0 t} \tag{18}$$

由(15)式和(16)式有

$$\dddot{f} = -\omega_0^2 \dot{f} \tag{19}$$

将(19)式代入(11)式有

$$\ddot{f} + (\mathrm{i}\omega_0 + \gamma)\dot{f} = 0 \tag{20}$$

此方程的通解为

$$f = f_0 \mathrm{e}^{-(\gamma + \mathrm{i}\omega_0)t} + C \tag{21}$$

式中，f_0 和 C 是待定常数。初始条件为

$$x\big|_{t=0} = R_0 \tag{22}$$

$$y\big|_{t=0} = z\big|_{t=0} = 0 \tag{23}$$

$$\dot{y}\big|_{t=0} = v_0 \tag{24}$$

$$\dot{x}\big|_{t=0} = \dot{z}\big|_{t=0} = 0 \tag{25}$$

由初始条件确定 f_0 和 C，由(22)式和(23)式有

$$f|_{t=0} = f_0 + C \tag{26}$$

即

$$(x + \mathrm{i}y)|_{t=0} = R_0 = f_0 + C \tag{27}$$

亦即

$$C = R_0 - f_0 \tag{28}$$

由(24)式和(25)式有

$$(\dot{x} + \mathrm{i}\dot{y})|_{t=0} = \mathrm{i}v_0 = -f_0(\gamma + \mathrm{i}\omega_0)t \tag{29}$$

将(16)式代入(29)式有

$$f_0 \approx -\frac{v_0}{\omega_0} \tag{30}$$

将(30)式代入(28)式有

$$C = R_0 + \frac{v_0}{\omega_0} \tag{31}$$

将(30)式和(31)式代入(21)式有

$$f = (x + \mathrm{i}y) \approx -\frac{v_0}{\omega_0}\mathrm{e}^{-(\gamma+\mathrm{i}\omega_0)t} + R_0 + \frac{v_0}{\omega_0} \tag{32}$$

即

$$(x + \mathrm{i}y) \approx -\frac{v_0}{\omega_0}\mathrm{e}^{-\gamma t}(\cos\omega_0 t - \mathrm{i}\sin\omega_0 t) + R_0 + \frac{v_0}{\omega_0} \tag{33}$$

亦即 x 和 y 方向的解(运动方程)分别为

$$x \approx R_0 + \frac{v_0}{\omega_0} - \frac{v_0}{\omega_0}\mathrm{e}^{-\gamma t}\cos\omega_0 t \tag{34}$$

$$y \approx \frac{v_0}{\omega_0}\mathrm{e}^{-\gamma t}\sin\omega_0 t \tag{35}$$

而(9)式第 3 式的解为

$$z = z_0\mathrm{e}^{\omega_0^2 t/\gamma} \tag{36}$$

由初始条件(23)式,z 方向的解(运动方程)为

$$z = 0 \tag{37}$$

综合(34)式、(35)式和(33)式可知考虑辐射阻尼力时的电子运动轨道是一条 xy 平面上的螺线。

Ⅱ.电子单位时间内的辐射能量

由运动方程(34)式可得粒子 x 方向的速度为

$$\dot{x} \approx -\frac{v_0}{\omega_0}(-\gamma\mathrm{e}^{-\gamma t}\cos\omega_0 t - \mathrm{e}^{-\gamma t}\omega_0\sin\omega_0 t) = \frac{v_0}{\omega_0}\mathrm{e}^{-\gamma t}(\gamma\cos\omega_0 t + \omega_0\sin\omega_0 t) \tag{38}$$

粒子 x 方向的加速度为

$$\ddot{x} = \frac{v_0}{\omega_0}[-\gamma\mathrm{e}^{-\gamma t}(\gamma\cos\omega_0 t + \omega_0\sin\omega_0 t) + \mathrm{e}^{-\gamma t}(-\gamma\omega_0\sin\omega_0 t + \omega_0^2\cos\omega_0 t)]$$

$$= \frac{v_0}{\omega_0} e^{-\gamma t} [(-\gamma^2 \cos\omega_0 t - \gamma\omega_0 \sin\omega_0 t) + (-\gamma\omega_0 \sin\omega_0 t + \omega_0^2 \cos\omega_0 t)]$$

$$= \frac{v_0}{\omega_0} e^{-\gamma t} (\omega_0^2 \cos\omega_0 t - \gamma^2 \cos\omega_0 t - 2\gamma\omega_0 \sin\omega_0 t) \tag{39}$$

由(16)式有

$$\ddot{x} \approx v_0 \omega_0 e^{-\gamma t} \cos\omega_0 t \tag{40}$$

由运动方程(34)式可得粒子 y 方向的速度为

$$\dot{y} = \frac{v_0}{\omega_0}(-\gamma e^{-\gamma t} \sin\omega_0 t + e^{-\gamma t} \omega_0 \cos\omega_0 t) = \frac{v_0}{\omega_0} e^{-\gamma t} (-\gamma \sin\omega_0 t + \omega_0 \cos\omega_0 t) \tag{41}$$

粒子 y 方向的加速度为

$$\ddot{y} = \frac{v_0}{\omega_0}[-\gamma e^{-\gamma t} (-\gamma \sin\omega_0 t + \omega_0 \cos\omega_0 t) + e^{-\gamma t} (-\gamma\omega_0 \cos\omega_0 t + \omega_0^2 \sin\omega_0 t)]$$

$$= \frac{v_0}{\omega_0} e^{-\gamma t} [(\gamma^2 \sin\omega_0 t - \gamma\omega_0 \cos\omega_0 t) + (-\gamma\omega_0 \cos\omega_0 t - \omega_0^2 \sin\omega_0 t)]$$

$$= \frac{v_0}{\omega_0} e^{-\gamma t} (\gamma^2 \sin\omega_0 t - \omega_0^2 \sin\omega_0 t - 2\gamma\omega_0 \cos\omega_0 t) \tag{42}$$

由(16)式有

$$\ddot{y} \approx v_0 \omega_0 e^{-\gamma t} \sin\omega_0 t \tag{42}$$

由运动方程(37)式可得粒子 z 方向的加速度为

$$\dot{z} = 0 \tag{43}$$

所以,粒子的加速度为

$$\dot{\boldsymbol{v}} = \dot{\boldsymbol{v}}_x + \dot{\boldsymbol{v}}_y + \dot{\boldsymbol{v}}_z = \ddot{x}\boldsymbol{e}_x + \ddot{y}\boldsymbol{e}_y + \ddot{z}\boldsymbol{e}_z = v_0 \omega_0 e^{-\gamma t} \cos\omega_0 t \boldsymbol{e}_x + v_0 \omega_0 e^{-\gamma t} \sin\omega_0 t \boldsymbol{e}_y \tag{44}$$

所以,加速度的平方为

$$\dot{v}^2 = \ddot{x}^2 + \ddot{y}^2 = (v_0 \omega_0 e^{-\gamma t} \cos\omega_0 t \boldsymbol{e}_x)^2 + (v_0 \omega_0 e^{-\gamma t} \sin\omega_0 t \boldsymbol{e}_y)^2 = v_0^2 \omega_0^2 e^{-2\gamma t} \tag{45}$$

在低速运动的情况下,即粒子的速度 $v \ll c$ 时,且粒子做加速运动时,由郭硕鸿编著《电动力学》第三版 P243(1.14) 式可得电子单位时间内的辐射能量(辐射功率) 为

$$P = \frac{e^2 \dot{v}^2}{6\pi\varepsilon_0 c^3} = \frac{e^2 \dot{v}_0^2 \omega_0^2}{6\pi\varepsilon_0 c^3} e^{-2\gamma t} \tag{46}$$

7.7 在稀薄的等离子气体中,自由电子数密度为 N_0,电子的电荷量为 e,质量为 m,当圆频率为 ω 的电磁波在其中传播时,试证明其折射率为 $n = \sqrt{1 - \frac{e^2 N_0}{m\varepsilon_0 \omega^2}}$,式中 ε_0 为真空中的电容率。

【证明】 设自由电子在电场作用下做简谐振动,振动时的位移为 x,运动方程为

$$m \frac{d^2 x}{dt^2} = eE = eE_0 \cos\omega t \tag{1}$$

解此方程得

$$x = -\frac{eE_0}{m\omega^2} \cos\omega t = -\frac{eE}{m\omega^2} \tag{2}$$

总的极化强度为

$$P = N_0 ex = -N_0 \frac{e^2 E}{m\omega^2} \tag{3}$$

极化系数为

$$\chi_e = \frac{P}{\varepsilon_0 E} = -\frac{e^2 N_0}{m\varepsilon_0 \omega^2} \tag{4}$$

相对电容率为

$$\varepsilon_r = 1 + \chi_e = 1 - \frac{e^2 N_0}{m\varepsilon_0 \omega^2} \tag{5}$$

所以折射率为

$$n = \sqrt{\frac{\mu_2 \varepsilon_2}{\mu_1 \varepsilon_1}} = \sqrt{\frac{\varepsilon_2}{\varepsilon_1}} = \sqrt{\varepsilon_r} = \sqrt{1 - \frac{e^2 N_0}{m\varepsilon_0 \omega^2}} \tag{6}$$

7.8　设有一平面电磁波为 $\boldsymbol{E} = \boldsymbol{E}_0 \exp(\mathrm{i}\omega t)$，入射到一个原子上，若电磁波的波长远较原子的尺度大，试计算散射功率。由此说明为什么天空是呈蓝色的，又为什么在近日落时天空又变为红色。

【解】　设原子的尺度为 $|x|$，且原子为单原子(地球上空高层多数分子在太阳光的照射下均离解为单个原子)，原子核不动，带电量为 e，将电子视为一个固有频率为 ω_0 的谐振子，在(太阳光) 电磁波的作用下，其受迫振动方程为

$$\frac{\mathrm{d}^2 x}{\mathrm{d}t^2} + \omega_0^2 x = -\frac{eE_0}{m} \mathrm{e}^{-\mathrm{i}\omega t} \tag{1}$$

式中 ω 为单原子做受迫振动的圆频率，m 为电子的质量，这里设入射电磁波沿 x 方向，并忽略了电磁阻尼力，上式的解为

$$x = -\frac{eE_0}{m} \frac{\mathrm{e}^{-\mathrm{i}\omega t}}{\omega_0^2 - \omega^2} \tag{2}$$

所以，原子核和电子形成的电偶极子的电偶极矩为

$$\boldsymbol{p} = -ex\boldsymbol{e}_x = \frac{e^2 E_0}{m} \frac{\mathrm{e}^{-\mathrm{i}\omega t}}{\omega_0^2 - \omega^2} \boldsymbol{e}_x = p_0 \mathrm{e}^{-\mathrm{i}\omega t} \boldsymbol{e}_x \tag{3}$$

式中 p_0 为电偶极矩的振幅，其值为

$$p_0 = |\boldsymbol{p}_0| = \frac{e^2 E_0}{m} \frac{\mathrm{e}^{-\mathrm{i}\omega t}}{\omega_0^2 - \omega^2} \tag{4}$$

此电偶极子辐射的平均功率为[见 5.20 题的(6) 式]

$$\overline{P} = \frac{|p_0|^2 \omega^4}{12\pi\varepsilon_0 c^3} = \frac{e^4 E_0^2}{12\pi\varepsilon_0 m^2 c^3} \frac{\omega^4}{(\omega_0^2 - \omega^2)^2} \tag{5}$$

因为原子的固有(本征) 频率 $\omega_0 (\approx 10^{23}$ rad/s) 远大于太阳光波的频率 $\omega (\approx 10^{15}$ rad/s)，即 $\omega_0 \gg \omega$，所以，辐射的平均功率可近似为

$$\overline{P} = \frac{e^4 E_0^2}{12\pi\varepsilon_0 m^2 c^3} \left(\frac{\omega}{\omega_0}\right)^4 \tag{6}$$

表明散射功率正比于 ω^4，短波长的光所占比重大，所以天空呈蓝色，日落时，

太阳光同样被散射，但此时散射光平行于地面而不是射向地面，地面上的观察者接收到短波长的蓝光减少，长波长的红光所占比重较大，因此天空呈现红色。

7.9 试解释晴朗的天空为什么是蓝色的？

【解】 可用如下的模型定性解释，在太阳光的照射下，地球上空大气层的多数分子视为已经电离的单原子模型。原子核为一带电量为 q 的点电荷，周围是半径为 r_0 带电量为 $-q$(q 电子的电量) 的电子云。在无外电场作用时，电子云的中心与原子核重合，在太阳光电场的作用下，电子云与原子核中心发生位移 z 而形成振荡的电偶极子，此电偶极子对太阳光进行散射，散射光中蓝光(频率高) 的强度较其他可见光(频率低) 强，所以天空看起来是呈蓝色的。

具体解释如下：设太阳光的电场为

$$\boldsymbol{E} = \boldsymbol{E}_0 \mathrm{e}^{-\mathrm{i}\omega t} \boldsymbol{e}_z \tag{1}$$

电子云的质量为 m，振荡的电偶极子的电矩为

$$\boldsymbol{p} = -qz\boldsymbol{e}_z \tag{2}$$

振荡的电偶极子(谐振子) 的固有频率为 ω_0。在无外场作用时，电子云做简谐振动的运动方程为

$$F = m\frac{\mathrm{d}^2 z}{\mathrm{d}t^2} = -m\omega_0^2 z \tag{3}$$

下面求其固有频率 ω_0。电子云在距中心为 z 处产生的电场为

$$E = -\frac{qz}{4\varepsilon_0 r_0^3} \quad (z < r) \tag{4}$$

电子云与原子核间的相互作用力为

$$F = -\frac{q^2 z}{4\pi\varepsilon_0 r_0^3} \tag{5}$$

由(3) 式和(5) 式得固有频率 ω_0 为

$$\omega_0 = \left(\frac{1}{4\pi\varepsilon_0}\frac{q^2}{mr_0^3}\right)^{\frac{1}{2}} \tag{6}$$

由(4) 式知电子云内的电势为

$$\varphi(r) = -\frac{q}{8\pi\varepsilon_0 r_0^3}(3r_0^2 - r^2) \quad (r \leqslant r_0) \tag{7}$$

电子云的静电总能量为

$$W = \frac{1}{2}\int \rho\varphi \mathrm{d}V = -\frac{\rho q}{16\pi\varepsilon_0 r_0^3}\int_0^{r_0}(3r_0^2 - r^2)4\pi r^2 \mathrm{d}r = \frac{3q^2}{20\pi\varepsilon_0 r_0} \tag{8}$$

由爱因斯坦的质能关系

$$W = mc^2 \tag{9}$$

可求得电子云的半径为

$$r_0 = 1.7 \times 10^{-15}\ \mathrm{m} \tag{10}$$

由(6) 式可求得振荡电偶极子的固有频率 ω_0 为

$$\omega_0 = \left(\frac{1}{4\pi\varepsilon_0}\frac{q^2}{mr_0^3}\right)^{1/2} = 2.3\times 10^{23}\ \text{rad/s} \tag{11}$$

在太阳光电场的作用下,不计其他阻尼,谐振子做受迫振动,其运动方程为

$$\frac{\mathrm{d}^2 z}{\mathrm{d}t^2} + \omega_0^2 z = -\frac{qE_0}{m}\mathrm{e}^{-\mathrm{i}\omega t} \tag{12}$$

此方程的解为

$$z = -\frac{qE_0}{m}\frac{\mathrm{e}^{-\mathrm{i}\omega t}}{\omega_0^2 - \omega^2} \tag{13}$$

所以,振荡电偶极子的电矩为

$$\boldsymbol{p} = -qz\boldsymbol{e}_z = p_0\mathrm{e}^{-\mathrm{i}\omega t}\boldsymbol{e}_z = \frac{q^2E_0}{m}\frac{\mathrm{e}^{-\mathrm{i}\omega t}}{\omega_0^2 - \omega^2}\boldsymbol{e}_z \tag{14}$$

此电偶极矩的振荡圆频率为 ω,其产生的辐射总功率为

$$P = \frac{|p_0|^2\omega^4}{12\pi\varepsilon_0 c^3} = \frac{q^4|E_0|^2}{12\pi\varepsilon_0 m^2c^3}\frac{\omega^4}{(\omega_0^2 - \omega^2)^2} \tag{15}$$

可见光频率范围为

$$\omega \approx 10^{15}\ \text{rad/s} \tag{16}$$

所以

$$\omega_0 \gg \omega \tag{17}$$

所以得

$$P = \frac{|p_0|^2\omega^4}{12\pi\varepsilon_0 c^3} = \frac{q^4|E_0|^2}{12\pi\varepsilon_0 m^2c^3}\frac{\omega^4}{\omega_0^4} \tag{18}$$

此式表明,地球高空大气层分子对太阳光的散射中,散射功率与太阳光的频率的四次方成正比,所以,散射光中频率高(波长短)的光强得很多,这就是为什么人们看见晴朗的天空总是呈蔚蓝色的原因。

7.10　设稀薄等离子体由 n 种带电粒子组成。第 i 种带电粒子的质量为 m_1,电荷为 Z_ie,单位体积内的粒子数为 N_i。如果只考虑入射平面单色电磁波对带电粒子的作用力,试求等离子体的相对电容率。

【解】　设单色电磁波的电场强度为

$$\boldsymbol{E} = \boldsymbol{E}_0\mathrm{e}^{-\mathrm{i}\omega t} \tag{1}$$

等离子体的质心运动方程为

$$m_1\frac{\mathrm{d}^2\boldsymbol{x}}{\mathrm{d}t^2} = Z_ie\boldsymbol{E}_0\mathrm{e}^{-\mathrm{i}\omega t} \tag{2}$$

所以

$$\boldsymbol{x} = -\frac{Z_ie}{m_i\omega^2}\boldsymbol{E}_0\mathrm{e}^{-\mathrm{i}\omega t} = -\frac{Z_ie}{m_i\omega^2}\boldsymbol{E} \tag{3}$$

等离子体的极化强度为

$$\boldsymbol{p} = \sum_{i=1}^{n}N_iZ_ie\boldsymbol{x}_i = -\sum_{i=1}^{n}\frac{N_i(Z_ie)^2}{m_i\omega^2}\boldsymbol{E} \tag{4}$$

因为

$$\boldsymbol{p} = (\varepsilon - \varepsilon_0)\boldsymbol{E} \tag{5}$$

所以

$$\varepsilon = \varepsilon_0 + \frac{\boldsymbol{p}}{\boldsymbol{E}} = \varepsilon_0 - \sum_{i=1}^{n} \frac{N_i (Z_i e)^2}{m_i \omega^2} \tag{6}$$

由 $\varepsilon = \varepsilon_0 \varepsilon_r$ 的关系知等离子体的相对电容率为

$$\varepsilon_r = \frac{\varepsilon}{\varepsilon_0} = 1 - \sum_{i=1}^{n} \frac{N_i (Z_i e)^2}{\varepsilon_0 m_i \omega^2} \tag{7}$$

7.11 应用导出介质色散的方法,推导等离子体折射率公式$n(\omega) = \sqrt{1 - \dfrac{Ne^2}{\varepsilon_0 m\omega^2}}$。

【解】 设单色入射波的电场为 $\boldsymbol{E} = \boldsymbol{E}_0 \mathrm{e}^{-\mathrm{i}\omega t}$,根据郭硕鸿编著《电动力学》第三版 P265 的(6.1) 式,等离子体内电子的运动方程为

$$\ddot{\boldsymbol{x}} - \frac{e^2}{6\pi\varepsilon_0 mc^3}\dddot{\boldsymbol{x}} = \frac{e}{m}\boldsymbol{E}_0 \mathrm{e}^{-\mathrm{i}\omega t} \tag{1}$$

在计算等离子体对不同频率电磁波的折射率时,可不计(1) 式中的阻尼项,则(1) 式变为

$$\ddot{\boldsymbol{x}} = \frac{e}{m}\boldsymbol{E}_0 \mathrm{e}^{-\mathrm{i}\omega t} \tag{2}$$

所以

$$\boldsymbol{x} = \frac{e\boldsymbol{E}_0}{m\omega^2}\mathrm{e}^{-\mathrm{i}\omega t} = \frac{e}{m\omega^2}\boldsymbol{E} \tag{3}$$

等离子体的极化强度为

$$\boldsymbol{P} = -Ne\boldsymbol{x} = -\frac{Ne^2}{m\omega^2}\boldsymbol{E} \tag{4}$$

又因为

$$\boldsymbol{P} = (\varepsilon - \varepsilon_0)\boldsymbol{E} = (\varepsilon_0\varepsilon_r - \varepsilon_0)\boldsymbol{E} \tag{5}$$

由(4) 式和(5) 式有

$$\varepsilon_0\varepsilon_r - \varepsilon_0 = -\frac{Ne^2}{m\omega^2} \tag{6}$$

即

$$\varepsilon_r = 1 - \frac{Ne^2}{\varepsilon_0 m\omega^2} \tag{7}$$

所以,等离子体的折射率为

$$n(\omega) = \sqrt{\varepsilon_r\mu_r} = \sqrt{\varepsilon_r\mu_0} = \sqrt{\varepsilon_r} = \sqrt{1 - \frac{Ne^2}{\varepsilon_0 m\omega^2}} \tag{8}$$

7.12 在密度充分低的理想气体中,电磁波在其中传播的折射率为

$$n^2 = 1 + \frac{Ne^2}{\varepsilon_0 m}\frac{1}{\omega_0^2 - \omega^2}$$

式中 N 是分子数密度，ω 是电磁波的角频率，e 和 m 分别是电子的电荷和质量。
(1) 若分子为谐振子模型，略去辐射阻尼，试推导上面的结果；
(2) 讨论满足下述条件的电磁波在这种介质中传播的特性。
① $\omega_0^2 \gg \omega^2$；② $\omega^2 \gg \dfrac{Ne^2}{\varepsilon_0 m} \gg \omega_0^2$；③ $\dfrac{Ne^2}{m\varepsilon_0} > \omega^2 \gg \omega_0^2$。

【解】 Ⅰ. 谐振子的运动方程为

$$\frac{\mathrm{d}^2\boldsymbol{r}}{\mathrm{d}t^2} + \omega_0^2 = \frac{e}{m}\boldsymbol{E} \tag{1}$$

解此方程有

$$\boldsymbol{r} = \frac{e\boldsymbol{E}}{m(\omega_0^2 - \omega^2)} \tag{2}$$

极化强度矢量为

$$\boldsymbol{P} = Ne\boldsymbol{r} = \frac{Ne^2}{m(\omega_0^2 - \omega^2)}\boldsymbol{E} \tag{3}$$

因为气体密度低，$\boldsymbol{E}$ 近似等于宏观场，又

$$\boldsymbol{P} = \boldsymbol{D} - \varepsilon_0\boldsymbol{E} = (\varepsilon - \varepsilon_0)\boldsymbol{E} \tag{4}$$

将(3) 式代入(4) 式有

$$\varepsilon = \varepsilon_0 + \frac{Ne^2}{m(\omega_0^2 - \omega^2)} \tag{5}$$

所以，折射率为

$$n = \sqrt{\frac{\varepsilon_2\mu_2}{\varepsilon_1\mu_1}} = \sqrt{\frac{\varepsilon_2}{\varepsilon_1}} = \sqrt{\frac{\varepsilon}{\varepsilon_0}} = \sqrt{1 + \frac{Ne^2}{m\varepsilon_0(\omega_0^2 - \omega^2)}} \tag{6}$$

式中 $\varepsilon_1 = \varepsilon_0, \mu_1 = \mu_0; \varepsilon_2 = \varepsilon, \mu_2 = \mu_0$ 为理想气体的电容率和磁导率。所以有

$$n^2 = 1 + \frac{Ne^2}{m\varepsilon_0(\omega_0^2 - \omega^2)} \tag{7}$$

Ⅱ. 讨论满足下述条件的电磁波在这种介质中传播的特性
① 当 $\omega_0^2 \gg \omega^2$ 时，则有

$$n^2 \approx 1 + \frac{Ne^2}{m\varepsilon_0\omega_0^2} > 0 \tag{8}$$

即 n^2 为实数，表明电磁波在其中可以无衰减地传播，介质为透明介质。
② 当 $\omega^2 \gg \dfrac{Ne^2}{\varepsilon_0 m} \gg \omega_0^2$ 时，则有

$$n^2 \approx 1 - \frac{Ne^2/m\varepsilon_0}{\omega^2} < 1 \tag{9}$$

这表明此介质比真空还要波疏，适当控制角度可在介质面上发生全反射。
③ 当 $\dfrac{Ne^2}{m\varepsilon_0} > \omega^2 \gg \omega_0^2$ 时，则有

$$n^2 \approx 1 - \frac{Ne^2/m\varepsilon_0}{\omega^2} < 0 \tag{10}$$

上式表明，在这种情况下电磁波不能在密度充分低的理想气体中传播。

7.13　试证明单光电子对湮没过程 $e^{+}+e^{-}\rightarrow\gamma$ 为能量-动量守恒所禁戒。

【证明】　设 p_1 和 p_2 分别为电子和正电子的四维动量，则有

$$p_1+p_2=\hbar\kappa \tag{1}$$

式中，κ 为光子的四维波矢量，将(1)式两边平方则有

$$(p_1+p_2)^2=\hbar^2\kappa^2=\hbar^2\left(\boldsymbol{k}^2-\frac{\omega^2}{c^2}\right)=0 \tag{2}$$

因为$(p_1+p_2)^2$为一四维标量，可在任意参照系中计算。在电子静止的坐标系中，有

$$p_1=(0,0,0,\mathrm{i}m_0c) \tag{3}$$

$$p_2=(\boldsymbol{p}_2,\frac{\mathrm{i}}{c}E_2) \tag{4}$$

$$(p_1+p_2)^2=p_1^2+p_2^2+2p_1\cdot p_2 \tag{5}$$

又因为

$$p_1^2=-m_0c^2 \tag{6}$$

$$p_2^2=\boldsymbol{p}^2-\frac{E_2^2}{c^2}=-m_0c^2 \tag{7}$$

$$2p_1\cdot p_2=-2m_0E_2 \tag{8}$$

所以

$$(p_1+p_2)^2=-2m_0(m_0c^2+E_2)=0 \tag{9}$$

因为

$$m_0\neq 0 \tag{10}$$

所以有

$$m_0c^2+E_2=0 \tag{11}$$

此式满足的条件是

$$E_2<0 \tag{12}$$

而这是不可能的，所以，$e^{+}+e^{-}\rightarrow\gamma$ 是被禁止的。

7.14　一个质量为 m、电荷为 e 的粒子在一个平面上运动，该平面垂直于均匀静磁场 $\boldsymbol{B}$：

(1) 计算辐射功率，用 m、e、B、γ 表示($E=\gamma mc_2$)；

(2) 若在 $t=0$ 时 $E_0=\gamma_0mc^2$，试求 $E(t)$；

(3) 若初始时刻粒子为非相对论性的，其动能为 T_0，求 t 时刻的粒子动能 T。

【解】　Ⅰ. 计算辐射功率

由于电子做高速回转的圆周运动，满足 $\dot{\boldsymbol{v}}\perp\boldsymbol{v}$ 的条件，则其辐射的功率[见郭硕鸿编著《电动力学》第三版 P248(2.15)式]为

$$P=\frac{e^2}{6\pi\varepsilon_0c^3}\gamma^2F^2 \tag{1}$$

粒子所受的磁场力为

$$\boldsymbol{F}=e\boldsymbol{v}\times\boldsymbol{B}\quad F=evB \tag{2}$$

将(2)式代入(1)式有

$$P=\frac{e^4B^2}{6\pi\varepsilon_0 c}\gamma^2 v^2/c^2 \tag{3}$$

式中

$$\gamma^2v^2/c^2=\frac{v^2/c^2}{1-v^2/c^2}=\frac{1}{1-v^2/c^2}-1=\gamma^2-1 \tag{4}$$

将(4)式代入(3)式得

$$P=\frac{e^4B^2}{6\pi\varepsilon_0 m^2c}(\gamma^2-1) \tag{5}$$

Ⅱ.求 $E(t)$

在 t 时刻粒子的能量为

$$E=\frac{mc^2}{\sqrt{1-v^2/c^2}}=\gamma mc^2 \tag{6}$$

粒子辐射的功率等于粒子能量的减少率,所以有

$$\frac{\mathrm{d}E}{\mathrm{d}t}=\frac{e^4B^2}{6\pi\varepsilon_0 m^2c}(\gamma^2-1) \tag{7}$$

将(6)式代入上式有

$$\frac{\mathrm{d}E}{\mathrm{d}t}=\frac{e^4B^2}{6\pi\varepsilon_0 m^2c}\left(\frac{E^2}{m^2c^4}-1\right)$$

即

$$\frac{\mathrm{d}E}{E^2/m^2c^4-1}=-\frac{e^4B^2}{6\pi\varepsilon_0 m^2c}\mathrm{d}t \tag{8}$$

将 $\mathrm{d}E=mc^2\mathrm{d}\gamma$ 及 $E=\gamma mc^2$ 代入上式有

$$\frac{\mathrm{d}\gamma}{\gamma^2-1}=-\frac{e^4B^2}{6\pi\varepsilon_0 m^3c^3}\mathrm{d}t \tag{9}$$

设初始时刻 $t=t_0$ 时,$\gamma_0=E_0/mc^2(E_0=\gamma_0 mc^2)$,所以有

$$\int_{\gamma_0}^{\gamma}\frac{\mathrm{d}\gamma}{\gamma^2-1}=-\frac{e^4B^2}{6\pi\varepsilon_0 m^3c^3}\int_{t_0}^{t}\mathrm{d}t \tag{10}$$

$$\ln\frac{\gamma-1}{\gamma+1}\bigg|_{\gamma_0}^{\gamma}=-2\,\frac{e^4B^2}{6\pi\varepsilon_0 m^3c^3}(t-t_0)=-\eta \tag{11}$$

式中

$$\eta=\frac{e^4B^2}{3\pi\varepsilon_0 m^3c^3}(t-t_0) \tag{12}$$

所以

$$\ln\frac{\dfrac{\gamma-1}{\gamma+1}}{\dfrac{\gamma_0-1}{\gamma_0+1}}=-\eta \tag{13}$$

所以

$$\frac{\dfrac{\gamma-1}{\gamma+1}}{\dfrac{\gamma_0-1}{\gamma_0+1}}=\mathrm{e}^{-\eta} \tag{14}$$

即

$$\frac{(\gamma-1)(\gamma_0+1)}{(\gamma+1)(\gamma_0-1)}=\mathrm{e}^{-\eta} \tag{15}$$

$$(\gamma-1)(\gamma_0+1)=(\gamma+1)(\gamma_0-1)\mathrm{e}^{-\eta} \tag{16}$$

$$\gamma=\frac{\gamma_0+1+(\gamma_0-1)\mathrm{e}^{-\eta}}{\gamma_0+1-(\gamma_0-1)\mathrm{e}^{-\eta}}=\frac{1+\dfrac{\gamma_0-1}{\gamma_0+1}\mathrm{e}^{-\eta}}{1-\dfrac{\gamma_0-1}{\gamma_0+1}\mathrm{e}^{-\eta}} \tag{17}$$

将 $E=\gamma mc^2$ 代入(17) 式得

$$E=mc^2\frac{1+\dfrac{\gamma_0-1}{\gamma_0+1}\mathrm{e}^{-\eta}}{1-\dfrac{\gamma_0-1}{\gamma_0+1}\mathrm{e}^{-\eta}} \tag{18}$$

Ⅲ. 求 t 时刻的粒子动能 T

若初始时刻粒子为非相对论性的，则有

$$E=T=\frac{1}{2}mv^2 \tag{19}$$

$$\gamma^2-1=\frac{1-1+v^2/c^2}{1-v^2/c^2}=\frac{v^2/c^2}{1-v^2/c^2}\approx\frac{v^2}{c^2}\quad(v\ll c) \tag{20}$$

根据粒子辐射的功率等于粒子能量的减少率，有

$$\frac{\mathrm{d}T}{\mathrm{d}t}=-\frac{e^4B^4}{6\pi\varepsilon_0 m^2c}(\gamma^2-1) \tag{21}$$

将(20) 式代入(21) 式有

$$\frac{\mathrm{d}T}{\mathrm{d}t}=-\frac{e^4B^4}{3\pi\varepsilon_0 m^3c^3}\left(\frac{1}{2}mv^2\right)=-\frac{e^4B^4}{3\pi\varepsilon_0 m^3c^3}T \tag{22}$$

设当 $t=0$ 时，$T=T_0$，则有

$$T=T_0\exp\left(-\frac{e^4B^4}{3\pi\varepsilon_0 m^3c^3}t\right) \tag{23}$$

7.15 一电量为 q、静止质量为 m_0 的带电粒子，在电场强度为 $\boldsymbol{E}$、磁感应强度为 $\boldsymbol{B}$ 的电磁场中运动，试证明其加速度为$\dfrac{\mathrm{d}\boldsymbol{v}}{\mathrm{d}t}=\dfrac{q}{m_0}\sqrt{1-v^2/c^2}\left[\boldsymbol{E}+\boldsymbol{v}\times\boldsymbol{B}-\dfrac{1}{c^2}\boldsymbol{v}(\boldsymbol{E}\cdot\boldsymbol{v})\right]$。

【证明】 由相对论力学知，带电粒子的能量和动量分别为

$$W=mc^2=\frac{m_0c^2}{\sqrt{1-v^2/c^2}} \tag{1}$$

$$\boldsymbol{p}=m\boldsymbol{v} \tag{2}$$

由(1) 式和(2) 式有

$$\boldsymbol{p} = W\boldsymbol{v}/c^2 \tag{3}$$

电磁场单位时间内对带电粒子所做的功为 $q\boldsymbol{E}\cdot\boldsymbol{v}$,此功应等于带电粒子单位时间内能量的改变,即

$$\frac{\mathrm{d}W}{\mathrm{d}t} = q\boldsymbol{E}\cdot\boldsymbol{v} \tag{4}$$

相对论力学方程为

$$\frac{\mathrm{d}\boldsymbol{p}}{\mathrm{d}t} = q(\boldsymbol{E}+\boldsymbol{v}\times\boldsymbol{B}) \tag{5}$$

将(3) 式代入(5) 式有

$$\frac{W}{c^2}\frac{\mathrm{d}\boldsymbol{v}}{\mathrm{d}t} + \frac{\boldsymbol{v}}{c^2}\frac{\mathrm{d}W}{\mathrm{d}t} = q(\boldsymbol{E}+\boldsymbol{v}\times\boldsymbol{B}) \tag{6}$$

将(4) 式代入(6) 式有

$$\frac{W}{c^2}\frac{\mathrm{d}\boldsymbol{v}}{\mathrm{d}t} + \frac{q\boldsymbol{v}}{c^2}\boldsymbol{E}\cdot\boldsymbol{v} = q(\boldsymbol{E}+\boldsymbol{v}\times\boldsymbol{B}) \tag{7}$$

即

$$\frac{W}{c^2}\frac{\mathrm{d}\boldsymbol{v}}{\mathrm{d}t} = q\left[\boldsymbol{E}+\boldsymbol{v}\times\boldsymbol{B} - \frac{\boldsymbol{v}}{c^2}\boldsymbol{E}\cdot\boldsymbol{v}\right] \tag{8}$$

将(1) 式代入(8) 式有

$$\frac{\mathrm{d}\boldsymbol{v}}{\mathrm{d}t} = \frac{q}{m_0}\sqrt{1-v^2/c^2}\left[\boldsymbol{E}+\boldsymbol{v}\times\boldsymbol{B} - \frac{1}{c^2}\boldsymbol{v}(\boldsymbol{E}\cdot\boldsymbol{v})\right] \tag{9}$$

证毕。

7.16　一静止质量为 m_{10}、能量为 w_{10} 的粒子和另一静止质量为 m_{20}、能量为 w_{20} 的粒子发生弹性碰撞,碰撞后两粒子的能量分别为 w_1 和 w_2。试求实验室参考系相对于入射方向的散射角 θ_1 和 θ_2,如图 7.16 所示。

【解】　根据能量守恒定律有

$$p_{10\mu} + p_{20\mu} = p_{1\mu} + p_{2\mu} \tag{1}$$

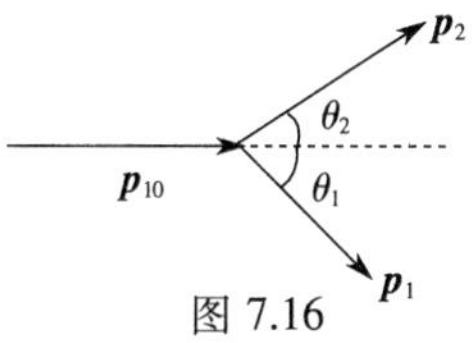

式中

$$p_{20\mu} = 0 \tag{2}$$

$$w_{20} = m_{20}c^2 \tag{3}$$

图 7.16

由(1) 式有

$$p_{2\mu} = p_{10\mu} + p_{20\mu} - p_{1\mu} \tag{4}$$

由(4) 式进行平方有

$$p_{2\mu}p_{2\mu} = p_{10\mu}p_{10\mu} + p_{20\mu}p_{20\mu} + p_{1\mu}p_{1\mu} + 2p_{10\mu}p_{20\mu} - 2p_{10\mu}p_{1\mu} - 2p_{20\mu}p_{1\mu} \tag{5}$$

$$-m_{20}^2c^2 = -m_{10}^2c^2 - m_{20}^2c^2 - m_{10}^2c^2 - \frac{2}{c^2}w_{10}w_{20} - 2p_{10}p\cos\theta_1 + \frac{2w_{10}w_1}{c^2} + \frac{2w_{20}w_1}{c^2} \tag{6}$$

所以

$$\cos\theta_1 = \frac{1}{p_{10} p_1 c^2}\left[w_1 (w_{10} + m_{20} c^2) - m_{10}^2 c^4 - w_{10} m_{20} c^2\right] \tag{7}$$

式中

$$p_{10} = \frac{1}{c}\sqrt{w_{10}^2 - m_{10}^2 c^4} \tag{8}$$

$$p_1 = \frac{1}{c}\sqrt{w_1^2 - m_{10}^2 c^4} \tag{9}$$

所以，散射角 θ_1 为

$$\theta_1 = \cos^{-1}\left\{\frac{1}{p_{10} p_1 c^2}\left[w_1 (w_{10} + m_{20} c^2) - m_{10}^2 c^4 - w_{10} m_{20} c^2\right]\right\} \tag{10}$$

同理有

$$\begin{aligned}\cos\theta_2 &= \frac{1}{p_{10} p_2 c^2}\left[w_2 (w_{10} + m_{20} c^2) - m_{20}^2 c^4 - w_{10} m_{20} c^2\right] \\ &= \frac{1}{p_{10} p_2 c^2}\left[(w_{10} + m_{20} c^2)(w_2 - m_{20} c^2)\right]\end{aligned} \tag{11}$$

式中

$$p_2 = \frac{1}{c}\sqrt{w_2^2 - m_{20}^2 c^4} \tag{12}$$

所以，散射角 θ_2 为

$$\theta_2 = \cos^{-1}\left\{\frac{1}{p_{10} p_2 c^2}\left[w_2 (w_{10} + m_{20} c^2) - m_{10}^2 c^4 - w_{10} m_{20} c^2\right]\right\} \tag{13}$$

7.17　试证明低速匀速运动电荷的磁场满足方程$\nabla\cdot\boldsymbol{B} = 0$。

【证明】　匀速运动电荷的 $\boldsymbol{B}$ 与 $\boldsymbol{E}$ 之间的关系为

$$\boldsymbol{B} = \frac{1}{c^2}\boldsymbol{v}\times\boldsymbol{E} \tag{1}$$

当满足 $v \ll c$ 时，运动电荷产生的电场为

$$\boldsymbol{E} = \frac{e}{4\pi\varepsilon_0 r^3}\boldsymbol{r} \tag{2}$$

所以

$$\nabla\cdot\boldsymbol{B} = \nabla\cdot\left(\frac{\boldsymbol{v}}{c^2}\times\frac{e\boldsymbol{r}}{4\pi\varepsilon_0 r^3}\right) = \frac{e}{4\pi\varepsilon_0 c^2}\left[\frac{\boldsymbol{r}}{r^3}\,\nabla\times\boldsymbol{v} - \boldsymbol{v}\cdot\nabla\times\frac{\boldsymbol{r}}{r^3}\right] = 0 \tag{3}$$

证毕。

7.18　证明切伦柯夫辐射的频谱为$\dfrac{\mathrm{d}I(\omega)}{\mathrm{d}\Omega} = \dfrac{e^2\varepsilon^{1/2}\beta^2\sin^2\theta}{c}\left|1 - \delta(\beta\varepsilon^{1/2}\cos\theta)\right|^2$，并讨论此结果的物理意义。式中 θ 为场点矢径 $\boldsymbol{r}$ 与带电粒子速度 $\boldsymbol{v}$ 之间的夹角，ε 为介质的电容率，e 为带电粒子的电量，Ω 为立体角，$\beta = v/c$。

【证明】　辐射的频率分布与角度的一般关系为

$$\frac{\mathrm{d}I(\omega)}{\mathrm{d}\Omega}=\frac{e^2\omega^2\varepsilon^{1/2}}{4\pi^2c^3}\left|\int_{-\infty}^{\infty}\boldsymbol{r}\times(\boldsymbol{r}\times\boldsymbol{v})\exp\left[-\mathrm{i}\omega\left(t-\frac{\varepsilon^{1/2}\boldsymbol{v}\cdot\boldsymbol{r}}{c}\right)\right]\mathrm{d}t\right|^2 \tag{1}$$

积分后有

$$\frac{\mathrm{d}I(\omega)}{\mathrm{d}\Omega}=\frac{e^2\varepsilon^{1/2}\beta^2\sin^2\theta}{c}\left|1-\delta(\beta\varepsilon^{1/2}\cos\theta)\right|^2 \tag{2}$$

式中，δ 函数的出现，保证了辐射仅在切伦柯夫角内发出，切伦柯夫角为

$$\theta=\cos^{-1}\left(\frac{1}{\beta\varepsilon^{1/2}}\right) \tag{3}$$

δ 函数平方的出现，说明每单位频率间隔辐射的总量是无限的，这是因为此带电粒子永远在该介质内运动的结果。

7.19　有一个椭圆极化波，被一个自由电荷散射，求其微分散射截面。

【解】　设自由电荷的电量为 q，质量为 m，$\boldsymbol{A}$ 和 $\boldsymbol{B}$ 是电磁场电场分量的两个相互垂直振动的矢量，则椭圆波电磁场电场分量的形式可表示为

$$\boldsymbol{E}=\boldsymbol{A}\cos(\omega t+\alpha)+\boldsymbol{B}\sin(\omega t+\alpha) \tag{1}$$

则入射波平均能流密度为

$$\bar{\boldsymbol{S}}=\frac{1}{2}\mathrm{Re}(\boldsymbol{E}^*\times\boldsymbol{H})=\frac{c}{8\pi}(A^2+B^2) \tag{2}$$

在电场的作用下，电荷的运动方程为

$$m\ddot{\boldsymbol{x}}=-q\boldsymbol{E}=-q[\boldsymbol{A}\cos(\omega t+\alpha)+\boldsymbol{B}\sin(\omega t+\alpha)] \tag{3}$$

对应的电偶极矩为

$$\boldsymbol{p}=-q\boldsymbol{x} \tag{4}$$

$$\ddot{\boldsymbol{p}}=-q\ddot{\boldsymbol{x}}=-\frac{q\boldsymbol{E}}{m}=\frac{q^2}{m}[\boldsymbol{A}\cos(\omega t+\alpha)+\boldsymbol{B}\sin(\omega t+\alpha)] \tag{5}$$

则电子激发的场，即散射场在单位立体角 $\mathrm{d}\Omega$ 内的能流为

$$\begin{aligned}\mathrm{d}I&=\frac{1}{4\pi c^3}(\ddot{\boldsymbol{p}}\times\boldsymbol{n})^2\mathrm{d}\Omega=\frac{1}{4\pi c^3}\frac{q^4}{m^2}(\boldsymbol{E}\times\boldsymbol{n})^2\mathrm{d}\Omega\\&=\frac{1}{4\pi c^3}\frac{q^4}{m^2}(\boldsymbol{E}\times\boldsymbol{n})\cdot(\boldsymbol{E}\times\boldsymbol{n})\mathrm{d}\Omega\end{aligned} \tag{6}$$

将(1) 式代入(6) 式有

$$\begin{aligned}\mathrm{d}I&=\frac{q^4}{4\pi m^2c^3}[A^2\cos^2(\omega t+\alpha)+B^2\sin^2(\omega t+\alpha)-\\&\quad(\boldsymbol{A}\cdot\boldsymbol{n}\cos(\omega t+\alpha)+\boldsymbol{B}\cdot\boldsymbol{n}\sin(\omega t+\alpha))^2]\\&=\frac{q^4}{8\pi m^2c^3}[A^2+B^2-(\boldsymbol{A}\cdot\boldsymbol{n})^2-(\boldsymbol{B}\cdot\boldsymbol{n})^2]\mathrm{d}\Omega\end{aligned} \tag{7}$$

所以，平均能流为

$$\mathrm{d}\bar{I}=\frac{q^4}{8\pi m^2c^3}[A^2+B^2-(\boldsymbol{A}\cdot\boldsymbol{n})^2-(\boldsymbol{B}\cdot\boldsymbol{n})^2]\mathrm{d}\Omega \tag{8}$$

根据定义，其微分散射截面为

$$d\sigma = \frac{d\bar{I}}{\bar{S}} = \frac{q^4}{m^2c^4}\left[1 - \frac{(\boldsymbol{A}\cdot\boldsymbol{n})^2 + (\boldsymbol{B}\cdot\boldsymbol{n})^2}{A^2 + B^2}\right]d\Omega \tag{9}$$

7.20　设带电粒子的电量为 q，当其加速度 $\dot{\boldsymbol{v}}$ 与速度平行时，试求带电粒子的辐射功率。

【解】　设带电粒子的运动速度为 $\boldsymbol{v}$，则任意带电粒子的辐射场为[见郭硕鸿编著《电动力学》第三版 P244(1.17) 式]

$$\boldsymbol{E} = -\nabla\varphi - \frac{\partial \boldsymbol{A}}{\partial t} = \frac{q}{4\pi\varepsilon_0 c^2 r s^3}\boldsymbol{r}\times\left[\left(\boldsymbol{r} - \frac{\boldsymbol{v}}{c}r\right)\times\dot{\boldsymbol{v}}\right] \tag{1}$$

$$\boldsymbol{B} = \nabla\times\boldsymbol{A} = \frac{1}{c}\boldsymbol{n}\times\boldsymbol{E} \tag{2}$$

其中 $\boldsymbol{n}$ 为辐射场的传播方向，s 为

$$s = 1 - \frac{\boldsymbol{v}\cdot\boldsymbol{r}}{c} \tag{3}$$

辐射能流密度为

$$\boldsymbol{S} = \boldsymbol{E}\times\boldsymbol{H} = \frac{1}{\mu_0}\boldsymbol{E}\times\boldsymbol{B} = \frac{1}{\mu_0 c}\boldsymbol{E}\times(\boldsymbol{n}\times\boldsymbol{E}) = \frac{1}{\mu_0 c}[E^2\boldsymbol{n} - (\boldsymbol{E}\cdot\boldsymbol{n})\boldsymbol{E}] \tag{4}$$

因为

$$\boldsymbol{E}\perp\boldsymbol{n} \tag{5}$$

所以

$$\boldsymbol{E}\cdot\boldsymbol{n} = 0 \tag{6}$$

所以得

$$\boldsymbol{S} = \frac{1}{\mu_0 c}E^2\boldsymbol{n} \tag{7}$$

式中 $\boldsymbol{n}$ 为场的传播方向的单位矢量，能流密度是用观察时间 t 计算的单位时间内垂直通过单位横截面的电磁能量，计算总辐射功率时，需把能流对一大球面积分，注意观察时间 dt 和粒子辐射时间 dt' 是不同的。如图 7.20a 所示，设粒子在 dt' 时间内由 P_1 点运动到 P_2 点。在时间 $t = t' + R/c$ 观察，初时刻 t' 辐射的场到达以 P_1 为球心、R 为半径的球面上，而末时刻 $t' + dt'$ 的辐射场是到达以 P_2 为球心、$R - cdt'$ 为半径的球面上，粒子在 dt' 辐射的能量位于两球面之间的区域，由图 7.20a 可知，在不同的方向上，这些能量需不同的时间 dt 才能通过外球面。由于电磁辐射是带电粒子加速运动而产生的，所以，在计算辐射功率时，使用 dt' 来计算较为方便。

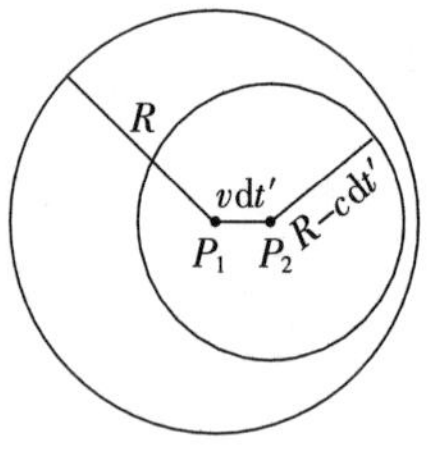

图 7.20 a

设 t'_1 时刻粒子发出的场到达半径为 R 的球面，t'_2 时刻粒子发出的场到达半径为 R' 的球面，两球面的半径为

$$R = c(t - t'_1) \tag{8}$$

$$R' = c(t - t'_2) \tag{9}$$

则 dt' 时刻两球面间距为

$$dR = R - R' = c(t'_2 - t'_1) = cdt' \tag{10}$$

因为带电粒子以速度 $\boldsymbol{v}$ 运动，所以在 dt' 时间内，内球面向 $\boldsymbol{v}$ 的方向移动了距离 $\boldsymbol{v}dt'$，因此在 dt' 时间内两球面间距变化为

$$dl = dR - \boldsymbol{v}dt' = \left(c - \frac{\boldsymbol{v}\cdot\boldsymbol{R}}{R}\right)dt' = (c - v_R)dt' = (c - v\cos\theta)dt' \tag{11}$$

dt' 时间内从两球面间辐射出来的能量为

$$dW = \int_V w\,dV = \int_V wc\,d\boldsymbol{\sigma}\cdot\frac{d\boldsymbol{l}}{c} \tag{12}$$

式中 w 为能量密度，$d\boldsymbol{\sigma}$ 为面积元，$dV = d\sigma\cdot d\boldsymbol{l}$ 为体积元，$wc = S$ 为能流密度，$d\boldsymbol{l} = dl\boldsymbol{e}_r = dl\boldsymbol{n}$。将(11) 式代入(12) 式有

$$dW = \int_V S\,d\boldsymbol{\sigma}\cdot\boldsymbol{n}(1 - v_R/c)dt' = \int_V \boldsymbol{S}\cdot d\boldsymbol{\sigma}(1 - v_R/c)dt' \tag{13}$$

设 $P(t')$ 为单位时间 t' 内的辐射功率，则有

$$P(t') = \frac{dW}{dt'} = \oint_\sigma \boldsymbol{S}\cdot d\boldsymbol{\sigma}(1 - v_R/c) \tag{14}$$

Ⅰ. 当 $\dot{\boldsymbol{v}}//\boldsymbol{v}$ 时(见郭硕鸿编著《电动力学》第三版 P246)，$\boldsymbol{v}\times\dot{\boldsymbol{v}} = 0$，由(1) 式有

$$\boldsymbol{E} = \frac{q}{4\pi\varepsilon_0 c^2 r}\frac{\boldsymbol{n}\times[(\boldsymbol{n} - \boldsymbol{v}/c)\times\dot{\boldsymbol{v}}]}{(1 - \boldsymbol{v}\cdot\boldsymbol{n}/c)^3} = \frac{q}{4\pi\varepsilon_0 c^2 r}\frac{\boldsymbol{n}\times(\boldsymbol{n}\times\dot{\boldsymbol{v}})}{(1 - \boldsymbol{v}\cdot\boldsymbol{n}/c)^3} \tag{15}$$

$$E^2 = \frac{q^2\dot{\boldsymbol{v}}^2\sin^2\theta}{16\pi\varepsilon_0 r^2 c^4(1 - v\cos\theta/c)^6} \tag{16}$$

将(16) 式代入(7) 式有

$$\boldsymbol{S} = \frac{1}{\mu_0 c}E^2\boldsymbol{n} = \frac{q^2\dot{\boldsymbol{v}}^2\sin^2\theta}{16\pi^2\varepsilon_0^2\mu_0 r^2 c^5(1 - v\cos\theta/c)^6}\boldsymbol{n} = \frac{q^2\dot{\boldsymbol{v}}^2\sin^2\theta}{16\pi^2\varepsilon_0 r^2 c^3(1 - v\cos\theta/c)^6}\boldsymbol{n} \tag{17}$$

将(17) 式代入(14) 式得辐射功率为

$$\begin{aligned}
P(t') &= \frac{q^2\dot{\boldsymbol{v}}^2}{16\pi\varepsilon_0 c^3}\oint_\sigma \frac{\sin^2\theta}{r^2(1 - v\cos\theta/c)^6}d\sigma \\
&= \frac{q^2\dot{\boldsymbol{v}}^2}{16\pi^2\varepsilon_0 c^3}\oint_\sigma \frac{\sin^2\theta(1 - v\cos\theta/c)}{r^2(1 - v\cos\theta/c)^6}r^2\sin\theta d\theta d\phi \\
&= \frac{q^2\dot{\boldsymbol{v}}^2}{16\pi^2\varepsilon_0 c^3}\int_0^{2\pi}d\phi\int_0^\pi \frac{\sin^3\theta}{(1 - v\cos\theta/c)^5}d\theta \\
&= \frac{q^2\dot{\boldsymbol{v}}^2}{8\pi\varepsilon_0 c^3}\int_0^\pi \frac{\sin^3\theta}{(1 - v\cos\theta/c)^5}d\theta = \frac{q^2\dot{\boldsymbol{v}}^2}{8\pi\varepsilon_0 c^3}\cdot\frac{4}{3}\frac{1}{(1 - v^2/c^2)^3} \\
&= \frac{q^2\dot{\boldsymbol{v}}^2}{6\pi\varepsilon_0 c^3}\frac{1}{(1 - v^2/c^2)^3} = \frac{q^2\dot{\boldsymbol{v}}^2}{6\pi\varepsilon_0 c^3}\gamma^6 \qquad (18)
\end{aligned}$$

式中 $\gamma = 1/\sqrt{1 - v^2/c^2}$。

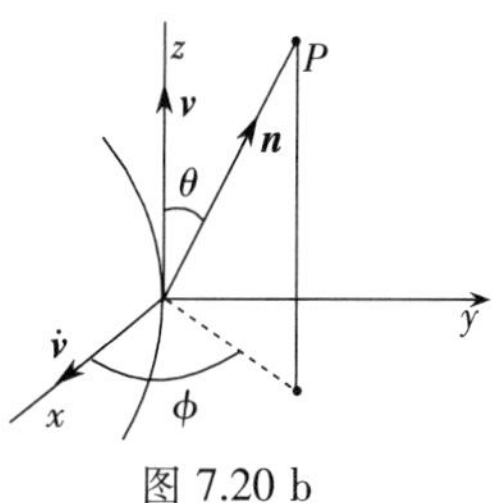

图 7.20 b

Ⅱ. 当 $\dot{\boldsymbol{v}}\perp\boldsymbol{v}$ 时，取如图 7.20b 所示坐标，设 t' 时刻粒子的速度为 $\boldsymbol{v}$ 且沿 z 轴方向，加速度 $\dot{\boldsymbol{v}}$ 沿 x 轴方向。设 $\boldsymbol{n}$ 与 $\boldsymbol{v}$ 的夹角为 θ，则由图 7.20b 有

$$\boldsymbol{n}\cdot\boldsymbol{v}=v\cos\theta \tag{19}$$

$$\boldsymbol{v}\cdot\dot{\boldsymbol{v}}=0 \tag{20}$$

$$\boldsymbol{n}\cdot\dot{\boldsymbol{v}}=\dot{v}\sin\theta\cos\phi \tag{21}$$

所以,(15) 式中

$$\begin{aligned}\boldsymbol{n}\times[(\boldsymbol{n}-\boldsymbol{v}/c)\times\dot{\boldsymbol{v}}]&=(\boldsymbol{n}\cdot\dot{\boldsymbol{v}})(\boldsymbol{n}-\boldsymbol{v}/c)-(1-\boldsymbol{n}\cdot\boldsymbol{v}/c)\dot{\boldsymbol{v}}\\&=|\dot{\boldsymbol{v}}|\sin\theta\cos\phi(\boldsymbol{n}-\boldsymbol{v}/c)-(1-v\cos\theta/c)\end{aligned} \tag{22}$$

又

$$|\boldsymbol{n}\times[(\boldsymbol{n}-\boldsymbol{v}/c\times\dot{\boldsymbol{v}}]|^2=\dot{\boldsymbol{v}}^2[(1-v\cos\theta/c)^2-(1-v^2/c^2)\sin^2\theta\cos^2\phi] \tag{23}$$

将(22) 式代入(15) 式的第 1 个等式有

$$\boldsymbol{E}=\frac{q}{4\pi\varepsilon_0c^2r}\frac{|\dot{\boldsymbol{v}}|\sin\theta\cos\phi(\boldsymbol{n}-\boldsymbol{v}/c)-(1-v\cos\theta/c)}{(1-\boldsymbol{v}\cdot\boldsymbol{n}/c)^3} \tag{24}$$

所以有

$$E^2=\frac{q^2\dot{\boldsymbol{v}}^2}{16\pi^2\varepsilon_0c^4r^2}\frac{[(1-v\cos\theta/c)^2-(1-v^2/c^2)\sin^2\theta\cos^2\phi]}{(1-v\cos\theta/c)^6} \tag{25}$$

所以,能流密度为

$$\boldsymbol{S}=\frac{1}{\mu_0c}E^2\boldsymbol{n}=\frac{q^2\dot{\boldsymbol{v}}^2}{16\pi^2\varepsilon_0c^3r^2}\frac{[(1-v\cos\theta/c)^2-(1-v^2/c^2)\sin^2\theta\cos^2\phi]}{(1-v\cos\theta/c)^6}\boldsymbol{n} \tag{26}$$

将(26) 式代入(14) 式得辐射功率为

$$\begin{aligned}P(t')&=\frac{\mathrm{d}W}{\mathrm{d}t'}=\oint_\sigma\boldsymbol{S}\cdot\mathrm{d}\boldsymbol{\sigma}(1-v_R/c)=\oint_\sigma\boldsymbol{S}\cdot\mathrm{d}\boldsymbol{\sigma}(1-v\cos\theta/c)\\&=\frac{q^2\dot{\boldsymbol{v}}^2}{16\pi^2\varepsilon_0c^3}\oint_\sigma\frac{[(1-v\cos\theta/c)^2-(1-v^2/c^2)\sin^2\theta\cos^2\phi]}{r^2(1-v\cos\theta/c)^5}\mathrm{d}\sigma\\&=\frac{q^2\dot{\boldsymbol{v}}^2}{16\pi^2\varepsilon_0c^3}\oint_\sigma\frac{[(1-v\cos\theta/c)^2-(1-v^2/c^2)\sin^2\theta\cos^2\phi]}{r^2(1-v\cos\theta/c)^5}r^2\sin\theta\mathrm{d}\theta\mathrm{d}\phi\\&=\frac{q^2\dot{\boldsymbol{v}}^2}{16\pi^2\varepsilon_0c^3}\int_0^\pi\frac{[(1-v\cos\theta/c)^2-(1-v^2/c^2)\sin^2\theta]}{(1-v\cos\theta/c)^5}\sin\theta\mathrm{d}\theta\int_0^{2\pi}\cos^2\phi\mathrm{d}\phi\\&=\frac{q^2\dot{\boldsymbol{v}}^2}{6\pi\varepsilon_0c^3}\frac{1}{(1-v^2/c^2)^2}=\frac{q^2\dot{\boldsymbol{v}}^2}{6\pi\varepsilon_0c^3}\gamma^4\end{aligned} \tag{27}$$

附　录

附录 1　矢量的运算公式和定理

1. 矢量代数

(1) 矢量加法

$$\boldsymbol{C} = \boldsymbol{A} + \boldsymbol{B} \tag{1.1}$$

$$\boldsymbol{A} + \boldsymbol{B} = \boldsymbol{B} + \boldsymbol{A} \tag{1.2}$$

满足交换律和结合律。

(2) 矢量与数量的乘积

$$\boldsymbol{C} = m\boldsymbol{A} \tag{1.3}$$

$$m\boldsymbol{A} = \boldsymbol{A}m \tag{1.4}$$

$$m(\boldsymbol{A} + \boldsymbol{B}) = m\boldsymbol{A} + m\boldsymbol{B} \tag{1.5}$$

$$mn\boldsymbol{A} = (mn)\boldsymbol{A} = n(m)\boldsymbol{A} \tag{1.6}$$

满足交换律、结合律和分配律。

(3) 矢量的标积(点积)

$$\boldsymbol{A} \cdot \boldsymbol{B} = |\boldsymbol{A}|\,|\boldsymbol{B}|\cos\theta \tag{1.7}$$

$$\boldsymbol{A} \cdot \boldsymbol{B} = |\boldsymbol{A}|\cos\theta \quad (|\boldsymbol{B}| = 1, \boldsymbol{A}\text{ 在 }\boldsymbol{B}\text{ 上的投影}) \tag{1.8}$$

$$\boldsymbol{A} \cdot \boldsymbol{B} = \boldsymbol{B} \cdot \boldsymbol{A} \tag{1.9}$$

$$\boldsymbol{A} \cdot (\boldsymbol{B} + \boldsymbol{C}) = \boldsymbol{A} \cdot \boldsymbol{B} + \boldsymbol{A} \cdot \boldsymbol{C} \tag{1.10}$$

$$\lambda(\boldsymbol{A} \cdot \boldsymbol{B}) = (\lambda\boldsymbol{A}) \cdot \boldsymbol{B} = \boldsymbol{A} \cdot (\lambda\boldsymbol{B}) \tag{1.11}$$

满足交换律、结合律和分配律。

(4) 矢量的矢积(叉乘)

$$\boldsymbol{C} = \boldsymbol{A} \times \boldsymbol{B} = |\boldsymbol{A}|\,|\boldsymbol{B}|\sin\theta \tag{1.12}$$

$\boldsymbol{C}$ 在几何上是以 $\boldsymbol{A}$、$\boldsymbol{B}$ 为棱的平行四边形的面积。

$$\boldsymbol{A} \times \boldsymbol{B} \neq \boldsymbol{B} \times \boldsymbol{A} \tag{1.13}$$

$$\lambda(\boldsymbol{A} \times \boldsymbol{B}) = (\lambda\boldsymbol{A}) \times \boldsymbol{B} = \boldsymbol{A} \times (\lambda\boldsymbol{B}) \tag{1.14}$$

$$\boldsymbol{C} \times (\boldsymbol{A} + \boldsymbol{B}) = \boldsymbol{C} \times \boldsymbol{A} + \boldsymbol{C} \times \boldsymbol{B} \tag{1.15}$$

不满足交换律，但满足结合律和分配律。

(5) 矢量的混合积

$$\begin{aligned}\boldsymbol{A}\cdot(\boldsymbol{B}\times\boldsymbol{C}) &= \boldsymbol{B}\cdot(\boldsymbol{C}\times\boldsymbol{A}) = \boldsymbol{C}\cdot(\boldsymbol{A}\times\boldsymbol{B})\\ &= -\boldsymbol{A}\cdot(\boldsymbol{C}\times\boldsymbol{B}) = -\boldsymbol{C}\cdot(\boldsymbol{B}\times\boldsymbol{A}) = -\boldsymbol{B}\cdot(\boldsymbol{A}\times\boldsymbol{C})\end{aligned} \tag{1.16}$$

这表明三个矢量按循环次序轮换，其积不变，若只把其中两矢量位置对调，其积差一负号。

(6) 三矢量的矢积

$$\boldsymbol{A}\times(\boldsymbol{B}\times\boldsymbol{C}) = (\boldsymbol{A}\cdot\boldsymbol{C})\boldsymbol{B} - (\boldsymbol{A}\cdot\boldsymbol{B})\boldsymbol{C} \tag{1.17}$$

$$(\boldsymbol{A}\times\boldsymbol{B})\times\boldsymbol{C} = (\boldsymbol{A}\cdot\boldsymbol{C})\boldsymbol{B} - (\boldsymbol{B}\cdot\boldsymbol{C})\boldsymbol{A} \tag{1.18}$$

2. ∇ 算符的运算公式

在下列各式中，λ 和 μ 代表常数，φ 和 ψ 代表标量函数，$\boldsymbol{f}$ 和 $\boldsymbol{g}$ 代表矢量函数。

$$\nabla(\lambda\varphi + \mu\psi) = \lambda\nabla\varphi + \mu\nabla\psi \tag{1.19}$$

$$\nabla(\varphi\psi) = (\nabla\varphi)\psi + \varphi\nabla\psi \tag{1.20}$$

$$\nabla F(\varphi) = F'(\varphi)\nabla\varphi \tag{1.21}$$

$$\nabla(\boldsymbol{f}\cdot\boldsymbol{g}) = \boldsymbol{f}\times(\nabla\times\boldsymbol{g}) + \boldsymbol{g}\times(\nabla\times\boldsymbol{f}) + (\boldsymbol{f}\cdot\nabla)\boldsymbol{g} + (\boldsymbol{g}\cdot\nabla)\boldsymbol{f} \tag{1.22}$$

$$\nabla\cdot(\lambda\boldsymbol{f} + \mu\boldsymbol{g}) = \lambda\nabla\cdot\boldsymbol{f} + \mu\nabla\cdot\boldsymbol{g} \tag{1.23}$$

$$\nabla\cdot(\varphi\boldsymbol{f}) = (\nabla\varphi)\cdot\boldsymbol{f} + \varphi\nabla\cdot\boldsymbol{f} \tag{1.24}$$

$$\nabla\cdot(\boldsymbol{f}\times\boldsymbol{g}) = (\nabla\times\boldsymbol{f})\cdot\boldsymbol{g} - \boldsymbol{f}\cdot(\nabla\times\boldsymbol{g}) \tag{1.25}$$

$$\nabla\times(\lambda\boldsymbol{f} + \mu\boldsymbol{g}) = \lambda\nabla\times\boldsymbol{f} + \mu\nabla\times\boldsymbol{g} \tag{1.26}$$

$$\nabla\times(\varphi\boldsymbol{f}) = (\nabla\varphi)\times\boldsymbol{f} + \varphi\nabla\times\boldsymbol{f} \tag{1.27}$$

$$\nabla\times(\boldsymbol{f}\times\boldsymbol{g}) = (\boldsymbol{g}\cdot\nabla)\boldsymbol{f} - (\boldsymbol{f}\cdot\nabla)\boldsymbol{g} + (\nabla\cdot\boldsymbol{g})\boldsymbol{f} - (\nabla\cdot\boldsymbol{f})\boldsymbol{g} \tag{1.28}$$

$$\nabla(\boldsymbol{f}\cdot\boldsymbol{g}) = \boldsymbol{f}\times(\nabla\times\boldsymbol{g}) + (\boldsymbol{f}\cdot\nabla)\boldsymbol{g} + \boldsymbol{g}\times(\nabla\times\boldsymbol{f}) + (\boldsymbol{g}\cdot\nabla)\boldsymbol{f} \tag{1.29}$$

3. ∇ 算符的二次运算

$$\nabla^2\varphi = \nabla\cdot(\nabla\varphi) \tag{1.30}$$

$$\nabla\times(\nabla\times\boldsymbol{f}) = \nabla(\nabla\cdot\boldsymbol{f}) - \nabla^2\boldsymbol{f} \tag{1.31}$$

$$\nabla\times(\nabla\varphi) = 0 \tag{1.32}$$

$$\nabla\cdot(\nabla\times\boldsymbol{f}) = 0 \tag{1.33}$$

4. ∇ 算符作用于位矢 $\boldsymbol{r}$

$$\nabla r = \boldsymbol{r}/r \tag{1.34}$$

$$\nabla\cdot\boldsymbol{r} = 3 \tag{1.35}$$

$$\nabla\times\boldsymbol{r} = 0 \tag{1.36}$$

$$\nabla f(r) = f'(r)(\boldsymbol{r}/r) \tag{1.37}$$

$$\nabla(1/r) = -\boldsymbol{r}/r^3 \tag{1.38}$$

$$\nabla^2(1/r) = -\nabla\cdot(\boldsymbol{r}/r^3) = -4\pi\delta(r) \tag{1.39}$$

$$\nabla\times(\boldsymbol{r}/r^3) = 0 \tag{1.40}$$

$$\nabla\times[f(r)\boldsymbol{r}] = 0 \tag{1.41}$$

$$\nabla(\boldsymbol{a}\cdot\boldsymbol{r})=(\boldsymbol{a}\cdot\nabla)\boldsymbol{r}=\boldsymbol{a}\quad(\boldsymbol{a}\text{ 为常矢量})\tag{1.42}$$

$$\nabla\mathrm{e}^{\mathrm{i}(\boldsymbol{a}\cdot\boldsymbol{r})}=\mathrm{i}\mathrm{e}^{\mathrm{i}(\boldsymbol{a}\cdot\boldsymbol{r})}\boldsymbol{a}\quad(\boldsymbol{a}\text{ 为常矢量})\tag{1.43}$$

5. 矢量积分的变换公式

设 φ、ψ 和 $\boldsymbol{f}$ 是连续可微的函数，S 是体积 V 的边界的闭合曲面，则有

高斯公式

$$\int_V(\nabla\cdot\boldsymbol{f})\mathrm{d}V=\oint_S\boldsymbol{f}\cdot\mathrm{d}\boldsymbol{S}\tag{1.44}$$

$$\int_V\mathrm{d}V\nabla\varphi=\oint_S\varphi\mathrm{d}\boldsymbol{S}\tag{1.45}$$

斯托克斯公式

$$\int_S(\nabla\times\boldsymbol{f})\cdot\mathrm{d}\boldsymbol{S}=\oint_L\boldsymbol{f}\cdot\mathrm{d}\boldsymbol{L}\tag{1.46}$$

格林公式

$$\int_V(\varphi\nabla^2\psi-\psi\nabla^2\varphi)\mathrm{d}V=\oint_S(\varphi\nabla\psi-\psi\nabla\varphi)\cdot\mathrm{d}\boldsymbol{S}\tag{1.47}$$

格林等式

$$\int_V(\varphi\nabla^2\psi+\nabla\varphi\cdot\nabla\psi)\mathrm{d}V=\oint_S\varphi(\nabla\psi)\cdot\mathrm{d}\boldsymbol{S}\tag{1.48}$$

6. 矢量场的定理

(1) 若矢量场 $\boldsymbol{f}$ 的散度处处为零，则 $\boldsymbol{f}$ 称为无散场或横场。此时存在矢量场 $\boldsymbol{A}$，使得 $\boldsymbol{f}=\nabla\times\boldsymbol{A}$。

(2) 若矢量场 $\boldsymbol{f}$ 的旋度处处为零，则 $\boldsymbol{f}$ 称为无旋场或纵场。此时存在标量场 φ，使得 $\boldsymbol{f}=\nabla\varphi$。

(3) 一个矢量场 $\boldsymbol{f}$ 被它的散度、旋度和边界条件唯一地确定。

(4) 任何一个矢量场 $\boldsymbol{f}$ 都可以分解为无旋场(纵场)$\boldsymbol{f}_1$ 和无散场(横场)$\boldsymbol{f}_2$ 之和，即

$$\boldsymbol{f}=\boldsymbol{f}_1+\boldsymbol{f}_2=\nabla\varphi+\nabla\times\boldsymbol{A}\quad(\text{亥姆霍兹定理})$$

附录 2 正交坐标系中梯度、散度、旋度的定义

1. 标量场 $\boldsymbol{\varphi}$ 的梯度

设沿线元 $\mathrm{d}\boldsymbol{l}$ 上，标量场 $\varphi(x,y,z)$ 的数值改变 $\mathrm{d}\varphi$，则 $\frac{\mathrm{d}\varphi}{\mathrm{d}l}$ 称为 φ 的梯度沿 $\mathrm{d}\boldsymbol{l}$ 方向的分量

$$(\mathrm{grad}\varphi)_l=\frac{\mathrm{d}\varphi}{\mathrm{d}l}\tag{2.1a}$$

或写为

$$\mathrm{d}\varphi = \mathrm{grad}\varphi \cdot \mathrm{d}\boldsymbol{l} \tag{2.1b}$$

2. 矢量场 $\boldsymbol{f}(x,y,z)$ 的散度

设闭合曲面 S 围着体积 ΔV，当 $\Delta V \to 0$ 时，$\boldsymbol{f}$ 对 S 的通量与 ΔV 之比的极限称为 $\boldsymbol{f}$ 的散度，即

$$\mathrm{div}\boldsymbol{f} = \lim_{\Delta V \to 0} \frac{\oint \boldsymbol{f} \cdot \mathrm{d}\boldsymbol{S}}{\Delta V} \tag{2.2}$$

3. 矢量场 $\boldsymbol{f}(x,y,z)$ 的旋度

设闭合曲线 l 围着面积 ΔS，当 $\Delta S \to 0$ 时，$\boldsymbol{f}$ 对 $\boldsymbol{l}$ 的环量与 ΔS 之比的极限称为 $\boldsymbol{f}$ 的旋度沿该面法线的分量，即

$$(\mathrm{rot}\boldsymbol{f})_n = \lim_{\Delta S \to 0} \frac{\oint \boldsymbol{f} \cdot \mathrm{d}\boldsymbol{l}}{\Delta S} \tag{2.3a}$$

当 $\Delta S \to 0$ 时，上式可以写为

$$\oint \boldsymbol{f} \cdot \mathrm{d}\boldsymbol{l} = (\mathrm{rot}\boldsymbol{f}) \cdot \Delta \boldsymbol{S}。 \tag{2.3b}$$

附录 3　正交曲线坐标系中梯度、散度、旋度和 $\nabla^2\psi$ 及 $\nabla^2\boldsymbol{A}$ 的表达式

1. 正交曲线坐标系

设 x,y,z 是空间某点在笛卡儿坐标系中的坐标，u_1,u_2,u_3 是该点在正交曲线坐标系中的坐标，长度元 $\mathrm{d}s$ 的平方表示为

$$(\mathrm{d}s)^2 = (\mathrm{d}x)^2 + (\mathrm{d}y)^2 + (\mathrm{d}z)^2 = h_1^2(\mathrm{d}u_1)^2 + h_2^2(\mathrm{d}u_2)^2 + h_3^2(\mathrm{d}u_3)^2 \tag{3.1}$$

其中

$$h_i = \sqrt{\left(\frac{\partial x}{\partial u_i}\right)^2 + \left(\frac{\partial y}{\partial u_i}\right)^2 + \left(\frac{\partial z}{\partial u_i}\right)^2} \quad (i = 1,2,3) \tag{3.2}$$

称为标度因子或拉梅系数。

设正交曲线坐标系的基矢为 $\boldsymbol{e}_1,\boldsymbol{e}_2,\boldsymbol{e}_3$，$\psi(u_1,u_2,u_3)$ 是标量函数，$\boldsymbol{A}(u_1,u_2,u_3) = A_1\boldsymbol{e}_1 + A_2\boldsymbol{e}_2 + A_3\boldsymbol{e}_3$ 是矢量函数，则正交曲线坐标系中，梯度、散度、旋度和 $\nabla^2\psi$ 及 $\nabla^2\boldsymbol{A}$ 的表达式分别如下：

$$\nabla\psi = \frac{1}{h_1}\frac{\partial\psi}{\partial u_1}\boldsymbol{e}_1 + \frac{1}{h_2}\frac{\partial\psi}{\partial u_2}\boldsymbol{e}_2 + \frac{1}{h_3}\frac{\partial\psi}{\partial u_3}\boldsymbol{e}_3 \tag{3.3}$$

$$\nabla \cdot \boldsymbol{A} = \frac{1}{h_1h_2h_3}\left[\frac{\partial}{\partial u_1}(h_2h_3A_1) + \frac{\partial}{\partial u_2}(h_3h_1A_2) + \frac{\partial}{\partial u_3}(h_1h_2A_3)\right] \tag{3.4}$$

$$\nabla \times \boldsymbol{A} = \frac{1}{h_2h_3}\left[\frac{\partial}{\partial u_2}(h_3A_3) - \frac{\partial}{\partial u_3}(h_2A_2)\right]\boldsymbol{e}_1 +$$

$$\frac{1}{h_3h_1}\left[\frac{\partial}{\partial u_3}(h_1A_1)-\frac{\partial}{\partial u_1}(h_3A_3)\right]\boldsymbol{e}_2+$$

$$\frac{1}{h_1h_2}\left[\frac{\partial}{\partial u_1}(h_2A_2)-\frac{\partial}{\partial u_2}(h_1A_1)\right]\boldsymbol{e}_3 \tag{3.5}$$

$$\nabla^2\psi=\frac{1}{h_1h_2h_3}\left[\frac{\partial}{\partial u_1}\left(\frac{h_2h_3}{h_1}\ \frac{\partial\psi}{\partial u_1}\right)+\frac{\partial}{\partial u_2}\left(\frac{h_3h_1}{h_2}\ \frac{\partial\psi}{\partial u_2}\right)+\frac{\partial}{\partial u_3}\left(\frac{h_1h_2}{h_3}\ \frac{\partial\psi}{u_3}\right)\right] \tag{3.6}$$

$$\begin{aligned}\nabla^2\boldsymbol{A}=&\frac{1}{h_1}\left[\frac{\partial}{\partial u_1}(\nabla\cdot\boldsymbol{A})\right]\boldsymbol{e}_1+\frac{1}{h_2}\left[\frac{\partial}{\partial u_2}(\nabla\cdot\boldsymbol{A})\right]\boldsymbol{e}_2+\frac{1}{h_3}\left[\frac{\partial}{\partial u_3}(\nabla\cdot\boldsymbol{A})\right]\boldsymbol{e}_3\\
&-\frac{1}{h_2h_3}\left\{\frac{\partial}{\partial u_2}\left[\frac{h_3}{h_1h_2}\left(\frac{\partial(h_2A_2)}{\partial u_1}-\frac{\partial(h_1A_1)}{\partial u_2}\right)\right]-\frac{\partial}{\partial u_3}\left[\frac{h_2}{h_3h_1}\left(\frac{\partial(h_1A_1)}{\partial u_3}-\frac{\partial(h_3A_3)}{\partial u_1}\right)\right]\right\}\boldsymbol{e}_1\\
&-\frac{1}{h_3h_1}\left\{\frac{\partial}{\partial u_3}\left[\frac{h_1}{h_2h_3}\left(\frac{\partial(h_3A_3)}{\partial u_2}-\frac{\partial(h_2A_2)}{\partial u_3}\right)\right]-\frac{\partial}{\partial u_1}\left[\frac{h_3}{h_1h_2}\left(\frac{\partial(h_2A_2)}{\partial u_1}-\frac{\partial(h_1A_1)}{\partial u_2}\right)\right]\right\}\boldsymbol{e}_2\\
&-\frac{1}{h_1h_2}\left\{\frac{\partial}{\partial u_1}\left[\frac{h_2}{h_3h_1}\left(\frac{\partial(h_1A_1)}{\partial u_3}-\frac{\partial(h_3A_3)}{\partial u_1}\right)\right]-\frac{\partial}{\partial u_2}\left[\frac{h_1}{h_2h_3}\left(\frac{\partial(h_3A_3)}{\partial u_2}-\frac{\partial(h_2A_2)}{\partial u_3}\right)\right]\right\}\boldsymbol{e}_3\end{aligned} \tag{3.7}$$

2. 直角坐标系

在直角坐标系中，$u_1=x,u_2=y,u_3=z,h_1=h_2=h_3=1$。

$$\nabla\psi=\frac{\partial\psi}{\partial x}\boldsymbol{e}_x+\frac{\partial\psi}{\partial y}\boldsymbol{e}_y+\frac{\partial\psi}{\partial z}\boldsymbol{e}_z \tag{3.8}$$

$$\nabla\cdot\boldsymbol{A}=\frac{\partial A_x}{\partial x}+\frac{\partial A_y}{\partial y}+\frac{\partial A_z}{\partial z} \tag{3.9}$$

$$\begin{aligned}\nabla\times\boldsymbol{A}&=\left(\frac{\partial A_z}{\partial y}-\frac{\partial A_y}{\partial z}\right)\boldsymbol{e}_x+\left(\frac{\partial A_x}{\partial z}-\frac{\partial A_z}{\partial x}\right)\boldsymbol{e}_y+\left(\frac{\partial A_y}{\partial x}-\frac{\partial A_x}{\partial y}\right)\boldsymbol{e}_z\\
&=\begin{vmatrix}\boldsymbol{e}_x & \boldsymbol{e}_y & \boldsymbol{e}_z\\ \frac{\partial}{\partial x} & \frac{\partial}{\partial y} & \frac{\partial}{\partial z}\\ A_x & A_y & A_z\end{vmatrix}\end{aligned} \tag{3.10}$$

$$\nabla^2\psi=\frac{\partial^2\psi}{\partial x^2}+\frac{\partial^2\psi}{\partial y^2}+\frac{\partial^2\psi}{\partial z^2} \tag{3.11}$$

$$\begin{aligned}\nabla^2\boldsymbol{A}=&\left(\frac{\partial^2A_x}{\partial x^2}+\frac{\partial^2A_x}{\partial y^2}+\frac{\partial^2A_x}{\partial z^2}\right)\boldsymbol{e}_x+\left(\frac{\partial^2A_y}{\partial x^2}+\frac{\partial^2A_y}{\partial y^2}+\frac{\partial^2A_y}{\partial z^2}\right)\boldsymbol{e}_y+\\
&\left(\frac{\partial^2A_z}{\partial x^2}+\frac{\partial^2A_z}{\partial y^2}+\frac{\partial^2A_z}{\partial z^2}\right)\boldsymbol{e}_z\end{aligned} \tag{3.12}$$

3. 柱坐标系

在柱坐标系中，$u_1=r,u_2=\varphi,u_3=z,h_1=1,h_2=r,h_3=1$。

$$\nabla\psi=\frac{\partial\psi}{\partial r}\boldsymbol{e}_r+\frac{1}{r}\frac{\partial\psi}{\partial\varphi}\boldsymbol{e}_\varphi+\frac{\partial\psi}{\partial z}\boldsymbol{e}_z \tag{3.13}$$

$$\nabla\cdot\boldsymbol{A}=\frac{1}{r}\frac{\partial(rA_r)}{\partial r}+\frac{1}{r}\frac{\partial A_\varphi}{\partial\varphi}+\frac{\partial A_z}{\partial z} \tag{3.14}$$

$$\nabla\times\boldsymbol{A}=\left(\frac{1}{r}\frac{\partial A_z}{\partial\varphi}-\frac{\partial A_\varphi}{\partial z}\right)\boldsymbol{e}_r+\left(\frac{\partial A_r}{\partial z}-\frac{\partial A_z}{\partial r}\right)\boldsymbol{e}_\varphi+\left[\frac{1}{r}\frac{\partial(rA_\varphi)}{\partial r}-\frac{1}{r}\frac{\partial A_r}{\partial\varphi}\right]\boldsymbol{e}_z \tag{3.15}$$

$$\nabla^2\psi=\frac{1}{r}\frac{\partial}{\partial r}\left(r\frac{\partial\psi}{\partial r}\right)+\frac{1}{r^2}\frac{\partial^2\psi}{\partial\varphi^2}+\frac{\partial^2\psi}{\partial\varphi^2} \tag{3.16}$$

$$\nabla^2\boldsymbol{A}=\left(\nabla^2A_r-\frac{A_r}{r^2}-\frac{2}{r^2}\frac{\partial A_\varphi}{\partial\varphi}\right)\boldsymbol{e}_r+\left(\nabla^2A_\varphi-\frac{A_\varphi}{r^2}-\frac{2}{r^2}\frac{\partial A_r}{\partial\varphi}\right)\boldsymbol{e}_\varphi+(\nabla^2A_z)\boldsymbol{e}_z \tag{3.17}$$

应当注意，$\nabla^2\boldsymbol{A}\neq(\nabla^2A_r)\boldsymbol{e}_r+(\nabla^2A_\varphi)\boldsymbol{e}_\varphi+(\nabla^2A_z)\boldsymbol{e}_z$。

4. 球坐标系

在球坐标系中，$u_1=r,u_2=\theta,u_3=\varphi,h_1=1,h_2=r,h_3=r\sin\theta$。

$$\nabla\psi=\frac{\partial\psi}{\partial r}\boldsymbol{e}_r+\frac{1}{r}\frac{\partial\psi}{\partial\theta}\boldsymbol{e}_\theta+\frac{1}{r\sin\theta}\frac{\partial\psi}{\partial\varphi}\boldsymbol{e}_\varphi \tag{3.18}$$

$$\nabla\cdot\boldsymbol{A}=\frac{1}{r^2}\frac{\partial}{\partial r}(r^2A_r)+\frac{1}{r\sin\theta}\frac{\partial}{\partial\theta}(\sin\theta A_\theta)+\frac{1}{r\sin\theta}\frac{\partial A_\varphi}{\partial\varphi} \tag{3.19}$$

$$\nabla\times\boldsymbol{A}=\frac{1}{r\sin\theta}\left[\frac{\partial}{\partial\theta}(\sin\theta A_\varphi)-\frac{\partial A_\theta}{\partial\varphi}\right]\boldsymbol{e}_r+\frac{1}{r}\left[\frac{1}{\sin\theta}\frac{\partial A_r}{\partial\varphi}-\frac{\partial}{\partial r}(rA_\varphi)\right]\boldsymbol{e}_\theta+\frac{1}{r}\left[\frac{\partial}{\partial r}(rA_\theta)-\frac{\partial A_r}{\partial\theta}\right]\boldsymbol{e}_\varphi \tag{3.20}$$

$$\nabla^2\psi=\frac{1}{r^2}\frac{\partial}{\partial r}\left(r^2\frac{\partial\psi}{\partial r}\right)+\frac{1}{r^2\sin\theta}\frac{\partial}{\partial\theta}\left(\sin\theta\frac{\partial\psi}{\partial\theta}\right)+\frac{1}{r^2\sin^2\theta}\frac{\partial^2\psi}{\partial\varphi^2} \tag{3.21}$$

$$\begin{aligned}\nabla^2\boldsymbol{A}=&\left\{\nabla^2A_r-\frac{2}{r^2\sin\theta}\left[\sin\theta A_r+\frac{\partial}{\partial\theta}(\sin\theta A_\theta)+\frac{\partial A_\varphi}{\partial\varphi}\right]\right\}\boldsymbol{e}_r+\\&\left\{\nabla^2A_\theta-\frac{2}{r^2\sin\theta}\left[\sin\theta\frac{\partial A_r}{\partial\theta}-\frac{A_\theta}{2\sin\theta}-\frac{\cos\theta}{\sin\theta}\frac{\partial A_\varphi}{\partial\varphi}\right]\right\}\boldsymbol{e}_\theta+\\&\left\{\nabla^2A_\varphi-\frac{2}{r^2\sin\theta}\left[\frac{\partial A_r}{\partial\varphi}+\frac{\cos\theta}{\sin\theta}\frac{\partial A_\theta}{\partial\varphi}-\frac{A_\varphi}{2\sin\theta}\right]\right\}\boldsymbol{e}_\varphi\end{aligned} \tag{3.22}$$

应当注意，$\nabla^2\boldsymbol{A}\neq(\nabla^2A_r)\boldsymbol{e}_r+(\nabla^2A_\theta)\boldsymbol{e}_\theta+(\nabla^2A_\varphi)\boldsymbol{e}_\varphi$。

附录 4　三种常用坐标系的基矢偏导数

1. 直角坐标系

三个基矢 $\boldsymbol{e}_x$、$\boldsymbol{e}_y$、$\boldsymbol{e}_z$ 都是常矢量，它们的方向都不变，故它们对 x、y、z 的偏导数都为零，即

$$\frac{\partial\boldsymbol{e}_x}{\partial x}=0\quad\frac{\partial\boldsymbol{e}_x}{\partial y}=0\quad\frac{\partial\boldsymbol{e}_x}{\partial z}=0 \tag{4.1}$$

$$\frac{\partial\boldsymbol{e}_y}{\partial x}=0\quad\frac{\partial\boldsymbol{e}_y}{\partial y}=0\quad\frac{\partial\boldsymbol{e}_y}{\partial z}=0 \tag{4.2}$$

$$\frac{\partial\boldsymbol{e}_z}{\partial x}=0\quad\frac{\partial\boldsymbol{e}_z}{\partial y}=0\quad\frac{\partial\boldsymbol{e}_z}{\partial z}=0。 \tag{4.3}$$

2. 柱坐标系

三个基矢 $\boldsymbol{e}_r$、$\boldsymbol{e}_\varphi$、$\boldsymbol{e}_z$ 中，$\boldsymbol{e}_z$ 是常量，其方向不变，$\boldsymbol{e}_r$ 和 $\boldsymbol{e}_\varphi$ 的方向都与 φ 有关，而与 r 和 z 都无关，即

$$\frac{\partial \boldsymbol{e}_r}{\partial r}=0,\frac{\partial \boldsymbol{e}_r}{\partial \varphi}=\boldsymbol{e}_\varphi,\frac{\partial \boldsymbol{e}_r}{\partial z}=0 \tag{4.4}$$

$$\frac{\partial \boldsymbol{e}_\varphi}{\partial r}=0,\frac{\partial \boldsymbol{e}_\varphi}{\partial \varphi}=-\boldsymbol{e}_r,\frac{\partial \boldsymbol{e}_\varphi}{\partial z}=0 \tag{4.5}$$

$$\frac{\partial \boldsymbol{e}_z}{\partial r}=0,\frac{\partial \boldsymbol{e}_z}{\partial \varphi}=0,\frac{\partial \boldsymbol{e}_z}{\partial z}=0 \tag{4.6}$$

3. 球坐标系

三个基矢 $\boldsymbol{e}_r$、$\boldsymbol{e}_\theta$、$\boldsymbol{e}_\varphi$ 的方向都与 r 无关，而与 θ 和 φ 有关，即

$$\frac{\partial \boldsymbol{e}_r}{\partial r}=0,\frac{\partial \boldsymbol{e}_r}{\partial \theta}=\boldsymbol{e}_\theta,\frac{\partial \boldsymbol{e}_r}{\partial \varphi}=\sin\theta\boldsymbol{e}_\varphi \tag{4.7}$$

$$\frac{\partial \boldsymbol{e}_\theta}{\partial r}=0,\frac{\partial \boldsymbol{e}_\theta}{\partial \theta}=-\boldsymbol{e}_\varphi,\frac{\partial \boldsymbol{e}_\theta}{\partial \varphi}=\cos\theta\boldsymbol{e}_\varphi \tag{4.8}$$

$$\frac{\partial \boldsymbol{e}_\varphi}{\partial r}=0,\frac{\partial \boldsymbol{e}_\varphi}{\partial \theta}=0,\frac{\partial \boldsymbol{e}_\varphi}{\partial \varphi}=\sin\theta\boldsymbol{e}_r-\cos\theta\boldsymbol{e}_\theta \tag{4.9}$$

附录 5　常用坐标系的变换

1. 直角坐标系与柱坐标系的变换

(1) 坐标变换

$$\begin{aligned} x &= r\cos\varphi, \\ y &= r\sin\theta, \\ z &= z \end{aligned} \tag{5.1}$$

$$\begin{aligned} r &= \sqrt{x^2+y^2}, \\ \varphi &= \arctan\frac{y}{x}, \\ z &= z \end{aligned} \tag{5.2}$$

(2) 基矢变换

$$\begin{aligned} \boldsymbol{e}_x &= \cos\varphi\boldsymbol{e}_r-\sin\varphi\boldsymbol{e}_\varphi \\ \boldsymbol{e}_y &= \sin\varphi\boldsymbol{e}_r+\cos\varphi\boldsymbol{e}_\varphi \\ \boldsymbol{e}_z &= \boldsymbol{e}_z \end{aligned} \tag{5.3}$$

$$\begin{aligned} \boldsymbol{e}_r &= \cos\varphi\boldsymbol{e}_x+\sin\varphi\boldsymbol{e}_y \\ \boldsymbol{e}_\varphi &= -\sin\varphi\boldsymbol{e}_x=\cos\varphi\boldsymbol{e}_y \\ \boldsymbol{e}_z &= \boldsymbol{e}_z \end{aligned} \tag{5.4}$$

(3) 矢量变换

设 $\boldsymbol{A} = A_x\boldsymbol{e}_x + A_y\boldsymbol{e}_y + A_z\boldsymbol{e}_z = A_r\boldsymbol{e}_r + A_\varphi\boldsymbol{e}_\varphi + A_z\boldsymbol{e}_z$，则

$$\begin{aligned} A_x &= A_r\cos\varphi - A_\varphi\sin\varphi \\ A_y &= A_r\sin\varphi + A_\varphi\cos\varphi \\ A_z &= A_z \end{aligned} \tag{5.5}$$

$$\begin{aligned} A_r &= A_x\cos\varphi + A_y\sin\varphi \\ A_\varphi &= -A_x\sin\varphi + A_y\cos\varphi \\ A_z &= A_z \end{aligned} \tag{5.6}$$

2. 直角坐标系与球坐标系的变换

(1) 坐标变换

$$\begin{aligned} x &= r\sin\theta\cos\varphi \\ y &= r\sin\theta\sin\varphi \\ z &= r\cos\theta \end{aligned} \tag{5.7}$$

$$\begin{aligned} r &= \sqrt{x^2 + y^2 + z^2} \\ \theta &= \arccos\left(\frac{z}{r}\right) \\ \varphi &= \arctan\left(\frac{y}{x}\right) \end{aligned} \tag{5.8}$$

(2) 基矢变换

$$\begin{aligned} \boldsymbol{e}_x &= \sin\theta\cos\varphi\boldsymbol{e}_r + \cos\theta\cos\varphi\boldsymbol{e}_\theta - \sin\varphi\boldsymbol{e}_\varphi \\ \boldsymbol{e}_y &= \sin\theta\sin\varphi\boldsymbol{e}_r + \cos\theta\sin\varphi\boldsymbol{e}_\theta + \cos\varphi\boldsymbol{e}_\varphi \\ \boldsymbol{e}_z &= \cos\theta\boldsymbol{e}_r - \sin\theta\boldsymbol{e}_\theta \end{aligned} \tag{5.9}$$

$$\begin{aligned} \boldsymbol{e}_r &= \sin\theta\cos\varphi\boldsymbol{e}_x + \sin\theta\sin\varphi\boldsymbol{e}_y + \cos\theta\boldsymbol{e}_z \\ \boldsymbol{e}_\theta &= \cos\theta\cos\varphi\boldsymbol{e}_x + \cos\theta\sin\varphi\boldsymbol{e}_y - \sin\theta\boldsymbol{e}_z \\ \boldsymbol{e}_\varphi &= -\sin\varphi\boldsymbol{e}_x + \cos\varphi\boldsymbol{e}_y \end{aligned} \tag{5.10}$$

(3) 矢量变换

设 $\boldsymbol{A} = A_x\boldsymbol{e}_x + A_y\boldsymbol{e}_y + A_z\boldsymbol{e}_z = A_r\boldsymbol{e}_r + A_\theta\boldsymbol{e}_\theta + A_\varphi\boldsymbol{e}_\varphi$，则

$$\begin{aligned} A_x &= A_r\sin\theta\cos\varphi + A_\theta\cos\theta\cos\varphi - A_\varphi\sin\varphi \\ A_y &= A_r\sin\theta\sin\varphi + A_\theta\cos\theta\sin\varphi + A_\varphi\cos\varphi \\ A_z &= A_r\cos\theta - A_\theta\sin\varphi \end{aligned} \tag{5.11}$$

$$\begin{aligned} A_r &= A_x\sin\theta\cos\varphi + A_y\sin\theta\sin\varphi + A_z\cos\theta \\ A_\theta &= A_x\cos\theta\cos\varphi + A_y\cos\theta\sin\varphi - A_z\sin\theta \\ A_\varphi &= -A_x\sin\varphi + A_y\cos\varphi \end{aligned} \tag{5.12}$$

附录 6　球坐标系中两位矢间的夹角

如附图 6.1 所示，球坐标系中两位矢 $\boldsymbol{r}_1$ 和 $\boldsymbol{r}_2$ 之间的夹角 α 由下式确定：

$$\cos\alpha = \cos\theta_1\cos\theta_2 + \sin\theta_1\sin\theta_2\cos(\varphi_1 - \varphi_2) \tag{6.1}$$

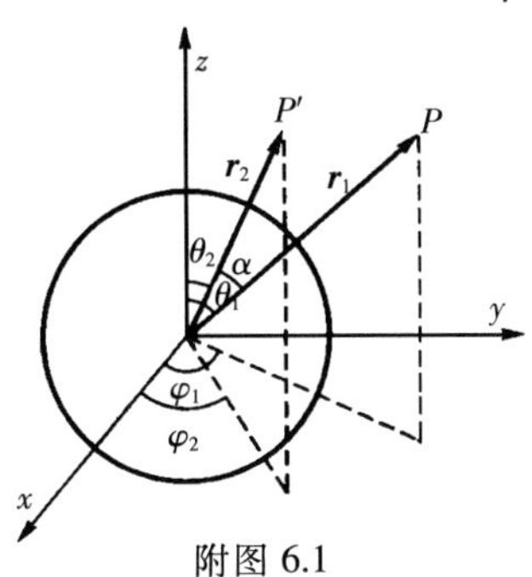

附图 6.1

附录 7　δ 函数与电荷分布

1. δ 函数的基本性质

(1)
$$\delta(x) = \begin{cases} \infty & x = 0 \\ 0 & x \neq 0 \end{cases} \tag{7.1}$$

(2)
$$\int_{-\Delta}^{+\Delta}\delta(x)\mathrm{d}x = \int_{-\infty}^{\infty}\delta(x)\mathrm{d}x = 1 \tag{7.2}$$

(3)
$$\delta(-x) = \delta(x) \tag{7.3}$$

(4)
$$\delta(ax) = \frac{1}{|a|}\delta(x) \tag{7.4}$$

(5)
$$\int_{-\infty}^{+\infty} f(x)\delta(x)\mathrm{d}x = f(0) \tag{7.5}$$

(6)
$$\int_{-\infty}^{+\infty} f(x)\delta(x-a)\mathrm{d}x = f(a) \tag{7.6}$$

(7)
$$\int_{-\infty}^{\infty}\delta(x-a)\delta(x-b)\mathrm{d}x = \delta(a-b) \tag{7.7}$$

(8)
$$x\delta(x) = 0 \tag{7.8}$$

(9)
$$\delta[f(x)] = \sum_i \frac{\delta(x-x_i)}{|f'(x_i)|} \tag{7.9}$$

其中，$x_i(i=1,2,3)$ 是 $f(x)=0$ 的单根，并且只有单根。

(10)
$$\delta[(x-a)(x-b)] = \frac{1}{|a-b|}[\delta(x-a)+\delta(x-b)] \quad (a \neq b) \tag{7.10}$$

(11)
$$\delta(x^2-a^2)=\frac{1}{2|a|}[\delta(x-a)+\delta(x+a)]$$
$$=\frac{1}{2|x|}[\delta(x-a)+\delta(x+a)] \tag{7.11}$$

(12)
$$\delta'(-x)=-\delta'(x) \tag{7.12}$$

(13)
$$\delta^{(n)}(-x)=(-1)^n\delta^{(n)}(x) \tag{7.13}$$

2. 用 δ 函数表示的电荷分布

(1) 二维 δ 函数

$$\delta(\boldsymbol{r}-\boldsymbol{r}')=\delta(x-x')\delta(y-y) \tag{7.14}$$

性质：
$$\int_{\Delta S}\delta(\boldsymbol{r}-\boldsymbol{r}')\mathrm{d}S=1 \quad (\boldsymbol{r}=\boldsymbol{r}' \text{ 的点在 } \Delta S \text{ 中}) \tag{7.15}$$

(2) 三维 δ 函数

$$\delta(\boldsymbol{r}-\boldsymbol{r}')=\delta(x-x')\delta(y-y')\delta(z-z') \tag{7.16}$$

性质：
$$\int_{\Delta V}\delta(\boldsymbol{r}-\boldsymbol{r}')\mathrm{d}V=1 \quad (\boldsymbol{r}=\boldsymbol{r}' \text{ 的点在 } \Delta V \text{ 中}) \tag{7.17}$$

(3) 球坐标系中的 δ 函数

$$\delta(\boldsymbol{r}-\boldsymbol{r}')=\frac{1}{r^2}\delta(r-r')\delta(\varphi-\varphi')\delta(\cos\theta-\cos\theta') \tag{7.18}$$

(4) 柱坐标系中的 δ 函数

$$\delta(\boldsymbol{r}-\boldsymbol{r}')=\frac{1}{r}\delta(r-r')\delta(\varphi-\varphi')\delta(z-z') \tag{7.19}$$

(5) 用 δ 函数表示的电荷分布

① 点电荷系的电荷密度

$$\rho(\boldsymbol{r})=\sum_{l=1}^{n}q_i\delta(\boldsymbol{r}-\boldsymbol{r}') \tag{7.20}$$

② 电荷 Q 均匀分布于半径为 R 的球壳上的电荷密度

$$\rho(\boldsymbol{r}')=\frac{Q}{4\pi R^2}\delta(r'-R) \tag{7.21}$$

③ 半径为 R、总电荷为 Q 的带电圆环的电荷密度

$$\rho(\boldsymbol{r}')=\frac{Q}{2\pi R^2}\delta(r'-R)\delta(\cos\theta') \quad (\text{球坐标}) \tag{7.22}$$

$$\rho(\boldsymbol{r}')=\frac{1}{2\pi R}\delta(r'-R)\delta(z') \quad (\text{柱坐标}) \tag{7.23}$$

④ 长度为 b、总电荷为 Q 的线电荷分布的电荷密度

$$\rho(\boldsymbol{r}')=\frac{Q}{2b}\,\frac{1}{2\pi r'^2}[\delta(\cos\theta'-1)+\delta(\cos\theta'+1)] \tag{7.24}$$

这里把线电荷取在球坐标的极轴方向，原点在 $\frac{b}{2}$ 处。

⑤ 电荷 Q 均匀分布于半径为 R 的圆柱面上的电荷密度

$$\rho(\boldsymbol{r}') = \frac{Q}{2\pi R}\delta(r' - R) \tag{7.25}$$

⑥ 电荷 Q 均匀分布于半径为 R 的薄平面圆盘上的电荷密度

$$\rho(\boldsymbol{r}') = \frac{Q}{2\pi R}\frac{1}{r'^2}\delta(\cos\theta') \quad \text{（球坐标）} \tag{7.26}$$

$$\rho(\boldsymbol{r}') = \frac{Q}{2\pi R}\frac{1}{r'}\delta(z') \quad \text{（柱坐标）} \tag{7.27}$$

⑦ 置于坐标原点的电偶极子 $\boldsymbol{p}$ 的电荷密度

$$\rho(\boldsymbol{r}') = -\boldsymbol{p}\cdot\nabla'\delta(\boldsymbol{r}') \tag{7.28}$$

附录 8　球谐函数的常用公式

1. 球谐函数的定义

$$Y_l^m(\theta,\varphi) = \delta_m\sqrt{\frac{(2l+1)(l-|m|)!}{4\pi(l+|m|)!}}P_l^m(\cos\theta)e^{im\varphi} \tag{8.1}$$

其中

$$\delta_m = \begin{cases}(-1)^m & m \geqslant 0, \\ 1 & m < 0,\end{cases} \tag{8.2}$$

$$P_l^m(x) = (1-x^2)^{\frac{|m|}{2}}\frac{d^{|m|}P_l(x)}{dx^{|m|}} \tag{8.3}$$

称为缔合勒让德多项式。

2. 勒让德多项式的性质

$$P_l^0(x) = P_l(x) = \frac{1}{2^l l!}\frac{d^l(x^2-1)^l}{dx^l} \tag{8.4}$$

对称性：
$$P_l(-x) = (-1)^l P(x) \tag{8.5}$$

正交归一性：
$$\int_{-1}^{1}P_l(x)P_k(x)dx = \frac{2}{2l+1}\delta_{lk} \tag{8.6}$$

$$C_l = \frac{2l+1}{2}\int_{-1}^{+1}\varphi_R P_l(x)dx \tag{8.7}$$

递推公式：
$$(l+1)P_{l+1}(x) = (2l+1)xP_l(x) - lP_{l-1}(x) \tag{8.8}$$

$$P'_{l+1}(x) = xP'_l(x) + (l+1)P_l(x) \tag{8.9}$$

$$P'_{l-1}(x) = xP'_l(x) - lP_l(x) \tag{8.10}$$

$$P'_{l+1}(x) - P'_{l-1}(x) = (2l+1)P_l(x) \tag{8.11}$$

特殊值：
$$P_l(1) = 0 \tag{8.12}$$

$$P_l(0) = \begin{cases}(-1)^n\dfrac{(2n-1)!!}{(2n)!!} & l = 2n, \\ 0 & l = 2n+1\end{cases} \tag{8.13}$$

3. 前七个勒让德多项式

$$P_0(x) = 1 \tag{8.14}$$

$$P_1(x) = x \tag{8.15}$$

$$P_2(x) = \frac{1}{2}(3x^2 - 1) \tag{8.16}$$

$$P_3(x) = \frac{1}{2}(5x^3 - 3x) \tag{8.17}$$

$$P_4(x) = \frac{1}{8}(35x^4 - 30x^2 + 3) \tag{8.18}$$

$$P_5(x) = \frac{1}{8}(63x^5 - 70x^3 + 15x) \tag{8.19}$$

$$P_6(x) = \frac{1}{16}(231x^6 - 314x^4 + 10x^2 - 5) \tag{8.20}$$

4. 球谐函数的正交归一性

$$\int Y_l^{m*}(\theta,\varphi)Y_{l'}^{m}(\theta,\varphi)\sin\theta\mathrm{d}\theta\mathrm{d}\varphi = \delta_{ll'}\delta_{mm'} \tag{8.21}$$

利用 $Y_l^m(\theta,\varphi)$ 函数集的完备性,总能把平方可积的任意函数展开成下列级数:

$$f(\theta,\varphi) = \sum_{l,m} C_{lm} Y_l^m(\theta,\varphi) \tag{8.22}$$

其中 C_{lm} 系数由下式确定:

$$C_{lm} = \int Y_l^{m*}(\theta,\varphi) f(\theta,\varphi)\sin\theta\mathrm{d}\theta\mathrm{d}\varphi \tag{8.23}$$

5. $l = 0,1,2$ 的球函数表示式

$$Y_{00} = \frac{1}{\sqrt{4\pi}} \tag{8.24}$$

$$Y_{10} = \sqrt{\frac{3}{4\pi}}\cos\theta \tag{8.25}$$

$$Y_{1,\pm1} = \pm\sqrt{\frac{3}{8\pi}}\sin\theta \mathrm{e}^{\pm\mathrm{i}\varphi} \tag{8.26}$$

$$Y_{20} = \sqrt{\frac{5}{4\pi}}\,\frac{3\cos^2\theta - 1}{2} \tag{8.27}$$

$$Y_{2,\pm1} = \mp\sqrt{\frac{15}{8\pi}}\sin\theta\cos\theta \mathrm{e}^{\pm\mathrm{i}\varphi} \tag{8.28}$$

$$Y_{2,\pm2} = \sqrt{\frac{15}{32\pi}}\sin^2\theta \mathrm{e}^{\pm2\mathrm{i}\varphi} \tag{8.29}$$

$$Y_{30} = \sqrt{\frac{7}{16\pi}}(5\cos^3\theta - 3\cos\theta) \tag{8.30}$$

$$Y_{3,\pm1} = \sqrt{\frac{21}{64\pi}}\sin\theta(5\cos^2\theta - 1)\mathrm{e}^{\pm\mathrm{i}\varphi} \tag{8.31}$$

$$Y_{3,\pm 2}=\sqrt{\frac{105}{32\pi}}\sin^2\theta\cos\theta e^{\pm 2i\varphi} \tag{8.32}$$

$$Y_{3,\pm 3}=\sqrt{\frac{35}{64\pi}}\sin^3\theta e^{\pm 3i\varphi} \tag{8.33}$$

6. 勒让德多项式的母函数

$$\frac{1}{R}=\frac{1}{|\boldsymbol{r}-\boldsymbol{r}'|}=\frac{1}{\sqrt{r^2+r'^2-2rr'\cos\gamma}}=\sum_{l=0}^{\infty}\frac{r'^l}{r^{l+1}}P_l(\cos\gamma) \tag{8.34}$$

附录 9　张量的基础知识

1. 张量的并矢

(1) 并矢

两个矢量并列所构成的量称为并矢。$\boldsymbol{a}$ 和 $\boldsymbol{b}$ 的并矢写做 $\boldsymbol{ab}$。三维并矢有 9 个分量，在笛卡儿坐标系中为

$$\begin{aligned}\boldsymbol{ab}&=a_1b_1\boldsymbol{e}_1\boldsymbol{e}_1+a_1b_2\boldsymbol{e}_1\boldsymbol{e}_2+a_1b_3\boldsymbol{e}_1\boldsymbol{e}_3+a_2b_1\boldsymbol{e}_2\boldsymbol{e}_1+a_2b_2\boldsymbol{e}_2\boldsymbol{e}_2+a_2b_3\boldsymbol{e}_2\boldsymbol{e}_3+\\&\quad a_3b_1\boldsymbol{e}_3\boldsymbol{e}_1+a_3b_2\boldsymbol{e}_3\boldsymbol{e}_2+a_3b_3\boldsymbol{e}_3\boldsymbol{e}_3\\&=\sum_{i,j=1}^{3}a_ib_j\boldsymbol{e}_i\boldsymbol{e}_j\end{aligned} \tag{9.1}$$

一般情况下，并矢本身不对易，即

$$\boldsymbol{ab}\neq\boldsymbol{ba} \tag{9.2}$$

(2) 并矢的点乘

① 一次点乘

$$(\boldsymbol{ab})\cdot(\boldsymbol{cd})=\boldsymbol{a}(\boldsymbol{b}\cdot\boldsymbol{c})\boldsymbol{d}\quad\text{是张量} \tag{9.3}$$

$$\boldsymbol{a}\cdot(\boldsymbol{bc})=(\boldsymbol{a}\cdot\boldsymbol{b})\boldsymbol{c}\quad\text{是矢量} \tag{9.4}$$

$$(\boldsymbol{ab})\cdot\boldsymbol{c}=\boldsymbol{a}(\boldsymbol{b}\cdot\boldsymbol{c})\quad\text{是矢量} \tag{9.5}$$

② 二次点乘

$$(\boldsymbol{ab}):(\boldsymbol{cd})=(\boldsymbol{b}\cdot\boldsymbol{c})(\boldsymbol{a}\cdot\boldsymbol{d}) \tag{9.6}$$

$$(\boldsymbol{cd}):(\boldsymbol{ab})=(\boldsymbol{a}\cdot\boldsymbol{d})(\boldsymbol{b}\cdot\boldsymbol{c}) \tag{9.7}$$

并矢的一次点乘不对易，两次点乘对易。

(3) 用并矢表示张量

① 零阶张量是一个数。

② n 维一阶张量 $\vec{\mathscr{A}}$ 是一个 n 维矢量，有 n 个分量，可表示为

$$\vec{\mathscr{A}}=\sum_{i=1}^{n}A_i\boldsymbol{e}_i \tag{9.8}$$

③ n 维二阶张量 $\overset{\leftrightarrow}{\mathscr{A}}$ 有 n^2 个分量，用并矢表示为

$$\overleftrightarrow{\mathscr{A}} = \sum_{i,j=1}^{n} A_{ij}\boldsymbol{e}_i\boldsymbol{e}_j \tag{9.9}$$

式中 A_{ij} 称为 $\overleftrightarrow{\mathscr{A}}$ 的 ij 分量。

若 $A_{ij} = A_{ji}$，则 $\overleftrightarrow{\mathscr{A}}$ 称为对称张量；若 $A_{ij} = -A_{ji}$，则 $\overleftrightarrow{\mathscr{A}}$ 称为反对称张量。

(4) 张量的点乘

① 张量与矢量的点乘

$$\boldsymbol{a}\cdot\overleftrightarrow{\mathscr{A}} = \left(\sum_i a_i\boldsymbol{e}_i\right)\cdot\left(\sum_{j,k} A_{jk}\boldsymbol{e}_j\boldsymbol{e}_k\right) = \sum_k\sum_i a_iA_{ik}\boldsymbol{e}_k = \sum_{i,j} a_iA_{ij}\boldsymbol{e}_j \tag{9.10}$$

$$\overleftrightarrow{\mathscr{A}}\cdot\boldsymbol{a} = \left(\sum_{j,k} A_{jk}\boldsymbol{e}_j\boldsymbol{e}_k\right)\cdot\left(\sum_i a_i\boldsymbol{e}_i\right) = \sum_{i,j} A_{ij}a_j\boldsymbol{e}_i = \sum_{i,j} A_{ji}a_i\boldsymbol{e}_j \tag{9.11}$$

一般情况下，张量与矢量的点乘不对易，即

$$\boldsymbol{a}\cdot\overleftrightarrow{\mathscr{A}} \neq \overleftrightarrow{\mathscr{A}}\cdot\boldsymbol{a} \tag{9.12}$$

只有对称张量才有

$$\boldsymbol{a}\cdot\overleftrightarrow{\mathscr{A}} = \overleftrightarrow{\mathscr{A}}\cdot\boldsymbol{a} \tag{9.13}$$

其中 $\overleftrightarrow{\mathscr{A}}$ 为对称张量。

② 张量与张量的点乘

$$\overleftrightarrow{\mathscr{A}}\cdot\overleftrightarrow{\mathscr{B}} = \left(\sum_{i,j} A_{ij}\boldsymbol{e}_i\boldsymbol{e}_j\right)\cdot\left(\sum_{k,l} B_{kl}\boldsymbol{e}_k\boldsymbol{e}_l\right) = \sum_{i,j,k} A_{ij}B_{jk}\boldsymbol{e}_i\boldsymbol{e}_k \tag{9.14}$$

$$\overleftrightarrow{\mathscr{B}}\cdot\overleftrightarrow{\mathscr{A}} = \left(\sum_{k,l} B_{kl}\boldsymbol{e}_k\boldsymbol{e}_l\right)\cdot\left(\sum_{i,l} A_{ij}\boldsymbol{e}_i\boldsymbol{e}_j\right) = \sum_{i,j,k} A_{ij}B_{ki}\boldsymbol{e}_k\boldsymbol{e}_j \tag{9.15}$$

即张量与张量的点乘不对易。

③ 张量的二次点乘

$$\overleftrightarrow{\mathscr{A}}:\overleftrightarrow{\mathscr{B}} = \left(\sum_{k,l} B_{kl}\boldsymbol{e}_k\boldsymbol{e}_l\right):\left(\sum_{k,l} B_{kl}\boldsymbol{e}_k\boldsymbol{e}_l\right) = \sum_{i,j} A_{ij}B_{ji} \tag{9.16}$$

张量的二次点乘对易，即

$$\overleftrightarrow{\mathscr{A}}:\overleftrightarrow{\mathscr{B}} = \overleftrightarrow{\mathscr{B}}:\overleftrightarrow{\mathscr{A}} \tag{9.17}$$

2. 张量的矩阵表示

(1) 一阶张量

一阶张量(矢量)用一行或一列的矩阵表示，如

$$\overleftrightarrow{\alpha}(a_1, a_2, \cdots, a_n) \tag{9.18}$$

或

$$\overleftrightarrow{\alpha} = \begin{pmatrix} a_1 \\ a_2 \\ \vdots \\ a_n \end{pmatrix} \tag{9.19}$$

(2) 二阶张量

二阶张量用方阵表示，如三维二阶张量为

$$\vec{\vec{\mathscr{A}}} = \begin{pmatrix} A_{11} & A_{12} & A_{13} \\ A_{21} & A_{22} & A_{23} \\ A_{31} & A_{32} & A_{33} \end{pmatrix} \tag{9.20}$$

一个 n 维二阶张量可表示为一个 n 行 n 列的方阵，共有 n^2 个分量。

(3) 张量的点乘

① 张量与矢量的点乘

$$\boldsymbol{a} \cdot \vec{\vec{\mathscr{A}}} = (a_1, a_2, a_3) \begin{pmatrix} A_{11} & A_{12} & A_{13} \\ A_{21} & A_{22} & A_{23} \\ A_{31} & A_{32} & A_{33} \end{pmatrix} = \left(\sum_i a_i A_{i1}, \sum_i a_i A_{i2}, \sum_i a_i A_{i3} \right) \tag{9.21}$$

$$\vec{\vec{\mathscr{A}}} \cdot \boldsymbol{a} = \begin{pmatrix} A_{11} & A_{12} & A_{13} \\ A_{21} & A_{22} & A_{23} \\ A_{31} & A_{32} & A_{33} \end{pmatrix} \begin{pmatrix} a_1 \\ a_2 \\ a_3 \end{pmatrix} = \begin{pmatrix} \sum_i A_{1i} a_i \\ \sum_i A_{2i} a_i \\ \sum_i A_{3i} a_i \end{pmatrix} \tag{9.22}$$

② 张量与张量的点乘

$$\vec{\vec{\mathscr{A}}} \cdot \vec{\vec{\mathscr{B}}} = \begin{pmatrix} A_{11} & A_{12} & A_{13} \\ A_{21} & A_{22} & A_{23} \\ A_{31} & A_{32} & A_{33} \end{pmatrix} \begin{pmatrix} B_{11} & B_{12} & B_{13} \\ B_{21} & B_{22} & B_{23} \\ B_{31} & B_{32} & B_{33} \end{pmatrix}$$

$$= \begin{pmatrix} \sum_i A_{1i} B_{i1} & \sum_i A_{1i} B_{i2} & \sum_i A_{1i} B_{i3} \\ \sum_i A_{2i} B_{i1} & \sum_i A_{2i} B_{i2} & \sum_i A_{2i} B_{i3} \\ \sum_i A_{3i} B_{i1} & \sum_i A_{3i} B_{i2} & \sum_i A_{3i} B_{i3} \end{pmatrix} \tag{9.23}$$

3. 张量的加、减

同维同阶的张量才能相加或相减。两张量的和或差仍为张量，其分量等于原来两张量的相应分量之和或差。用并矢和矩阵分别表示为

$$\vec{\vec{\mathscr{A}}} \pm \vec{\vec{\mathscr{B}}} = \sum_{i,j} A_{ij} \boldsymbol{e}_i \boldsymbol{e}_j \pm \sum_{i,j} B_{ij} \boldsymbol{e}_i \boldsymbol{e}_j = \sum_{i,j} (A_{ij} \pm B_{ij}) \boldsymbol{e}_i \boldsymbol{e}_j \tag{9.24}$$

$$\vec{\vec{\mathscr{A}}} \pm \vec{\vec{\mathscr{B}}} = \begin{pmatrix} A_{11} & A_{12} & A_{13} \\ A_{21} & A_{22} & A_{23} \\ A_{31} & A_{32} & A_{33} \end{pmatrix} \pm \begin{pmatrix} B_{11} & B_{12} & B_{13} \\ B_{21} & B_{22} & B_{23} \\ B_{31} & B_{32} & B_{33} \end{pmatrix}$$

$$= \begin{pmatrix} A_{11} \pm B_{11} & A_{12} \pm B_{12} & A_{13} \pm B_{13} \\ A_{21} \pm B_{21} & A_{22} \pm B_{22} & A_{23} \pm B_{23} \\ A_{31} \pm B_{31} & A_{32} \pm B_{32} & A_{33} \pm B_{33} \end{pmatrix} \tag{9.25}$$

4. 张量的分解定理

任何张量都可以分解为一个对称张量与一个反对称张量之和，即

$$\begin{pmatrix} A_{11} & A_{12} & A_{13} \\ A_{21} & A_{22} & A_{23} \\ A_{31} & A_{32} & A_{33} \end{pmatrix} = \begin{pmatrix} A_{11} & \frac{1}{2}(A_{12}+A_{21}) & \frac{1}{2}(A_{13}+A_{31}) \\ \frac{1}{2}(A_{21}+A_{12}) & A_{22} & \frac{1}{2}(A_{23}+A_{32}) \\ \frac{1}{2}(A_{31}+A_{13}) & \frac{1}{2}(A_{32}+A_{23}) & A_{33} \end{pmatrix} + \begin{pmatrix} 0 & \frac{1}{2}(A_{12}-A_{21}) & \frac{1}{2}(A_{13}-A_{31}) \\ \frac{1}{2}(A_{21}-A_{12}) & 0 & \frac{1}{2}(A_{23}-A_{32}) \\ \frac{1}{2}(A_{31}-A_{13}) & \frac{1}{2}(A_{32}-A_{23}) & 0 \end{pmatrix} \tag{9.26}$$

5. 单位张量

(1) 单位张量

若二阶张量的分量满足条件 $A_{ij}=\delta_{ij}$，则该张量称为单位张量，记做 $\overset{\leftrightarrow}{\mathscr{I}}$

(2) 三维二阶单位张量

用并矢表示为

$$\overset{\leftrightarrow}{\mathscr{I}} = \sum_{i,j=3}^{3} \delta_{ij}\boldsymbol{e}_i\boldsymbol{e}_j = \boldsymbol{e}_1\boldsymbol{e}_1 + \boldsymbol{e}_2\boldsymbol{e}_2 + \boldsymbol{e}_3\boldsymbol{e}_3 \tag{9.27}$$

用矩阵表示为

$$\overset{\leftrightarrow}{\mathscr{I}} = \begin{pmatrix} 1 & 0 & 0 \\ 0 & 1 & 0 \\ 0 & 0 & 1 \end{pmatrix} \tag{9.28}$$

(3) 位矢的梯度

在笛卡儿坐标系中，位矢 $\boldsymbol{r}$ 的梯度是单位张量，即

$$\nabla \boldsymbol{r} = \overset{\leftrightarrow}{\mathscr{I}} \tag{9.29}$$

(4) 运算性质

$$\boldsymbol{a}\cdot\overset{\leftrightarrow}{\mathscr{I}} = \overset{\leftrightarrow}{\mathscr{I}}\cdot\boldsymbol{a} = \boldsymbol{a} \tag{9.30}$$

$$\overset{\leftrightarrow}{\mathscr{A}}\cdot\overset{\leftrightarrow}{\mathscr{I}} = \overset{\leftrightarrow}{\mathscr{I}}\cdot\overset{\leftrightarrow}{\mathscr{A}} = \overset{\leftrightarrow}{\mathscr{A}} \tag{9.31}$$

$$\overset{\leftrightarrow}{\mathscr{A}}:\overset{\leftrightarrow}{\mathscr{I}} = \overset{\leftrightarrow}{\mathscr{I}}:\overset{\leftrightarrow}{\mathscr{A}} = \sum_i A_{ii} \tag{9.32}$$

附录 10 ▽ 算符的作用

1. 矢量的梯度是张量

$$\nabla \boldsymbol{f} = \left(\sum_i \boldsymbol{e}_i \frac{\partial}{\partial x_i}\right)\left(\sum_j f_j\boldsymbol{e}_j\right) = \sum_{i,j} \frac{\partial f_j}{\partial x_j}\boldsymbol{e}_i\boldsymbol{e}_j \tag{10.1}$$

2. 张量的散度是矢量

$$\nabla \cdot \overleftrightarrow{\mathscr{A}} = \left(\sum_i \boldsymbol{e}_i \frac{\partial}{\partial x_i}\right) \cdot \overleftrightarrow{\mathscr{A}} = \sum_{i,j} \frac{\partial A_{ij}}{\partial x_i} \boldsymbol{e}_j \tag{10.2}$$

附录 11　椭圆积分

1. 椭圆积分

形式为

$$\int R(x,y)\mathrm{d}x \tag{11.1}$$

的积分，称为椭圆积分，它可以化为一些用初等函数表示的积分，其中 $R(x,y)$ 是 x 和 y 的有理函数，$y^2 = P(x)$ 是 x 的三次或四次多项式。

2. 勒让德椭圆积分

(1) 勒让德第一类椭圆积分

$$F(x,\varphi) = \int_0^{\sin\varphi} \frac{\mathrm{d}x}{\sqrt{(1-x^2)(1-k^2x^2)}} = \int_0^{\varphi} \frac{\mathrm{d}\psi}{\sqrt{1-k^2\sin^2\psi}} \tag{11.2}$$

(2) 勒让德第二类椭圆积分

$$E(k,\varphi) = \int_0^{\sin\varphi} \sqrt{\frac{1-k^2x^2}{1-x^2}}\mathrm{d}x = \int_0^{\varphi} \sqrt{1-k^2\sin^2\psi}\mathrm{d}\psi \tag{11.3}$$

(3) 勒让德第三类椭圆积分

$$\begin{aligned} \Pi(h,k,\varphi) &= \int_0^{\sin\varphi} \frac{\mathrm{d}x}{(1+hx^2)\sqrt{(1-x^2)(1-k^2x^2)}} \\ &= \int_0^{\varphi} \frac{\mathrm{d}\psi}{(1+h\sin^2\psi)\sqrt{1-k^2\sin^2\psi}} \end{aligned} \tag{11.4}$$

上面三个积分中 $k^2 < 1$，数 k 称为这三个积分的模数，数 $k' = \sqrt{1-k^2}$ 称为补模数，数 h 称为第三个积分的参数。

3. 完全椭圆积分

(1) 第一类完全椭圆积分

$$\begin{aligned} K = K(k) = F\left(k,\frac{\pi}{2}\right) &= \int_0^1 \frac{\mathrm{d}x}{\sqrt{(1-x^2)(1-k^2x^2)}} \\ &= \int_0^{\frac{\pi}{2}} \frac{\mathrm{d}\psi}{\sqrt{1-k^2\sin^2\psi}} \quad (|k|<1) \end{aligned} \tag{11.5}$$

(2) 第二类完全椭圆积分

$$E = E(k) = E\left(k,\frac{\pi}{2}\right) = \int_0^1 \sqrt{\frac{1-k^2x^2}{1-x^2}}\mathrm{d}x = \int_0^{\frac{\pi}{2}} \sqrt{1-k^2\sin^2\psi}\mathrm{d}\psi \quad (|k|<1) \tag{11.6}$$

(3) 第三类完全椭圆积分

$$\Pi(h,k)=\int_0^1\frac{\mathrm{d}x}{(1+hx^2)\sqrt{(1-x^2)(1-k^2x^2)}}$$
$$=\int_0^{\frac{\pi}{2}}\frac{\mathrm{d}\psi}{(1+h\sin^2\psi)\sqrt{1-k^2\sin^2\psi}}\quad(|k|<1)\tag{11.7}$$

4. 椭圆积分的级数表达式

$$F(k,\varphi)=\varphi+\frac{1}{2}k^2\int_0^\varphi\sin^2\psi\mathrm{d}\psi+\frac{1\cdot 3}{2\cdot 4}k^4\int_0^\varphi\sin^4\psi\mathrm{d}\psi+\frac{1\cdot 3\cdot 5}{2\cdot 4\cdot 6}k^6\int_0^\varphi\sin^6\psi\mathrm{d}\psi+\cdots\tag{11.8}$$

$$E(k,\varphi)=\varphi-\frac{1}{2}k^2\int_0^\varphi\sin^2\psi\mathrm{d}\psi-\frac{1\cdot 3}{2\cdot 4}k^4\int_0^\varphi\sin^4\psi\mathrm{d}\psi-\frac{1\cdot 3\cdot 5}{2\cdot 4\cdot 6}k^6\int_0^\varphi\sin^6\psi\mathrm{d}\psi+\cdots\tag{11.9}$$

$$K=\frac{\pi}{2}\left\{1+\left(\frac{1}{2}\right)^2k^2+\left(\frac{1\cdot 3}{2\cdot 4}\right)^2k^4+\cdots+\left[\frac{(2n-1)!!}{2^n n!}\right]^2k^{2n}+\cdots\right\}\tag{11.10}$$

$$E=\frac{\pi}{2}\left\{1-\left(\frac{1}{2}\right)^2k^2-\left(\frac{1\cdot 3}{2\cdot 4}\right)^2\frac{k^4}{3}-\cdots-\left[\frac{(2n-1)!!}{2^n n!}\right]^2\frac{k^{2n}}{2n-1}-\cdots\right\}\tag{11.11}$$

附录 12　基本物理常数

1. 真空中的光速　$c=299\ 792\ 458\ \mathrm{m\cdot s^{-1}}$
2. 真空中的电容率　$\varepsilon_0=8.854\ 187\ 817\times 10^{-12}\ \mathrm{F\cdot m^{-1}}$
3. 基本电荷量　$e=1.602\ 177\ 33(49)\times 10^{-19}\ \mathrm{C}$
4. 普朗克常数　$h=6.626\ 075\ 55(40)\times 10^{-34}\ \mathrm{J\cdot s}$
5. 玻尔兹曼常数　$k=1.380\ 658(12)\times 10^{-23}\ \mathrm{J\cdot K^{-1}}$
6. 电子静质量　$m_0=9.109\ 389\ 7(54)\times 10^{-31}\ \mathrm{kg}$
7. 质子质量　$m_\mathrm{p}=1.672\ 623\ 1(10)\times 10^{-27}\ \mathrm{kg}$
8. 中子质量　$m_\mathrm{n}=1.674\ 928\ 6(10)\times 10^{-27}\ \mathrm{kg}$
9. 氢原子质量　$m_\mathrm{H}=1.673\ 614\times 10^{-27}\ \mathrm{kg}$
10. 玻尔磁子　$\mu_\mathrm{B}=9.274\ 096\times 10^{-24}\ \mathrm{J\cdot T^{-1}}$
11. 电子磁矩　$\mu_e=9.284\ 851\times 10^{-24}\ \mathrm{J\cdot T^{-1}}$
12. 质子磁矩　$\mu_\mathrm{p}=1.410\ 620\ 3\times 10^{-26}\ \mathrm{J\cdot T^{-1}}$
13. 经典电子半径　$r_e=\dfrac{e^2}{4\pi\varepsilon_0 mc^2}=2.817\ 940\ 92(38)\times 10^{-15}\ \mathrm{m}$
14. 玻尔半径　$r_\mathrm{B}=\dfrac{4\pi\varepsilon_0\hbar^2}{me^2}=5.291\ 66\times 10^{-11}\ \mathrm{m}$
15. 地球半径　$r_{地}=6.378\times 10^6\ \mathrm{m}$
16. 太阳半径　$r_{太}\approx 6.96\times 10^8\mathrm{m}$

参考文献

1. 郭硕鸿著.电动力学(第三版)[M].北京:高等教育出版社,2008.

2. 蔡圣善,朱耘,徐建军编著.电动力学(第二版)[M].北京:高等教育出版社,2002.

3. 阙仲元编.电动力学教程(第一版)[M].北京:人民教育出版社,1979.

4. 俞允强编著.电动力学简明教程(第一版)[M].北京:北京大学出版社,1999.

5. 刘觉平编著.电动力学[M].北京:高等教育出版社,2004.

6. 虞国寅,周国全编著.电动力学[M].武汉:武汉大学出版社,2008.

7. [美]W R 斯迈思著,戴世强译.静电学和电动力学(第一版)[M].北京:科学出版社,1981.

8. [美]J D 杰克逊著,朱培豫译.经典电动力学(第一版)[M].北京:人民教育出版社,1980.

9. 王大伦编著.电动力学习题解[M].贵阳:贵州科技出版社,2008.

10. 王大伦主编.电动力学教程[M].湘潭:湘潭大学出版社,2017.

图书在版编目（CIP）数据

电动力学解题指南 / 王大伦，曾凡金编著．-- 湘潭：湘潭大学出版社，2017.12
ISBN 978-7-5687-0179-2

Ⅰ．①电… Ⅱ．①王… ②曾… Ⅲ．①电动力学－高等学校－题解 Ⅳ．①O442-44

中国版本图书馆 CIP 数据核字（2017）第 326475 号

电动力学解题指南

DIANDONGLIXUE JIETI ZHINAN

王大伦 曾凡金 编著

责任编辑： 丁立松
封面设计： 张丽莉
出版发行： 湘潭大学出版社
社　　址： 湖南省湘潭大学工程训练中心
电　　话： 0731-58298960 0731-58298966（传真）
邮　　编： 411105
网　　址： http://press.xtu.edu.cn/
印　　刷： 长沙理工大印刷厂
经　　销： 湖南省新华书店
开　　本： 787 mm×1092 mm 1/16
印　　张： 21
字　　数： 437 千字
版　　次： 2017 年 12 月第 1 版
印　　次： 2017 年 12 月第 1 次印刷
书　　号： ISBN 978-7-5687-0179-2
定　　价： 39.00 元